DIE MISSBILDUNGEN UND ANOMALIEN DER NASE UND DES NASENRACHENRAUMES

VON

Dr. WALTHER STUPKA

PRIVATDOZENT FÜR OTO-RHINO-LARYNGOLOGIE AN DER UNIVERSITÄT IN INNSBRUCK
UND PRIMARIUS DER OTO-RHINO-LARYNGOLOGISCHEN ABTEILUNG
DES ALLGEMEINEN KRANKENHAUSES IN WIENER-NEUSTADT

MIT 153 ABBILDUNGEN IM TEXT

WIEN

VERLAG VON JULIUS SPRINGER

1938

ISBN-13:978-3-7091-9711-0   e-ISBN-13:978-3-7091-9958-9
DOI: 10.1007/978-3-7091-9958-9

Vorwort.

Die Arbeit steckt sich das Ziel, auf Grund des bisher vorliegenden und durch eigene Untersuchungen ergänzten Tatsachenmaterials eine möglichst vollständige und ins einzelne gehende Darstellung der Mißbildungen und Anomalien der Nase und des Nasenrachenraumes zu geben. Die Grenzen zwischen Normal und Abnormal wurden dabei nicht, wie sonst, von der Seite des Normalen abgesteckt, sondern umgekehrt von der Seite der Mißbildungen und Anomalien her. Da eine Entscheidung zwischen Anomalien und anatomischen Varianten nicht immer leicht ist, so wurde auch der letzteren ausführlicher gedacht.

Den neuesten Anschauungen über formale und kausale Genese der Mißbildungen inklusive Anlagefehler wurde breit Rechnung getragen und bezüglich der nicht-keimbedingten Mißbildungen versucht, den Zeitpunkt der Mißbildungsentstehung genauer zu datieren. Damit scheint mir eine Plattform erreicht, welche als Ausgangspunkt für weitere Forschungen verwertbar ist. Den Ergebnissen der allgemeinen und experimentellen Teratologie wurde ein besonderer einführender Abschnitt gewidmet. Dies insbesonders deshalb, weil es erst durch Verwertung der bisher wenig bekannt gewordenen Tatsachen der experimentellen Teratologie überhaupt möglich wurde, für eine nicht unbeträchtliche Anzahl von nasalen Fehlbildungen die wahrscheinliche Art ihrer Entstehung zu erfassen und hier z. T. erstmalig darzustellen. Aus der Übersicht über die experimentelle Teratologie der Nase geht aber anderseits hervor, daß bis zur endgültigen Klärung der Entstehung verschiedener Fehlbildungen der Säugernase noch viel Arbeit zu leisten sein wird. Das Buch wendet sich jedoch nicht nur an die experimentellen Teratologen und an die pathologischen Anatomen bzw. an die Mißbildungsforscher unter den letzteren, sondern auch — und nicht zuletzt — an den Ohren-Nasen-Halsarzt, dessen Fragestellung weitestgehend berücksichtigt wurde und dessen dauernde Mitarbeit von großer Wichtigkeit ist.

Obwohl der Stoff infolge der großen Anzahl der Einzelbeobachtungen gewiß reif für eine zusammenfassende Darstellung ist, zeigt sich doch anderseits, daß das ätiologische Moment häufig noch im Dunklen liegt. Darin unterscheiden sich aber natürlich die Nasenmißbildungen durchaus nicht von den Mißbildungen des gesamten übrigen Körpers. Durch ein Aufzeigen der verschiedenen Möglichkeiten der Entstehung und der hier noch klaffenden Lücken kann meines Erachtens nicht nur unserem engeren Fachgebiete weitergeholfen, sondern auch der Mißbildungsforschung im allgemeinen gedient werden.

Die gegebene Darstellung gründet sich neben dem Tatsachenmaterial des Schrifttums auf eigene Untersuchungen, welche im Laufe der letzten Jahre durchgeführt und bisher nur zum Teil publiziert wurden. Als Unterlage diente mir das klinische Material meiner Krankenhausabteilung und einzelne wertvolle Mißbildungen, welche teils aus dem Privatbesitze Herrn Prof. G. B. Grubers (Göttingen), teils aus den Musealbeständen des pathologisch-anatomischen Instituts in Innsbruck stammen. Dem früheren und jetzigen Institutsvorstande, Herrn Prof. G. B. Gruber bzw. Herrn Prof. F. J. Lang, bleibe ich hierfür zu dauerndem Dank verpflichtet.

Wiener-Neustadt, im Februar 1938.

Der Verfasser.

Inhaltsverzeichnis.

Einleitung.

Die *Mißbildungen und Anomalien der Nase und des Nasenrachenraumes* haben bisher keine alles Bekannte zusammenfassende, ins Detail gehende und namentlich auch das Naseninnere berücksichtigende Darstellung erfahren. Dies soll im folgenden geschehen. Die Darstellung des Stoffes wurde hierbei teils auf zahlreiche Abhandlungen allgemein teratologischen Inhalts, teils auf kasuistische Mitteilungen aufgebaut und durch eigene Untersuchungen ergänzt. Letztere wurden an schwereren nasalen Fehlbildungen vorgenommen und waren u. a. dazu bestimmt, verschiedene Lücken auszufüllen, welche die bislang noch relativ selten geübte histologische Untersuchung der Nasenmißbildungen übrig ließ.

Die Formentstehung und der Aufbau eines mißbildeten Organs wird erst dann richtig verstanden, wenn die normale Embryologie und Anatomie eben dieses Organs bekannt ist bzw. wieder ins Gedächtnis gerufen wird. Letzteres konnte nur insoweit geschehen, als da und dort über einige weniger bekannte spezielle Verhältnisse der Norm einige Notizen eingestreut wurden. Im Schriftenverzeichnis ist überdies eine besondere Abteilung denjenigen Werken und Abhandlungen vorbehalten, welche normale anatomische, histologische, embryologische, vergleichend-anatomische und anthropologische Angaben enthalten und die der Darstellung mit zugrunde gelegt wurden.

Was die in dieser Monographie abzuhandelnden *Abweichungen vom Normalen* anlangt, so ist es ja genugsam bekannt, daß einerseits nicht alle angeborenen Abweichungen auf Fehlbildungen beruhen, anderseits aber, daß auch echte Fehlbildungen erst während des extrauterinen Lebens allmählich hervortreten können. Wenn demnach die Geburt keine Schranke für die Zurechnung einer vom Normalen abweichenden Erscheinung zu den Mißbildungen darstellt, so ist doch anderseits zuzugeben, daß ein beträchtlicher Teil derselben sich während des intrauterinen Lebens ausbildet und daher bei der Geburt in Erscheinung tritt. Schon aus diesen Andeutungen ist die mitunter beträchtliche Schwierigkeit der Zuweisung einer Anomalie zu den „Fehlbildungen" oder zu den „anatomischen Varianten" ersichtlich (Ausführlicheres siehe weiter unten). Die Unsicherheiten werden noch dadurch vermehrt, daß trotz des weit fortgeschrittenen Standes unserer normal-embryologischen und anatomischen Kenntnisse nicht in jedem Fall eine Entscheidung darüber getroffen werden kann, ob nun hier überhaupt eine Abweichung von der Norm vorliegt oder nicht, so daß F. P. MALL (Lit. I/b, S. 211) recht hat, wenn er sagt: „Die Teratologie wird nicht eher eine befriedigende wissenschaftliche Basis erhalten, als bis viele Embryonen mit Abweichungen geringeren Grades ... studiert sind und bis die Norm für jedes Stadium mit Sicherheit festgelegt ist." Die Entscheidung also, was im Einzelfall noch als normal, was als anatomische Variante und was als Mißbildung anzusehen ist, wird nicht immer ganz leicht sein, zumal weder das Angeborensein noch der besondere Grad der Abweichung ein absolutes Kriterium für die Zurechnung zu den Mißbildungen darstellt. Unter diesen Umständen dürfte es besser sein, womöglich alle von der Norm abweichenden Erscheinungen aufzuzählen, selbst wenn es sich bei einzelnen nur um anatomische Varianten handelt.

I. Entstehung der Mißbildungen im allgemeinen.

Prinzipien für die Einteilung der Mißbildungen. Was nun die Frage des Einteilungsprinzips der nasalen Mißbildungen betrifft, so wäre eine Sichtung und Abhandlung des ganzen Stoffes vom Standpunkt der *Ätiologie (kausale Genese)* sicherlich am richtigsten. Da unsere Kenntnisse gerade über diesen Punkt noch sehr lückenhafte sind, kann einstweilen die Ätiologie als ordnendes Prinzip nicht verwendet werden. Auch über den *Zeitpunkt des Auftretens* der einzelnen Mißbildungstypen sind wir — die vererbten Fehlbildungen ausgenommen — nur höchst oberflächlich unterrichtet. Nur in relativ wenigen Fällen ist eine einigermaßen genaue Angabe über den spätesten Zeitpunkt — die sogenannte teratogenetische Terminationsperiode — möglich, womit aber immer noch wenig gewonnen ist, da der tatsächliche Augenblick, in welchem die Ursache für die Ausbildung der Fehlbildung in Aktion trat, noch sehr erheblich von der teratogenetischen Terminationsperiode abweichen kann (siehe darüber später). Ganz allgemein nur kann gesagt werden, daß schwere komplexe Mißbildungen, von welchen ein primär normaler Embryo betroffen wurde, meist zu einem sehr frühen Zeitpunkt der Entwicklung entstanden sein müssen, wogegen der Zeitpunkt der Genese sich desto weiter hinausschiebt, je leichter die Fehlbildung und je beschränkter sie ist. Unter diesen Umständen blieb also nur übrig, entweder die alte Einteilung der Mißbildungen in solche „per defectum", „per excessum" und „per fabricam alienam" etwa in der modernen Form H. PRŽIBRAMS (Lit. I/a) auf unseren Gegenstand anzuwenden oder einfach von den schwereren komplexen Formen zu den einfacheren fortzuschreiten, womit gleichzeitig ein allmählicher Übergang von den generalisierten, das ganze Organ und seine Nachbarschaft betreffenden Fehlbildungen zu den spezialisierten, nur einzelne Abschnitte des Organs in Mitleidenschaft ziehenden, verknüpft ist. Aus rein praktischen Erwägungen der besseren Übersicht und leichteren Auffindbarkeit empfiehlt sich m. E. die Einteilung des Stoffes *„von der Mißbildung des ganzen Organs bis zu derjenigen seiner einzelnen Teile"* und dies um so mehr, als eine und dieselbe Mißbildung — als konkreter Fall gesehen — nicht immer ohne weiteres in eine der Gruppen „per defectum", „per excessum" usw. einzuordnen ist, ja sogar Zweifel darüber entstehen können, ob eine „Exzeßbildung" nicht letzten Endes in einer Hemmung ihre formale Ursache hat. Die nasalen Mißbildungen werden demnach in Gruppen eingeteilt, wobei nach Schilderung des Aussehens und Vorkommens Angaben über den derzeitigen Stand unseres Wissens in *formalgenetischer* und *ätiologischer* Beziehung angeschlossen und ein *Versuch einer genaueren Datierung des Entstehungszeitpunktes* der Fehlbildungen gemacht werden soll.

A. Neuere Ergebnisse der Vererbungs- und Mißbildungsforschung (Lit. I u. II).

Ehe eine Besprechung der einzelnen Mißbildungsformen und sonstigen Anomalien erfolgt, mögen einige Ausführungen über *kausale Genese* (Ätiologie) und über die *wichtigsten neueren Ergebnisse der experimentellen Teratologie*, soweit sie für das Verständnis des Zustandekommens von Nasenmißbildungen nötig sind, Platz finden.

Die *Vererbungsforschung* hat sichergestellt, daß die vererblichen Eigenschaften ihr anatomisch-physiologisches Substrat in Stoffteilchen der Chromosomen haben, welche als Erbfaktoren oder als Gene bezeichnet werden. (Den folgenden

Ausführungen ist vorwiegend die Darstellung von R. GOLDSCHMIDT zugrunde gelegt.) Alle somatischen (und auch psychischen) erblichen Eigenschaften sind demnach, ob sie nun als normale oder als davon abweichende (pathologische) zu bezeichnen sind, durch Gene repräsentiert. Die von GREGOR MENDEL an Pflanzen aufgefundenen Vererbungsgesetze sind auch für den Menschen durchaus verbindlich. So ist bereits für eine größere Anzahl von pathologischen vererblichen Eigenschaften (wie die Rot-Grün-Blindheit, die Bluterkrankheit usw.) festgestellt worden, daß sie den MENDELschen Vererbungsgesetzen folgen. Wegen der geringen Kinderzahl des Menschen und der Unsicherheit der Familienforschung ist es anderseits nicht leicht, eine oder die andere Anomalie als sicher vererbte zu erkennen, bzw. ihren Vererbungsmechanismus klarzustellen. Hier müssen die an Pflanzen und Tieren gewonnenen Erkenntnisse ihre Unterstützung leihen. Dies gilt besonders für erbliche Krankheiten, welche durch sogenannte summierende Erbfaktoren bedingt sind. — Ganz allgemein kann das „Variieren" (= Abweichen vom Durchschnitt bzw. Normalen) verschiedene Gründe haben: 1. Die Einwirkung der äußeren Umgebung (Milieu) auf den Organismus bedingt Formveränderungen (Modifikationen nach JOLLOS), welche aber *nicht* erblich sind (Beweis: Größeschwankung durchaus homozygoter Individuen, also Verschiedenheit des Phänotypus bei gleichem Genotypus). 2. Wenn die Eltern erblich unrein (heterozygot) waren, tritt unter der Nachkommenschaft eine Bastardspaltung auf, die Individuen sind mehr minder voneinander verschieden, sie „mendeln", eben wegen der Verschiedenheit ihrer Gene. Da in einer Mischbevölkerung damit zu rechnen ist, daß die Zeugungspartner stets mehr minder erblich verschieden sind, so ist in den Filialgenerationen mit einer kräftigen Mendelspaltung zu rechnen. Bezüglich der Unterscheidung von 1 und 2 ist zu sagen, daß man öfters und namentlich für manche Eigenschaften ohne Vererbungsversuche gar nicht entscheiden kann, ob man die nicht erbliche Außenwelteinwirkung auf eine homozygote Eigenschaft vor sich hat oder das bunte Gemisch einer vielfach heterozygoten Bevölkerung. Morphologische Verschiedenheiten solcher Entstehungsarten (wie sub 1 und 2 angegeben) liegen offenbar den *anatomischen Varianten* zugrunde. 3. Veränderungen können ferner durch eine als *Mutation* bezeichnete Erscheinung hervorgerufen sein, worunter man plötzlich auftretende, quantitative und qualitative Änderungen eines oder mehrerer Gene oder das Verschwinden bzw. Neuauftreten von solchen versteht. Diese sprunghafte, in ihren letzten Ursachen bisher unaufgeklärte Erscheinung ist geeignet, neue Genotypen (und damit auch neue Phänotypen), also *neue vererbliche* Formen zu bilden, welche, falls sie sich besonderen äußeren Umständen besser angepaßt erweisen als die bisherigen, Aussicht haben, sich durchzusetzen (Entstehung neuer Rassen bzw. Arten). Der Beweis für das Vorliegen einer Mutation ist dann erbracht, wenn plötzlich in einer sich lange Zeit unverändert (homozygot) fortpflanzenden Rasse eine neue Form auftritt, die sich vererbt.

Dabei können solche einfache faktorielle Mutationen dominante oder rezessive Mutanten hervorbringen, ferner Faktoren betreffen, welche in einem gewöhnlichen oder im Geschlechtschromosom liegen. Im letzteren Fall wird die neuentstandene Eigenschaft geschlechtsgebunden vererbt. Es ist eine bemerkenswerte Tatsache, daß sehr viel mehr Mutanten rezessiv als dominant sind (die Ausgangsform dominiert also meist über die Mutante) und daß sehr viele dominante Mutanten homozygot nicht lebensfähig sind, also nur bei heterozygotem Auftreten beobachtet werden können. Das Auftreten einer *dominanten Mutante* wird natürlich sofort bemerkt, bei Bastardierung mit der Stammform ergibt sich eine einfache Mendelspaltung und durch geeignete Züchtung kann die neue

Form homozygot gemacht werden. Das Auftreten einer *rezessiven Mutante* kann dagegen bestenfalls vier Generationen später, als die Mutation eintrat, bemerkt werden, da die Vereinigung zweier Heterozygoten nötig ist, um in der nächsten Generation ein Viertel reine Rezessive, nämlich die rezessiven Mutanten, hervortreten zu lassen. Die züchterische Weiterverfolgung der übrigen Glieder dieser Filialgeneration wird den endgültigen Beweis dafür erbringen, ob es sich tatsächlich um das Auftreten einer rezessiven Mutation oder nicht vielmehr um das Herausspalten reiner Rezessive aus einer für homozygot gehaltenen Rasse gehandelt hat. Auch beim Menschen kommen rezessive, in gewöhnlichen Chromosomen erfolgte Mutationen nur nach der Vereinigung zweier Heterozygoten zum Vorschein, was am ehesten noch bei Verwandtenehen zu erwarten ist, wogegen sich rezessive Mutanten, die durch Mutation eines im Geschlechtschromosom gelegenen Erbfaktors entstanden waren, natürlich wesentlich leichter auffinden lassen. Ein im Geschlechtschromosom gelegener rezessiver Erbfaktor besitzt nämlich bei Vereinigung mit einer kein Geschlechtschromosom enthaltenden Samenzelle keinen dominanten Partner und kommt daher stets zum Ausdruck. Eines der wichtigsten Objekte der Vererbungsforschung ist die Taufliege (Drosophila), an welcher insbesondere T. H. MORGAN und seine Schule arbeitet und bisher 400 Mutanten auffinden und rein weiterzüchten konnte (Rassen). Es fällt nun auf, daß unter den Mutanten dieses (und auch manchen anderen) Tieres viele sind, welche man als *pathologisch* bezeichnen muß (Augenlosigkeit, verkrüppelte Flügel usw.). Ebenso sind auch die beim Menschen auftretenden Mutationen, wie Sechsfingrigkeit, Klumpfuß usw., als krankhafte bzw. abnorme zu bezeichnen. Damit in guter Übereinstimmung ist die Tatsache, daß die Mehrzahl aller Mutanten weniger lebensfähig ist als die Stammart. Es scheint, daß die Genveränderung doch eine tiefgreifende Wirkung auf den *ganzen* Organismus ausübt und ihn weniger lebensfähig macht. (Im Gegensatz zu diesen groben, meist unheilvollen Mutationen erfolgt die *Bildung neuer Arten* offenbar durch viele ganz kleine Mutationsschritte, wodurch nahe verwandte Arten entstehen, welche sich in vielen, wenn nicht in allen Charakteren ein klein wenig voneinander unterscheiden.) Verschiedene am Menschen festgestellte dominant- und rezessivvererbliche Abnormitäten (wie Spaltfuß, Kurzfingrigkeit bzw. Haarlosigkeit, Sechsfingrigkeit, Klumpfuß, Rot-Grün-Blindheit, Hämophilie) verdanken offenbar solchen *groben* Veränderungen einzelner oder mehrerer Gene ihre Entstehung. Das „Wie" bleibt aber einstweilen fraglich. *Nicht unerwähnt soll schließlich bleiben, daß Mutationen auch in Genen somatischer Zellen statthaben können.* Erblichkeit ist aber natürlich nur dann festzustellen, wenn die Genovariation Zellen betraf, welche der Keimbahn angehören. *Ähnliche, ja analoge Mutanten*, wie sie etwa bei der Taufliege *natürlicherweise* auftreten und homozygotisch weitergezüchtet werden können, *lassen sich nunmehr auch experimentell hervorrufen.* Werden solche Fliegeneier oder sehr junge Larven mit Röntgenstrahlen behandelt (MULLER 1927, GOODSPEED und OLSON, HANSON und HEYS, PATTERSON u. a., Lit. bei N. W. TIMOFÉEFF-RESSOVSKY) bzw. erhöhten Temperaturen bestimmter Einwirkungsdauer zu einem gewissen optimalen Zeitpunkt ausgesetzt (R. GOLDSCHMIDT), so kann man fast jede der natürlichen Mutanten erhalten.

Auf Grund der Versuchsergebnisse von MULLER (und seiner Schule), von TIMOFÉEFF-RESSOVSKY u. a., wobei sich zeigte, daß die in der Nachkommenschaft bestrahlter Fliegen auftretenden Genovariationen solche sind, welche auch im „normalen" Genovariationsprozeß wiederholt entstanden (MORGAN, BRIDGES, STURTEVANT 1925), nehmen eine Reihe obzitierter Autoren den Standpunkt ein, daß die *Röntgenstrahlen nicht bloß mißbildend, sondern auch umbildend auf die Gene einwirken* und daß man *vielleicht in der Einwirkung kurzwelliger Strahlen*

den „normalen“ Auflösungsfaktor des Genovariationsprozesses erblicken darf.
Diese Vorstellung wäre mit der Forderung zu vereinbaren, daß die feineren
Genveränderungen durch viel zartere Einwirkungen hervorgebracht sein müssen,
als man gemeiniglich im Experiment anzuwenden in der Lage ist. Auf Grund
dieser und anderer Versuchsergebnisse, verbunden mit morphologischer und
entwicklungsgeschichtlicher Analyse und deduktiven Folgerungen, darf man
in den Genen wohl spezifische Körper von Enzymnatur erblicken, welche als
Katalysatoren wirken und je nach ihrer Quantität die eingeleiteten Aktionen mit
genau dosierter spezifischer Geschwindigkeit normal zu Ende bringen oder
aber vermindern bzw. beschleunigen. *Durch geringe Quantitätsänderungen eines
Gens wird das auf das feinste dosierte System von zeitlich genau abgestimmten
Reaktionsabläufen, welches die ganze Entwicklung beherrscht, in der mannigfachsten Weise und mit dem mannigfachsten Effekt verschoben bzw. gestört,* weil
eben zu früh oder zu spät ankommende Reaktionen nicht mehr die gleiche Situa-
tion antreffen, mit deren Zusammenarbeit allein eine harmonische und normale
Entwicklung garantiert werden kann. Von großer Bedeutung für das Verständnis
der Leistung der Gene ist ferner die Erkenntnis, daß die naive Vorstellung,
wonach jedem Außencharakter ein Gen zugeordnet sei, der Annahme zu weichen
hat, daß mehr oder minder alle Gene zu jeder Eigenschaft zusammenwirken
müssen. Da es keine erbungleiche Teilung gibt, so folgt daraus, daß alle Gene
a priori in allen Zellen wirken müssen. Nur wirken sie zu verschiedenen Zeiten
auf verschiedene Substrate ein, da die zeitlich aufeinander folgenden Deter-
minationspunkte des Keims, seiner Organanlagen und weiteren Untersysteme
mit einem irreversiblen Vorgang einer räumlichen Trennung verschiedenartiger
Stoffe (Schichtungsvorgang) verknüpft sind. Das einzelne Gen kann also, obzwar
stets alle vorhanden sind, nur mit einem bestimmten Substrate (= organbilden-
dem Keimbezirk) reagieren und setzt erst dann dafür seine Reaktionsketten in
Bewegung, wenn die Schichtung das betreffende Substrat geliefert hat. Diese
von R. GOLDSCHMIDT seit Jahren auf Grund von Versuchen vertretene Anschauung wurde durch kürzlich mitgeteilte weitere Versuche (an Drosophila) glänzend
bestätigt. Die durch verschieden dosierte Hitzereize auf verschiedene Entwicklungsstadien von Drosophilalarven hervorgebrachten und meist für den Intensitäts-
grad der Temperatur und für die Einwirkungsdauer charakteristischen verschiedenen Typen von Phänokopien, welche bestimmten bekannten Mutanten
und Kombinationen solcher gleichen, sieht R. GOLDSCHMIDT als das Resultat
der induzierten Verschiebung in der Geschwindigkeit einzelner Reaktionsabläufe
an (gegenüber dem geordneten System anderer Reaktionsabläufe für die Entwicklung des Normaltyps). Die Annahme dagegen, daß der Temperaturreiz
somatische Genovariationen hervorbringe, lehnt GOLDSCHMIDT ab. Auf Grund
seiner letzten ausgedehnten Versuchsreihen konnte R. GOLDSCHMIDT ferner
zeigen, daß der Erscheinung *scheinbarer Vererbung des neuen Typs* (bei durch
Hitze und mittels anderer ähnlicher Mittel in alten und neueren Versuchen
modifizierten Tieren) in Wirklichkeit eine *Dominanzverschiebung* zugrunde liegt.
Die Hitzebehandlung lasse ein selten vorhandenes rezessives Gen einen sichtbaren
Effekt ausüben (Dominanzverschiebung!) und dieser wieder ermöglicht die Auswahl zweier Heterozygoten, welche sonst kaum zusammengekommen wären.
Die Aufdeckung dieser Verhältnisse erledige, wie R. GOLDSCHMIDT besonders
betont, alle Fälle von *sogenannter Vererbung erworbener Eigenschaften,* welche
bislang dafür ins Treffen geführt wurden.

Wie immer auch die Erklärung gefundener Tatsachen gegeben werden mag,
muß doch diesem Standpunkt R. GOLDSCHMIDTs gegenüber betont werden, daß
viele Genexperimentatoren den *Nachweis der Vererblichkeit mancher neuer, durch*

experimentelle Genovariation hervorgebrachter Eigenschaften für durchaus erbracht halten.

Für H. J. MULLER (Versuche ab 1927) steht es fest, daß durch Röntgenstrahlen, durch die γ- und β-Strahlen des Radiums und wahrscheinlich durch kosmische Strahlung eine Unmenge von *vererblichen* Veränderungen des tierischen und pflanzlichen Organismus hervorgebracht werden. Diese Veränderungen werden teils durch relativ grobe Vorgänge (Platzänderung von Chromosomenfragmenten), teils durch ultramikroskopische Genveränderungen bewirkt. Letztere stellen offenbar die Art und Weise der *natürlichen Mutation* dar. Bei der Strahlungswirkung handle es sich wahrscheinlich um einen direkten Effekt, da die Wirkung proportional der Energie der absorbierten Dosis ist.

Daß es künstlich hervorgebrachte erbliche Mißbildungen gibt, wurde durch C. C. LITTLE und H. J. BAGG gezeigt. Diese Autoren erhielten durch Röntgenschwachbestrahlung von erwachsenen Mäusemännchen und -weibchen in der Deszendenz Veränderungen an den Extremitäten (Klumpfußbildung) und am Auge (Lid- und Corneaveränderungen in verschiedenem Ausmaß), welche sich als rezessiv vererbliche Formen erwiesen und sich seither schon durch über zehn Jahre fortzüchten ließen (Bestätigung durch eine Reihe amerikanischer Autoren und zuletzt durch KRISTINE BONNEVIE, welche über die Ergebnisse von BAGG hinaus durch subtile histologische Untersuchung mißbildeter Embryonen die ganze Verkettung der pathologischen Erscheinungen, also die formale Genese und den Zeitpunkt des Auftretens der ersteren feststellen konnte). *Es scheint eben letzten Endes darauf anzukommen, daß die exogene Einwirkung auf die Gene kein allzu schweres Trauma beinhaltet,* widrigenfalls Vererbung unterbleibt. Je zarter und dosierter man lernen wird äußere Einwirkungen anzuwenden, desto mehr werden sich diese den Verhältnissen bei natürlichen Mutationen annähern, mit welchen bekanntlich Vererbung verbunden ist. ·

Dies deckt sich gut mit den Ansichten mehrerer Genexperimentatoren, welche wegen des Auftretens von Rückgenovariationen sich für berechtigt halten, in den rezessiven Genovariationen keine grob-materiellen Verluste zu erblicken. Wenn nun auch keine gröberen Verluste vorliegen, so ist doch mit feineren bzw. mit chemischen Änderungen (J. T. PATTERSON und H. J. MULLER) zu rechnen. *Aus allen bisherigen Erfahrungen scheint jedenfalls mit ziemlicher Sicherheit hervorzugehen, daß allen vererblichen Mißbildungen und Krankheiten (Heredopathien) solche Verlustmutationen* (Demutationen — V. HAMMERSCHLAG) *zugrunde liegen.* Über die *natürliche Ätiologie* solcher Verlustmutationen ist so gut wie nichts bekannt. Aus der Tatsache, daß der heutigen Kulturmenschheit und den im gleichen Milieu lebenden Tieren (Haustieren) gemeinsame *Heredopathien* (wie hereditär-degenerative Innenohrerkrankung, Kolobom, Mikrophthalmus, albinotischer Fundus, Albinismus, Mikromelie usw.) zukommen, zieht V. HAMMERSCHLAG den Schluß, daß diesen gemeinsamen Störungen auch eine gemeinsame Ursache zugrunde liegen müsse. Er erblickt die gemeinsame mutationsauslösende (idiokinetische) Ursache im *Domestikationsmilieu* bzw. in einer durch dasselbe herbeigeführten Veränderung des gesamten Chemismus des Tier- und Menschenkörpers. Damit geraten die im Körper sich entwickelnden und von dem Körper genährten Gene in ein neues und zwar *ungemäßes* chemisches *Milieu*, was eine ihrer chemischen Natur nach noch unbekannte Demutation einzelner dieser Gene zur Folge hat. Nach Ansicht HAMMERSCHLAGS kommen die im Experiment sich als wirkungsvoll erweisenden idiokinetischen Agentien (wie Radium- und Röntgenstrahlen, abnorme Temperaturen, Alkohol) für den natürlichen Demutationsvorgang nicht in Betracht und auch die gemeiniglich als „Keimgifte" bezeichneten Substanzen (wie Alkohol, Blei, Quecksilber, Nikotin und eine Reihe anderer in bestimmten Gewerben verwendeter Giftstoffe) höchstens für den Menschen und auch dann nicht in vorherrschendem Ausmaß. Sei die Kluft aber einstweilen noch groß zwischen den von V. HAMMERSCHLAG supponierten mutationsauslösenden, zur Genverminderung oder -verschlechterung führenden Stoffwechseländerungen des Kulturmilieus und den experimentell wirksamen idiokinetischen Agentien, so scheint es sich doch, da dort wie hier Verlustmutationen vorliegen, *anscheinend nicht um prinzipielle, sondern nur um graduelle Verschiedenheiten* zu handeln. *Auf alle Fälle wurde aber der Anstoß zur Genveränderung in irgendeiner Weise von außen gegeben.*

In den letzten Jahrzehnten sind *eine Reihe von mehr minder komplexen Störungen als Erbkrankheiten bzw. vererbliche Mißbildungen erkannt* worden, welche auf Genodemutationen zurückgeführt werden müssen (vgl. J. BAUER, B. ASCHNER und G. ENGELMANN, ERWIN BAUR, K. H. BAUER, GEORG B. GRUBER u. a.). An besonders instruktiven Beispielen scheinbar rein örtlicher Mißbildungen, wie der erblichen *Patellarluxation* oder des *vererbbaren Schlüsselbeindefekts* (Dysostosis cleido-cranialis), welche aber mit einer Reihe von gelegentlich nur schwach ausgebildeten (und daher öfters übersehenen) weiteren Störungen in analogen Organbereichen bzw. Keimblattarealen verknüpft sind, läßt sich die vielseitige und vielgestaltige Auswirkung eines pathologischen Gens erkennen (K. H. BAUER). Das Gen, aufgefaßt als bisher letzter selbständiger, einheitlicher und unteilbarer funktioneller Antriebsstoff für die gesamte Organ- und Funktionsgestaltung des Organismus, erleidet bei der Mutation eine Änderung seines molekularen Aufbaues, gewinnt eine neue chemische Konstitution und bedingt dadurch entwicklungsphysiologisch einen anderen Ablauf seiner Auswirkung, sei es in zeitlicher, morphologischer oder funktioneller Hinsicht. Sehr bedeutsam ist die Tatsache, *daß sich nicht bloß gametische, sondern auch somatische Genovariationen erzeugen lassen* (also Mutationen in den Chromosomen der *Körper*zellen), wofür es bereits ein großes Beweismaterial in der Zoologie und Botanik gibt. K. H. BAUER versuchte nun 1934 den Beweis zu erbringen, daß auch für den Menschen analoge Verhältnisse maßgebend sind. K. H. BAUER faßt die systemisierten, *generalisierten* Gewebsstörungen (wie z. B. die Ostitis fibrosa, den Albinismus, multiple Exostosenbildung, polycystische Entartung innerer Organe) auf als hervorgebracht durch Genodemutation in den *Keim*zellen, wogegen analoge, aber *streng lokalisierte* Formen, *welche zum Unterschied von den ersteren aber nicht erblich sind und stets in der Einzahl in Erscheinung treten*, als durch Genodemutation in den *Körper*zellen entstanden angesehen werden. Dabei handle es sich um die Mutation des *gleichen* Gens und eben deshalb bei beiden Formen (den generalisierten wie den lokalisierten) um vollkommen identische Formabweichungen. Diese lokalisierten Formabweichungen und die ihnen zugrunde liegenden Demutationen einzelner Gene in lokal beschränktem Bezirk somatischer Zellen oder Zellgruppen müssen meines Erachtens natürlich auch *durch lokalisierte Störungen* hervorgebracht sein. Über geeignete exogene Störungen zu solchem Endergebnis soll weiter unten gesprochen werden. Hier sei nur vorweggenommen, daß diese *exogenen Störungen* — falls es sich bei denselben nicht um totale Zerstörung bzw. mehr minder vollständige Auflösung bestimmter Gewebszonen handelt — letzten Endes chemisch-physikalische Veränderungen von Genen in bestimmten Körperzellen hervorbringen werden und teils dadurch allein, teils durch Mitveränderung des Substrats (im Sinne von R. GOLDSCHMIDT, siehe höher oben) zu *örtlichen Mißbildungen* führen. *Lägen demnach auch den örtlich begrenzten Fehlbildungen Genodemutationen, und zwar somatischer Zellen durch von auswärts her einwirkende Kräfte zugrunde, so schlösse sich sowohl um die mehr minder generalisierten, vererblichen, in der Keimmasse festgelegten als auch*

um die lokalisierten, nichtvererblichen Mißbildungen insofern der Kreis, als schließ-
lich und endlich alle beiden scheinbar so differenten und streng geschiedenen Gruppen
durch Genodemutationen (gametischer bzw. somatischer Lokalisation) *und durch*
äußere Einflüsse (schädigende Wirkungen des Kulturmilieus, bzw. von außen
her an den Keim herankommende Noxen verschiedener chemisch-physikalischer,
bzw. mechanischer Art) *erzeugt sind.* Hier bietet sich m. E. ein Ausblick, wie er
sich bei der Lösung schwieriger Probleme schon wiederholt ergeben hat. Durch
analytische Betrachtung, durch experimentelle und klinische Durchforschung
anscheinend formal und ursächlich gänzlich disparater Gebilde wird schließlich
eine Brücke gefunden, welche geeignet ist, alles in sehr vereinfachter und
viel befriedigenderer Art und Weise zu sehen und zu verstehen.

Nicht unerwähnt soll zum Schluß dieses Abschnitts bleiben, daß K. H. BAUER
(l. c.) sich auch die *Geschwülste* durch Mutation entstanden denkt und zwar *sowohl die*
multiplen Geschwülste (multiple Exostosen, Xeroderma pigmentosum mit multiplen
Hautcarcinomen usw.) *als auch die solitären*, morphologisch analog gebauten (durch
Genomutation innerhalb der Keimzellen bzw. in Körperzellen). Das *mutierte Gen* sei
in beiden Formen der Stoffträger der Geschwulsteigenschaften. Mittel, welche Mutationen in Keimzellen erzeugen können (wie Hitze, Röntgen- oder Radium- und
andere Strahlen, ultraviolettes Licht, Arsen), können auch in Körperzellen Krebs hervorbringen und in Gewebskulturen zu blastomatöser Entartung Veranlassung geben.

Aus erkenntnistheoretischen und auch aus praktischen Gründen hat man
sich demnach bei allen nasalen Anomalien und Fehlbildungen zu fragen, *ob sie*
vererblich sind oder nicht.

Wir müssen daher zwei Hauptgruppen unterscheiden:

1. Die vererbbaren Mißbildungen (Heredopathien).

Hier gibt es dominant- und rezessiv vererbliche Formen, unter den letzteren
auch geschlechtsgebundene. Ihre Entstehung denkt man sich durch plötzliche
Genovariation hervorgerufen. Daß äußere schädigende Einwirkungen hierbei
mit eine Rolle spielen dürften, dafür können die mißbildeten Mäuse von LITTLE
und BAGG einen Entstehungsweg aufzeigen. Für die Heredopathien des Menschen
(und der Haustiere) kommen aber wahrscheinlich andere ursächliche Momente
in Frage (vgl. höher oben).

Was die als „*Keimgifte*" bezeichneten Substanzen und andere ähnlich wirkende Agentien betrifft, so verlohnt es sich darauf einen kurzen Blick mit der
Frage zu werfen, *ob typische Mißbildungen davon induziert werden können.*

Ähnlich wie bei der natürlichen Genovariation, welche offenbar in der kopulations-
reifen Ei- bzw. Samenzelle (eventuell aber auch während der Reifungsteilungen) auf-
tritt, werden auch bei manchen *Experimenten* die Veränderungen während dieser
Phasen der Ovo- bzw. Spermatogenese gesetzt (*Blastophthorie*). Durch Vereinigung
der ein- oder beiderseitig geschädigten Geschlechtszellen resultiert ein ab nuce lädierter
Keim, dessen Entwicklung als von der Norm abweichend bezeichnet werden muß.
Dies ist aber meist nicht sogleich erkennbar. Sind die Geschlechtszellen beider
Elternteile geschädigt, so ist im allgemeinen mit schwereren Störungen zu rechnen.

Nachdem schon BARDEEN 1907 gezeigt hatte, daß Eier der Kröte, welche mit
*röntgen*bestrahlten Spermatozoen befruchtet wurden, sich abnormal entwickeln,
publizierten O. HERTWIG und seine Mitarbeiter (Lit. II/a—f) in den Jahren 1910
bis 1913 eine Reihe von Arbeiten über *experimentelle Beeinflussung der reifen Ge-*
schlechtszellen vorwiegend von Rana fusca mittels *Radium- und Mesothoriumbestrah-*
lung und mittels *verschiedener chemischer Körper* (Lösungen von Methylenblau, Chloral-
hydrat und Strychnin. nitricum). Es wurden dabei *vier Gruppen* von Experimenten
gemacht, und zwar: A) Bestrahlung, ausgeführt unmittelbar nach der Befruchtung
einer normalen Eizelle mit einer normalen Samenzelle, also Bestrahlung eines frisch

befruchteten normalen Eies; B) Bestrahlung reifer Eizellen, hernach Befruchtung durch normale Samenzellen; C) Bestrahlung reifer Samenzellen, hernach Befruchtung normaler Eizellen mit ersteren; D) Kopulation von bestrahlten Ei- und Samenzellen miteinander.

In diesen A-, B-, C-, D-Serien wurden *fast ausnahmslos Fehlbildungen* erhalten, deren Auftreten und Intensität der Bestrahlung im großen ganzen parallel verlief und die einander meist sehr ähnlich waren (wie Bauchwassersucht, Spina bifida usw.). Insofern waren aber Verschiedenheiten vorhanden, als die Tiere der A- und D-Serie, falls sie sich überhaupt entwickelten, viel schwerer betroffen waren als die Tiere der B- und C-Serie. In der B- und C-Serie zeigte sich nämlich, daß, je stärker (innerhalb mittlerer Werte) die ursprüngliche Schädigung der Eizelle bzw. Samenzelle gewesen, desto schwerer zwar die anfängliche Störung der Entwicklung sich anließ, desto rascher aber anderseits die Erholung und weitere günstige Entwicklung des Organismus einsetzte. Diese Erscheinung ist darauf zurückzuführen, daß das geschädigte Ei- bzw. Spermachromatin an weiterer Vermehrung und damit am weiteren Übergang in die Körperzellen gehindert wird (und dies desto früher, je tiefgehender seine ursprüngliche Schädigung gewesen war!) und daß die weitere Entwicklung des Organismus auf Grund der allein noch vorhandenen gesunden Chromosomen aus dem Spermakern bzw. aus der Eizelle sich vollzieht. Durch die frühzeitige partielle oder totale Eliminierung des bestrahlten Chromatins wird also eine *„Sanierung der Embryonalzellen"* bewirkt. Diese Erholung und Weiterentwicklung vollzieht sich also auf Grund haploider Kerne und ist ihrem Wesen nach eine parthenogenetische. (Weiterer Beweis: Kopulation von Eizellen mit intensivst bestrahlten Samenzellen hat keinerlei Störung, auch keine anfängliche, zur Folge; der radiumbestrahlte Spermakern wird eben sofort eliminiert. G. und P. HERTWIG, K. OPPERMANN.)

Da Fehlbildungen allein aus Zustandsänderungen der Eizelle (Überreife) oder aus solchen ihrer Umgebung hervorgehen können, so bediente sich O. HERTWIG schließlich nur vorbehandelter Spermatozoen. In zahlreichen C-Serien mit verschiedenen chemischen Mitteln erzielte O. HERTWIG Fehlbildungen, welche untereinander und den mittels Radium- und Mesothoriumbestrahlung hervorgebrachten so ähnlich waren, daß er zur Ansicht kam, „daß die auf physikalische oder chemische Eingriffe folgende Reaktion *nicht durch die Natur der angewandten Mittel, sondern durch die Eigenart der organisierten Substanz"* bestimmt wird.

Immerhin ergaben sich gewisse Unterschiede in den Hauptergebnissen: Bei den Chloralhydratlarven überwogen die Zwergformen, gelegentlich war auch Spina bifida und Anencephalie, niemals aber Cyklopie anzutreffen, wogegen unter den Strychninlarven außerordentlich viele Spinae bifidae vorhanden waren. *Es ist also beachtenswert, daß trotz weitgehender Ähnlichkeit sich doch Ergebnisse erzielen lassen, die nicht völlig jeder Spezifität entbehren.*

Die Versuche der B- und C-Serie beweisen, daß abnorme Beschaffenheit der Geschlechtszellen *eines* Partners zum Zustandekommen von Fehlbildungen genügt.[1] In der *menschlichen Pathologie* entspricht dies jenen Beobachtungen, in welchen aus Verbindungen eines etwa an chronischem *Alkoholismus* oder an *Bleiintoxikation* leidenden Partners mit einem gesunden Früh- bzw. Totgeburten, bzw. sehr debile Kinder von relativ kurzer Lebensdauer resultieren.

Um so tiefgreifender sind die Folgen, wenn die Geschlechtszellen *beider* Erzeuger als pathologisch verändert oder vergiftet zu betrachten sind.

Hierher gehört die oben zitierte D-Versuchsserie O. HERTWIGS und *verschiedene Alkoholintoxikationsversuche.*

---

[1] Analog den C-Experimenten von O. HERTWIG können *antikonzeptionelle chemische Mittel* wirken, welche die Keimmasse der Samenfäden schädigen, ohne die Befruchtungsfähigkeit derselben zu annullieren. Schon LENZ (in BAUR-FISCHER-LENZ) hatte auf diesen Umstand hingewiesen, seither sind Mitteilungen von TH. GÖTT und J. SCHMITZ-LÜCKGER (schwerer Defektzustand bei einem viereinhalbjährigen zweieiigen Zwillingspaar) darüber erschienen.

Schon NICLOUX und RENAULT hatten nachgewiesen, daß sehr bald nach dem Genuß von Alkohol derselbe in der Flüssigkeit der Samenkanälchen aufscheint, die Spermatozoen also von ihrem alkoholischen Medium direkt geschädigt werden können. Ebenso ist auch der Alkoholgehalt des fetalen Blutes und der fetalen Gewebe binnen kurzem dem der Mutter gleich. RÖSCH, LANCEREAUX, H. SIMMONDS, KYRLE und namentlich E. BERTHOLET fanden bei chronischen Alkoholikern den Hodenaufbau meist schwer gestört (Azoospermie, degenerierte Samenfäden usw.) und C. V. WELLER (Lit. I/a, b) hat auch für die akute Alkoholvergiftung ausnahmslos schwere Veränderungen im Epithel der menschlichen Samenkanälchen festgestellt. Statistische Untersuchungen an der Deszendenz von Alkoholikern beweisen die toxische Wirkung auf die Erbmasse. Die Beweiskette wurde geschlossen durch die an verschiedenen Tieren (Huhn, Hund, Meerschweinchen) erzielten positiven Ergebnisse. MAIRET und COMBEMALE sahen bei Paarung einer schwachsinnigen, aus einem Alkoholexperiment hervorgegangenen Hündin mit einem gesunden Rüden eine durchaus abnorme Deszendenz hervorgehen (ein Tier mit Klumpfüßen und abnormen Zähnen; ein Tier mit offenem Duct. art. Botalli, welches bald starb; ein Tier mit schwacher Muskulatur des hinteren Körperendes, welches bald nach der Geburt starb). Obwohl also die Elterntiere keinerlei Alkohol zugeführt erhielten, war die Schädigung in der zweiten Gen. nicht minder ausgeprägt als in der ersten. Ähnliche Resultate erzielte C. F. HODGE an Hunden. OVIZE beobachtete, daß aus einem Hühnerei-Inkubator, der zufällig Alkoholdämpfen ausgesetzt worden war, nur 50% der Hühnchen zum Auskriechen gelangten (von welchen ein großer Prozentsatz deformiert war und der größte Teil der übrigen bald einging), während der unausgekrochene Rest teils deformiert oder nur eine kurze Strecke weit entwickelt war. Gleichsinnige Experimente von C. FERÉ ergaben viele Mißbildungen verschiedener Art, Defekte des ZNS. und der Augen. CH. R. STOCKARD (d) konnte das Ergebnis der FERÉschen Experimente bestätigen und überdies in einer in großem Maßstab ausgeführten Untersuchungsreihe (z. T. in Gemeinschaft mit D. M. CRAIG, Lit. II) an Meerschweinchen *die deletäre Wirkung des Alkohols auf die Deszendenz endgültig festlegen*: Die Kopulation von mit Alkoholdämpfen chronisch vergifteten Meerschweinchenmännchen mit normalen Weibchen und umgekehrt, sowie zwischen vergifteten Männchen und Weibchen hatte das Ergebnis, daß aus 42 Paarungen nur 18 lebende Junge hervorgingen und nur 7 davon, darunter 5 Kümmerlinge, länger als einige Wochen am Leben blieben. Meist erfolgte sehr frühzeitiger Abortus oder etwas vorzeitige Geburt toter Tiere. Dasselbe Resultat läßt sich auch durch chronische Alkoholvergiftung trächtiger Weibchen (nach normaler Konzeption) erzielen. *Bestimmte Mißbildungstypen wurden dabei nicht gesehen, doch ist überwiegende Schädigung des ZNS. wohl vorhanden.* Die Überlebenden sind von geschwächter Konstitution, neigen zu Krämpfen und sind relativ viel kleiner (als normale Tiere gleichen Alters). Auch die menschliche Deszendenz von Alkoholikern zeigt häufig frühen Tod in Konvulsionen, schwächliche Konstitution und Neigung zu Tuberkulose. Die von alkoholgeschädigten Eltern abstammenden Meerschweinchen STOCKARDS ergaben gute Nachkommenschaft, wenn mit Normalen gepaart, bei Paarung mit Alkoholtieren schwere Störungen (Totgeburten, Mißbildung), bei Paarung untereinander wurde teils überhaupt keine Nachkommenschaft, teils eine zu frühem Tode neigende erhalten. Unter den letzteren Individuen fand sich auch eine Mißgeburt (vollständige Augenlosigkeit). Dies ist um so bemerkenswerter, als weder in der Deszendenz der Alkoholtiere (erste Gen.) noch in den normalen Kontrollen je solche Mißbildungen aufgetreten waren. Man muß daher annehmen, daß die Keimbahnen beider Eltern geschädigt waren und daß, ohne daß weiter Alkohol einwirkte, in der Nachkommenschaft solcher Eltern *Schwächlinge* auftreten und selbst *typische Mißbildungen* aufscheinen können.[1]

---

[1] *Andere Gifte* wirken ähnlich: Die Deszendenzschädigung des *Bleies* ist durch die exakten Forschungen CONSTANTINE PAULS (1860) erwiesen, neuere Untersucher bestätigen dies (häufig findet sich Idiotie). — Verschiedene *lösliche Produkte des Tbc.-bacillus*, Meerschweinchen durch Monate einverleibt, vermindert die Zahl der Nachkommen, erzeugt Abortus, lebensunfähige und konstitutionell geschwächte Junge (CARRIÈRE). Das Gift wirkt auf die Geschlechtszellen beider Geschlechter.

Besondere Bedeutung kommt den Versuchen HÖNNICKES zu. Er erzeugte *Miß-bildungen* an Kaninchen durch Allgemeinbehandlung der Eltern bzw. Muttertiere vor und während der Zeugung, bzw. während der Gravidität[1] mittels Verfütterung von Thyreoidin, Ammoniaksulfat, Äther und Alkohol. Es resultierten Mißbildungen der Gliedmaßen, des Schädels, *Gesichts- und Gaumenspalten*, Mißbildungen der Lider, der Iris, der Linse, der Nieren, der Nebennieren, des Herzens und der Zähne. Später versuchte HÖNNICKE die natürlichen Verhältnisse nachzuahmen, indem er an Stelle chemischer Mittel bzw. Eiweißgifte „konstitutionelle Faktoren" setzte, z. B. Paarung zwischen rhachitischen oder geschlechtlich noch nicht völlig reifen Tieren. HÖNNICKE glaubt ferner, daß ganz allgemein ein *Kranksein von gewisser Intensität und Dauer vor und während der Zeugung, bzw. während der Gravidität imstande sei, embryonale oder infantile Entwicklungshemmungen zu veranlassen.*

Obgleich einzelne typische Mißbildungen aus den Experimenten von MAIRET und COMBEMALE, C. F. HODGE, CH. R. STOCKARD und HÖNNICKE erhalten wurden, ist es doch *ziemlich unwahrscheinlich, daß die verschiedenen typischen Mißbildungsformen der höheren Säugetiere und des Menschen aus Keimesschädigungen hervorgehen*, welche mit den B-, C- und D-Serien O. HERTWIGS in Parallele zu stellen sind. *Die weitaus größte Anzahl aller menschlichen Mißbildungen* geht wohl entweder aus demutierten Keimzellen hervor, deren Mutation *in viel feinerer Form und in anderer Art* geschah als in den erwähnten Experimenten, oder aus *primär normalen Keimen, welche erst sekundär während des intrauterinen Lebens geschädigt wurden. Dies entspricht der A-Serie von O. HERTWIG* und findet sich in einer Reihe von Experimenten an Drosophilalarven und anderen Tieren realisiert.

Solchermaßen resultiert die zweite Hauptform der Mißbildungsgenese, nämlich:

2. Die erworbenen Mißbildungen.

Hier gibt es wieder *zwei Möglichkeiten*: Tritt das störende, mechanische oder toxische Moment auf *allerfrühester Stufe* der Entwicklung auf, so kann der Keim entweder überhaupt absterben oder sehr schwere Fehlbildungen erleiden, deren Typus und eventuelle Kombinationen im wesentlichen vom Zeitpunkt der Schädigung oder der Schädigungen abhängt. Tritt jedoch das störende Moment *später, nämlich in der Zeit der Organanlagen bzw. Organausbildungen,* auf, so resultieren nicht nur *örtlich beschränktere Fehlbildungen,* sondern es können sich offenbar durch chemische Affinitäten zwischen den am Aufbau bestimmter Organe beteiligten Zellen und der Natur der Noxe *spezifische* Störungen eventuell nur in einem oder dem anderen Organgebiet ausbilden.

Ähnlich wirkt *Abrin* (LUSTIG). Die deletäre Wirkung der *Syphilis* auf die Nachkommenschaft ist bekannt. Die *germinative* Übertragung (mit Schädigung von Genen) wird zwar derzeit von der Mehrzahl der Autoren abgelehnt, doch scheinen gewisse, an kongenital Luischen gelegentlich gefundene Abnormitäten (angeborener Herzfehler, Hypogenitalismus, Moral insanity) als Blastophthorie deutbar. Das Syphilisvirus würde dann ähnlich wie andere keimschädigende Momente wirken und käme besonders dort zur Geltung, wo vielleicht noch andere hereditär-degenerative Faktoren wirksam sind (FOURNIER, F. v. MÜLLER, zit. nach L. KIEWE). Wichtig ist jedenfalls, daß im Samen Luischer reichlich atypische Spermatozoen vorkommen (WIDAKOWICH). (Demgegenüber überwiegt freilich die viel später erfolgende diaplazentare Fruchtschädigung, welche aber als spezifische Infektion gewertet werden muß.)

[1] Dieser Teil der Versuche entspricht der Mißbildungsentstehung durch Einwirkung exogener Noxen auf primär normale Keimesanlagen (siehe darüber später).

a) Exogene Noxen toxischer und toxisch-entzündlicher Natur.

Was nun die *äußeren Mißbildungsursachen* betrifft, so hängt das Wirksamwerden von solchen vornehmlich von den natürlichen Bedingungen ab, unter welchen sich die befruchteten Eier der verschiedenen Tiergattungen zu entwickeln pflegen. So sind Temperaturänderungen, Schwankungen des Sauerstoffgehalts und Veränderungen der osmotischen Spannung der Umgebung entscheidend für die Entwicklung der Eier von *Ichthyopsiden* und *Sauropsiden*. Für die besonderen Verhältnisse, unter welchen das befruchtete *Säugerei* seine Entwicklung durchmacht — Kopulation und Furchung in der Ampulle, Keimblasenstadium während der Durchwanderung durch die Tube und während des Eintrittes in den Uterus, Gastrulastadium etwa koinzidierend mit der Implantation, weitere Entwicklung des Keimes im Uterus bis zur Geburt —, kommen unter den möglichen äußeren Mißbildungsursachen im allgemeinen nur *traumatische* und *chemisch-toxische Einflüsse* in Betracht. Die dadurch hervorgebrachten *fetalen Krankheiten im weiteren Sinne* ergeben nach PANUM, HIS, GIACOMINI und F. P. MALL *die wichtigste Ätiologie der erworbenen Mißbildungen*.[1]

Von 434 menschlichen Eiern MALLS waren 163 pathologisch und unter letzteren waren 79 Monstra vorhanden. Fast in allen pathologischen Eiern waren die Eihüllen erkrankt. (Bezüglich genauerer Details siehe die Arbeiten MALLS.) Das Amnion kann defekt, ja gänzlich zugrunde gegangen sein. Die an den Eihäuten erhobenen histologischen Veränderungen beweisen die Entstehung durch entzündliche Affektionen des Uterus. Bei Tubargraviditäten, welche in außerordentlich hohem Maße pathologische bzw. monströse Eier liefern (96% gegenüber 7% der in utero implantierten!), spielen dagegen Hämorrhagie, mangelhafte Ausbildung der Decidua sowie allgemeine Beengtheit (J. SCHOEDEL) die Hauptrolle. In beiden Fällen ist die *Ernährung des Eies* in Mitleidenschaft gezogen, das Chorion degeneriert oder sein weiteres Wachstum wird verlangsamt und der Embryo leidet, wird atrophisch oder geht selbst ganz zugrunde. Die von manchen Pathologen vertretene Ansicht, daß die Eihautveränderungen durch primäre, im Keime selbst begründete Veränderungen sekundär hervorgebracht seien, hält MALL für unrichtig und führt den Beweis, daß *die primäre Ursache vorwiegend in infektiös entzündlichen uterinen Veränderungen zu suchen ist.* Im einzelnen sind die angetroffenen Veränderungen sehr verschieden, was offenbar mit der Intensität der entzündlichen Uteruserkrankung zusammenhängt bzw. abhängig ist von dem Zeitpunkt, wann sie Einfluß auf den sich entwickelnden Embryo gewinnen konnte.

Neues beweisendes Material zur krankmachenden und teratogenetischen Rolle entzündlicher Vorgänge in der Uterusschleimhaut brachten MALL und MEYER bei. Auf dem gleichen Standpunkt stehen BROWMAN, FALK, Ch. R. STOCKARD, VAN DER SCHEER und L. KIEWE (mit eigenen Beobachtungen). Für L. v. UNTERRICHTER ist dagegen die Wahrscheinlichkeit, daß vorausgegangene gynäkologische Erkrankungen bzw. Fehlgeburten für die Entstehung von Mißbildungen kausal in Betracht kommen, durch den Ausgleich mit Fällen von normalen Geburten stark vermindert, obwohl dieser Autor selbst einiges Material im Sinne MALLS beibringt. Aber auch ohne endometritische Veränderungen kann es nach der Auffassung von A. GREIL zu schweren Keimschädigungen kommen: Durch ein abnormes Stoffangebot eines prämenstruell angeschwollenen Endometriums (naturwidrige Intervallbefruchtung statt normaler

---

[1] Läßt man dagegen den Terminus „*fetale Krankheiten*" mit den Krankheitsprozessen des extrauterinen Lebens zusammenfallen, so kommen erstere als Mißbildungsursachen wohl nicht in Betracht. Es soll nicht verschwiegen werden, daß vom formalen Standpunkt aus Bedenken gegen eine Vermischung der „pathologischen Embryonen" mit den „mißbildeten Embryonen" bzw. Mißgeburten obwalten — dort weitgehende Dissoziation, Desintegration und Histolyse, hier scharfe Grenzen der normal aussehenden Gewebe gegeneinander —; MALL erscheint es dagegen vom ätiologischen Standpunkt aus gezwungen, diese Trennung aufrechtzuerhalten.

postmenstrueller), durch übermäßige Spermaresorption, vitaminüberreiche Ernährung in den ersten Tagen nach der Einbettung, erhöhte Reaktionsfähigkeit der
Oocyte (z. B. nach zu früher Konzeption post partum), aktiviertes, umsatzgesteigertes
Endometrium durch einen wenige Tage vorher eingebetteten Erstlingskeim (also bei
Superfetation!), abnorme Reagibilität der Keimblase auf normale Einbettungsbedin-
gungen (z. B. bei überreifen, überständigen Eizellen mit vorgeschrittener Dotter-
dekomposition) u. dgl. Für GREIL, der die ROUXsche Determinationslehre verwirft,
die Ergebnisse der Genforschung zum Großteil bezweifelt und auf der Epigenesislehre
HAECKELS fußend annimmt, daß jeder neuentstehende Organismus Zell- und Organ-
aufbau stets selbst neuerwerben müsse, sind die ursprünglichen Verursachungen der
schweren konstitutionellen Störungen und Erkrankungen weder germinal-nuclearer
noch exogener Art, sondern offenbar in „Abwegigkeiten des matern-chorialen Zusammen-
wirkens (an welchem auch väterliche Zellorganellen mitbeteiligt sind)" zu suchen.

Ähnlich wie entzündliche Einflüsse einer erkrankten Uterusschleimhaut auf das
Ei und seine Häute haben wir uns wohl auch das Wirken von *mütterlichen Stoffwechsel-
giften* oder eventuell auch eine *Giftwirkung* bei andauerndem Arzneimittelgebrauch zu
denken, indem hier die chemisch-toxische Noxe auf dem Blutwege via Placenta dem
Embryo zugeführt wird. Daß Arzneikörper Ursache von Mißbildungen sein könnten,
wurde schon von O. HERTWIG bei Erörterung der Ursache der Spina bifida ausgesprochen.

Aus der *experimentellen Teratologie* liegen positive Versuchsergebnisse an
Säugern vor. Ein Teil der höher oben referierten Versuche HÖNNICKES gehört
hierher, ferner die Versuche der bekannten Oculisten H. E. PAGENSTECHER und
AUREL V. SZILY jun. an Kaninchen und Meerschweinchen. PAGENSTECHER konnte
durch Verfütterung bestimmter Mengen von *Naphthalin* in öliger Lösung an
sonst normale trächtige Muttertiere eine große Reihe von oculären Mißbildungen
erzeugen, je nachdem er den Zeitpunkt variierte. Bei Vergiftungen zur Zeit der
Linsenabschnürung (achter bis elfter Tag der Gravidität) wurden echte Linsen-
mißbildungen erhalten, bei Vergiftung am elften Tage (ein Tag vor Schluß der
fetalen Augenspalte) eine Hemmung des Verschlusses erzielt und dadurch Iris- und
kleine Aderhautkolobome erzeugt. Bei Vergiftung zu Beginn des zweiten Drittels der
Gravidität, bzw. am Übergang des zweiten zum dritten Drittel derselben resultierten
Lidmißbildungen bzw. verschiedene Starformen. Die mißbildeten Tiere hatten dabei
keine erkennbare Einbuße an Lebensfähigkeit erlitten. PAGENSTECHER folgerte aus
seinen Versuchen, daß sich *eine große Reihe von Augenmißbildungen durch toxische
Beeinflussung bestimmter formativer Vorgänge der fetalen Entwicklung als Hemmungsbildungen hervorrufen lassen.* Die erzielten Stare dokumentierten sich auch dadurch
als exogen entstanden, daß in der Deszendenz (verfolgt bis in die Enkelgeneration)
keinerlei Stare auftraten. Diese Versuche wurden von A. v. SZILY jun. und von
VAN DER HOEVE wiederholt. v. SZILY konnte dabei die Angaben PAGENSTECHERS zwar
nicht vollauf bestätigen, mußte aber doch zugeben, daß es nicht ausgeschlossen, wenn
auch noch nicht sicher erwiesen sei, daß auch die typischen Mißbildungen des Auges
durch toxische Einflüsse hervorgebracht werden können.[1]

Besonders ergebnisreich sind ferner die seit Jahrzehnten vorgenommenen Versuche am *Hühnerei.* Hierher gehören die klassischen Experimente C. DARESTES
(1877), welcher als erster durch partielle Abkühlungen oder Überhitzungen, Verminderung der Sauerstoffzufuhr (durch partielles Firnissen der Eischale) eine Reihe
von *typischen Mißbildungen* am Hühnchen erzielte.

v. SZILY jun. brachte Hühnereiern in verschiedenen Entwicklungsstadien *die verschiedensten Chemikalien* (Kochsalz, Calcium- und Magnesiumchlorid in iso- und

---

[1] In diesem Zusammenhang sind die ex 1929 stammenden Versuchsergebnisse von
D. MICHAÏL und P. VANCEA bedeutungsvoll: Beim Studium des Einflusses des reticulo-
endothelialen Systems auf durch Naphthalin hervorgebrachte Augenstörungen konnte
gezeigt werden, daß Dauerreizung des vegetativen Nervensystems mittels Adrenalins
oder Pilocarpins die Schädigung der Retina und der Linse unterdrückt und nur die
Schädigung des Glaskörpers hervortreten läßt. Die Schädigung geht also über die
Gefäßbahnen und wirkt auf letztere direkt ein.

hypertonischen Lösungen, Alkohol, Äther und Naphthalinemulsion) bei und konnte unregelmäßige Anlage des Bluthofes, vielfaches Auftreten von Blutungen, amniotische Verwachsungen und auch Embryonen mit Offenbleiben der Gehirnanlage und Verlagerung der Augenanlagen, welche eine gewisse *Ähnlichkeit mit Cyklopenbildung* aufwiesen, erhalten. Doch sei es durchaus nicht möglich, durch Einverleibung bestimmter Stoffe stets dieselben Mißbildungen zu erzielen. Ähnliche Mißbildungen könnten vielmehr auf den verschiedensten Wegen zustande kommen. Am besten gelinge die Beeinflussung etwa zur Zeit der Abschnürung der Medullaranlage.

Ebenso wie seinerzeit FERÉ erhielt auch STOCKARD (in Gemeinschaft mit CRAIG) mit *Alkoholdämpfen* viele mißbildete Kücken. Allerlei Fehlbildungen des ZNS. und der Sinnesorgane erzielte in neuerer Zeit A. HINRICHS am Hühnerei durch Einwirkung *ultravioletter Strahlen* nach vorsichtiger Abtragung eines Teiles der Eischale und späterer Verkittung derselben. CH. SHEARD und G. M. HIGGINS konnten mit einer ähnlichen Technik dies bestätigen. HINRICHS machte die Erfahrung, daß der *beste Zeitpunkt zur Hervorrufung von Abnormitäten an verschiedenen Organen unmittelbar vor dem morphologischen Auftreten derselben* liegt. Bemerkenswerte typische Mißbildungseffekte am Hühnerei mittels genau dosierter und gerichteter *Röntgenstrahlen* erzielte E. WOLFF (vgl. S. 31).

Aus allerneuester Zeit stammen die interessanten Versuchsergebnisse von JOB, LEIBOLD und FITZMAURICE, welche mittels genau dosierter Röntgenstrahlen an *Albinoratten* feststellten, daß es *kritische Entwicklungsperioden beim Säuger* gibt und daß sich dementsprechend am neunten Tag Hydrocephalus, am zehnten Tag Augenmißbildungen und am elften Tag Kiefermißbildungen hervorrufen lassen.

Hier sind sinngemäß jene *menschlichen Mißbildungen* anzureihen, welche aus *unbeabsichtigter Bestrahlung der Frucht in utero* (welche für einen Tumor gehalten wurde) resultierten (ZAPPERT, SCHALL, J. J. KAPLAN, L. NÜRNBERGER u. a.): Bei Bestrahlung in den ersten Schwangerschaftsmonaten kommt es meist zu Mikrocephalie mit Augenmißbildungen (Opticus-, Iris- und Aderhautkolobom, Mikrophthalmie), gelegentlich aber auch zu anderen Mißbildungen, wie Mikromelie (D. P. MURPHY und L. GOLDSTEIN). Strahlenschädigung der Frucht mit ZAPPERTschem Symptomenkomplex kann aber auch bei extragenitaler Bestrahlung vorkommen (*indirekte* Fruchtschädigung — z. B. Fall von E. FÄRBER). Mißbildungen können schließlich, wie L. KIEWE breiter ausführt, aus *Abortversuchen* hervorgehen, und zwar sowohl *direkt* infolge *Verletzung der Frucht* (Anencephalie nach mißglücktem Abortversuch durch Eingehen mit der Abortzange im zweiten Schwangerschaftsmonat, mitgeteilt von H. LATZKO!) *bzw. deren Hüllen* (extramembranöse Schwangerschaft!) oder infolge *Diffusion medikamentöser Stoffe* bei intrauteriner oder endocervicaler Einbringung (z. B. Extremitätenmißbildung durch mißglückten Abortversuch mittels Provocol — Fall von ANDERES), als auch *indirekt*, indem sich *entzündliche Prozesse im Endometrium daran anschließen*, welche ihrerseits die Frucht schädigen, oder indem sich *Amnionstränge* auf entzündlicher Basis ausbilden, welche zu Schnürfurchen führen.

Besonders wichtig ist das Kapitel der *exogenen toxischen Entwicklungsstörungen* namentlich auch dadurch, daß man in neuerer Zeit die Erfahrung gemacht hat, *daß auch in der Natur auf dieser Basis Fehlbildungen entstehen und daß man die ursprüngliche Zurückhaltung, experimentell erzeugte Fehlbildungen mit natürlich entstandenen nicht verquicken zu wollen, aufgeben darf.* Auch zeigt sich trotz aller Abhängigkeit des Fehlbildungseffektes vom Determinationspunkt der Organanlagen doch eine *gewisse Selektion im Mißbildungseffekt*, offenbar hervorgerufen durch chemische Affinitäten zwischen bestimmten Toxinen und bestimmten Organzellengruppen.

So fand BYERS in einem Dünger bzw. Boden *Selen, Vanadium, Chrom* und *Arsen.* Diese Gifte können in die Futterstoffe übergehen. Bei mit solchen ernährten Hühnern

wurden geringe Brütfähigkeit und Mißbildungen beobachtet (FRANKE und TULLY).
Werden normale Hühnerbestände mit oberwähnten Futterstoffen gefüttert, so treten
nunmehr ebensolche Störungen bzw. Mißbildungen auf. Ähnlich wie seinerzeit FERÉ
bekamen HAMMETT und WALLACE experimentell beträchtliche Hemmungen in der
Ausbildung der Schädel- und Augenregion mit *Bleinitrat* (5 : 1000000). Mit schwächeren Lösungen von *Bleiacetat* erhielten K. W. FRANKE und Mitarbeiter ebenso wie mit
Arsen- und *Fluor*lösungen nur Ektopie der Bauchorgane, dagegen erwies sich das
Selen (optimal bei 0,6—0,8 Teilen einer Natriumselenitlösung von 1 : 1000000) als
geeignet, *typische Mißbildungen* hervorzubringen (Augenmangel, Encephalocele anter.,
verschiedene Grade von Oberkiefer- und Extremitätendefekten, häufig miteinander
kombiniert).

Daraus geht hervor, daß der *Mißbildungstyp* nicht nur vom Determinationspunkt der Organausbildung abhängt, sondern *daß auch eine gewisse chemische
Affinität vorhanden sein muß, ohne welche selbst bei Anwesenheit von Giften gewisse
Organausbildungen nicht gestört werden.* Für die menschliche Teratogenese darf
man aus obigen Erfahrungen wohl den Schluß ziehen, daß in der Nahrung vorhandene Gifte, welche durch das mütterliche Blut auf den Embryo übergehen,
mißbildungserzeugend wirken können. Ähnliches gilt wohl auch für Stoffwechselgifte.

b) Exogene Noxen mechanischer Natur (Amnionanomalien).

Zu den äußeren Fehlbildungsursachen gehören ferner die *verschiedenen
Amnionanomalien*, auf deren vermutliches Zustandekommen und Wirkung etwas
näher eingegangen sei.

Die Amnionanomalien treten in verschiedenen Formen auf, was z. T. auch
von der abweichenden Bildungsweise des Amnions bei den einzelnen Tierklassen
abhängt. Das Amnion des Menschen bildet sich wahrscheinlich durch Dehiszenz
(wie bei den Säugern). Die *Amnionstränge und -fäden werden daher in neuester
Zeit als stehengebliebene restliche Gewebsbrücken* innerhalb der sich bildenden
Amnionhöhle aufgefaßt (O. GROSSER, OLOW, H. KUBO), setzen also gleich mit
der Bildung des Amnion ein. Da das Amnion von der Keimanlage abstammt, ist
es möglich, daß seine unrichtige Bildung schon in der Keimmasse verankert war
(also *Erbanlagefehler* durch Genodemutation). Diese öfters behauptete und ebenso
oft bezweifelte Möglichkeit ist kürzlich durch eine exakte klinische Beobachtung
von L. SEITZ im *positiven* Sinn entschieden worden (wenigstens für die vier
Kinder von Bruder und Schwester, welche ohne sonstige Fehlbildungen mit
Spontanamputationen geboren wurden). L. SEITZ macht dabei die Bemerkung,
daß man bei einer eventuellen Komplikation einer solchen Spontanamputation
beispielsweise mit Anencephalie die Amnionstörung für ursächlich halten könnte,
wogegen koordinierte fehlerhafte Keimanlagen für beide Fehlbildungen vorlägen.
Die alte Vorstellung von der Entstehung der Amnionverwachsungen durch
schleichende Entzündungen, Organisation von Exsudaten usw. etwa nach dem
Muster pleuritischer und peritonitischer Adhäsionen (Amnitis — SIMONART, ähnlich
R. VIRCHOW) wird neuerdings zwar verworfen, doch ist diese Möglichkeit nicht
nur durchaus denkbar, sondern auch durch experimentelle Erfahrungen bekräftigt (C. DARESTE, A. v. SZILY jun.; ferner neuere Experimente an Hunden,
Katzen und Kaninchen nach der Technik von H. DEBRUNNER durch letzteren
und durch H. HELLNER, wobei nach Eröffnung von Fruchtsäcken mittels An-
schlingen von Gliedmaßen, Nahtfixationen u. dgl. Amputationen, Stummel-
bildungen, Pseudarthrosenbildung, Stauungspfote, Hinterlauflähmung und
durch Allgemeindruck auf den Embryo infolge Verkleinerung der Uterushöhle
allgemeine Wachstumshemmung herbeigeführt werden konnte). Für die Ent-

stehung der Amnionanomalien (Fruchtwassermangel, Hydramnios, Amnionenge, partielle oder selbst totale Amniondefektuosität, flächenhafte Verwachsungen, Stränge und Bänder) *infolge Erkrankung* des Amnion setzte sich kürzlich L. KIEWE sehr ein und folgt damit den sehr plausiblen Gedankengängen F. P. MALLS (und seiner Anhänger) voh der *schädigenden Wirkung uteriner entzündlicher Erkrankungen auf den Keim und seine Hüllen.* Auch m. E. ist darin eine sehr wichtige Ätiologie der Amnionanomalien zu erblicken.

Bei Vorhandensein von Verbindungen zwischen Frucht und Amnion können bekanntlich dadurch, daß sich das Amnion bei weiterer Fruchtwasserbildung mehr und mehr von der Embryonaloberfläche zu entfernen strebt, Zugwirkungen und Strangulationen der verschiedensten Art ausgeübt werden und dadurch sehr *schwere und komplexe Mißbildungen* entstehen, die sich aber stets durch *Atypie* auszeichnen. Obwohl sich Amnionadhäsionen wieder lösen können und keine Spur zu hinterlassen brauchen, ist es doch geboten, eine Mißbildung als amniogen nur dann mit Sicherheit anzusprechen, wenn Amnionadhäsionen oder -stränge oder Residuen von solchen nachweisbar sind und ihre Lage eine derartige ist, daß die gefundene Mißbildung daraus verständlich wird.

Auf die **formale Genese** solcher sekundär entstandenen **Amnionanomalien** werfen die grundlegenden Forschungen A. RUFFINIS (Lit. I/a—c) und seiner Schule (A. MARCHETTI, LANZI, RAPPINI) ein bedeutsames Licht, Forschungen, welche sich mit den *elementaren gestaltbildenden Zellvorgängen* beschäftigen und dazu geführt haben, neben vielen Grundfragen auch anscheinend abseits liegende Probleme zu erhellen. Bei der Aufklärung der Natur derjenigen Vorgänge, welche der Bildung des Embryos und seiner Hüllen zugrunde liegen, war von Vorgängern RUFFINIS besondere Bedeutung einerseits der *Zellvermehrung*, anderseits der *ungleichen Wachstumsenergie* an bestimmten Punkten und zu verschiedenen Zeiten der Embryogenese zuerkannt worden. RUFFINI konnte nun in einer Reihe von Untersuchungen feststellen, daß alle zur Bildung von Geweben, Organen und Körperformen führenden Zelleistungen in jenen Fähigkeiten enthalten sind, welche mit den Bezeichnungen: *Zellvermehrung, Amöboidbewegung* (oder *Stichotropismus*) und *Sekretion* belegt werden können. Die von W. ROUX 1893 entdeckte *Amöboidbewegung* kommt nicht nur den ersten Blastomeren und den Zellen des mittleren Keimblattes zu, sondern auch den Zellen des Ento- und Ektoderms, wie RUFFINI an der Gastrula von Rana esculenta und einer Tritonenart, an der Bildung des Medullarrohres derselben Tierarten und des Huhns sowie am Primitivstreif, an der Linse und am Gehörbläschen des Huhns nachweisen konnte. Die diversen Ein- und Ausstülpungsvorgänge werden dabei von Epithelzellen *aktiv* ausgeführt, welche nach Innehaltung eines Vorbereitungsstadiums schließlich Keulenform annehmen, wobei das verdickte keulenförmige Ende beispielsweise bei der Ausbildung der Gastrula sich nach innen bewegt, während der schmale, lang ausgezogene Fuß mit der äußeren Oberfläche in Kontakt bleibt. Bald darauf setzt dann meist eine gegen die freie Oberfläche zu gekehrte vesiculäre Sekretion ein, indem feine Sekretbläschen sich im Fuß der Keulenzellen bilden und dieses Sekret nach außen entleeren. Ist dann der Einstülpungsvorgang beendet, so kehren die Keulenzellen wieder in ihre indifferente Ruheform zurück. Auf Veranlassung von RUFFINI wurden von seinen Schülern analoge Studien an den Gastrulae von verschiedenen Fischeiern (LANZI) und namentlich an den Primitivorganen von Bufo vulgaris (L. MARCHETTI) unternommen und bei allen diesen Bildungen das Obwalten der drei morphogenetischen Elementarprozesse RUFFINIS festgestellt. Dies konnte namentlich LAURA MARCHETTI (Lit. I/a—c) in jahrelangen, äußerst mühevollen Untersuchungen, wobei alle Stadien der Ausbildung des Haftapparats, der Hirnbläschen, der Sinnesorgane (inklusive der

Nase), der Mundbucht und der Leberbildung des Bufokeims durchgenommen wurden, in völlig einwandfreier Weise dartun und durch Abbildungen belegen.

Auf Grund seiner Untersuchungen am Hühnchen kam nun RUFFINI zur Überzeugung, daß die *Amnionflüssigkeit* weniger von den flachen Ektodermzellen des Amnions selbst als von den mehr kubischen und zylindrischen des Ektoderms des Embryos selbst geliefert wird. Ähnliches gilt für den Menschen.

Es ist nun leicht zu verstehen, daß Schädlichkeiten der verschiedensten Art, namentlich aber solche *chemisch-toxischer Natur im weiteren Sinne*, in der Lage sein werden, alle oder eine oder die andere der Hauptfunktionen der Zellen (Vermehrung, Stichotropismus und Sekretion) zu stören und dadurch den normalen harmonischen Ablauf der Embryogenese empfindlich zu „hemmen". Es tritt eine Materialminderung ein und teils dadurch, teils durch die Einschränkung der Intensität und des Umfangs der gestaltbildenden Elementarprozesse der noch übrigen Zellen resultiert ein Minus an Organisationshöhe im allgemeinen und an Organausbildung im Speziellen. Natürlich wird durch solche Vorgänge auch die Ausbildung der Amnionflüssigkeit und des Amnion gestört und es können daraus wohl alle geschilderten Amnionanomalien teils direkt, teils indirekt hervorgehen. Es zeigt sich also auch bei dieser Betrachtungsweise — wie schon höher oben im Anschluß an die Versuche A. v. SZILYS ausgeführt —, daß die Amnionanomalien nur eine der möglichen Äußerungen von Noxen entzündlicher oder chemisch-toxischer Natur sind, welche von außen her (ex utero oder per uterum) den Keim treffen.

Die kausale Genese der Amnionanomalien. Aus den angeführten Darlegungen ergibt sich, daß *Amnionanomalien sowohl einen Erbanlagefehler darstellen als auch durch Störungen sekundärer Art*, welche aus dem matern-fötalen Milieu hervorgehen bzw. dasselbe treffen, *hervorgebracht sein können*. Es zeigt sich demnach darin *derselbe Dualismus, der den gesamten Fehlbildungsursachen zugrunde liegt* (vgl. hierzu S. 7 f. und S. 11).

B. Differentialdiagnose zwischen Heredopathien und nicht-keimbedingten Mißbildungen.

Für welche der beiden Hauptursachen der Fehlbildungsentstehung — im Keim gegebene Abänderung durch Genodemutation oder Störung der Entwicklung eines ursprünglich normalen Keims während der Embryogenese — *man sich angesichts einer speziellen Mißbildung entscheiden soll*, wird sich auf Basis unserer bisherigen, immer noch sehr mangelhaften Kenntnisse nicht immer mit Sicherheit treffen lassen. Ganz abgesehen natürlich von nachgewiesener Vererbbarkeit spricht große Regelmäßigkeit, Symmetrie und typische Wiederkehr bestimmter abnormer Formen für Erbanlagefehler und das Gegenteil für eine von außen kommende und in ihrer Wirkung jedesmal verschiedene Ursache. (Ein gutes Beispiel hierfür sind einerseits die typische Poly- und Syndaktylie und anderseits die unregelmäßigen Fingerverstümmelungen durch Amnionfäden.)[1] Auch die allmählichen Übergänge, welche zwischen den als „typisch" bezeichneten Einzelgliedern einer Mißbildungsreihe untereinander bestehen, sind am ehesten durch exogene Störung mit wechselndem Zeitpunkt, Intensität und Dauer der Noxe zu erklären, wenn auch die Kombination solcher Fehlbildungen mit anderen, als

---

[1] Man kann daher auch von *typischen* und *atypischen* Fehlbildungen sprechen, erstere beruhen zumeist auf Erbanlagefehlern, letztere auf einer oder mehreren äußeren Ursachen, wie Erkrankungen des Chorions, Verwachsungen mit den Eihäuten usw. (G. POLITZER u. H. STERNBERG).

erbbedingt erkannten geneigt machen kann, auch erstere als erbbedingt zu bezeichnen. Welche von diesen beiden Möglichkeiten zutrifft, können nur subtilste, vollständige und womöglich auch histologische Untersuchungen einer großen Zahl gleicher oder ähnlicher Objekte allmählich aufklären, wobei sich vielleicht ergeben kann, daß beide Möglichkeiten vorkommen können und die Frage, welche im speziellen Fall vorliegt, nur durch peinliche Untersuchung der Mißbildung selbst lösbar ist. Dies zeigt die Schwierigkeiten auf, welchen man sich bei der Auflösung *komplexer Fehlbildungen* gegenüber sieht. Im allgemeinen darf das Bestreben gelten gelassen werden — ähnlich wie auch sonst bei der Erstellung einer medizinischen Diagnose —, eine *einheitliche Grundursache* für alle wahrgenommenen Anomalien eines Falles aufzufinden. Diese einheitliche Grundursache kann wieder als kurz wirkende und quasi schlagartig einsetzende oder als Dauerschädigung gedacht werden. In letzterem Fall ist es relativ leicht möglich, zahlreiche und ausgedehnte Abwegigkeiten desselben Objekts einheitlich zu erklären, im ersteren Fall aber nur dann, wenn die Anbildungszeit der gestörten Organe in den nämlichen Zeitpunkt fällt (siehe das Folgende). Das Walten einer *äußeren Schädigung* wird sich u. a. also daraus verraten, daß — nicht allzu lange Wirkungsdauer der Noxe vorausgesetzt — *nur Fehlbildungen von solchen Organen miteinander kombiniert* (gekoppelt) *sind, deren Anbildungszeit zusammenfällt oder einander sehr genähert ist.* Umgekehrt werden Befunde von Anomalien an Organen, deren Entstehungszeit außerordentlich voneinander abweicht, eher den Gedanken aufkommen lassen, daß es sich hierbei um eine *Koppelung von Genodemutationen in der Keimzelle* gehandelt haben müsse, und dies um so mehr, wenn solche gekoppelte Fehlbildungen *mit Regelmäßigkeit* wiederkehren.[1] Daß solches vorkommt, ist durch eine Reihe von Funden aus den letzten Jahren immer klarer geworden (J. BAUER, ERWIN BAUR, V. HAMMERSCHLAG, B. ASCHNER und G. ENGELMANN, GEORG B. GRUBER u. a.).

So konnte z. B. G. B. GRUBER (Lit. I/b—d) nach Hinweis auf eine größere Reihe von Mißbildungen, welche auf einer typisch wiederkehrenden Kombination von als Erbanlagefehlern erkannten Fehlbildungen beruhen, auf zwei weitere Kombinationen von *typischen* Mißbildungen, welche offenbar einem genetischen Kreis angehören, aufmerksam machen: Es ist dies 1. die seit APERT (1906) genauer bekannte *Akrocephalosyndaktylie,* welche sich unter vier eigenen Fällen dreimal mit leichteren Formen der *Arhinencephalie* verknüpft fand, und 2. die *Dysencephalia splanchnocystica* (Kombination von hinterer Exencephalocele, Entwicklungsstörung der Augen, cystischen Fehlbildungen der Nieren, gelegentlich auch der Leber und des Pankreas, meist auch mit Polydaktylie verbunden), welche unter fünf eigenen Fällen zweimal mit leichteren Formen der *Arhinencephalie* einherging. Die *Akrocephalosyndaktylie* ist als Auswirkung einer *Koppelung pathologischer Gene* im Sinne von E. BAUR aufzufassen, der Nachweis des familiären Vorkommens bzw. der Vererblichkeit dieser Fehlbildung durch F. CHOTZEN bekräftigt dies. Ebenso ist auch das *familiäre Auftreten polycystischer Nierenstörungen* mit Meningo- bzw. Encephalocele durch LELIÈVRE und

---

[1] Anderenfalls wird der Gedanke naheliegen, daß eine Kombination von *atypischen* Fehlbildungen infolge *mehrfachen Eingreifens* einer oder mehrerer Schädlichkeiten *zu verschiedenen Zeitpunkten* vorliegt. Eine hierher gehörige, genau analysierte Mißbildung eines ca. dreieinhalb Wochen alten menschlichen Embryos beschrieben G. POLITZER und H. STERNBERG. Es fanden sich teils Entwicklungshemmungen, welche an den betroffenen Organen wahrscheinlich zu verschiedenen Zeitpunkten eingesetzt hatten, teils Veränderungen von Geweben und Organen, welche sich überhaupt nicht mit einer bestimmten normalen Ausbildungsstufe vergleichen ließen, demnach eine Beeinflussung in durchaus abnormer Entwicklungsrichtung zeigten. Die Schädlichkeit wirkte aber auch noch zur Zeit des Spontanabortus fort, da sich zahlreiche ganz frische Gewebsveränderungen mit Sicherheit nachweisen ließen.

WALTHER bzw. durch C. DE LANGE erwiesen. So liegt es nach GRUBER nahe, auch das nicht so seltene Mitauftreten *arhinencephaler Mißbildungen* bei den oben angeführten Fehlbildungskombinationen als ebenfalls keimbedingt (also infolge gametischer Genodemutation entstanden) aufzufassen und auch in Fällen *reiner Arhinencephalie* nach Skelettanomalien zu fahnden, um festzustellen, ob sich nicht auch in solchen Fällen Zeichen auffinden lassen, welche für Keimbedingtheit sprechen. Auf diesen Punkt soll im Anschluß an die Besprechung der *Arhinencephalie* noch eingegangen werden.

Komplexe Fehlbildungen können aber auch noch anders als durch Koppelung pathologischer Gene oder durch ein- oder mehrfache kurz- oder langdauernde exogene Störungen verschiedener Art während der Entwicklung zustande kommen. Es kann aus der genaueren Analyse eines speziellen Mißbildungsfalls am wahrscheinlichsten erscheinen, daß eine *Kombination beider Mißbildungshauptätiologien* vorliegt. So ist es gut vorstellbar, daß Keime mit Erbanlagefehlern während der Epigenese leichter einer lokalisierten Genodemutation somatischer Zellen unterliegen als durchaus normale. Ein gut analysiertes Beispiel einer solchen Kombination bietet der aus jüngster Zeit stammende Fall von M. ZARFL. In solchen Fällen sind also die festgestellten Fehlbildungen weder zu gleicher Zeit noch durch dieselbe Ursache entstanden. Man wird sich also angesichts jeder Mißbildung fragen müssen, welcher der zwei Hauptätiologien sie angehört und ob sie nicht durch eine Kombination beider entstanden ist.

C. Der Entstehungszeitpunkt der Mißbildungen.

Bei rein exogener Entstehung ist es wichtig festzustellen, ob alle Mißbildungen auf eine gleichzeitige und kurzdauernde oder auf eine einzige längerdauernde oder vielleicht gar auf das Auftreten mehrerer zeitlich voneinander getrennter Noxen zurückzuführen sind. In den folgenden Abschnitten wird bei einer Reihe von Mißbildungsformen der Versuch gemacht werden, die festgestellten diversen Organanomalien auf die Wirkung einer *einmaligen, gleichzeitigen und relativ kurzdauernden* Noxe, welche mehrere zu gleicher Zeit in Anbildung begriffene Organe traf, zurückzuführen. (Denselben Gedanken habe *ich* schon 1934 anläßlich der Beschreibung endonasaler Synechien auf Fehlbildungsbasis geäußert, siehe Beitr. z. path. Anat. u. allg. Path., Bd. 93.) Auf Grund jener Embryonalphasen, welche gehemmte Organe festgehalten zeigen, gelangt man dann zu einem Zeitpunkt der Fehlbildungsentstehung, der als der *spätest* mögliche von G. SCHWABE als die *„teratogenetische Terminationsperiode"* bezeichnet wird.[1] Finden sich nun andere, zu noch früherem Zeitpunkt angelegte Organe in der fertigen Mißbildung normal ausgebildet, so kann noch ein weiterer Zeitpunkt an der Mißbildung abgelesen werden, nämlich der *„früheste Fehlbildungszeitpunkt"*, wie ich ihn nennen möchte.[2]

---

[1] Die *späteste* Entstehungszeit der Fehlbildung nach den diversen normalen Entwicklungsstufen des embryonalen Lebens zu berechnen hat u. a. darin sein Mißliches, daß die ausgebildete „Hemmung" nicht eine quasi augenblickliche Erstarrung der Formen zum Zeitpunkte der Fehlbildungsentstehung darstellt, sondern vielmehr einem Zustand entspricht, der nach einem verschieden langen Fortschreiten der Entwicklung nach dem Einsetzen der Störung erreicht wurde. Die Entwicklung kann eben noch eine gewisse unbekannte Zeit weitergehen, ehe sie zum Stillstand kommt.

[2] Wie ich nachträglich sehe, hat L. MOSZKOWICZ (Virchows Arch. 293, 1934) an Hand einer genauen entwicklungsgeschichtlichen Analyse eines Falles von mehrfachen, nicht zum engeren Gegenstande dieses Buches gehörigen Mißbildungen einen als Versuch bezeichneten, durchaus ähnlichen Gedanken ausgesprochen: Die ungefähre Entstehungszeit der beschriebenen Mißbildung wird durch Einengung zwischen „Initialpunkt" und „teratogenetischer Terminationsperiode" gewonnen und daraus der Schluß gezogen, daß sehr wohl viele von den Mißbildungen des Falles auf eine

Früher kann nämlich die Fehlbildung nicht eingesetzt haben, als durch den Zeitpunkt der Organogenese der früher gebildeten und normal befundenen Organe festgelegt ist. Der Zeitpunkt der *tatsächlichen Mißbildungsentstehung* aber liegt innerhalb der beiden Zeitmarken und kann um so genauer ermittelt werden, je enger die Zeitpeilungen mittels genauer Durchforschung aller Organe des mißbildeten Objekts gezogen werden. Dies steht aber einstweilen für viele Mißbildungsfälle noch aus. Darin ist eine der Aufgaben zukünftiger Mißbildungsforschung zu erblicken und in diesem Sinn soll im „Speziellen Teil" einstweilen der Versuch gemacht werden, für einige Haupttypen der Fehlbildungen am vorderen Körperende (bzw. der *Nase*) genauere Zeitbestimmungen zu machen. Die experimentelle Teratologie hat diesbezüglich schon einigermaßen vorgearbeitet. Aus einigen Arbeiten von Ch. R. Stockard (siehe S. 28) und von H. Spemann (siehe S. 32) geht hervor, daß gewisse Fehlbildungen, wie *Cyklopie, Verschmelzung der Nasengruben* usw. nur innerhalb gewisser Zeitspannen der Entwicklung erhältlich sind. So ist beispielsweise beim Fundulus heteroclitus die für die Entstehung dieser Mißbildung zur Verfügung stehende Zeitstrecke zwischen das Achtzellenstadium (dreieinhalb Stunden nach der Befruchtung) und den Zeitpunkt knapp vor der Ausbildung des Keimringes und des Embryonalschildes (14 Stunden nach der Befruchtung) eingeschaltet. Die diese Zeitstrecke begrenzenden beiden Zeitpunkte entsprechen also dem „frühesten Fehlbildungszeitpunkt" bzw. der Schwalbeschen „teratogenetischen Terminationsperiode". Beim Datierungsversuch von Fehlbildungen scheint eine Schwierigkeit aus der Tatsache zu entspringen, daß die Entwicklung aller Organe und Organsysteme miteinander zwangsläufig verknüpft ist und die Störung der Entwicklung eines Organs oder Organsystems die normalen Nachbargebiete in Mitleidenschaft zieht (abhängige Differenzierung). Diese sekundäre pathologische Beeinflussung tritt indes erst für die späteren Entwicklungsphasen des Organismus in Aktion, wann nur noch relativ weniger ausgedehnte und weniger tiefgreifende Mißbildungen entstehen können. Für die ersten Entwicklungsstadien überwiegt dagegen die Selbstdifferenzierung der Organe und Organanlagen durchaus und so sind *die Störungen, welche sich am vollentwickelten Organismus als die weitgehendsten und tiefgreifendsten erweisen*, solche, die als *durch Läsion der verschiedenen Organe und Organanlagen selbst entstanden* aufzufassen sind.

Hat man begründeten Verdacht, daß eine gesehene Fehlbildung einer einzigen und relativ kurzdauernden exogenen Störung ihren Ursprung verdankt, so erweist sich sowohl zur Begründung (bzw. Ablehnung) dieser Annahme als auch zur Datierung des Zeitpunkts der Mißbildungsentstehung ein Vergleich mit den bekannten Daten über die Genese der einzelnen Organe als unbedingt nötig. Bei der großen Differenz des Zeitpunkts der Entstehung und des Auftretens der gleichen Organe (wie z. B. des *Nasenfelds*) bei den verschiedenen Wirbeltierklassen und Säugerarten kann für den Menschen nur menschliches Vergleichsmaterial in Frage kommen. Je besser nun die normale Embryo- und Organogenese des Menschen bekannt ist und je genauer das wahre Alter der verschiedenen, sich zu einer Reihe zusammenschließenden Embryonen ermittelt wird (siehe hier namentlich die Arbeiten von O. Grosser mit Literaturangaben), desto genauer wird auch unsere Datierung der Teratogenese werden. Die Normentafeln zur Entwicklungsgeschichte des Menschen (herausg. von F. Keibel und C. Elze. Jena: G. Fischer. 1908), welche uns eine fast lückenlose Verfolgung der normalen Anlage und Gestaltung der Organe ermöglichen, können daher auch zum Ver-

---

gleiche Entstehungszeit und vielleicht auch auf eine gleiche gemeinsame Störungsursache zurückgeführt werden können.

ständnis und zur Datierung des Zeitpunkts von Fehlbildungen mit großem Nutzen herangezogen werden. Man kann daraus nicht nur die gesetzmäßige Gleichzeitigkeit des Geschehens bei Ausbildung verschiedener Organe und Organsysteme bequem ablesen, sondern auch das „früher" und „später". Ich muß es mir aus Platzersparnisrücksichten versagen, einige der wichtigsten Simultandaten aus der Genese der verschiedenen Organe zu bringen und verweise den Leser auf die auch derzeit noch maßgebenden KEIBEL-ELZEschen Normentafeln, auf welche gestützt die in den nachfolgenden Abschnitten zu bringenden Zeitpunktanalysen aufgebaut wurden (siehe dort auch die zur Begründung angeführten eingestreuten Daten aus den „Normentafeln").

D. Grundlegende Ergebnisse der experimentellen Teratologie.

Um in das Verständnis der *formalen Genese* von *exogen* entstandenen Fehlbildungen einzudringen, ist es nötig, vorerst auf einige *grundlegende Ergebnisse der experimentellen Teratologie* einzugehen, welche uns *wichtige, allgemein gültige biologische Gesetze* erkennen lehrten. Mit ihrer logischen Anwendung ist eine Grundlage für unsere Vorstellungen über das Zustandekommen *natürlicher* Fehlbildungen bei den Säugern und beim Menschen gewonnen, ohne daß damit behauptet wird, daß die Ätiologie der natürlichen Mißbildungen mit den in der experimentellen Teratologie gebräuchlichen Mitteln stets zusammenfällt.

1. Entwicklungsphase und individuelle Beschaffenheit des Keimes. Art und Einwirkungsdauer der Noxe.

Vor allem interessiert zu wissen, ob durch *Variation des Zeitpunkts der Einwirkung der Noxe* oder mit anderen Worten durch Einwirkung der Schädlichkeit auf *verschiedene Entwicklungsphasen des Keims* verschiedene und gesetzmäßig differente Fehlbildungen erzielbar sind, ob durch *Variation der Einwirkungsdauer* gleichfalls verschiedene Fehlbildungstypen hervorgerufen werden können, ob die *besondere Art* der Noxe ceteris paribus im Fehlbildungsergebnis typisch zum Ausdruck kommt und ob schließlich *individuelle Verschiedenheiten* in der Struktur und chemischen Beschaffenheit der Keime selbst in der Lage sind, einen modifizierenden Einfluß auf das schließliche Endprodukt auszuüben.

Vor etwa 40 Jahren stellte C. HERBST (Lit. II/a—d) in berühmten Versuchen fest, daß die normale Entwicklung des Seeigeleies an die normale Beschaffenheit des umgebenden Meerwassers gebunden ist und daß Änderungen der chemischen Zusammensetzung des letzteren (durch Zusatz verschiedener Substanzen) zu Anomalien der Larve führen. In Fortsetzung und Spezifizierung der HERBSTschen Versuche gelang es FISCHEL die oben angeschnittenen Fragen zu beantworten. Dabei erwies sich, daß den verschiedenen Kationen der NaCl-, KCl-, $MgCl_2$- und $CaCl_3$- Lösungen ceteris paribus verschiedene, für das verwendete Kation durchaus typische Ergebnisse entsprachen, daß also die *besondere Art der* (chemischen) *Noxe* sich als *ein berücksichtigungswürdiger Faktor im Fehlgeschehen* darstellt. Insbesondere machte FISCHEL mit einer bestimmten, als besonders wirksam erkannten KCl-Lösung drei Versuchsreihen, indem a) die Seeigeleier unmittelbar nach der Befruchtung in die Lösung gebracht wurden; b) Seeigeleier in verschiedenen Stadien der Entwicklung in gewöhnliches Seewasser rückversetzt wurden; c) normale Seeigeleier in verschiedenen Entwicklungsstadien in die Lösung gebracht und darin einige Zeit belassen wurden.

Es ergab sich, daß die morphologischen Folgen der chemischen Einwirkung, welche beispielsweise in einem sehr frühen Entwicklungsstadium gesetzt wurde, *erst sehr viel später* (vom Urdarmstadium ab) *in Erscheinung treten* und dies, obwohl sich die Weiterentwicklung in der Zwischenzeit in einem normalen Medium vollzog. Daraus geht hervor, daß die *entscheidende chemische Beeinflussung der Zellen schon im Frühstadium stattgefunden hat*, daß aber in diesen ersten Entwicklungsstadien (bis zur Erreichung des Urdarmstadiums) die chemische Beschaffenheit der Zellen für die Gestaltungsvorgänge keine so große Rolle spielt wie später. Keime *späterer* Stadien zeigen nämlich sehr rasch Störungen der Entwicklung, welche dann entweder überhaupt nicht weiter fortschreitet oder zur Ausbildung abnormer Larvenformen führt. Werden schließlich normale Plutei in die Lösung gesetzt, so bleibt die Entwicklung nicht nur stehen, sondern die Plutei verlieren bald ihr normales Aussehen, ihre Bewegungsfreiheit und gehen langsam zugrunde. Bei den Versuchen konnte stets auch das Walten eines variablen individuellen Faktors festgestellt werden.

In den ersten Entwicklungsphasen des Keimes lassen sich demnach zwei Perioden unterscheiden (welche übrigens beide innerhalb der ROUXschen „Periode der Organanlage" oder der sogenannten rein vererbten Gestaltbildung gelegen sind), nämlich eine erste, welche durch die *vorwiegend mechanischen Momente der Zerteilung und Materialscheidung der Eimasse* charakterisiert ist, und eine zweite, welche sich hauptsächlich durch die *chemischen Umsetzungen* kennzeichnet, welche sich immer mächtiger gestalten. Die während der ganzen ersten Periode gesetzten chemischen Einwirkungen treten also erst bei Beendigung derselben, nämlich bei Erreichung des Urdarmstadiums, hervor, also zu einem Zeitpunkt, wann nunmehr die chemischen Umsetzungen prävalieren. FISCHEL hebt als Hauptresultat seiner Versuche hervor, daß *eine Beeinflussung der Gestaltungsvorgänge im Keim erst vom Urdarmstadium ab überhaupt erzielbar ist* und daß es daher völlig gleichgültig ist, ob die die späteren Entwicklungsvorgänge modifizierenden Reize während der ganzen dem Urdarmstadium vorhergehenden Epoche eingewirkt hatten oder nur während eines Teiles derselben. Es bringen also auch kürzere Einwirkungen während der ersten Periode der prävalierenden mechanischen Momente analoge Effekte hervor und die Zeitdauer dieser Einwirkungen kann eine um so kürzere sein, je mehr sich der Keim dem Urdarmstadium nähert. Im Stadium der Prävalenz der chemischen Vorgänge und den folgenden machen sich Einwirkungen auf Keime *raschest* bemerkbar und dies eben *wegen der regeren und komplizierteren chemischen Prozesse bzw. Stoffwechselvorgänge*, welche sich nunmehr im Keim abspielen.

Für die Teratologie sind diese Feststellungen in mehrfacher Hinsicht von eminenter Bedeutung: Sie lehren, daß *morphologische Anomalien erst vom Gastrulastadium ab erwartet werden können*, gleichgültig, wann die äußere modifizierende, mit Weiterentwicklung vereinbarliche Einwirkung stattgefunden hat, und daß diese Einwirkungen zur Erzielung eines gleichen Endeffekts zu Beginn der Furchung ziemlich lange, gegen das Ende des Morula- bzw. Blastulastadiums jedoch nur kürzer in Tätigkeit zu treten brauchen. Wenn demnach in der Pathogenese der natürlichen Fehlbildungen exogene chemische Noxen eine Rolle spielen — und dies ist entsprechend den höher oben gegebenen Darlegungen auch für den Menschen sehr wahrscheinlich —, so könnte eine eventuell nur relativ kurzdauernde (einem akuten kurzen Trauma vergleichbare) Einwirkung eines solchen chemischen Agens durchaus hinreichend sein, falls der Zeitpunkt der Einwirkung nahe an der Erreichung des Urdarmstadiums liegt oder mit demselben zusammenfällt. Die durch solche Noxen gesetzten morphologischen Veränderungen sind natürlich sehr beträchtliche, den ganzen Keim und alle seine Teile weitgehend alterierende.

Für den *menschlichen Keim* ist folgendes festzuhalten: Etwa bis zum zehnten Tage nach der Befruchtung ist er auf der Wanderung begriffen und macht dabei seine Umwandlung bis zur modifizierten Gastrula durch. Die Implantation erfolgt am 10. Tag (O. GROSSER). Am 18. Tag beginnt die Bildung des Primitivsteifs, am 20. Tag die Segmentierung, am 22. Tag sind bereits 10 bis 12 Ursegmente vorhanden, am 24. Tag 16 bis 19.

Nach Erreichung des Urdarmstadiums haben *äußere Einwirkungen* (z. B. chemischer Natur) raschest morphologische Veränderungen des sich entwickelnden

Keims zur Folge. Wegen der inzwischen stets weiter fortschreitenden spezifischen Determination der Zellen jedes Keimblatts und der dadurch eingeschränkten, aber verfeinerten prospektiven Potenz wird eventuell die gleiche Noxe, welche vor der Erreichung des Urdarmstadiums die tiefgreifendsten allgemeinen Veränderungen des Keims gesetzt hätte, nunmehr in ihrer Wirkungszone und Wirkungstiefe wesentlich beschränkt sein. Die *Zonen lebhaftester Stoffwechselvorgänge sind* bei Annahme einer exogenen chemischen Noxe oder einer ihr ähnlichen Schädlichkeit (Toxine, welche von einem entzündlich veränderten Uterus ausgehen!) *natürlich am gefährdetsten*, eben wegen der in solchen Zonen vorhandenen chemischen Umsetzungen. *Die Zonen lebhaftesten Stoffwechsels sind aber zugleich die Zonen der Organanlagen bzw. der rasch fortschreitenden Organausbildungen* (Herzgefäßsystem, Kiemenapparat, Hörbläschen, Augenblase Riechplakoden usw.) und fallen nunmehr alle zusammen oder elektiv, je nach Zeitpunkt, Einwirkungsdauer und chemischer Affinität der Noxe, in den Einwirkungsbereich. *Die Folge davon ist totale oder partielle, mehr minder tiefgreifende Zerstörung oder doch Modifikation von gewissen, in lebhafter Proliferation und Umbildung begriffenen Zellgruppen und der in denselben wirksamen somatischen Gene, also eine Defektbildung bzw. Umbildung, welche zu typischen Ausfällen oder Veränderungen am ausgewachsenen Organismus bzw. Organe führt.*

2. Die Empfindlichkeitsstufenleitern C. M. Childs.

Wichtige Beweise für die Richtigkeit obiger Darlegungen kann man in den Feststellungen C. M. Childs (Lit. I/a, b) über die Existenz von Empfindlichkeitsstufenleitern erblicken.

Mit Studien über die primären Erscheinungsformen von Lebewesen beschäftigt kam Child zur Aufstellung von drei Typen, nämlich dem Zentral-, Axial- und Bilateraltyp. Die Frage nach der Entstehung solcher Typen beantwortete Child dahin, daß im wesentlichen *abgestufte Verschiedenheiten* in bezug auf die fundamentalen Kraftäußerungen des Protoplasmas und der Bedingungen, welche mit diesen Äußerungen verknüpft sind, bestehen. Child spricht von *axialen Stufenleitern* (axial gradients), da sie, soweit die Erfahrung reicht, die primären Anzeichen für die Existenz des Axialtypus sind. Auch den Ausdruck *Stoffwechselstufenleiter* (metabolic gradients) kann man hierfür anwenden, da das Experiment ergibt, daß Differenzen in der Art der Stoffwechselvorgänge, insbesondere der Oxydation, für diese Stufenleiter sehr charakteristisch sind. Child führte den Beweis an vielen Tierklassen und an ca. 100 Algenarten, indem er eine Reihe von chemischen Agentien von außen her einwirken oder auch nur physikalische Zustandsänderungen eintreten ließ. Dabei ergaben sich verschiedene Empfindlichkeiten. Namentlich bediente er sich oft des Kaliumcyanids, welches bereits in geringen Konzentrationen wirkt und sich als mächtiges Hemmnis der Oxydationsvorgänge im Protoplasma erweist. Die Empfindlichkeit gegenüber der Wirkung der Cyanide bildet einen Indikator für den Gang der Oxydation in den verschiedenen Organen, bzw. im ganzen Körper des Individuums und kann überdies als Vergleichsmaßstab verschiedener Individuen derselben Species benützt werden. Diesem Stoffwechselstufenleiter entspricht ein axialer Stufenleiter des elektrischen Potentials (Mathews, Waller, Hyde u. a., zit. nach Child) mit negativ elektrischer Ladung am aktivsten Pol. C. M. Child stellte nun fest, daß es ein allgemeines, nichtspezifisches Verhältnis zwischen Empfindlichkeit und physiologischem Zustand gibt, wenigstens bei einfachen Organismen und auf früher Entwicklungsstufe derselben, und daß diese Empfindlichkeit mit dem Grade der allgemeinen physiologischen Aktivität des Protoplasmas variiert (physiologische Empfindlichkeitsstufenleiter). Auch bei einigen höheren Tieren zeigten sich — allerdings in *frühen* Entwicklungsstadien derselben — dieselben *nicht*spezifischen Empfindlichkeitsbeziehungen. In der Entwicklung und Differenzierung des Axialtyps hebt sich die apicale Region des Organismus aus der Region der größten Aktivität bzw. des höchsten Stoffwechsels und dem·

entsprechender Oxydationsverhältnisse besonders hervor, andere Organe stehen auf verschiedenen Sprossen der Stufenleiter. Entsprechend der verschiedenen Empfindlichkeit in den einzelnen Ebenen des axialen Stufenleiters vollziehen sich auch die Erscheinungen der differentiellen Verzögerung, Beschleunigung, Gewöhnung und Erholung in verschiedenen Graden.

Aus seinen Experimenten zog schon CHILD den Schluß, daß die *differentielle Empfindlichkeit eine einfache und adäquate Basis für die Interpretation eines Großteils der Ergebnisse der experimentellen Teratogonie und vieler der in der Natur zufällig auftretenden Mißbildungen ergibt.* CHILD bezeichnet die von STOCKARD produzierten cyklopischen und mikrocephalen Fische als in ihrem Wesen ähnlich den Behinderungstypen der Kopfregion bei Planaria (CHILD 1911, 1915), den differentiellen Verzögerungen beim Seekobold (CHILD 1916) und analogen bei Amphibien (BELLAMY 1919). Alle diese Fälle zeigen einen *beträchtlichen Grad der Behinderung bzw. Störung der apicalen, vorderen und medianen Region* gegenüber der basalen, hinteren und lateralen, alle sind ihrem Ursprung nach nicht spezifisch, können also durch die Wirkung verschiedener Agentien hervorgebracht werden. Die Zustandsdifferenzen der Organismen, angezeigt durch die Verschiedenheit der Empfindlichkeit, sind Fundamentalfaktoren des Lebewesentypus. *Bei hochdifferenzierten Organismen jedoch oder in fortgeschritteneren Entwicklungsstadien ergeben sich Empfindlichkeitsunterschiede, welche mehr oder weniger spezifisch sind, insofern sie sowohl vom betroffenen Organ als vom Agens bestimmt werden.* Nach diesen Feststellungen ist es nicht verwunderlich, daß auch Stufenleitern in unzähligen Organen nachgewiesen wurden, wie in den Haaren von Algen, Tentakeln von Hydrozoa, Rudern von Ctenophoren, sensorischen Tentakeln von Anneliden, wachsenden Schwänzen von Fischen und Amphibienlarven usw. Die *Umwelteinflüsse* sind es nun, welche bei ihrer differentiellen Einwirkung auf eine gegebene Protoplasmamasse die verschiedenen typischen Erscheinungsformen der Lebewesen schaffen, indem Stufenleitern in bezug auf Erregung, Überleitung, Größe des Gaswechsels entstehen. Die Lehre CHILDS von den quantitativen Stufenleitern und deren Entstehung durch die Einwirkung externer (Umwelt-) Faktoren neigt also nicht zu irgendwelchen Annahmen, welche Erblichkeit oder Evolution zur Voraussetzung haben, sondern stellt vielmehr fest, daß Achsenbildung, Polarität bzw. Symmetrie nicht Erbeigentümlichkeiten bzw. eingeborene Charakteristica des Protoplasmas darstellen. Sie charakterisiert sich dadurch als eine *neue fundamentale physiologische Konzeption,* aufgebaut auf der Basis mannigfaltiger Beobachtungen und Experimente.

Der Schluß, welchen CHILD aus den Ergebnissen seiner Experimente für die allgemeine Teratologie zog, wurde von seinen Schülern A. W. BELLAMY und L. H. HYMAN (Lit. I) weiter experimentell ausgebaut. BELLAMY stellte an Eiern und Larven von Rana pipiens fest, daß die Stoffwechselvorgänge von Anfang an am apicalen Pol am größten und raschesten sind und daß diejenigen Regionen, welche im Wachstum und in der Entwicklung die größte Aktivität entfalten, am empfindlichsten und daher am meisten betroffen sind. BELLAMY beschreibt u. a. *Mikrocephalie* mit verschiedenen Graden der Annäherung der Augen bis zur Verschmelzung (*Cyklopie*), *Verschmelzung der Nasengruben* und der Haftorgane. Und zwar beginnt der Auflösungsprozeß bei Embryonen, welche sich in den frühesten Stadien der Bildung der Neuralfalten befinden, in der Medianlinie am vorderen Ende der Neuralgrube. In einem etwas späteren Stadium der Bildung der Neuralfalten beginnt der Desintegrationsprozeß zu beiden Seiten der Medianlinie, wo die Ansätze der Augenblasen erscheinen. Nach dem Schluß der Neuralrinne beginnen lokale Empfindlichkeitsunterschiede zugleich mit der Differenzierung gewisser Organe (Schwanzknospe, Augenblasen, Nasengrübchen, Haftorgane) zu erscheinen, wobei die Neigung zur Desintegration besonders groß ist. — HYMAN, welcher 1916 an Anneliden einen doppelten Empfindlichkeitsstufenleiter, nämlich am vorderen und am hinteren Körperende entdeckt hatte, studierte an Embryonen von verschiedenen Teleostierarten die *Auflösungsstufenleitern*: Nach der Formation des Embryonalschildes ist die vordere Portion desselben am empfindlichsten, nach der Entstehung der Embryonalachse das vordere Ende dieser Achse. Früher oder später erscheint eine zweite Region hoher Empfindlichkeit am rückwärtigen Ende des Embryos. Neben den Hauptstufenleitern können spezifische Organe eine hohe Empfindlichkeit zeigen (Augen). Die namentlich bei Fundulusembryonen häufig gefundene *Monophthalmie* erklärt Hyman damit, daß die Empfindlichkeitsstufenleitern an bilateral-symmetrisch gebauten Organismen Verschiedenheiten aufweisen können, daß demnach auf einer Seite die Empfindlichkeit größer sein könne als auf der anderen.

In Übereinstimmung mit Child konstatierte Hyman, daß die Zeiten, in welchen die Stoffwechselvorgänge am größten sind, auch diejenigen Perioden darstellen, wann die Eier am leichtesten von äußeren Faktoren modifiziert werden können, und daß diejenigen Teile des Eies oder des Embryos, welche den größten Stoffwechselumsatz haben, auch am stärksten durch veränderte Bedingungen depressiver Natur betroffen und durch dieselben am meisten gehemmt werden, vorausgesetzt, daß die Umstände keine Wiederherstellung oder Anpassung erlauben. In letzterem Falle können gerade diejenigen Teile, welche unter schwereren Bedingungen unterliegen, sich wiederherstellen, wogegen Körperteile von geringerem Stoffwechselumsatz dies nicht können. (Beispiel: Überleben des isolierten vorderen Endes des Embryos mit den Augen oder eines Hirnstückes mit einem daran befestigten Auge, wogegen der Rest des Embryos der Auflösung verfiel.) *Die Wiederherstellungsformen der Terata sind demnach in der äußeren Erscheinung den Hemmungsformen der Terata geradezu entgegengesetzt.* Die *Existenz der Empfindlichkeitsstufenleitern liefert* nach Hymans Überzeugung *eine leichtverständliche Basis für die Entstehung der Mißbildungen und die Erklärung für die elektive Schädigung gewisser Körper- oder Organabschnitte und der hieraus resultierenden Monstrositäten.*

Diese Feststellungen Childs und seiner Schüler Bellamy und Hyman sind nicht nur für die experimentelle Teratogonie, sondern für die gesamte Teratologie bedeutungsvoll. Sie zeigen, daß überall dort, wo Noxen chemisch-toxischer oder auch nur physikalischer[1] Natur in Frage kommen, die Wirkung dieser dadurch gegeben ist, daß infolge des Vorhandenseins von physiologischen Stufenleitern der Empfindlichkeit (als Ausdruck für besonders lebhafte Stoffwechsel- und Oxydationsvorgänge an verschiedenen Punkten und Regionen) die Noxen auch eine verschieden abgestufte Wirkung zustande bringen, geradezu elektiv wirken und daß das Resultat ihrer Wirkung abhängig ist vom Verteilungszustand dieser Empfindlichkeitsstufenleitern im Augenblick der Einwirkung der Noxe. *Die völlige Auflösung des Keims sowie alle möglichen schweren komplexen, aber noch mit dem Fortleben des Keims vereinbarlichen Fehlbildungen erscheinen somit in eine einzige Reihe geordnet und das schließliche Resultat bloß abhängig vom Zeitpunkt der Einwirkung der Störung.* Durch die Konstatierung, daß *nach Ablauf der ersten Entwicklungsphasen beim Auftreten gewisser Organe* (Augen, Ohrbläschen, Nasengruben, Herz usw.) *neue und vom übrigen Körper unabhängige Empfindlichkeitsstufenleitern entstehen* und daß sich nunmehr auch *spezifische Empfindlichkeiten* auszubilden beginnen, ist *für das Verständnis der isolierten Teratogenese vieler Organe der Weg geebnet.*

---

[1] H. Schade hat 1923 der *Entstehung der menschlichen Mißbildungen in utero* eine chemisch-physikalische Grundlage gegeben und nimmt für dieselbe eine dysionische Genese an. Entweder träte durch abnorme Auflockerung der Plasmahautkolloide ein Auseinanderfallen der Zellen ein oder es entständen durch abnorme Kolloidverfestigung Verwachsungen und Verschmelzungen. Dies dürfte zwar für manche Vorgänge zutreffen, stellt aber wohl nur ein Teilgeschehen dar.

3. Vereinheitlichte Auffassung vom Wirkungsmechanismus exogener Noxen.

Wenn man die von CHILD und seiner Schule gemachten Feststellungen mit den Versuchen, Deduktionen und Ideen R. GOLDSCHMIDTs und K. H. BAUERS (siehe höher oben) kombiniert, so wird m. E. das Verständnis der Mißbildungsgenese weiter vereinfacht. Infolge der durch äußere Noxen hervorgebrachten somatischen Genodemutationen wird das auf das feinste dosierte System von zeitlich genau abgestimmten Reaktionsabläufen verschoben und gestört und dadurch ein Mißbildungseffekt hervorgebracht (bei kleinsten Störungen resultieren nur leichtere Anomalien). Nach GOLDSCHMIDT sind derartige Verschiebungen innerhalb eines Teils, ohne daß die geordnete Entwicklung des Ganzen gehemmt wird, um so eher möglich, je weiter die Spezialdifferenzierung der Organe fortschreitet. Ganz grobe Eingriffe in das so kompliziert verzahnte Getriebe muß sein geordnetes Arbeiten unmöglich machen, wenn es nicht überhaupt infolge der Intensität und der besonderen toxischen Affinität der Noxe zu einer kompletten Desintegration mancher Teile (Organe in Anbildung) kommt.

Daß letzten Endes alle störenden exogenen Einflüsse sich als Stoffwechselnoxen erweisen, ist ein Ausblick, der unserer, durch eine große Mannigfaltigkeit der Entstehungsursachen und -mechanismen getrübten und einigermaßen verwirrten Anschauung Entlastung und neue Wege zu weisen geeignet ist. Daß Stoffwechselstörungen die Hauptursache der Mißbildungen seien, wurde schon früher von einem oder dem anderen Autor behauptet, es fehlten aber die Beweise bzw. die Kette der Beweise. Trotz dieser vereinheitlichten Auffassung der Ätiologie — welche Vereinheitlichung auch für die Erbanlagefehler Bedeutung gewinnt (siehe S. 6 f.) — ist damit der Wirksamkeit der Endglieder der Verursachungen kein Eintrag geschehen. Es wird vielmehr die Aufgabe weiterer Forschung sein, alle *Zwischenglieder* zwischen der letzten, derzeit erkennbaren Grundursache, welche wir nach dem gegenwärtigen Stande unseres Wissens in Störungen der Stoffwechsel- und Oxydationsvorgänge, hervorgebracht durch chemisch-toxisch wirkende Substanzen verschiedenster Art, erblicken dürfen, und den sich daraus ergebenden sekundären Veränderungen verschiedenster Art aufzuzeigen. Diese Veränderungen können selbst wieder auf die Keimesentwicklung hindernd wirken und werden öfters fälschlich für die alleinige Ursache der Fehlbildungen gehalten.

Zu diesen *sekundären Veränderungen* gehört das in ektodermale Lager eindringende *entzündlich-hyperämische embryonale Bindegewebe.* auf dessen Bedeutung für die Genese der Mißbildungen A. LÖWENSTEIN aufmerksam gemacht hat. Dadurch kann eine ganze teratologische Reihe von angeborenen Staren erklärt werden, und derselbe Vorgang könnte auch für die Entstehung von Mißbildungen auf anderen Gebieten Bedeutung erlangen (darauf soll später noch eingegangen werden). — Die Rolle *gestörter Hormonbildung* bzw. *-abscheidung* für die Entstehung der Mißbildungen ist noch nicht geklärt: JELGERSMA nimmt für die Mikrocephalie endokrine Störungen an, DEBIASI ventiliert für zwei Fälle von Anencephalie Dysthyreoidismus der Mutter, F. LUDWIG und J. v. RIES, welche Carcinomkulturen durch Milzextrakt zum Stillstand bringen konnten, weisen nach, daß die Zellteilungsvorgänge an befruchteten Seeigeleiern durch Zusatz von Hypophysenvorderlappenhormon (Prolan) und durch Milzextrakt (Splenoglandol) gehemmt, durch Zusatz von Thyroxin, besonders aber von Histamin und Placentarextrakten gefördert werden können. Störungen der Embryogenese sind demnach via Dysfunktion der mütterlichen Placenta oder anderer mütterlicher endokriner Apparate möglich, wogegen die endokrinen Drüsen des Embryos selbst etwa bis zum Geburtstermin nicht in Tätigkeit sind und durch diejenigen der Mutter ersetzt werden (L. KIEWE).

Diese Füllarbeit wird sich wohl hauptsächlich auf formal-genetischem Gebiet bewegen und sich m. E. der grundlegenden Aufschlüsse bedienen müssen, welche uns A. Ruffini und seine Schule über die gestaltbildenden Elementarprozesse der Zelltätigkeit gegeben haben und die der Tragweite derselben entsprechend höher oben breiter ausgeführt wurden. Auf die Wichtigkeit der Verknüpfung der Ergebnisse der Arbeiten von Child und seiner Schule mit den Befunden Ruffinis hat seinerzeit schon G. Cotronei (Lit. II/c, d) anläßlich experimenteller Arbeiten über Cyklopie hingewiesen. Auch *meinerseits* (Lit. IV/a, b u. X/4c) wurde bei Beschreibung verschiedener nasaler Fehlbildungen mehrfach die Gelegeneit wahrgenommen, anläßlich der Besprechung der vermutlichen Ätiologie die grundlegende Bedeutung dieser Arbeiten hervorzuheben.

4. Ätiologische Beziehungen zwischen Heredopathien und erworbenen Fehlbildungen.

Am Schluß dieser der Mißbildungsgenese gewidmeten Abschnitte will ich nicht unterlassen, auf jene *große gemeinsame Linie* hinzuweisen, welche immer deutlicher *die auf Erbanlagefehlern beruhenden Mißbildungen mit jenen verbindet, welche infolge exogener Störungen entstanden sind.* Diese Gemeinsamkeit betrifft zum wenigsten die formale Genese, welche selbstverständlich von der bei Heredopathien eingeschlagenen verschieden ist und nur gewisse oberflächliche Ähnlichkeiten aufweist. Sie erstreckt sich vielmehr auf die kausale Genese, und zwar insofern, als dort wie hier die *pathologische Genveränderung letzten Endes durch von außen her wirkende Kräfte zustande gebracht wird,* nur daß diese Genodemutation das eine Mal schon in den Gameten vorliegt, das andere Mal aber erst in den somatischen Zellen gewisser Zonen herbeigeführt wurde (siehe hierzu auch die Ausführungen auf S. 7f.).

II. Experimente am Nasalorgan.

A. Störungen der Nasenentwicklung (Lit. II).

In zahlreichen experimentellen Arbeiten, welche sich teils mit der Erzeugung von einfachen Mißbildungen, teils mit der Erzeugung von Doppelbildungen beschäftigen, sind da und dort *Angaben über Beobachtungen* enthalten, *welche* gelegentlich dieser Untersuchungen *an den Nasenanlagen bzw. Nasensäcken gemacht werden konnten.*

1. Einfache Mißbildungen.

1877 berichtete C. Dareste über ausgedehnte Mißbildungsexperimente an frisch gelegten Hühnereiern, welche teils mittels Firnissen der Schale (Verschlechterung der Atmungsverhältnisse und Stoffwechselvorgänge des sich bildenden Keims!), teils durch Bebrütung bei Unter- oder Übertemperatur oder unter Anwendung ungleichmäßiger Erwärmung einzelner Eiabschnitte zu Mißbildungen verschiedener Art wurden. Häufig fand sich *Cyklopie* verschiedenen Grades, welche „das Fehlen der zentralen Partien des Gesichts nach sich zieht, die Nasengruben in einem rudimentären Zustand erhält oder sie in einen oberhalb des Auges situierten kleinen Rüssel verwandelt" (l. c. S. 241). Die Mundöffnung ist infolge Verlustes des medianen Nasenfortsatzes gleichzeitig dreieckig statt annähernd viereckig, sehr häufig sind noch andere schwere Anomalien (am Herzgefäßapparat, Fehlen der Segmentation entsprechend der Urwirbelanlagen, Spina bifida) vorhanden. Dareste kam zur Ansicht, daß die Medullarrinne von einer Entwicklungshemmung getroffen wurde, sodaß sich ihr Schluß rascher vollziehe als de norma. Das Vorderhirnbläschen bleibt dadurch viel kleiner und geht nach vorne in ein kleines, meist rundliches Grübchen über, welches der Ursprungspunkt des unpaaren Augenbläschens ist. Letzteres nimmt also das Vorderende des Neuralrohrs ein und wird schließlich zum Cyklopenauge. DARESTE konnte ferner beobachten, daß die verzögerte Umdrehung des an sich sehr kleinen Kopfes fast stets mit einer starken Beugung desselben gegen den Körper verbunden ist und daß letztere anscheinend stets in Beziehung steht zu einer Entwicklungshemmung der Kopfkappe des Amnion. Der flektierte Kopf stößt sich an der Vorderfalte des Amnion, wo dieses sich umbiegt, um die Kopfkappe zu bilden. DARESTE konnte sich aber nicht in allen Fällen überzeugen, daß die Entwicklungshemmung der Kopfkappe mit ihrem Druck der Ausgangspunkt der Cyklopie sei. Diese sehr vorsichtige Fassung der rein makroskopisch erhobenen Befunde an zahlreichen Hühnercyklopen durch DARESTE sticht nicht unwesentlich von den Aussagen ab, welche viele spätere Forscher von den Angaben DARESTES gemacht haben. Eine wesentliche Richtigstellung der DARESTEschen Anschauungen wurde durch die histologische Untersuchung von mißbildeten Hühnerembryonen erzielt, welche wahrscheinlich zu ethmo- und cebocephalen (weniger zu cyklopischen) Formen geführt haben würden (E. RABAUD). An der Medullarplatte zeigen sich vom ersten Tag ab grundlegende Abweichungen, sie ist vorne plan ausgebreitet und zeigt keine oder kaum Neigung sich einzustülpen. Es mangelt also von allem Anfang an die Fähigkeit zur Bläschenbildung. Der Verschluß des Vorderhirnbläschens erfolgt schließlich verspätet, und zwar durch Erhebung und Verwachsung der Ränder (*epibolischer* Prozeß). RABAUD (Lit. IV) lehnt den Gedanken an eine Entwicklungshemmung ab, verwirft die Idee des vorzeitigen Schlusses des Vorderhirnbläschens und einer behindernden Rolle der Kopfkappe des Amnion, ist aber mit DARESTE der Meinung, daß die primäre Störung im Hirn sitze. Die Cyklopie verdankt nach RABAUD ihre Entstehung einem spezifischen Vorgang, welcher eine neue Ontogenese der Hirn- und Augenentwicklung repräsentiere. Da die Masse des ausgewachsenen Cyklopengehirns gegenüber dem normalen beträchtlich geringer ist, ist wohl die Ansicht RABAUDS, es liege kein Substanzmangel vor, nicht haltbar. Letzterer geht zur Evidenz schon aus der Tatsache hervor, daß die Ausstülpung der Augenanlagen bei den Monstren RABAUDS fast stets unpaar und in der Medianebene erfolgte, was nur durch die Annahme erklärbar ist, daß die Partie zwischen den Augenanlagen und vom Areal der Augenanlagen wechselnd große, von der Medianebene lateralwärts fortschreitende Bezirke verlorengingen. Damit schwand aber auch die Fähigkeit zu aktiver Einstülpung der Medullarrinne.

Auch RUFFINI konstatierte in einem Fall von *Anencephalie* (einer der Cyklopie nahestehenden Fehlbildung) abnormes Verhalten der Neuralrinne und pathologischen Verschließungsmodus derselben. Der normale Einstülpungsvorgang ist ein aktiver, durch den Amöboidismus der RUFFINISchen Keulenzellen hervorgebrachter Prozeß. Fällt das mit dieser Fähigkeit dotierte Zellareal ganz oder fast ganz aus, so muß die Medullarplatte weiter plan bleiben, so wie dies tatsächlich bei den RABAUDSchen Fehlbildungen konstatiert wurde.

Fehlen der Einstülpung (des Archenteron) charakterisiert die mittels Lithiumsalzen vergifteten Echinuslarven HERBSTS.

Mit Lithiumsalzen erhielt später CH. R. STOCKARD (Lit. II/a—g) viele Mißbildungen bei Fundulus heteroclitus. Noch wirksamer erwies sich Magnesiumchlorid. In diese Lösungen wurden die Eier bald nach der Befruchtung, am besten im Achtzellenstadium (ca. dreieinhalb Stunden nach der Befruchtung), gebracht und ergaben dabei in einem sehr großen Prozentsatz (50 bis 60%) *cyklopische Fehlbildungen mit Mißbildung der Riechsäcke*. Analoge Resultate konnten noch in vielen Fällen — aber mit deutlich sinkender Frequenz — erzielt werden, wenn schon 8, 10, 11, 12, ja selbst

15 Stunden nach der Befruchtung vergangen waren. Nach diesem Zeitpunkt sind aber keine Cyklopen und nasalen Fehlbildungen mehr erzielbar. Die Nasengruben sind bei allen Cyklopen mißbildet, entweder scheinbar einfach (aus der „Verschmelzung" beider Säcke entstanden) oder abnormal dicht aneinander gelagert. Dabei sind die mißbildeten Riechgrübchen über das Cyklopenauge verlagert.[1] Letzteres nimmt eine abnormale ventro-mediale Position ein. Die Augenstörungen zeigen alle Übergänge von der Cyklopia incompleta über die C. completa und von da über mangelhafte Augenbecherbildung mit und ohne mangelhafte Linsenbildung und Zusammenpassung bis zur Anophthalmie. Das Maul ist nach rückwärts gedrängt und öfters rüsselförmig. Einige dieser Embryonen hatten beiderseits ein durchaus normales Vorderhirn, doch waren in anderen Fällen leichtere Störungen vorhanden. *Das Mg erwies sich damit als ein hauptsächlich die Ausbildung des Augen- und Nasenapparates behinderndes Agens, bei dessen Verwendung* — entgegen vielen anderen chemischen Substanzen — *der Experimentator nicht nur erwarten darf, Fehlbildungen zu erzeugen, sondern mit ziemlicher Bestimmtheit damit rechnen kann, solche von bestimmtem, immer wiederkehrendem Typus zu erhalten.* Auch bei Verwendung zahlreicher, zur Gruppe der Anästhetica gehörender chemischer Körper konnte STOCKARD Mißbildungen am Fundulusei erzielen. Bei Verwendung von *Alkohol* tritt — ähnlich wie bei Magnesium — eine mehr lokalisierte bzw. spezifische Wirkung auf die Augenblasen, die Gehörbläschen und das ZNS. zutage. In manchen Versuchsreihen fanden sich 90—98% Augenmißbildungen. In Analogie mit durchaus vergleichbar gebauten, frei in der Natur vorkommenden Fischmonstren (cyklopischer Rochen von PAOLUCCI, welcher wahrscheinlich zwei Jahre alt war; cyklopische Forellen aus Fischzuchtanstalten, J. F. GEMMEL) nimmt STOCKARD vielleicht mit Recht an, daß die cyklopischen Fundulusembryonen den voll ausgewachsenen Zustand zu erreichen fähig und möglicherweise sogar fortpflanzungsfähig gewesen wären.

STOCKARD knüpft an seine Experimente die Schlußfolgerung, daß *cyklopische Fehlbildungen* in Einwirkungen einer ungehörigen Umgebung auf den Fischembryo ihre Ursache haben und daß es bei dieser Sachlage höchst wahrscheinlich sei, daß auch der Säugercyklops seine Entstehung äußeren Einwirkungen auf den sich entwickelnden Keim verdanke und nicht durch abnorme Keimesanlage bedingt sei.

Daß durch Setzung eines Materialdefekts Cyklopie erzeugt werden kann, geht aus Versuchen von W. H. LEWIS an Fundulus heteroclitus-Embryonen hervor, bei welchen mit feiner Nadel die Eihülle durchstoßen und das Vorderende des Embryonalschildes zerstört worden war. Bei streng medianem Einstechen konnten die verschiedensten Formen der Cyklopie erzielt werden. *Die Nasengruben waren dabei entweder ohne Defekt oder rückten dicht aneinander.* Das schließliche Endergebnis erklärt sich daraus, daß bereits im Schildstadium die Augenanlagen völlig differenziert sind und bei Zerstörung derselben keine Regeneration eintreten kann. Die nicht geschädigten Reste der Anlagen vereinigen sich und ergeben dann verschiedene Fehlbildungsformen.

4 bis 6% Lithiumchloridlösungen erwiesen sich nach G. LEPLAT bei Rana fusca, Triton cristatus und Trit. marmoratus sehr wirksam zur Erzeugung von Cyklopie und verwandten Formen ohne gleichzeitige allzu tiefe Schädigung der übrigen Organe. In stärkeren Lösungen starben viele Larven rasch, andere zeigten sehr schwere Fehlbildungsformen, wie Agenesie der Freßwerkzeuge bzw. Imperforation des Mauls, relative Aplasie des ZNS., des Kopfes und damit im Zusammenhang Anophthalmie usw. Bei Innehaltung obiger Konzentrationen überwogen die wirklichen Cyklopen. *„Konfluenz" der Riechgrübchen zu einem einzigen medianen*

---

[1] Abweichend davon beobachtete STOCKARD einen Embryo, wo trotz Cyklopie die Riechgruben ihre normale Lage beibehalten hatten, was SPEMANN (Lit. II/c, S. 80) damit erklärt, daß hier die medianen Ektodermpartien nicht geschädigt wurden und daher auch erhalten blieben.

Gebilde und ein analoger Vorgang im Bereich der Saugnäpfe begleitete in entsprechenden Graden der Ausprägung die verschiedenen Grade der Cyklopie, fand sich übrigens manchmal auch allein, wenn die Salzlösungen ceteris paribus eine größere Verdünnung hatten (2,5%).

Diese „*Monorhinie*" stellt bei den Cyklopen einen hervorstechenden und konstanten Befund dar.[1] Manchmal sind zwei Nasensäcke vorhanden, die äußere Öffnung ist aber einfach und dann meist weiter, hat aber gelegentlich die Form eines sehr engen, längeren, mit einfachem Epithel ausgekleideten Ganges. Das mißbildete Geruchsorgan liegt dabei entweder über oder unter dem vorderen Ende des Gehirns und steht mit letzterem stets in Kontakt, auch in Fällen sehr ausgesprochener Cyklopie. Bei Anophthalmie steht jedoch das *Nasenrudiment* weder mit dem Gehirn noch mit der Körperoberfläche mehr im Zusammenhang. Nie fand LEPLAT — auch nicht in Fällen weniger ausgesprochener Cyklopie — einen Anschluß der *Nasenäquivalente* an den Pharynx. welcher schon wegen der gleichzeitigen Mißbildung im Bereich der Freßwerkzeuge meist fernab von den Riechsäcken bleibt. Es besteht also *Choanenmangel*. Abb. 1a—c (nach bisher nicht veröffentlichten, mir freundlichst zur Verfügung gestellten Skizzen LEPLATS) illustrieren das Gesagte.

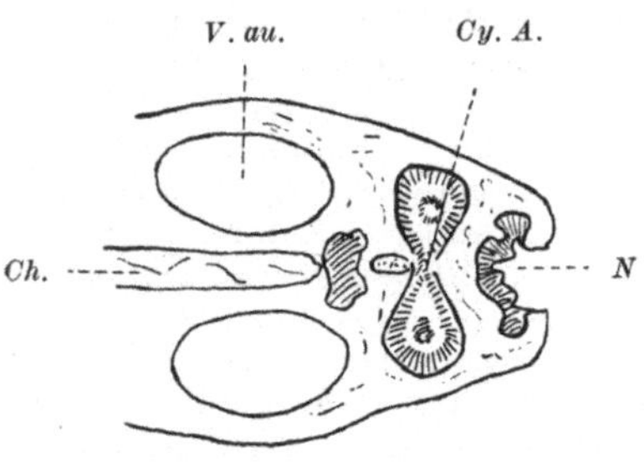

Abb. 1 a. Horizontalschnitt.

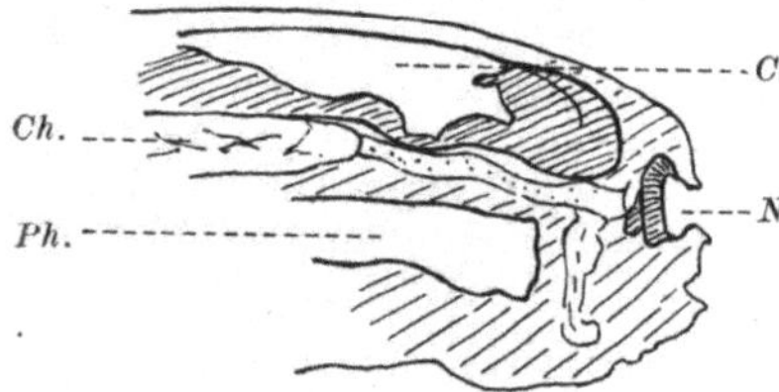

Abb. 1 b. Sagittalschnitt.

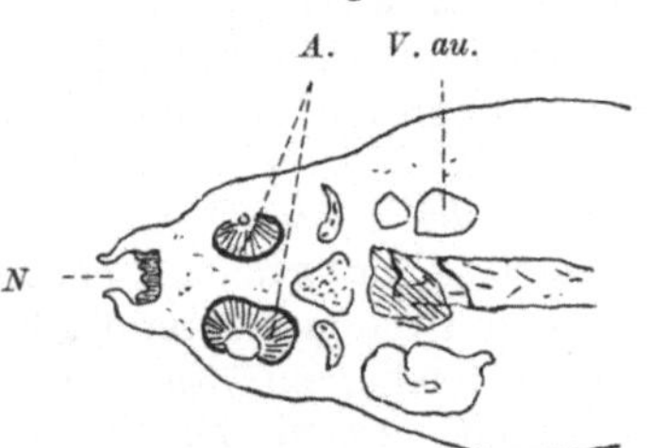

Abb. 1 c. Horizontalschnitt.

Abb. 1 a, b, c. Verhalten der Nasensäcke bei experimenteller Cyklopie (Rana fusca) nach G. LEPLAT.

N unpaares, verschmolzenes Nasenrudiment; *Cy. A.* Cyklopenauge; *V. au.* Gehörbläschen; *Ch.* Chorda dors.; *Ph.* Rachen; *A.* einander genäherte Augen; *Ce* Gehirn.

Zu ähnlichen Ergebnissen gelangte G. COTRONEI gleichfalls an Amphibien. Mangel der Nn. olfact. konnte öfters schon in Fällen festgestellt werden, in welchen noch nennenswerte Anteile des Riechorgans vorhanden waren und es noch nicht zur Cyklopie gekommen war. Die *Fehlbildungen im Bereich der Nasensäcke* sind von gradweise sich verstärkenden Störungen in der Ausbildung der äußeren Mundbucht bzw. der sie begrenzenden Anteile der ventralen Kopfregion begleitet. Der pharyngeale Abschnitt der Mundhöhle bleibt aber stets verschont. Selbst bei völligem Fehlen der äußeren Mundbucht können noch Riechgrubenreste angetroffen werden; in solchen Fällen war Annäherung der Augen vorhanden. Schließlich fand sich Cyklopie mit völligem Mangel der die Mundbucht konstituierenden Gewebspartien und der Nase, als Höchstgrad Fehlen der Augen (Anophthalmie). Das Neuralrohr erwies sich im prächordalen Kopfanteil mißbildet in Form einer massiven Zellmasse mit nur geringer Lumenbildung. COTRONEI weist auf die grundlegende Bedeutung der RUF-FINIschen formbildenden Elementarprozesse der Zellen hin und nimmt an, daß die Fehlbildung des prächordalen Hirnabschnittes durch eine Dissoziation der drei Grundfunktionen — Zellvermehrung, Amöboidismus und Sekretion — zustande gekommen sei, indem vorwiegend die beiden letzteren Funktionen gehemmt wurden.

Meines Erachtens beruhen die erzeugten Fehlbildungen nicht bloß auf Hemmungen, sondern sind Folge *partieller Desintegrationsprozesse* im Sinne CHILDS.

---

[1] Diese und die folgenden Ausführungen basieren vorwiegend auf brieflichen Mitteilungen LEPLATS an den Verf.

Es besteht wohl kein Zweifel, daß Defektuosität (verschiedenen Grades) bei sämtlichen mißbildet gefundenen Organen vorliegt und daß diese Gewebseinbußen einander durchaus koordiniert sind.

In den allerletzten Jahren hat die SPEMANNsche Lehre vom „Organisator" auch auf die Auffassung von der Entstehung der *Cyklopie* eingewirkt. Transplantiert man mediane Streifen vom vorderen Ende der Neutralplatte samt dem Substrat (Dach des Archenteron), so entwickeln sich in der Mehrzahl der Fälle zwei bilaterale Augen, tut man aber dasselbe ohne Substrat, so entwickelt sich nur ein Auge (H. B. ADELMANN 1930). Nach MANGOLD (1931) kann *Cyklopie* durch Exzision des Daches des Archenterons in einem frühen Stadium der Neuralplatte hervorgerufen werden und ist entstanden zu denken infolge defekter Determination, wahrscheinlich infolge Störung des „Organisators" (Urdarmdach). Das Endresultat wird freilich einerseits vom Organisator, anderseits von der Neuralplatte bestimmt. Es kann auch sein, daß die Neuralplatte selbst so gestört ist, daß sie auf die Anregungen eines normalen Organisators nicht zu antworten in der Lage ist. Cyklopie und ähnliche Zustände können demnach auch bei normalem Substrat vorkommen (was sich in der Natur vielfach realisiert findet). Aber auch das Gegenteil gibt es, nämlich normale Augenbildung bei Störungen im Bereich des Substrats (Gebiet des Archenteron bzw. des ersten Kiemenbogens), nämlich bei reiner Otocephalie. ADELMANN erklärt dies damit, daß die Störung erst auftrat, als die Augendetermination schon beendet war. Nach ADELMANN könnte die Cyklopie in manchen Fällen einer frühen Störung des prächordalen mesodermalen Substrats ihre Entstehung verdanken (vgl. hierzu die Ausführungen bei „Cyklopie", S. 57f.). — Im übrigen decken sich die ADELMANNschen *Befunde an den Nasalorganen* von Amblystoma punct., die durch eine ähnliche Technik wie bei G. LEPLAT und G. COTRONEI mißbildet worden waren, mit jenen der genannten Autoren.

Daß auch durch *Bestrahlung* (mittels zylindrischer Röntgenstrahlenbündel von bestimmter Auswahl — P. ANCEL und E. WOLFF) *cyklocephale Monstren* hervorgebracht werden können, bewies E. WOLFF am Hühnchen. Bestrahlt man im Stadium von 3 bis 12 Somiten mit bestimmter Dosis, so erhält man *Cyklopie* mit Mikro- und Anophthalmie und totale Atrophie des Stirnfortsatzes mit Fehlen des Oberschnabels, wird die Dosis geringer genommen, so resultieren *arhinencephale* Monstren mit Mikrognathie des Oberschnabels. Bei Bestrahlung der Medianregion unter Ausschluß der Augenblasen im Stadium von 8 bis 13 Somiten resultiert Cyklocephalie mit zwei gut entwickelten Augen in einer einzigen Augenhöhle (also etwa *Ethmocephalie*); wird nur ein Auge geschützt, so geht aus der bestrahlten Augenanlage ein total atrophisches Auge hervor. Durch diese besondere Bestrahlungstechnik kann man auch die Lokalität der Bildungsstätte verschiedener Anlagen zu Zeitpunkten fixieren, für welche früher keine Kenntnisse vorlagen. — *Mißbildungsergebnisse durch Strahleneinwirkung* hatten auch P. PASQUINI und G. MELDOLESI (an Eiern von Rana exculenta mittels *Radium*) und M. A. HINRICHS (an Hühnerembryonen mittels *Ultraviolettstrahlen*). Auch diese Versuche sind ein Beweis dafür, daß die Verschiedenheit des Endergebnisses vornehmlich vom Zeitpunkt der Einwirkung der Noxe abhängig ist.

2. Doppelmißbildungen (Lit. II u. III).

1897 publizierte G. BORN seine berühmten *Verwachsungsversuche* mit Amphibienlarven. An ca. 3 mm langen, meist von Rana escul. stammenden Larven waren verschiedene Zusammenfügungen gemacht worden, welche *ähnliche Formen ergaben, wie sie bei verschiedenen natürlichen Doppelbildungen vorkommen*.

Durch gleichsinnige Bauch- und Kopfvereinigungen (wie sie etwa Abb. 13 auf Taf. XVII von BORN zeigt) wurde ein Doppeltier geschaffen, etwa vergleichbar einem Cephalothorakopagus monosymmetros. Abb. 52 auf Taf. XXII von BORN zeigt einen *Querschnitt durch die Nasengegend* derselben Zusammensetzung: Auf der einen Seite findet sich eine den Partnern A und B gemeinsame Nasenhöhle mit einfacher Nasenöffnung, während auf der anderen Seite die Nasenhöhlen voneinander getrennt sind, was mit der Unmöglichkeit zusammenhängt, beiderseits gleich viel Gewebe vor der Zusammenfügung wegzunehmen. Dementsprechend sind auch die Mündungsverhältnisse der Nasen nach dem Rachen zu beiderseits verschieden. Auf einer Seite erreichte dabei die Nase nicht den Rachen, endigte daher blind (Choanenmangel). Weitere Verwachsungskompositionen, etwa äußerlich vergleichbar einem nicht ganz symmetrischen Cephalopagus frontalis, ergaben Verlaufs- und Mündungsverhältnisse an Nasen- und Mundhöhlen, wie sie bisher an Naturobjekten nicht beobachtet wurden und kaum je vorkommen dürften.

Der Kernpunkt der BORNschen Zusammenfügungen liegt im Nachweis, daß von dem Ausgangsstadium ab die Weiterentwicklung im wesentlichen auf Selbstdifferenzierung der einzelnen Teile beruht, also durchaus der Mosaiktheorie von W. ROUX entspricht. Die organbildenden Keimbezirke sind bereits vollständig ausgeteilt. Nirgends ließ sich ein korrelativer Einfluß der Nachbarschaft erkennen, weder im negativen noch im positiven Sinne. Die Zusammensetzungen sind ferner dadurch besonders wertvoll, daß sie die (gleichfalls von BORN vorgenommenen) Defektversuche ergänzen. „Während sich aus den Defektversuchen nur gewissermaßen negativ schließen ließ, daß — immer unser Ausgangsstadium vorausgesetzt — nach Wegfall der normalen Nachbarschaft und Beziehungen die Teile unserer Larven sich doch bis zur Schnittfläche so entwickelten, als ob nichts fehlte, kommt hier das positive Ergebnis hinzu, daß das Hinzutreten der heterogensten neuen Nachbarschaft, ja die innigste organische Verbindung mit derselben, keinen korrelativ ändernden Einfluß auf die Entwicklung der zusammengefügten Teile ausübt." *Diese Feststellungen BORNs sind m. E. für das Verständnis aller Fehlbildungen, welche auf Defekten beruhen, von großer Bedeutung und auch für die nasalen Fehlbildungen aufschlußreich.* BORN konstatierte ferner, daß die Nasenhöhle mit zu jenen Organen zählt, welche bei Aneinanderpassungsversuchen ausgezeichnete Verwachsungsneigung zeigen.

Seit 1901 erzeugte H. SPEMANN *mittels Einschnürung* von Triton taeniatus-Eiern im Zweizellenstadium *Doppelbildungen*, wenn das einschnürende Haar genau längs der ersten Furche angelegt war und die erste Furchungsebene der späteren Medianebene des Keims entsprach. Dabei war die Ausdehnung der Verdoppelung vom Grad der Schnürung abhängig. Es wurden alle Übergänge erzielt von Andeutung der Verdoppelung am vorderen Körperende bis zu weitgehender Trennung, wobei die Spur der Verdoppelung bis zur Schwanzspitze ging. Es erwies sich ferner, *daß der späteste Zeitpunkt, bis zu welchem das Keimmaterial solchermaßen umbildungsfähig bleibt, das Ende der Gastrulation darstellt, daß aber mit dem ersten Sichtbarwerden der Medullarplatte das Zellmaterial schon so weit differenziert ist, daß auch stärkste Medianschnürung keine Verdoppelung mehr bewirkt.

C. SCHULTZE erhielt häufig Janusbildungen bei seinen *Umdrehungsversuchen* an Rana fusca-Eiern (Zweizellenstadium), ebenso G. WETZEL. Sie sind meist regelmäßiger gebaut als die durch Schnürung hervorgebrachten Janusbildungen. Über analoge Ergebnisse wie SPEMANN berichtete A. HEY. Neben gewöhnlicher Duplicitas anterior konnten auch verschiedene Grade der Janusbildung erhalten werden, doch war es unmöglich, bestimmenden Einfluß darauf zu nehmen. Erst nach Ablauf der Gastrulation traten die Fehlbildungen hervor, i. e. mit dem Sichtbarwerden der Medullarplatte bzw. mit dem Hervortreten des Januskreuzes. — In letzter Zeit gelang es M. A. HINRICHS durch *Ultraviolettbestrahlung* sowohl Zwillinge als auch Doppelmonstra zu erzeugen.

Durch äußere traumatische Einflüsse können demnach Doppelbildungen hervorgerufen werden, wenn sie innerhalb der Zeit zwischen der ersten Furchung und dem Ende der Gastrulation einwirken.

Waren die *Schnürungen* nicht genau median gelungen, sondern *etwas schräg* gemacht worden, so resultierten daraus *neben der Doppelbildung gleichzeitig Defektbildungen*. SPEMANN erhielt dabei häufig *cyklopische Vorderenden* (entweder nur auf einer oder gelegentlich auch auf beiden Seiten der Duplicitas anterior), wobei sich dann die *Riechgrübchen teils noch voneinander getrennt, teils als zu einer einheitlichen Bildung zusammengeflossen* erwiesen und die innenständigen Augen der beiden Vorderenden teils dicht aneinander lagen, teils sogar miteinander verschmolzen waren.

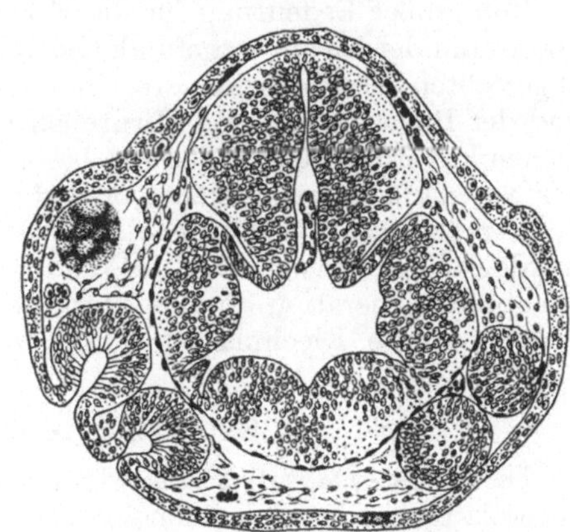

Abb. 2 a.   Schwache Duplicitas anterior mittels Schnürung bei Triton taeniatus erzeugt (nach H. SPEMANN).

VH Vorderhirn; *Fov. olf.* Riechgrube; *pp* doppelte Paraphyse.

Letzteres zeigt Abb. 2 a, welche die rekonstruierte Dorsalansicht einer schwachen Duplicitas anterior mit *gleichmäßig cyklopischem Defekt beider Vorderenden* wiedergibt. Das innenständige Doppelauge zeigt ein defektes Tapetum; Hinter- und Mittelhirn einfach und anscheinend normal, doppelte Paraphyse des Zwischenhirns, welchem dorsal zwei Vorderhirne ansitzen. Abb. 2 b zeigt einen Schnitt durch dasselbe Objekt in Höhe der *vier Riechgruben*. Die innenständigen Anteile der beiden Vorderhirne sind miteinander verschmolzen, so daß ein aus drei Hemisphären bestehendes Großhirn resultiert, von welchem die mittlere Hemisphäre eine Doppelhemisphäre darstellt. — Bei einer anderen Doppelform war das eine Vorderende normal, das andere defekte zeigte ein Cyklopenauge und darüber eine *einfache, aus zwei Grübchen konfluierte Fovea olfact.* mit zwei Riechnerven.

Die mittels Schnürung neben der Duplizität fast stets hervorgebrachten Defekte sind mit SPEMANN als Folge der Schnürung im Sinne von Defektuosität des Bildungsmaterials anzusehen. Je stärker sich die Defektuosität von der Mitte der Medullarrinne nach beiden

Abb. 2 b. Schnitt durch dasselbe Objekt wie Abb. 2 a in der Höhe der 4 Riechgruben (nach H. SPEMANN).

Seiten zu ausbreitet, um schließlich die Anlagen beider Augen völlig zu vernichten und noch weiter lateral- und rückwärts zu greifen, desto umfangreichere Mißbildungsformen müssen entstehen (und wurden auch erhalten). Es resultiert daraus eine *kontinuierliche Mißbildungsreihe*, welche von den leichtesten Graden der Cyklopie (mit Doppelauge) über das ganz einheitlich gebaute Doppelauge (mit und ohne Zusammenhang mit dem Gehirn) zu jenem Extrem führt, wo überhaupt kein Auge mehr gebildet wird, nämlich zur Triocephalie. Bei dieser

Mißbildung findet sich statt des Vorder-, Zwischen- und Mittelhirns mit wohl-
entwickelten Augen bloß eine ventralwärts gebogene Masse ohne weitere
Gliederung; auch das Hinter- und Nachhirn sind abnorm schmal, so daß die
Hörbläschen einander beträchtlich genähert sind.

*Aus diesen Versuchen mit toxischen Substanzen bzw. mechanisch und physika-
lisch wirkenden Noxen, welche auf primär normale Keime einwirken gelassen
wurden, ergibt sich, daß typische Fehlbildungen bzw.* Doppelbildungen (meist ebenfalls kombiniert mit typischen Fehlbildungen) *künstlich hervorgerufen werden
können.* Obwohl die Versuchstiere relativ niedrigstehenden Vertebratenklassen
(Fische, Amphibien, Vögel) angehören, darf doch daraus der Schluß gezogen
werden, *daß exogene Schädlichkeiten,* wenn auch wahrscheinlich anderer Art,
zu analogen Mißbildungen der Säuger und des Menschen führen können. Allerdings
muß zugegeben werden, daß bisher auf experimentellem Weg an verschiedenen
Säugerarten (siehe die oben referierten Versuche von PAGENSTECHER, A. v.
SZILY jun., HÖNNICKE, MAIRET und COMBEMALE, C. F. HODGE, CH. R. STOCKARD
und JOB, LEIBOLD und FITZMAURICE) weniger klare Resultate (was die Erzielung
gewisser Mißbildungs*typen* betrifft!) erzielt wurden als an Tieren aus niedrigstehenden Wirbeltierklassen. Die Natur der an den Säugern und am Menschen
wirksamen toxischen Substanzen (Stoffwechselgifte, endokrine Störungen des
mütterlichen Organismus, entzündlich-toxische Stoffe aus einem kranken Uterus
od. dgl.) genauer festzustellen muß eines der Hauptziele künftiger Forschung
bilden.

B. Versuche zwecks Exstirpation, Transplantation, Regeneration und Superregeneration der Nase (Lit. II).

Von großer Bedeutung für die Erkenntnis des eventuellen Zustandekommens
von frei in der Natur vorgefundenen Nasenmißbildungen sind die von E. T. BELL
angestellten Versuche an Froschlarven. Diese zum Studium der Entwicklung
und der Regeneration von Hirnteilen sowie des Auges und der *Nase* unternom-
menen Experimente sind deshalb besonders bedeutsam, weil zum ersten Male mit
der Nasenanlage unmittelbar vor und nach ihrem ersten Auftreten Exstirpations-
und Transplantationsversuche angestellt wurden, wobei speziell darauf geachtet
wurde, welche Entwicklung die Larve in den nächsten Tagen einschlägt, namentlich ob Regeneration total entfernter Nasenanlagen möglich ist und wie sich
transplantierte Riechplakoden zu ihrer Umgebung (Gehirn, Mundhöhle) verhalten.

1. Experimente an Amphibienlarven.

Die *Nasenanlage* tritt als pigmentierte Verdickung des Ektoderms an der
anterolateralen Kopfpartie bei Rana esculenta erstmalig auf, wann die Larve
eine Länge von 3 bis 3,5 mm erreicht hat. Normalerweise verdickt sich die Riechplakode rasch und wächst nach rückwärts mundhöhlenwärts, um Anschluß an
den Pharynx zu gewinnen. Die vordere Partie der Nasenanlage liegt in unmittelbarer Nachbarschaft des Telencephalon, in welches die Olfactoriusfasern einwachsen. Die Nasenanlage ist erst ein solider Strang, bekommt aber bald eine
Lichtung.

An einem 3,5 mm langen Embryo mit pigmentierter Riechplakode *entfernte*
BELL noch vor dem Auftreten der Invagination *das Riechfeld auf einer Seite vollständig*
(mit feiner Lanzette bzw. Schere unter Verwendung des Binocularmikroskops).
Tötung am siebenten Tage nach der Operation. Histologischer Nachweis, daß beide

Nasensäcke in Verbindung mit der Mundhöhle stehen und daß Olfactoriusfasern beiderseits ins Gehirn eingewachsen sind. *Die Riechplakode auf der operierten Seite wurde also vollständig, und zwar vom umgebenden Ektoderm aus, regeneriert* und zeigte gegenüber der nichtoperierten Seite keinen Unterschied, hatte auch normalen Anschluß an die Mundhöhle und das Vorderhirn gefunden. Regenerationsversuche auf späteren Entwicklungsstufen stellte BELL nicht an.

An einem 3 mm langen Embryo, an welchem weder eine Pigmentierung noch ein sonstiges äußeres Zeichen die Lage der Nasalplatte vor der Operation erkennen ließ, wurde die *linke Hirnhälfte vor der Augenblase entfernt* ohne die deckende Epidermis abzutragen. Die linke Nasenanlage entwickelte sich darauf ebenso wie die rechte. Tötung am zehnten Tag. Histologisch: Linker Lappen des Telencephalon sehr kurz und schmal, das linke Nasalorgan ist am Querschnitt durchaus größer als das normale

rechte, liegt mehr unterhalb des Gehirns und weit weg von demselben, hat aber an normaler Stelle Anschluß an das Mundhöhlenepithel gefunden. In der zentralen Partie des linken Nasalorgans finden sich sehr viele Nervenfasern, welche in längs und querverlaufenden Bündeln angeordnet sind, aber nicht in Verbindung mit dem Gehirn stehen (Abb. 3). Die Bildung des Olfactorius erfolgt also von der Nasenanlage aus.[1] Das Gehirn scheint auf den auswachsenden Olfactorius eine positive Chemotaxis auszuüben, welche wegfällt, wenn das Vorderhirn abgetragen wird. Letzteres ist viel weniger regenerationsfähig als die Nasenanlage.

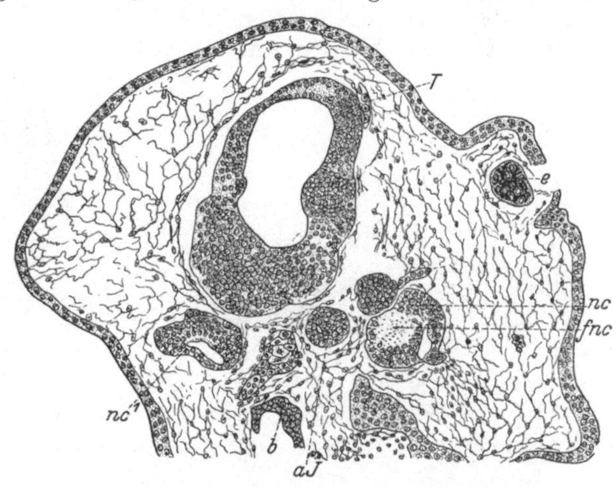

Abb. 3. Querschnitt durch die vordere obere Kopfregion eines 3 mm langen Froschembryos (Nr. 326). *nc* linkes regeniertes Nasalorgan mit Olfactoriusfasern (*fnc*) im Inneren; *T* partiell regenerierte Seitenwand des Telencephalon; *nc¹* normales rechtes Nasalorgan; *aJ* vordere Verlängerung des Infundibulum; *b* Mundhöhlendach; *e* Rand des Auges (nach E. T. BELL).

Von einem 3,2 mm langen Embryo wurde die *rechte Nasenanlage*, welche sich als schwach pigmentierte Area darstellte, auf eine entblößte Kopfpartie kranial von der Augenblase *transplantiert*. Tötung am dritten Tage. Die transplantierte Nasenlage fand sich am vorderen-oberen Augenwinkel, und überdies hatte sich eine große Nasenanlage auf der rechten Seite an der normalerweise hierfür bestimmten Stelle regeneriert. Histologisch: Die *regenerierte* Nasenanlage ist gegenüber der linken normalen in der Entwicklung nur wenig im Rückstand, steht an typischer Stelle mit der Mundhöhle im Zusammenhang und sendet einige Olfactoriusfasern zum Gehirn. Die *transplantierte* Nasenanlage liegt über dem rechten Auge, ist viel schmäler, endet dorsal vom Auge frei und hat weder eine Verbindung mit dem Pharynx noch mit dem Gehirn (Abb. 4).

Bei einem 3,5 mm langen Embryo wurde *die rechte pigmentierte*, noch nicht invaginierte *Nasenanlage mit etwas umgebender Epidermis* entfernt und in eine denudierte Stelle oberhalb der rechten Augenblase *verpflanzt*. Tötung nach vier Tagen. Histologisch: Die transplantierte Nasenanlage invaginierte sich, blieb aber etwas kleiner als die normale linke. Eine Verbindung mit der Mundhöhle konnte nicht hergestellt werden, obzwar sich ein Zellenstrang ausgebildet hatte, welcher sich kaudalwärts vom Nasennapf ausdehnte. Wohl aber wurde eine Verbindung mit dem Gehirn hergestellt, indem einige Olfactorius-

---

[1] DISSE hat dies 1897 beim Hühnchen festgestellt und das Einwachsen des Riechnerven in das Riechhirn verfolgt. Analoges sah HIS an menschlichen Embryonen.

fäden in die gerade über dem Auge gelegene laterale Wand des Diencephalon hineinwuchsen. An der normalen Stelle der rechten (oper.) Seite wurde eine regenerierte Nasenanlage in einem frühen Entwicklungsstadium angetroffen. Annähernd dasselbe Ergebnis erhielt BELL an einem analog operierten, noch jüngeren Embryo. Hier war die Olfactoriusverbindung der transplantierten Nasenanlage mit dem Diencephalon noch viel mächtiger ausgebildet (Abb. 5). — Versuche, ob das Gehirn (zukünftiger Lob. olfact.) imstande ist, eine Nasenanlage aus dem Ektoderm dorsaler Kopfbezirke hervorzubringen, hatten ein negatives Ergebnis.

Für das Verständnis der auf früher Stufe der embryonalen Entwicklung entstehenden ausgedehnteren Fehlbildungen der Nase sind die Ergebnisse dieser Versuche BELLS *von weittragender Bedeutung.* Wenn sich auch die weitere Entwicklung der Nase bei den Amphibien

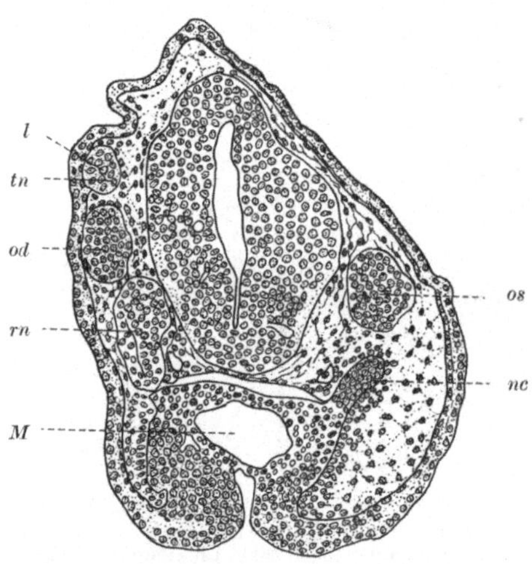

Abb. 4. Querschnitt durch die Kopfregion eines 3,2 mm langen Froschembryos (Nr. 361), bei welchem die rechte Nasenanlage auf eine entblößte Kopfpartie kranial von der Augenblase transplantiert wurde (nach E. T. BELL).
M Mundhöhle; *nc* linke normale Nase in Verbindung mit der Mundhöhle; *rn* regenerierte rechte Nasenanlage; *tn* transplantierte rechte Nasenanlage mit Lumen (*l*); *os* linkes Auge; *od* rechtes Auge.

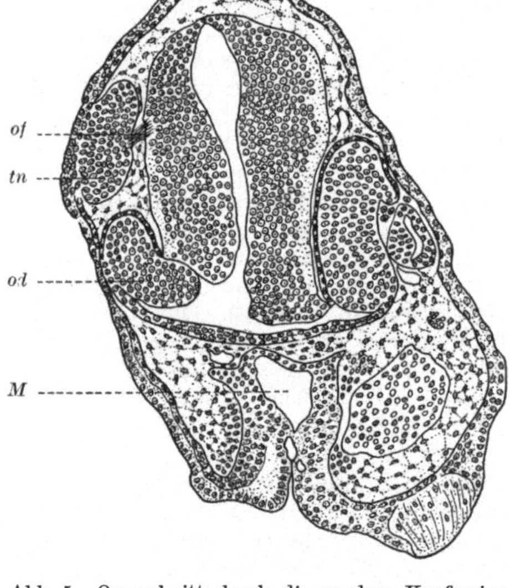

Abb. 5. Querschnitt durch die vordere Kopfregion eines 2.5 mm langen Froschembryos (Nr. 369), bei welchem vom verpflanzten Nasenorgan (*tn*) Olfactoriusfasern (*of*) ausgehen und in die gegenüberliegende Wand des Telencephalon eintreten.
M Mundhöhle; *od* rechtes Auge (nach E. T. BELL).

nach einem anderen Typus vollzieht als beim Säuger bzw. beim Menschen, so sind doch die allerersten Stadien beider Wirbeltierklassen durchaus miteinander vergleichbar. Die aus den Versuchen BELLS · hervorgehende *völlige Unabhängigkeit der Nasenanlage* des Frosches auf früher Entwicklungsstufe von Gehirn und Mundhöhle (mit welchen Organen sich später typische, unlösbare Verbindungen herstellen), dürfte auch für die Säugernase zutreffen. Bemerkenswert ist ferner die *große Regenerationsfähigkeit der Nasenanlage*, wobei die Regeneration vom Ektoderm der Umgebung der ursprünglichen Nasenanlage ausgeht. Wird die Nasenanlage in einen ihr sonst fremden Boden verpflanzt, so entwickelt sie sich daselbst annähernd in normalem Ausmaß weiter und kann auch einen Anschluß an das Gehirn herstellen. Die Hirnpartie, an welche die transplantierte Nasenanlage solcher Art Anschluß findet, kann auch eine nicht zum Riechhirn gehörige sein. Die Möglichkeit, einen Anschluß an den Pharynx zu finden, hängt vom Ort der Implantation des überpflanzten Riechsackes ab, konnte sich daher in den Versuchen BELLS nicht realisieren. *Werden also Embryonen auf frühen Ent-*

wicklungsstufen (primäre Augenblase, flache Riechplakode, Hirn im Dreibläschen-stadium usw.) *von einer äußern Noxe getroffen, welche eine oder beide Riechplakoden beschädigt oder verschiebt, so besteht die Möglichkeit, daß von Resten der beschädigten Nasenanlage oder von deren unmittelbarer Umgebung eine neue Nasenanlage regeneriert wird und daß eine eventuell in fremde Umgebung verschobene Riechplakode sich daselbst — wenn auch nicht zu voller Höhe und Funktion — weiterentwickelt.*

Auch H. SPEMANN (Lit. II/c) konstatierte unabhängige Entwicklung der Riech-grube vom Vorderhirn, wenigstens vom Neurulastadium an. Wird die vordere Hälfte der Medullarplatte mit den Wülsten entfernt, so finden die vom Riechepithel aus-gehenden Olfactoriuszweige entweder keinen Anschluß an das Gehirn oder an in-adäquate Teile desselben, wie beispielsweise an das Mittelhirn. Bei Transplantations-experimenten der Kopfhaut, wobei häufig die Anlagen von Saugnapf, Riechgrube und Labyrinthbläschen mit disloziert wurden, konnte SPEMANN wiederholt nachweisen, daß sich diese Anlagen an ihrem neuen Ort ungestört weiterentwickelten. — H. S. BURR (1916a u. b, 1920) entfernte an *Amblystoma*embryonen von 5 bis 6 mm Länge eine oder beide Riechplakoden vollständig, was durch das scharfe Hervortreten derselben sehr erleichtert ist. Bei der weitaus größten Zahl der operierten Embryonen fand keine Regeneration der Nase statt, obwohl die Tiere mehrere Monate am Leben er-halten wurden. BURR zog daraus den Schluß, daß dasjenige Areale, welches befähigt ist, die Riechplakode zu regenerieren, bei Amblystoma viel weniger ausgedehnt ist (als beispielsweise bei Rana fusca). Bei Abwesenheit des Nasensackes kommt es ferner zu einem vollständigen Kollaps der Knorpel, welche normalerweise den Sack umgeben, da nunmehr die normalerweise vorhandene Unterstützung des Nasensackes dem Mesenchym gegenüber, in welchem die Knorpel gebildet werden, wegfällt. *Infolge der Abwesenheit des Nasensacks* bzw. des von demselben ausgehenden Bildungs-reizes resultierte überdies eine *Größenreduktion des Telencephalon.* Daraus geht hervor, daß im ZNS. ein Potential zur Differenzierung besteht, welches zwar die Ent-wicklung der einzelnen Teile auch ohne Anwesenheit des funktionierenden End-organs bis zu einer gewissen Höhe führt, aber nur dann allen Einzelteilen die letzte Endform und Endgröße zu geben in der Lage ist, wenn eine aktive Funktion der zugehörigen Endorgane einsetzt bzw. die entsprechenden peripheren Neurone ein-dringen.

Weitere Experimente H. S. BURRS an Amblystoma punctat.-Larven (1924) galten dem Studium des *Verhaltens von transplantierten Riechplakoden gegen-über dem ZNS.* Es wurde dabei die exstirpierte Riechplakode Wirtstieren derselben Art und desselben Stadiums an verschiedenen Stellen des Kopfes eingepflanzt mit und ohne Rücksicht auf richtige Orientierung. Fast in der Hälfte der Fälle ver-einigten sich die Nervenfasern mit dem N. olfact. des Riechsackes des Wirtstieres und stellten eine vergrößerte Einheit dar. In einer großen Zahl der Fälle nahmen einzelne Nervenfasern aus dem Transplantat einen kaudalen Verlauf durch die dichte Hirnkapsel hindurch, zogen gegen die dorsolaterale Wand des Diencephalon und wuchsen in der überwiegenden Mehrzahl sogar in das Diencephalon (pars dors. thalami) hinein.

Daraus geht hervor, daß aus der sich mehr minder normal entwickelnden trans-plantierten Riechplakode reichlich nervöse Elemente hervorwachsen, welche unter anderen Wegen auch einen solchen in das Diencephalon einzuschlagen vermögen, sich also mit einem Abschnitt des ZNS. verbinden können, welcher geweblich durchaus vom Lob. olfact. verschieden ist. — Ähnliche Ergebnisse erzielten MAY und DETWILER (1925) ebenfalls an Amblystoma punctat.-Larven.

Da offenbar die Regeneration der Nasenanlage bei verschiedenen Amphibien-arten sehr verschieden ausfallen kann (vgl. die Experimente von BELL und SPE-MANN einerseits und von BURR anderseits), unternahm G. EKMAN neuerliche Versuche und verfolgte dabei auch die *feineren Vorgänge des Regenerations-prozesses* sowie alle *Phasen der normalen Ausbildung der Nase, Bildung der Choanen* usw. Die Tiere (meist Rana fusca) wurden in sehr frühen Stadien operiert:

1. Medullarplatte vorhanden, aber noch ganz offen; 2. Medullarplatte geschlossen, aber noch keine Schwanzknospe vorhanden; 3. Schwanzknospe vorhanden, Kiemenwülste eben angedeutet; 4. Nasengruben gerade angedeutet, große Kiemenwülste. Stets wurde möglichst vollständige Entfernung einer Nasenanlage angestrebt, das exstirpierte Stück daher sehr groß gewählt. Die Tiere wurden vier bis zwölf Tage post oper. getötet.

Die normale Entwicklung der Amphibiennase, insbesondere der Anuren, sei hier zum besseren Verständnis der Regenerationsvorgänge vorausgeschickt, speziell auch die Ausbildung der *Choane*, deren Bildungsart m. E. — trotz der diesbezüglichen wichtigen Unterschiede zwischen Amphibien und Säugern[1] — in manchem prinzipiellen Punkt auch für den Menschen von Bedeutung ist. Über die Anatomie der Amphibiennase finden sich Angaben bei GOETTE, BORN, GAUPP und namentlich bei HINSBERG (Arch. mikr. Anat. 58, 1901). Die feineren Zellvorgänge bei der allerersten Entwicklung — Einstülpung der Riechplakoden —

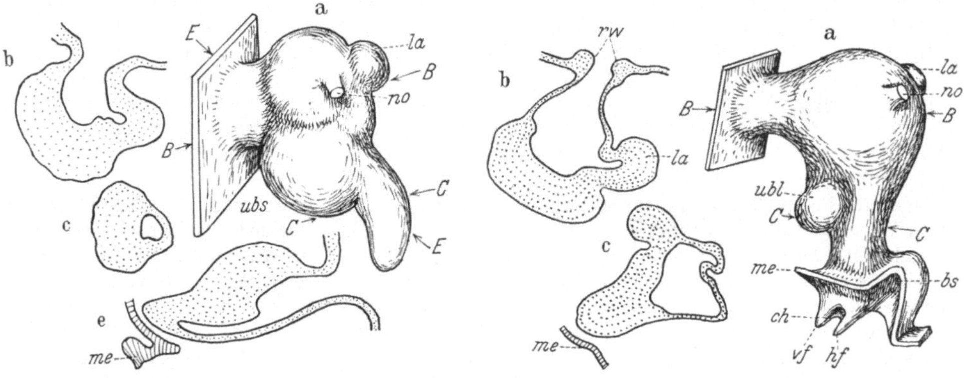

Abb. 6. Nasenentwicklung bei Rana fusca
(nach G. EKMAN).

Abb. 7. Choanenentwicklung bei Rana fusca
(nach G. EKMAN).

Plastische Rekonstruktionen (a) bzw. Schnitte (b, c, e) senkrecht zur Bildfläche durch die Nasenanlage in den durch die Pfeile (*B—B, C—C, E—E*) angegebenen Richtungen. *no* N. olfact.; *la* lat. Appendix; *ubl* unterer Blindsack; *me* Mundhöhlenepithel; *ch* Choane; *vf* vordere Choanenfalte; *hf* hintere Choanenfalte; *bs* Blindsack der Mundhöhle; *rw* Ringwulst der Nase.

beschrieb L. MARCHETTI (Lit. I a): Die Hohlraumbildung wird durch die RUFFINIschen Keulenzellen hervorgebracht, welche zuerst dem Strat. sensitivum, dann auch dem Periektoderm (Deckschicht) angehören. Im Zentrum der Riechgruben sind beide Zellschichten (Deckschicht und Sinnesschicht) in Bewegung, an der Peripherie nur die Sinnesschicht. Innerhalb letzterer vollzieht sich die Proliferation der zelligen Elemente der Riechgrube. Wie Untersuchungen späterer Stadien zeigen, reicht die Deckschicht nicht besonders tief in die Nasenhöhle. Der kaudale Teil letzterer entsteht durch eine Spaltbildung innerhalb des anfangs soliden zapfenförmigen distalen Endes der Riechplakode, welches nur aus der Sinnesschicht gebildet ist (G. EKMAN). Der distale Zapfen der Riechplakode nähert sich immer mehr und mehr dem Entoderm der Mundhöhle (Abb. 6), schließlich wird eine innige Verbindung beider Epithelarten hergestellt. Der Bau der fertigen larvalen *Choane* geht aus der Abb. 7 hervor. Die Öffnung in der Mundhöhle wird durch zwei in die Querrichtung des Körpers gestellte Falten

---

[1] Die Nasensäcke der Amphibien brechen nämlich nach dem Durchreißen der Rachenmembran kaudal von den Resten derselben in den Vorderdarm durch, die Choane liegt also nicht wie bei den Säugern im Bereich des Ektoderms, sondern in jenem des Entoderms. Die Bildung eines sekundären Gaumens unterbleibt.

umgrenzt, die *vordere* und die *hintere Choanenfalte* (vf, hf). Kaudal von der hinteren Choanenfalte befindet sich eine tiefe blindsackartige Einstülpung der Mundhöhlen-wand (bs). Da sich das Entodern durch reichliche Dotterkörncheneinlagerung in seine Zellen gut vom Ektodern unterscheiden läßt, so kann die Frage nach den Grenzen der beiden Keimblätter im Choanalbereich dahin beantwortet werden, daß das Entoderm wohl die Hauptmasse der Choanenfalten beisteuert, aber nicht in den Nasengang hineindringt, sondern nur eine wenig tiefe Einsenkung an der-jenigen Stelle bildet, an welcher das Choanenlumen durch Spaltbildung (von der

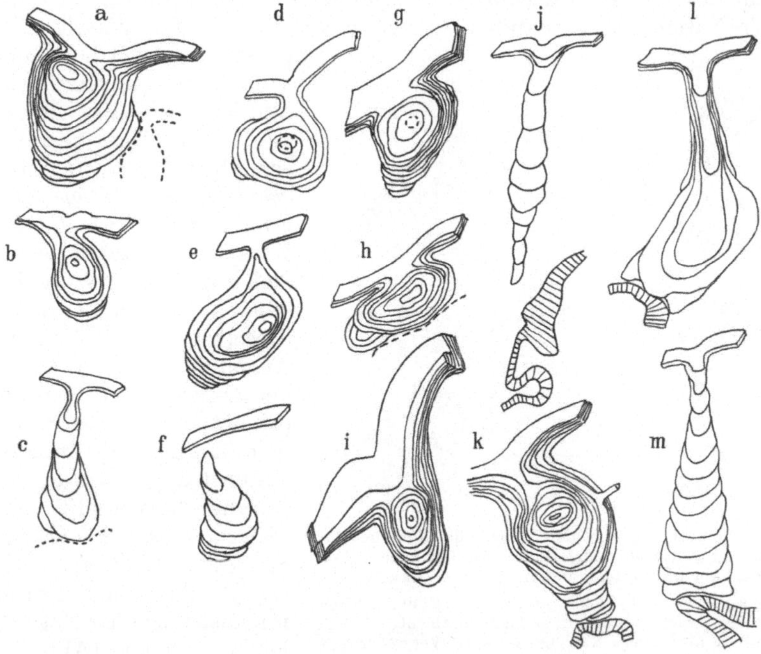

Abb. 8a—m. Graphische Rekonstruktion verschiedener Typen regenerierender linker Nasenanlagen von dorsal gesehen (nach Horizontalschnitten) (nach G. EKMAN).
a, g, h und k nähern sich in der typischen Entwicklung, die große Anlage bei d und e hängt nur an einer schmalen Stelle mit der Haut zusammen, bei f fehlt dieser völlig. Die Anlagen von k, l und m stehen zwar mit dem Entoderm der Mundhöhle in Berührung, sind aber noch ohne Lumen. Letzteres ist nur bei d und g vorhanden (gestrichelter Ring). Nur bei k ist ein Olfactorius gebildet. Die gestrichelte Linie gibt die Hirngrenze an. g, h, i sind zwei Tage nach der Operation, a, d vier Tage, k sechs, b, l, m sieben, e acht, f, j zehn und c elf Tage nach der Operation.

Nase, also der Ektodermseite her) entsteht. Später läßt sich die Grenze zwischen beiden Epithelarten nicht mehr ermitteln. Die Choanenbildung ist bei zwölf Tage alten Larven vollendet.

EKMAN konnte nun feststellen, daß die Regeneration der exstirpierten Nasen-anlagen in der überwiegenden Zahl der Fälle auftritt und daß dort, wo sie vermißt wurde, von der Umgebung mehr als sonst weggenommen, z. T. auch in relativ späten Stadien (3 und 4) operiert worden war. *Die Regeneration vollzieht sich dabei entweder sehr ähnlich wie die normale Entwicklung, in manchen Fällen zeigen sich aber nicht unwesentliche Abweichungen.* Ist die Wunde geheilt, so bildet das neue Ektoderm eine fast typische Plakodenanlage, so daß man schon drei bis vier Tage nach der Operation auch an Schnittserien kaum einen Unterschied zwischen beiden Seiten wahrnehmen kann. Wo aber die Vernarbung nicht gleich glatt stattgefunden hat, erfolgt die Nasenbildung sehr abweichend von der typischen Entwicklung. Dabei kann die sich ins Mesoderm einsenkende Nasenanlage breit

oder nur sehr schmal mit der Oberfläche zusammenhängen, ja auch Fehlen des
Zusammenhangs wurde beobachtet. Nicht selten ist die ganze Nasenanlage
schmal und manchmal auch noch ohne Lumen, wenn schon die Verbindung
mit dem Entoderm der Mundhöhle hergestellt ist. Manchmal ist die sich regene-
rierende Nase dicht an das Vorderhirn gerückt und es bildet sich ein deutlicher
N. olfact. aus, bei den meisten Regeneraten fehlt jede Verbindung mit dem
Gehirn (wenigstens bis zum Zeitpunkt der Tötung des Tieres). Es gibt Fälle
ohne äußere Nasenöffnung, aber mit Choanenöffnung und lumenlose Nasenstränge mit deutlicher Choanalöffnung, woraus hervorgeht, daß nicht notwendig
ein offener Nasengang vorhanden zu sein braucht, um eine typische Choanen-
gegend mit vorderer und hin-
terer Falte und dazwischen befindlicher seichter Grube hervorzubringen. Man kann hieraus
schließen, *daß die Berührung der
ektodermalen Anlage* (Reizwir-
kung?) *genügt, um die Choanenbildung auszulösen* (etwa vergleichbar der Linsenbildung aus
dem Ektoderm bei Berührung
desselben durch die primäre
Augenblase!).[1] Auch Fehlen
der äußeren und der Choanalöffnung mit spaltförmiger Lumenbildung im Inneren der
Nasenstränge wurde gesehen,
woraus hervorgeht, *daß die
Lumenbildung unabhängig von
der Deckschicht des Ektoderms
erfolgt.* Schließlich gibt es Fälle
mit fast normaler Nase bei Fehlen der Choane (Abb. 8a bis m
illustriert das Gesagte).

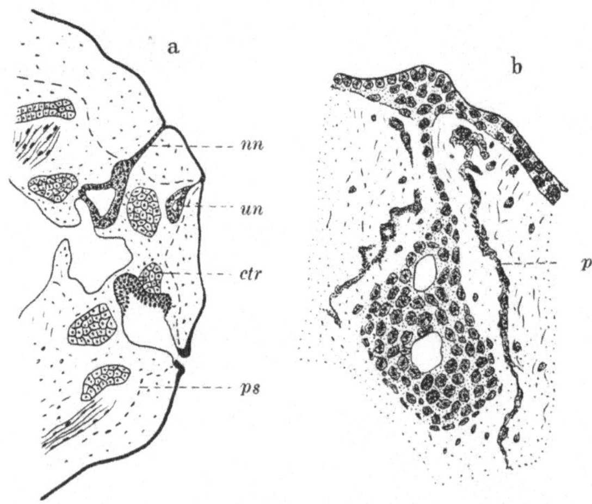

Abb. 9a und b. a Horizontalschnitt durch die Nasenregion
20 Tage nach der Entfernung der linken Riechplakode nebst
etwas Mesoderm im vierten Stadium (nach G. EKMAN).
nn regenerierte normale linke Nase; *un* regenerierte überzählige
Nase; *ctr* cornu trabeculae; *ps* Pigmentschicht.
b Die regenerierte überzählige Nase bei stärkerer Vergrößerung.

War mit der Entfernung einer Nasenanlage auch vom darunter befindlichen Mesoderm einiges Gewebe abgetragen worden, so trat die ganz oder
größtenteils regenerierte Nase mit der gegenseitigen in nahe Berührung oder
verschmolz z. T. mit derselben. Es war dann eine einzige median gelegene
äußere Nasenöffnung vorhanden. Daraus ergaben sich ähnliche Bilder wie
bei den Cyklopen von LEPLAT oder COTRONEI. Unter dem Material EKMANS
fand sich ferner auch ein Fall von *Superregeneration der Nasenanlage*, indem
sich an der operierten Seite zwei Nasen entwickelt hatten. Dieses Tier war
im vierten Stadium operiert und dabei auch darunter liegendes Mesoderm
entfernt worden. Von den zwei neugebildeten Nasen entsprach die laterale
ihrer Lage und ihrem Bau nach dem typischen Organ, die medial davon gelegene
kleinere Nase dagegen der überzähligen. Die laterale Nase hatte eine typische
Choane und war mit der Körperoberfläche nur durch einen schmalen Ektoderm-
strang verbunden. Der Fundus der überzähligen enthielt ein kleines zweiteiliges
Lumen, reichte aber nur bis zum Cornu trabeculae und wurde wohl dadurch
gehindert, tiefer einzudringen (Abb. 9a u. b).

[1] Gelegentlich scheint auch *Annäherung* der Nasenanlage zu genügen, um Choanenbildung zu induzieren. Solches beobachtete H. SPEMANN (Lit. II/c, S. 21) als Neben-
befund. Andeutungen hiervon sah auch EKMANN in dreien seiner Fälle.

EKMAN konstatierte ferner an Hyla arborea, daß unter den *transplantierten* Nasenanlagen einige, fast typisch ausgebildete der Mundhöhle dicht angenähert waren und daß es gleichwohl nicht zur Choanenbildung gekommen war. Er zog daraus den Schluß, daß anscheinend „*ortsfremde Stellen der Mundhöhle durch die Einwirkung der ektodermalen Nasenanlage nicht zur Choanenbildung induziert werden*" können.

Schließlich hat noch P. PASQUINI an Axolotlembryonen bei Transplantationen von Sinnesorganen im Anlagestadium die Unabhängigkeit der Entwicklung dieser Anlagen von der Umgebung und ihre Tendenz, sich mit dem ZNS. zu verbinden, festgestellt.

Die Befunde von EKMAN decken sich demnach weitgehend mit denjenigen von BELL und SPEMANN und erhärten die Tatsache, daß *bei verschiedenen Tierarten eine verschieden gute Regenerationsfähigkeit vorhanden ist* (BURR). Ob regeneriert wird oder nicht, hängt auch von der Größe des Wunddurchmessers bzw. davon ab, ob von der Umgebung beträchtliche Teile entfernt wurden. Der Regenerationsprozeß kann auch verschieden ausfallen je nach der Wahl des Zeitpunkts der Operation. Die Regeneration der Nase zeigt sich unabhängig vom Gehirn. Wichtig sind auch die Befunde über *Regeneration bzw. Mangel der Choanalbildung* und über *Superregeneration der Nasenanlage* nach einseitiger Entfernung derselben.

2. Experimente an ausgewachsenen Amphibien.

Auch über das Regenerationsvermögen der Nase an *ausgewachsenen* Amphibien liegen einige wichtige Angaben vor. Um festzustellen, ob hierbei etwa der Einfluß des ZNSs. — im Gegensatz zur Unabhängigkeit der Nasenanlage in frühen Stadien der Entwicklung — nötig ist, führte A. v. SZÜTS Untersuchungen an Tritonen aus.

Dabei wurde durch Frontalschnitte a) die Nase mit ihren äußeren Öffnungen, der N. olfact. und ein Teil des Oberkiefers entfernt, der Bulb. olfact. aber erhalten; b) durch weiter dorsal geführte Frontalschnitte überdies noch der Bulb. olfact. abgetragen. In der Versuchsreihe a sah v. SZÜTS sich Oberkiefer und Nase binnen etwa drei Wochen vollständig regenerieren, wogegen dies bei der Versuchsreihe b nicht der Fall war (Schnittkontrolle). v. SZÜTS zog daraus den Schluß, daß für die Regeneration des Geruchsorgans im ausgewachsenen Tier das Erhaltensein des zugehörigen Abschnittes des ZNS.s Vorbedingung sei, demnach eine Abhängigkeit der Regeneration der erwachsenen Nase vom ZNS. bestehe. Bei Nachprüfung durch E. GUYÉNOT und M. VALETTE wurde zwar das Ergebnis der Versuche bestätigt, den erhaltenen Resultaten aber eine ganz andere Deutung gegeben. Werden zuerst die Riechlappen ab

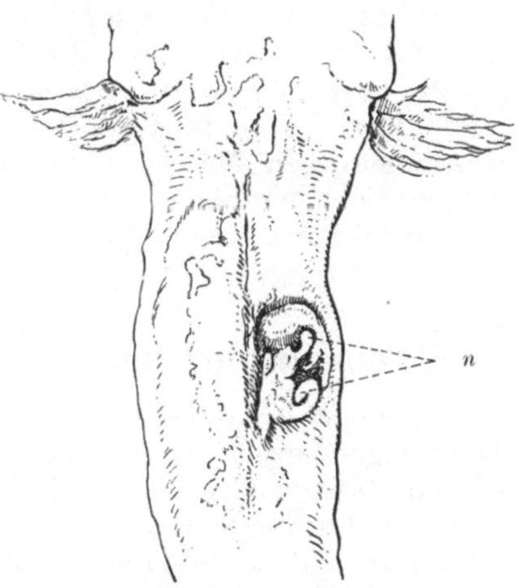

Abb. 10. Salamanderlarve mit auf dem Rücken eingeheilten Schnauzenpfröpfling (nach M. VALETTE).

n die regenerierten Nasenöffnungen.

getragen und wird ca. zwei bis drei Wochen später der Eingriff a ausgeführt, so tritt vollständige Regeneration der Nase samt ihren Öffnungen und des Oberkiefers nach ein bis drei Monaten ein. Wird umgekehrt eine vollständige Exstirpation der Nasensäcke ohne Hirnverletzung ausgeführt, so bleibt trotz Vorhandenseins des Lob. olfact. die Regeneration der Nase vollständig aus. Es ist dadurch bewiesen, daß auch bei erwachsenen Tieren (Tritonen) die Regeneration der Nase und des Oberkiefers keine

Abhängigkeit vom ZNS. zeigt, daß aber diese Organe nur dann regenerieren, wenn sie nicht vollständig entfernt wurden. *Die Regeneration findet von Resten aus statt.* Die Richtigkeit dieser Deutung wurde überdies noch durch folgende Versuche erhärtet: Wird bei jungen Salamandra maculosa-Larven die Schnauze vor den Augen abgetragen und am Rücken derselben Tiere oder eines gleichartigen implantiert, so heilen diese Schnauzenpfröpflinge nach einigen Tagen glatt ein, obwohl natürlich keinerlei Verbindung mit dem ZNS. bzw. mit dem Lob. olfact. besteht (Abb. 10). Wurden nun nach einiger Zeit die Nasenöffnungen des eingeheilten Schnauzenpfröpflings amputiert, so bildeten sie sich in ca. fünfzehn bis zwanzig Tagen wieder aus. Die Regeneration der Nase ist also nur an das Vorhandensein von Nasenresten gebunden, wobei es völlig gleichgültig ist, ob diese Nasenreste in Verbindung mit dem ZNS. stehen oder nicht. Einige interessante Befunde ließen sich ferner am Nervenapparat erheben: Die Riechnerven des Schnauzenpfröpflings können auf verschiedene Weise einen Anschluß an den Wirtsboden herstellen, u. a. so, daß sie zwischen die Muskeln des Rückens eindringen, also in zentripetaler Richtung auswachsen. In denjenigen Fällen, in welchen zuerst das Riechhirn entfernt und einige Wochen später die Nasen-Oberkiefer-Partie teilweise entfernt worden war (siehe höher oben), bildeten die Nn. olfact. an ihren Enden Anschwellungen nach Art eines „falschen Lob. olfact." aus, wobei aber nur ein Gewirr von Fila olfact., keine Glomeruli vorhanden waren. Das Gehirn kann seinerseits eine Olfactoriuszone, meist als unpaare Kappe auf den verschmolzenen Hemisphärenenden, regenerieren. In dieser Olfactoriuszone wurden manchmal außer Fila olfact. auch Glomeruli gefunden. Die Anschwellung an den Enden der Nn. olfact. (faux lobe olfactif) war am Ende der Nerven suspendiert und manchmal in direkter Verbindung mit dem Gehirn. In anderen Fällen wieder sandten die Nn. olfact. Fasern in die Richtung des Gehirns, welche die Meningen zwar erreichten, sie aber nicht zu durchdringen vermochten (M. VALETTE).

Aus diesen Versuchen, welche das Verhalten der ausgewachsenen Amphibiennase zum Gegenstand hatten, geht hervor, daß das *Nasalorgan zeitlebens eine große Regenerationsfähigkeit bewahrt,* daß diese unabhängig vom ZNS. ist und daß der Olfactorius, von den Riechzellen zentripetal auswachsend, Anschluß an andere nervöse Substanz (positiver Neurotropismus) zu finden trachtet und, falls er keine Verbindung mit dem ZNS. (Lob. olfact.) herzustellen vermag, sich zu neurinomartigen Massen (faux lobe olfactif) verdichtet, ähnlich etwa einem Amputationsneurinom. Auf diesen interessanten Befund sei hier auch deswegen besonders hingewiesen, weil er für die Mißbildungen der menschlichen Nase von Bedeutung ist (siehe S. 75 f.).

C. Zusammenfassung der experimentellen Ergebnisse.

Die vorstehende gedrängte Übersicht über die experimentelle Zoologie und Teratologie, soweit sie sich mit dem Riechorgan beschäftigt, zeigt, daß in den letzten Jahrzehnten zahlreiche wichtige Feststellungen am Riechorgan der Fische und Amphibien (z. T. auch an dem der Vögel) namentlich unter experimentell-teratogenetischen Verhältnissen gemacht wurden. Viel spärlicher sind unsere experimentellen Erfahrungen an Säugern, besonders was die Hervorbringung gewisser typischer Mißbildungen (cyklopische und arhinencephale Fehlbildungen usw.) betrifft. Speziell dem Nasalorgan gewidmete Untersuchungen fehlen hier einstweilen völlig. Obgleich nun wesentliche Differenzen in der Ausbildung der Nasensäcke zwischen den Amphibien und den Säugern bestehen, sind trotzdem so viele Parallelen in allgemeinbiologischer Beziehung vorhanden, daß wir einstweilen mangels spezieller Erfahrungen an Säugetieren bei unseren Betrachtungen über die Entstehung nasaler Fehlbildungen uns nicht zuletzt wohl auf die Erfahrungen aus anderen Vertebratenklassen und besonders auf die bei Amphibien gemachten stützen dürfen.

III. Die Mißbildungen und Anomalien der Nase.

A. Arhine und hyporhine Fehlbildungen.[1]

1. Aprosopie (Dugès) (Lit. IV.).

(Synonyma: *Triocephalie* [Isidore Geoffroy St. Hilaire], *Perocephalus aprosopus* [Gurlt]).

Unter dieser Bezeichnung versteht man kompletten Gesichtsmangel bei mangelhafter Schädelbildung bzw. Defektuosität dreier Sinnesorgane (Auge, Geruch- und Geschmacksorgan, daher *Triocephalie*).

Vorkommen: Bei Haustieren (Schaf, Schwein, Hund, Katze, Rind, Ziege, einmal auch an der Taube) relativ häufig, besonders beim Schaf (E. und J. Geoffroy St. Hilaire, Gurlt, Otto, Vrolik, M. Duval und G. Hervé, O. Schüler u. a.), beim Menschen äußerst selten (sechs Fälle referiert von C. Taruffi (Bd. 8, S. 421 ff.), besonders instruktiv die Beobachtung von K. Pokorny (Abb. 11):

Reifer, schwächlicher, kurz nach der Geburt gestorbener Knabe, außer der Aprosopie nur mit einem überzähligen Finger der linken Hand behaftet. Kopf sehr klein, zeigt vorne eine haarlose kleine Gesichtsfläche. Ohren nach der Mittellinie zu nahe zusammengerückt, von Augen, Nase und Mund keine Spuren. Am Schädel mangelten alle an der Bildung des Gesichts beteiligten Knochen, das Hirn war zu genauerer Untersuchung nicht mehr tauglich, Nn. IX und XII rudimentär, vollständig nur Nn. VIII und X, alle übrigen fehlten. Pharynx blindsackartig, durch die rudimentäre Tube und eine Öffnung im Trommelfell mit dem rechten äußeren Gehörgang in Verbindung stehend, so daß durch einen in den äußeren Gehörgang gebrachten Tubus der Pharynx und die Lunge aufgeblasen werden konnten (Kind hatte deutlich geatmet, offenbar auf diesem Wege!). Übrige Sektion

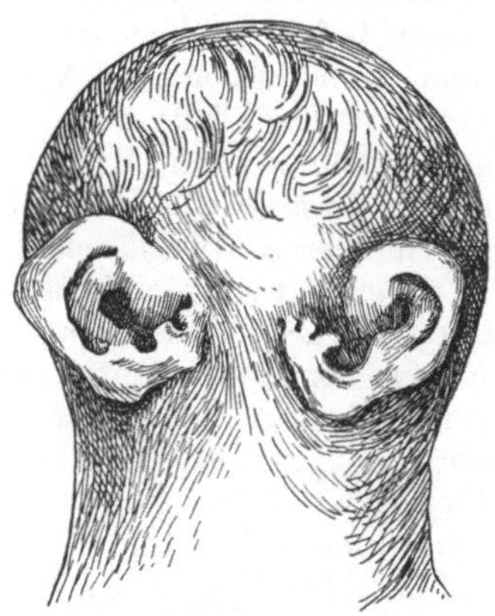

Abb. 11. Kopf und Hals eines Aprosopus (nach K. Pokorny).

ohne pathologische Besonderheiten. Eine sehr derbe Bindegewebsmasse breitete sich vom vorderen Rand und der unteren Fläche der Schädelbasis zum oberen Rand des Zungenbeinkörpers aus und bildete gewissermaßen die vordere Rachenwand. Die Annuli tympanici, eine Art Trommelfell, Gehörgänge und Tuben wurden beiderseits festgestellt.

Die Zergliederungen *triocephaler tierischer Mißbildungen* (Beobachtung O. Schülers auch histologisch untersucht!) sind mit diesen Feststellungen in guter Übereinstimmung:

Kopf stets viel zu klein, stellt kugelige Anschwellung dar, Augen und Nase fehlen, ebenso meist alle vom ersten Kiemenbogen sich ableitenden Organe und Gebilde, jedenfalls die Mundhöhle; Zunge fehlt oder es ist nur hinten ein Rudiment (anscheinend ohne Geschmackspapillen) erhalten (wogegen der neunte Hirnnerv öfters aufgefunden werden konnte). Ohrmuscheln stets vorhanden, die Gehörgänge, die Mittelohren (Trommelfell mit Gehörknöchelchen) schwanken in der Ausbildungshöhe, sind meist „verschmolzen", Labyrinthe in der Zweizahl vorhanden. Alle Abkömmlinge des Pros- und Mesencephalon fehlen meist, doch ist gelegentlich auch das dritte Hirnbläschen z. T. defekt und in extremsten Fällen nur noch eine Medulla oblong. vorhanden. Pharynx, Oesophagus und Larynx vorhanden, ersterer vorne teils geschlossen,

---

[1] Diese Termini berücksichtigen den Zustand des peripheren Geruchsorgans, beziehen sich jedoch nicht auf das Riechhirn. Vgl. hierzu die Ausführungen auf S. 60 f.

teils mit der meist „verschmolzenen" äußeren Ohröffnung kommunizierend. In der weitaus überwiegenden Anzahl der Fälle stellt diese Kopf-, Schädel- und Hirnmißbildung die einzige am Körper vorfindliche dar.

Die *Aprosopie* ist nach den Auffassungen der modernen Teratologie als eine Kombination zweier wohlcharakterisierter Mißbildungsreihen, nämlich der *Otocephaliereihe* mit der *Arhinencephalie-, Cyklopie-, Anophthalmiereihe*[1] zu werten, und zwar gewissermaßen als Kombination der schwerst defekten Endglieder beider Reihen (vgl. H. JOSEPHY, b). Für diese Kombination kann auch der von BLANC geprägte Terminus „Sphärocephalie" gebraucht werden. — Diese Mißbildungen stellen einen sehr schweren Defekt am vorderen Körperende dar. Bei der reinen Otocephalie spielt sich diese Defektuosität vorwiegend im Bereich des ersten Kiemenbogens in variabler Größe ab und läßt das Gehirn intakt. Bei der Cyklopie und verwandten Formen werden mehr minder beträchtliche Teile der Stirnfortsätze mit dem Riechapparat und wechselnd große Teile des Tel- und Diencephalon mit den daraus entspringenden Augenblasen befallen. Für die Kombination von Otocephalie mit Cyklopie bzw. Anophthalmie, wie sie der Aprosopie zugrunde liegt, müssen entsprechend dem viel größeren Endeffekt auch viel ausgedehntere ursprüngliche Defektuositäten angenommen werden. Bei der Triocephalie schließlich greifen letztere namentlich auch weiter in die Hirnanlage hinein und beziehen auch das Ursprungsgebiet des mittleren Hirnbläschens mit ein. Über die *schädigende (defekterzeugende) Ursache* sind wir nicht sicher unterrichtet. Viele Anzeichen sprechen jedoch dafür, daß keine groben mechanischen Momente am Werk sind, sondern chemisch-toxische Noxen von bisher unbekannter Konstitution (siehe die höher oben gegebenen Ausführungen über die Entstehung der Mißbildungen im allgemeinen und vgl. die Abschnitte über die Ergebnisse der experimentellen Teratologie und über die Experimente am Nasalorgan), welche wahrscheinlich infolge uteriner Erkrankungen entstehen und den Embryo schädigen. Der *Zeitpunkt* ist sehr früh anzunehmen, für die Cyklopie bzw. für die Triocephalie spätestens das Stadium der noch offenen Medullarrinne, für die reine Otocephalie ein etwas späteres. Entsprechend den Feststellungen C. M. CHILDS und seiner Schule werden wir vermuten dürfen, daß der Zeitpunkt der Anlage der Augen, der Hirnbläschen, der Riechplakoden bzw. der verschiedenen Gesichtsfortsätze derjenige ist, welcher wegen der an diesen Orten vor sich gehenden mächtigen Proliferation und gesteigerten Stoffwechselvorgänge die günstigsten Chancen zur Störung bzw. partiellen oder totalen Zerstörung bietet und von der mißbildenden Noxe auch tatsächlich benützt wird (mehr minder tiefgehender keilförmiger Gewebsausfall). Hierbei ist die Tatsache zu beachten, daß so weitgehend differenzierte Organanlagen und zur Bildung der verschiedenen Gesichtsfortsätze ausgeteilte Mesenchymabschnitte, falls sie zerstört werden, von der Umgebung her nicht oder in 'nicht nennenswertem Maß mehr regeneriert oder substituiert werden können, da die Umgebung eben wegen der weitgediehenen Differenzierung ebenfalls fest umrissene, aber verschiedene Bildungsaufgaben hat. Dies vorausgeschickt, sind die auf so früher Stufe der Entwicklung gesetzten Störungen in ihrem Endeffekt leicht zu ermessen. Und da die noch lebensfähig gebliebenen, den ursprünglichen Defekt rings begrenzenden Gewebe letzteren rasch schließen und sich miteinander vereinigen,

---

[1] Die *Anophthalmie* für sich allein läßt natürlich ebenfalls jede Nasenbildung vermissen. Der kürzlich von G. ILBERG beschriebene totgeborene mikrocephale Fetus mit Fehlen der Augen, der Nase und der Nn. optici sowie schwersten Hirndefekten gehört anscheinend hierher, zeigt aber wegen des Verschlusses der Gehörgänge und Mißbildung der Ohrmuscheln einen Übergang zur Otocephalie.

müssen im ausgewachsenen Zustand nunmehr verschiedene Gewebe und Organabschnitte sich miteinander „verwachsen" oder „verschmolzen" zeigen, die de norma oft weit voneinander distant sind. Dies charakterisiert die formale Genese aller dieser verschiedenen Mißbildungen, welche im einzelnen wegen der verschiedenen Größe der ursprünglichen Defekte alle möglichen fließenden Übergänge von einer Form zur anderen erkennen lassen, derart, daß nicht zwei Mißbildungen gefunden werden können, welche völlig miteinander übereinstimmen.

Gleichwohl ist die Aufstellung gewisser *Mißbildungstypen* nicht nur aus morphologischen Gründen (Endaspekt!) und aus praktischen Bedürfnissen der Verständigung geboten, sondern weil dem Auftreten der diversen Mißbildungstypen offenbar das Einsetzen der Noxe zu ganz speziellen, voneinander verschiedenen Zeitabschnitten entspricht. Natürlich sind auch Kombinationen von zwei oder mehr Haupttypen von Mißbildungen bzw. von Einzelgliedern zweier oder mehrerer Mißbildungsreihen möglich, wie dies tatsächlich bei der Aprosopie der Fall ist. Dies wird um so leichter und dann fast regelmäßig der Fall sein, wenn die Anbildungszeit der betreffenden Organanlagen (hier der Hirnbläschen, der Anlagen der Augen und der Riechplakoden einerseits und des ersten Kiemenbogens anderseits) zusammenfallen (was vielleicht bei einzelnen Tierarten der Fall ist) bzw. wenn die Störung im gegenteiligen Fall über einen längeren Zeitraum hinaus sich erstreckt und dann die später auftretende Organanlage (wie beispielsweise jene des ersten Kiemenbogens beim Menschen) miterfaßt.

Die Ursache der Aprosopie (und verwandter Mißbildungen) in inneren Gründen (Genodemutationen in den Keimzellen vor der Befruchtung) zu suchen ist zwar nicht unvorstellbar, erscheint mir aber weniger wahrscheinlich, da die Demutation sich wohl stets auf mehrere nebeneinanderliegende Gene erstrecken dürfte und daher mit dem Auftreten komplexer und stets typisch wiederkehrender Fehlbildungskombinationen zu rechnen ist. Hier aber wurde mit ganz seltenen Ausnahmen (wie im geschilderten Fall von POKORNY, welcher Hyperdaktylie zeigte) sonst keinerlei Mißbildung am übrigen Körper nachgewiesen, es sei denn, daß man die Kombination der beiden Mißbildungsreihen (siehe oben) schon als komplexe Fehlbildung auffaßt. Über das Für und Wider der zwei Haupterklärungsmöglichkeiten (*Genodemutation in den Keimzellen vor der Zeugung bzw. exogene Störung mit somatischer, lokalisierter Genodemutation* und partieller Gewebszerstörung) siehe auch die Ausführungen S. 7 f. und am Schluß der Besprechung der Cyklopieund Arhinencephaliereihe.

2. Cyklopie (Lit. IV).

Die überwiegende Anzahl der Cyklopen trägt oberhalb des Cyklopenauges ein Anhangsgebilde in Form eines Rüssels (*mediane Proboscis* oder Proboscis schlechtweg), welcher sich bei Untersuchung als Äquivalent des Nasenapparats erweist. Eine kleinere Anzahl von Cyklopen läßt jedoch einen Rüssel völlig vermissen.

a) Cyklopie ohne äußerlich sichtbares Nasenrudiment.

Kasuistik: Hierher gehörige Fälle beschrieben z. B. M. HAYASHI (Fall 1), M. LÖVINSOHN (kompliziert mit Encephalocele parietalis), R. H. WHITEHEAD, A. HIRANO. Bisher wurden solche Fälle nicht systematisch, namentlich nicht histologisch auf eventuell vorhandene Reste des Nasenapparats untersucht. Bei einem aus dem Privatbesitz des Herrn Prof. G. B. GRUBER-Göttingen stammenden reifgeborenen Ziegencyklops ohne Rüssel hatte ich Gelegenheit eine histologische Untersuchung (lückenlose Frontalschnittserie) des gesamten Schnauzen- Nasen-Augen-Apparats mit folgenden Ergebnissen durchzuführen:

Der äußere Aspekt (Abb. 12) weist große Ähnlichkeit mit dem von E. Schwalbe und H. Josephy abgebildeten Ziegencyklops (l. c. Abb. 132) auf und bei der anatomischen Untersuchung ergab sich in manchen Punkten Übereinstimmung mit einer von J. A. Pires de Lima (a) beschriebenen rüssellosen cyklopischen Ziege. Im Zellgewebe zwischen der rüsselförmig aufgebogenen Oberlippe und dem Bett des Doppelauges findet sich in der Medianebene ein unpaares, schlauchförmiges, sagittal verlaufendes Ganglumen, welches mit einem mehrschichtigen Epithel ausgekleidet ist. Die Basalzellen sind zylindrisch, die oberflächlichsten platt, jedoch nicht verhornt, Interzellularbrücken sind offenbar wegen der relativen Dicke der Schnitte nicht zu erkennen, es findet sich keine Basalmembran. Der Gang darf wohl als *äußeres Nasenrudiment* — entsprechend dem Nasenvorhof — gedeutet werden. Dieses als äußeres Nasenrudiment angesprochene Ganglumen ist durch eine größere Reihe von Schnitten zu verfolgen. In weiter dorsal gelegenen Schnitten treten drei verschieden große, mit mehrzeiligem Zylinderepithel ausgekleidete Ganglumina auf, welche aber

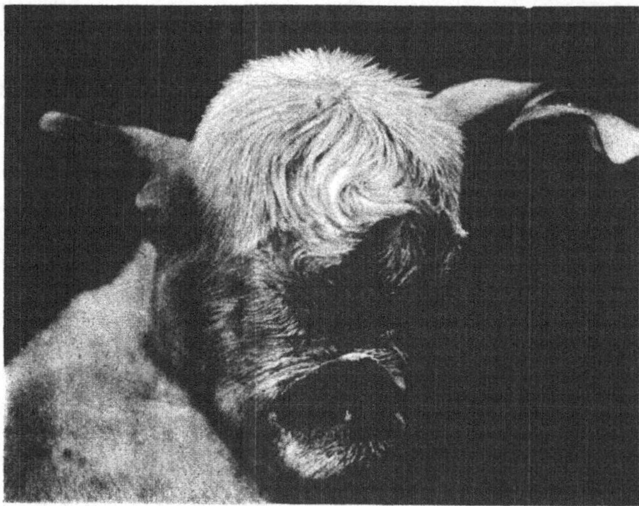

Abb. 12. Ziegencyklops ohne Rüssel.

einen Zusammenhang mit dem oben beschriebenen „äußeren Nasenrudiment" nicht erkennen lassen. Rund um die Gänge herum findet sich keinerlei Muscularis, nirgends Olfactoriusbündel, nur teils lockeres, teils mehr dichtes, welliges Bindegewebe, in welches zahlreiche präcapillare und auch größere venöse Gefäße sowie ein untermittelgroßer Arterienzweig eingelassen sind. Weiter dorsalwärts vereinigen sich die drei Lichtungen schließlich zu einem einzigen querovalen größeren Lumen, welches, von gefäßführendem Bindegewebe umgeben, in einen sagittal verlaufenden rinnenförmigen Knochen eingelassen ist. Die Hohlrinne wandelt sich dann zu einem Knochenkanal um, welcher den Gang umschließt. Letzterer läßt nunmehr wieder eine Teilung in ein größeres und zwei kleinere Lumina erkennen. Im Epithel dieser Gänge sind an einzelnen Stellen deutliche intraepitheliale Drüsen, wie sie auch in der Nasenschleimhaut vorkommen, zu sehen. Nirgends Nervenfasern. Das Gangsystem ist dann noch durch eine größere Reihe von Schnitten dorsalwärts verfolgbar, endigt aber schließlich blind. Folgende Deutungsmöglichkeiten sind zu erwägen: a) inneres Nasenrudiment, b) kolobomatöse Cysten und c) das Tränennasengangsystem. Kolobomatöse Cysten sind bei Cyklopie nicht selten, sie hängen meist mit dem häufig bestehenden Kolobom an der Unterfläche des cyklopischen Bulbus zusammen und sitzen im Bereich des Unterlides bzw. des Augenbettes. Gegen diese Deutung spricht das Fehlen jedes Zusammenhanges mit dem Bulbus, namentlich aber der völlig abweichende histologische Bau. Gegen „inneres Nasenrudiment" scheint die Lage des Gangsystems

unterhalb des Cyclopenauges zu sprechen, da wir gewohnt sind, eventuelle Nasen-
rudimente nahezu stets über, keinesfalls aber unter dem Auge angeordnet zu finden.
Die letzte Möglichkeit — *Tränennasengangsystem* — ist dagegen am wahrscheinlichsten,
da von den ableitenden Tränenwegen am cyclopischen Bulbus nichts gefunden wurde
und das Gangsystem kaudal vom Bulbus, im Augenbett, liegt. Die intraepithelialen
Drüsen sprechen nicht gegen die Deutung als abführende Tränenwege und der das
Gangsystem umgebende venöse Plexus ist sogar besonders gut hierfür zu gebrauchen.
Die Knochenrinne bzw. der Knochenkanal, in welchen das Gangsystem eingeschlossen
ist, könnte entweder als Verschmelzung der Tränenbeine gedeutet werden oder wahrscheinlicher als zur Rinne bzw. zum Rohr „verschmolzene" Reste der Proc. frontales
der Oberkieferbeine. — Die Ergebnisse der Serienuntersuchung von Hirn und Auge
wurden in einer eigenen Arbeit mitgeteilt (STUPKA, a): Die Nn. olfact. fehlten
vollständig. Das median gelegene Cyclopenauge enthielt nur eine Linse und nur die
etwa in der Medianlinie stärker faltenartig vorspringende Retina ließ erkennen, daß
es aus der „Verschmelzung" zweier Bulbi entstanden war. Ein Augenstiel bzw. N. opt.
ließ sich nicht mit Sicherheit nachweisen. Der Bau des Auges entspricht demnach
den höchsten Graden der Cyclopie. Die Tract. opt. ließen sich, wenn auch verhältnismäßig schwach ausgebildet, auffinden, ebenso ihr Einstrahlen in zwei laterale Knie-
höcker bzw. ins Strat. opt. der Vierhügel. Das Thalamusgebiet fand sich ziemlich
verändert. Wichtig war die Feststellung, daß in diesem Falle, in welchem außer einem
äußeren Nasenrudiment das gesamte von den Riechplakoden abzuleitende Nasalorgan fehlte und keine Olfactoriusfasern vorhanden waren, der zentrale Riechapparat sich gleichwohl nur in seiner ersten Etappe, nämlich im Bereich des Lob.
olfact., mißbildet fand. An Stelle zweier Lob. olfact. war nur ein anscheinend
„verschmolzener" und reduzierter, knollenförmiger, medianer Hirnabschnitt vorhanden, das Ammonshorn und das Hippocampusgebiet war dagegen beiderseits
normal gebildet.

Es geht daraus hervor, *daß selbst bei den Höchstgraden der Cyklopie, in welchen
der eigentliche Nasenapparat gänzlich fehlt, nur ein Teil des zentralen Riechapparats,
und zwar der dem Lob. olfact.-Gebiet entsprechende Abschnitt, defekt und mißbildet
ist*, wogegen die übrigen Abschnitte vorhanden sind. Dasselbe gilt dann um so
mehr noch für die unter dem Namen „Arhinencephalie" zusammengefaßten
leichteren Grade der cyklopisch-arhinencephalen Mißbildungsreihe (siehe darüber
das Folgende). *Der Terminus „Arhinencephalie", welcher Fehlen des Riechhirns
bedeutet, ist also nicht ganz zutreffend*, indem selbst in den höchsten Graden der
Mißbildungsreihe, nämlich bei der Cyklopie, nur das Lob. olfact.-Gebiet Schaden
genommen hat und nicht etwa der ganze zentrale Riechapparat. Dies ist aus
der Genese der Mißbildung ohne weiteres verständlich, indem eben nur die vordersten Hirnpartien — Diencephalon und Telencephalon bei Cyklopie, meist
nur das Telencephalon allein bei den verschiedenen Formen der Arhinencephalie —
defekt sind und die übrigen nicht lädierten Hirnabschnitte sich nach dem Prinzip
der ROUXschen Selbstdifferenzierung weiter bis zur Endreife ausbilden, ganz
unabhängig vom peripheren Riechorgan und auch weitgehend selbständig
gegenüber den Riechzentren des (mißbildeten) Telencephalon.

Der untersuchte Ziegencyklops zeigt, daß Cyklopien ohne Rüssel nur dann
als bar jeglicher Nasenäquivalente zu bezeichnen sind, wenn eine histologische
Untersuchung die völlige Abwesenheit solcher ergeben hat.

b) Cyklopie mit äußerlich sichtbarem Nasenrudiment (Rüsselbildung = Proboscis).

Der Rüssel liegt mehr minder median, oberhalb des Auges und zeigt eine sehr
verschiedene Größe. Er kann nur ein kleines solides Knöpfchen, eventuell mit zentraler seichter Eindellung sein oder aber einen bis zu mehreren Zentimetern langen,
am distalen Ende leicht kolbig aufgetriebenen derben, einem kindlichen Penis

ähnlich sehenden Anhang bilden, welcher der ganzen Länge nach kanalisiert ist. Ähnliche Unterschiede in Größe und Organisationshöhe zeigen sich schon bei Feten und Embryonen.

Kasuistik: 1. *Rüsseltragende menschliche cyklopische Embryonen* untersuchten histologisch an Serienschnitten und bildeten ab (z. T. mit Plattenmodellen):

O. Lešer: 6 mm langer Embryo. Der Rüssel erweist sich, soweit sich dies aus den mikroskopischen Bildern allein beurteilen läßt, als solid. Die Kopfkrümmung des Embryos scheint eine ziemlich normale zu sein, das Modell des ZNS.'s zeigt Mißbildung des Telencephalon mit Spalte auf demselben und Fehlen des Rhinencephalon. — Von F. P. Mall (Lit. IV/a) stammen Mitteilungen über drei Fälle: a) Cyklopischer, aber sonst normaler Embryo (Carnegie Coll. Nr. 559), CR. 6,5 mm, GL. 8,6 mm (in absol. Alk.). An der rechten Kopfseite springt oberhalb des Mundes ein schmaler zottenähnlicher Körper vor, welcher sich bei näherer Untersuchung als Rüssel erweist. Die vereinigte unpaare Großhirnhemisphäre kommuniziert mit dem Zwischenhirn. Die Lam. term. ist außen von einer merkwürdigen Verdickung bedeckt, welche wohl der degenerierten Olfactoriusregion (Lob. olfact.) entspricht. Der Vergleich des Hirnmodells des Cyklopen mit demjenigen eines normalen Embryos zeigt das Vorhandensein eines ventromedialen Defekts im Bereich der Bodenplatte, von den Corp. mammillaria bis zum Neuroporus anterior unter Verlust des Gewebes zwischen den Augen und den Großhirnhemisphären. Es fehlen Hypophyse, Augenstiele und Lob. olfact. Das Großhirn ist zu einer unpaaren Blase reduziert. b) Verkümmerter Embryo (Carnegie Coll. Nr. 201). GL. 20 mm. Abb. 13 zeigt die Rekonstruktion des Kopfes (entsprechend Textfigur 2 auf S. 24 aus F. P. Mall, l. c.): CH = unpaares sekundäres Vorderhirn, nach rückwärts in breiter Verbindung mit dem Zwischenhirn, M = Mittelhirn, H = Hinterhirn, V = Trigeminus, dessen erster Ast zur rudimentären Nase (S) zieht und hinter derselben mit dem ersten Trigeminusast der Gegenseite anastomosiert. VIII = Acusticus,

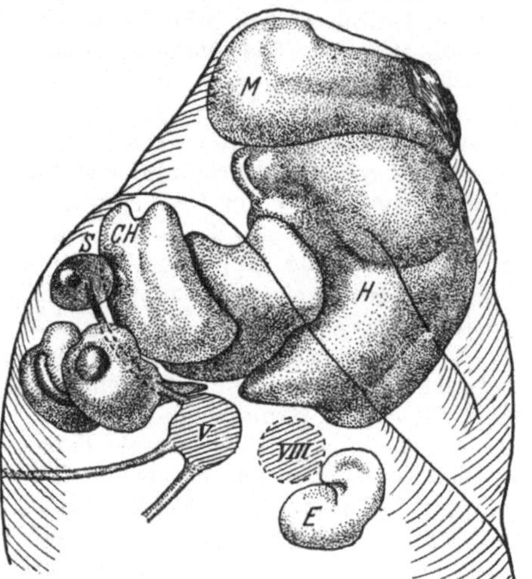

Abb. 13. Cyklopischer Embryo mit Nasenrudiment (nach F. P. Mall). Legende im Text.

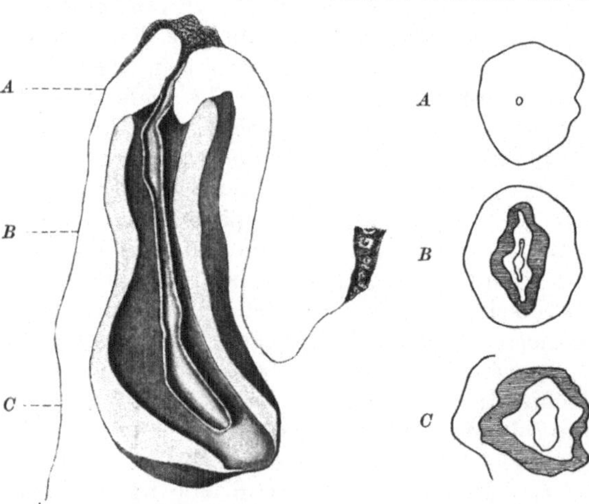

Abb. 14. Sagittal durchschnittene Rekonstruktion des Rüssels eines menschlichen cyklopischen Embryos (nach L. Castaldi).

Abb. 15. Rüsselquerschnitte desselben Objektes wie Abb. 14 (nach L. Castaldi).

E = mißbildetes äußeres Ohr. *Die Nase ist durch eine leichte, oberhalb des Cyklopenauges gelegene mediane Erhebung gekennzeichnet.* Es besteht ferner Kranioschisis, schwerer Rückenmarksdefekt im Lumbalteil und Obliteration der Kloake und des Anus. — c) Fetus compressus mit Cyklopie (Carnegie Coll. Nr. 1165), CR. 43 mm. An Stelle der Nase und der Augen findet sich im Gesicht eine Vertiefung mit dem

Cyklopenauge. Von der Vertiefung geht eine Spalte aus, welche bis in den Mund reicht.
Gehirn mazeriert, Fetus auch sonst in Dissoziation begriffen. — L. CASTALDI: Sieben bis
acht Wochen alter menschlicher Cyclops diplophthalmus mit vertikal stehendem konischen Rüssel von 2 mm Länge, der an der Basis 1,5, an der Spitze 1 mm breit ist. Der
Rüssel ist kanalisiert und an der Spitze mit einem Epithelpfropf geschlossen. Das Lumen
endigt in der Tiefe blind und ist von einer Knorpelkapsel, welche nur am distalen Ende
offen ist, völlig eingescheidet. Zwischen Epithel und Knorpelkapsel befindet sich ein
Bindegewebslager (Abb. 14 u. 15). Die Teilbilder *A*, *B* und *C* in Abb. 15 entsprechen
Querschnitten durch den Rüssel in verschiedenem Niveau konform der Buchstaben-
bezeichnung in Abb. 14. Knorpelscheide schraffiert. An der Rüsselbasis fand CASTALDI
einen durch die Orbita bis zum Ganglion Gasseri verfolgbaren Nerv. Vom Defekt
besonders betroffen waren die vor der Hypophysengegend gelegenen Hirnabschnitte
und die Nasenfortsätze, namentlich der mittlere. Infolgedessen fehlt der Zwischenkiefer. — Eine genaue Rüsselbeschreibung bei einem menschlichen cyklopischen
Fetus lieferte ferner CRAIG 1886 (zit. nach E. BEST).

2. *Ausgetragene menschliche Cyklopen mit Rüssel* wurden oft beschrieben,
beispielsweise von: C. PHYSALIX (Rüssel ohne Orificium, keine Olfactorii),
BOCK, O. NÄGELI, VAN DUYSE (Lit. IV/a),
L. HECHT (kompliziert durch mächtige Meningoencephalocele frontalis), M. HAYASHI (genaue Rüsselbeschreibung), S. H. GREEN (zentraler Rüsselhohlraum in Verbindung mit einem
schmalen Foramen im Stirnbein), J. A. PIRES
DE LIMA (Lit. IV/b), DURLACHER (längsverlaufende Nervenfasern im Unterhautzellen-
gewebe des Rüssels werden als Trigeminusäste
aufgefaßt), D. D. BLACK, K. IKEDA (Umbildung
der Nasenmuskeln im Rüssel), B. W. OGNEW,
B. SZENDI (zwei Fälle).

Ist der Rüssel kanalisiert, so enthält er einen
mit drüsenreicher Schleimhaut ausgekleideten
Hohlraum. In der Beobachtung von M. HAYASHI
wird das Lumen als dreieckig beschrieben, eine

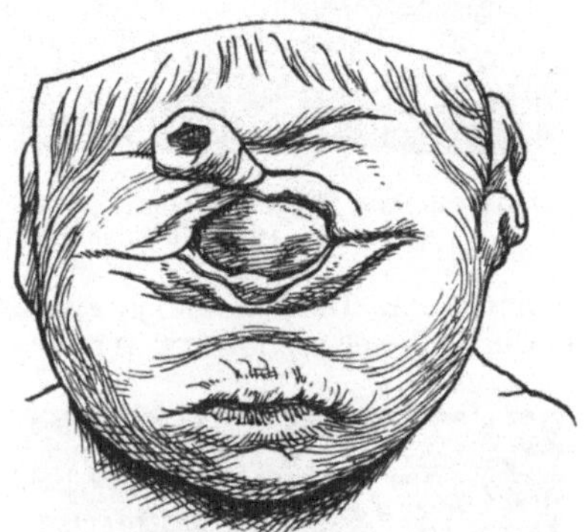

Abb. 16. Menschlicher Cyklop mit Rüssel
(Pathol.-anatom. Institut Innsbruck).

Scheidewand war nicht vorhanden, es fanden sich reichlich Nervenbündel und
Gefäße, an der Basis eine Knorpelscheide und Züge von quergestreifter Muskulatur.
Ich selbst hatte Gelegenheit zwei rüsseltragende Cyklopen (Musealpräparate M 50
bzw. M 48 und M 48a des Innsbrucker path.-anat. Institutes) zu untersuchen: Im
Fall 1 (reifer Knabe) war der Rüssel 2,1 cm lang und hatte an der Basis einen
Durchmesser von 0,6 cm, nahe dem freien Ende einen solchen von 1,4 cm. Letzteres
zeigt einen wallartigen Rand mit zentraler kraterförmiger Einsenkung und mit
einem feinen Grübchen, das jedoch anscheinend blind endigt. Mundöffnung, Unter-
kiefer, Ohren normal, Gaumen geschlossen, Velum und Uvula gut ausgebildet. Der
Zugang zum Epipharynx mißt in frontaler Richtung 6 mm und in sagittaler 4 mm.
Links ist das Tubenostium, an der hinteren Wand des Epipharynx ist die Rachenmandelanlage erkennbar. Der Epipharynx mißt in sagittaler Richtung 10 mm, in
frontaler 7 bis 8 mm, in kranio-kaudaler ca. 8 mm. Abnorme Gestaltung der vorderen
Schädelgrube mit Abwesenheit des Siebbeins. Unpaarer Opticus. — Auch im zweiten
Fall (Abb. 16 u. 17) verjüngte sich der von einem 55 cm langen, 3500 g schweren Kind
stammende Rüssel nach seinem Ansatz an der Stirne zu sehr beträchtlich. Das distale
Rüsselende ist wallartig, die Öffnung im Zentrum verengt sich nach der Tiefe zu
trichterförmig, so daß das innere, vom äußeren Rand ca. $^1/_2$ cm entfernte Lumen nur
etwa 1 mm beträgt, während die äußere Öffnung eine lichte Weite von 6 mm hat. An
der linksseitigen Außenfläche des Rüssels, etwa 3 bis 4 mm vom distalen Rand desselben entfernt, ist ferner eine grübchenartige tiefe Einsenkung (Kanal nach der Richtung des Rüssellumens zu?) vorhanden, welche in Abb. 17 gut sichtbar ist. Es gelingt

jedoch nicht mittels Borsten bis ins feine Rüssellumen vorzudringen. Zieht man den Rüssel mit den Weichteilen des Supraorbitalrandes ab, so verbleibt der Rüssel ganz bei den Weichteilen. Schwere Veränderung der vorderen Schädelgrube, Abwesenheit des Siebbeins und der Sieblöcher, Dura völlig glatt über die vordere Schädelgrube hinwegziehend, keine Olfactoriusbündel, unpaarer Opticus bei Synophthalmia diplophthalmica. Der harte Gaumen zeigt einen sagittalen schmalen Kamm, daneben jederseits eine ziemlich tiefe Furche, dann bei derseits je einen parasagittalen Wulst (Alveolarfortsatz). Velum, Uvula, Gaumenbogen, Zunge und Unterkiefer machen einen normalen Eindruck. Auch in diesem Falle fand sich ein normaler Epipharynx mit einer Frontalerstreckung

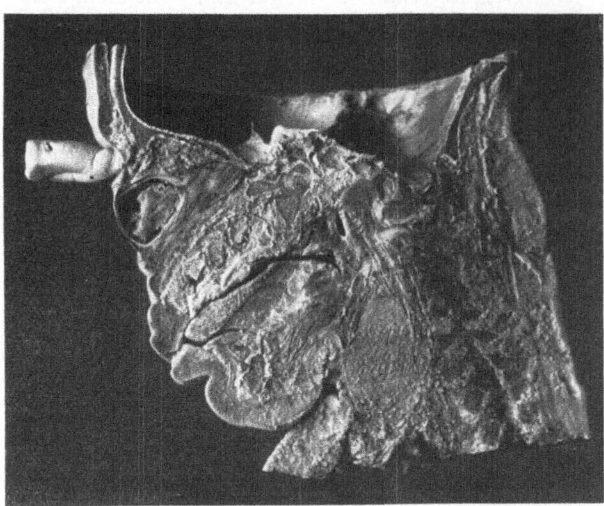

Abb. 17. Rechte Hälfte desselben Objektes wie Abb. 16 im Profile dargestellt (Pathol.-anatom. Institut Innsbruck).

von 1¹/₂ cm. In den beiden zuletzt angeführten Fällen konnte man eine gute Ausbildung des Epipharynx registrieren, *die Ausbildung des klinisch „Nasopharynx" genannten Epipharynx ist also gänzlich unabhängig von der Ausbildung der eigentlichen Nase,* welche als mehr minder kümmerliches Rudiment in Rüsselgestalt fernab von der Mund- und Rachenhöhle liegt.

Demgegenüber weisen tierische Cyklopenrüssel einen viel komplizierteren Bau auf. Sie sind nicht selten septiert und enthalten Muscheläquivalente.

Hierhergehörige Beschreibungen lieferten: C. PHYSALIX (Hund); H. JOSEPHY (drei Schweine; der Rüssel eines derselben enthielt zwei Hohlräume, nämlich einen distalen Spalt entsprechend dem Nasenvorhof — demnach *äußeres Nasenrudiment* — und einen proximalen, geräumigen, mit ersterem nicht im Zusammenhang stehenden, das *innere Nasenrudiment* mit Septum und Muscheläquivalenten); W. M. SMALLWOOD (Schwein); C. WINCKLER (Lit. IV/b, zwei Kälber); A. BANCHI (Hund, Lamm). In letzteren zwei Fällen wurde auch eine genaue mikroskopische Untersuchung des ZNS.'s ausgeführt. Im Rüssel des Hundes waren ein unvollständiges Septum, rudimentäre Siebbeinmuscheln und ein ebensolches JACOBSON-sches Organ vorhanden. Vorderhirn unpaar, mit größerem Hohlraum; Tract. olfact. vorhanden,

Abb. 18. Cyklopisches Häschen mit Rüssel (Gesamtansicht).

aus den Hemisphären entstehend und sehr nahe aneinanderliegend endigen vorne wie abgerissen und entsenden Fasern, welche durch sehr feine Löchelchen in den Rüssel eintreten. *Lob. olfact. fehlen, jedoch gute Aus-*

bildung der Ammonsformation! Der Rüssel des Lammes enthielt ein unvollständiges Septum. In der vorderen Schädelgrube war ein medianes Foramen im Os frontale vorhanden, welches am Grunde des Rüssels endigte. Fehlen der Crista galli und der Sieblöcher. Großhirn bis auf Andeutung einer Zweiteilung hinten durchaus einfach mit einfachem Ventrikel. Lob. olfact. fehlten, statt derselben ließen sich einige weiße Faserbündel auf der Orbitalfläche des Gehirns feststellen, welche kaudalwärts gegen die mediane Hemisphärenfissur konvergierten und sich dort vereinigten, um einem Nerv den Ursprung zu geben, welcher in den medianen Rüsselkanal eindrang (Tract. olfact. ?). Die rückwärtige Wurzel dieses Nerven wurde von zwei weißen Faserbündeln dargestellt, welche nach oben und außen bis zur Spitze der Hippocampuswindung zogen, wo sie sich verloren. Die *gut ausgebildete Ammonsformation* ließ zwei Kommissuren erkennen, nämlich eine vordere, mehr graue (Anlage des C. callos.) und eine rückwärtigere und darunter liegende (Psalterium dorsale), sprang aber gegen den (erweiterten) Ventrikel nicht vor. Bezüglich weiterer Details siehe das Original!

Ein *rüsseltragendes cyklopisches Häschen* (aus dem Privatbesitz des Herrn Professors G. B. GRUBER-Göttingen) hatte *ich* selbst Gelegenheit zu untersuchen (Frontalschnittserie): Abb. 18 zeigt das ganze Tier mit dem über dem cyklopischen Doppelauge weit vorragenden, schwach gebogenen Rüssel, dessen Spitze einige kräftige Borstenhaare trägt. Abb. 19 gibt einen Querschnitt des distalen Rüsselabschnittes. Eine bürzelförmige Verlängerung der den Rüssel ringsum bedeckenden Haut zeigt kaudalwärts neben zahlreichen Lanugohärchen Einlagerung von großen Borstenhaaren und Talgdrüsen sowie Fettgewebe. Das vom Hautmantel umscheidete Stützgerüst des Rüssels charakterisiert sich als hufeisenförmige Knochenhohlrinne aus zarter Spongiosa, welche innen und außen von Periost bekleidet ist und ihre offene Partie kaudalwärts kehrt.

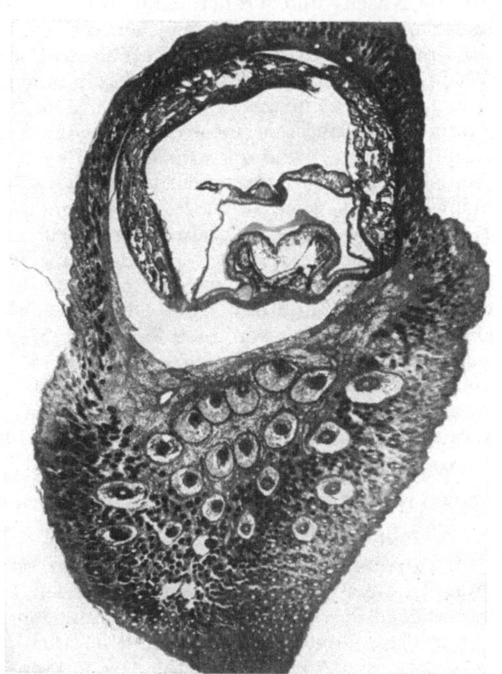

Abb. 19. Querschnitt durch den Rüssel des cyklopischen Häschens. Dasselbe Objekt wie Abb. 18. (Näheres darüber im Text.)

Nach innen zu folgt eine zu einem vollkommenen Ring geschlossene Lage eines zellreichen fibrösen Gewebes, welches als Faserknorpellage anzusprechen ist, hierauf der Rüsselhohlraum, in welchen zwei symmetrisch angelegte, miteinander einigermaßen „verschmolzene" Gebilde dorsalwärts vorspringen. Durch die partielle Ablösung des Integuments von dem Stützgerüst einerseits, bzw. der Rüsselinnenteile vom Stützgerüst anderseits resultieren artifizielle Spalträume. Gegen den Rüsselhohlraum zu ist das Rüsselgewebe von einem mehrzeiligen Zylinderepithel bekleidet; Flimmerhaare sind nicht nachweisbar; eine Membrana basilaris fehlt. Im lockeren subepithelialen Bindegewebe sind zahlreiche kapillare und präkapillare (vorwiegend venöse) Gefäße eingelagert, welche meist dicht unter dem Epithel liegen. Das dorsalwärts ins Lumen vorspringende symmetrische Doppelgebilde enthält als Stützgerüst eine Knorpelplatte mit zwei schräg darauf sitzenden Knorpelfortsätzen. Dieses Stützgerüst läßt eine ziemlich weit fortgeschrittene enchondrale Verknöcherung, daneben auch noch beginnende periostale Knochenanbildung erkennen und ist an seiner ganzen freien Oberfläche von Schleimhaut überzogen, welche der des Rüssellumens analog ist. Die Schleimhautauskleidung des Rüssels entspricht demnach in weitgehendem Maße einer Nasenmucosa und die ins Lumen vorspringenden symmetri-

schen Gebilde sind wohl als *Nasenmuscheläquivalente* (wahrscheinlich als Maxillo-
turbinalia) aufzufassen. Proximal fortschreitend vereinigen sich die beiden Muscheläquivalente zu einem einzigen, zapfenförmig vorspringenden Gebilde, welches später
gänzlich verschwindet. Die freigebliebene Stelle im hufeisenförmigen spongiösen
Knochengerüst wird nunmehr von einer dicken Faserknorpelmasse überbrückt, welche
sich dem inneren Perioste des knöchernen Rüsselgerüstes anschmiegt. Weiter proximal
zerfällt das knöcherne Stützgerüst des Rüssels in einzelne Teilstücke, wogegen die
nach innen davon liegende Knorpelkapsel (aus Faser- und hyalinem Knorpel) an Dicke
gewinnt. Letztere ist als Äquivalent der primären Knorpelkapsel der Nase aufzufassen, wogegen das knöcherne Stützgerüst wohl aus den rudimentären Anlagen
für die Nasen- und Tränenbeine bzw. für die Stirn- und Nasenfortsätze (der Oberkieferbeine und des Stirnbeins) hervorgegangen ist. In diesem Niveau und noch weiter
proximal sind in der Mucosa vereinzelte Nervenstämmchen nachweisbar, welche anscheinend völlig marklos sind. Endigungen der Nervenfasern im Epithel konnten
jedoch nicht sichergestellt werden. Schließlich ist das knorpelige Stützgerüst bei
Endigung des Rüssels unter der Haut der Stirnregion allein übrig. Eine genaue Kon-
trolle unter Verwendung von Spezialfärbungen ergibt, daß ein Austritt der in den
Rüsselweichteilen nachgewiesenen Nervenstämmchen durch das Rüsselgerüst hindurch
nicht statthat, auch nicht in der Umgebung der Rüsselendigungsstelle. Der Rüssel
des Häschencyklops ist demnach dadurch ausgezeichnet, daß er deutlich seine *Entstehung aus dirhiner Anlage* manifestiert, daß er marklose Nervenfaserbündel in der
Mucosa erkennen läßt, welche nicht anders denn als Olfactoriusbündel gedeutet
werden können, und daß diese Olfactoriusfasern das Rüsselgerüst nicht durchbohren.
Diese Deutung ist, von histologischen Merkmalen abgesehen, auch deswegen sehr
wahrscheinlich, da ja die Olfactoriuselemente von den Riechepithelien her entstehen
und zentralwärts zu auswachsen, also zuerst und vor allem in der Mucosa des Geruchsorgans oder seines Rudiments aufscheinen müssen. Eine Verbindung mit dem Cerebrum
herzustellen, ist den Olfactoriuselementen allerdings nicht gelungen.

Während also reichere Innenausgestaltung des Rüssels bei tierischen Cyklopen relativ häufig gefunden wird, ist rudimentäre Septum- und Nasenmuschel-
ausbildung bei menschlichen Cyklopen als Rarität zu bezeichnen:

H. JOSEPHY (Lit. IV/a) zitiert einen solchen 1838 von SCHMID beschriebenen
Fall. In einer von E. BEST beschriebenen Übergangsbildung von der Cyklopie zum
Höchstgrad der Arhinencephalie (Ethmocephalie) war ein Rüssel vorhanden, welcher
sich in einen äußeren Fortsatz und in einen basalen, noch fast 2 cm weit in die Tiefe
vordringenden Anteil gliederte. Der äußere Teil des Rüssels („Fortsatz") erwies sich
als ein weiter, mit Schleimhaut bekleideter Kanal, welcher von Zylinderepithelien
bekleidet war und Becherzellen enthielt. Im proximalen Rüsselabschnitt erweiterte
sich der Kanal zu einem rundlichen Hohlraum, von dessen hinterer oberer Wand
eine dünne bindegewebige, reichlich mit Knorpel- und Knochenkernen versehene
Lamelle entsprang, welche den hinteren Teil des Rüsselhohlraumes in zwei Teile
zerlegte (also Andeutung einer Septumbildung!).

*Der Rüssel präsentiert sich also als Nasenäquivalent der·dirhinen menschlichen
bzw. tierischen Nase* und zeigt dementsprechend in einzelnen Fällen Andeutungen
seines Ursprungs aus einem bilateral-symmetrischen Hohlorgan. Es ist dann ein
Septum oder ein Septumrest vorhanden, eventuell auch Muscheläquivalente.
Bei Tieren (siehe obige Beobachtungen) sind solche Vorkommnisse häufiger,
was H. JOSEPHY (Lit. IV/b) damit zu erklären sucht, daß sich bei Tieren mit
besonders gut entwickelten Geruchsorganen „die Tendenz der Anlage, ihre
Differenzierungsmöglichkeit zu verwirklichen" stärker bemerkbar mache als
bei anderen mit wesentlich weniger gut ausgebildeten Geruchsorganen.

*Außerordentlich interessant ist das Verhalten der Olfactoriuselemente im Rüssel
der Cyklopen und deren weitere Beziehungen zum ZNS.* An menschlichem Material
wurden solche Verbindungen bisher überhaupt nicht nachgewiesen, meist auch
keine Nervenfasern gefunden, welche als Riechnerven angesprochen werden

können. Bei dem beschriebenen Häschen durchsetzten die spärlichen, in der Mucosa nachgewiesenen Olfactoriusbündel den knorpeligen Rüsselmantel nicht. BANCHI konnte dagegen in seinen Fällen den Austritt von Olfactoriuselementen durch feine Löchelchen des Rüssels (offenbar Homologa der Sieblöcher), bzw. durch ein größeres medianes Foramen hirnwärts konstatieren. Dabei hatten die Tract. olfact. bei dessen cyklopischem Hund Verbindung mit den Hemisphären gefunden, waren also anscheinend wegen des Fehlens der Lob. olfact. in (wahrscheinlich nächstgelegene) Hirnabschnitte eingewachsen. Dieser Vorgang findet experimentelle Parallelen in jenen Versuchen von E. T. BELL (Lit. II/a, b) und von H. S. BURR (Lit. II/c), bei welchen die aus transplantierten Riechplakoden auswachsenden Olfactoriusbündel in andere normale Hirnpartien einwachsen, bzw. in jenen Versuchen BURRs (Lit. II/b), bei welchen nach Telencephalon- bzw. Riechhirnzerstörung die aus der nicht geschädigten Riechplakode auswachsenden Olfactoriuselemente Verbindungen mit nachbarlichen, unzerstört gebliebenen Hirnabschnitten eingehen (vgl. den Abschn. *Experimente am Nasalorgan*). Etwas Ähnliches war im Fall des cyklopischen Lammes von BANCHI vorhanden, indem der vom Rüssel herkommende, durch das mediane Foramen der vorderen Schädelgrube ziehende unpaare Tract. olfact. sich bei Fehlen der Lob. olfact. in zwei weiße Faserbündel auflöste, welche bis zur Spitze der Hippocampuswindung zogen, wo sie sich schließlich verloren. — Im übrigen waren die *übergeordneten Riechzentren* (trotz Fehlens der Lob. olfact.) in BANCHIs Fällen ebenso *erhalten* wie in einem hirnanatomisch untersuchten menschlichen Cyklopen von C. WINCKLER und bei der S. 45 ff. beschriebenen cyklopischen Ziege.

Für die *formale Genese* der Rüsselbildung wichtig ist die Frage der *Doppelrüsselbildung*. Anscheinend hierher gehörige Fälle sind äußerst selten:

H. KUNDRAT demonstrierte in der Sitzung der Gesellschaft der Ärzte in Wien (28. Januar 1887) unter anderen Gesichts- und Schädelmißbildungen auch den Kopf eines Cyklopen, bei welchem nebst dem sonst vorfindlichen Rüssel oberhalb des Auges noch ein zweiter Rüssel unterhalb des Auges vorhanden war. Nähere Details über die beiden Rüssel bezüglich Maße, Insertion und histologische Beschaffenheit fehlen leider. — Einen zweiten anscheinend hierher gehörigen Fall beschrieb C. TARUFFI (Storia della Teratologia, Bd. 8, S. 539 mit Abb. auf S. 541), welcher offenbar einer Kombination eines leichten Grades von Otocephalie mit Cyklopie entsprach. Über dem Doppelauge fand sich ein typischer Rüssel, welcher eine klare Flüssigkeit sezerniert hatte, und unterhalb des Doppelauges ein zweiter von herzförmiger Kontur, aus welchem sich eine milchige Flüssigkeit hatte ausdrücken lassen. Beide Rüssel waren ca. 2 bis $2^1/_2$ cm weit sondierbar. Mundöffnung und äußere Gehörgänge fehlten. Die histologische Untersuchung des kaudal gelegenen Rüssels ergab Details, welche durchaus gegen Nasenäquivalent sprechen und die Deutung dieses Rüssels als *Mundhöhlenrudiment* gestatten. Ebenso scheidet die Beobachtung von O. v. LEONOWA-LANGE aus, da die histologische Untersuchung der zwei birnförmigen subocülären Gebilde keinen Anhaltspunkt für Nasenäquivalent ergab, sondern Ähnlichkeit mit dem Bau von Hals- und Auriculananhängen zeigte. Es bleibt also nur die Beobachtung von H. KUNDRAT übrig, die möglicherweise dieselbe Aufklärung gefunden hätte wie der Fall von C. TARUFFI.

Es muß also als höchst unwahrscheinlich bezeichnet werden, daß Doppelrüsselbildung überhaupt vorkommt, zumal in Form eines zweiten, unterhalb des Cyklopenauges befindlichen Rüssels. Sollte in Zukunft ein einwandfrei bewiesener Fall in dieser oder in anderer Form trotzdem gefunden werden, so könnte eine Erklärung hierfür m. E. darin gesucht werden, daß gleichzeitig mit der Einwirkung der Noxe auf die Riechplakoden (und deren mesenchymatische Umgebung) eine räumliche Trennung derselben stattgefunden hat, so daß die eine Riechplakode (oder deren kümmerliche Reste) oralwärts verschoben wurde, wogegen die andere an ihrem ursprünglichen Ort verblieb. Daß solche Verschiebungen denkbar sind, geht sowohl aus dem Vorkommen der lateralen Proboscis unzweideutig hervor (vgl. hierüber später) als auch aus den Ergebnissen der experimentellen Teratologie der Nase (vgl. hierüber S. 34 ff., insbesondere die Experimente von H. SPEMANN, G. EKMAN und H. S. BURR). Bei Zugrundelegung dieser Auffassung müßte natürlich jeder der zwei Rüssel als *Einfachbildung*, hervorgegangen aus einer rudimentären bzw. geschädigten Riechplakode, gewertet

Abb. 20 a. Vorderansicht des Kopfes der cyklopischen Salamanderlarve *B* mit rüsselartig vorspringender Nasenregion (nach A. FISCHEL).

werden, wogegen der sonst nur in der Einzahl vorhandene Rüssel der Cyklopen allgemein als *Doppelbildung* (infolge frühzeitiger „Verschmelzung" der dirhinen Nasenanlage!) angesehen wird. Es könnte aber auch die oberhalb des Auges vorfindliche Rüsselbildung als der typische Rüssel bei Cyklopie (hervorgegangen aus dirhiner Anlage) und ein unterhalb des Auges befindlicher Rüssel als eine Bildung, hervorgegangen entweder aus einem abgesprengten Anteil einer Riechplakode oder als mehr minder rudimentäre Regeneration einer Riechplakode von der unmittelbaren Umgebung der geschädigten aus, aufgefaßt werden. Solche Regenerationen wurden beispielsweise im Tierreich nachgewiesen und konnten experimentell erzeugt werden (siehe die Versuche von H. S. BURR, namentlich aber diejenigen von G. EKMAN). Ähnliches kommt übrigens auch in der menschlichen Teratologie in der Form seitlicher Proboscis bei gleichzeitig normal gebildeter Nase gelegentlich vor (siehe darüber das Kapitel *Proboscis lateralis*).

Cyklopische und arhinencephale Fehlbildungen kommen frei in der Natur entstanden auch bei Amphibien vor und bieten zum mindesten große Ähnlichkeit, wenn nicht vollständige Übereinstimmung mit den künstlich erzeugten Cyklopen (siehe S. 27 ff.). Deswegen und wegen der großen erkenntnistheoretischen Bedeutung bezüglich der formalen Genese der Cyklopie-Arhinencephalie-Reihe sei ihnen besondere Aufmerksamkeit gewidmet:

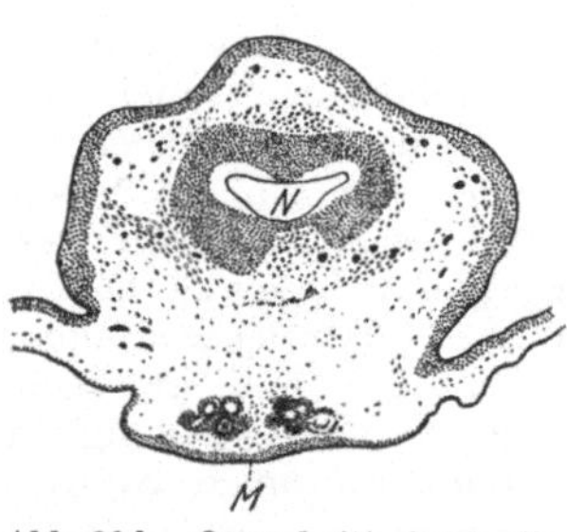

Abb. 20 b. Querschnitt durch die rüsselartig vorspringende Nasenregion desselben Objekts wie Abb. 20 a (nach A. FISCHEL).

M Mundhöhlenepithel; *N* Unpaarer Hohlraum des Nasenrudiments.

1921 publizierte A. FISCHEL mißbildete Salamandramaculosa-Larven, welche eine fast vollständige Reihe aller cyklopischen und arhinencephalen Fehlbildungen darstellen. *Cyklopie* (oder *Synophthalmie* nach FISCHEL) findet sich in Larve *B* (Abb. 20 a) realisiert. Die Synophthalmie ist eine annähernd symmetrische, es ist nur ein rudimentärer N. opt. vorhanden, die Tapeta und die Retinae sind teilweise miteinander verschmolzen. Das cyklopische Doppelauge ist der Mundhöhle sehr genähert und drängt die rudimentäre, unpaare, in einem rüsselartigen Vorsprung enthaltene Nase kranialwärts. Wegen dieser Dislozierung konnte sich auch eine Beziehung des Nasenrudiments zum Pharynx nicht ausbilden, es resultierte *Choanenmangel*. Ferner ist der Knorpelapparat der Nase sowie das Tel- und Diencephalon defekt. Bei mikroskopischer Untersuchung des anscheinend soliden Rüssels (Abb. 20 b) zeigte sich darin ein Hohlraum (*N*), dessen Umriß unzweideutig auf *Verschmelzung zweier Riechsäcke* hinweist. Derselbe setzt sich nach vorn in einen nicht mit Riechepithel bekleideten, keine Anzeichen einer ursprünglich paarigen Anlage aufweisenden, blind endigenden *Gang* fort, *welcher dem Rudiment des Einführungsganges entspricht*. Auch kaudalwärts endigt das Nasenhöhlenrudiment blind. — Einen weniger großen Defekt in der Nasen-Augen-Region hatte eine elf Tage alte, von E. KORSCHELT und C. FRITSCH beschriebene Salamanderlarve: Beide Augen auf die Ventralfläche des zugespitzten Kopfes verlagert. Die beiden Nasensäcke liegen ventral von dem annähernd normal gebildeten Gehirn, sind ganz aneinandergerückt und vereinigen sich

weiter kaudalwärts sogar miteinander (Abb. 21a—c), wobei aber die Entstehung
dieses gemeinsamen Raumes aus zwei Hohlräumen deutlich bleibt. Das Nasenhöhlenrudiment endigt schließlich blind, zumal auch die Mundhöhle gänzlich fehlt.
Oberkiefer stark reduziert, Unterkiefer scheint gänzlich zu fehlen, Pharynx endigt
vorne blind, ist aber im übrigen annähernd normal. Es sind zwei getrennte Nn. opt.
vorhanden. Von der hinteren Partie der Herzregion nach abwärts waren sämtliche
Organe normal. Wie aus der Beschreibung ersichtlich, hatte es sich um eine am
vorderen Körperende lokalisierte schwere Störung mit Defektuositäten vornehmlich

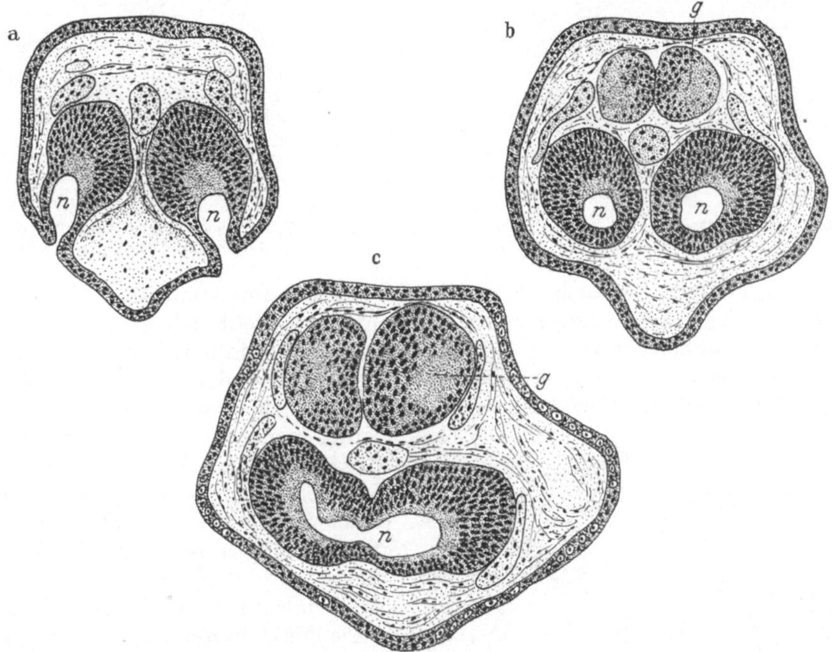

Abb. 21 a, b, c. Drei Querschnitte durch den Kopf einer prosophthalmischen Salamanderlarve mit partieller
Verschmelzung der Nasensäcke (*n, n*); *g* Vorderhirn (nach E. KORSCHELT und C. FRITSCH).

im Bereich des ersten Kiemenbogens (Mangel der Mundöffnung usw.) und des mittleren
Nasenfortsatzes (mit partieller Konfluenz der Nasensäcke) gehandelt. Durch die vorwiegend passive Verlagerung der Augen kennzeichnet sich diese Fehlbildung als *Prosophthalmie* (im Sinne von A. FISCHEL), gehört also bereits zur *Arhinencephalie* und
entspricht annähernd der menschlichen Ethmocephalie (siehe darüber später). Ein
noch leichterer Grad von Prosophthalmie ist in FISCHELS Salamanderlarve *A*
(Abb. 22a—c) gegeben. Vorderkopf kleiner und spitzer als normal, so daß Unterkiefer (*U*) vorspringt. Augen einander genähert. Die vor den beiden getrennten,
aber einander sehr genäherten Nasenhöhlen gelegenen „Einführungsgänge" sind zu
einem unpaaren, median gelagerten Hohlraum (*N*) vereinigt. An weiter dorsalwärts
gelegenen Schnitten münden die Riechsäcke schließlich getrennt mit je einer Choane
(*Ch*) in die Mundhöhle (*M*). Das Knorpelgerüst der Nase ist sehr reduziert. Der
normalerweise zwischen den Riechsäcken gelegene Hirnabschnitt fehlt.

Formale Genese der *Cyklopie (Synophthalmie)* und der *Arhinencephalie
(Prosophthalmie)*: Über die Größe der Gewebsausfälle bei diesen Mißbildungs-
formen geben die FISCHELschen schematischen Figuren ein zutreffendes Bild:
Abb. 23 gibt die normalen Verhältnisse wieder, wobei *G* das Geruchsorgan,
M die Medullarplatte, *O* den Augenstiel, *R* die Retina und *T* das Tapetum be-

deutet. Fällt ein schraffierter Gewebskeil zwischen den Riechgruben (wie etwa in Abb. 24) weg, so resultiert Prosophthalmie (= verschiedene Formen der Arhinencephalie je nach der Größe des Keildefekts, siehe darüber den folgenden Abschnitt).

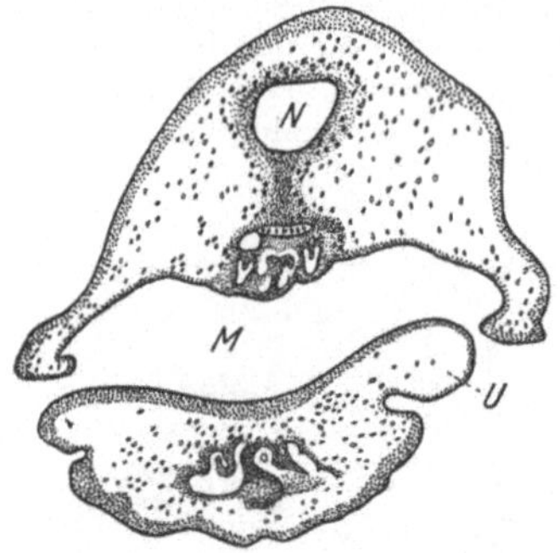

Abb. 22 a. *Prosophthalmie* bei einer Larve (A) von Salamandra maculosa (nach A. FISCHEL).

Abb. 22 b. Querschnitt durch dasselbe Objekt wie Abb. 22 a. Legende im Text (nach A. FISCHEL).

Die Augen sind davon nicht betroffen, sie rücken nur rein passiv aneinander und an die Ventralseite des Kopfes. Erreicht der Defekt jedoch die Region der Augenblasen, wobei vorerst die Augenstiele, dann Retina und Tapetum betroffen werden, so ergeben sich die verschiedenen Formen der Cyklopie (Synophthalmie), deren Höchstgrad im Vorhandensein nur eines einzigen medianen Auges (Ver-

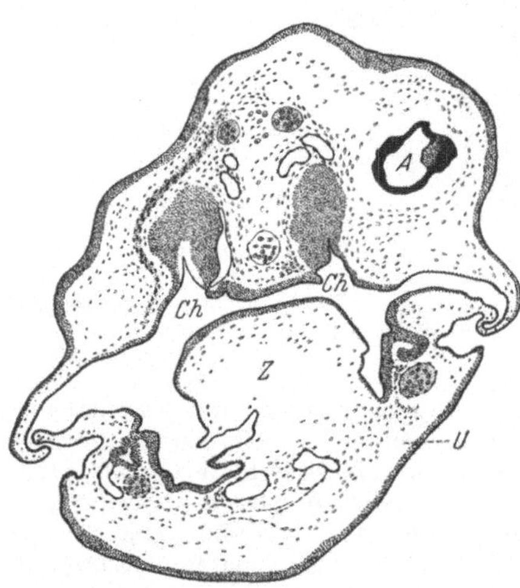

Abb. 22 c. Querschnitt durch die Choanalgegend desselben Objektes wie Abb. 22 a.

A Auge; *Z* Zunge; übrige Legende siehe Text (nach A. FISCHEL).

schmelzung aus Anteilen beider Augen) gipfelt (Abb. 25). In der Natur sind diese verschiedenen Formen durch die Larve *A*, die Beobachtung von KORSCHELT und FRITSCH bzw. durch die Larve *B* (Abb. 22a bis c; 21 a—c; 20a, b) verifiziert. An Hand dieses Materials führte A. FISCHEL bezüglich der Genese der Cyklopie usw. den Nachweis, daß die STOCKARDsche Ansicht über die primär unpaare Repräsentanz der Augenanlage im vorderen Abschnitt der Medullarplatte unrichtig ist, dagegen die MECKEL-SPEMANNsche Anschauung von der bilateral symmetrischen Augenanlage zu Recht besteht. Demnach muß man sich vorstellen, daß die von der mehr minder keilförmigen Gewebsschädigung verschont gebliebenen Abschnitte aneinander anschließen und nun mit ihrer genau determinierten Leistung diejenigen Teile bilden, zu welchen sie eben befähigt sind. Bei der *Prosophthalmie* (= Arhinencephalie) sind die Augen ventromedian disloziert, da durch den Verlust des mittleren Nasenfortsatzes und die dadurch herbeigeführte Berührung der beiden Nasensäcke sich Platz zu gegenseitiger Annäherung der Bulbi ergibt. Zwischen den Riechsäcken fehlen die beiden Hirnhälften, die sonst hier eingeschoben sind, und auch wesentliche Teile des Kopfmesoderms (Knorpelspangen), so daß nur eine dünne Lage von Bindegewebe die beiden Säcke trennt. Choanen sind vorhanden (leichtere Störung) oder können fehlen (schwerere Störung). Das Telencephalon ist einfach gestaltet mit

einem relativ weiten Ventrikel; auch das Diencephalon ist abnorm gestaltet.
Vom Mittelhirn ab herrschen normale Verhältnisse. Im leichtesten Falle
(Abb. 22a-c) waren beide Riechsäcke vorhanden; unpaar,
i. e. gemeinsam, war nur der Nasenvorhof, der sogenannte
Einführungsgang. Da das Material zu dieser den Nasensäcken vorgeschalteten, später auftretenden Bildung aus
der (medialen und lateralen) Umgebung der Riechplakoden
geholt wird (wenigstens bei den Amphibien) und diese
,,Umgebung" in der Medianebene zwischen den Nasensäcken
eben defekt war, konnte sich überhaupt nur ein unpaarer
gemeinsamer Vorraum ausbilden. Der geschilderte Zustand
ist etwa durch diejenigen Formen der menschlichen Arhinencephalie wiedergegeben, welche mit den Termini *Ethmocephalie* und *Cebocephalie* belegt werden (siehe darüber

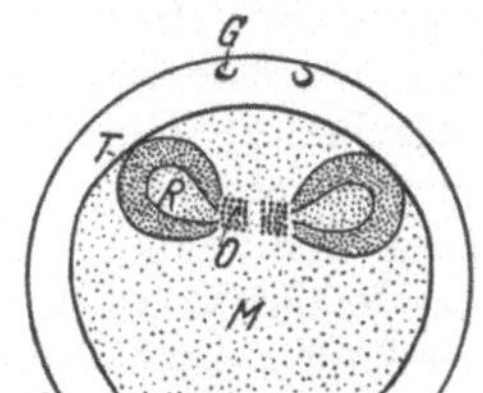

Abb. 23. Schematische Darstellung der Bildungszonen
der Augenbecher (nach
A. FISCHEL). Legende im
Text.

später). Bei breiterem und weiter in die Tiefe reichendem
Keildefekt (also bei *Cyklopie* sive *Synophthalmie*) ist nur
ein geringes Nasenrudiment (Abb. 20a, b; ferner auch Abb. 12 und Ausführungen
hierzu) vorhanden oder überhaupt keines. Ist etwas von den Riechsäcken vorhanden, etwa ein unpaarer Schlauch, so ist natürlich ebenso
wie beim Cyklopenauge keine Verschmelzung der fertigen
Riechsäcke (nach Zerstörung des Zwischengewebes) zustande gekommen, sondern die ersten Anlagen derselben,
insbesondere die lateralen Teile der Riechplakoden, hatten
sich miteinander vereinigt oder — vielleicht in einer noch
früheren Phase der Entwicklung — jene Epithelbezirke,
welche die prospektive Tendenz zur Bildung der Riechplakoden in sich tragen. Wird außer den Riechplakoden
auch noch deren laterale Umgebung zerstört, so kommt
es nicht einmal mehr zur Ausbildung eines unpaaren Einführungsganges, es fehlt also auch ein äußeres Nasenrudiment. Daß stets mehr minder keilförmige Defekte (mit

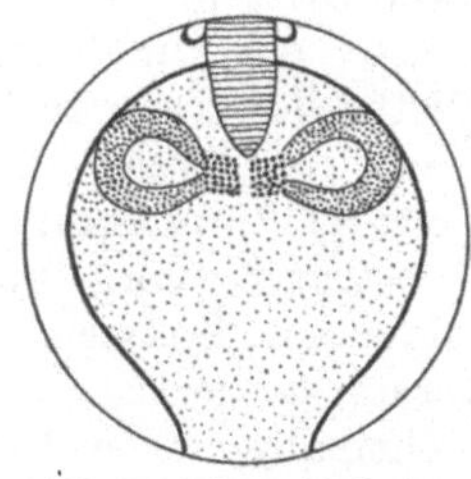

Abb. 24. Schematische Darstellung des der Pros-
ophthalmie entsprechenden
Defektes (nach A. FISCHEL).

Basis an der Körperoberfläche und Spitze gegen das Innere zu) auftreten,
mag die Annahme unterstützen, daß es sich im wesentlichen um *Noxen chemischer
Art von gewisser Diffusionsgeschwindigkeit* handelt, welche
sich vom rostralen Körperende aus rasch im Kopfmesoderm
hirnwärts verbreiten, seitlich vorerst an den Riechsäcken
oder deren Vorstadien einigen Widerstand zu finden
scheinen, schließlich aber auch diese Gebilde vernichten,
falls die Noxe sehr frühzeitig einsetzt oder längere Zeit zu
wirken Gelegenheit hat. Daraus resultiert dann die große
Mannigfaltigkeit der Endergebnisse.

Die Frage der formalen Genese der Cyklopie und
der arhinencephalen Fehlbildungen war damit zu einem
gewissen Abschluß gelangt. In neuester Zeit hat die
SPEMANNsche Entdeckung, daß das Urdarmdach bestimmenden Einfluß auf die Ausbildung der Neuralplatte und der Augenanlagen nimmt (Lehre vom,, Organi-

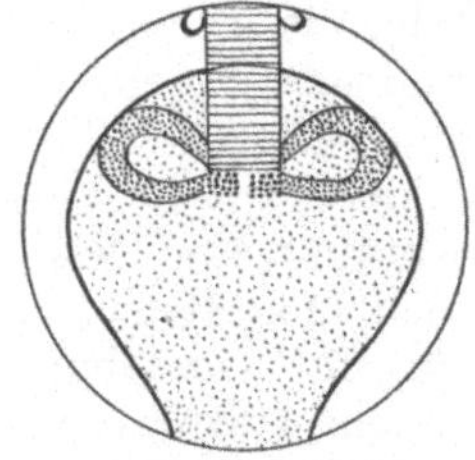

Abb. 25. Schematische Darstellung der Defektgröße
und -lage bei Cyklopie
(Synophthalmie) (nach
A. FISCHEL).

sator"), auch der Cyklopiefrage neuen Auftrieb gegeben (Experimente von
H. SPEMANN [Lit. II/e], H. B. ADELMANN [Lit. IV/a u. b], MANGOLD [Lit. II]; vgl.
hierzu auch S. 31). Insbesondere unternahm ADELMANN die Klärung der embryologischen Basis der Cyklopie. Die Frage der Augenanlagen in der Neuralplatte
blieb bekanntlich lange kontrovers, zwei Auffassungen standen sich gegenüber,

nämlich die von SPEMANN (1904, 1912), daß zwei getrennte Augenanlagen bereits im Stadium der Neuralplatte (bei den Amphibien) vorhanden sind, und jene von STOCKARD (1913), daß die zukünftig augenbildenden Zellen median gelegen sind und normalerweise sich lateralwärts ausdehnen, um dann die beiden Augenbläschen zu bilden. (Diese beiden Auffassungen gehen übrigens historisch noch viel weiter zurück.) Nach der ersten Ansicht geht die Cyklopie aus der Verschmelzung der beiden Augenanlagen hervor, wenn die dazwischengelegene Gewebspartie defekt wird, nach der zweiten Ansicht dann, wenn die Ausbreitung des medianen Ausbildungsmaterials nach beiden Seiten hin gehemmt wird. FISCHEL entschied sich seinerzeit auf Grund seines Materials für SPEMANN (siehe höher oben). ADELMANN unternahm nun neuerlich Experimente an Amblystoma punctatum zum Studium der Lage der Augenanlagen im Neuralplattenstadium (Arbeiten aus den Jahren 1929 und 1930): 1. Exstirpation einer medianen Scheibe oder Streifens von der Breite eines Viertels bis eines Drittels der Breite der Neuralplatte verhindert nicht die Bildung der Augenblasen. 2. Exstirpation eines lateralen Drittels des vorderen Endes der Neuralplatte ergibt rudimentäres Auge auf der Seite der Operation; um die Bildung des Auges gänzlich zu verhindern, muß die Exstirpation bis zur Mittellinie reichen. 3. Nach Exstirpation von zwei Dritteln des vorderen Endes der Neuralplatte bildet das übrigbleibende Drittel ein annähernd normales Auge. 4. Wird das mediane und das laterale Drittel des vorderen Endes der Neuralplatte mit oder ohne dem darunter liegenden Dach des Archenteron (entomesodermales Substrat) transplantiert, so ergibt sich: a) Annähernd fünfmal so viele Augen werden vom lateralen Streifen mit Substrat hervorgebracht als ohne Substrat. Das Substrat verstärkt die augenbildenden Potenzen der Lateralregionen. (Ein geringer oder überhaupt kein verstärkender Effekt des Substrats besteht bei medianen Streifen.) b) Mehr als sechsmal so viele Augen wurden von medianen Streifen ohne Substrat gebildet als von lateralen Streifen ohne Substrat. Die augenbildenden Potenzen der medianen Regionen sind daher größer als die der lateralen. c) Das Substrat bestimmt den Charakter der von dem medianen Streifen gebildeten Augen: Zwei von Hirnbasis getrennte Augen wurden in der Mehrzahl der Transplantate mit Substrat gebildet, dagegen nicht, wenn ohne Substrat transplantiert wurde; eine Mehrzahl dieser letzteren einfachen Augen ähnelten cyklopischen Augen in der Art ihrer Hirneinpflanzung. Aus seinen Experimenten zieht ADELMANN folgende Schlußfolgerungen: Das Vorderende der Neuralplatte besitzt augenbildende Potenzen, *wobei das Material für die beiden Augen ein harmonisches äquipotentiales System darstellt*, welches in der Lage ist, ein oder zwei Augen zu bilden je nach Einwirkung von Faktoren, welche während der Entwicklung in Aktion treten. Während die augenbildende Potenz der Neuralplatte allein in der medianen Region größer ist, ist die Einwirkung des Substrats verantwortlich für die Entstehung von zwei bilateral situierten Zentren der Augenbildung, welche statthat, wenn die Bildungsmaterialien in späteren Stadien sich weiter ausbreiten. *Wenn das Substrat nicht normal funktioniert oder die Neuralplatte nicht imstande ist, auf die Einwirkung des Substrats zu reagieren, so erfolgt die Bildung des harmonisch ausgebildeten Cyklopenauges.*

Über die *kausale* Genese der Cyklopie und den *mutmaßlichen Zeitpunkt ihrer Entstehung* siehe die Zusammenfassung am Schlusse der Darstellung der Arhinencephaliereihe.

3. Arhinencephalie (Lit. V).

Die Prägung des Terminus *Arhinencephalie* stammt bekanntlich von H. KUNDRAT, welcher in einer 1882 erschienenen Monographie eine *größere Anzahl äußerlich sehr verschiedener Mißbildungsformen, denen die Schädigung des Riech-*

lappens des Telencephalon und der Mangel der Nn. olfact. gemeinsam ist, zu einer typischen Mißbildungsart zusammenfaßte und ihr obigen Namen gab. Da H. KUN-DRAT den primären Sitz der Störung ins Riechhirn verlegte, so erfolgte auch die Namengebung von dieser Seite her, berücksichtigte also nicht den Zustand des peripheren Riechorgans. Die anatomische Beschaffenheit und damit auch das Aussehen des peripheren Riechorgans ist nun bei den verschiedenen Untergruppen der Arhinencephalie ein sehr mannigfaltiges, indem es da alle Übergänge von Nasenrudimenten vom Aussehen des typischen Rüssels (wie bei Cyklopie) über „Verschmelzung" der Nasensäcke mit nur einem oder auch mit zwei äußeren Nasenlöchern, ohne oder mit einfacher bzw. doppelter Choanalöffnung bis zur Ausbildung einer normal aussehenden Nase gibt. Es sind demnach in der als Arhinencephalie zusammengefaßten Fehlbildungsart *sehr verschieden hohe Mißbildungsgrade der Nasensäcke* eingeschlossen. Obwohl fließende Übergänge alle . diese Formen untereinander verbinden und kein Einzelfall irgendeiner Untergruppe einem anderen in dieselbe Gruppe gehörenden Falle völlig entspricht, so ist doch die *Aufstellung von einigen Untergruppen,* so wie dies H. KUNDRAT tat und seither beibehalten wurde, gewiß berechtigt, nicht zuletzt aus Gründen praktischer Verständigungsmöglichkeit. Für die verschiedenen Grade der Störungen des peripheren Geruchsorgans haben sich nun Bezeichnungen eingebürgert, welche z. T. noch auf die beiden GEOFFROY ST. HILAIRE zurückgehen:

a) *Ethmocephalie.* An Stelle der Nase ist ein median situierter, in der Gegend der Nasenwurzel aufsitzender *Rüssel* vorhanden. Die Augen sind durch eigene Lidspalten und eigene Orbitae voneinander getrennt. Diese Form bildet das Bindeglied zur Cyklopie, welche selbst wieder alle möglichen Übergänge von mehr minder vollständiger „Verschmelzung" der Augenanlagen bis zu zwei voneinander vollständig getrennten Bulbi mit jedoch nur einfachem Opticus erkennen läßt. Das Kriterium der Abgrenzung der Ethmocephalie von den leichtesten Graden der Cyklopie ist durch die getrennten Nn. optici und die getrennten Orbitae gegeben.

b) *Cebocephalie.* Die Nase ist nicht mehr rüsselförmig aus dem Gesicht herausgehoben, sondern an ihrem Platze, jedoch sehr verkümmert. Ihre Wurzelgegend ist ganz flach und nur die Nasenspitze tritt etwas hervor. Letztere ist meist nur mit einer einzigen kleinen Nasenöffnung versehen. Dies und die stark genäherten Augen verleihen dem Gesicht ein Aussehen, welches eine gewisse Ähnlichkeit mit der Gesichtsbildung einiger Arten amerikanischer Affen hat, wie schon die ersten Beobachter feststellten. ISIDORE GEOFFROY ST. HILAIRE wurde dadurch zur Namengebung „Cebocephalie" veranlaßt.

Ethmocephalie und Cebocephalie hatte ISIDORE GEOFFROY ST. HILAIRE ursprünglich mit den eigentlichen Cyklopen zusammen unter die Monstres cyclocéphaliens gerechnet und sie waren später von den eigentlichen Cyklopen nicht mehr unterschieden worden. Es ist das besondere Verdienst H. KUNDRATS (l. c.), die Formen der Ethmocephalie und Cebocephalie aus der unrichtigen Umklammerung der Cyklopie befreit und sie an die Spitze einer Fehlbildungsreihe gestellt zu haben, die er mit Arhinencephalie überschrieb. Ein weiteres Verdienst KUNDRATS liegt darin, daß er die folgenden Formen als arhinencephale erkannte und sie mit den beiden obigen verband.

c) *Monstra mit sogenannter „medianer Oberlippenspalte",* welcher ein totaler oder partieller Defekt des mittleren Nasenfortsatzes bzw. der aus demselben abgeleiteten Organe (Philtrum, Zwischenkiefer, Nasenscheidewand) zugrunde liegt. Diese Fehlbildungen können mit oder auch ohne mediane Gaumenspalte auftreten.

d) *Monstra mit meist bilateraler, seltener monolateraler Cheilognathopalatoschisis*, wobei der mittlere Nasenfortsatz (bzw. die aus demselben abgeleiteten Gebilde) mehr minder defekt oder auch erhalten sein können.

e) *Trigonocephalie* (als einzige Abweichung der Schädelbildung) bei sonst vollkommen normaler Gesichts- und Nasenbildung.

Außer diesen fünf Hauptgruppen besteht noch eine weitere Reihe von Formen, die H. Kundrat indes nur skizzieren konnte. Allen ist Defektuosität des Rhinencephalon, meist auch der Riechnerven gemeinsam. Unter dieser Bedingung darf man bestimmte Formen der

f) *Mikrocephalie* und

g) *des Balkenmangels* und

h) *den alleinigen Riechhirndefekt* bei normaler Schädel-, Gesichts- und Nasenbildung und *Fehlen* (oder schlechterer Ausbildung) *des Olfactorius* zur Arhinencephalie rechnen. Auch auf diese drei weiteren Gruppen soll nach Betrachtung der Nasenäquivalente bei den fünf Hauptgruppen der Kundratschen Arhinencephalie kurz eingegangen werden.

Als Beweis dafür, daß die Cyklopie und die als Arhinencephalie zusammengefaßten Formen eine einzige große Reihe darstellen, welche von der kompletten Cyklopie über die inkomplette Cyklopie zu den arhinencephalen Formen und schließlich zur Norm führt, sind insbesondere alle Zwischenformen verwertbar, welche sich zwischen die Hauptgruppen einschieben. So gibt es auch Übergangsformen zwischen der Cyclopia incompleta und der höchsten Form der Arhinencephalie, der Ethmocephalie, was sich in den Fällen von Emmy Best und P. Rothschild verwirklicht findet.

Auf die Rüsselbildung in der Beobachtung von E. Best wurde schon bei Besprechung der Nasenäquivalente bei Cyklopie hingewiesen (vgl. S. 52). Hinzugefügt sei, daß die Oberlider miteinander verschmolzen und nur die Unterlider voneinander getrennt und die Orbita einfach war, was die Zurechnung dieses Falles zur inkompletten Cyklopie rechtfertigt. Anderseits war die Anordnung der Muskulatur an der Basis des Rüssels und dessen Ursprung zwischen den Augen (statt oberhalb derselben) durchaus für Ethmocephalie charakteristisch. Wichtig ist, daß der Vomer deutlich vorhanden war: „Er lehnte sich mit seinem oberen Teil an die Basis des Keilbeines an und schloß unten den weichen Gaumen ab."—Eine der Ethmocephalie noch näherstehende Übergangsform stellt der Fall von P. Rothschild dar. Unterhalb zweier Hautfalten, welche die Lidspalten miteinander verbanden, fand sich ein 4 mm hoher, 11 mm breiter Hautbürzel, den Rothschild indes nicht als Nasenrudiment auffaßt (mikroskopische Untersuchung fehlt!). Die Gebilde des ersten Kiemenbogens waren z. T. defekt, die Sella turcica fehlte. Die Hirnmißbildung erstreckte sich über das gewöhnliche Ausmaß noch ins Mesencephalon hinein, ja z. T. sogar darüber hinaus. Überdies fand sich völliger Nebennierenmangel beiderseits. *Bei Annahme einer exogenen Schädlichkeit* darf der *Zeitpunkt ihrer Einwirkung* sicherlich später als bei typischer Cyklopie angenommen werden, da die Noxe an der Ausbildung getrennter Optici nichts mehr ändern konnte. Da die Bulbi weitgehend gestört waren und die Hirnstörung ungewöhnlich ausgedehnt war, muß die Schädlichkeit eine große Penetrationskraft entfaltet bzw. länger eingewirkt haben. Dadurch ist vielleicht auch die Nasenanlage sekundär gänzlich zerstört worden.

Wegen der angeblich völligen Abwesenheit des Nasenapparats belegt Rothschild seinen Fall mit dem Terminus „Arhinencephalia completa", womit der völlige Mangel des *peripheren* Geruchsorgans zum Ausdruck gebracht werden soll. Dies ist aber unstatthaft, weil mit „Arhinencephalie" nur der Defekt des Riechhirns, nicht aber der Zustand des peripheren Riechorgans bezeichnet wird.[1]

---

[1] Übrigens ist, wie auf S. 47 ausgeführt, die *Mißbildung des zentralen Riechapparats* (Rhinencephalon usw.) selbst in den höchsten Graden der Arhinencephalie

Wenn schon ein neuer Terminus herangezogen werden soll, so eignet sich hierfür am besten der von W. Berblinger (Lit. V) geprägte Ausdruck „*Arhinie*" (= vollkommenes Fehlen des peripheren Geruchsorgans), welcher vom Nichtvorhandensein des Nasenapparats seinen Ausgangspunkt nimmt. Der „*Arhinie*" gegenüber steht dann die „*Hyporhinie*" zur zusammenfassenden Bezeichnung aller jener mannigfaltigen Formen mangelhafter Ausbildung des peripheren Geruchsorgans, wie sie sich z. B. bei den zur Arhinencephalie gehörenden Untergruppen verwirklicht findet (W. Berblinger, l. c. S. 42).

a) Ethmocephalie.

Kasuistik: Die ethmocephalen Mißbildungen sind selten. In der Kundratschen Monographie werden nur drei Fälle erwähnt, darunter zwei tierische (von Meckel bzw. Otto). Ein weiterer, von Renner stammender Fall wurde in der Schwalbe-Josephyschen Monographie reproduziert (Lit. IV, Abb. 156). Hierher gehören ferner die von E. Best (l. c.) referierten (mir im Original nicht zugänglichen) Fälle von Hörrmann und von Hillmann. Aus neuester Zeit stammen die Beobachtungen von Graffin und Masson (unpaarer N. olfact.) und der von M. Yamasake beschriebene, 8,5 mm lange, kompliziert mißbildete menschliche Embryo. (Es fand sich eine Oesophagusatresie und eine Oesophagustrachealfistel, Epithelbläschen in der Wand der zweiten Kiemenfurche, die beiden ersten Kiemenspalten waren beiderseits durchrissen, ebenso die dritte links. Ferner zeigte das Rückenmark eine Verdoppelung des Zentralkanals zwischen dem ersten und dritten Sakralsegment.)

Charakteristisch für Ethmocephalie ist die Stellung des rüsselförmigen Nasenrudiments zwischen den Augen. Der Rüssel hebt sich kaudalwärts aus der Umgebung ganz heraus, hat meist nur eine enge Nasenöffnung, gelegentlich aber auch deren zwei mit einer sagittalen Scheidewand dazwischen, welche sich sogar durch die ganze Länge des Rüssels erstrecken kann (Kalbsethmocephalus von Meckel). Der Rüssel endigt hinten stets blind und hat zumeist ein einfaches Lumen. Wie beim Rüssel der Cyklopen gibt es auch hier ein knorpeliges Stützgerüst und eventuell auch einen Ursprung von einem knöchernen Dorn (Lammethmocephalus von Otto). Das Siebbein fehlt ganz oder es sind nur ganz kümmerliche Reste davon vorhanden (wie in den Fällen von Otto und von Renner). Ähnliches gilt von den Nasenbeinen und den Tränenbeinen. Es fehlen ferner die Nasenmuscheln und der Zwischenkiefer. Die Oberkieferbeine und die Gaumenbeine schließen in der Mittellinie aneinander an. Die Riechnerven fehlen entweder gänzlich oder sind nur höchst rudimentär ausgebildet (Fälle von Otto und von Graffin und Masson), das Vorderhirn ist entsprechend der für die Arhinencephalie charakteristischen Störung defekt. Histologische Untersuchungen ethmocephaler Rüssel stehen bislang noch aus. Der Rüssel der Ethmocephalen ist wie bei Cyklopie aus dirhiner Anlage hervorgegangen, demnach ein „Verschmelzungs"produkt der beiden hochgradig geschädigten Riechplakoden.

b) Cebocephalie.

Kasuistik: Auch diese Fehlbildungsform ist beim Menschen selten. Aus der älteren Literatur konnte Kundrat (l. c.) nur fünf menschliche Fälle außer seinem eigenen sechsten Fall, nämlich die Beobachtungen von Soemmering, Otto (Beobachtung 101), Luschka, Arnold und von Gross zusammenstellen und aus der Teratologie der Haustiere fünf hierhergehörige Fälle (drei vom Schwein, einer vom Lamm, sämtliche

---

(und auch bei Cyklopie aller Grade), *stets nur eine partielle*, also streng genommen inkomplette. Eine Arhinencephalia completa gibt es daher nur bei viel ausgedehnteren Hirnmißbildungen, wie etwa bei Anencephalie, Störungen, welche aber begreiflicherweise nicht nur die Riechzentren allein betreffen und daher auch nicht mit einem solchen Spezialterminus belegt werden können.

von OTTO, und einen weiteren Fall von GURLT) anfügen. Dabei kommt die Cebocephalie teils rein vor (wie in den Fällen von SOEMMERING, LUSCHKA, GROSS und KUNDRAT), teils kombiniert mit anderen Mißbildungen im Bereiche der Kiemenbogen (je ein Fall von OTTO und von ARNOLD). Seither sind weitere Fälle von Cebocephalie beschrieben worden von C. PHISALIX (Lit. IV) — cebocephales, gleichzeitig mit Otocephalie behaftetes Schaf; R. BÁLINT — sechs Tage alte männliche Frühgeburt; SZADKOWSKI, Fall 1 — weiblicher Fetus; F. W. WATKYN-THOMAS — siebenmonatiger weiblicher Fetus; W. M. DE VRIES — menschliches Monstrum; J. A. PIRES DE LIMA (a) — neugeborenes Mädchen; KLOPSTOCK (Lit. IV) — sieben Monate alter männlicher Fetus; B. LANG — weiblicher Fetus und schließlich G. ZANZUCHI — siebenmonatiger, sonst normaler Fetus.

Zwischen den näher als de norma aneinandergerückten Augen des KUNDRATschen Cebocephalus war kein Rüssel mehr vorhanden, sondern eine richtige, wenn auch von der Norm noch weitgehend abweichende Nase mit abgeflachtem Nasenrücken, deren Spitze von einem stumpfen konischen Zapfen gebildet wurde. In der Mitte der unteren Fläche des letzteren fand sich eine rhombische Grube und in letzterer eine rundliche Lücke, durch welche eben eine Knopfsonde eingeführt werden konnte. Am mazerierten Objekt fand sich die Apert. piriformis wesentlich modifiziert, nur 1 cm hoch und 5 mm breit, kranialwärts z. T. von einer Membran begrenzt, in welche ein Nasenbeinrudiment eingelassen war. Die Öffnung der Apert. piriformis führte in ein infolge völligen Septummangels einfaches Cavum, das schmal, niedrig, nur 15 mm lang, nach oben und hinten gerichtet und daselbst abgeschlossen war. In demselben fanden sich beiderseits sehr kleine untere und „obere" Muscheln. Die Flügelfortsätze des Keilbeines sowie die vertikalen Teile der Gaumenbeine waren klein und vollständig vertikal gestellt, letztere zu einem dreieckigen, zwischen erstere eingeschobenen Knochen verschmolzen. Orbitae kleiner als normal, nur durch eine 3 mm breite, von den Proc. nasal. oss. front. gebildete Nasenwurzel geschieden. Die inneren Wände der Orbitae wurden von den zarten Tränenbeinen und seitlichen Siebbeinplatten gebildet, welche nach rückwärts gegen das einfache Foram. opt. zu miteinander verschmolzen waren. Zwei Optici, völliges Fehlen der Nn. olfact., einfaches Vorderhirn. Es fand sich ferner ein Loch im Sept. ventricul. cordis, Vergrößerung der Nebennieren, der Schilddrüse und der Thymus und ein Uterus bicornis.

Die *Nase bei Cebocephalie* zeigt demnach gegenüber dem Zustand bei Ethmocephalie eine wesentlich bessere Ausgestaltung, sie macht auch äußerlich den Eindruck einer Nase, ist aber kleiner, schmäler, im Nasenrückengebiet ganz eingesunken und auch in ihrem knorpeligen Gerüst sehr defekt, derart, daß sie sich von der Nasenwurzel abwärts häufig wie ein häutiger Sack anfühlt.

Der KUNDRATsche Fall charakterisiert gut die Hauptmerkmale dieser Gruppe. Immerhin finden sich bei den Übergangsfällen zu den Nachbargruppen der Arhinencephalie *mancherlei Varianten*: Unter den zehn von KUNDRAT angeführten menschlichen und tierischen Cebocephalen fand sich achtmal ein median gelegenes Nasenloch, welches trotz seiner beträchtlichen Kleinheit als aus „Verschmelzung" hervorgegangen anzusehen ist, einmal waren jedoch zwei kleine Nasenlöcher trotz mangelnden Septums vorhanden (Lamm von OTTO). Bei dem menschlichen Cebocephalus von OTTO war nur das rechte Nasenloch, das auch in einen gesonderten Nasengang geführt zu haben scheint, ausgebildet. Manchmal kann die äußere Nasenöffnung statt einer sagittalen schmalen Spalte ein Querspalt sein (KLOPSTOCK, Lit. IV, Fall 2), manchmal wieder findet sich eine kreisrunde grubenförmige Vertiefung (B. LANG, l. c.). Die äußere Nasenöffnung kann gelegentlich an atypischer Stelle liegen, wie im Falle von R. BÁLINT, wo sich das einfache Nasenhöhlencavum durch eine linsengroße Öffnung nach dem Vestib. oris zu öffnete. Die Beobachtung von F. W. WATKYN-THOMAS stellt einen weiteren Schritt zur nächstfolgenden Untergruppe der Arhinencephalie dar (Abb. 26): Nasenöffnung einfach; im vorderen Teil der Nasenhöhle findet sich ein Septum. Da im Oberkiefer wahrscheinlich auch Schneidezähne vorhanden

waren, so geht daraus hervor, daß in diesem Falle der mittlere Nasenfortsatz
höchstens teilweise defekt war. Der reproduzierte Frontalschnitt läßt jederseits
eine Muschel erkennen. Ferner war eine einfache nagellochgroße Choane vorhanden,
welche die hintere Öffnung der vereinigten Nasenhöhlen bildete. Ähnliches fand
sich in der Beobachtung von G. Zanzuchi. Auch im Fall 110 von Otto (weib-
liches Lämmchen) war eine Choane vor-
handen. Der sonst stets vorhandene *Choanal-
verschluß* kommt durch eine von den Gaumen-
beinen gebildete knöcherne Scheidewand
zustande, die, zwischen den Keilbeinflügeln
eingeschoben, mit ihrer Spitze bis an die
Basis des Keilbeinkörpers reicht. Innerhalb
derselben sind die Gaumenbeine entweder
nur aneinander getreten, eine Naht bildend,
oder verschmolzen (H. Kundrat, l. c. S. 27).
Ähnlich im Falle von B. Lang. In letzterer
Beobachtung fand sich an Stelle der Choanen
überdies beiderseits eine etwa kreisrunde,
grübchenförmige Vertiefung. — Die einfache Nasenhöhle enthält meist *verkümmerte
Nasenmuscheln*, wie beispielsweise ausdrücklich in den Fällen von H. Kundrat, J. A.
Pires de Lima, B. Lang und Watkyn-
Thomas festgestellt wurde. In Fall 108 von
Otto (cebocephales männliches neugeborenes
Ferkel) war auf einer Seite ein allerdings
stark verkümmerter *N. olfact.* vorhanden
und bei dem überdies mit Otocephalie
behafteten cebocephalen Schaffetus von
C. Phisalix waren sogar beide Nn. olfact.
und Riechlappen gut ausgebildet.[1] — Kombinationen mit Otocephalie (Synotie) fand
sich zweimal, nämlich in den Fällen von
Arnold und von Phisalix. — Der *Schädel*
war meist wesentlich kleiner als der Norm

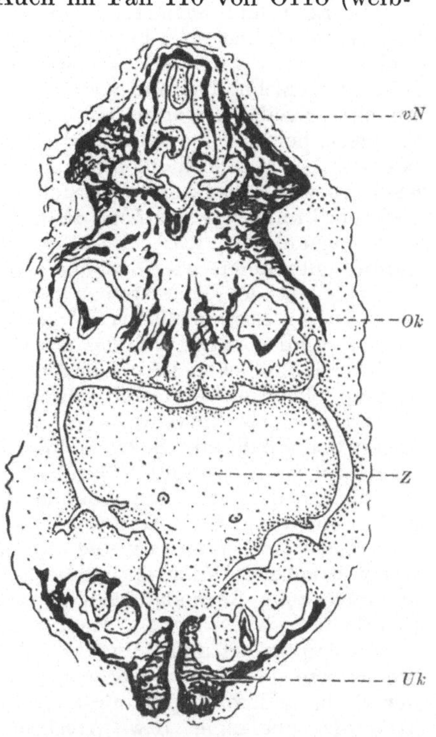

Abb. 26. Frontalschnitt durch ein cebocephales
Nasenrudiment (nach F. W. Watkyn-Thomas).
vN verschmolzene Nasenhöhlen; *Ok* Oberkiefer
mit hartem Gaumen; *Z* Zunge; *Uk* Unterkiefer.

entspricht, manchmal aber durch Hydrocephalus vergrößert. Im Falle von
Watkyn-Thomas (l. c.) war eine Encephalocele occip. vorhanden. Neben den
Fehlbildungen am Gehirn, Gesicht und Schädel fanden sich häufig noch andere Defektbildungen bzw. Störungen: Mikrophthalmie und Anophthalmie
(letztere sogar ziemlich häufig bei Tieren), Defektbildungen am äußeren Ohr und
am Herzen sowie am Zwerchfell; Uterus bicornis usw. So waren in der Beobachtung von B. Lang (l. c.) diverse Gefäßanomalien vorhanden und ebenso, wie im
Falle von H. Kundrat (l. c.), ein Defekt in der Kammerscheidewand.

c) Sogenannte mediane Oberlippenspalte (H. Kundrat).

(Syn.: *Defekt des mittleren Nasenfortsatzes*, Culp.)

Kasuistik: Diese Form der *Arhinencephalie* kommt weit häufiger vor als die beiden
vorhin erwähnten Gruppen. Kundrat konnte sechzehn Fälle aus der Literatur
sammeln und vermehrte dieselben um sieben eigene. Literatur bis 1906 bei E. Monnier.

---

[1] Bei Tieren ist die Ausbildung des Olfactorius etc. anscheinend eine bessere,
wie auch die Ausführungen im Kapitel „*Cyklopie*" (z. B. Fälle von Banchi) zeigen.

Seither sind noch sorgfältige kasuistische Beiträge erfolgt von B. WASHBY (Fall 1 — Fetus), SZADKOWSKI (Fall 2 u. 3), R. LÖWY (Fall 2), A. GOLDSTEIN, W. CULP, W. RIESE (a), W. BERBLINGER (drei Fälle), G. POLITZER und K. STEINER und schließlich von K. HENZE. Einen weiteren hierhergehörigen Fall erwähnt G. B. GRUBER (Lit. I/b, Fall 3).

POLITZER und STEINER beschrieben den Kopf eines ungefähr sechs bis sieben Tage alten Hühnchenembryos mit guter Ausprägung der Gesichtsfortsätze, Prosophthalmie und Encephaloschisis im Hinterhauptbereich. Der Stirnfortsatz war abgeflacht, verschmälert und verkürzt, die beiden abnorm hoch gelegenen Riechgruben einander genähert, woraus hervorgeht, daß die Verschmälerung des Stirnfortsatzes hauptsächlich den medialen und nur in geringem Maße die lateralen Nasenfortsätze betrifft. Die Mundöffnung stellt einen breiten Längsspalt dar. Der Oberkieferfortsatz erscheint aus seiner normalen Stellung durch eine mediokraniale Drehung abgelenkt und sein kraniales Ende liegt dadurch in einer Gegend, welche sonst vom Stirnfortsatz eingenommen wird. Bei Erörterung der Frage, was bei weiterer Entwicklung daraus entstanden wäre, kommen Verfasser zur Ansicht, daß bei vollkommenem Unterbleiben des Tiefertretens des Stirnfortsatzes Ethmocephalie resultiert hätte, wogegen bei ausschließlicher Verwachsung des Stirnfortsatzes und des Oberkieferfortsatzes im dorsalen Teil des primären Gaumens sich eine falsche mediane Lippenspalte ausgebildet hätte. Die Entstehung der Encephaloschisis als reine Defektbildung lehnen die Verfasser ab und glauben es mit einer syngenetischen Fehlbildung zu tun zu haben, hervorgerufen durch ein Mißverhältnis zwischen Oberfläche und Masse der Epidermis einerseits und der Medullarplatte anderseits. Die Epidermis sei relativ zu knapp und verhindere durch eine Art von Zügelwirkung den normalen Schluß der als normal angenommenen Medullarplatte zum Medullarrohr. — In dem unter Anleitung G. B. GRUBERS von K. HENZE publizierten Fall wurde auch die *Nase histologisch untersucht und abgebildet* (enthält Muscheläquivalente). Es fand sich ferner beiderseits Mikrophthalmie mit Verschmelzung vielfach papillärer, girlandenartig gefalteter Retinalanlagen zu einem einzigen Organ etwa an Stelle des Chiasma (bei Fehlen der Nn. opt.), Mangel des Olfactorius, Exencephalie im Scheitel- und Hinterhauptgebiet und Polydaktylie (linke Hand und linker Fuß). GRUBER (Lit. I/b) bezeichnete diesen Fall später als „Arhinencephalia dysopica" und rechnete ihn zu der als besondere Mißbildungskombination aufgefaßten größeren Gruppe der „Dyskranio-Dysphalangie" bzw. „Dyskranio-Dysopie" (mit Überleitung zu einer zweiten, als „Dysencephalia splanchno-cystica" bezeichneten Hauptgruppe von typischer Fehlbildungskombination). (Vgl. hiezu S. 234.)

Charakteristisch für diese Mißbildungsform ist die *„mediane" Oberlippenspalte*, die aber durch das Fehlen des Philtrums herbeigeführt ist, ferner der Defekt des Zwischenkiefers und des Septums der Nase. Bei der Mehrzahl der Fälle ist ferner eine mediane Gaumenspalte vorhanden (infolge partieller Defektuosität der Proc. palatini der Oberkieferfortsätze), wodurch der Abschluß der Nasenhöhle mundhöhlenwärts und die Ausbildung sekundärer Choanen unterbleibt. Fünf von sieben Fällen KUNDRATS gehören dieser Unterart an. Bei zweien waren aber die Gaumenplatten der Oberkiefer- und Gaumenbeine in der Mittellinie zum Schlusse gekommen, so daß eine sekundäre Choane vorhanden war, welche sich aber infolge des Septumdefekts als unpaare hintere Ausgangsöffnung der Nase nach dem Epipharynx zu darstellte. Ähnliches zeigt der Fall von J. ENGEL. Eine Vorstufe zu dieser Form, nämlich einfache Choane trotz durchgehenden, aber schmalen Gaumenspalts zeigt eine Beobachtung K. GRÜNBERGS an einer anencephalen Fehlbildung (Lit. VIII/A, S. 122). Die Arhinencephalie mit Defekt des mittleren Nasenfortsatzes zerfällt also in *zwei Untergruppen*, nämlich *mit* und *ohne mediane Gaumenspalte*. In allen genau untersuchten Fällen mit Gaumenspalte zeigte sich mehr minder große Defektuosität der Gaumenplatten der Oberkiefer- und der Gaumenbeine. Ist der Defekt im Bereich der Gaumenbeine geringer als im Oberkieferbereich, so verengt sich die mediane Spalte dorsalwärts

und die Nasenhöhle ist dann hinten abgeschlossen, „indem die vertikalen Teile
der Gaumenbeine dicht aneinander treten und so eine dicke knöcherne Wand
bilden, die ungefähr dreieckig ist und einen unteren, von einer Seite zur anderen
ausgeschweiften Rand hat, der fast bis ins Niveau der horizontalen Gaumenplatte
reicht und oben eine Spitze besitzt, die zwischen den mit den Wurzeln einander
sehr genäherten Flügeln des Keilbeins an dessen Körper
stößt" (Fall 4 von H. KUNDRAT, l. c. S. 41). Dies ist
also eine Variante der ersten (größeren) Untergruppe.
Auch bei der zweiten Untergruppe (mit Gaumenschluß)
kann die Nase hinten in gleicher Weise verschlossen
sein, welche Kombination sich erstmalig in der noch
zu beschreibenden Eigenbeobachtung (M 54d — Musealpräparat des Innsbrucker path.-anat. Instituts) realisiert
findet. *Sonstige Merkmale:* Kopf stets klein und kurz,
Stirne meist gekielt und mit einfachem Tuber frontale
versehen. Augen einander stärker genähert als normal,
häufig mikrophthalmisch. *Stets fehlt die Lam. perpendicul. und die Platte des Siebbeins.* Keilbeinkörper und

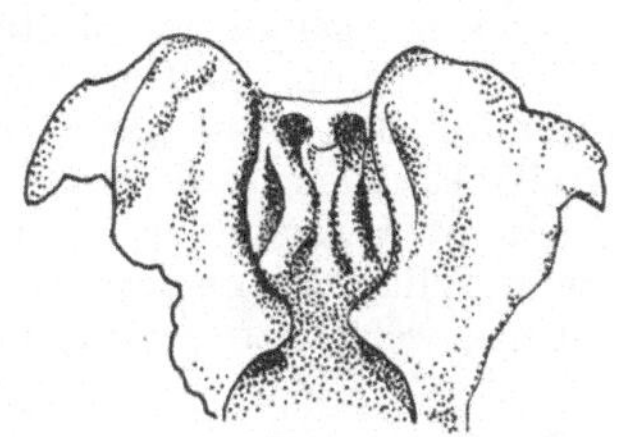

Abb. 27. Arhinencephalie mit
Defekt des mittleren Nasenfort-
satzes in der Ansicht von der
Mundhöhle (nach E. MONNIER).

Keilbeinflügel verkleinert, vordere Schädelgrube sehr klein und flach, zwischen
Keilbein und den Part. orbit. der Stirnbeine ist eine nach vorne spitz zulaufende
Grube vorhanden, welche durch Bindegewebe — manchmal mit Knorpeleinlagerung — ausgefüllt ist und über welche die Dura glatt hinwegzieht. Nasenwurzel
schmal und eingesunken, nur von den schmalen Proc. nasal. oss. front. und den
Proc. front. oss. max. gebildet. *Nasenbeine fehlen stets.* Unterhalb der Nasenwurzel gehen die Wangenwölbungen in-
einander über, die Nasenflügel liegen fast
im Niveau der Gesichtsfläche, sind nur
an ihren Außenseiten etwas gewölbt,
gehen, ohne eine Spitze zu bilden, fast
ineinander über und ragen meist in den
medianen Oberlippenspalt hinein. Da
auch das Septum mobile vollständig
fehlt, so findet sich nur eine einzige
Nasenöffnung, welche infolge des Phil-
trumdefekts mit der Mundöffnung zu-
sammenfließt. Aus derselben gelangt
man in die infolge des Defekts des
Zwischenkiefers und des Septum narium
einfache Nasenhöhle. Letztere ist im allgemeinen kurz, niedrig und schmal, an

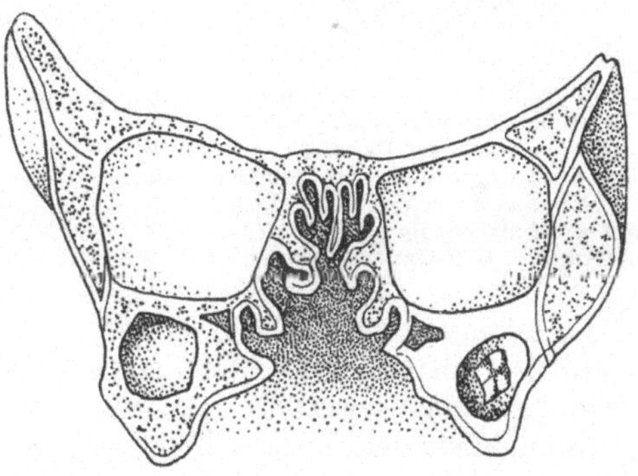

Abb. 28. Frontalschnitt durch den Schädel desselben
Objektes wie Abb. 27 (nach E. MONNIER).

ihrer Decke können die konvergierenden lateralen Siebbeinplatten miteinander
verschmolzen oder durch eine dünne Membran miteinander verbunden sein. *Stets
sind Muscheln vorhanden,* sind aber stets kleiner und schmächtiger als in der
Norm. Die „oberen" Nasenmuscheln können auch miteinander partiell „verschmolzen" sein, wie in Fall 6 von KUNDRAT (l. c. S. 49), wo eine vom schmalen
Dach der Nasenhöhle „herabtretende, septumartige, einfache obere Muschel"
vorhanden war, „die in der Mitte ihres bogigen unteren Randes in zwei platt-
rundliche Knorpelplättchen" auslief. *Stets wurde* (makroskopisch) *Fehlen der
Riechnerven konstatiert* und eine mehr minder schwere Hirnmißbildung im Bereiche
des Tel- und Diencephalon mit Fehlen des Bulb., Tractus und Trigon. olfact.

Abb. 27 u. 28 (nach einer Beobachtung von E. MONNIER) illustrieren das Gesagte
und zeigen das Objekt in der Ansicht von der Mundhöhle her bzw. als Frontalschnitt:

Septum nur in den obersten Anteilen erhalten, rein häutig, Muscheln dagegen gut ausgebildet. Eine kleine Kieferhöhle ist beiderseits vorhanden. Die „mediane" Gaumenspalte solcher Fälle ist streng genommen eine bilaterale, die jedoch wegen des Septum-Vomer-Defekts eine „mediane" wird. E. MONNIER hat daher gewiß nicht unrecht, für diese Untergruppe den Terminus „Arhinencephalie mit doppelseitiger Spaltbildung des Gaumens und mit Fehlen des Mittelstückes" vorzuschlagen.

Übergangsfälle zur vierten Gruppe der Arhinencephalie stellen die Beobachtungen von J. ENGEL, Fall 2 von R. LÖWY und besonders Fall 2 von W. CULP dar: Zwei Monate altes Mädchen. Im Oberkiefer eine 2 cm breite Spalte, durch welche ein freier Einblick in die Nase möglich ist (Abb. 29). Man sieht „in der Mitte eine kurze, aber gut ausgebildete Lam. perpendicul. des Siebbeins, sodann auf jeder Seite eine sehr vollkommene untere und mittlere Muschel". Beiderseits ist ferner noch eine obere, weit kräftiger als normal gebildete Muschel und schließlich jederseits „noch eine vierte nach oben und hinten und als Fortsetzung der mittleren Muschel nach vorne eine fünfte" ausgebildet (die vierte Muschel ist offenbar als oberste und die fünfte anscheinend als Nasoturbinale, entsprechend dem späteren Agger nasi zu deuten). Ungeachtet dieser übernormalen Muschelausbildung fehlte auch in diesem Falle sowohl die Lam. cribrosa als auch die Crista galli, wie dies ja fast ausnahmslos in allen zur dritten Gruppe der Arhinencephalie gehörigen Beobachtungen der Fall ist. In der Zeichnung erkennt man ferner die mächtige Vergrößerung der Proc. alveolares und auf der linken Seite die frei präparierten Zahnfächer des Caninus und des zweiten Incisivus.[1]

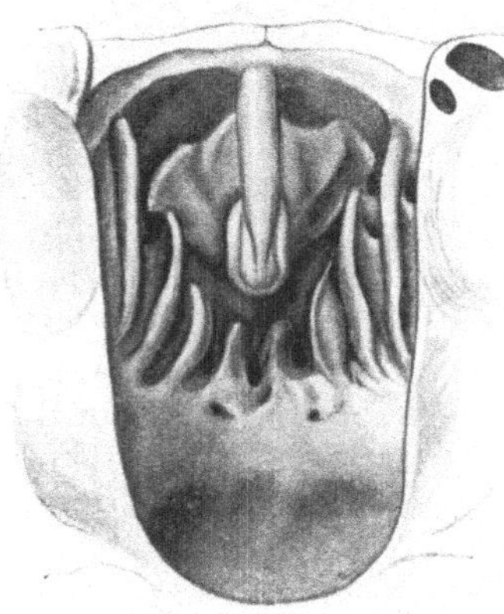

Abb. 29. Blick in die Nasenhöhle von der Mundhöhle aus in einem Fall von Arhinencephalie mit Defekt des mittleren Nasenfortsatzes und Gaumenspalte (Fall 2 von W. CULP). (Bisher unveröffentlichte Handzeichnung von Herrn Prof. G. B. GRUBER-Göttingen.)

M. E. machen sämtliche Fälle, in welchen außer dem Maxilloturbinale, welches bekanntlich der primär-lateralen Nasenwand angehört und den Oberkieferfortsätzen entstammt, noch irgendwelche Muscheln vorhanden sind, wohl die Annahme wahrscheinlich, daß doch noch mehr minder beträchtliche Anteile des mittleren Nasenfortsatzes erhalten waren, da ja die übrigen Nasenmuscheln (mittlere, obere, oberste) Ethmoturbinalia sind und nach den Feststellungen von K. PETER (Lit. IX/1 b) primär dem Areal der septalen Nasenwand (also dem mittleren Nasenfortsatz) angehören und erst sekundär zur lateralen Nasenwand geschlagen werden. Nach K. PETER (l. c.) ist das Ursprungsgebiet der Siebbeinmuscheln der hintere-obere Bezirk der septalen Nasenwand, ein relativ kleines Areal, welches sich bei 10,2 mm großen Embryonen bereits deutlich zeigt. Dieses mußte also in den meisten Fällen von der Störung mehr minder ausgenommen gewesen sein, ganz besonders auch in dem zuletzt zitierten Falle von W. CULP. Besonders gute Ausbildung sämtlicher Muscheln und einen relativ beträchtlichen Septumrest zeigte die eingangs erwähnte *eigene Beobachtung* (M 54 d — Musealpräparat des Innsbrucker path.-anat. Institutes), welche wegen des kompletten Gaumenschlusses zur zweiten Untergruppe gehört und überdies wegen eines voll-

---

[1] Analoges fand MONNIER in seiner eigenen Beobachtung und wies es in weiteren fünf Fällen der Literatur nach. W. CULP konnte dasselbe in einer weiteren Anzahl von Fällen bestätigen und erblickt darin einen Beweis für die Ansicht von INOUYE, daß der Zwischenkiefer über das Gebiet des embryonalen mittleren Nasenfortsatzes in den Oberkieferfortsatz hineingreift und der latente Keim für den normalen lateralen Schneidezahn sich also z. T. im Oberkieferfortsatz entwickelt. Das Auftreten von Incisiven jederseits von der medianen Oberkieferspalte ist daher ein Beweis dafür, daß nur der mittlere Nasenfortsatz (bzw. der für die Septum- und Zwischenkieferbildung bestimmte Anteil desselben) defekt war.

ständigen Verschlusses des hinteren Nasenausgangs (*Choanalatresie*) bemerkenswert ist:[1]

Menschliche Neonata mit Pedes vari und Manus varae, Poly- und Syndaktylie. Abb. 30 zeigt die linke Schädelhälfte von außen, Abb. 31 die rechte von innen.

Vordere Schädelgrube relativ klein, Dura rechts zml. zerstört, links z. T. abgezogen, namentlich im Bereich der Decke der linken Orbita, wo der Knochen fehlt. (Übrigens ist auch der linke Bulbus entfernt und das Gewebe ringsherum sehr beschädigt.) Die Dura der linken Ethmoidalgegend ist relativ gut erhalten; hier scheinen einige Filamente des N. olfact. vorhanden zu sein. Das Ethmoiddach ist aus relativ dickem Knorpel gebildet. Mittlere und hintere Schädelgrube normal, Hirn mißbildet (Balken-

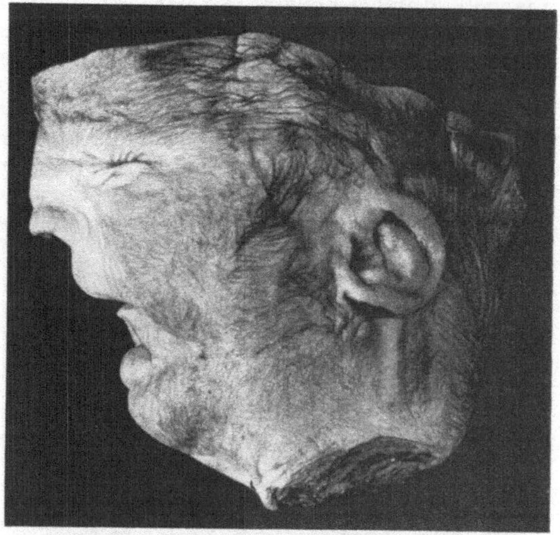

Abb. 30. Linke Schädelhälfte einer Arhinencephalie mit teilweisem Defekt des mittleren Nasenfortsatzes. (Musealpräparat des Patholog.-anatomischen Institutes der Universität Innsbruck.)

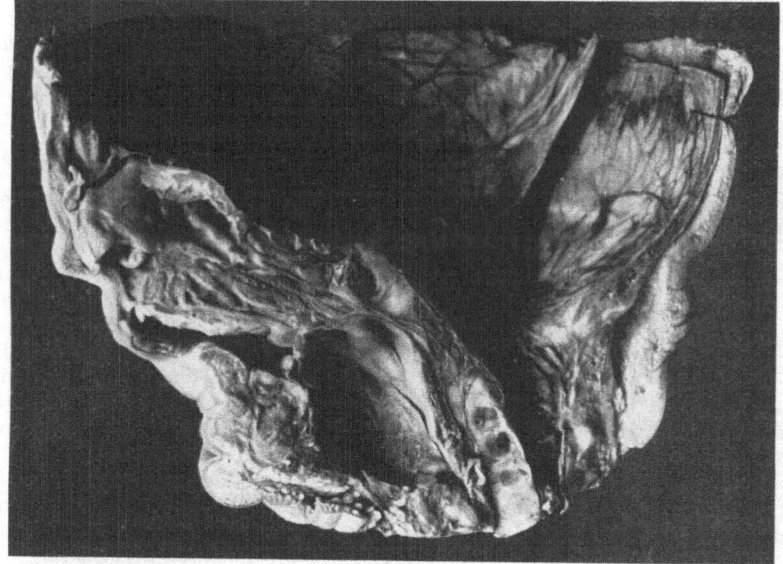

Abb. 31. Rechte Schädelhälfte desselben Objekts wie Abb. 30 von innen gesehen.

[1] Diese Mißbildung wurde zusammen mit einer Reihe anderer Präparate, welche als gemeinsames Merkmal meist Mikro- oder Agnathie aufwiesen, von Herrn Professor G. B. GRUBER (Lit. V/a) unter dem Titel „*Mikrostomie bei Orthogenie einer Frucht mit Arhinencephalie, Choanalverwachsung, Pharynxzunge, Polydaktylie an Fingern und Zehen*" demonstriert. Später wurde diese Beobachtung mit einer Reihe weiterer von G. B. GRUBER (Lit. I/b) zu der als Akrocephalo-syndaktylie bezeichneten typischen Mißbildungskombination gezählt. (Vgl. hiezu S. 234.)

5*

mangel). Infolge Fehlens des vordersten untersten Abschnittes des knorpeligen und infolge völligen Mangels des häutigen Septums ist der Nasenvorhof und der unmittelbar daran nach hinten anschließende Bezirk der eigentlichen Nasenhöhle unpaar und ungewöhnlich erweitert. In den unpaaren Raum ragen warzige, glatte, muschelartige Gebilde beiderseits hinein, rechts zählt man fünf von der lateralen Nasenwand entspringende „Muscheln" (Abb. 31, wo dies durch das artifizielle Septumloch, welches infolge des nicht rein sagittal geführten Halbierungsschnittes entstand, gut zu erkennen ist). Die Nasenhöhle, welche in ihrer Form und Verlaufsrichtung an ein gebogenes Ofenrohr erinnert, endigt hinten in der Opticus-Sella-Gegend blind und ist gegen die Mundhöhle zu durch einen dicken, etwa 9 mm in kranio-kaudaler Richtung messenden

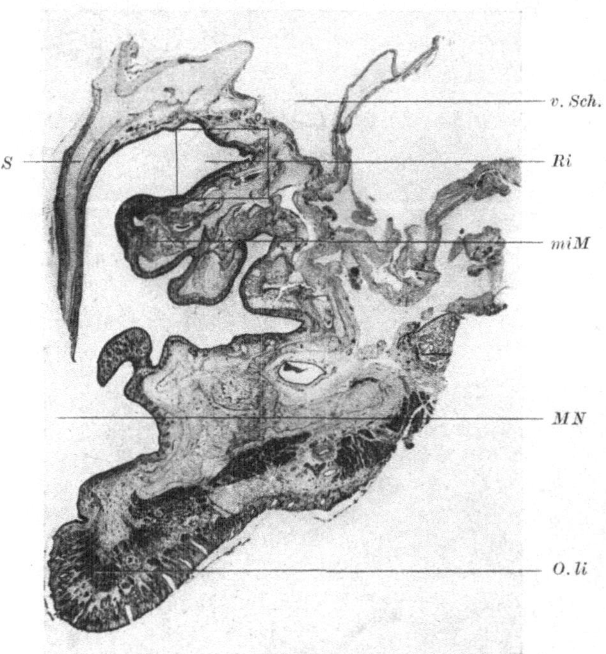

Knochen abgeschlossen, der auch nach rückwärts bis in die flachgeschwungene Epipharynxgegend reicht. Infolgedessen sind *Choanen nicht vorhanden, bzw. durch ein Knochenmassiv verschlossen.* Der Epipharynx erhebt sich bis zu 7 mm über die durch den harten Gaumen gelegte Horizontalebene. Tubenöffnungen und ROSENMÜLLERsche Gruben beiderseits gut ausgebildet, weicher Gaumen vorhanden, aber relativ klein; Uvula bifida. Vorne ist falsche mediane Oberlippenspalte vorhanden. Starke Mikrognathic (die ventralsten Partien des Unterkiefers liegen in derselben frontalen Ebene wie der Beginn des weichen Gaumens). Die Zunge bäumt sich in den Epipharynx.

Zur *histologischen Untersuchung* (Serienschnitte) wurde aus der linken Schädelhälfte durch einen Parasagittalschnitt eine Scheibe gewonnen, welche die ganze Breite der linken Nasenhöhle, den linken intakten Mundwinkel, den Gaumen, das Zäpfchen, den Epipharynx inklusive

Abb. 32. Horizontalschnitt durch die linke Nasenhöhle und den „medianen" Oberlippenspalt desselben Objekts wie Abb. 30. Legende im Text.

Tubengegend und Car. int. einbegreift. Besagte Gewebsscheibe wurde durch einen frontalen Schnitt in zwei Teile geteilt und der vordere Abschnitt horizontal, der hintere sagittal geschnitten:

Die Dura bekleidet hinten die Knorpelkapsel der Nase und ist dadurch gleichzeitig Perichondrium. In diesem Perichondrium-Dura-Gewebe sind einzelne kleine Nervenstämmchen bzw. Querschnitte von solchen enthalten und durchdringen die Knorpelkapsel; einzelne Faserbündel sind schon durchgetreten und als Züge unter der Schleimhaut der Septumfläche, bzw. der medialen Seite einer hinten oben situierten Muschel zu sehen. In der Schleimhaut dieser Bezirke zahlreiche Glandulae olfact. Die Nervenfasern marklos, mit zahlreichen dem Endoneurium angehörenden Kernen. Nach Lokalität, Ausbreitung und histologischer Beschaffenheit ist wohl kein Zweifel vorhanden, daß hier Olfactoriusbündel erhalten sind und die Dura stellenweise hirnwärts durchbohren. In der Folge erkennt man die untere und die mittlere Muschel sowie den Tränensack. In Abb. 32, einem weiter kaudalwärts gelegenen Schnitt entsprechend, erkennt man die Oberlippe (*O. li*), die falsche mediane Oberlippenspalte mit dem gemeinsamen Mund-Nasen-Raum (*MN*), das vorne frei endende Septum (*S*), ferner Muscheln, von welchen die mittlere (*miM*) atypisch gestaltet ist, die vordere

Schädelgrube (*v. Sch.*) und die Rima (*Ri*). Innerhalb des rechteckig gerahmten Feldes kann man bei stärkerer Vergrößerung feststellen, daß stärkere Nervenfaserbündel an mehreren Stellen aus der Nasenhöhle in die vordere Schädelgrube eintreten. Am Querschnitt der Nervenfaserbündel kann man bei entsprechender Färbung keinerlei Markmäntel erkennen. In der Schleimhaut Glandulae olfact. Bei genauerer Durchmusterung der anschließenden Schnitte kann man eine dreigeteilte hintere Siebbeinzelle, eine vom Hiatus semilunaris ausgehende vordere Siebbeinzelle, die Kieferhöhle und den Tränennasengang sicherstellen. Interessant ist die Beobachtung, daß der Knorpel im Septum nicht bis an den freien Rand reicht, sondern daß das langgezogene Septumende aus Bindegewebe und Drüsen besteht und einen dicken Nerv (N. naso-palat. Scarpae) enthält. Am Ende des letzteren finden sich einige große, von länglichen Zellen eingescheidete Ganglienzellen. In der Nähe der etwas atypischen Einmündung des Tränennasengangs zeigt die *untere Muschel eine bandähnliche Verbindung mit dem Septum*, in welcher Schleimdrüsen enthalten sind. Die „Synechie" ist beiderseits von einem mehrzeiligen Zylinderepithel mit Flimmerhaaren überzogen. Auf einem in Abb. 33 wiedergegebenen, noch weiter kaudal gelegenen Schnitt findet sich in der Mitte des Präparats spongiöser Knochen (*OK*) aus dem Knochenmassiv des harten Gaumens und des Oberkiefers. Ersterer ist in der Medianebene mittels einer bindegewebigen zickzackförmigen Naht (*Su*) mit der Gegenseite verbunden. Die Nasenhöhle (*N*) ist nur noch im rückwärtigen Teil des Präparats als schmales Lumen sichtbar und wird medial vom Septum begrenzt, welches einen nach hinten-außen leicht schrägen Verlauf nimmt. Vorn sieht man den Mundvorhof (*V.o.*) und die Oberlippen-Wangen-Gegend (*Li.*). — Aus dem hinteren sagittal geschnittenen Block gibt Abb. 34 einen nahe der Mittelebene gelegenen Schnitt wieder: Zweiter Trigeminusast (V/2) vor dem Eintritt in das For. rotundum. Os maxillare und Os palat. (*O. p.*) sind in den kranialen Bezirken miteinander verschmolzen, letzteres ist vom Keilbein (*O. sph.*) durch Züge straffen Bindegewebes geschieden.

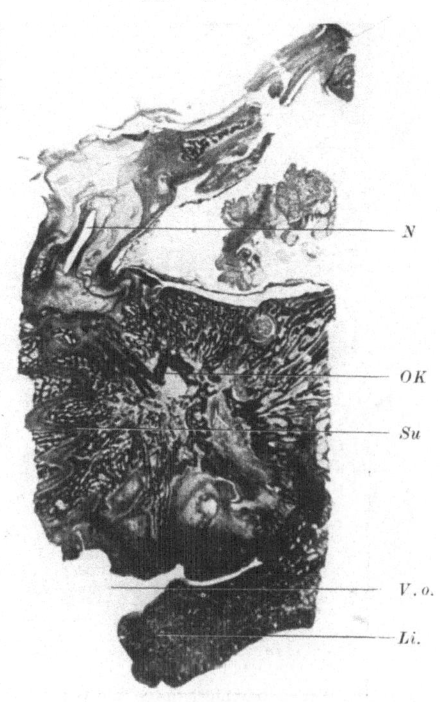

Abb. 33. Horizontalschnitt durch die Nasen-Gaumen-Mundvorhofspartie desselben Objekts wie Abb. 30. Legende im Text.

Hinten quergestreifte Muskulatur (wahrscheinlich Mm. pterygoid.). Gaumen (*G.*) mit Drüsen. Der hintere Gaumenbogen (*hi. Gb.*) bzw. das Velum vorne in Verbindung mit dem Gaumen; kranial davon klafft ein horizontaler, spaltförmiger, nach vorne ziehender, zum Epipharynx gehörender Raum, der Duct. nasopharyngeus (*D. n.-ph.*). Er endet vorne blind. Linke Uvula (bifida!) angeschnitten (*U*). Die Wände des Duct. nasopharyngeus sind allseitig von geschichtetem Pflasterepithel bekleidet. Dagegen zeigt die mundhöhlenwärts gekehrte Fläche des Velum und Gaumenbogens, namentlich in den hinteren Abschnitten, über größere Strecken mehrzeiliges Zylinderepithel mit Flimmerhaaren.

Diagnose: Partieller Septummangel in den vorderen und unteren Partien, relativ gut ausgebildete Nasensäcke mit mehreren atypisch gestalteten Muscheln, mit Siebbeinzellen, Kieferhöhle und mit atypisch mündendem Tränennasenkanal. Die Nasenhöhle vorne in breiter Verbindung mit der Mundhöhle (falsche mediane Oberlippenspalte), rückwärts dagegen von ihr durch mächtigen, spongiösen, Zahnkeime führenden Knochen abgeschlossen. Hinten reicht die *Nasenhöhle* weiter kaudal hinab als vorne und *endigt hinten blind*. Der *D. nasopharyngeus* reicht ziemlich weit nach vorne, *endigt* aber *schließlich ebenfalls blind ohne Anschluß an die hinteren Nasenpartien gefunden zu haben. Zwischen beiden hat sich ein größeres, aus vorwiegend spongiösem Knochen gebildetes Massiv eingeschaltet,* welches anatomisch zum Os palatinum gehört und sich rückwärts an das Keilbein anschließt, ohne nachweislich mit ihm zu verwachsen. Epipharynx wohlgebildet. Besonders wichtig ist ferner die Feststellung, daß hier *sicher Olfactoriuselemente vorhanden* sind, welche in den durch die Einlagerung von BOWMANschen Drüsen als Riechregion der Nase gekennzeichneten Schleimhautpartien ihren Ursprung nehmen und an verschiedenen Stellen der hinteren oberen Nasenhöhlenpartien die Nasenkapsel und die darüberliegende Dura durchbohren. Ob diese Olfactoriusbündel Anschluß an das Gehirn fanden, konnte nicht mehr festgestellt werden, da seinerzeit bloß Balkenmangel vermerkt, das Gehirn aber nicht konserviert worden war. Daß letzteres im Sinne einer Arhinencephalie mißbildet gewesen sein mußte, ist wohl mit größter Wahrscheinlichkeit anzunehmen. Dies um so mehr, als bei allen Fällen dieser Gruppe bisher ausnahmslos mehr minder schwere Fehlbildungen im Bereiche des Tel- und Diencephalon, namentlich aber im Bereiche des Bulb., Tract. und Trigon. olfact. gefunden wurden. Daß es in diesem Falle gleichwohl zur Ausbildung einiger Filamente des Olfactorius gekommen war, spricht natürlich nicht gegen Arhinencephalie (siehe auch die Angaben über das Vorkommen von Olfactoriuselementen bei Cebocephalen, ja selbst bei Cyklopen!), sondern nur dafür, daß die Schädigung, welche die Riechfelder ursprünglich erlitten, nicht so deletär gewesen, um sämtliche Zellen mit der prospektiven Tendenz zur Ausbildung von Riechfasern zu vernichten. Da auch

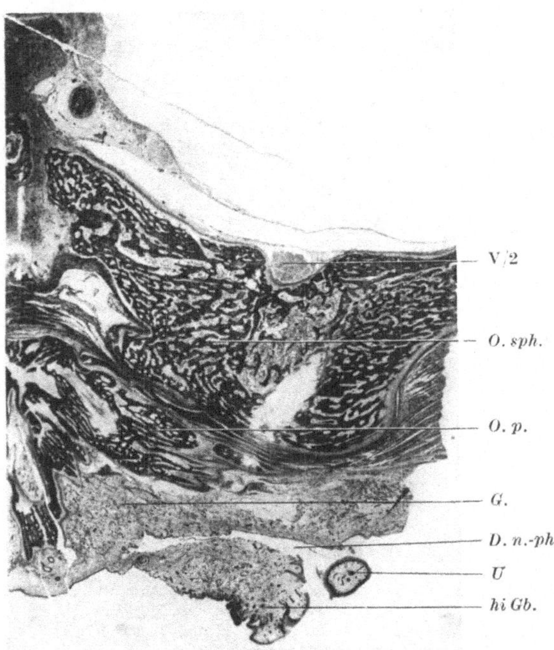

Abb. 34. Parasagitalschnitt durch die Gegend des Epipharynx und der Choanalatresie desselben Objektes wie Abb. 30. Legende im Text.

die übrige Nasenhöhle einen beträchtlichen Ausbildungsgrad (Muschel- und Nebenhöhlenausbildung) erreicht hatte, erfährt die Annahme einer relativ geringeren Läsion eine weitere Bestätigung.

Da mit Ausnahme des Falles von K. HENZE, welcher jedoch als Übergang zur Cebocephalie aufzufassen ist, bisher niemals histologische Untersuchungen der Nasen in den hierher gehörigen Fällen vorgenommen wurden, so läßt sich auch nicht sagen, ob nicht vielleicht in diesem oder jenem Falle zwar Olfactoriuselemente in der Schleimhaut vorhanden gewesen waren, die Nasenhöhle jedoch hirnwärts nicht verlassen hatten. Es wird sich in Zukunft empfehlen, das sonst gut gekannte Bild der Arhinencephalie mit Defekt des mittleren Nasenfortsatzes durch histologische Untersuchungen der Nase zu ergänzen. —

Eine *weitere Variante* stellt Fall 1 von W. CULP dar: Hier war die bürzelförmige Nasenspitze leicht eingekerbt und zeigte bei der Betrachtung von unten *zwei* schmale Nasenlöcher, welche durch eine V-förmige Hautfalte getrennt waren. Von der Spitze des V zog eine seichte, 1¹/₂ cm lange Spalte nach abwärts und öffnete sich dann zum äußeren Mundwinkel hin.[1]

[1] Wahrscheinlich gehört hierher auch der Fall KONDRING: Zwischenkiefer und

Eine genauere *mikroskopische Untersuchung des Gehirns* solcher Fälle wurde nur in den Fällen von R. Löwy und W. Riese durchgeführt und ergab gute Übereinstimmung mit den von H. Kundrat und einzelnen seiner Vorgänger (Hadlich, Wille) auf rein makroskopischem Wege ermittelten Ergebnissen, freilich unter Hinzufügung wichtiger Details.

Neben den geschilderten Fehlbildungen am Gehirn und Nasenapparat und eventuell auch an den Augen (Mikrophthalmie) sind aber fast stets noch *eine Reihe von anderen begleitenden Fehlbildungen* festgestellt worden, die z. T. einer gewissen Typik nicht entbehren. So konstatierte schon H. Kundrat das häufige Auftreten von Polydaktylie, Mißbildungen des Herzens, bestehend in Defekten der Scheidewand, Erhaltensein eines Trunc. commun. oder Ursprung der Pulmonalarterie und Aorta aus dem rechten Ventrikel, Verschluß der Pulmonalarterie an ihrem Ostium, ferner Mißbildungen im Bereich des äußeren und mittleren Ohres, Nabelbrüche, Zwerchfelldefekte, Spina bifida. Analoges findet sich in der neueren Literatur: In Fall 2 von Culp wurden verschieden schwere Defekte an sämtlichen Extremitäten, ferner unansehnliche Thymus, unvollständige Lungenlappung und Unterentwicklung der Nebennieren festgestellt. In der Beobachtung von W. Riese fanden sich ebenfalls Mißbildungen im Bereich der oberen und unteren Extremitäten, ein offenes For. ovale und Bildungsstörungen beider Optici. In der oben ausführlicher geschilderten Eigenbeobachtung (M 54d) wurden ebenfalls Fehlbildungen an den Extremitäten festgestellt, ebenso in G. B. Grubers (Lit. I/b) Fall 3 (falsche mediane Lippenspalte kombiniert mit Mikromelie und polycystischen Nieren), welchen Gruber ebenso wie die Beobachtung M 54d zur *Akrocephalo-syndaktylie* rechnet (siehe darüber S. 234).

d) Arhinencephalie mit seitlicher Lippen-Kiefer-Gaumen-Spalte (meist doppelseitig, gelegentlich auch nur einseitig).

Kasuistik: Das Vorkommen von Hirnmißbildungen (vorwiegend im Bereiche des Tel- bzw. Rhinencephalon) bei doppelseitigen Lippen-Kiefer-Gaumen-Spalten wurde schon von Tiedemann beobachtet. Kundrat sammelte elf Fälle aus der Literatur (drei Fälle von Tiedemann, einen von Arnold, die Fälle 458, 498, 499 und 507 von Otto, zwei von Virchow und einen von Schön) und fügte eine eigene Beobachtung hinzu. Weitere hierher zu rechnende Fälle wurden beschrieben von J. Fridolin (Fall 3 [im Original fälschlich als Cebocephalus bezeichnet], möglicherweise auch Fall 1 — beides nur Schädelskelette!), M. B. Schmidt (Fall 3, genaue, z. T. auch mikroskopische Untersuchung inklusive makroskopischem Hirnbefund), M. de Crinis (vorwiegend hirnanatomische Untersuchung, doch ohne Angaben bezüglich N. olfact. und Rhinencephalon) und zwei Fälle von G. B. Gruber (Lit. I/b). Hierher gehört ferner die später ausführlicher zu schildernde *eigene Beobachtung* (M 53a).

In allen von Kundrat referierten Fällen fehlten die *Riechnerven.* Gegenüber den zahlreichen Fällen von bilateraler Cheilognathopalatoschisis ohne Riechnervendefekte scheinen solche mit Olfactoriusmangel und Hirnmißbildung allerdings in der Minderzahl zu sein, wobei aber anderseits nicht zu vergessen ist, daß nur wenige Fälle von doppelseitiger Lippen-Kiefer-Gaumen-Spalte zu genauerer anatomischer Untersuchung gelangen. Nach Kundrat verraten sich die zur Arhinencephalie gehörenden Fälle von Cheilognathopalatoschisis durch *Kürze des Gesichts und Kielung und Verschmälerung der Stirne.* (Diese Kielung ist aber nicht Folge einer prämaturen Nahtsynostose, sondern ist durch Verschmelzung

---

Vomer fehlten, es bestand eine mediane Kieferspalte und eine mediane Oberlippennarbe, welche sich bis zur Nase zog und das Aussehen einer Doggennase hervorrief. Bemerkenswerterweise hatte die Mutter vor Jahren ein Kind mit der nämlichen Mißbildung geboren!

der Stirnbeinhälften schon bei der ersten Anlage der Verknöcherung derselben hervorgebracht.) An dem von KUNDRAT beschriebenen Fall treten die Hauptcharaktere dieser Mißbildungsform scharf hervor: Stirne schmal, kielartig vortretend (trigonocephal!), Nasenwurzel mit tiefer Querfurche, Nasenspitze breit abgeplattet, darunter das zapfenartige, unten bogig begrenzte Philtrum, welches von den seitlichen Teilen der Oberlippe durch die Lippenspalten getrennt ist. Im Gaumen ein mittlerer Spalt, welchen das niedrige Septum nicht erreicht, da es bereits im Niveau des unteren Randes der unteren Nasenmuscheln endigt. Stark reduzierter Zwischenkiefer, Velum und Uvula gespalten. Crista galli etwas

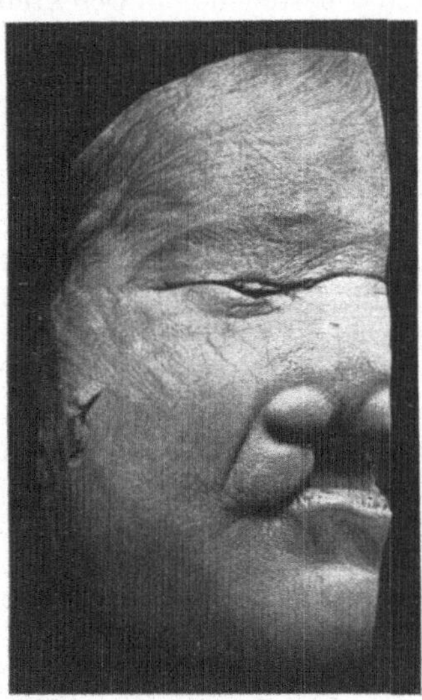

Abb. 35. Menschliche bilaterale Lippenkieferspalte mit Hypoplasie des mittleren Nasenfortsatzes und Spaltung des sekundären Gaumens. (Musealpräparat des Patholog.-anatom. Institutes der Universität Innsbruck.)

niedriger und die vordere Schädelgrube entsprechend der außen und innen stark gekielten und verengten Stirne schmal. Dura ohne Spur von Lücken die Siebbeinplatte überziehend, Orbitae nach hinten rasch sich verengernd, Vomer am Ursprung sehr breit, aber niedrig. Die Kleinheit des Schädels (außer bei Hinzutreten von sekundärem Hydrocephalus) ist nicht so sehr in der Kielung der Stirne als in der Mißbildung des Gehirns begründet. Letztere wechselt dem Grade nach sehr, die beträchtlichste entspricht etwa den Befunden bei der „falschen medianen Lippenspalte", kann also Verschmelzung der beiden Hemisphären, einfache Ventrikelhöhle, Mangel der vorderen Kommissur, der vorderen Fornixschenkel und des Balkens usw. beinhalten. Über partielle Verschmelzung der Stirnlappen gelangt die Skala schließlich zu vollständiger Trennung und zu bloßer Zuspitzung der Stirnpole, wie etwa im Falle von H. KUNDRAT, wo neben völligem Fehlen der Nn. olfact. und der Sulc. olfact. die Nn. und Tract. optici dünner, die Corpora striata schmäler, die Sehhügel kürzer und das Pulvinar schwach ausgebildet war. Auch die aus dem mittleren Nasenfortsatz hervorgehenden Gebilde zeigen verschiedene Mißbildungsgrade: Philtrum und Zwischenkiefer fehlen meist nur z. T., die Nasenscheidewand ist stets, die horizontale Siebbeinplatte zumeist vorhanden — wenn auch ohne Sieblöcher —, Crista galli meist ausgebildet. Über eventuelle Defektuositäten des Septums mangeln genauere Daten. Manchmal ist vollständige Septumausbildung mit einseitiger Verwachsung des Vomer mit dem Proc. palat. des Oberkiefers vorhanden, so daß dann nur eine einseitige Gaumenspalte vorliegt. Genauere, namentlich histologische Angaben über den Bau und die Ausbildungshöhe des Septums, der Muscheln und der Adnexe der Nasenhöhle mangeln in der bisher vorliegenden Literatur. Deshalb wurde ein hierher gehöriger Fall (M 53a — Musealpräparat des path.-anat. Institutes in Innsbruck) daraufhin einer mikroskopischen Untersuchung unterworfen:

Abb. 35 zeigt die durch einen paramedianen, links vom Nasenseptum geführten Sagittalschnitt abgetrennte rechte Schädel- und Gesichtshälfte: Lider anscheinend normal, Bulbus schlecht ausgebildet, Ohr, Wange normal. Mundöffnung konfluiert mit der Nasenhöhle. Rechts ist ein „Nasenloch" nicht vorhanden, da dessen untere Umrandung fehlt (die Verhältnisse links sind wahrscheinlich sehr ähnlich, doch wegen der Verstümmelung des Präparats nicht mit absoluter Sicherheit zu beurteilen). Unterlippe normal gebildet, Oberlippe nur in ihrem lateralen Anteil vorhanden,

ebenso der Gaumen, welcher gegenüber der Oberlippe im Mundvorhof deutlich abgesetzt ist. Die Umrandung des rechten Nasenspalts ist latero-kaudalwärts gegen die
Oberlippe deutlich begrenzt (Furche), überdies zieht lateral vom Nasenflügel die
Nasolabialfurche bis zum Mundwinkel herab. Statt einer vorspringenden Nasenspitze
ist eher eine Eindellung derselben nach rückwärts vorhanden. Bei Spreizung der
Mundöffnung sieht man die Nasenhöhle und die Mundhöhle einen gemeinsamen viel-
buchtigen Raum bilden. Abb. 36 zeigt das Präparat in der Ansicht von links. Die
rechte Gaumenhälfte stellt sich als langer, hoch in die Nasenhöhle hinaufreichender,
Zahnkeime enthaltender Wulst dar, welcher nach hinten in ein Stück weichen Gaumens
und in ein Zäpfchen ausläuft. Das Dach des Epipharynx reicht nicht weiter kranial-

wärts hinauf als der tiefste Punkt der hintersten Septuminsertion; ein richtiger Nasenrachenraum ist daher nicht vorhanden.
*Das Septum ist also wohl zu wenig tief
herabgetreten* und, da die Vereinigung desselben mit dem Gaumen beiderseits ausgeblieben ist, so sind auch *keine sekundären
Choanen* vorhanden. Rechts vom vorne
bullös verdickten Septum steht der schmale
sagittale Wulst der unteren Muschel, deren
Vorderkopf weit dorsalwärts gerückt ist,
wodurch die rechte Nasenhöhle ventral am
geräumigsten ist. Sie steigt daselbst auch
sehr hoch (gegen die Schädelbasis zu) auf.
Dasselbe findet sich auch links. Auch eine
Siebbeinmuschel in Form einer kleinen
Gewebsfalte ist erkennbar. Der hinterste
und oberste Teil der Nasenhöhle erstreckt
sich weit bis in die Gegend der Sella
turcica hinauf. Eine Keilbeinhöhle ist noch
nicht angelegt. Nach vorsichtiger partieller
Ablösung der Gesichtsweichteile vom Schädelknochen läßt sich feststellen: Stirnbein
mit medianer Naht. Die knöcherne Nase
scheint normal aufgebaut zu sein. Nähte
treten zwar nicht hervor, doch sind sicher
Nasenbeine und auch Tränenbeine vorhanden; wenigstens zeigen die Knochen
in ihrer Konfiguration am Nasenrücken
und an der Innenseite der Orbita keine

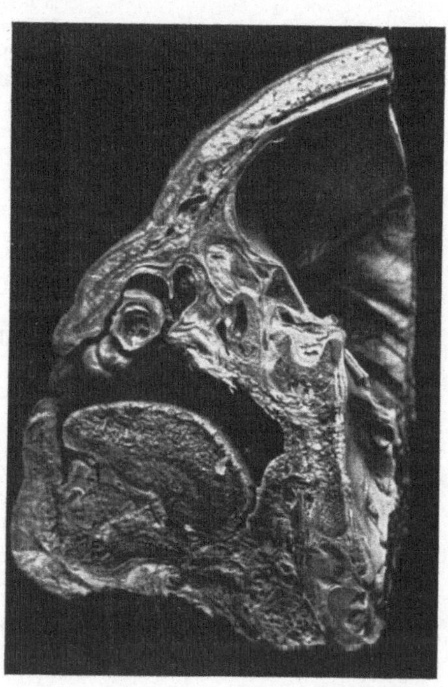

Abb. 36. Dasselbe Objekt wie Abb. 35 im Profil von
links her.

gröbere Abweichung von der Norm. Nach vorsichtiger teilweiser Ablösung der
Dura der vorderen Schädelgrube ergibt sich: Sin. sagittalis superior rechts von
der Medianebene in die Durablätter eingelassen. Streng mediane Sutura oss. frontal.,
die nach rückwärts zu in eine bis dicht vor die Sella reichende *tiefe napf-
förmige Grube* übergeht, *in welche die Außenseite der Dura einen Gewebszapfen hinein-
sendet.* Der Grund des „Napfes" wurde nicht sondiert, um das Präparat zwecks
späterer histologischer Untersuchung nicht zu lädieren. Die Durainnenfläche im
Bereich des Napfes und auch sonst spiegelglatt, *nirgends sind irgendwelche Durchtrittsstellen für Olfactoriusbündel zu sehen, auch keine Sieblöcher.* Zwischen der tiefsten
Stelle des Napfes und der höchsten Stelle der Nasenhöhlenlichtung ist eine ca. 5 mm
dicke Gewebsschicht (knorpelig-bindegewebig?) vorhanden. — Sella, mittlere und
hintere Schädelgrube machen einen normalen Eindruck.

*Zu histologischer Untersuchung der napfförmigen Grube und der eigentümlich gestal-
teten Nasenhöhle* wurde durch einen rechts von der Mittelebene geführten Parasagittalschnitt ein in frontaler Richtung über 1 cm breites prismatisches Gewebsstück abgetrennt, welches die ganze Nasenhöhle enthielt und nach rückwärts bis hinter die
hintere Sattellehne reichte. Horizontalschnittserie parallel zur Ebene der vorderen
Schädelgrube und damit schräg zur fiktiven Nasenbodenebene (Abb. 36). Ergebnis:

In kaudalen Schnitten enthält das Septum nur in seinem dorsalen Drittel Knorpel eingelagert, welcher von der knorpeligen Spitze des knöchernen Keilbeinkörpers durch eine Bindegewebslage getrennt ist. Die vorderen zwei Drittel des Septums spindelig mit starker Verjüngung ventralwärts. Dieser Teil der Nasenscheidewand zeigt ein median gelegenes dünnes Blatt straffen Bindegewebes und reich entwickelte tubulo-acinöse Schleimdrüsen, welche bis zum medianen Bindegewebsblatt reichen und so fast die ganze Dicke des Septums einnehmen. *Die ventrale Hälfte beider Nasen-lichtungen ist ungewöhnlich weit,* rechts leer, links ist ein Molarzahnkeim eingelagert. Erst dorsal davon schließen die Nasenmuscheln an.

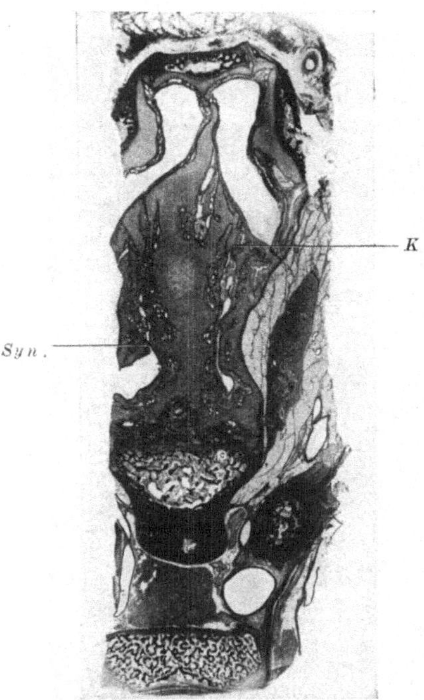

Abb. 37. Horizontalschnitt durch die Nasen-Keilbein-Sellaregion desselben Objekts wie Abb. 35. Legende im Text.

In weiter kranialwärts gelegenen Schnitten nimmt die Geräumigkeit dieses ventralen Nasenabschnittes zwar ab, es bleibt aber bis zum Nasendach ein ventraler leerer Bezirk der Haupthöhle der Nase erhalten. Dieser Zustand kommt offenbar hauptsächlich dadurch zustande, daß die Nasenmuscheln erst sehr weit hinten inserieren und daß namentlich auch die untere Nasenmuschel unternormal entwickelt erscheint. Knorpelige Nasenkapsel beiderseits gut ausgebildet, es finden sich jederseits drei Nasenmuscheln, welche bereits größtenteils verknöchert sind. Die Belegknochen, welche sich an die Nasenkapsel außen anlegen und dieselbe zu ersetzen berufen sind, sind in Ausbildung begriffen (Nasenbein, Proc. front. oss. max., Tränenbein). Enchondrale Verknöcherung ist im Bereiche der unteren Nasenmuscheln und im Bereich desjenigen Teiles der Nasenkapsel, welche später der Lam. papyracea entspricht, im Gange. Kieferhöhle und etwa drei zellige, von der Nasenhaupthöhle abgesonderte Räume, welche Siebbeinzellen entsprechen, sind angelegt und mit einem Gefäße und einzelne Drüsen führenden Bindegewebe ausgekleidet, welches von einem mehrzelligen Zylinderepithel mit Flimmerhaaren bedeckt ist. Die Nasenschleimhaut ist dagegen viel drüsenreicher. Rechts läßt sich die ordnungsmäßige Einmündung des D. nasolacrimalis feststellen, links ist ein sehr rudimentäres JACOBSONsches Organ nachweisbar. Der N. olfact. zeigt beiderseits sowohl auf der Septum- als auch auf der Siebbeinmuschelfläche eine sehr reiche Ausbildung. Die Olfactoriuselemente erscheinen entsprechend der Schnittrichtung als Querschnittsbündel, welche in einer der Norm durchaus entsprechenden Weise (G. SCHWALBE) in rinnenförmigen Vertiefungen, ja selbst in Kanälchen eingelassen sind, welche senkrecht gegen das Nasendach bzw. gegen die vordere Schädelgrube zu ziehen. Dabei nehmen die Olfactoriusbündel an Mächtigkeit zu, je weiter kranial die untersuchten Schnitte gelegen sind. An den Schnitten ist ferner der Can. cranio-pharyngeus und die Adenohypophyse verfolg- bzw. feststellbar. Auf weiter kranialwärts gelegenen Schnitten ist am Übergang der ventralen, abnorm geräumigen Hälfte der Nasenhöhle in das Rimagebiet auf einer Seite eine *Verbindung zwischen der Nasenscheidewand und der lateralen Nasenwand* zu sehen. Diese Verbindung erstreckt sich in anterio-posteriorer Richtung über eine beträchtliche Strecke und wird von einem lockeren Bindegewebe dargestellt, welches keinerlei Entzündungszellen bzw. Reste stattgehabter Entzündung erkennen läßt. Vielmehr sind in dieses Bindegewebe Gefäße, alveolär gebaute Drüsen und Nervenfaserbündel vom Typus des Olfactorius eingelagert. Abb. 37 zeigt ähnliche Verhältnisse beiderseits, nämlich *quere brückenartige Verbindungen* zwischen Septum und lateraler Nasenwand (*Syn.*), nur daß überdies noch rechts der Knorpel des Septums und der lateralen Nasenwand streckenweise ineinander übergehen (*K*). Man befindet sich hier offenbar im Bereiche eines abnormalerweise tief, i. e. kaudal situierten Teiles des Nasendaches, da ja vor

und hinter dieser Zone noch die Nasenlichtung über größere Strecken hin kranialwärts verfolgbar ist. *Die Verbindung zwischen Septum und lateraler Nasenwand ist* im
beschriebenen Bereich also offenbar *der Ausdruck einer mangelhaften Ausbildung
der Nasenlichtung, demnach einer Störung des normalen Entwicklungsvorganges, wobei
das normale Ausmaß der Entwicklung nicht erreicht wurde.* Wichtig ist nun die Frage,
ob sich erweisen läßt, daß alle oder doch einzelne dieser brückenartigen Verbindungen
im Rimaspalte Stränge sind, also allseitig frei durch die Nasenlichtung ziehen, oder
nur mehr minder scharf vortretende Schleimhautfalten darstellen, welche ihre Basis
am Nasendach haben und als Querbogen das Septum mit den Gebilden der lateralen
Nasenwand verknüpfen. Beim Vergleich verschiedener Nachbarschnitte untereinander läßt sich nun erkennen, daß tatsäch-
lich solche frei durch das Lumen ziehende
Stränge — also „Synechien" — vorkommen,
daß jedoch zugegeben werden muß, daß anscheinend die Hauptmasse dieser brücken-
ähnlichen Verbindungen mehr minder tief
kaudalwärts hinabtretende und in das Nasenlumen vorspringende Falten darstellen.

Bei weiterer Verfolgung der Olfactoriusbündel hirnwärts läßt sich mit Sicherheit
feststellen, daß diese Bündel sich jederseits
von der Medianebene in einem großen längs-
ovalen, also sagittal orientierten Knoten
sammeln, welcher als *Neurinom des N. olfact.*
bezeichnet werden darf (N. olfact. auf
Abb. 38). Diese Neurinome sind von grob-
faserigem Bindegewebe allseitig umgeben,
welches einen sehr großen Defekt in dem
normalerweise anfangs knorpeligen, später
knöchernen Siebbeindache ausfüllt. *An Stelle
der Lam. cribrosa mit ihren Sieblöchern findet
sich demnach ein großer längsovaler Defekt,*
der am mazerierten Objekt als „Loch" im-
poniert hätte, am Weichteilpräparat aber
durch grobfaseriges Bindegewebe abgeschlossen war (in der makroskopischen Beschreibung des Objekts als „Duranapf"-Gewebe

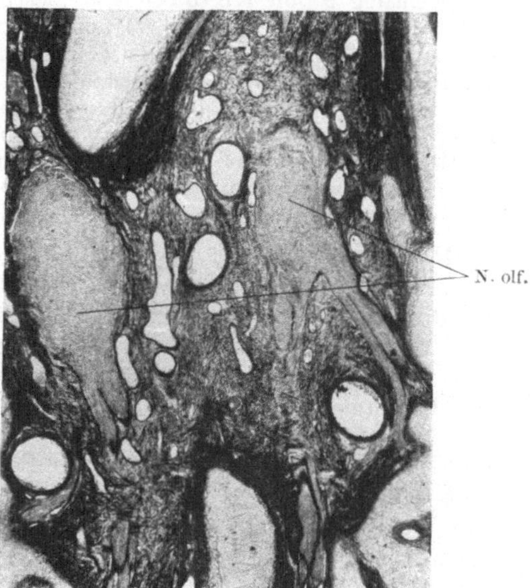

Abb. 38. Horizontalschnitt durch die Gegend der
vorderen Schädelgrube desselben Objekts wie
Abb. 35. Legende im Text.

bezeichnet). In dieses dichte Bindegewebe waren also die erwähnten Neurinome eingelagert. Letztere sind als Endbezirke des beiderseitigen N. olfact. aufzufassen, welcher,
von der Riechschleimhaut entspringend und gegen das Riechhirn zu auswachsend,
letzteres im beschriebenen Falle nicht zu erreichen vermochte. Denn abgesehen davon,
daß das Riechhirn offenbar — wie in solchen Fällen stets — sehr defekt gewesen sein
dürfte bzw. entsprechend seinen primären Zentren wahrscheinlich fehlte, war ja mit
einer jeden Zweifel ausschließenden Sicherheit nachgewiesen worden, daß die Dura
der vorderen Schädelgrube undurchbohrt war und völlig glatt über den Siebbein-
dachdefekt hinüberzog.

Zusammenfassung: Schwere Mißbildung am vorderen Kopfende mit bilateraler
Cheilognathopalatoschisis, Fehlen des Zwischenkiefers und Defektuosität des Septums,
welches z. T. seine Knorpeleinlagerung entbehrte, dagegen dorso-kranialwärts wieder
eine pathologische Vermehrung (Verdickung) von Knorpelgewebe zeigte. Die Muscheln
relativ gut ausgebildet, am schlechtesten jedoch die unteren. Dies offenbar Folge des
Materialmangels im Bereiche der Oberkieferfortsätze, aus welchen sich ja die Maxillo-
turbinalia ableiten. Kieferhöhle und Siebbeinzellen angelegt. Über den Tiefstand
des Nasendaches, die Anomalien der knorpeligen Nasenkapsel im Rimabereich und
die Ausbildung von „Synechien" daselbst siehe das Vorhergehende. Letztere stellen
einen bislang noch nicht erhobenen Befund dar. *Überraschend war ferner die reichliche Ausbildung der Olfactoriusbündel im beiderseitigen Rimabereich, welche sich zu
je einem großen neurinomähnlichen Knoten jederseits von der Medianlinie sammelten.*

In grobfaseriges Bindegewebe eingebettet lagen sie der Außenfläche der innen völlig glatten Dura an. Es ergibt sich daraus, daß auch bei völligem Mangel von Olfactoriusfilamenten (bei der Hirnsektion) trotzdem reichliche Olfactoriusbündel vorhanden sein können, die sich aber natürlich nur dann auffinden lassen, wenn man die Nase daraufhin systematisch mikroskopisch untersucht. Auch dieser Befund ist ein erstmaliger, hat aber ein hochinteressantes Analogon in der experimentellen Teratologie der Nase (vgl. die von M. VALETTE erhobenen Befunde an Amphibien, S. 42). — Obwohl von diesem Präparat das Gehirn leider nicht konserviert worden war — auch Rumpf und Gliedmaßen fehlten —, läßt sich doch auf Grund der histologischen Untersuchung und der Analogie mit anderen Fällen (wie z. B. mit der sehr ähnlichen Beobachtung 9 von KUNDRAT) mit Bestimmtheit sagen, daß auch hier eine Hirnmißbildung im Bereich des Telencephalon (Riechlappenbezirk) vorhanden gewesen sein mußte. — Die reichliche Olfactoriusbildung im geschilderten Falle ist sicherlich ein Beweis dafür, daß die Riechplakoden nur relativ wenig geschädigt worden sein konnten, da namentlich auch die hochempfindlichen Bildungszellen des ganglionären Riechapparats so gut wie unlädiert geblieben waren. Mehr war das distale Ende des mittleren Nasenfortsatzes betroffen — Fehlen des Philtrum und des Zwischenkiefers — und die Gaumenfortsätze der Oberkieferfortsätze, also Mesenchympartien, welche zum mittleren Nasenfortsatz bzw. zum ersten Kiemenbogen gehören.

H. KUNDRAT (l. c. S. 79) erwähnte bereits, daß sich häufig Mikrophthalmie Polydaktylie, Auricularanhänge, Nabelbrüche und Bildungsfehler des Herzens bei diesen Mißbildungen finden. Ähnlich war im Falle DE CRINIS' Syndaktylie und mangelhafte Ausbildung der Finger- und Zehenglieder vorhanden. Von den zwei hierher zu rechnenden G. B. GRUBERSCHEN Fällen (Lit. I/b), welche der Hauptgruppe II (Dysencephalia splanchno-cystica) subsummiert werden, hatte der eigene Fall GRUBERS (Beobachtung 3) eine beiderseitige Mikrophthalmie mit Unterlidcysten und Angiom der Retina, Hexadaktylie aller vier Gliedmaßen und eine mangelhafte Differenzierung des Geschlechtsapparats; ganz analog war Beobachtung 4 (B. VALENTIN) beschaffen. (Über die Rückschlüsse in ätiologischer Beziehung siehe S. 79ff.)

e) Trigonocephalie.

Kasuistik: Fall 10 (möglicherweise auch Fall 11) von H. KUNDRAT; G. ILLBERG; möglicherweise Fall 1 von A. RICHTER; wahrscheinlich Fall von R. SEELIGMANN; E. GAMPER (klinisch und hirnhistologisch genau untersuchter Fall bei einem dreimonatigen Kind); wahrscheinlich Fall 2 der Hauptgruppe I (Akrocephalosyndaktylie) von G. B. GRUBER (Lit. I/b).

Das einzige *äußere Charakteristikum* hierher gehöriger Fälle ist die *scharfe Kielung der Stirne*, wodurch der Schädel namentlich in der Aufsicht Dreieckoder Eierform gewinnt (Trigonocephalie, Oocephalie). Aber nur die Untersuchung des Gehirns oder eine exakte neurologische Untersuchung entscheidet, ob es sich dabei wirklich um eine arhinencephale Mißbildung handelt, da es auch Trigonocephalie ohne arhinencephale Hirnstörungen gibt. Die Hirnmißbildung ist stets eine schwere, betrifft das Tel- und Diencephalon, dessen Decke in eine typische Blase umgewandelt ist (KUNDRAT, GAMPER). Meist fehlten nicht nur die Bulb. und Tract. olfact., sondern auch die Nn. olfact. (z. B. in Fall 10 von KUNDRAT und in der Beobachtung von GAMPER). Im Falle SEELIGMANNS schienen die beiden Lob. olfact. poster. direkt ineinander überzugehen; eigenartig veränderte Ammonsformation, stark veränderte Fimbria. In A. RICHTERS Fall entsprangen die Riechnerven aus einer gemeinsamen Wurzel, in jenem von G. ILLBERG war links ein unentwickelter Bulb. olfact. vorhanden. — Die vordere und mittlere Schädelgrube sind flacher und enger als normal, im Fall 10 von KUNDRAT fand sich anstatt der Siebbeinplatte eine lückenlose Knorpelplatte ohne Crista galli. (Dagegen waren in KUNDRATS Fall 11 Siebbeinplatte und Crista galli normal ausgebildet.) In GAMPERS Fall war das Siebbein normal, die Lam. cribrosa jedoch vorne mangelhaft. Nase, Mundhöhle und Gaumen werden im allgemeinen als normal bezeichnet. In KUNDRATS Fall 10 war die vordere Nasenapertur sehr hoch und ziemlich breit. Genauere Angaben über die Gebilde der Nasenhöhle fehlen, namentlich wurden mikroskopische Untersuchungen bislang nicht vorgenommen.

Die an die geschilderten fünf Hauptgruppen der Arhinencephalie sich anschließenden, den Ausklang der Riechhirnstörung bildenden weiteren drei Gruppen der *Mikrocephalie*, des *Balkenmangels* und des *alleinigen Riechhirndefekts* haben m. E. für das Verständnis der Entstehung der Arhinencephalie große Bedeutung, weshalb kurz auf dieselbe eingegangen sei. KUNDRAT (1882) gebührt das Verdienst, diese Gruppen als zur Arhinencephalie gehörig erkannt zu haben. Freilich gehören nur jene Fälle hierher, bei welchen sich ein Riechhirndefekt nachweisen läßt! Nicht jeder Mikrocephale ist demnach eine arhinencephale Mißbildung, auch die Fälle von rein primärem Balkenmangel scheiden aus.

f) Mikrocephalie (mit Riechhirndefekt).

Die Kleinköpfigkeit war ja schon in den zuletzt besprochenen Gruppen ein sehr auffälliges äußeres Symptom (natürlich neben manchen anderen), bleibt aber in dieser sechsten Gruppe gewissermaßen als letztes und einziges übrig. Beispiele hierher gehöriger Fälle hat KUNDRAT in den Beobachtungen von ROHON und von AEBY gegeben. Im ersten Falle fand sich Riechhirnmangel mit sehr schweren Fehlbildungen im Bereich des Tel- und Diencephalon und eine Verkürzung und Abflachung der Crista galli. Im übrigen war der Nasen-Kiefer-Apparat normal, eine mikroskopische Untersuchung liegt allerdings nicht vor. Bei dem vierjährigen mikrocephalen Knaben von AEBY wurde Einfachheit des vorderen Anteils des Vorderhirns gefunden, es fehlen jedoch Angaben über die Verhältnisse an den Riechnerven.

g) Angeborener Balkenmangel

mit Riechhirndefekt, wobei sonst keine auffallende Kleinheit oder mangelhafte Ausbildung des Hirns und damit auch des Schädels, demnach auch keine Mikrocephalie vorliegt.

Der (sekundäre) Balkenmangel steht mit dem Riechhirndefekt in ursächlichem Zusammenhang. Vorbedingung der Balkenbildung als Kommissur ist, wie P. ERNST (Lit. IV) betont, die Verwachsung der Hemisphären (abgesehen von der Lam. termin.). Das Ausbleiben dieser Hemisphärenverwachsung ist also die nächste Ursache für die Nichtausbildung des Balkens und muß als primäre Störung, als eine Art von Bildungshemmung angesehen werden. Die Gegend und Umgebung der Lam. termin. steht aber gerade bei den arhinencephalen Fehlbildungen im Mittelpunkt der Störungen und so ist es sehr wohl begreiflich, daß es bei leichteren Störungen noch zur Ausbildung zweier Hemisphären, aber nicht mehr zur Ausstülpung des Rhinencephalon kommt und daß die Balkenbildung partiell oder auch total unterbleibt. Das Kopfmesoderm und die Nase kann dabei normal gebildet sein inklusive Olfactoriusbildung innerhalb der Riechzone der Nase. Mikroskopische Nasenuntersuchungen von Fällen, welche dem gekennzeichneten Typus mehr minder entsprechen, fehlen bislang.

Kasuistik: Der KUNDRATschen Konzeption wird am weitgehendsten der Fall von ONUFROWICZ-FOREL gerecht (27jährige Idiotin mit vollständigem Balkenmangel bei vollständigem Fehlen des Rhinencephalon beiderseits und der Nn. olfact. und bei vollkommener Trennung der Großhirnhemisphären). In der Beobachtung von

M. Probst war dagegen rechts das Rhinencephalon und der Olfactorius anscheinend normal und nur auf der linken Seite stark unterentwickelt. Einen Übergang von der fünften bzw. sechsten Form zum Balkenmangel stellt die genau klinisch und hirnanatomisch untersuchte Beobachtung von W. Riese bzw. K. Goldstein und W. Riese dar. (Decke des Zwischenhirns in eine Blase verwandelt, vollständiges Fehlen des Balkens, des Olfactorius, der Olfactoriusrinde und des Nu. accumbens, Ammonsformation gut ausgebildet, aber arm an markhaltigen Fasern. Die Nase scheint äußerlich wenigstens vollständig normal gewesen zu sein [mikroskopische Untersuchung fehlt].) Ferner gehören wohl hierher die aus allerneuester Zeit stammenden Beobachtungen von R. C. Baker und G. O. Graves und von Juba.

h) Alleiniges Fehlen des Riechhirns.

Die Hemisphären sind demnach stets völlig getrennt, der Balken vorhanden, *reinste Ausprägung der Arhinencephalie infolge völligen oder fast völligen Mangels des Rhinencephalon.* Die Riechnerven fehlen dabei entweder völlig oder sind nur mangelhaft ausgebildet, in einzelnen leichtesten Fällen jedoch vorhanden. Schädel- und Gesichtsbildung sowie äußere Nase normal. Riechschleimhaut normal oder annähernd normal beschaffen. Die Siebplatte meist schmäler und entweder undurchbohrt oder meist nur von wenigen Löchern durchbohrt. Bei sicher nachgewiesenem Fehlen von Olfactoriusfäden sind diese Löcher von Fortsätzen der Dura mater ausgekleidet, welche mit dem Periost der Nase zusammenfließen (Heschl, B. Fischer, T. Mirsalis). *Ein Teil der Fälle weist ausgesprochenen Eunuchoidismus auf.*

Kasuistik: Die erste von Heschl (1861) stammende Beobachtung war bis zu Kundrats Zeit einzig dastehend. Seither wurden ähnliche Fälle publiziert von: B. Fischer; R. Löwy (genaue histologische Untersuchung der Nase und des Gehirns mit interessanten Befunden; Area olfact. stark reduziert, an den meisten der relativ spärlichen Riechzellen konnte kein zentripetaler Fortsatz nachgewiesen werden); F. Weidenreich (eunuchoide Seziersaalsleiche, Lam. cribr. wohlgebildet, Sieblöcher aber etwas spärlicher und enger als normal, typische Fila olfact. in anscheinend normaler Zahl mit zentralem Verlauf möglicherweise in den Trigeminusbahnen oder innerhalb der Pia und Arachnoidea zum Tub. olfact.); Ähnliches fand sich in einem von Le Bec beschriebenen Falle. Diese Befunde haben ihre *experimentellen Analoga* in den Versuchen von H. S. Burr (1924) und von R. M. May und S. R. Detwiler (siehe S. 37). Weitere Fälle veröffentlichten W. Berblinger, T. Mirsalis, P. O. Issajew, S. Oldberg.

Makroskopische Untersuchung der Nase und ihrer Nebenhöhlen im Falle Mirsalis ergab normale Verhältnisse (bis auf das Fehlen der Fila olfact.). In einzelnen Fällen fand sich ein Höckerchen im Gebiet des Trig. olfact. (z. B. im Falle Mirsalis), welches als rückgebildeter oder in der Entwicklung stehen gebliebener Teil des Riechlappens angesprochen werden darf als Beweis dafür, daß die Ausstülpung des Riechlappens eingesetzt hatte, aber gleich darauf zum Stillstand gekommen sein mußte. (Die Riechlappenausstülpung hat normalerweise bei Embryonen von 13 mm GL. statt.)

4. Zusammenfassung über formale und kausale Genese und Entstehungszeitpunkt der Aprosopie, Cyklopie und Arhinencephalie.

Bezüglich der *formalen* und *kausalen* Genese der *Aprosopie,* der *Cyklopie* und der *Arhinencephaliereihe* ist schon auf S. 44f. einiges gesagt worden. Ich verweise ferner auf die Abschn. I und II, insbesondere S. 27ff. *Diese Fehlbildungen stellen eine stete Reihe von immer kleiner werdenden Defekten am vorderen Körperende dar,* Defekte, welche nicht nur das Tel- und Diencephalon mit dem Sehorgan (wie bei den Cyklopen und schwereren Arhinencephalieformen) in Mitleidenschaft ziehen, sondern auch die dirhine Nasenanlage und das zwischen Nase und Vorderhirn liegende Kopfmesoderm. *Diese mit Defektbildung einhergehenden Störungen an Vorderhirn, Riechplakoden und dazwischen liegendem Kopfmesoderm sind nicht als voneinander abhängig, sondern, da offenbar gleichzeitig und durch gleiche Ursachen hervorgebracht, als koordinierte zu betrachten.* Sind die Augenblasen schon in Sicherheit gebracht, setzt also die Noxe erst zu einem späteren Zeitpunkt ein, so sind die Störungen vorwiegend nur noch am Gehirn und Nasenapparat ausgesprochen. Schließlich resultieren Formen, bei welchen der Nasenapparat wenig oder gar nicht und nur noch das Gehirn, und zwar im wesentlichen nur noch der Riechlappenanteil des Vorderhirns, defekt ist. Daß selbst bei dieser letzten Form auch das Kopfmesoderm und die Nase einigermaßen mit betroffen sein können, geht daraus hervor, daß die Lam. cribrosa nicht in allen Fällen eine völlig normale Ausbildung erfuhr und das Riechepithel keine oder weniger Riechfäden produzierte. Immerhin sind die Defekte am peripheren Riechorgan und an den aus dem Kopfmesoderm abgeleiteten Geweben bei diesen letzten Formen der Arhinencephalie beträchtlich geringer als am Gehirn selbst, was einerseits damit zusammenhängen dürfte, daß eben am Gehirn noch bestimmte wichtige Proliferationsvorgänge sich vorbereiten, wogegen am Nasalorgan die wichtigsten Austeilungen schon vollzogen sind, anderseits und vielleicht vorwiegend mit einer gewissen Affinität oder Neurotropie der wirksamen Noxe. Bezüglich der Natur letzterer sind wir noch nicht im klaren, doch spricht vieles dafür, daß wir es nicht mit Amnionanomalien zu tun haben (wie ursprünglich C. DARESTE und KUNDRAT glaubten und E. RABAUD widerlegte), sondern mit dem Walten *exogener Noxen toxisch-entzündlicher Art,* wie im Abschn. I, S. 12ff. des näheren ausgeführt wurde. Anderseits ist von zahlreichen Autoren schon seit langem eine *primäre Keimschädigung* in ätiologischer Beziehung ins Auge gefaßt worden, zuletzt wieder von G. B. GRUBER (vgl. S. 18f.). Das Mitvorkommen von leichteren Formen der Arhinencephalie bei einer Reihe von typischen Mißbildungskombinationen (Akrocephalosyndaktylie bzw. Dysencephalia splanchnocystica), welche familiär auftreten bzw. vererblich sind, macht es ziemlich wahrscheinlich, daß auch die verschiedenen dabei mitaufgetretenen Arhinencephalieformen keimbedingt waren und läßt die Aufforderung GRUBERs durchaus berechtigt erscheinen, auch bei unkompliziert arhinencephalen Fehlbildungen nach Nebenbefunden (Skelett!) zu fahnden, um festzustellen, ob nicht einer oder der andere dieser Fälle zu obigen vererbbaren Mißbildungskombinationen gehört. Auf die *typischen Nebenbefunde* (wie anomale Entwicklung der großen Gefäße und des Herzens mit Defekten der Septa; Mißbildungen im Bereich des ersten Kiemenbogens, Synotie, Auriculäranhänge, Verkümmerung des Unterkiefers; Nabelbrüche; Zwerchfelldefekte; Polydaktylie usw.) hatte schon seinerzeit KUNDRAT Wert gelegt und sie bei manchen weniger detailliert beobachteten Fällen dazu benützt, um die wahrscheinliche Zugehörigkeit derselben zu gewissen Formen der Arhinencephalie glaubhaft zu machen. Ja, er ging sogar weiter und nahm für die Entstehung sowohl der arhinencephalen Fehlbildungen als auch der Nebenbefunde eine *gemeinsame und mehr minder einzeitige Ursache* an, welche er unter dem Eindruck der DARESTEschen Publikationen in Amnionanomalien sah. Die amniogene Entstehung hat sich zwar als falsch erwiesen (E. RABAUD), *die Idee der mutmaßlichen Einheitlichkeit und Gleichzeitigkeit der störenden Noxe kann aber weiter zu Recht bestehen, wenn wir nur hierfür eine solche von wahrscheinlich chemisch-toxischer Natur setzen, welche Stoffwechselstörungen im matern-fötalen Gebiet verursacht, die zu mehr minder irreparablen Defekten führen* (vgl. hierzu S. 12ff. u. S. 23ff.). Ob die Annahme der Einheitlichkeit und Gleichzeitigkeit tatsächlich zutrifft, kann nur durch eine subtile und vollständige Untersuchung jedes einzelnen Mißbildungsfalles in Zukunft erhärtet werden (das vorliegende Material ist meist nur partiell und nur selten histologisch untersucht) und unter Berücksichtigung der im Abschn. I/B gegebenen Richtlinien. Wenn auch nicht geleugnet werden soll, daß manche (leichtere) Arhinencephalieformen wegen ihres Mitvorkommens mit familiär auftretenden Fehlbildungen den Eindruck der Keimbedingtheit machen — dieser Eindruck könnte übrigens auch unrichtig sein und es sich bloß um eine Kombination eines Erbanlagefehlers mit einer somatischen Genodemutation handeln —, so können doch anderseits auch Aprosopie, Cyklopie und die Fehlbildungen der Arhinencephaliereihe durch exogene Störungen primär normaler Keime entstanden sein. Diese Möglichkeit wird durch die Experimente an Fischen, Amphibien und Vögeln (vgl. S. 14, S. 24f., S. 27ff.) bewiesen. *Es sind also offenbar beide Wege, nämlich mittels gametischer und mittels somatischer Genodemutation, gangbar und werden anscheinend auch von der Natur beschritten.* Beim Studium des cyklopischen und arhinencephalen Mißbildungsmaterials und bei der Analyse der von fehlbildungszeugenden Eltern abstammenden Miß- bildungen (inklusive Zwillingen) habe ich den Eindruck gewonnen, daß die exogene Störung die häufigere zu sein scheint.

Was das gehäufte Auftreten von Mißbildungen, namentlich auch cyklopischer und arhinencephaler, in manchen Familien (parents monstripares von CHABRY) betrifft, so liegt folgendes Material vor: R. ELLIS (erster Zwilling ethmocephal, links Polydaktylie, untere Extremitäten deformiert, weiblich; zweiter Zwilling hatte ähnlichen Rüssel, sehr lange obere Extremitäten, Füße vierzehig, Geschlecht un- bestimmbar. Placentae getrennt, also zweieiige Zwillinge. Mutter hatte schon früher ein Kind mit Wolfsrachen geboren; uterine Erkrankung weder konstatiert noch aus- geschlossen). — CARADEC (ref. bei LANNELONGUE et MÉNARD) berichtet von einem Alkoholiker und einer Stammlerin, die miteinander fünf Kinder zeugten, wovon das erste und das fünfte Cyclopen waren. — VAN DUYSE (Lit. IV/b) erwähnt eine in der Aszendenz mißbildungsfreie Familie, in welcher unter acht Schwangerschaften mit neun Früchten nur eine einzige normale Geburt zustande gekommen war. Einmal wurden gleichgeschlechtliche, völlig identisch gebildete, wahrscheinlich eineiige Cyklopen geboren, zu Beginn dieser Schwangerschaft bestanden Blutungen, welche ärztliche Behandlung nötig machten. — F. P. MALL (Lit. IV/a) beobachtete einen Schweinsuterus, in welchem neben normalen Embryonen drei cyklopische enthalten waren. Der Uterus wurde leider nicht konserviert. Derselbe Autor (Lit. IV/b, c) be- schreibt u. a. fünf Reihen, in welchen je zwei pathologische Embryonen von derselben Frau stammten, darunter zweimal eineiige Zwillinge, welche dieselben Veränderungen aufwiesen. MALL konnte erweisen, daß alle Mütter dieser mißbildeten Embryonen an uterinen Affektionen gelitten hatten. — A. KLOPSTOCK (Lit. IV) berichtet von aus gesunder Familie stammenden Geschwisterkindern, welche miteinander mehr- fache Mißbildungen zeugten, darunter einen Cyklopen (mit großem Thymus, doppelt so großer Milz, Hufeisenniere und völligem Nebennierenmangel) und einen Cebo- cephalus (mit Thymusvergrößerung, Ren arcuatus und Hypospadie).

Die Interpretation dieses Materials mag einer einheitlichen Auffassung Schwierigkeiten bieten, immerhin glaube ich, daß zum mindesten die Mehrheit der Fälle die Auffassung zuläßt, daß hier exogene Störungen (Schädlichkeiten einer erkrankten Uterusschleimhaut) obwalteten. (Eine Minderheit mag durch Genodemutation in den Gameten unmittelbar vor der Zeugung, etwa vergleichbar den B-, C- und D-Serien der Amphibienexperimente HERTWIGS, hervorgebracht worden sein.) Das Auftreten ganz verschiedener Mißbildungsformen in einzelnen dieser Familien ist durchaus mit der Annahme einer exogenen Schädigung in Einklang zu bringen, ebenso auch die Tatsache, daß in solchen Familien nicht nur einmal, sondern mehrmals Mißbildungen auftraten, da die Wahrscheinlichkeit immer wieder Mißbildungen zu erzeugen bei fortbestehender uteriner Erkrankung größer ist als das Gegenteil. Im gleichen Sinne sprechen auch die etwas ab- weichenden Befunde bei cyklopischen Geschwistern und nicht eineiigen Zwillingen, wo kleine Differenzen in der Embryogenese zu jenem Zeitpunkt, wann die Noxe zu wirken einsetzte, zu mehr minder differenten Bildungen führen müssen. Anderseits müssen eineiige Zwillinge auch bei exogener Noxe gleiche Art und gleichen Grad der Fehlbildung zeigen.

Versucht man ferner, die *Entstehungszeit* der cyklopisch-arhinencephalen Mißbildungsreihe an Hand der „Hauptbefunde" zu ermitteln (siehe im folgenden), und fragt man sich nun, ob die eventuell mitvorhandenen „Nebenbefunde" an z. T. weitab liegenden Organen zu dem gefundenen Zeitpunkt entstanden sein konnten (unter Berücksichtigung der CHILDschen Ergebnisse, vgl. S. 23ff.), so konnte ich bislang zumeist eine Übereinstimmung finden, wodurch sich die Wahrscheinlichkeit erhöht, daß hier eine gleichzeitige und wohl auch gleichartige, meist wohl auch nur einmalige und relativ kurzdauernde, zu einem bestimmten Zeitpunkt nach der Zeugung einsetzende Störung am Werk gewesen ist. Unter Verwendung der KEIBEL-ELZEschen „Normentafeln zur Entwicklungsgeschichte des Menschen", Jena, G. Fischer, 1908, gelangt man zu folgenden Feststellungen (vgl. hierzu auch die Ausführungen über „teratogenetische Terminationsperiode" und „frühesten Fehlbildungszeitpunkt", S. 19ff.):

Cyklopie: Der Zeitpunkt ihrer Entstehung ist sehr früh anzusetzen, spätestens im Stadium der noch offenen Medullarrinne, da ja die Ausstülpung der primären Augenblasen früher erfolgt als der Schluß des Medullarrohres. Der Verschluß des Neuroporus anterior erfolgt etwa bei einer GL. von ca. 2,5 mm bei ca. 18 bis 20 Somitenpaaren und bei einem wahren Alter von etwas über zwei Wochen. Die wahre Entstehungszeit liegt also mindestens etwas früher, wohl aber nicht früher als die Phase der primären Rachenhaut (ca. GL. v. 1,8 mm, 5 bis 6 Ursegmente, ca. 10 bis 14 Tage). Vgl. hierzu die S. 28 gegebenen Zeitmarken der *experimentellen* Cyklopie am *Fundulus*keim, wobei sich zeigte, daß der optimale und daher wohl auch häufigste wirkliche Fehlbildungszeitpunkt etwa in der Mitte liegt und wahrscheinlich sogar näher an den „frühesten Fehlbildungszeitpunkt" als an die „teratogenetische Terminationsperiode" verlegt werden darf. — Für die *Übergangsfälle von der Cyklopie zur Ethmocephalie* liegt die Entstehungszeit etwas später (vgl. S. 60), namentlich gilt dies für die *Ethmocephalie* und *Cebocephalie*. — Für die *Arhinencephalie mit Defekt des mittleren Nasenfortsatzes* dürfte die Entstehungszeit zwischen die Phase des Auftretens der Riechfelder, der Anlage des Sept. prim. cordis, des Dreiblasenstadiums des Gehirns, der höckerförmigen Anlage der vorderen Extremitäten usw. (3 mm Sch.-St.-L., ca. 30 Somiten, w. A. von ca. 21 Tagen) und jene der Bildung der M. bucco-nasalis und des JACOBSONschen Organs (GL. ca. 11 mm, w. A. von ca. 31 Tagen) fallen, da sich — wie auf S. 66 ausgeführt — zu dieser Zeit das für die Ausbildung der Siebbeinmuscheln wichtige Areale am Septum bereits deutlich abgegrenzt hat. — Aus ähnlichen Gründen ist die Entstehungszeit der *Arhinencephalie mit seitlicher Lippen-Kiefer-Gaumen-Spalte* frühestens in die Phase der Anlegung des Oberkieferfortsatzes an den medialen Nasenfortsatz, der Andeutung der Keimdrüsenanlage usw., spätestens aber in eine Phase zu verlegen, welche auf die Phase der Ausbildung der M. bucco-nasalis und der Anbildung der Gaumenleisten (Beginn der fünften Woche) zunächst folgt. — Für die *trigonocephalen* Formen der Arhinencephalie dürfte die Entstehungszeit wahrscheinlich zwischen die Phase der Ausbildung der M. bucco-nasalis und jene der Ausbildung der Fila olfact. und Striae olfact. mediales, Sept. ventr. cordis noch unvollständig, Trunc. art. vollständig aufgeteilt usw. fallen. Ähnliche Erwägungen dürften auch für die zur Arhinencephalie zu rechnenden Formen von *Mikrocephalie* und des (sekundären) *Balkenmangels* gelten. Für die letzte Form — *alleiniges Fehlen des Rhinencephalon* — ist die Entstehungszeit frühestens knapp vor die zuletzt genannte Phase (GL. 12,5 mm) oder knapp darnach (Keimwulst groß und kernreich) anzusetzen, da sich in einzelnen Fällen offenbar rudimentäre Reste der Riechlappen fanden, deren Ausstülpung — de norma bei einer größten Länge von 13 mm beginnend — gleich nach Beginn derselben inhibiert wurde. Der bei einer nicht unbeträchtlichen Anzahl von diesen Fällen gesehene spätere Eunuchoidismus könnte sehr wohl auf Störungen der Ausbildung des Keimwulstes beruhen, der sich gerade in einem Zustand befindet, welcher ihn gegen Schädlichkeiten besonders empfindlich macht.

Vergleicht man mit diesen Ermittelungen die Zeitpunktbestimmung, die G. POLITZER an einem 7 mm langen menschlichen Embryo, der deutliche Zeichen einer arhinencephalen Mißbildung leichterer Art darbot, ablesen konnte, so ergibt sich eine recht gute Übereinstimmung. Abb. 39 zeigt das Modell des Vorderkopfes:

Rechte Kopfseite schmäler und an dieser die Furchen und Gesichtsfortsätze schlechter ausgebildet; rechte Riechgrube (*rR*) viel seichter als die linke (*lR*), insbesondere tritt auch der rechte laterale Nasenfortsatz kaum hervor. Der mittlere Stirnfortsatz ist schmäler als normal. In der Area triangularis desselben ist eine mediane, sagittal verlaufende Rinne (*Sn*) vorhanden, welcher im Bereiche des Telencephalon eine gleichfalls mediansagittal verlaufende Furche entspricht, die gerade den Platz des ehemaligen Neuroporus anterior einnimmt. Im Grunde dieser Furche liegt das Oberflächenepithel der Hirnwand an einer Stelle unmittelbar an. Endhirn verschmälert, Seitenwände in ihren ventralen Abschnitten abgeflacht, namentlich rechts. Augenbecher asymmetrisch, ihre Stiele konvergieren rostralwärts. Zwischenhirn und Augenbecherstielkonus normal gebildet. An der fertigen Mißbildung wäre mit einer Verschmälerung oder Verkümmerung der Gebilde des mittleren Nasenfortsatzes, eventuell überdies noch mit einer medianen Nasenspalte zu rechnen gewesen, die beiden Nasenhöhlen wären aber wohl gerennt, die rechte schlechter entwickelt gewesen. Nach Feststellungen von H. STERNBERG erfolgt der Verschluß des vorderen Neuroporus beim Menschen im Stadium von 18 bis 20 Urwirbelpaaren, die Stelle des Verschlusses ist aber

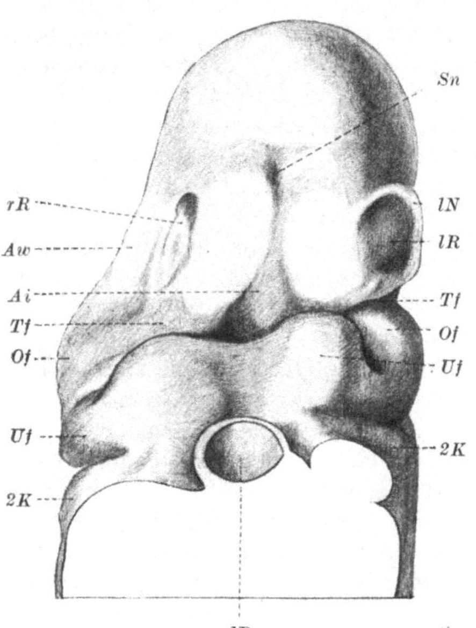

Abb. 39. Modell des Vorderkopfes eines arhinencephalen menschlichen Embryos (nach G. POLITZER).
Herzwulst abgetragen, *dP* dorsale Wand der Perikardialhöhle; *Ai* Area infranasalis; *Aw* niedrige Vorwölbung der Seitenwand des Kopfes, den Augenbecher enthaltend; *Tf* Tränennasenrinne; *Of* Oberkieferfortsatz; *Uf* Unterkieferfortsatz; *2K* zweiter Kiemenbogen; *lN* linker lateraler Nasenwall. Sonstige Legende im Text.

noch bei Embryonen mit 28 Urwirbelpaaren durch einen an ihrer Oberfläche wahrnehmbaren „Sulcus neuropori anterioris" erkennbar. *Auf Grund von Untersuchungen menschlicher Embryonen, bei welchen der Verschluß des vorderen Neuroporus unterblieben war, sprach* H. STERNBERG *die Vermutung aus, daß der Stelle des einstigen Neuropor. ant. außen die Mitte der Area triangularis, an der Hirnwand die Kommissurenplatte entspreche.* Indem G. POLITZER die Übereinstimmung der Furche in der Area triangularis des mißbildeten Embryos mit dem von H. STERNBERG bei Embryonen mit 28 Urwirbelpaaren beschriebenen Sulc. neuropori ant. feststellt und nachweist, daß die abnorme Furche des Endhirns des mißbildeten Embryos bereits im Gebiete der Kommissurenplatte liegt, gelangt er zur Annahme, daß der Verschluß des Neuropor. ant. im beschriebenen Falle in unvollkommener Weise und verspätet erfolgt ist. Auf Grund weiterer Deduktionen kommt G. POLITZER dahin, die teratogenetische Terminationsperiode der beschriebenen Mißbildung in die Phase von ca. 30 Urwirbelpaaren zu verlegen. Die annähernde Übereinstimmung mit dem Zeitpunkte des Nochvorhandenseins eines Sulc. neuropori ant. bei normal gebildeten Embryonen (= 28 Somiten) weist nach G. POLITZER darauf hin, „*daß die Arhinencephalie und die Mißbildung des vorderen Neuroporus die gleiche teratogenetische Terminationsperiode besitzen*" und „daß diese beiden Fehlbildungen zumindest kausalsyngenetisch sind". Die Asymmetrie des Gesichts faßt G. POLITZER dagegen als akzidentelle Fehlbildung auf, vermutlich hervorgerufen dadurch, „daß dem Embryo durch die Enge des Amnion eine besondere starke Krümmung des Körpers aufgezwungen wurde, wodurch die linke hintere Gliedmaße in die Nähe der rechten Gesichtshälfte gelangte und hier die Abplattung der Gesichtsfortsätze herbeiführte bzw. deren normale Ausbildung behinderte".

Der von G. POLITZER gefundene Zeitpunkt stimmt also etwa mit dem für die dritte Form der Arhinencephalie von mir als wahrscheinlich erkannten überein. Da in POLITZERS Fall vielleicht eine noch leichtere Arhinencephalieform resultiert hätte, deren Entstehungszeitpunkt später anzusetzen wäre, falls man die teratogenetische Terminationsperiode, gemessen an der Riechlappenausstülpung, zugrunde legt, so geht aus den POLITZERschen Feststellungen hervor, daß — wie auch sonst vermutet — die *tatsächliche Entstehungszeit* der diversen cyklopisch-arhinencephalen Fehlbildungen wahrscheinlich meist etwas früher anzunehmen ist.

5. Proboscis lateralis oder seitliche Rüsselbildung (Lit. VI).

Im Anschluß an die Erörterung der nasalen Fehlbildungen bei Cyklopie und Arhinencephalie sollen rüsselförmige Anhangsgebilde besprochen werden, welche sich von den Rüsseln der Cyklopen und der Ethmocephalen rein äußerlich dadurch unterscheiden, daß sie entweder neben einer normal ausgebildeten Nase oder wenigstens neben einer normal ausgebildeten Nasenhälfte vorkommen, demnach also nicht median situiert sind, sondern seitlich. Mit Rücksicht auf ihre Lage werden daher diese rüsselförmigen Anhangsgebilde als *seitliche Rüsselbildung* (Proboscis lateralis) bezeichnet. Proboscis lateralis kommt kombiniert mit verschiedenen Abstufungen der Ausbildung der Nase vor, wobei die Reihung derart erfolgt, daß die Ausbildungshöhe der mitexistenten typischen Nase allmählich sinkt.

a) Rüsselförmige Anhangsgebilde neben regulärer Nase.

Eine aus zwei Nasenhälften gebildete reguläre Nase ist vorhanden und überdies ein rüsselförmiges Anhangsgebilde, welches teils im Gebiet des inneren Augenwinkels, teils etwas mehr kranio-lateral von demselben (Augenhöhlendach) inseriert.

Kasuistik: L. KIRCHMAYR: Vier Monate altes, sonst völlig normal gebildetes, aus gesunder, mißbildungsfreier Familie stammendes Mädchen mit vollkommen normaler Nasenbildung und 2,2 cm langem Rüssel links davon. Rüssel allseits beweglich. weich elastisch, beim Schreien merkbar beweglich und sich dabei auf der Außenseite mehr als auf der Innenseite verkürzend. Beim Drücken und beim Weinen entleerten sich aus dem Rüssel einige Tropfen einer salzig schmeckenden, klaren, stark fadenziehenden Flüssigkeit. Ferner bestand totale Cheilognathopalatoschisis kombiniert mit einer ausgeheilten (Röntgen!) schrägen Gesichtsspalte (Typus Morian I) und ein sichelförmig nach innen und unten stehendes Iriskolobom sowie ein den N. opt. miteinbeziehendes Chorioidalkolobom. Der ganze Tränenapparat war jedoch normal (in die Tränenröhrchen eingespritzte Milch floß durch die Nase ab). — Zwei wichtige hierhergehörige Fälle publizierte R. SEEFELDER: Bei der ersten (von MARCHAND stammenden) Beobachtung war die rechte Seite der sonst gut ausgebildeten Nase etwas schmächtiger, der Rüssel entsprang am rechten inneren Augenwinkel. Iriskolobom rechts. Abb. 40 zeigt die zweite Beobachtung: Linke Hälfte der im großen ganzen gut ausgebildeten Nase nennenswert schmächtiger, daneben eine linksseitige, in der Gegend des inneren Augenwinkels inserierende Rüsselbildung. Auch hier ein gleichseitiges Iriskolobom. Beim Weinen des Kindes wurde Abgang von Tränenflüssigkeit aus dem Rüssel beobachtet, obwohl keine Kommunikation der Tränenwege mit dem Rüssel bestand. Bei der einige Tage nach der Rüsselabtragung vorgenommenen Obduktion fand sich die Crista galli nach der Seite des Rüssels verbogen, überdies fehlten links der N. olfact. und die Sieblöcher. Gehirn normal. Die knorpelige Röhre, welche die Fortsetzung des Rüssels hirnwärts bildete, durchsetzte das Stirnbein und reichte blind endigend bis zur Dura. — Fall von RANZI-ZACHERL: Zehnjähriges Mädchen aus gesunder, mißbildungsfreier Familie. Außer der im linken Nasenbein inserierenden Rüsselbildung und einem steilen Gaumen keinerlei Abnormität. Rüsselkanal ohne Verbindung mit der Nasenhöhle. Fundus und Tränenkanälchen normal. Linke Nasenseite infolge Septumdeviation etwas enger. Beim Weinen war mit gleichzeitig gesteigerter Nasensekretion auch vermehrte Sekretion aus dem Rüssel zu beobachten. Die histologische Untersuchung des Rüssels hatte ein den Befunden von KIRCHMAYR und R. SEEFELDER sehr ähnliches Ergebnis: der distale Anteil entsprach einem Nasenvorhofsäquivalent, in den proximalen Anteilen (eigentliche Nasenhöhle) war der Zentralkanal mit einem mehrschichtigen Epithel ausgekleidet, welches in den tieferen Schichten platte Zellen erkennen ließ, während gegen die Oberfläche „zuerst kubische, dann hohe Zylinderformen" zutage traten. Auch hier fanden sich, wie im zweiten Falle SEEFELDERs, zahlreiche *Drüsenläppchen vom typischen Bau einer Tränendrüse*, die, im subkutanen Gewebe gelegen, den Kanal ringförmig umgaben und mit ihren Ausführungsgängen in denselben einmündeten (Abb. 41). — Möglicherweise gehört hierher auch Fall 2 von B. GUŠIĆ.

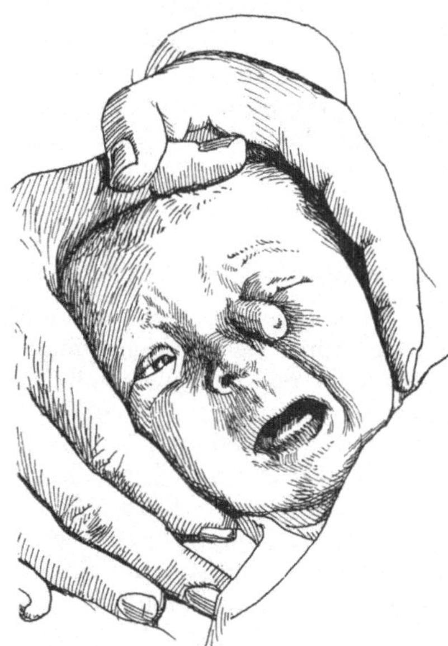

Abb. 40. Linksseitige Proboscis lateralis bei im allgemeinen gut ausgebildeter Nase (nach R. SEEFELDER).

Zusammenfassung: Der Rüssel hat dasselbe Aussehen und die durchschnittliche Ausbildungshöhe des Rüssels bei Cyklopie, es läßt sich an demselben ein Nasenvorhofsteil (keulenförmiges distales Ende) und ein der eigentlichen Nasenhöhle entsprechender zylindrischer proximaler Anteil unterscheiden. Dies wird auch durch das Vorkommen von Talgdrüsen bzw. von Schleim produzierenden tubulösen Drüsen erhärtet. Muscheläquivalente fehlen stets. Das Stützgerüst der Nase — die primäre knorpelige Nasenkapsel — ist durch rundliche Knorpelspangen, bzw. durch eine Knorpelhülse repräsentiert, die längs und z. T. auch quer verlaufende quergestreifte Rüsselmuskulatur entspricht denjenigen Abschnitten der mimischen Muskulatur, welche de norma auf die Nase entfallen. Der Rüssel endigt proximal blind, sein Kanal hat gelegentlich eine größere Längenausdehnung als der äußeren Länge des Rüssels entspricht (Fall von RANZI-ZACHERL), d. h. der Rüssel setzt sich noch eine Strecke weit unter den Weichteilen bzw. bis in den Knochen hinein fort und die knorpelige Röhre des Rüssels bzw. deren zapfenförmiges proximales Ende kann bis zur Dura reichen (Fall 2 von R. SEEFELDER). In den histologisch untersuchten Fällen (KIRCHMAYR, RANZI-ZACHERL, SEEFELDERs Fall 2) waren im proximalsten Rüsselabschnitt tubulöse Drüsen mit Zylinderzellenbekleidung vorhanden, welche R. SEEFELDER und H. ZACHERL als Tränendrüsen erkannten. Diese Verlagerung eines zur Tränendrüsenbildung bestimmten Zellmaterials, der häufige Befund von Iris- und Retinakolobomen, welche der Augennasenrinne zugekehrt sind, demnach der Lage nach der fötalen Augenspalte entsprechen, und Spaltbildungen im Bereich der Augennasenrinne selbst, eventuell auch noch der Befund einer Oberlippen-Kiefer-Gaumen-Spalte (Fall KIRCHMAYR) machen m. E. die *Annahme, daß eine exogene, wahrscheinlich traumatische Noxe* (Amnionstrang?) *die Ursache der Fehlbildung ist, sehr wahrscheinlich.* Aus den mitgeteilten Fällen sind verschiedene Grade bzw. verschiedene Ausdehnungen des Wirkungsbereiches und damit auch des Wirkungseffekts dieser Noxe direkt ablesbar. Ihr Angriffspunkt in der fötalen Augennasenrinne oder dicht daneben bringt es mit sich, daß das benachbarte Riechfeld manchmal leicht getroffen bzw. geschädigt wird (mangelnde Olfactoriusbildung in der sonst im allgemeinen normal gebildeten Nasenhälfte von Fall 2 von SEEFELDER) und daß — was das Wichtigste ist — *ein Stückchen der Riechplakode und deren Umgebung* (natürlich kommt der Lage nach nur der laterale Nasenfortsatz in Frage) *verlagert wird, welche Verlagerung (Transplantation) letzten Endes den Anstoß zur Ausbildung des Rüssels abgibt.* Durch das Trauma kann aber vielleicht in einem oder dem anderen Fall die Riechplakode selbst gerade noch intakt gelassen und nur deren allernächste Umgebung getroffen worden sein (vielleicht im Falle KIRCHMAYRS realisiert). Dann geht die Rüsselbildung von dem

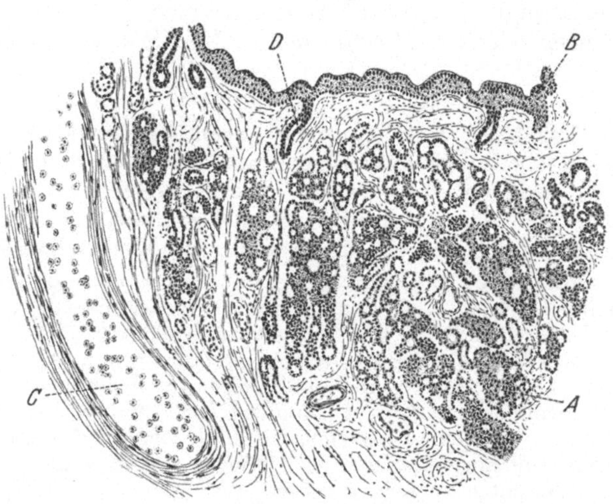

Abb. 41. Schnitt durch den Rüssel eines Falles von Proboscis lateralis (nach H. ZACHERL).
A Läppchen der Tränendrüse; *B* Epithelschicht des Zentralkanals; *C* Knorpel; *D* Ausführungsgang der Tränendrüse.

die Riechplakode umgebenden Epithel (mit Riechplakodenregenerationsfähigkeit) aus und ist als *Superregeneration* zu werten. Auf letztere Erklärungsmöglichkeit wurde SEEFELDER von SCHWALBE aufmerksam gemacht. Die Annahme einer Superregeneration, namentlich aber einer Verlagerung (Transplantation) trifft m. E. das Richtige und hat *zahlreiche wohlfundierte Beweise aus der experimentellen Teratologie der Nase* (siehe Abschn. II, S. 34 ff., Versuche von E. T. BELL, H. SPEMANN und G. EKMAN). Das Trauma ist auch für die gleichseitige Kolobombildung bzw. für den Nichtverschluß einzelner physiologischer „Spalten" der embryonalen Gesichtsbildung verantwortlich zu machen. Bemerkenswert ist, daß sonstige Fehlbildungen in allen Fällen vollkommen fehlten, was wiederum sehr für das Walten einer rein lokal angreifenden äußerlichen Schädlichkeit spricht. Der *mutmaßliche Zeitpunkt* der Entstehung der Fehlbildung muß wegen der gleichzeitig vorhandenen Mißbildungen am Bulbus ziemlich früh angesetzt werden, aber nicht früher, als dem ersten Auftreten der Tränennasenfurche und der Annäherung des Oberkieferfortsatzes an den Nasenfortsatz entspricht, anderseits aber nicht später, als der Schluß des physiologischen Opticuskoloboms erfolgt. Der von diesen Zeitmarken eingeschlossene Zeitraum, innerhalb welches der sich entwickelnde Keim von einer GL. von etwa 6,5 mm auf eine solche von 15 mm anwächst, ist immerhin noch ein sehr langer. Der Zustand des Nasengrübchens in der erstgenannten Phase —

Nasengrübchen flach, Epithel verdickt — macht die Annahme, daß der tatsächliche Zeitpunkt des Einsetzens der fehlbildenden Ursache nahe an dieser
Phase liegt, ziemlich wahrscheinlich, da es nur so verständlich ist, daß sich ein
von einer relativ noch wenig differenzierten Nasenanlage abgetrenntes Teilstück
zu einem Nasenrudiment entwickeln oder daß sich von der nächsten Umgebung
einer solchen Riechplakode ein Superregenerat ausbilden wird. Dagegen ist es
kaum vorstellbar, daß Analoges geschehen könnte, wenn etwa von einer relativ
weiter differenzierten Nasenanlage ein Stück abgetrennt würde. Alles dies spricht
m. E. dafür, daß der tatsächliche Zeitpunkt der Fehlbildungsentstehung ziemlich
nahe an dem von mir „frühester Fehlbildungszeitpunkt" genannten Zeitabschnitt
liegen muß. Das wahre Alter obbezeichneter Phase ist etwa mit dem Ende der
vierten oder dem Beginn der fünften Woche des Embryonallebens anzusetzen.

b) Rüssel statt Nasenhälfte.

Die Nase weist nur eine normal ausgebildete Nasenhälfte auf, die zweite
fehlt (ebenso wie ihre Adnexe) und an deren Stelle findet sich ein in der Gegend
des medialen Augenwinkels inserierender Rüssel. Septum, Zwischenkiefer und
Oberlippe normal oder fast normal gebildet. *Auf der Rüsselseite fehlt die Choane,*
meist findet sich auf dieser Seite ein Unterlidkolobom.

Kasuistik: M. Landow: Vier Jahre alter, aus mißbildungsfreier Familie stammender
Knabe. Beide Nasenbeine vorhanden, zwischen dem linken und dem Stirnfortsatz
des Oberkieferbeins eine kleine Öffnung für den Durchtritt der Rüsselbasis bzw. einer
nach Abtragung des Rüssels restierenden Fistel. An der Stelle des Unterlidkoloboms
war im Knochen ein länglicher, von unten nach oben verlaufender Höcker vorhanden.
Steilwölbung des harten Gaumens, jederseits zwei wohlgebildete Schneidezähne vorhanden. Auf eine Untersuchung der Choanalverhältnisse und der Tränenwege (linkes
Auge soll angeblich sehr viel tränen) mußte wegen des widerspenstigen Verhaltens
des Patienten Verzicht geleistet werden. — Der von N. Longo publizierte Fall ist dem
von Landow sehr ähnlich, nur seitenverkehrt. — A. Šercer berichtete von einem
13jährigen, aus mißbildungsfreier Familie stammenden, sonst wohlgebildeten Knaben
mit großer rechtsseitiger, frei beweglicher Rüsselbildung an Stelle der rechten Nasenseite. Rechts bestand ferner ein Oberlidkolobom und Sehschwäche. Septum nach
rechts verschoben, an Stelle der rechten Nasenseite röntgenologisch ein knochendichter
Schatten. Rechte Gaumenhälfte steil ansteigend, rechts nur der erste Incisivus vorhanden. Philtrum anscheinend völlig normal. Der choanale Septumrand lag in der Mitte,
linke Choane normal, rechte nur durch eine flache Leiste angedeutet, verschlossen
und an ihrer Stelle eine länglich-ovale, symmetrische flache Mulde, in welche man
die Fingerkuppe einführen konnte.

In diese Gruppe gehören möglicherweise noch einige Beobachtungen, die teils
wegen zu kurzer Beschreibung, teils wegen mangelnder Zugänglichkeit nicht genau
beurteilt werden konnten: Fall von C. Taruffi (Bd. VI, S. 514), derjenige von
D. Bajardi (zit. von Taruffi, Bd. VIII, S. 325) und die Fälle von Tittel und von
L. Leto. Tittel (1914) deutete bemerkenswerterweise den Rüssel als *Absprengungs-
mißbildung.* Das gleichseitige Auge bei Leto war etwas verkleinert und die Lider
unterentwickelt, Iris normal, Sehfähigkeit aber anscheinend fehlend.

Die Rüsselbildung dieser Fälle, welche histologisch etwa derjenigen der Cyklopen entspricht, ist jedoch nicht aus einer „Verschmelzung" der dirhinen
Nasenanlage hervorgegangen, sondern aus *einer* Riechplakode und deren lateraler
Umgebung (lateraler Nasenfortsatz), substituiert also eine Nasenhälfte. Als
Ursache kommt hier analog Gruppe a eine *äußerlich angreifende Noxe* (Amnion-
adhäsion?) in Betracht, deren Angriffsort wegen der meist vorhandenen Unter-
lidkolobome wahrscheinlich in die Gegend der fötalen Augennasenrinne zu
verlegen ist. Aus dieser etwas gröber und flächenhafter als bei Gruppe a zu
denkenden Einwirkung resultiert eine schwere Defektuosität der Riechplakode

und des lateralen Nasenfortsatzes, welcher gewissermaßen vor den Oberkieferfortsatz geschoben wird, so daß letzterer sich nun in ungewöhnlicher Weise direkt
mit dem mittleren Nasenfortsatz verbindet. Aus den mehr minder kümmerlichen
Resten der Riechplakode und Umgebung entwickelt sich dann der Rüssel, der
dementsprechend auch verschiedene Größen aufweist. Die *Entstehungszeit* der
Fehlbildung stimmt wahrscheinlich mit den für die Gruppe a gemachten Ansätzen
überein.

c) Rüssel statt Nasenhälfte bei gleichzeitigem Fehlen der Gebilde des mittleren Nasenfortsatzes.

Es ist nur eine Nasenhälfte vorhanden, an Stelle der zweiten findet sich ein
Rüssel; gleichzeitig fehlen die aus dem mittleren Nasenfortsatz abzuleitenden
Gebilde.

Kasuistik: Der klassische Fall von A. SELENKOFF, ferner die Beobachtungen von
PH. FRANKLIN, B. LANG und die interessanten Fälle von H. KUNDRAT (Lit. VI,
Fall 2), A. TENDLAU und von A. PETERS.

Dem von A. SELENKOFF beschriebenen erwachsenen Mann mit verschiedenen
Gesichtsasymmetrien fehlte auf der Seite des Rüssels (rechts) der Vomer und der
zweite Incisivus mit dem dazugehörigen Zwischenkiefer, ebenso das Philtrum und
das Lig. labii intern. Ferner war im Bereiche der rechten Hälfte des harten Gaumens
in der Schleimhaut allein eine partielle Spalte vorhanden. An Stelle der fehlenden
rechten Nasenhälfte war (Obduktion) ein Netzwerk von festen Knochenbälkchen
vorhanden, welches hinten an Stelle der mangelnden Choane durch einen scharfen,
dem Proc. pterygoideus anliegenden Rand von letzterem geschieden war. Die linke
Nasenhälfte war auch nicht ganz normal: Sie enthielt wohl drei gut ausgebildete
Muscheln, war aber kürzer und niedriger, anderseits breiter als normal, die zugehörige
Lam. cribrosa unterentwickelt. Die linke Choane von querovaler Gestalt. All dies
und die nur rudimentäre Entwicklung des rechten Bulb. olfact. zeigt, daß *die wahrscheinlich wieder exogen angreifende Störung eine ausgedehntere, tiefgreifendere gewesen,*
als den Gruppen a und b entspricht. Es wurde nicht nur die rechte Riechplakode
geschädigt und das dem Areale des lateralen Nasenfortsatzes entsprechende Zellmaterial, sondern auch ein ziemlich großer Anteil des an die rechte Riechplakode
medial angrenzenden mittleren Nasenfortsatzes, wie aus dem Fehlen der rechten
Vomerhälfte, eines Zwischenkieferanteiles, des Philtrums und des Lig. labii intern.
hervorgeht. Es wurde ferner der ganze Mesenchymbezirk zwischen rechtem Nasensack
und Vorderhirn geschädigt und die Ausbildung des rechten Riechlappens selbst
etwas gestört, was SELENKOFF veranlaßte, seine Beobachtung als „*Arhinencephalia
unilateralis*" zu bezeichnen. Die Noxe hatte aber auch die linke, sonst normale
Nasenhälfte etwas beeinträchtigt, wie aus der etwas mangelhaften Ausbildung der
linksseitigen Lam. cribrosa hervorgeht. Was die *Entstehungszeit* der Störung anlangt, so muß sie wohl zwischen dem ersten Auftreten der Augennasenrinne (GL.
von ca. 6,5 mm) und der Riechhirnausstülpung (GL. von ca. 13 mm) angesetzt werden.
Zu letzterem Zeitpunkt ist der D. nasolacrimalis mit dem Epithel noch im Zusammenhang bzw. der Tränennasengang zapfenförmig gestaltet. Im Falle von SELENKOFF
ist nun neben dem rudimentären Bulb. olfact. in der rechten Fossa sacc. lacrim. ein
kleines, blind endigendes Tränensackrudiment vorhanden. Da aber kaum anzunehmen
ist, daß mit dem Einsetzen der Störung jede Fortentwicklung der betroffenen Gewebe sogleich stillsteht, so ist der tatsächliche Zeitpunkt der Fehlbildungsentstehung
wohl etwas früher, als dem letzterwähnten Zeitpunkt entspricht, anzunehmen. — In
PH. FRANKLINS Fall inserierte der Rüssel über dem rechten inneren Augenwinkel
und bestand anscheinend aus einem Nasenvorhofsteil und der „Haupthöhle". Der
Zwischenkiefer fehlte auf der mißbildeten Seite.

Die Beobachtung von B. LANG war mit Akranie, Anencephalie, Rachischisis
cervicalis, rudimentärer Bildung beider Ohrmuscheln, Fehlen beider Nebennieren
und rechtsseitiger Cystenniere kompliziert. Auf der Rüsselseite fehlte das Nasenbein,
dafür war der Proc. front. oss. maxill. stärker ausgebildet. Es fehlte die Lam. perpend.

oss. ethm., der Vomer, der Zwischenkiefer und das Philtrum. Die Gaumenfortsätze der Oberkiefer stießen in der Mittellinie kielförmig zusammen. Auf der Seite der Störung war statt der Choane eine mit Schleimhaut überzogene, seichte rinnenförmige Vertiefung im Knochen vorhanden, ferner ein Unterlidkolobom. Auf der störungsfreien Seite waren wohl drei Muscheln ausgebildet, es fehlten aber die Nebenhöhlen. B. Lang erscheint die Annahme einer von außen her traumatisch wirkenden Noxe am wahrscheinlichsten.

Eine *Untergruppe* bilden die folgenden Fälle, welche eine *Dislokation des Rüssels mehr minder weit lateralwärts* zeigen:

Bei einem Hemicephalus von H. Kundrat inserierte der an Stelle der linken Nasenseite vorhandene Rüssel nach außen vom linken Auge. Zur Erklärung nimmt H. Kundrat seine Druckhypothese von innen her zu Hilfe und glaubt, daß durch seitliches Vorrücken der angenommenen (aber nicht nachgewiesenen) Encephalocele die eine Nasenanlage über und hinter das Auge dieser Seite gedrängt wurde. — Bei

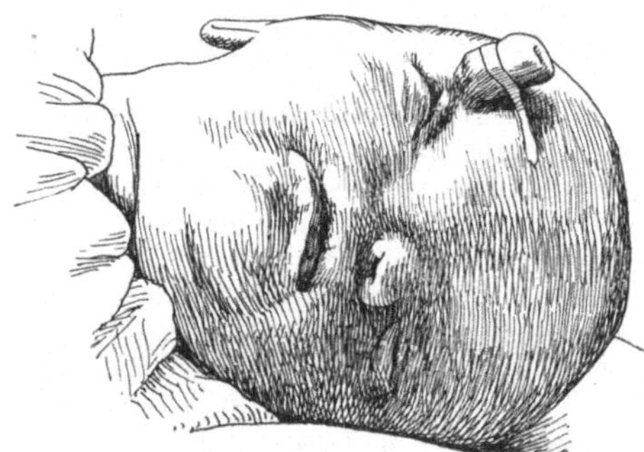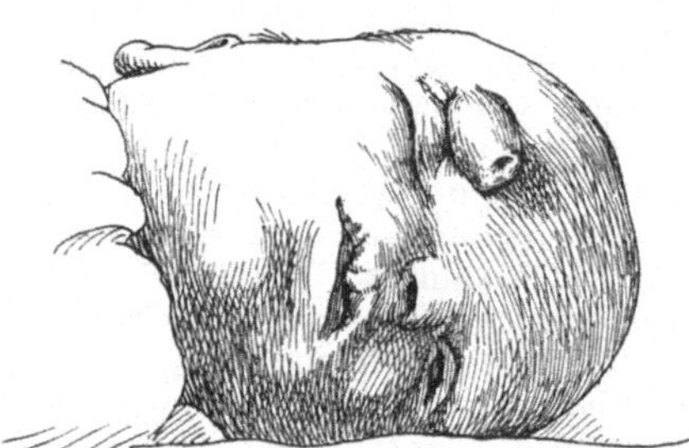

Abb. 42 a, b. Neugeborenes Kind mit weit lateral am oberen Orbitalrand inserierender Proboscis lateralis, welche über das Augenlid herunterhängt (nach A. Tendlau).

einem von Anna Tendlau beschriebenen, einen Tag alten, aus gesunder, mißbildungsfreier Familie stammenden Knaben fand sich anstatt der rechten fehlenden Nasenhälfte ein 2,5 cm langer, durchaus kanalisierter *Rüssel*, welcher beim Schreien und Weinen pendelnde Bewegungen machte und in der lateralen Hälfte des oberen Orbitalrandes an einer daselbst vorfindlichen Rauhigkeit des Knochens inserierte. Er hing dadurch über die laterale Hälfte des rechten Oberlides herab (Abb. 42 a u. 42 b). Ferner war das rechte Auge stark nach außen disloziert und der Schädel infolge des stärkeren Vorspringens der rechten Stirngegend beträchtlich asymmetrisch. Rechts typisches Oberlidkolobom, ferner Kolobome der Iris und der Aderhaut, hauptsächlich nach innen zu liegend und die Sehnervenpapille in sich einbeziehend. Linkes Nasenloch nach rechts gedreht. Nasenseptum fehlend, Nasenrücken hochgradig abgeplattet, zwischen Stirnbein und Oberkiefer konnte rechts eine eingeschobene knöcherne Platte gefühlt werden. Röntgenologisch zwischen rechtem Nasenbein und Oberkiefer ein ziemlich breiter, sich bis an den oberen Orbitalrand erstreckender Spalt nachweisbar. In der Mitte des Alveolarrandes des Oberkiefers war ferner eine 2 mm breite Einkerbung vorhanden, sonst fanden sich keinerlei Anomalien. Bei Kontrolluntersuchung nach drei Jahren konnte normale Entwicklung des Kindes mit fehlerfreier Sprache festgestellt werden. Tendlau glaubt ätiologisch Keimesanomalie annehmen zu sollen.

M. E. ist auch hier die Wirkung einer von außen gekommenen amniogenen Störung am wahrscheinlichsten. Sie ergriff nicht nur die rechtsseitige Riechplakode und den lateralen Nasenfortsatz, sondern mindestens auch die zur betroffenen Riechplakode gehörige Hälfte des mittleren Nasenfortsatzes, schädigte diese Teile schwer und *transplantierte sie schließlich lateralwärts über den rechten Bulbus, wo sich ein relativ kümmerliches Nasenrudiment in Rüsselform ausbildete.*

Bezüglich *Entstehungszeit* gelten wohl ähnliche Überlegungen wie für die oben angeführten Fälle von Kirchmayr und von Selenkoff.

Ganz ähnlich dem Falle Tendlaus ist der von A. Peters, nur seitenverkehrt. Hier lag die Orbita noch weiter entfernt von der Nasenwurzelgegend. Die dazwischen befindliche Gesichtspartie war flach, darunter fühlte man eine breite Knochenplatte (röntgenologisch von lamellärer Struktur, kein massiver Knochentumor!), welche zwischen Stirn- und Oberkieferpartie eingelagert war. In der normal großen Orbita war kein Bulbus von fühlbarer Größe vorhanden. Im temporalen Anteil des linken Oberlids zeigte sich ein schräg temporalwärts gerichtetes Kolobom mit Defekt des knöchernen Orbitalrandes, in welchem ein spitzer Knochensporn saß, der die Basis einer 3 cm langen rüsselförmigen Appendix bildete. Gegenüber dem Oberlidkolobom war im Unterlid ebenfalls eine Andeutung eines Koloboms vorhanden. Eine Untersuchung des Rüssels war nicht möglich, das Kind starb schließlich mit eineinhalb Jahren, keine Obduktion. Peters nimmt zur Erklärung den oben referierten Standpunkt Kundrats ein und glaubt, daß die zwischen Nasenwurzel und Orbita eingeschobene Knochenplatte durch Umwandlung des mesodermalen Gewebes dieser Gegend in Knochen entstanden sei.

Schon K. Grünberg (Lit. VIII/A) machte den Einwand, daß bisher noch bei keinem einzigen Fall von Proboscis lateralis eine intrauterin geheilte Meningo- oder Encephalocele nachgewiesen werden konnte. Auch aus diesem Grunde ist also die Annahme einer äußeren Noxe viel wahrscheinlicher. Diese hält sich natürlich nicht immer genau an vorgebildete embryonale Spalten, sondern ergreift auch medial und lateral davon liegendes Material wahllos und in verschiedener Ausdehnung, indem sie dasselbe zerstört oder doch schwer schädigt. *Gerade die große Differenz in den Einzelheiten der hierher gehörigen Fälle macht m. E. die Annahme einer äußeren Noxe, die niemals in ganz analoger Weise angreifen und einwirken kann, zwingend.*

Die in den Fällen von Kundrat, Tendlau und Peters gemachte Annahme einer Transplantation der geschädigten Riechplakode in eine ihr bislang fremde Umgebung und ihre weitere Entwicklung daselbst zu einem Rüssel scheint insofern Schwierigkeiten zu begegnen, als der aus der Riechplakode hervorgegangene rudimentäre Nasenschlauch sich von Gewebe umgeben fand (ringförmig verlaufender Knorpel, quergestreifte Muskulatur), welches anscheinend nur aus den Nasenfortsätzen stammen konnte. Ganz abgesehen davon, daß mit der Verlagerung der Riechplakoden auch anhaftendes, den Nasenfortsätzen angehörendes mesodermales Gewebe mittransplantiert worden sein konnte und sich daraus ohne weiteres der typische Aufbau des Rüssels auch in seinem mesodermalen Anteil erklären läßt, könnte auch noch eine andere Möglichkeit in Betracht kommen. Aus Versuchen H. Spemanns (Lit. II/a), wobei Hörgrübchen um 180 Grad gedreht und ihre Entwicklung zum Labyrinth studiert wurde, und aus ähnlichen Versuchen von W. H. Lewis geht hervor, daß sich die stützenden und schützenden Hüllen des Labyrinths aus ursprünglich indifferenten Bindegewebszellen unter dem differenzierenden Einfluß des häutigen Labyrinths entwickeln, und zwar auch unter alleiniger Verwendung von Wirtsmaterial. In analoger Weise könnte nun wohl auch die Riechplakode sich ihre typischen Hüllen aus indifferentem Mesoderm induzieren.

d) Aplasie einer Nasenhälfte.

Bei weiterer Steigerung der traumatischen Störung kann schließlich die Rüsselbildung vollkommen unterdrückt werden und eine völlige Aplasie einer Nasenhälfte zustande kommen. Solche Fälle wurden von Hensen [zit. nach K. Grünberg (Lit. VIII/A, S. 147), welcher auch eine Abbildung davon gibt], von G. Tiefenthal und von B. Gušić mitgeteilt. Sie bilden eine Gruppe für sich, welche aber aufs engste mit den Fällen von Proboscis lateralis zusammenhängt.

Abb. 43 (nach G. Tiefenthal) zeigt eine 37jährige, sonst gesunde und aus gesunder Familie stammende Frau, bei welcher die knöchernen Teile des Nasenrückens stark nach links, die knorpelig-häutigen Teile dagegen nach rechts abgebogen waren, so daß beide miteinander einen Winkel bildeten. Nur auf der linken Seite war eine Nase mit unterer und mittlerer Muschel und mit einem Nasenloch vorhanden, während auf der rechten Seite die Nase und ihre Adnexe vollkommen fehlten und nur ein winziges seichtes Grübchen die Stelle andeutete, wo das Nasenloch sich hätte finden sollen. Vermehrter Abstand des rechten inneren Augenwinkels von der Medianebene, Verengung der rechten Lidspalte. Rechts fehlte ferner das Os nasale, ein Teil des Vomer und der Nasenscheidewand und der Tränennasengang. Statt der rechten Choane fand sich eine graugelbliche, knochenähnliche Verschlußplatte mit marginalem Sitz, ganz ähnlich wie bei typischer knöcherner Choanalatresie. An der Stelle der rechten fehlenden Nasenhöhle schien lediglich eine Masse spongiösen Knochens vorhanden zu sein. Epipharynx mit Tubenwülsten ohne pathologische Besonderheiten. Gaumen hoch und schmal, rechter Caninus medial vom zweiten Incisivus stehend (Verwerfung des Materials!). Ein von B. Gušić kürzlich mitgeteilter Fall von einseitiger Arhinie (vierjähriges, geistig zurückgebliebenes Mädchen) war mit gleichseitiger Gesichtshypoplasie, Cheilognathopalatoschisis und Bulbusdefekt vergesellschaftet.

Abb. 43. Erwachsene Frau mit Aplasie de rechten Nasenhälfte (nach G. Tiefenthal).

Auch hier wieder zeigen sich bei sonst etwa gleichem Endeffekt bezüglich Nase (*einseitige Arhinie*) wesentliche Differenzen in den Einzelheiten, was m. E. nur im Sinne der Verursachung durch eine exogene, an In- und Extensität variable Noxe erklärbar ist.

e) Aplasie beider Nasenhälften.

Auch *doppelseitige Arhinie* (also totale Aplasie beider Nasenhälften inklusive äußerer Nase und Adnexe) kommt vor (äußerst selten! Individuen sonst wohlgebildet). Hier wurden offenbar durch ein äußeres (amniogenes?) Trauma beide Riechplakoden und deren nächste Umgebung total zerstört.

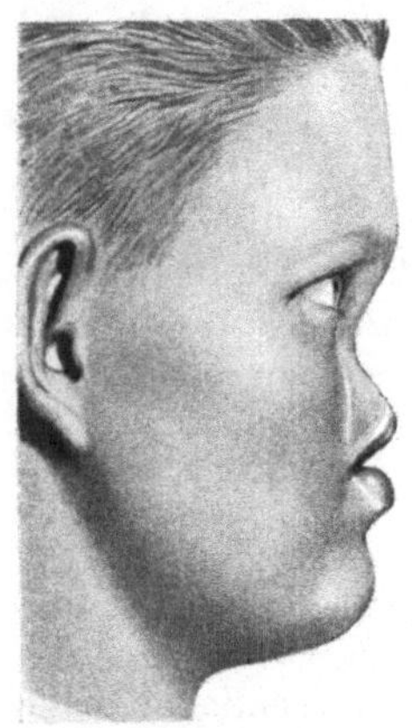

Abb. 44. Totaler Mangel der äußeren und inneren Nase beiderseits in Profilansicht (nach V. P. Blair).

Abb. 44 zeigt eine Beobachtung von V. P. Blair (Fall 9). Bei der plastischen Operation mußte erst eine äußere Nase gebildet und ein Kanal durch den Knochen hindurch bis in den Epipharynx gebohrt werden. In einem Falle von Hellat fehlten die Nasenöffnungen, die Apert. piriformis war knöchern verwachsen und die äußere Nase zu einer knopfförmigen Bildung (Nasenspitze) über der knöchernen Verwachsung reduziert. Hellat beabsichtigte eine Dekortikation auszuführen und die Apert. piriformis wiederherzustellen, doch ist anscheinend darüber nichts bekannt geworden. In dem kurzen Referat ist leider nichts darüber enthalten, ob dorsal von der knöchernen Wand etwa doch eine Nasenhöhle vorhanden und wie der Epipharynx beschaffen war. Bei beiden äußerst kurz beschriebenen Fällen fehlt ferner eine Angabe bezüglich der Zwischenkieferverhältnisse.

Die *verschiedenen Gruppen der Proboscis lateralis* und der *ein- bzw. doppelseitigen Arhinie* stehen einander demnach kausalgenetisch sehr nahe. *Infolge der graduellen Ver-*

*schiedenheiten der von außen her einwirkenden Noxe bezüglich Stärke, Aus-
dehnung und Dauer resultieren die verschiedenen Formen.* Der Rüssel bei
Proboscis lateralis ist, wie schon GRÜNBERG andeutete, verschieden zu bewerten. Er kann sich aus dem abgetrennten Anteil einer Riechplakode[1] bilden
(wobei der Rest sich zu einer normalen oder fast normalen Nasenhälfte weiter
entwickelt) oder vielleicht auch ein Superregenerat sein (von dem Epithel der
Umgebung der Riechplakode) (Gruppe a). Er kann der geschädigten Riechplakode
selbst entsprechen bzw. aus ihr hervorgegangen sein, wobei der laterale Nasenfortsatz zwar erhalten, aber mehr minder geschädigt ist und der korrespondierende
Anteil des medialen Nasenfortsatzes entweder ganz ausfällt (Gruppe c) oder
geweblich noch z. T. zur Geltung kommt (Gruppe b). *Die Reihe, welche von den
verschiedenen Formen der Proboscis lateralis bis zur Aplasie einer oder selbst beider
Nasenseiten führt, ist ein schönes Beispiel dafür, wie sehr die verschiedenen teratologischen Formen bei gleicher Noxe von graduellen Verschiedenheiten letzterer abhängig sind.* In dieser Beziehung kann die genannte Fehlbildungsreihe m. E.
durchaus in eine Parallele zu der Fehlbildungsreihe: „Cyklopie ohne und mit
Rüsselbildung, verschiedene Grade und Formen der Arhinencephalie" gesetzt
werden, wobei freilich die Art der Noxe und die Entstehungszeit gänzlich voneinander verschieden sind. Bezüglich der *Entstehungszeit* der verschiedenen Formen
der Proboscis lateralis sei auf die bei Gruppe a und b gemachten Ausführungen
verwiesen.

B. Nasenverdoppelung (Lit. III).

1. Die Nase bei den Doppelbildungen.

Reiht man an die im vorausgehenden besprochenen graduell verschiedenen
Defektbildungen (Aprosopie, Cyklopie, die Fehlbildungen der Arhinencephaliereihe), welche schließlich zur Norm überleiten, jene Formen an, welche aus einer
mehr minder vollkommenen Verschmelzung von zwei Individuen hervorgegangen
sind, so gelangt man unter Aufführung aller möglichen Verdoppelungsformen
schließlich zu den vollkommen getrennten Doppelformen, den Zwillingen. Diese
Aneinanderreihung kann man als eine kosmobiotische (von Cosmobia — ordnungs-
gemäße Lebewesen) bezeichnen (H. H. WILDER, der hierfür zahlreiche Diagramme
gibt). Zum besseren Verständnis der formalen Genese der Doppelbildungen und
ihrer richtigen Bezeichnung können folgende Vorstellungen dienen: Körper,
welche mindestens eine teilweise Verdoppelung der Körperachse aufweisen,
werden als Doppelbildungen angesprochen. Die Vereinigung der beiden Körper
(bzw. der Embryonalanlagen) kann eine verschieden weitgehende und verschieden
lokalisierte sein. Bei supraumbilicalem Zusammenhang in voller Ausdehnung
resultieren die als *Cephalothoracopagus* bzw. als *Janus* (Syncephalus) bezeichneten Formen. Sie können doppelt-symmetrisch (bei Verschmelzung im Bereich
beider Stirn- bzw. Hinterhauptregionen) sein, aber auch nur einfach-symmetrisch.
Letztere (häufigere) Form kann man sich aus ersterer dadurch entstanden denken,
daß auf einer der beiden sekundären Vorderseiten ein mehr minder großes keil-
förmiges Stück entfernt und die seitlichen Restteile zusammengefügt wurden.
Es resultiert dann neben einer vollkommen ausgebildeten sekundären Vorderseite (welche wie eine normale Vorderseite einer Einfachbildung aussieht) eine
defekte sekundäre Vorderseite, welche cyklopischen Bildungen sehr ähnlich sieht,

---

[1] Auch auf anderem Gebiete kommen amniogene Gewebsverpflanzungen vor. So
berichtete B. HARTZ, ein Schüler G. B. GRUBERS, kürzlich über zwei Früchte, bei
welchen die am unrichtigen Orte sitzenden Arme als durch unfreie (amniogene) Ver-
zerrung bzw. Verpflanzung herbeigeführt aufgefaßt werden.

da auch hier ein Minus an Bildung von Auge, Nase (und auch an Ohren) *vorhanden ist* (Abb. 45 nach H. H. WILDER, welcher auf einer weiteren Abbildung eine anatomische Zergliederung des Rüssels und der Anhangsgebilde der Augen gibt).

Einen hierhergehörigen weiblichen Fetus publizierte F. P. MALL (Carnegie Coll. Nr. 1178 a u. b): Über dem cyklopischen Auge fand sich ein Rüssel, auf dieser Seite fehlten die Nn. olfact.; die beiden ZNS. waren von der Hypophyse nach vorne miteinander verschmolzen. Je ein weiterer Fall wurde von R. SEEFELDER (Fall 1) und von G. C. FINOLA mitgeteilt.

Bei der zweiten Hauptgruppe der Doppelbildungen, der *Duplicitas parallela,* sind die Körperachsen nicht in ihrer ganzen Ausdehnung verdoppelt, mehr oder weniger große Teile derselben sind einfach. Es gibt hier nur mono-symmetrische Formen. Die zur Duplicitas parallela gehörige unvollständige Verdoppelung des vorderen Körperendes (*Duplicitas anterior, Diprosopie*) kann man sich dadurch entstanden denken, daß die doppelt angelegten Köpfe sich um eine etwa durch das For. magnum gehende vertikale Achse gegeneinander nach einwärts drehen. Je geringfügiger diese Drehung ist, desto mehr ist von beiden Individualteilen vorhanden. Je stärker die Einwärtsdrehung wird, desto weniger bleibt von beiden Individualteilen übrig, desto geringer ist also die Verdoppelung. Dabei unterscheiden sich die Augen- und Nasenverschmelzungen bei Diprosopie von den Formen bei Cyklopie dadurch, daß nicht die Anlagen der äußeren Teile beider Augen bzw. beider Nasenhälften miteinander verschmolzen sind, sondern die Anlagen *innenständiger* Teile, was sich beispielsweise auch in ganz anderem Verhalten der Optici kundtut (siehe bei

Abb. 45. Cephalothorakopagus monosymmetros, welcher seine cyklopische, rüsseltragende und synotische Seite dem Beschauer zukehrt (nach H. H. WILDER).

H. H. WILDER). Die *Nasenmißbildungen bei Diprosopie* sind also dadurch entstanden, daß die Anlagen der lateralen Bezirke der einander zugekehrten (also innenständigen) Hälften der Nasen beider Individuen fehlen, wogegen die Anlagen der medialen Bezirke erhalten blieben und sich miteinander vereinigten (Verdoppelung des Septums). Bei den höheren Graden der Diprosopie, welche sich sofort als Doppelgesicht manifestiert, sind natürlich auch die lateralen Bezirke vorhanden, es sind dann zwei vollkommen ausgebildete und mehr minder entfernt voneinander stehende Nasen vorhanden (Abb. 308, 311 u. 312 bei E. SCHWALBE, II. Bd.).

Kasuistische Beispiele: Bei Diprosopus tetrophthalmus und D. triophthalmus sind die Nasen beider Individualteile vollständig vorhanden, wie zwei Beobachtungen von R. SEEFELDER und ein Fall von E. PREISSECKER zeigen, außer wenn ein oder alle zwei Individualteile bereits defekt sind. So beobachtete W. PFEFFER einen Diprosop. triorbit. tetrophthalmus (Fall 13) mit Anencephalie und beiderseitiger cebocephaler

Arhinencephalie, ähnlich jenen Doppelbildungen mit cyklopischen Vorderenden, welche H. SPEMANN experimentell erzeugen konnte (vgl. Abschn. II, S. 32f.). Hierher gehört anscheinend auch ein Fall von G. RATING (Anencephalus mit Verdoppelung des Obergesichtes und des Vorderteils der Schädelbasis mit einer normalen Nase und mit einem Rüssel) und ein Fall von S. B. BRODER (Anencephalus mit Rhinodymie). Ein von LEDOUBLE erwähntes Museumspräparat aus Montpellier (50jährige Frau mit zwei Nasen und zwei Augen) scheint einen Übergangsfall vom Diprosop. triophthalmus zum D. diplophthalmus darzustellen. Bei einem von BERTRAM stammenden Fall eines Diprosopus diplophthalmus war die Doppelnase mit vier Nasenflügeln schon nicht mehr vollständig, da zwei blind endigten. (Ich zitiere den Fall nach F. LASAGNA, der ihn wieder C. TARUFFI entnimmt, doch konnte ich ihn an der angegebenen Stelle nicht auffinden!) Hierher gehören ferner fünf von TARUFFI angeführte Fälle von Diprosop. diplophthalmus und ein Fall von BIEN beim Hausschwein (erwähnt von R. LÖWY). Interessant ist eine von F. LATASTE beschriebene Dreifachbildung beim Schwein (porc trirhinodyme), bei welchem sich zwischen die beiden äußeren Individuen, deren äußere Hälften nur vollständig waren, ein inkomplettes medianes Individuum einschob. In den drei kürzlich von A. FELLER veröffentlichten Fällen von *geringgradiger Diprosopie*, welche eine Verdoppelung des Unterkiefers und der Zunge, zweimal auch eine des Oberkiefers zeigen und den Beweis erbringen, daß die Verdoppelung meist viel weiter reicht, als von außen vermeint wird (Hypophyse, einzelne Hirnnerven!), fand sich *nur ein Augenpaar und eine Nase. Letztere war jedoch* (namentlich in den Fällen 1 und 2) *äußerlich und in ihrem Skelett sehr breit, die Nasenlöcher weit voneinander abstehend, Septum breit und niedrig, Aperturae piriformes in die Breite gezogen.* Diese Fehlbildungsform der Nase kann geradezu als charakteristisch für die leichtesten Formen von Diprosopie gelten.

2. Alleinige Nasenverdoppelung (Rhinodymie).

Findet man im Gegensatz dazu in einem Gesicht und Kopf, dessen Bildung von einer Einfachbildung nicht abweicht, *alleinige Nasenverdoppelung*, so haben wir es hier nicht etwa mit einem Fall von leichter Diprosopie zu tun (denn sonst müßten Formen wie die von FELLER gefundenen resultieren!), sondern mit einer Fehlbildung sui generis, mit der *Rhinodymie* genannten reinen Nasenverdoppelung. Diese Gruppe besonders scharf hervorzuheben, gelingt mit Hilfe einer kleinen, aber gut beobachteten Zahl von Fällen des Schrifttums. Diese Fälle bilden m. E. eine ebensolche Sondergruppe wie etwa die Fälle reiner Oberkieferverdoppelung bzw. Polygnathie, wie sie G. GERSTEL herauszuheben versuchte. Das Charakteristikum dieser besonderen Fehlbildungsform ist die reine, mehr minder vollständige Verdoppelung des Nasalorgans bei sonst völlig normalen Verhältnissen bezüglich Gehirn, Auge, Mundhöhle, Kiefer, Zunge und bei einfachem Achsenskelett. Eine solche nur das Nasalorgan betreffende Verdoppelung ist m. E. durchaus möglich, da die Riechplakoden ein von der Körperachse unabhängiges, von der Peripherie des Gesichts ausgehendes Organ darstellen.

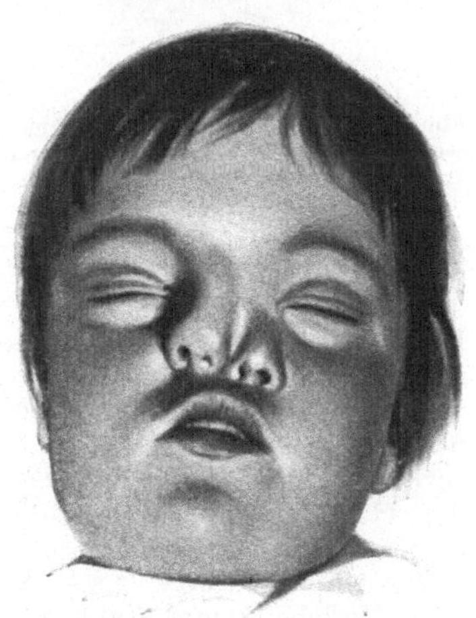

Abb. 46. Dreijähriges Mädchen mit zwei vollständig ausgebildeten Nasen (Rhinodymie) (nach F. F. MUECKE und H. S. SOUTTAR).

Kasuistik: Die erste diesbezügliche Beobachtung wurde anscheinend von BIMAR (1881) gemacht. Von MUECKE und SOUTTAR stammt der auf Abb. 46 wiedergegebene äußerst instruktive Fall: dreijähriges Mädchen mit zwei vollständig ausgebildeten Nasen und vier Choanen, von welchen die beiden äußeren größer waren. Rechte Nase liegt etwas zentraler und ist etwas größer. Jede Nase hatte ihr eigenes Septum, zwei Nasenlöcher und zwei wohlausgebildete Nasenflügel. An der Wurzel und an der medialen Fläche jeder der beiden Nasen fand sich ein sehr kleines rundes Grübchen, dessen morphologische Bedeutung die Autoren zu bestimmen nicht in der Lage waren und das sie als möglicherweise mit der Fissura lacrimalis im Zusammenhang deuteten. Sollte dies tatsächlich zutreffen, so würde dies eine leichte Form der Diprosopie mit fast völliger Unterdrückung der innenständigen Augen und ihrer Nebenapparate beinhalten. Dieses Grübchen könnte indes eine viel harmlosere Bedeutung haben (Einsenkung zwischen beiden Nasenrücken?). Da ausdrücklich erwähnt wird, daß das Kind im übrigen völlig normal gewesen, keine Abnormitäten an Lippen, Kiefer und Gaumen dargeboten habe und da auch nicht das geringste von einer Verdoppelung der Körperachse, bzw. Andeutung davon erwähnt wird, so scheint mir hier ein Fall von reiner Nasenverdoppelung (Rhinodymie) vorzuliegen. —

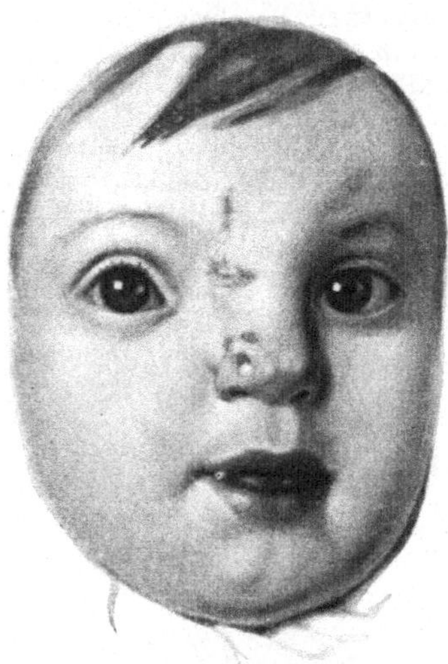

Abb. 47. Leichter Grad von Rhinodymie, gegeben durch überzähliges Nasenloch und überzählige Nasenhöhle rechts (nach H. Bell Tawse).

Eine etwas geringere Nasenverdoppelung beschrieb F. Lasagna: Bei einem zweimonatigen, aus gesunder Familie stammenden und sonst normal gebildeten Knaben fand sich links von der Mittellinie eine annähernd regulär ausgebildete Nase mit zwei Choanen und mit zwei Nasenlöchern und einem schrägstehenden Septum, welches die Nase in zwei ungleiche Hälften teilte. Die rechts von der Mittellinie situierte rechte Nase war unvollständig ausgebildet, indem nur die rechte Hälfte mit einem Nasenloch und einer Choane ausgebildet war. Von einer streng median in der Infraorbitalgegend befindlichen stecknadelkopfgroßen Öffnung gelangte man mit der Sonde in die rechte Nasenseite, so daß hier möglicherweise ein Rest der im übrigen unterdrückten linken Hälfte der rechten Nase vorlag. Lasagna faßt dies aber als einen Überrest eines überzähligen, mit einer rudimentären Tränendrüse in Verbindung stehenden Tränenkanals auf (? Ref.). Es waren also drei Nasenlöcher und drei Choanen vorhanden. Innere Augenabstände beträchtlich vermehrt, Augenhöhlen und Bulbi normal groß. Zwischen den beiden Nasen befand sich oben eine große, nach abwärts sich verkleinernde Senke. Das übrige Gesicht und der Kopf war dem Aspekt nach normal, doch war es bei dem Alter des Kindes trotz Röntgen unmöglich festzustellen, ob irgendwelche überzähligen Schädelknochen vorhanden waren. — Der Fall von St. Clair Thomson ist dem vorhergehenden sehr ähnlich: vier Wochen altes Mädchen mit drei wohlausgebildeten und einem vierten rudimentären Nasenloch und zwei Nasenstegen. Nur die beiden äußeren Nasenlöcher waren nach dem Nasopharynx zu durchgängig. Es waren also nur zwei Choanen ausgebildet. Eine noch geringere Ausprägung der *Polyrhinie* fand Watzlik an einer 27jährigen Frau: Verdoppelung der rechten Nasenhälfte mit einer durchgängigen lateralen und einer rudimentären medialen Nasenhöhle. — *Als leichtester (i. e. unvollständigster) Fall von Rhinodymie* ist die Beobachtung von H. Bell Tawse anzusehen: Bei einem 16 Monate alten Mädchen, einer Zwillingsgeburt (die andere Frucht war ein Anencephalus), fand sich über dem rechten Nasenloch ein überzähliges Nasenloch (Abb. 47), durch welches man in einen Hohlraum gelangte, welcher zur Nasenwurzel hinaufführte. Die entsprechende Hautpartie über dem Ende der Höhle stellte sich als ein Grübchen mit einer feinen Öffnung dar, aus welcher gelegentlich etwas Sekret hervorgekommen sein soll. Bei Sondierung des überzähligen Nasenloches kam etwas Blut aus dem normalen darunter befindlichen rechten Nasenloch heraus, so daß irgendwo zwischen beiden ein Zusammenhang bestehen mußte. Bei Berührung der Augenlider zog sich das überzählige Nasenloch und das Grübchen oberhalb desselben zusammen. Tawse demonstrierte ein Röntgenstereogramm des Schädels, worüber sich aber keine weiteren

Mitteilungen finden. Aus der Abbildung ist der übermäßige Augenabstand (namentlich des rechten Auges von der Medianebene) sowie die normale Bildung von Lippen und Wangen ersichtlich. Von eventuellen sonstigen Mißbildungen des Kindes geschieht keine Erwähnung. — Als *Andeutung* von Rhinodymie kann möglicherweise die Beobachtung von A. P. MISCHARIN (doppeltes knorpeliges Septum, getrennt durch Schleimhautschicht!) gelten. — Hierher gehört vielleicht auch eine von VAN VOORTHUYSEN gemachte Beobachtung von *„doppelt übereinanderliegender äußerer Nasenanlage"* an einem sechsjährigen, etwas schwachsinnigen, aber sonst normal gebildeten Mädchen. Seit Geburt bestand über der äußeren sehr platten und sehr langen Nase an der Grenze des mittleren gegen das untere Drittel eine zweite, vollkommen unentwickelte Nasenspitze mit deutlichen Nasenflügeln. Die darüberliegende Haut war mit der knorpelharten Unterlage stark verwachsen. Nasenöffnungen waren jedoch nicht vorhanden. Das Dach der eigentlichen Nasenhöhle stand relativ tief (Röntgen). Wesentlich vermehrte Augendistanz.

Auch aus der *Teratologie der Haustiere* sind Fälle von alleiniger Verdoppelung des Riechorgans bekanntgeworden. F. LASAGNA (l. c.) führt davon an: Ein von HERCOLANI beschriebenes Kalb mit zwei etwas weiter auseinanderstehenden Nasenöffnungen und einem in der Mitte und etwas darüber befindlichen überzähligen engen Nasenloch bzw. Kanal. Ferner ein von LANZILOTTI BUONSANTI als *Dirrhinus superpositus* bezeichnetes Kalb, bei welchem über einer normalen Nase eine weitere, etwas kleinere zylindrische Nase mit drei Öffnungen vorhanden war, wovon eine blind endigte.

Alle diese angeführten, teils der menschlichen, teils der tierischen Teratologie entstammenden *Fälle von mehr minder kompletter Verdoppelung eines einzelnen Organs, hier der Nase, unterscheiden sich wesentlich von den höher oben angeführten echten Doppelmißbildungen.* Sie gehören zu den Mißbildungen mit Organverdoppelung (E. SCHWALBE, l. c.). Die besondere Art der Fälle mit alleiniger Nasenverdoppelung hat C. TARUFFI dadurch hervorgehoben, daß er für diese Gruppe den Terminus *Teratomonosoma dirrhinus* prägte.

3. Formale und kausale Genese der Nasenverdoppelung.

Bezüglich der *formalen Genese* der *echten Doppelbildungen* verweise ich auf E. SCHWALBE (l. c. II. T., namentlich Kap. V), woselbst auf die RAUBERsche *Radiationstheorie* und ihre Modifikationen durch KOPSCH bzw. FISCHEL und auf die HERTWIGsche *Gastrulationstheorie* sowie auf die Theorie der *unvollkommenen Sonderung* (KAESTNER, RABAUD) näher eingegangen wird. Hier finden auch die alten Termini „Spaltung" und „Verwachsung" eine auf moderner Erkenntnis basierte befriedigende Kritik bzw. Erklärung.

Über die *kausale Genese* der *natürlichen* Doppelbildungen ist nach E. SCHWALBE nichts Sicheres bekannt. Auf *experimentellem* Wege ließen sich sowohl Duplicitas anterior als auch Janusbildungen ziemlich leicht erzeugen (vgl. Abschn. II, S. 31 ff.). Zahlreiche mechanische Verfahren (Erschütterung, Schütteln, Durchschnürungen, Druck, Einschnitt), der Einfluß der Schwerkraft und die Abänderung der Bebrütungstemperatur, die Verminderung der Sauerstoffzufuhr, chemische und osmotische Einflüsse, Ultraviolettbestrahlung usw. haben sich als wirksam erwiesen. *Damit ist bewiesen, daß Doppelbildungen aus einfachen Keimen hervorgebracht werden können,* wenn in frühembryonalen Phasen (Zweizellenstadium bis Gastrulation) Störungen der geschilderten Art einwirken gelassen wurden. *Doppelbildungen können sich aber auch aus zwei ursprünglich getrennten Keimen entwickeln.* Diese beiden Keime können entweder aus einer einzigen befruchteten Eizelle (eineiige Zwillinge) oder aber aus zwei befruchteten Eizellen bzw. aus einem zweikernigen Ei hervorgegangen sein. Erstere Möglichkeit scheint die weitaus häufigere zu sein. Die Doppelmißbildungen sind daher vom Standpunkt des Ausgangsmaterials aus gesehen als sehr verschieden zu bezeichnen. Es ist sehr wohl denkbar, daß auch zur Entstehung der natürlichen Doppelbildungen des Menschen beide eben aufgezeigten Hauptwege beschritten werden. Für die aus ursprünglich einfachem Keim entstehenden Doppelbildungen darf man in Anlehnung an die Erfahrungen des Experiments wohl annehmen, daß ihre *Entstehungszeit* zwischen dem Zweizellenstadium und dem Ende der Gastrulation liegt und daß schon vom ersten Auftreten der Medullarplatte ab durch keinerlei Störungen mehr Doppelbildungen erzielbar sind. Auch dann, wenn die Doppelbildung aus der Vereinigung zweier ursprünglich getrennter Keime hervorging, muß mit einem sehr frühen Entstehungszeitpunkt gerechnet werden.

Die *alleinige Nasenverdoppelung* (Rhinodymie sensu strictiori) bei einfacher Körperachse ohne sonstige Fehlbildungen erfordert gesonderte Betrachtung (sie findet Analoga im Vorkommen alleiniger Oberkieferverdoppelung [E. BUMM] bzw. alleiniger Unterkieferverdoppelung [W. MEYER]). *Wahrscheinlich ist eine leichte, von außen her einwirkende mechanische Störung,* welche die eben in Ausbildung begriffene Nasenanlage (wahrscheinlich im Stadium der Riechplakode oder knapp vor dem Erscheinen derselben) trifft und diese Keimbezirke mehr minder vollständig und ohne nennenwerten Materialverlust teilt, wonach sich dann auf dem Boden der Teilung der organogenetischen Keimbezirke oder durch Hyperregeneration zwei mehr minder komplette Nasen ausbilden. Diese Vorstellungen werden durch gelungene Experimente unterstützt (vgl. Abschn. II, S. 34ff.). Der Vorgang ist vielleicht ähnlich zu denken wie bei den TORNIERschen Hyperregenerationsversuchen. TORNIER konnte nämlich durch Umlegen eines Fadens um ein knospendes Hintergliedmaßenregenerat bei Molchen Doppelbildungen von Gliedmaßen erzeugen. Ähnliches zeigen die natürlichen Regenerate ganzer Extremitäten bei Becken- und Schultergürtelbrüchen während des Larvenbzw. Embryonallebens von Amphibien und Vögeln und die natürliche Entstehung gegabelter Gliedmaßen bzw. Polydaktylie an Schweinen und Cerviden. Dementsprechend ist als *spätester Zeitpunkt* für die Entstehung der alleinigen Nasenverdoppelung das Auftreten der Riechplakoden anzunehmen, was ca. 30 Somitenpaaren (= ca. 3 mm Sch.-St. L., w. A. von ca. drei Wochen) entspricht. Der wirkliche Fehlbildungszeitpunkt dürfte jedoch etwas früher anzusetzen sein.

Anhangsweise sei darauf hingewiesen, daß die *alleinige Nasenverdoppelung nicht zu verwechseln ist* mit jenen höhergradigen Formen von medianer Gesichtsbzw. Nasenspaltung, welche unter dem Namen *der gefurchten und geteilten Doggennase* bekannt ist (siehe darüber später). Bei letzterer ebenfalls durch Einwirkung eines äußeren Traumas entstandenen Mißbildung sind nicht mehr Nasenschläuche vorhanden als de norma, sondern die beiden Seiten sind nur ungewöhnlich weit auseinandergerückt. Die Einwirkung .der Noxe erfolgte aber zu einem späteren Zeitpunkt, zu welchem eine Teilung der Nasenanlagen nicht mehr zur Mehrfachbildung bzw. Hyperregeneration, sondern nur noch zu räumlicher Trennung führen konnte. — Ein weiterer Berührungspunkt ergibt sich mit *Form a der Proboscis lateralis.* Als wahrscheinlichster Entstehungszeitpunkt letzterer wurde eine Phase ermittelt, welche hinter der Entstehung der alleinigen Doppelnase rangiert. Die Glaubhaftigkeit dieses aus anderen Peilungen errechneten Zeitpunkts für die Entstehung der Proboscis lateralis wird durch den Umstand erhöht, daß nur auf ganz frühen Stufen der Organentwicklung einwirkende exogene Störungen eine Teilung der organogenetischen Keimbezirke bewirken und damit zur Hyperregeneration eines *ganzen* Organs führen können. Dieser Zeitpunkt ist aber bei der Proboscis lateralis gerade im Verstreichen oder schon verstrichen.

C. Hirnbrüche und neurogene Tumoren im Bereiche der Nase (Lit. VII).

Bekanntlich führt eine ununterbrochene Reihe von der Holoakranie, Meroakranie bzw. Kranioschisis mit Anencephalie, Cyst- und Pseudencephalie bzw. Exencephalie bis zu jenen geringeren Fehlbildungsformen, welche durch engere Öffnungen im Schädel und weniger ausgedehnte Störungen in der Lagerung der Organe des Schädelinhalts charakterisiert sind. Diese letzteren Formen werden meist als *Encephalocelen* oder *Hirnbrüche* bezeichnet. Dabei lassen diese Fehlbildungen im Bereich des Schädels bzw. Gehirns ebenso wie ihre Analoga im Bereich der Wirbelsäule bzw. des Rückenmarks verschiedene morphologische Formen je nach dem Inhalt des Bruchsackes unterscheiden: Es gibt da Encephalocelen (bzw. Encephalomeningocelen), Encephalocystocelen, Encephalocystomeningocelen und Meningocelen, je nachdem, ob der Bruchsack Hirnsubstanz allein oder im Verein mit Hirnhäuten, mit und ohne einen Hirnhöhlenabschnitt (welcher wieder durch Hydrocephalus internus cystisch ausgedehnt sein kann) oder nur Hirnhäute allein enthält. Im Hirnbereich überwiegt an Häufigkeit die Encephalocystocele. Ferner ist zu beachten, daß viele scheinbare Meningocelen in Wirklichkeit Encephalocystocelen sind (histologische Untersuchung!). Unbeschadet des schließlichen Ergebnisses der histologischen Untersuchung, sollen im folgenden die Termini „Hirnbruch" bzw. „Cephalocele" für alle vorkommenden Typen verwendet werden.

1. Lokalisation, formale Genese und Ätiologie der vorderen Hirnbrüche.

Entsprechend der Lokalisation unterscheidet man bekanntlich *occipitale, syncipitale* und *basale Cephalocelen.* Nur letztere zwei Hauptlokalisationen spielen für den Bereich der Nase und des Epipharynx eine Rolle, für die eigentliche Nase wiederum die *intra- und die extranasalen Hirnbrüche. Unter den extranasalen Cephalocelen (= C.) unterscheidet man* wieder entsprechend der Durchtrittsstelle eine *nasofrontale* C., welche zwischen Stirn- und Nasenbeinen hervortritt, eine *naso-ethmoidale* C., welche zwischen Stirn-, Nasen- und Siebbein sich nach unten erstreckt und unterhalb der Nasenbeine als äußerer Tumor zwischen knöcherner und beweglicher Nase in Erscheinung tritt, und eine C. *naso-orbitalis* (oder C. orbitalis anterior), welche sich zwischen Stirnbein, Siebbein und Tränenbein hervordrängt und dann entweder am inneren Augenwinkel oder im vorderen Teil der Orbitalhöhle lokalisiert ist. Letztere Form bildet gewissermaßen den Übergang zu den *basalen* Hirnbrüchen. Zu letzteren gehört außer der relativ seltenen C. orbitalis posterior (welche keinerlei Beziehung zur Nasenhöhle gewinnt) die hier besonders interessierende C. *intranasalis* (Durchtrittsstelle durch die horizontale Siebbeinplatte), die C. *sphenoethmoidalis* (an der Grenze

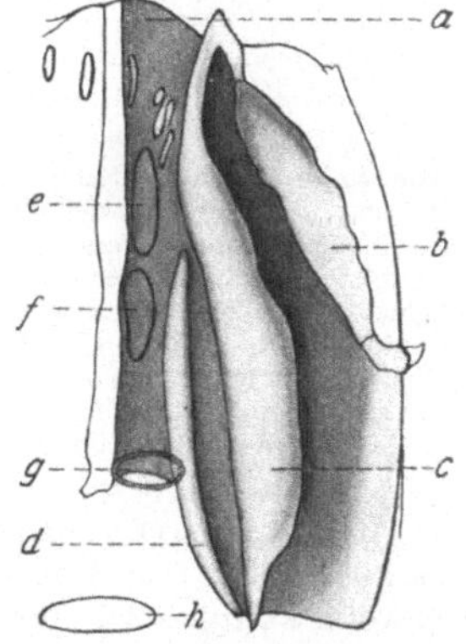

Abb. 48. Skizze des Nasen- und Epipharynxdaches (von unten gesehen) mit Öffnungen zum Durchtritt basaler Cephalocelen. Legende im Text (nach CHR. FENGER).

zwischen Siebbein und Keilbein) und die in den Epipharynx durchtretende *sphenopharyngeale* C., welche hierbei meist den Can. cran.-pharyngeus benützt. Abb. 48 zeigt die Durchtrittsstellen der erwähnten basalen Hirnbrüche nach einer schematischen Figur von CHR. FENGER (a = Lam. cribr.; b = Proc. uncin.; c = conch. med.; d = conch. sup.; e, f = Durchtrittsstellen für C. intranas.; g = für C. spheno-ethm. und h = für C. spheno-pharyngea).

Die Unterscheidung der *extranasalen Cephalocelen* in nasofrontale, naso-
ethmoidale und naso-orbitale beruht nicht nur auf morphologischen Details
der äußeren Bruchpforte (dementsprechende Namengebung!), sondern auch
auf Verschiedenheiten der inneren Durchtrittsstelle und hat infolgedessen
große praktische Bedeutung. A. STADFELDT suchte zwar darzutun, daß
die Lage der inneren Bruchpforte für alle diese Formen die gleiche sei,
nämlich an der Grenze zwischen Primordialkranium und Deckknochen liege,
weshalb er alle Formen unter der Bezeichnung C. frontoethmoidalis zusammen-

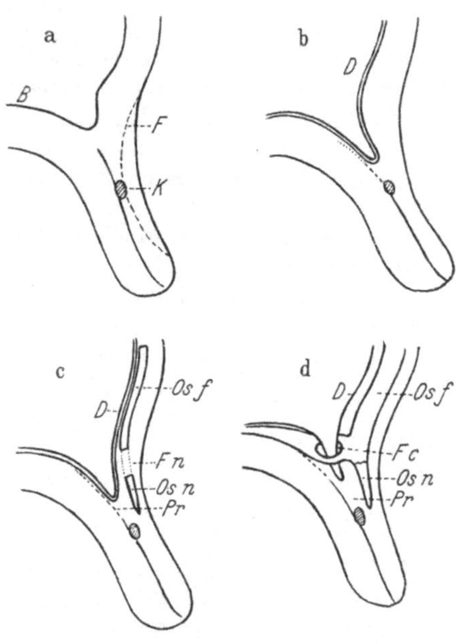

faßt. Dies hat sich jedoch m. E. nicht als
richtig erwiesen. STADFELDT sah sich selbst
gezwungen drei Untergruppen zu bilden,
wovon Gruppe a und b (mit abnormem
Tiefstand des Siebbeins) der C. naso-
ethmoidalis sive praenasalis und Gruppe c
der C. nasofrontalis und der C. orbital.
anter. entsprechen. Diese Formen sind
aber, wie aus dem Folgenden ersichtlich,
auch bezüglich ihrer inneren Durchtritts-
punkte verschieden. Um dies zu verstehen,
ist eine kurze Besprechung der etwas komplizierten anatomischen Verhältnisse im
vorderen Nasen-Schädel-Bereich nicht zu
entbehren. Nur so wird ersichtlich, warum
Hirnbrüche einmal unterhalb der Nasenbeine, ein andermal zwischen Nasen- und
Stirnbeinen erscheinen — und warum die so
häufigen medianen Nasenfisteln und Dermoide unter und hinter den Nasenbeinen
angetroffen werden (siehe Abschn. III/D).
Für das Verständnis der äußeren Erscheinungsformen und der Bruchpforteverhält-
nisse der Cephalocelen ist namentlich die
Betrachtung der *Entstehung des Foramen
caecum des Schädels* wichtig, anatomische
Verhältnisse, auf welche M. HOLL und
L. GRÜNWALD die Aufmerksamkeit gelenkt
haben.

Abb. 49 a—d. Schematische Darstellung der Entstehung und der Beziehungen des Foramen
caecum (*Fc*) zum Pränasalraum (*Pr*), zur naso-
frontalalen Lücke (*Fn*), zu den Stirn- und Nasenbeinen (*Os f*, *Os n*) und zur Lokalisation der
sincipitalen Cephalocelen sowie eines eventuellen
Einschlusses eines ektodermalen Keimes (*K*) im
Pränasalraum. *F* Area infranasalis; *B* Basis cranii;
D Dura mater (nach L. GRÜNWALD).

Schon HYRTL sagte in der 20. Auflage seines bekannten Lehrbuches (Wien 1889,
S. 297), daß das Foramen caec. viel bezeichnender Porus cranio-nasalis genannt
werden könnte. Die umfangreichen Untersuchungen M. HOLL's (1893) ergaben sodann
(vgl. hierzu Abb. 49a—d nach einer schematischen Figur L. GRÜNWALDs): An den
Schädeln Neugeborener findet sich zwischen den abgerundeten Ecken der Stirnbeine
und den oberen Enden der Nasenbeine eine bindegewebige Membran, E. ZUCKER-
KANDLS „Fontic. nasofrontalis". Diese Fontanelle wird normalerweise später immer
kleiner und verschwindet schließlich ganz. Trifft die Schädigung (wahrscheinlich
haben wir es mit einer exogenen Noxe zu tun) die Mesodermpartie (und gleichzeitig
natürlich auch die darunterliegende Hirnsubstanz), welche berufen ist, die nasofrontale Lücke (*F. n.*) zu schließen, so kommt es daselbst zu einem Defekt, welcher
zur Entstehung einer *C. nasofrontalis* Veranlassung geben kann. — *Entfernt man die
Nasenbeine an Neugeborenen, so kommt ein bindegewebiger Pfropf zum Vorschein,
welcher nach oben mit der Dura mater zusammenhängt und einen Fortsatz derselben
darstellt.* Der Durazipfel (*D*) füllt eine dreieckige Grube — Fossa supranasalis (triangularis sive rhomboidalis) — aus, welche hinten vom oberen Anteil der knorpeligen

Nasenkapsel begrenzt wird, also *pränasal* gelegen ist. Dies ist die von L. GRÜNWALD als *Pränasalraum (Pr.)* bezeichnete Gegend. Ihren Inhalt bildet der zipfelförmige Durafortsatz, auf welchen ventralwärts die Nasenbeine folgen. Der grubige Pränasalraum spitzt sich kaudalwärts zu und geht schließlich in eine schmale, immer feiner werdende Rinne über, welche sich in der Nähe der Nasenspitze verliert. (Bei der weiteren Entwicklung der Nase wird die Grube immer seichter und kleiner und die Rinne verschwindet schließlich.) Indem nun der Durazipfel von Knochen umwachsen wird, bildet sich einerseits der Proc. nasalis des Stirnbeins aus, anderseits ist dadurch der Durazipfel in einen Knochenhohlraum aufgenommen, dessen Eingang (von der Schädelhöhle her) als *Foramen caecum (F. c.)* bezeichnet wird. Letzteres liegt also innerhalb des zum Stirnbein gehörenden Proc. nasalis. Dieser wieder liegt im Pränasalraum und damit zwischen den Nasenbeinen und der vorderen Wand der knorpeligen Nasenkapsel. Bei einer kombinierten Mesoderm-Hirn-Schädigung im Bereich des Durazipfels kann die Bildung des Proc. nasalis ausbleiben und die Fossa supranasalis triangularis (= Pränasalraum) wird eventuell von einer Cephalocele eingenommen, welche das For. caec. als Bruchpforte benützt und unterhalb der Nasenbeine zutage tritt. Wegen dieser anatomischen Beziehungen benennt man solche Hirnbrüche als *C. naso-ethmoidalis* oder nach L. GRÜNWALD als *C. praenasalis*.

Der Pränasalraum entspricht also der Fossa supranasalis triangularis und letztere wieder der Area bzw. dem Sulc. supranasalis in einem frühen Embryonalstadium, bzw. der Nasenwurzelgegend des ausgewachsenen Zustands. Diese koinzidiert ihrerseits mit der Verschlußstelle des vorderen Neuroporus, wie H. STERNBERG auf Grund entwicklungsgeschichtlicher Unterlagen feststellte. Nach H. STERNBERG läßt sich die *formale Genese der vorderen Hirnbrüche* durch die Annahme erklären, „daß die Loslösung des Gehirns vom Ektoderm an der Stelle des vorderen Neuroporus später als in der Norm erfolgte, so daß das Mesoderm der Schädelkapsel an dieser Stelle fehlerhaft angelegt ist". Auch sonst wird im neueren Schrifttum die ursächliche Minderwertigkeit (oder Schädigung) des Mesoderms am Orte der Hirnbrüche öfters hervorgehoben. Die Hirnschädigung ist aber nicht minder primär. *Durch diese Defektuosität in Ekto- und Mesodermbezirken, welche wohl als Folge der Einwirkung einer äußeren Noxe anzusehen ist,* wird die zeitgerechte Loslösung des Gehirns vom Ektoderm verzögert oder kommt nur unvollkommen zustande. Da die Cephalocelen zu einem weit früheren Zeitpunkt entstehen als die Anlage des Skeletts bzw. der Deckknochen, so ist damit die alte Ansicht, daß Skelettdefekte Veranlassung zum Hirnbruch geben, mit Recht als unrichtig verlassen worden. Durch die primäre Hirn-Mesoderm-Schädigung ist auch die Erscheinung erklärt, daß die Cephalocelen so häufig (aber durchaus nicht immer!) die Suturen (im vorderen Schädelbereich die Suturae fronto-nasal., fronto-maxill. und fronto-lacrym.) bevorzugen, weil eben das Mesoderm, so weit es überhaupt noch Knochen zu bilden fähig ist, dies nur in der Umgebung der lädierten Partie (= „Bruchpforte") zu tun in der Lage ist, wodurch dann die Durchtrittsstelle des Hirnbruchs in die Aussparungen bzw. Nahtverbindungen zwischen den einzelnen Knochen zu liegen kommt. Ebenso begreiflich ist es aber, daß auch gelegentlich ganze Knochen oder Teile von solchen (Tränenbein usw.) fehlen und daß gelegentlich auch mehrfache Knochendefekte, die aber nicht immer auch zu Bruchpforten werden, vorhanden sein können (A. EXNER, b; W. SCHEYER und W. SPRENGER u. A.). Die Lage solcher Knochendefekte an der Schädelbasis fernab von der Oberfläche läßt eine amniogene Ursache ausschließen. Das gleichzeitige Vorhandensein von Impressiones digitatae bei Knochendefekten ohne Hirnbruch führt m. E. unbedingt zur Annahme einer primären Mesodermschädigung, da ja sonst der vermehrte Hirndruck auch an den Defektstellen Knochenhypertrophie zustande gebracht hätte. Daß die begleitende Störung des Hirnrohres häufig mit innerem Hydrops einher-

7*

geht ist wahrscheinlich (A. Exner, der sich hier auf die Auffassung A. Fischels über das Zustandekommen der fetalen Hydromyelie stützt). Sie kommt vielleicht durch eine vergleichsweise stärkere Störung der Proliferation und des Amöboidismus als der Sekretion in dem sich bildenden ZNS. zustande oder vielleicht nur durch eine Störung der ersteren Funktionen[1] gepaart mit Reizung der letzteren (vgl. hierzu die Ausführungen im Abschn. I, S. 16f.). Für die Schädigung des Mesoderms und des Hirnrohrs scheint *ätiologisch die Annahme einer exogenen chemisch-toxischen Noxe* (im Sinne der Ausführungen in Abschn. I, S. 12ff. u. 23ff.) *mit vielleicht elektiver Läsionsfähigkeit gewisser Zelltätigkeiten am wahrscheinlichsten zu sein.*

2. Anomalien und Varianten der Lamina cribrosa.

Ist das zur Bildung der Nasenkapsel bestimmte Mesoderm in seiner Entwicklung gestört bzw. stellenweise zerstört, so resultieren daraus *Defekte im Bereich der Lam. cribrosa*, welche die innere Bruchpforte von Cephalocelen darstellen, welche nach ihrer äußeren Erscheinung teils als C. *naso-orbitalis* (sive orbit. anter.), teils — falls sie im Naseninnern sich manifestieren — als C. *intranasalis* bezeichnet werden.

De norma zeigt die Bindegewebsverdichtung, welche der Knorpelbildung vorausgeht, entsprechend der späteren *Lam. cribrosa* nur eine schwache Entwicklung. Bei etwa sechs bis sieben Wochen alten Embryonen klafft am Dach des späteren Siebbeins jederzeit ein großes freies sagittal-elliptisches Spatium. Dieses als For. olfact. zu bezeichnende Loch ist auch noch an Embryonen von 28 mm Länge deutlich ausgeprägt. Erst in der Folge wird es durch Knorpelspangen, welche sich zwischen Septum und Seitenplatten ausbilden, in jene große Anzahl von Löchelchen geteilt, welche zum Terminus „Lam. cribrosa" geführt hat. Dieser letztere Zustand ist an 80 mm langen Embryonen erreicht. Bei Schädigung des zur Ausbildung der Siebbeinplatte bestimmten Mesoderms bleibt die Entwicklung der Gegend der Lam. cribrosa gewissermaßen auf einem frühembryonalen Zustand stehen, es resultiert ein oder beiderseitig ein Loch („Hemmungsbildung"). Bei gleichzeitiger Hirnschädigung kann es dann zur Bildung einer C. intranasalis kommen, andernfalls aber bei Laminacribrosadefekten allein bleiben, wie Sektionen zufällig aufdeckten.

So fanden sich in Fall 3 von A. Exner (b) neben einem Hirnbruch in der linken Scheitelbeingegend zwei ca. 3 mm große rundliche Knochendefekte beiderseits von der Crista galli. Halle erwähnt Dehiszenzen am Siebbeindach, welche teils in vivo anläßlich von Nasenpolypenoperationen, teils bei Operationsübungen in cadavere festgestellt werden konnten. In einem dieser Fälle besaß der Knochendefekt eine Ausdehnung von 15 : 7,5 mm, war oval konturiert und von durchaus glatter Beschaffenheit seiner Ränder. H. Dahmann und H. Müller hatten Gelegenheit bei einer an Grippeencephalitis und Meningitis verstorbenen Frau links eine 5 bis 6 mm (!) breite Riechspalte und in der blattdünnen Lamina cribrosa einige bis zu 6 mm breite Dehiszenzen nachzuweisen, im Bereich welcher sich Dura und Nasenschleimhaut direkt berührten. Doch lag keine Cephalocele vor. Die rechte Lamina cribrosa war dagegen sehr dick und wies normale Foramina von natürlicher Größe auf.

Wenn diese Fälle wohl als Hemmungsmißbildungen bzw. Anomalien des Siebbeindaches aufzufassen sind, so gibt es wieder nicht so selten andere,

---

[1] Daß andererseits in Hirnbrüchen neben Hirnaplasien auch Hyperplasien gefunden werden können, geht aus Beobachtungen von Zingerle und von P. Berger hervor. Letzterer spricht geradezu von Encephalomen.

welche als *anatomische Varianten* gelten dürfen. 1917 wies D. von Hansemann an Hand eines großen Sektionsmaterials auf die *Variabilität der Lam. cribrosa und der Crista galli* in Lage, Form, Breiten- und Längenausdehnung sowie namentlich auch bezüglich Dicke hin. Diese anatomischen Varianten fand v. Hansemann unabhängig von der Rasse, und zwar ebensowohl bei Gemischtrassigen (Deutschen, Russen usw.) wie bei Reinrassigen. Die Dicke der Lam. cribrosa schwankte zwischen Bruchteilen eines Millimeters und zwei Millimetern und zeigte sich unabhängig von der Dicke des übrigen Schädels. So wurden dicke Schädel mit dünner Lam. cribrosa gefunden und umgekehrt. Weder bei angeborener Dicke des übrigen Knochensystems noch bei den durch Rhachitis oder Hyperostose herbeigeführten Knochenverdickungen muß die Lam. cribrosa notwendig auch dick sein, sie ist es bei Hyperostose nur dann, wenn sich letztere an der Crista galli (wie häufig bei Arthritis deform.) lokalisiert. Die Lage und die Dicke der Lam. cribrosa spielt nach den ausgedehnten Erfahrungen v. Hansemanns bei traumatischen Einflüssen eine große Rolle: Bei Schädelschüssen kann durch Contre-coup eine Berstung der Lamina nasalwärts und bei einfachem „Luftdruck" (durch das Krepieren von Granaten in der Nähe) Eingedrücktwerden der (stets dünn gefundenen) Lamina hirnwärts herbeigeführt werden. Dies hat große praktische und forensische Bedeutung. Zu den anat. Varianten gehört auch das Vorhandensein von Foramina olfactoria *lateral* vom Ansatz der mittleren Muschel (vgl. hiezu Abschn. III, Kap. G. 3 b).

3. Die verschiedenen Formen der vorderen Hirnbrüche.

Kasuistik der Cephalocelen im Nasenbereich:

a) *C. nasofrontalis:* Sie tritt, wie erwähnt, durch die nasofrontale Fontanelle durch, liegt oberhalb der Nasenbeine und hat keine Beziehungen zum Naseninnern. P. Ernst (Lit. IV, Abb. 62) bildet eine solche von ungewöhnlicher Größe ab. Hierher gehören anscheinend die Beobachtungen von Salgendorff sowie von J. Browder und J. A. de Veer (sieben Tage altes Mädchen mit Meningoencephalocele an der Nasenwurzel aus sklerotischem Hirngewebe von den unteren Teilen beider Stirnhirne. Lob. und Tract. olfact. wurden vermißt); ferner die Fälle von N. Lavrov (in Gestalt einer „Doppelnase") und J. Perl.

b) *C. naso-ethmoidalis sive praenasalis:* Der Hirnbruch benützt das For. caecum, liegt in

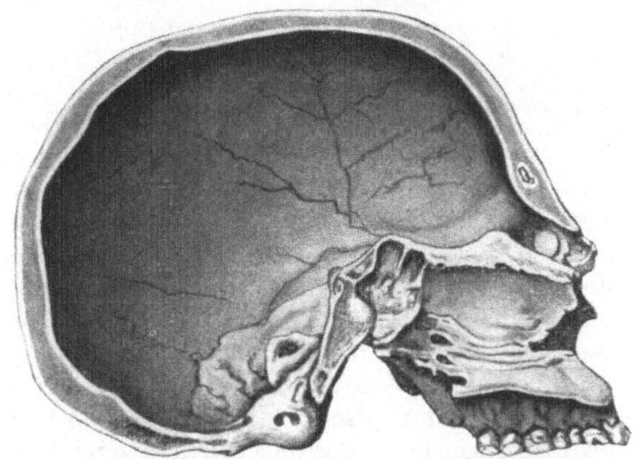

Abb. 50. Sagittalschnitt des Schädels eines 42 jährigen Mannes mit Cephalocele naso-ethmoidalis sive praenasalis. Breiter Bruchkanal zwischen Siebbein und Stirn-Nasenbeinen (nach Muhr).

der Fossa supranasalis, welche mit Grünwald sehr vorteilhaft als Pränasalraum bezeichnet werden kann, und kommt unterhalb der Nasenbeine am Nasenrücken zum Vorschein. Zum Naseninnern bestehen keine Beziehungen.

Die Muhrsche Beobachtung gibt Abb. 50 wieder. Der Träger dieser Cephalocele war ein 42jähriger epileptischer Mann, welcher seit Geburt je eine rundliche, schließlich walnußgroße „Geschwulst" jederseits neben der Nasenwurzel hatte, welche „Geschwülste" sich am inneren unteren Augenhöhlenrand gegen die

Nasenbeine zu ausbreiteten. In der Abbildung sieht man den breiten Bruchkanal und innerhalb desselben eine kreisrunde, in die linke Augenhöhle führende Seitenöffnung. Eine ähnliche Seitenöffnung fand sich auch rechts. Die untere schlitzförmige Öffnung des Bruchkanals war von wulstigen, mit dem unteren Rand der Nasenbeine verwachsenen Knochenstückchen begrenzt. Im Bruchkanal wurden solide Fortsetzungen beider Stirnhirnpole gefunden und durch die seitlichen Öffnungen trat je ein verdickter, fibromähnlicher Fortsatz des Durasacks bis unter die Haut. Vordere Kommissur intakt, ebenso auch die Tract. olfact.; dagegen waren die Bulbi olfact. verkümmert und von den Trigona fehlte der rechte ganz, vom linken war nur der äußere Streif vorhanden.

Hier hatte der Bruchkanal seitliche Öffnungen, wie sie sonst in ähnlicher Weise bei naso-orbitalen Cephalocelen vorzukommen pflegen. Wie aus der Beschreibung des Falles erhellt, hatte die im vorderen Schädelbezirk lokalisierte Mesoderm-Hirn-Schädigung zur Heterotopie grauer Rindensubstanz und Unterentwicklung des Rhinencephalon und infolge ungenügenden Materials zum Verschluß des Foramen caecum und des Pränasalraums zur Ausbildung des Bruchkanals geführt. Übrige Gesichts- und Schädelknochen inklusive Siebbein, Crista galli und Vomer normal bis auf eine bedeutende Verschmälerung der linken Schädelhälfte und eine Verwachsung beider Nasenbeine. — Weitere Beobachtungen stammen von HOLL, ZINGERLE (histologisch untersuchter Embryo), R. PETERS (eine der MUHRschen sehr ähnliche, unter dem Bilde einer doppelseitigen C. naso-orbitalis erscheinende Cephalocele, deren Bruchpforte aber nicht nur das erweiterte Foramen caecum darstellt, sondern auch die vorderen Abschnitte der Siebplatten), E. M. MILANO (zwei Fälle), S. ANDRIANOW, ABD-EL-MALEK und S. IVA-

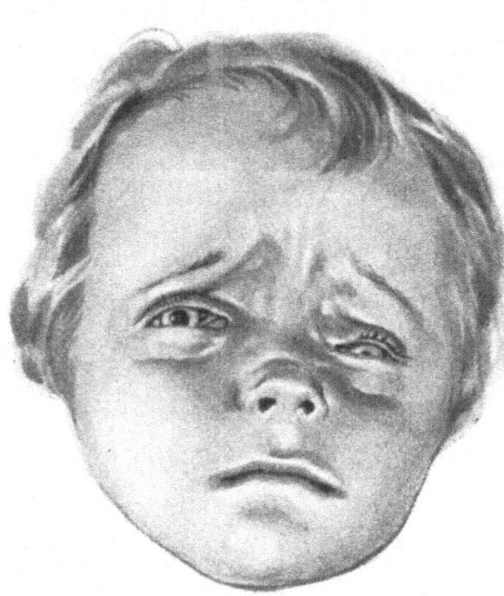

Abb. 51. Neun Monate altes Mädchen mit Encephalocele orbitalis dextra. Rechte Pupille stark erweitert. Knorpelige Nase gegen den oberen Abschnitt durch eine quere Furche abgesetzt (nach R. SIEVERS).

NOVSKIJ. In dem mit Erfolg operierten Fall von S. ANDRIANOW bestand der durch das Foramen caecum durchgetretene gestielte Tumor aus Binde- und Neurogliagewebe und bildet m. E. den *Übergang zu den extranasalen Gliomen* (siehe im folgenden). Die Beobachtung von ABD-EL-MALEK wieder ist dadurch bemerkenswert, daß der aus ependymbekleideten Hohlräumen mit gliösem Mantelgewebe bestehende Bruchinhalt sich nach rückwärts in zwei Teile spaltete und mit den Bulbi olfact. in Verbindung war. Da ferner der Stiel des Tumors aus einer Röhre von typisch hyalinem Knorpel bestand und die Crista galli nach oben verdrängt wurde, so lag hier offenbar eine Variante der inneren Bruchpforte vor, welche nicht ganz dem Foramen caecum entsprach, sondern etwas weiter hinter demselben lag.

c) *C. naso-orbitalis* (sive C. orbitalis anterior): Die innere Bruchpforte liegt im vordersten Anteil der Lam. cribrosa, die äußere im medialen Orbitalbereich, wobei meist das Tränenbein mangelt. Aber auch andere Knochenabschnitte (Lam. papyr., Teile des Stirnbeins und des Proc. front. oss. max. können defekt sein. Abb. 51 stellt den durch Operation geheilten Fall von R. SIEVERS dar. Typische Verdrängung des rechten Bulbus nach auswärts, Vergrößerung des Augenabstands und Verbreiterung und Abflachung der Nasenwurzel. Beim Vorgehen von der Hirnfläche her wurde ein Defekt in der rechten Siebbeinplatte festgestellt, durch welchen der Hirnbruch ausgetreten war. Die naso-orbitalen Hirnbrüche erfuhren eine eingehende Besprechung durch A. STADFELDT (unter Hinzufügung einer eigenen Beobachtung von C. orbit. post.); weitere Fälle wurden von H. NORDLUND, J. SAFRANEK, W. SCHREYER und W. SPRENGER, H. MUSSGNUG (zwei Fälle), A. KREIKER und von J. SÉDAN und P. COLOMB veröffentlicht. In NORDLUNDS Beobachtung war die Lam. cribrosa abnorm niedrig und mit nach unten und vorwärts gerichtetem Winkel zwischen die beiden Augenhöhlen verschoben. In SAFRANEKS Fall fand sich bei einem 16jährigen Mädchen eine etwa kirschengroße reponible Vorwölbung im linken innern Augenwinkel, welche röntgenologisch eine Verschattung des linken Siebbeinlabyrinths und eine wenn auch geringe Vorwölbung der lateralen Nasenwand vom mittleren Nasengang aufwärts gemacht hatte. In der Beobachtung von W. SCHREYER und W. SPRENGER war überdies auf der gleichen Seite noch eine Gehörgangsencephalocele und eine Cephalocele inmitten der Schläfenbeinschuppe vorhanden (multiple Cephalocelenbildung). Auch der von J. HERLINGER abgebildete bilaterale Fall (48jähriger Mann), bei welchem die beiden lateralen Nasenwände stark nach innen ausgebuchtet und die beiden mittleren Muscheln ans Septum angepreßt waren, gehört offenbar hierher.

d) Die *C. intranasalis* (sive C. transethmoidalis) hat ihre Bruchpforte in der Lam. cribrosa (e, f in Abb. 48). *Sie sieht mitunter gewöhnlichen Nasenpolypen ähnlich, mit welchen sie meist auch verwechselt wurde.* Da die auf entzündlicher Basis entstandenen Schleimhauthyperplasien bzw. Myxofibrome, als welche die echten Nasenpolypen gelten dürfen, im Kleinkindesalter sehr selten anzutreffen sind und angeboren überhaupt nicht vorkommen, so sind bei Neugeborenen oder Säuglingen gefundene „Polypen" stets auf C. intranasalis verdächtig, selbst wenn sie nicht pulsieren, welch letzteres Symptom bei C. häufig fehlt und bei intranasalen Hirnbrüchen anscheinend sogar meist vermißt wird. Kompressibilität ist, wenn vorhanden, als für Cephalocele beweisend anzusehen, psychische Anomalien bei periodisch auftretenden Kopfschmerzen sind bei bestehenden „Nasenpolypen" jedoch nur als Verdachtsmoment für Cephalocele verwertbar. *Die „polypoiden Tumoren" erscheinen dabei teils in der Rima bzw. am Nasenfirst* (W. EDEL, O. HALLERMANN u. A.), *teils im mittleren Nasengang lateral vom vorderen Ende der mittleren Muschel* (wie im Falle von F. R. NAGER). Dabei kann die Nasenrücken-Siebbein-Gegend aufgetrieben sein (wie z. B. im Falle von W. SCHÖTZ), muß es aber nicht sein. Bei beiden Unterarten findet sich die innere Bruchpforte innerhalb der Lam. cribrosa. Sie schwankt sehr an Größe (1 bis 2 mm in der Beobachtung von W. SCHÖTZ, 4 mm in NAGERS Fall, daumendicke Öffnung im Falle von W. EDEL). Der *Bruchsack* kann mit der Umgebung verwachsen sein bzw. in dieselbe übergehen, beispielsweise in die Septumfläche (EDEL, O. HALLERMANN). Häufig ist eine Septumverbiegung nach der Gegenseite und auf der Bruchseite eine Verkümmerung der Muscheln und des Siebbeins vorhanden. Wichtig ist auch das Symptom der Verbreiterung der Nasenwurzel und der Vermehrung des Augenabstandes (falls vorhanden). — Über eine erfolgreiche Operation einer intranasalen, bei der Siebbeineröffnung zum Vorschein gekommenen Meningocele bei einem 19jährigen Mädchen mit cerebralen Symptomen berichtete kürzlich G. VAN GANGELEN. Die meisten hierher gehörigen Fälle starben jedoch nach Probeexzision oder Probepunktion, welche Verfahren bei leisestem Verdacht auf Cephalocele unbedingt zu unterlassen sind. O. HALLERMANN (Klinik ZANGE) gab kürzlich im Anschluß an die Beschreibung einer großen, mit der Septumschleimhaut ununterbrochen zusammenhängenden Cephalocele (17jähriges Mädchen mit verbreitertem Augenabstand, Nasenwurzelverbreiterung, Nasenverstopfung, Kopfschmerzen und wahrscheinlich seit Jahren bestehendem

Liquorfluß, Tod nach Probepunktion infolge Meningitis) Anweisungen zur Erkennung und Differentialdiagnose ohne Verwendung von Probeexzision und Punktion und vermutet, daß sich durch Kompression der Vv. jugulares ein

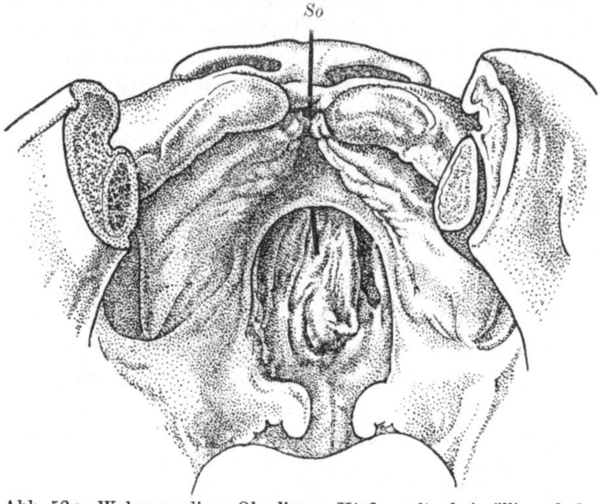

Abb. 52a. Wahre mediane Oberlippen-Kieferspalte bei völlig erhaltenem Zwischenkiefer und gleichzeitiger Verwachsungshemmung des Velum und der hinteren Hälfte des harten Gaumens infolge Cephalocele spheno-ethmoidalis. Ansicht von der Mundhöhle her (nach A. EXNER).

Prallerwerden der C. müsse erzielen lassen. Weitere Beobachtungen stammen von C. v. FROBOESE (Tod an Meningitis nach Nasensondierung wegen eines „Polypen" in der Rima; erbsengroßes glattrandiges Loch in der linken wesentlich breiteren Hälfte der Lam. cribrosa mit Verdrängung der Crista galli nach rechts), E. v. MEYER (alte Lit.), F. E. HOPKINS, SALZER, W. SCHÖTZ (ältere Lit.), F. R. NAGER, W. EDEL (neuere Lit.), KLIMENTOWSKY (zit. nach FENGER), L. NATANSON (mit einem Eigenfall 16 Fälle, darunter fünf aus der russischen Literatur). In E. v. MEYERS Beobachtung war in der linken

Lam. cribrosa ein scharfrandiges, sich trichterförmig in die Nase senkendes Loch vorhanden, durch welches die C. durchtrat und bis zum Nasenloch heraushing. Histologisch fand sich zentral Gliomgewebe, außen von den verschiedenen Hirn-

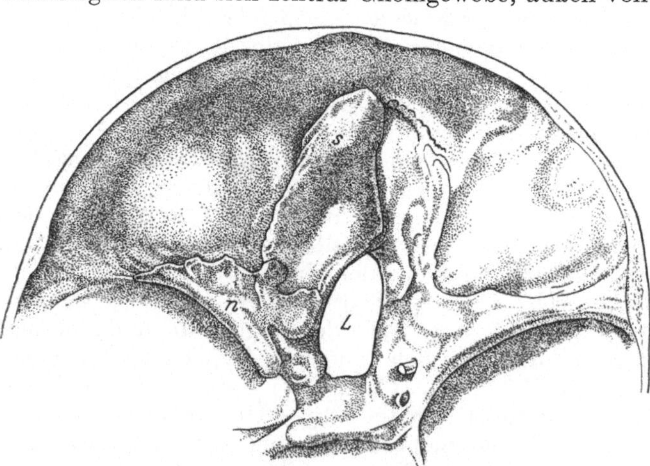

Abb. 52b. Vordere Schädelgrube mit ovalem Defekt infolge Cephalocele spheno-ethmoidalis Derselbe Fall wie Abb. 52a (nach A. EXNER).

hüllen umgeben. Linke Nasenhöhle bedeutend erweitert, linke obere und mittlere Muschel fehlten. Gleichzeitig bestand eine linksseitige intrauterin verheilte schräge Gesichtsspalte. — *Auch in einer Reihe weiterer Beobachtungen wurden Gesichts- bzw. Gaumenspalten nachgewiesen, welche offenbar alle sekundär entstanden waren infolge des Druckes oder der Zwischenlagerung der Cephalocele*, wodurch die dirhine Nasenanlage

auseinandergedrängt wurde oder die physiologischen Furchen nicht verstreichen konnten. So beobachtete LICHTENBERG (zit. nach CHR. FENGER) eine rötliche, kleinfaustgroße, zum Munde heraushängende C., welche das Kinn bedeckte und mit ihrer Basis auf dem Sternum ruhte. Es fand sich dabei eine Hasenscharte und Gaumenspalte, durch welch letztere hindurch der Stiel des Tumors nach aufwärts in die rechte Nasenhöhle verfolgt werden konnte. Einen ähnlichen Fall, der überdies mit einem partiellen Defekt des mittleren Nasenfortsatzes und dadurch verursachter sogenannter medianer Oberlippenspalte und mit einer Doggennase kombiniert war, beschrieb kürzlich L. M. SIEBEN. Eine Kombination von C. syncipit. mit medianer Nasenspalte zeigt ferner der Fall WITZEL (siehe unter „Med. Nasenspalte") und Beobachtungen von H. KUNDRAT.

e) Als Übergang zu den spheno-pharyngealen C. (siehe Abschn. IV, Kap. H) ist die *C. spheno-ethmoidalis* aufzufassen (Bruchpforte entsprechend *g* in Abb. 48, d. i. zwischen Siebbein und Keilbein, die Ausbildung von Teilen beider Knochen mitunterdrückend). Einen hierher gehörigen Fall beschrieb A. EXNER (Abb. 52 a u. b): Bei dem neugeborenen, aus mißbildungsfreier Familie stammenden Knaben füllte eine dünnwandige, durchsichtige, taubeneigroße, von der Schädelbasis entspringende Cyste den ganzen Mund aus. Keine Pulsation. *Cyste durch starken Druck entleerbar.* Der Hirnbruch bewirkte Spaltung des Velums, der Uvula und der hinteren Hälfte des harten Gaumens mit Defekt des Vomers. Überdies war eine wahre mediane Oberlippen- und Kieferspalte bei völlig erhaltenem Zwischenkiefer vorhanden und ein für eine dicke Sonde (*So*) gut passierbarer, streng median verlaufender, von Schleimhaut ausgekleideter Kanal, welcher vorne über einer die Zwischenkieferspalte überbrückenden Schleimhautpartie begann und unterhalb des harten Gaumens zwischen Knochen und Schleimhaut nach rückwärts führte. A. EXNER spricht diesen Kanal als Rest des Can. incisivus an. Nase sehr breit, Nasenlöcher frontal gestellt. Tod an Meningitis. Infolge starker Einkerbung der hinteren Begrenzung des Siebbeins (*S*) und Fehlens des Präsphenoids resultierte ein längsovaler glattrandiger, 19 : 7 mm großer Knochendefekt (*L*), durch welchen ein von der Stirnhirnbasis ausgehender stielartiger Fortsatz hindurchtrat, welcher sich als cystische Erweiterung des Vorderhornes des rechten Seitenventrikels erwies. Es hatte sich demnach um eine Hydromeningo-encephalocele gehandelt. Kleine Keilbeinflügel (*n*) gänzlich voneinander getrennt, Distanz zwischen den Optici und den Olfactorii beträchtlich vergrößert. Sonst keinerlei Fehlbildungen.

4. Neurogene Tumoren im Nasenbereich.

In engem genetischen Zusammenhang mit den extra- und intranasalen Cephalocelen stehen Geschwülste des ZNS., welche sich histologisch meist als *Gliome* oder *Fibrogliome* charakterisieren und sich teils ebenfalls extranasal (und zwar am Nasenrücken), teils intranasal (am gleichen Orte wie die intranasalen Cephalocelen) manifestieren. Auch das gleichzeitige Vorkommen eines intra- und extranasalen Glioms wurde festgestellt. I. PAYSON CLARK lenkte als erster die Aufmerksamkeit auf diese angeborenen Gliome und publizierte 1905 zwei eigene Fälle:

In Fall 1 (zweijähriger Knabe) fand sich ein vogeleigroßer rundlicher Tumor von lipomähnlicher Konsistenz am Nasenrücken und das linke Nasenloch fast vollständig verlegt von einer rosagrauen polypoiden Masse (histologisch: Gliom). Schließlich Ausheilung durch Operation; zurück blieb nur eine ungewöhnlich breite Nase. In Fall 2 (zehn Wochen alter Knabe mit schlechter Nasenatmung seit Geburt) war die linke Nasenseite durch ein graurötliches polypenähnliches, anscheinend höher oben vom Septum ausgehendes Gliom verstopft.

Intranasale neurogene Tumoren wurden seither publiziert von F. ROSE, ANGLADE und PHILIP, H. L. ROCHER und ANGLADE (ein Fall von intra- und gleichzeitig extranasalem Gliom), K. TERPLAN und F. RUDOLFSKY, D. GUTHRIE und N. DOTT (zwei Fälle), A. TOBECK, H. ADLER (zwei Fälle), M. MITTELBACH und F. WOLETZ (zwei Fälle), F. R. NAGER, F. ZÖLLNER (angeborenes Gliom in Polypenform) und E. ESCAT (zwei Fälle).

Extranasale Gliome wurden beobachtet von M. B. Schmidt (Fall 1), Süssenguth, W. Berblinger, H. L. Rocher und Anglade (fünf eigene Fälle von teils
extra-, teils intranasalen G.), Dellepiane und Vivoli und M. Fèvre und R. Huguenin.

Die Konstatierung, ob diese intra- bzw. extranasalen Gliome bzw. neurogenen
Tumoren angeboren oder aber erst während des späteren Lebens, gelegentlich
sogar erst im erwachsenen Zustand, aufgetreten sind, ergibt bezüglich ihrer
Genese wichtige Unterschiede.

Aus der Gruppe der *angeborenen* intra- und extranasalen Gliome seien einige
besonders bemerkenswerte Fälle hervorgehoben:

Bei einem sonst mißbildungsfreien Knaben fand M. B. Schmidt ein haselnuß-
großes, prall-elastisches Gliom, welches oberhalb der Nasenspitze bis an die Nasenbeine reichte und hauptsächlich die rechte Hälfte des Nasenrückens einnahm. Das

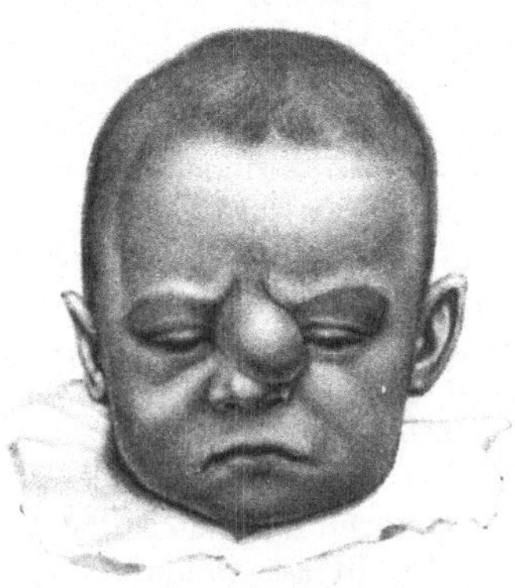

Abb. 53. Angeborenes gestieltes
Fibrogliom der Nasenwurzelgegend
(nach W. Berblinger).

Gliom wölbte sich nach der Nasenhöhle nur wenig
vor und ließ keine Verbindung mit dem Gehirn erkennen. Nasenbeine normal, Andeutung von Kielung
der Stirne, jedoch keine Lücke daselbst zu fühlen.
Im Gliom waren für Piafortsätze gehaltene Binde-
gewebskolumnen nachweisbar, welche in das Bindegewebe der Subcutis übergingen. M. B. Schmidt faßt
die *Genese dieses Glioms* als *via Foramen caecum erfolgte Encephalocelenbildung* auf (also durch den Pränasalraum hindurch!). Infolge Verödung der Gehirn-
verbindung sei die vorgeschobene Masse isoliert worden
und eine Geschwulstentartung des selbständig gewordenen Gewebskomplexes sei die nächste Folge gewesen.
— Süssenguth nimmt als Durchtrittsweg für seinen
Fall eines bohnengroßen, unmittelbar über der Nasenwurzel situierten, auf der Unterlage verschieblichen
subkutanen Glioms den Weg der C. nasofrontalis an,
obwohl sich bei der Operation kein Knochendefekt
oder Spaltbildung fand. Er ist geneigt seinen Fall
und die Beobachtungen von M. B. Schmidt und J. P. Clark für Olfactoriusgliome
zu halten, entstanden durch *Keimabsprengung vom Riechlappen* (also ähnlich den
Opticusgliomen). — Abb. 53 zeigt ein von W. Berblinger beschriebenes, links von
der Nasenwurzel gestielt entspringendes und auf dem Nasenrücken aufliegendes
Gliom bei einem drei Monate alten Knaben. Haut unverschieblich, Pulsation fehlte,
kein Skelettdefekt. Das Fibrogliom war von einigen kleinen markhaltigen Nervenfasern durchzogen, ohne zu deren Scheidenzellen in Beziehung zu treten. Daß bei
der Operation keine Lücke gefunden wurde, spreche nicht gegen das ursprüngliche
Vorhandengewesensein einer solchen, um so mehr, als sich eine solche Lücke schon
im intrauterinen Leben geschlossen haben konnte, wie die Abstoßung und Heilung
einer C. nasofrontalis mittels intrauteriner Abschnürung im Falle Salgendorff
beweist. — Einen dem vorausgehenden sehr ähnlichen Fall bildeten kürzlich
M. Fèvre und R. Huguenin ab; hier war deutlich ein kreisrundes Durchtrittsloch
im Knochen vorhanden, etwa entsprechend einer C. naso-frontalis. — In
F. Roses Fall entsprang die Geschwulst breit vom Septum und hatte weder eine
Verbindung mit dem Nasenboden noch mit der lateralen Nasenwand. — In der
Beobachtung von Anglade und Philip schaute der rote, glatte, nicht blutende
Tumor beim rechten Nasenloch hervor und hatte eine höhergradige Septumdeviation
nach links verursacht. Das typische Gliom mit reichem Netzwerk war von histologisch
normaler Riechschleimhaut bedeckt. Da der Cortex des Neugeborenen so gut wie
ohne Glia ist, lehnen die Verfasser die Möglichkeit des Vorliegens einer Cephalocele
ab und nehmen wegen der räumlichen Nähe des Bulb. olfact. und da dieser von einem
Neurogliamantel umgeben ist, an, daß die Ursache der angeborenen Gliome auf einem
tumorähnlichen Wachstum von Neurogliaelementen der Bulbi olfact. beruhe. Da
nach Ramon y Cajal der Fortsatz der bipolaren Riechzelle während seines Verlaufes

in der Mucosa von serienweise angeordneten Neurogliazellen begleitet ist, so könnten die Gliome auch von diesen Elementen ihren Ursprung nehmen. Diese letztere Ätiologie käme m. E. nur für endonasale Gliome ohne Lamina-cribrosa-Defekt und hauptsächlich wohl nur für im späteren Leben aufgetretene gliomatöse Geschwülste in Betracht. Einstweilen aber mangeln Angaben über den Zustand der Lamina cribrosa bei endonasalem Gliom. Über das größte eigene Beobachtungsmaterial angeborener Gliome verfügen H. L. ROCHER und ANGLADE (fünf Fibrogliome mit teils intra-, teils extra-, teils intra- und extranasalem Sitze). Nach diesen Autoren sind diese neoplastischen Tumoren zumeist benign, derb, nicht pulsierend, machen keine Metastasen, die äußeren sind überwiegend gestielt. Sie bestehen hauptsächlich aus Gliazellen und -fasern sowie aus Bindegewebe mit Gefäßen, doch wurden auch vereinzelte Pyramidenzellen gefunden. Einer dieser Tumoren unterschied sich von den anderen dadurch, daß mittels des Stiels eine Kommunikation mit den Subarachnoidalräumen bestand (Liquorabfluß bei Entfernung, konsekutive Meningitis).

Wenn demnach auch in der Mehrzahl der Fälle eine Verbindung mit dem Cavum cranii nicht besteht, so kann doch in einem oder dem anderen Fall eine solche noch vorhanden sein. Durch obigen Fall ist mit aller Deutlichkeit die Brücke zwischen den Cephalocelen und den Gliomen des Nasenbezirks hergestellt. Dies und das Ergebnis der histologischen Untersuchung der bisher bekanntgewordenen Fälle machen bezüglich der *formalen Genese* der intra- und extranasalen Gliome die Erklärung von M. B. SCHMIDT sehr wahrscheinlich (siehe höher oben) und lassen die Annahme von SÜSSENGUTH (Verlagerung von Anteilen des Rhinencephalon) als einstweilen unbewiesene Hypothese erscheinen. Für die *kausale Genese* gelten dieselben Vorstellungen und Gesichtspunkte, wie sie höher oben bei den Cephalocelen angeführt wurden.

Abb. 54. Intranasales Gliom unter dem Bilde eines Nasenpolypen bei einem 46 jährigen Mann (nat. Größe) (nach D. GUTHRIE und N. DOTT).

Eine besondere Gruppe der Nasengliome stellen jene Fälle dar, welche sich erst im späteren Leben manifestieren. Hierher gehören die Beobachtungen von D. GUTHRIE und N. DOTT, von HANAUER, von TERPLAN und RUDOLFSKY, von A. TOBECK, je zwei Fälle von H. ADLER, von M. MITTELBACH und F. WOLETZ und von E. ÉSCAT und der Fall von F. R. NAGER.

Eine *erste Untergruppe* bilden die beiden Fälle von GUTHRIE und DOTT sowie der Fall von HANAUER. Hier handelte es sich um *intrakraniell entstandene maligne, rasch wachsende Gliome* (verschiedener Ätiologie), *welche sekundär nach dem Naseninnern zu durchgebrochen waren.*

Das Stirnlappengliom in Fall 1 von GUTHRIE und DOTT hatte den Knochen der linken Lamina cribrosa durch Druck partiell usuriert und zeigte sich in Fall 2 als weicher, grauer, mit einzelnen schmalen Gefäßen an seiner Oberfläche versehener Tumor in den oberen Partien der Nasenhöhle, welcher wahrscheinlich von der mittleren Muschel ausging und fast bis zum Nasenboden reichte. Der Tumor wurde mit einem Stück der mittleren Muschel entfernt, barst und ließ etwas gelbliche Flüssigkeit austreten. Noch über ein Jahr nach der Operation kein Rezidiv, Nase frei. Abb. 54 zeigt den Tumor nach seiner Fixation als walnußgroße, rundliche Masse mit glatter Oberfläche und zackig-fibrillärer Struktur an der Befestigungsstelle. Histologisch flimmerepithelbekleidete Mucosa, darunter eine ödematöse Submucosa, hierauf eine Schicht, welche offenbar hyperplastisches Meningealgewebe darstellte, im Zentrum schließlich Gliazellen von ausgereiftem Typus. Der Patient hatte 14 Jahre früher ein schweres Schädeltrauma erlitten, woran sich eine Paralyse der rechten Extremitäten anschloß, die sich erst durch die Geschwulstentfernung etwas besserte. Seit fünf Jahren bestand linksseitige Nasenverstopfung mit Polypenbildung. Es lag also traumatische Gliombildung mit sekundärem Durchbruch nach dem Naseninnern zu vor, wobei das Trauma vielleicht den besonderen Durchtrittsort vorbestimmt hatte. —

Bei dem von HANAUER beschriebenen 24jährigen Mädchen mit beiderseitiger Opticus-atrophie war ein Mittelhirngliom durch die hintere untere Stirnhöhlenwand durchgebrochen und erschien im linken mittleren Nasengang.

Eine zweite, größere Gruppe der später hervorgetretenen (und z. T. vermutlich auch später entstandenen) *neurogenen Geschwülste des Naseninnern* ist jedoch an Ort und Stelle entstanden und geht teils von den Nervenfasern, teils von den Stützelementen des Olfactorius aus, vielleicht auch von den SCHWANNschen Scheidenzellen etwelcher Trigeminusfasern und von sympathischen Elementen des Ggl. spheno-palatinum. Man kann sie als *Neuroepithelioblastome* bezeichnen.

L. BERGER, LUC und RICHARD beschrieben 1924 unter dem Ausdruck „*Esthésio-neuroepitheliome olfactif*" einen Tumor bei einem 50jährigen Mann, welcher seit einigen Monaten verschlechterte Nasenatmung und Auftreten von retromandibulären Lymphknoten bemerkt hatte. Der große, harte, blutende Tumor begann im Niveau der hinteren Partien der rechten oberen Muschel (wahrscheinlicher Ausgangspunkt) und endigte in der Nähe der Uvula. Die Tumorzellen waren teils in Rosettenform (manchmal mit „Lumen" = Pseudodrüsen!), teils in Form massiver Stränge angeordnet und in ein gefäßreiches, aber bindegewebsarmes Stroma eingetragen. An einzelnen Stellen der massiven Stränge gingen Neurofibrillen in Zügen hervor. Die Autoren sehen in den „Rosetten" das neoplastische Homologon des Stützanteils der Riechschleimhaut und in den massiven Strängen Reinkulturen von Neuroepithelioblasten und stützen dies mit histologischen Details. — 1926 beobachteten L. BERGER und H. COUTARD einen ähnlichen Tumor bei einer 52jährigen, sonst gesunden Frau, dessen Entstehung gut 20 Jahre zurück lag und der sich ebenfalls nach dem Epipharynx zu entwickelt, schließlich nach der Orbita zu ausgebreitet hatte und zur rechten Nasenöffnung herausgekommen war. Er verdrängte den rechten Bulbus nach außen und oben, ließ aber Haut und Knochensystem unverändert und machte keine Drüsenmetastasen. Der kapsellose, am Durchschnitt fischfleischähnlich aussehende Tumor war ausschließlich aus Zellen mit neurofibrillärer Bildungsfähigkeit zusammengesetzt. — PORTMANN, BONNARD und MOREAU beschrieben einen · als „*Esthésioneuroblastome*" bezeichneten rötlichen endonasalen Tumor an einem 52jährigen Mann, welcher seit zwei Monaten Verbreiterung der Nasenwurzel und Vorspringen des linken Auges bemerkt hatte. Keine Drüsen. Histologisch syncytiales Blastem mit Fähigkeit zur Neurofibrillenbildung, wahrscheinlicher Ausgangspunkt die Sinneszellen der Riechplakode.

Aus dem gleichen Ursprungsgebiet können sich aber auch *Gliome* entwickeln, wie dies A. TOBECK für seinen Fall und wahrscheinlich auch für einen sehr ähnlichen, 1926 von K. TERPLAN und F. RUDOLFSKY publizierten annimmt. Diese Ansicht wird durch den Nachweis W. KOLMERS fundiert, daß nämlich die Stützzellen der Riechschleimhaut Homologa der Gliazellen des ZNS. sind und die Fasern dieser Stützzellen den Gliafasern entsprechen. *Aus der Riechplakode können daher* — unter der Annahme von Zellabsprengungen aus derselben in frühembryonaler Zeit — *verschieden gebaute neurogene ·Tumoren hervorgehen*, wobei deren Struktur im wesentlichen nur davon abhängt, ob den abgesprengten Zellkomplexen die Fähigkeit zur Bildung von Ganglienzellen- und Neurofibrillen-ähnlichen Bildungen innewohnt oder ob sie die Potenz zur Bildung von Gliagewebe (oder eventuell zur Bildung beider Zellarten) haben. Aus der Tatsache, daß sowohl im Falle von TERPLAN und RUDOLFSKY als auch in jenem von A. TOBECK die Tumoren in der lateralen Nasenwand saßen, sich im mittleren Nasengang nach der Nasenhöhle zu vorwölbten und das ganze Siebbein ergriffen hatten, zieht A. TOBECK (wenigstens für seinen Fall) den Schluß, daß möglicherweise durch eine abnorme Entwicklung der mittleren Muschel, welche sich zwischen die zentripetal wachsenden Olfactoriusbündel eingeschoben habe, die Zellabsprengung zustande gekommen sei. Der später von TONNDORF (Lit. IX/6) erbrachte Beweis, daß Olfactoriusfasern gelegentlich auch durch lateral von der mittleren Muschel gelegene Sieblöcher hindurchziehen, macht diese besondere Annahme TOBECKS überflüssig.

In den beiden Fällen von H. ADLER hatte es sich um junge Frauen mit einseitiger Nasenverstopfung mit Blutungsneigung gehandelt. Die rötlichen Tumoren gingen vom Siebbein aus und waren in einem Falle auch in die Kieferhöhle gedrungen; keine Drüsen; nach Exstirpation keine Rezidive. Histologisch in beiden Fällen kleine rundliche Gliazellen in Form von Nestern und Strängen mit feinfaserigen Gitterstrukturen dazwischen und starker Neigung zu regressiver Metamorphose und Verkalkung. Einen Fall von Gliom des Siebbeins beschrieb ferner F. R. NAGER. M. MITTELBACH und F. WOLETZ publizierten zwei Fälle von Neurinom (Schwannom), der erste von Apfelgröße, die Kieferhöhle erfüllend, der zweite von Pflaumengröße, vom mittleren Nasengang ausgehend. Einen Fall von Neurinom publizierte kürzlich J. KUBO. Schließlich sei auf die beiden malignen *Sympathome* (wahrscheinlich ausgehend vom Ggl. spheno-palat.) aufmerksam gemacht, die E. ESCAT mitteilte.

M. E. geht aus dem ganzen bisher publizierten Material über *nasale neurogene Tumoren* hervor, daß — abgesehen von zentralen, im späteren Leben entstandenen Gliomen mit sekundärem Durchbruch nach dem Naseninnern zu — hierfür *vorwiegend zwei Hauptentstehungsarten* maßgebend sind. Nämlich einerseits *Verlagerung von Encephalonanteilen* (beispielsweise Absprengung zentraler Randglia) in frühembryonalen Epochen im Sinne von Cephalocelenbildung und auf den Wegen derselben und anderseits *Entstehung aus verlagerten Zellkomplexen der Riechplakode.* Solche Neuroepithelioblastome sind teils aus den eigentlichen Sinneszellen ableitbar, teils aus den gliösen Stützzellen der Riechschleimhaut bzw. aus jenen Scheidenzellen ektodermaler Natur, welche, aus dem Riechepithel auswandernd, bestimmt sind, die Riechfäden zu begleiten (RAMON-Y-CAJAL). — Daneben kommen im Naseninnern noch neurogene Tumoren vor, welche als *Schwannome* (vielleicht des Trigeminus?) und als *Sympathome* bezeichnet werden und wohl ebenfalls ektodermaler Abstammung sind.

D. Mit den Gesichtsspalten zusammenhängende nasale Fehlbildungen.

In diesem Abschnitt sollen jene Fehlbildungen und Anomalien besprochen werden, welche sich bei den Gesichtsspalten *an der Nase* vorfinden bzw. infolge ihrer unmittelbaren Nachbarschaft in Beziehung zur Nase treten. Ohne auf die Gesichtsspalten als solche einzugehen, sei nur auf die von BIONDI stammende und von K. GRÜNBERG übernommene Einteilung der Gesichtsspalten in *primäre* und *sekundäre* hingewiesen. Bei ersteren unterbleibt die Verschmelzung der einzelnen Gesichtsfortsätze und es restieren Teile der physiologischen Gesichtsfurchen. Bei den sekundären werden die Gesichtsfortsätze nach erfolgter Vereinigung durch sekundäre Störungen wieder getrennt, wobei diese Trennung sich jedoch meist nicht an die physiologischen Furchen hält. Nach der Lage der Spalten zur Medianebene lassen sich *Medianspalten* und *Lateralspalten* unterscheiden. Im folgenden sollen nur die für die Nase in Betracht kommenden Gesichtsspalten berücksichtigt werden.

1. Die mediane Nasenspalte (Lit. VIII/A).

Unter den Medianspalten des Gesichts kommt für die Nase nur die sogenannte *mediane Nasenspalte* in Betracht. Gewisse klinische Formen machen diesen Namen erklärlich, da die äußere Nase dabei häufig tiefe spaltenähnliche Furchen zeigt, wodurch die beiden Nasensäcke (inklusive Nasenlöcher) oft weit auseinandergeschoben sind und auch die Nasenwurzel und damit der Augenabstand beträchtlich verbreitert ist.

Um das Zustandekommen dieser und ähnlicher Formen besser zu verstehen, seien einige Bemerkungen über *die Entwicklung der äußeren Nase in frühembryonalen Stadien* eingestreut (K. PETER, A. FISCHEL [Lit. IX/1]). Bei etwa 4 mm langen Embryonen verdickt sich das Ektoderm jederseits im seitlichen und im ventralen Abschnitte der beiden Hälften des unpaaren Stirnwulstes, wobei es den Charakter eines Sinnesepithels annimmt. Dieser Bezirk ist das *Riechfeld,* aus welchem die Riechplatte, die Riechgrube und schließlich der Nasensack bzw. die Nasenhöhle hervorgeht. Dies vollzieht sich dadurch, daß einerseits eine aktive Einwucherung des Riechfeldepithels in das darunterliegende, an Masse seinerseits stets zunehmende Mesoderm stattfindet und daß anderseits infolge starker Vermehrung des Ekto- und Mesoderms am Rande der Riechfelder sich Wülste oder Wälle erheben, welche die Riechgruben umgeben. Wegen des hauptsächlichen Hervortretens dieser Wälle an den Längsseiten der ovalen Riechgruben werden sie mit den Ausdrücken „mittlerer" bzw. „seitlicher Nasenfortsatz" (oder Nasenwall) belegt. Statt der Termini „Nasenfortsätze" kann man auch häufig die Bezeichnung „Stirnfortsätze" lesen, doch sollten diese beiden Ausdrücke nicht promiscue gebraucht werden, da die Nasenfortsätze etwa nur die kaudalen Hälften der Stirnfortsätze darstellen. Durch die mächtige Endhirnentwicklung werden die oberen Abschnitte der Stirnfortsätze als Stirne vorgewölbt und es bildet sich zwischen letzterer und den unteren Abschnitten der Stirnfortsätze (also den Nasenfortsätzen) eine quer verlaufende Furche aus, welche als *Stirnnasenfurche* (Sulc. supranasalis) bezeichnet wird.

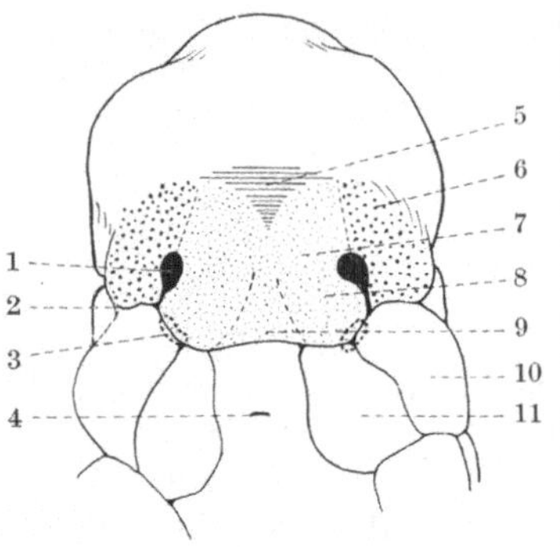

Abb. 55. Umrißskizze des Kopfes eines 10,3 mm langen, 30 bis 31 Tage alten menschlichen Embryos von vorne-ventral nach Wegnahme des Unterkiefers (nach K. PETER).

1 Öffnung des Nasensackes; 2 Tränennasenrinne; 3 hinterer Blindsack des Nasensackes; 4 Eingang zur Hypophysentasche; 5 Area triangularis; 6 seitlicher Nasenfortsatz; 7 mittlerer Nasenfortsatz; 8 Process. globularis; 9 Area infranasalis; 10 Oberkieferfortsatz; 11 Gaumenfortsatz.

Aus den kaudal vom Sulc. supranasalis liegenden Nasenfortsätzen geht die äußere Nase her-

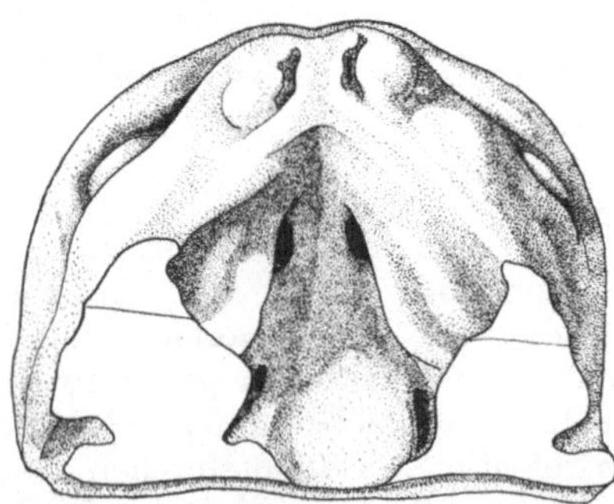

Abb. 56a. Modell eines 18 mm langen menschlichen Embryos im Alter von etwa 7 Wochen. Nasen- und Munddachregion von unten nach Abtragung des Unterkiefers. Die primitiven Choanen sind noch kurz und werden seitlich überwölbt von den stark nach unten gewachsenen sekundären Gaumenleisten, die erst etwas vor dem Vorderrand der Choanen auslaufen. Die Gesichtsfortsätze treten an dem Modell nicht mehr hervor.

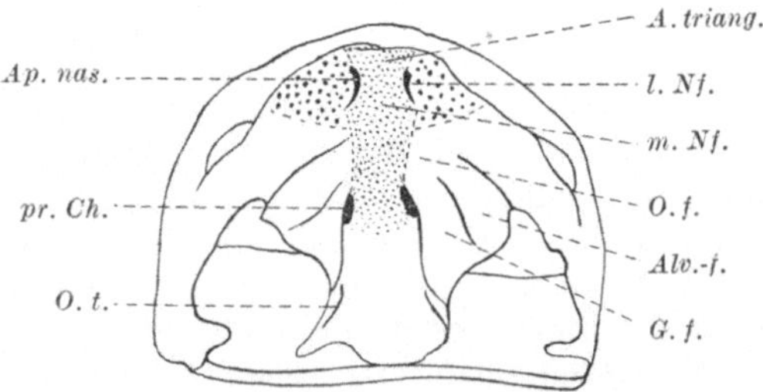

Abb. 56b gibt die Umrißskizze des Modells (vgl. Abb. 56a), in welcher die Grenzen der Gesichtsfortsätze auf Grund der Feststellungen früherer Stadien eingetragen wurden (nach K. PETER).

Ap. nas. Apertura nasal. ext.; *pr. Ch.* primitive Choane; *O. t.* Ost. tubae auditivae; *A. triang.* Area triangularis; *l. Nf.* seitlicher Nasenfortsatz; *m. Nf.* mittlerer Nasenfortsatz; *O. f.* Oberkieferfortsatz; *Alv.-f.* Alveolarfortsatz; *G. f.* Gaumenfortsatz.

vor. Und zwar liefert der *seitliche Nasenfortsatz* das Material für die Seitenflächen der äußeren Nase und für die unmittelbar angrenzenden oberen Wangenabschnitte sowie für die seitliche Umrandung der Nasenlöcher (i. e. für die späteren Nasenflügel). Der breite, als unpaar aufgefaßte *mittlere Stirnfortsatz* gliedert sich wieder in zwei Abschnitte: einen kranialen, die *Area triangularis,* welche oben vom Sulc. supranasalis und kaudal von der Nasenkante begrenzt wird, und in einen kaudalen, die *Area infranasalis*, welche sich kaudalwärts von der Nasenkante erstreckt. Als *Nasenkante* wird die Umbiegungsstelle des mittleren Nasenfortsatzes mundhöhlenwärts bezeichnet. Die Nasenkante entspricht wahrscheinlich der späteren Nasenspitze, aus der Area triangularis geht der Nasenrücken hervor, indem sich die Area triangularis später verschmälert, stark verlängert und sich gleichzeitig über das Niveau des Gesichtes emporhebt. An der Area infranasalis unterscheidet A. FISCHEL wieder mehrere Zonen: Sie geht seitlich in den mittleren Nasenfortsatz über, welcher das Nasenloch medialwärts umgreift, und wächst unter dem Nasenloch in seitlicher Richtung vor, um unterhalb des seitlichen Nasenfortsatzes bis zum Oberkieferfortsatz vorzudringen. Dieses untere, seitlich vorwachsende Ende, welches zum mittleren Nasenfortsatz gerechnet wird, wird wegen seiner Form mit dem Terminus *Proc. globularis* bezeichnet. Die zwischen den beiden Proc. globulares liegende Partie der Area infranasalis bleibt anfangs im Wachstum gegenüber den Proc. globulares zurück, reicht nicht so weit kaudalwärts hinab, woraus sich ein Einschnitt, die *Incisura interglobularis* ergibt. Später wird aber durch Mesodermvermehrung diese Incisura interglobularis nicht nur ausgeglichen, sondern darüber hinaus noch eine Vorragung erzielt, welche dem späteren *Tuberculum labii super.* entspricht. „Aus der Area infranasalis und aus dem mittleren Nasenfortsatz entsteht der vorderste Abschnitt des Sept. nasi und der mittlere Abschnitt der Oberlippe, das Philtrum; aus dem Proc. globularis die untere Umrandung des Nasenloches, wobei dieser Processus mit dem seitlichen Nasenfortsatz verwächst" (zit. nach A. FISCHEL, l. c. S. 507). Die geschilderten Verhältnisse sind gut an den Abb. 55, 56a u. b, 57a—c zu erkennen (vgl. hiezu die Erklärung event. Paarigkeit des Septums S. 116 ff.)

Aus dieser Darstellung und aus der Abb. 55 folgt unmittelbar, daß der mittlere Stirnfortsatz zwar nicht gespalten ist, aber dadurch, daß eine mediane Mulde in der Area infranasalis vorhanden ist und seitlich jederseits davon zwei Wälle hervortreten (nämlich die die lateralen Bezirke des mittleren Nasenfortsatzes darstellenden Proc. globulares), keine gleichförmige Masse darstellt, sondern vielmehr eine reiche Oberflächengliederung aufweist. Ferner ist eine Zeitlang

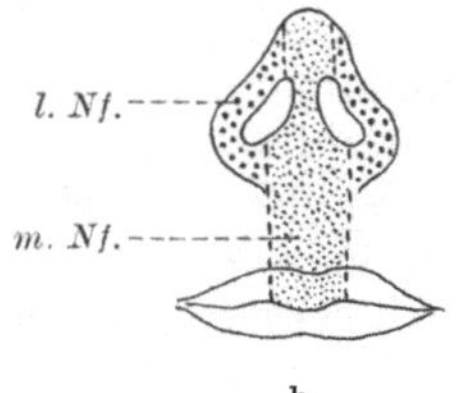

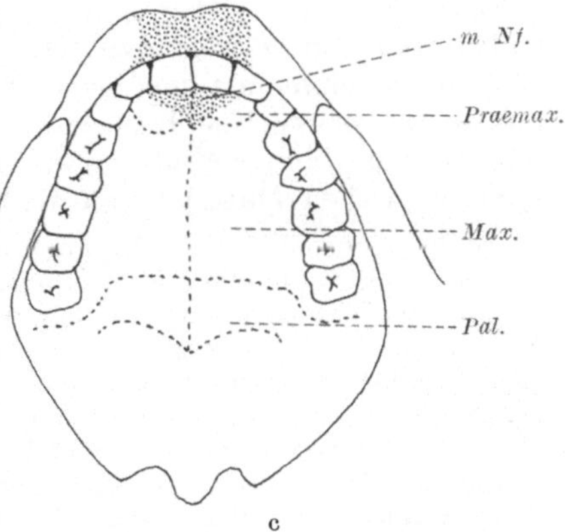

Abb. 57 a—c. Schematische Zeichnungen, welche die Beteiligung der Gesichtsfortsätze an der Bildung der Nase und des Gaumens und die Ausdehnung des Zwischenkiefers erkennen lassen.

a Gesicht von vorne, b Nase und Lippe von unten, c Gaumen von der Mundhöhle her gesehen. Area triangularis (*A. triang.*) horizontal schraffiert, seitlicher Nasenfortsatz (*l. Nf.*) grob, mittlerer Nasenfortsatz (*m. Nf.*) fein punktiert, Oberkieferfortsatz (*O. f.*) schräg schraffiert. Der Zwischenkiefer (*Praemax.*) umrandet die Apert. piriformis (*Ap. pir.*) und liefert den vorderen Teil des Gaumens bis zum Foram. incisivum; er reicht seitlich weiter als der mittlere Nasenfortsatz, da er die beiden Schneidezähne vollständig birgt. *Max.* Maxillare; *Nas.* Nasenbein; *Pal.* Gaumenbein (nach K. PETER).

die kaudalwärts gekehrte, der Philtrummitte entsprechende Incisura interglobularis vorhanden, welche später ausgeglichen, ja sogar darüber hinaus zum Tuberc. lab. superioris aufgefüllt wird. Sollten nun diese de norma sich abspielenden Ausgleichs- und Auffüllungsvorgänge ausbleiben — etwa infolge Hemmung der normalen Umbildungsvorgänge mit oder ohne primären Materialmangel oder infolge eines durch die Wirkung einer Noxe hervorgebrachten Ausgleichshemmnisses bzw. sekundären Materialdefekts —, so müssen Furchen- bzw. „Spalt"bildungen resultieren, welche entweder als Hemmungsbildungen oder als Defektbildungen anzusprechen, gelegentlich auch beides zugleich sind. *Bei Hemmung der normalen Umbildungsvorgänge bzw. primärem Materialmangel* werden wir die Furchen und „Spalten" dort zu suchen und zu finden haben, wohin die Entwicklung des embryonalen Gesichtsreliefs weist, also mediane Furchen im Bereich der Nasenspitze bzw. mediane Oberlippenspalten vom freien Rande der Oberlippe eine kurze Strecke weit ins Philtrum hinauf. Beim Stehenbleiben des mittleren Nasenfortsatzes auf einem frühembryonalen Zustande muß angenommen werden, daß alle einzelnen Teile gleiche oder annähernd gleich große Maßenzunahmen bis zur Erlangung des ausgewachsenen Zustandes aufweisen. (Denn nur bei Festhalten der gegenseitigen Proportionen einer bestimmten embryonalen Phase ist das Erkennen letzterer im ausgewachsenen Zustand des Organs möglich.) *Bei sekundärem Materialmangel infolge verschiedenartiger Gewebsschädigung* größerer Abschnitte des mittleren Nasenfortsatzes werden voraussichtlich nicht nur tiefere und viel ausgedehntere, sondern z. T. auch etwas anders lokalisierte Furchen und Rinnen resultieren.

Die *leichtesten Grade* der Fehlbildungen im Bereiche des mittleren Nasenfortsatzes sind offenbar gleichzeitig jene, welche *Hemmungen der normalen Ausgleichsvorgänge* mit oder ohne primären Materialmangel ihr Entstehen verdanken und sind deswegen zu den *primären* Gesichtsspalten zu rechnen. Hierher gehören die **einfachen medianen Nasenfurchen leichteren Grades,** welche aber nur relativ sehr selten beobachtet werden. Außer einzelnen kasuistischen Mitteilungen existiert hierüber eine systematische Untersuchung an größerem embryologischen Material von K. König:

An 200 menschlichen Embryonen von 14,6 bis 40,7 cm Scheitel-Fersen-Länge wurden 16mal (= 8%) mediane Vertiefungen, und zwar 14mal mediane Nasenfurchen, zweimal mediane Nasengruben gefunden. Am häufigsten (50%) waren diese Vertiefungen an Feten von 21 bis 24 cm Scheitel-Fersen-Länge vorhanden. Aber nur in dem in Abb. 58 wiedergegebenen 24 cm langen Fetus lag höchstwahrscheinlich eine Entwicklungshemmung vor, da sich im Furchengebiet eine bedeutende Hypoplasie des Epithels und des Coriums mit beträchtlicher Dickenabnahme der Haut vorfand. Der „kraniale Endpunkt der Nasenfurche liegt genau über jener Stelle des Knorpelgerüstes der äußeren Nase, an welcher sich die Cartilagines laterales von der Cartilago septalis abtrennen. Weiter abwärts (gegen die Nasenspitze zu) sinkt' die Nasenfurche immer tiefer ein. Ihr Epithel wird durch Verlust der Basalzellenschicht und durch Abnahme der Zahl der übrigen Epithelzellen immer niedriger, so daß es schließlich nur mehr aus einer einzigen Zellenlage besteht. Haar- und Drüsenanlagen fehlen hier vollständig. Auch das Coriumgewebe wird immer dünner, so daß schließlich das Hautepithel, in der Tiefe der Nasenfurche, dem Knorpelgerüst eng anliegt. Durch das Aneinanderrücken der beiden Seitenwandknorpel gehen Corium und Submucosa der Nasenhöhlenwand ineinander über. Weiter abwärts wird die Nasenfurche seichter und das Corium sowie das Hautepithel gewinnen dann allmählich ihre normale Struktur wieder." Bei den übrigen Feten mit Nasenfurchen war dagegen die Haut im Bereiche der Furche vollständig normal, bei den zwei Feten mit Nasengruben fehlte die Hornschicht der Epidermis und das Corium war etwas dünner. Nach König kommt bei diesen letzteren das Einsinken der Haut im unteren Drittel des Nasenrückens dadurch zustande, daß entsprechend der Abgangsstelle der Seitenknorpel der Zwischenraum zwischen denselben etwas größer ist als normal, wodurch die Haut grubig einsinken muß. Diese bislang gar nicht beachteten, auch noch an manchen Erwachsenen sichtbaren seichten Furchen im Nasenspitzengebiet sind als *individuelle Variation* der Abgangsart des Seitenknorpels aufzufassen und werden in einer bestimmten Altersstufe der Feten (siehe oben) anscheinend deshalb so häufig gefunden, weil in dieser Altersstufe median gelegene Lücken im Knorpelgerüst der Nase aufzutreten pflegen (M. REHMKE, IX/1), welche die erste Andeutung der Abspaltung der Cartilago alaris von der Cartilago septalis nasi darstellen. In späteren Fetalstadien sind diese Furchen nicht mehr oder nur noch sehr selten nachzuweisen, wahrscheinlich weil sie durch stärkere Ausbildung von Bindegewebe an den betreffenden Stellen wieder ausgeglichen werden. Besondere anatomische Verhältnisse liefern also die Basis zur Ausbildung individueller Varianten.

Der einfachen medianen Nasenfurche liegt also wohl ein lokal begrenzter primärer Materialmangel kombiniert mit Hemmung des sonst auftretenden Ausgleichs der medianen Mulde zugrunde, wie Abb. 58 zeigt.

Hier reihen sich die *leichteren Formen der sogenannten Doggennase* an, wie sie BEELY, TRENDELENBURG, A. MACLENNAN, P. ESAU (zwei Fälle), G. WILKINSON, A. BROWN-KELLY (Fall 2), N. FEYGIN (Fall 2), BUMBA und LUKSCH, W. KLESTADT und HUGO NEUMANN beschrieben.

In P. ESAUS Fall 1, einen sonst normalen, aus fehlbildungsfreier Familie stammenden Erwachsenen betreffend, war im unteren Teil des Nasenrückens eine länglichovale Einsenkung vorhanden, welche sich nach unten auf die Nasenscheidewand fortsetzte. Letztere 18 mm (!) breit, im vorderen Anteil verknöchert, die Nasenwurzel dagegen schmal und der Nasenrücken fast der Norm entsprechend. — Im Falle HUGO NEUMANNs war auch der Septumknorpel vorne gefurcht und zeigte eine Spaltung in zwei federnde Lamellen. — Eine klassisch symmetrische Ausbildung zeigt der auch

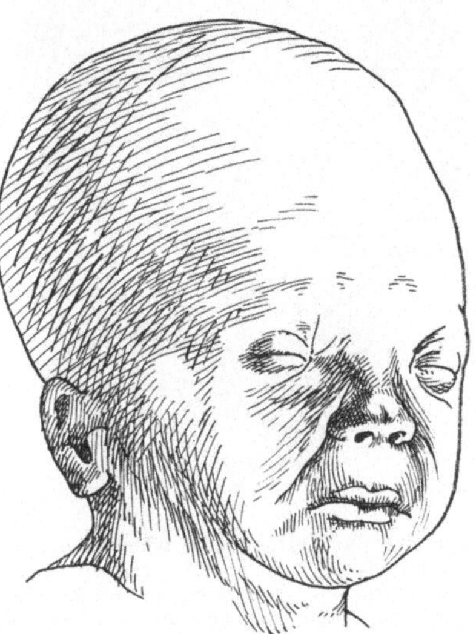

Abb. 58. Menschlicher Fetus mit medianer Nasenfurche im unteren Drittel des Nasenrückens (nach K. KÖNIG).

sonst sehr instruktive, genau untersuchte Fall von J. BUMBA und F. LUKSCH (Abb. 59). Der 57jährige, sonst wohlgebildete Mann mit kongenitaler beträchtlicher Diastase beider Nasenhälften und Verdoppelung der Nasenspitze stammte aus mißbildungsfreier Familie. Nasenlöcher in ant.-post. Richtung verkürzt. Zwei deutlich ausgebildete Nasenbeine tastbar, von deren unteren Enden aus zwei knorpelige Lamellen sich nach rechts und links außen ins Nasenlumen erstrecken. „Zwischen den beiden Nasenspitzen findet sich eine zunächst schmale, dann breiter werdende Einkerbung. Sie geht nach oben zu auf den stark verbreiterten Nasenrücken über." An der Stelle, wo sich sonst der Nasensteg von der Oberlippe absetzt, waren zwei von oben außen nach innen unten ziehende narbige Streifen vorhanden, welche sich in der Medianlinie in halbem Abstand der Nase vom Lippenrot vereinigten. Von da aus verlief dann in der Mittellinie nur noch ein einziger Narbenstreif bis zum Lippenrot (Y-förmige Figur). Oberhalb der Vereinigung der beiden schiefen Y-Schenkel fand sich ferner eine mohnkorngroße Fistelöffnung, welche in einen ca. $1^1/_2$ cm langen Gang führte, welcher dicht unterhalb der Vereinigungsstelle des häutigen Septums mit dem Nasenboden endigte. Keine Atembeschwerden. Die unteren Muscheln normal angelegt, aber etwas atrophisch, unterer Nasengang weiter als normal, darüber ragt von medial her jederseits eine von normaler Schleimhaut überzogene Septumlamelle vor (Abb. 60), welche die ziemlich hypertrophische mittlere Muschel lateralwärts verdrängt. Unterhalb der einragenden Septumlamellen entbehrt die die beiden

Nasenhälften trennende Scheidewand jedoch der Knorpeleinlage und ist nur aus den beiden Schleimhautblättern gebildet. Postrhinoskopisch völlig normaler Befund, sämtliche Nasennebenhöhlen beiderseits vorhanden, Stirnhöhlen und Siebbeinzellen eher mächtiger ausgebildet als normal. In Übereinstimmung mit vielen Autoren nehmen BUMBA und LUKSCH als Ursache der Fehlbildung *Hemmung der Entwicklung*

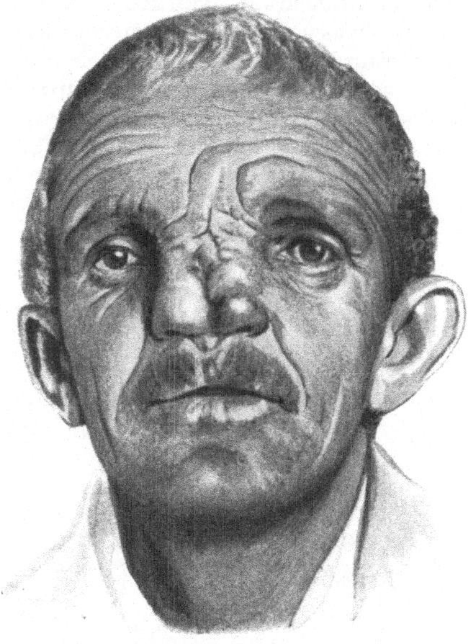

mit Stehenbleiben derselben auf einem frühembryonalen Stadium (etwa dem von Abb. 55) an, die narbige Y-Figur sprechen sie als intrauterin geheilte mediane Oberlippenspalte + bilaterale seitliche Lippenspalte an, wobei der Keil des Y dem zu klein gebliebenen mittleren Nasenfortsatz und der senkrechte Schenkel der Verwachsungslinie der Oberkieferfortsätze entspricht. Der mittlere Nasenfortsatz habe nicht nur bezüglich des Längenwachstums, sondern auch bezüglich des Ausgleichs der Einsenkung zwischen den Proc. globulares versagt, wodurch die „Vereinigung" der beiden Nasenhälften unter Bildung einer Diastase unterblieb. Ferner war es im Bereich dieses *atypisch wachsenden und sich gestaltenden mittleren Nasenfortsatzes* noch zur Bildung einer *Fistel* gekommen. — Ein absolut symmetrisch gebauter Fall von annähernd gleicher Fehlbildungsschwere an einem vier Wochen alten, sonst völlig normalen Kinde wurde von W. KLESTADT beschrieben und abgebildet.

Abb. 59. Symmetrisch ausgebildete Doggennase mit intrauterin geheilter medianer Oberlippenspalte und unternalb der Nase gelegener medianer Fistelöffnung (nach J. BUMBA und F. LUCKSCH).

Ist schon die eben erwähnte Gruppe von Fällen (leichtere Formen der Doppelnase) auf Einwirkung äußerer Schädlichkeiten verdächtig, so ist dies m. E. sicherlich zutreffend für die **höheren und höchsten Grade der medianen Nasenfurche,** die sogenannten *gefurchten und geteilten Doggennasen* (nez de dogue, bifid nose), welche infolgedessen zu den *sekundären* Spalten zählen. Die mediane Mulde der frühembryonalen Nase kann nämlich *infolge Einlagerung von Amnionanteilen*

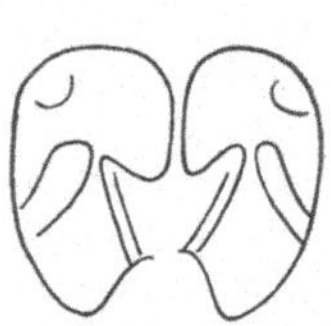

zum Angriffspunkt einer äußeren Gewalt werden und es kann dadurch nicht nur die normale Ausgleichung der Mulde verhindert, sondern auch das dauernde übermäßige Auseinanderweichen der dirhinen Nasenanlage und eine oft bis zur Nasenwurzel reichende, mehr minder tiefe Spalt- oder Furchenbildung bewirkt werden (Fall 1 von NASSE, Fälle von KREDEL und von LEXER). Daraus können auch Asymmetrien und Defektuositäten am Stützapparat der Nasenhöhlen und an diesen selbst sowie Störungen in der Umgebung der Nase (Stirnbein, Siebbein; Kombination mit anderen Spalten) resultieren. Zu ähnlichen Formen kann *auch ein Druck von innen her* (infolge syncipitaler bzw. intranasaler Encephalocele) führen, welcher die dirhine Nasenanlage auseinanderdrängt (Fälle von O. WITZEL und L. M. SIEBEN).

Abb. 60. Schematische Zeichnung des Naseninneren bei vorderer Rhinoskopie in dem in Abb. 59 dargestellten Fall von Doggennase (nach J. BUMBA und F. LUCKSCH).

Unter den hierhergehörigen Formen gibt es wieder verschieden schwere Ausbildungsgrade. Zu den *schweren* Formen dürfen neben den älteren Beobachtungen von v. AMMON, LIEBRECHT, HOPPE, WITZEL, NASSE (Fall 1), KREDEL, LEXER und von LEHMANN-NITSCHE die Fälle von VAN INGEN BROWN, U. CALAMIDA, A. BEKRITZKY (mit 5 cm breiter Furche zwischen beiden Nasenhälften), L. M. SIEBEN, H. O.

Köllmann und wahrscheinlich auch die Beobachtung von N. Hongô gerechnet werden.[1]

Ein Beispiel einer schweren Form der „geteilten Doggennase" stellt das von O. Witzel beschriebene Präparat (enthirnter Schädel eines wahrscheinlich neugeborenen Kindes) dar (Abb. 61). Hier hatte eine anscheinend intrauterin geheilte Cephalocele anterior durch vermehrten intrakraniellen Druck zu einer 3 cm betragenden Diastase beider Nasenhöhlen, welche von oben nach unten verengt, dafür aber verbreitert waren, geführt. Mediane Nasenfurche von normaler Haut überzogen, Septum cutaneum et cartilagineum median geteilt und seitlich umgelegt. Vomer verbreitert, aber nicht gespalten. Ferner: Wahre mediane Oberlippen-Kiefer- und Gaumenspalte ohne Zwischenkieferdefekt, Nasenhöhlen in offener Verbindung mit der Mundhöhle.[2] Sella turcica auffallend breit, offener Can. cranio-pharyngeus, rudimentäre Nasenbeine, rhombischer Knochendefekt im rechten Stirnbein (wahrscheinlich Bruchpforte). — Bemerkenswert ist ferner Fall 1 von M. B. Schmidt:

Tiefe längsovale Mulde an Nasenwurzel und oberem Nasenrückenanteil, ausgefüllt durch ein Lipom und durch eine dicht darunterliegende, von flimmerndem Zylinderepithel teilweise ausgekleidete, Schleim sezernierende Cyste, welche weder eine Verbindung mit der Nasenhöhle noch mit der Schädelhöhle hatte. Völliges Fehlen der Nasenbeine. Dicht oberhalb der Nasenspalte ein längsovaler, links von der Falx liegender Stirnbeindefekt. Unterster Nasenrückenteil bis zur Nasenspitze platt und sehr breit, aber nicht mehr vertieft, linkes Nasenloch tieferstehend und breitgezogen, offenbar infolge der hier anschließenden linksseitigen Cheilognathoschisis. Knorpeliges Septum vorne in zwei Blätter auseinanderweichend, knöcherner Vomer normal gebildet, ebenso die Schleimhaut beider Nasenhälften. Linke Siebbeinplatte vorne breiter, daselbst anstatt der Sieblöcher eine trichterförmige, von einem Knorpelwall um-

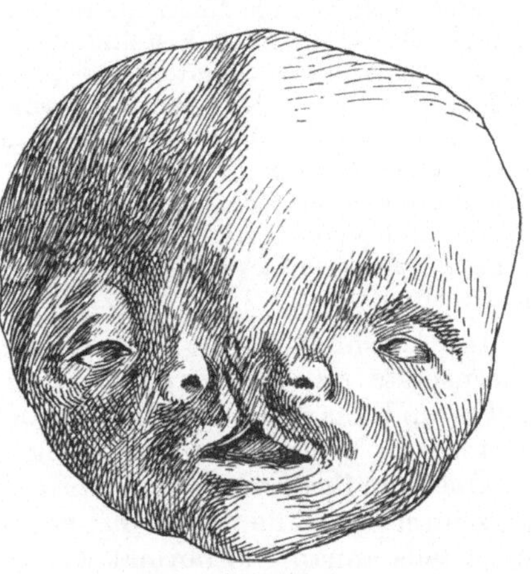

Abb. 61. Hochgradige mediane Nasenspalte [geteilte Doggennase] (nach O. Witzel).

gebene, von dünner, schwerer abziehbarer Dura überkleidete Grube. Dorsal davon wieder normale Sieblöcher. Gehirn normal, keine ungewöhnlichen Verbindungen mit der Schädelkapsel. Schmidt faßt die Muldenbildung und die trichterförmige Grube als penetrierende, später durch Knorpelneubildung vernarbte Spalte, das Lipom als autochthone Geschwulst auf. Das Walten einer Encephalocele wird abgelehnt. M. E. liegt hier eine *Vergesellschaftung von Störungen im Bereiche des mittleren Stirnfortsatzes, der Nasengaumenrinne sowie der Augennasenrinne vor, wahrscheinlich bedingt durch die Einwirkung einer äußeren Schädlichkeit* (Amnionstränge?), welche auch die Ursache der Myolipombildung sein dürfte (wohl auf Basis der Salzerschen Theorie). Die Entstehung der stellenweise von respiratorischem Epithel ausgekleideten Cyste kann ohne die unbewiesene Annahme einer sekundären Lösung des supponierten ursprünglichen Zusammenhangs mit dem Naseninnern durch das Vorkommnis einer *sero-mukösen Cyste* erklärt werden, ähnlich jenen im naso-ethmoidalen Grenzgebiet, welche von W. Klestadt als *fissurale* erkannt und bezeichnet wurden. Die trichter-

---

[1] Dagegen muß ich auf eine Klassifizierung der mir nur in dürftigen Referaten zugänglichen Beobachtungen von C. Zacharias und A. Tartakovskij verzichten.

[2] Diese Beobachtung darf mit einigen wenigen anderen (v. Ammon, Leuckart, Förster, Broca, Bougon et Derocque [schöne Abbildung!], L. M. Sieben) zur „*medianen Gesichtsspalte*" gerechnet werden, welche in höchster Ausprägung von der Glabella bis zur Uvula reichen kann und alle dazwischenliegenden Teile median spaltet. Die geteilte Doggennase erscheint dann als (lokal begrenzter) Spezialfall der medianen Gesichtsspalte.

förmige Grube in der linken Siebbeinplatte stellt m. E. einen durch die äußere Störung bewirkten Stillstand auf frühembryonaler Entwicklungsstufe dar (siehe darüber S. 100). Die SCHMIDTsche Beobachtung scheint mir ein klassisches Beispiel einer auf ein und dieselbe Ursache zurückführbaren kombinierten Störung zu sein, welche die normalen Umbildungs- und Durchwachsungsvorgänge einzelner physiologischer Gesichtsfurchen behinderte, Materialmangel erzeugte und zur Bildung einer fissuralen Cyste sowie eines autochthonen Tumors Veranlassung gab. —

Außer den schon erwähnten Fällen zeigt noch eine Reihe anderer *Kombinationen mit anderen Spalten oder zu Spalten in Beziehung stehende Bildungen.* (Fisteln, Dermoide usw.):

Andeutung einer medianen Oberlippenspalte (G. WILKINSON), Andeutung einer medianen Oberlippen-Kiefer-Spalte und einer bilateralen seitlichen Nasenspalte (LEHMANN-NITSCHE), mediane Oberlippen-Kiefer-Spalte mit blind endigendem Trichter, rechtsseitige Nasenspalte und in der Nasenmitte ein zylindrisches fleischiges Gebilde (U. CALAMIDA), Fistelbildung im Bereiche der Augennasenrinne (Fall 2 von NASSE), parasitäres Teratom der Nasenwurzel (KREDEL), Fibrolipom des Nasenrückens (Fall 2 von N. FEYGIN), Dermoidcyste (Fall 2 von P. ESAU). Besonders kompliziert war die Beobachtung von E. LEXER: Rechts Spur einer queren, links eine solche einer schrägen Gesichtsspalte, Kolobom am rechten inneren Augenwinkel, Defekt am rechten Oberlid, einige kleine Anhänge vor beiden Ohren und an der rechten Wange und relative Kleinheit der rechten Unterkieferhälfte. *Hier fanden sich sichere Spuren amniogener Störungen* (verschobene Haargrenze mit eingestreuten narbigen, haarlosen Stellen).

Im Anschluß an die Aufzählung der verschiedenen Formen der medianen Nasenspalte sei noch erwähnt, daß *kongenitale Narbenstreifen auf dem Nasenrücken* und das gelegentliche Vorkommen von *linearen Naevus*bildungen daselbst offenbar in genetischer Beziehung zu ersterer stehen. —

Über den *Zustand der Nasenhöhlen selbst und deren Gebilde* liegen nur in einzelnen der schwereren Fälle von medianer Nasenspalte Notizen vor. Das Naseninnere kann dabei teils annähernd normal sein, es kann aber auch zu beträchtlichen Störungen der Nasensäcke bzw. ihrer vorderen und hinteren Öffnungen kommen. Im LEXERschen Falle waren nicht nur *beide Nasenöffnungen hochgradig verengt,* sondern überdies die *rechte Choane membranös verschlossen,* wobei entsprechend dem inneren Choanalrand eine kleine ovale und in der Höhe des Nasenbodens eine dreieckige Öffnung mit nach oben gerichteter Spitze vorhanden war. Im KREDELschen Fall war die rechte Nasenseite rückwärts vollständig verschlossen. Besonderes Interesse verdient das *Verhalten der Nasenscheidewand:* Einzelne Autoren (G. WILKINSON, BUMBA und LUKSCH, HONGÔ, HUGO NEUMANN, L. M. SIEBEN) erwähnen *ausdrücklich das Vorhandensein zweier Septa bzw. zweier getrennter Septumblätter* (Abtastung, Röntgen, Sektion). Schon 1887 hatte H. KUNDRAT anläßlich eines Vortrags über Nasen- und Gesichtsspalten zur Frage der Anlage des Septums für HIS und DURSY gegen KÖLLIKER Stellung genommen, i. e. die *Ansicht von der paarigen Anlage des Septums* verteidigt: An einem Hemicephalus, bei welchem statt der linken Nasenhälfte ein Rüssel zu sehen war, war gleichwohl im Zusammenhang mit der rechten Nasenhälfte ein vollständiges Septum vorhanden. Bei einem anderen Hemicephalus, bei welchem die Spaltung vom Schädel bis zur Oberlippe ging, war jederseits eine gut ausgebildete Nasenhälfte vorhanden. Bei einigen Encephalocelen mit doppelter Nasenspitze bzw. beiderseitiger Nase war jederseits ein Vomer ausgebildet und bei einer von ihnen war es jederseits zur Bildung einer vollständigen Nasenhälfte mit Sept. cartilagineum und Vomer gekommen. Nach H. KUNDRAT (l. c.) rücken die beiden ursprünglich distanten Nasenanlagen im Zuge der normalen Entwicklung näher zusammen, die Laminae nasales (HIS) verschmelzen und so entstehe aus einer paarigen Anlage die schließlich de norma einfache Nasenscheidewand. Dieselbe oder eine sehr ähnliche Meinung haben seither eine größere Anzahl jener Autoren geäußert, welche sich bei ihren Fällen von der tatsächlichen Existenz zweier getrennter Septumhälften überzeugen konnten. Dieser Ansicht scheint nun die allgemeine Ansicht der Embryologen vom unpaaren mittleren Nasenfortsatz entgegen zu sein. Aber ganz abgesehen davon, daß dieser mittlere Nasenfortsatz ein ursprünglich sehr breites Gebilde ist, an welchem symmetrische Lateralabschnitte (Proc. globulares) deutlich hervortreten, und daß später durch aktive Zellvorgänge nicht nur die Incisura interglobularis ausgeglichen wird, sondern auch eine Annäherung der beiden Nasenschläuche aneinander zustande kommt, *ist Unpaarigkeit des mittleren Nasenfortsatzes m. E. noch nicht gleichbedeutend mit Unpaarigkeit der Septumanlage.* Wenn auch de norma die *knorpelige* Nasenscheidewand einfach ist und auch nicht aus der Verschmelzung von zwei Knorpelblättern entstanden ist (was übrigens die Vertreter der „Dualität" nie behauptet haben!), so kann doch das Mesenchym des Vorknorpelstadiums auch zwei knorpelige Nasenscheidewände entstehen lassen, wenn nämlich lange vor dem Knorpelstadium die Annäherung der Proc. globulares bzw. der Ausgleich der Incisura interglobularis unterbleibt. Die häufigste, wenn auch nicht ausschließliche Ursache für die Behinderung der „Vereinigung" der beiden Anlagen oder für ein noch weiteres Auseinanderweichen derselben sieht nun H. KUNDRAT mit WITZEL in abnormer Hirnentwicklung (im Sinne von Encephalocele od. dgl.), wobei die verschiedenen Spaltungsgrade sich nicht von der Größe des Hirnbruches, sondern „aus der Zeit seines Bestehens" ableiten. Ein analoges Ergebnis muß natürlich die Zwischenlagerung eines sagittalen Amnionstranges zwischen die Proc. globulares haben.

Was den *mutmaßlichen Zeitpunkt des Auftretens der Störung* betrifft, so ist dieser mindestens für die Fälle reiner Hemmung — wie ein Vergleich mit der festgehaltenen embryonalen Phase ergibt — offenbar in jenem Lebensalter zu suchen, wann die Embryonen eine größte Länge von etwa 10 bis 15 mm erreicht haben (BUMBA-LUCKSCH, W. KLESTADT). Dies entspricht einem wahren Alter von ca. 30 bis 31, bzw. 37 bis 38 Tagen. Viel spricht dafür, daß auch die Entstehungszeit der schwersten Formen etwa in die gleiche Epoche zu verlegen ist bzw. dann beginnt. —

In topischer, wenn auch nicht in genetischer Beziehung zur medianen Nasenspalte stehen die *medianen Nasenfisteln,* die *Dermoide des Nasenrückens* und die *Teratome und angeborenen Geschwülste dieser Gegend,* weshalb auf diese Vorkommnisse an dieser Stelle eingegangen sei.

Die Nasenfisteln und Dermoidcysten entstehen offenbar *infolge Verlagerung bzw. Einschlusses eines ektodermalen Keimes im Bereich des sogenannten Pränasalraumes* (vgl. hierzu die Ausführungen in Abschn. III, Kap. C, S. 98f. und Abb. 49 a—d). Je nachdem, ob der verlagerte ektodermale Keim noch einen Zusammenhang mit dem äußeren Integument hat oder nicht, resultieren *primäre Fisteln* oder *Dermoide ohne Zusammenhang mit der Oberfläche.* Bei letzteren kann sekundär durch Platzen ein Zusammenhang mit der Körperoberfläche hergestellt werden, woraus dann *sekundäre* Nasenfisteln resultieren. (Diese sekundären Nasenfisteln sind nach BIGLER angeblich gekennzeichnet durch das Herausragen von Hautanhangsgebilden [Haaren] aus der Fistelöffnung.) Die *typischen Fisteln und Dermoide* stehen im allgemeinen nicht in Verbindung weder mit der Nasenhöhle noch mit der Schädelhöhle, noch mit den Nebenhöhlen (Stirnhöhle); nur bei sehr großen Dermoiden kann gelegentlich das Septum herabgedrückt werden und ein sekundärer Durchbruch nach dem Naseninnern zu erfolgen. Die Nasenfisteln stellen mediane, mehr minder ausgedehnte Gänge dar, welche sich oberhalb der Nasenspitze (öfters in halber Höhe des Nasenrückens) öffnen und sich bis zu den Nasenbeinen, manchmal sogar unterhalb derselben (nie aber ventral davon) eine gute Strecke hinauf verfolgen lassen und stets blind endigen. Der Gang kann seitliche blinde Abzweigungen haben. Sie sezernieren meist eine gelblichweiße verflüssigte Masse (Epidermiszelldetritus, Talg). Neuestens will C. E. Benjamins unter Wiederaufnahme einer schon von B. S. Vermeulen geäußerten Ansicht die Fisteln und Dermoidcysten des Nasenrückens von Verlagerungen und Einschlüssen im *Sulc. supranasalis* ableiten und erblickt im Nachweis eines aus Dermoidcysten und Fistelgängen zusammengesetzten Schlauchsystems der Nasenwurzelgegend, welches *ventral* von den Nasenbeinen lag, das Stirnbein durchsetzte und der Dura adhärent war, eine Bestätigung seiner Auffassung. In diesem Falle hatte es sich aber offenbar um eines jener seltenen *Dermoide der Nasenwurzelgegend* gehandelt, welche gelegentlich auch zur Stirnhöhle Beziehungen gewinnen können (siehe darüber S. 206). Da das Gangsystem der typischen Fisteln und Dermoidcysten des Nasenrückens *stets im Pränasalraum* (= Fossa supranas. triangularis, Gegend der Verschlußstelle des Neuroporus anterior) liegt, muß deren Genese eine andere sein. Obwohl m. E. für die *Feststellung der ursprünglichen Ausgangsstelle* keinesfalls die Lage der äußeren Fistelöffnung, wahrscheinlich aber auch nicht der Endpunkt des Fistel- oder Cystengrundes absolut verbindlich ist, und dies deshalb, weil diese beiden Orte sich gegenüber den primären Verhältnissen vielleicht durch aktives Vorwachsen der verlagerten Epidermiselemente kranialwärts, sicherlich aber durch kaudalwärts erfolgendes Darüberschieben mesodermaler Massen (Nasenbeine) beträchtlich verschoben haben dürften, so halte ich es doch auf Grund der vorliegenden anatomischen und embryologischen Feststellungen und Überlegungen für *höchstwahrscheinlich, daß*, wie eingangs erwähnt, *die Keiminklusion im Pränasalraum erfolgte*. Bei Störungen in diesem Raum (infolge kombinierter Mesoderm-Hirn-Schädigung) kann es zur Cephalocele praenasalis kommen, wobei syngenetisch eine Anomalie des Verschlusses des Neuroporus anterior mitspielt. Der Durazipfel und der Proc. nasalis sind dann defekt. Daß aber den Fisteln und Dermoiden des Nasenrückens eine *unvollständige Obliteration der äußeren Öffnung des Neuroporus anterior* zugrunde liege, wie dies B. Simonetta kürzlich ausgeführt hat, *muß m. E. bezweifelt werden*, obwohl der Ort des anomalen Geschehens sicherlich richtig ist und die zum Vergleich herangezogene Fistula caudalis congenita nachgewiesenermaßen ein Offenbleiben des neuerlich aufgebrochenen, also sekundären Neuroporus posterior darstellt (Ikeda, Schumacher). (Bisher ist nichts darüber bekanntgeworden, ob es auch zu einem sekundären Neuroporus anterior kommen kann, welche Möglichkeit übrigens Simonetta ablehnt.) Da in den Fällen von medianer Nasenfistel usw. bisher keine Verbindung mit dem ZNS. und auch keine Zeichen von bestehendem oder geheiltem Hirnbruch aufgefunden wurden und auch in Simonettas Beobachtung nur ein *etwas* vermehrter Augenabstand vorhanden war, so muß die Simonettasche Annahme als höchstunwahrscheinlich abgelehnt werden. *Viel näher liegt es m. E., einen Invaginationszug mesodermaler Elemente des Pränasalraumes auf Teile des Oberflächenepithels mit Einstülpung und Abschnürung letzterer anzunehmen. Hierfür würde sich m. E. ein besonders kräftiger, wenig Rückbildungsneigung zeigender Durazipfel besonders eignen.* Dem Mechanismus der Nasenfistel und Dermoidbildung läge also indirekt eine *Hemmungsmißbildung* zugrunde. Hingegen erscheint mir eine einfache Überwachsung eines Epidermiskeims bei Ausgleichung der Mulde in der Area infranasalis mit oder ohne amniogene Beihilfe zur Erklärung aller klinischen und histologischen Details dieser Fisteln usw. nicht zu genügen.

Kasuistik: a) Primäre und sekundäre *Fisteln:* N. H. Pierce, H. Streit (vgl. Abb. 62, welche eine aus einem Exstirpationsversuch eines Dermoids hervorgegangene sekundäre Fistel auf dem Nasenrücken eines achtjährigen Knaben zeigt), CAPART jun., HUNTER TOD, A. A. BOONACKER (drei Fälle), E. POLLATSCHEK, BIGLER, WALD-APFEL, F. R. NAGER (drei primäre, eine sekundäre Nasenfistel), B. SIMONETTA (drei-jähriges Kind mit *primärer* Fistel und Herausragen eines Haarbüschels, was gegen die Auffassung von BIEGLER [vgl. höher oben] spricht), FR. THOMASEN, R. H. KENNEDY, E. CHARSCHAK jun., S. GERSCHMANN und C. E. BENJAMINS (zwei Fälle). *Ich* selbst sah vor etwa 15 Jahren eine typische mediane Nasenfistel bei einem jungen Mädchen (bisher nicht publiziert).

b) Die *Dermoidcysten* sitzen an derselben Stelle wie die Fisteln, beginnen sich aber erst allmählich bemerkbar zu machen und pflegen zur Zeit der Pubertät rasch zu wachsen. Dermoide wurden u. a. beschrieben von BRAMANN, D. DE CARLI, A. SONNTAG, W. OKADA (zwei Fälle), BRUZZONE (zwei Fälle), N. RH. BLEGVAD, KRIEBEL, TRAMP-NAU, O. BESELIN, P. HACQUEBORD (drei Fälle), B. S. VERMEULEN (zwei Fälle), R. A. LUONGO, L. S. POWELL und C. E. BENJAMINS (zwei Fälle). Besonders er-wähnenswert ist der Fall von A. SONNTAG: Bei einem 34jährigen Manne, welcher erst seit dreiviertel Jahren einen „Wulst" auf dem Nasenrücken bemerkt hatte, *fehlten beide Nasenbeine und ein Teil des Septums, die Cyste hatte offenbar die Nasenschleimhaut* nicht nur er-reicht, sondern sogar *usuriert*, da Patient einmal schoko-ladebraunen Cysteninhalt spontan ausgeschneuzt hatte, welcher von derselben Beschaffenheit war wie anläßlich einer später vom Arzte vorgenommenen Punktion. A. SONNTAG faßt die Abwesenheit der Nasenbeine nicht als Druckatrophie auf, sondern als primäres Zurückbleiben des Knochenwachstums in der Umgebung der Cyste. Unter Berücksichtigung des wahrscheinlichen Zeitpunktes der ursächlichen Epithelverlagerung und der viel späteren Ausbildung der Deckknochen dürfte diese Deutung zu-treffen. Ebendahin weist auch Fall 1 von W. OKADA, wo die *Dermoidcyste zwischen die knöchernen Lamellen der Lam. perpendicularis keilförmig eingedrungen war.* Da de

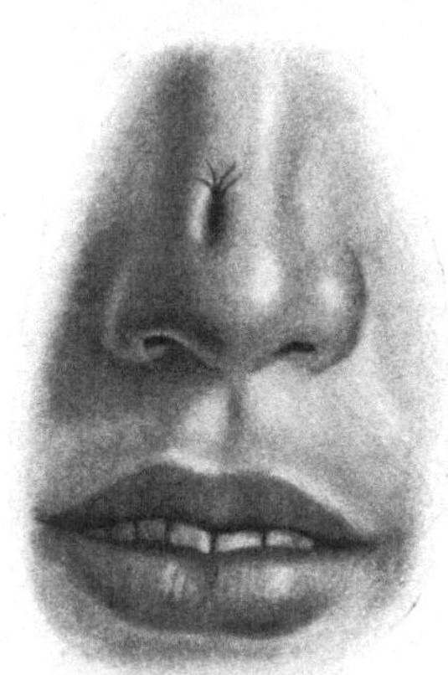

Abb. 62. Mediane Nasenfistel mit hervorsprossenden Haaren (nach H. STREIT).

norma nur eine einzige, durch enchondrale Verknöcherung des bezüglichen Septumabschnitts entstandene Lamelle vorhanden ist, so hat man sich diesen auffallenden Befund offenbar so zu deuten, daß durch den verlagerten Epidermiskeim schon im Vorknorpelstadium das Mesenchym derart geteilt wurde, daß daraus später — wenigstens an zirkumskripter Stelle — zwei knorpelige und daraus wieder zwei knöcherne Laminae entstanden. — In BLEGVADS Beobachtung lag insofern ein un-gewöhnlicher Typus vor, als die haselnußgroße Cyste sich zwischen Septum und die Nasenflügelknorpel einschob und dadurch eine *Diastase* zwischen den Cartil. nasi laterales entstand. — Ausdehnung und Form der Cyste tritt in TRAMPNAUS Beobachtung durch Umbrenalfüllung (Röntgenprofilbild) gut hervor. Hier war es zu einer offenbar sekundären Öffnung in die (rechte) Nasenhöhle gekommen, in Fall 2 von VERMEULEN zu einer *sekundären* Öffnung rechts am Nasenrücken infolge Inzision einer daselbst aufgetretenen Schwellung.

Auch teratoide Tumoren und angeborene Geschwülste (Fibrome usw.) können gelegentlich am Nasenrücken vorkommen und *sind dann eventuell imstande durch ihre Zwischenlagerung eine mediane Nasenfurche zu veranlassen.*

Solche Fälle beobachteten TRENDELENBURG und A. MACLENNAN: Sieben Monate altes Kind mit leichter medianer Nasenfurche, starker Septumverdickung und einer aus normaler Haut bestehenden angeborenen Protuberanz auf der Nase, kombiniert mit leichter medianer Oberlippenspalte. In der Mitte der Protuberanz saß ein schmales Tuberculum, auf welchem die gewöhnliche Flaumbehaarung vermehrt war (Abb. 63a und 63b). MACLENNAN *nimmt falsche Wachstumsrichtung* (disgression) *des mittleren Nasenfortsatzes an*, wodurch sich einerseits die Protuberanz, anderseits infolge Materialmangels die Oberlippenspalte bildete, welche unter Rücklassung einer schmalen Kerbe durch das kompensatorische Wachstum beider Oberkieferfortsätze geschlossen wurde. M. E. liegt hier mehr als eine Materialverschiebung, nämlich ein *Fibrom* oder ein *Teratoid* auf dem Grunde der medianen Nasenfurche vor, dessen Einlagerung wahrscheinlicherweise die Furche erzeugt hatte. Dabei mochte der Tumor im Sinne der Anschauungen von VAN BENEDEN bzw. SALZER (zit. nach K. GRÜNBERG) aus Amnionfaltenanteilen hervorgegangen, demnach Geschwulst und Furche amniogen gewesen sein. — W. OKADA (Fall 3) beobachtete bei einem neun Monate alten Mädchen einen aus zwei Teilen bestehenden Tumor, dessen mit normaler Haut bedeckter Basalteil zwischen den nach außen verdrängten inneren Augenwinkeln in der Mitte einen höckerigen linsengroßen spitzen

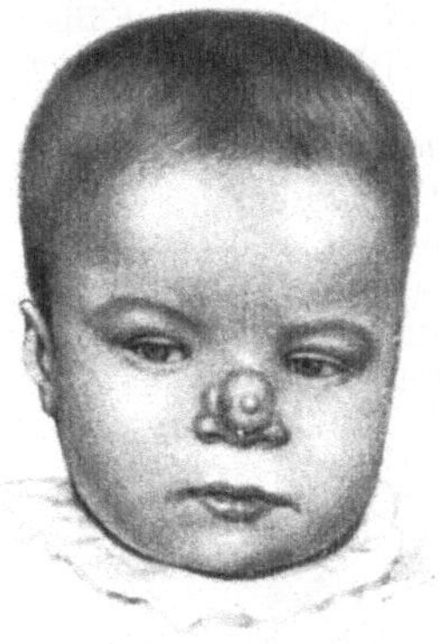

Abb. 63 a. Angeborene Protuberanz des Nasenrückens mit leichter medianer Nasenfurche (nach A. MACLENNAN).

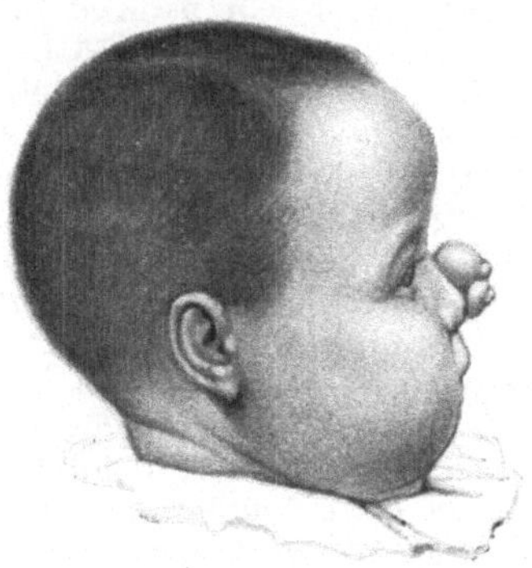

Abb. 63 b. Derselbe Fall wie Abb. 63 a im Profil (nach A. MACLENNAN).

Teil trug (histologisch Teratoid aus Geweben der oberen Luftwege). Überdies bestand eine feste membranöse Verwachsung der Nasenspitze und des Sept. mobile mit der Oberlippe. — Ferner gehören hierher die Fälle von L. ERDMANN (siebenmonatiger Säugling mit angeborenem, über der Nase gelegenen weichen, von gewöhnlicher Haut bedeckten *Auswuchs*, welcher wie eine *superponierte zweite Nase* („zweistöckige Nase") aussah; histologisch wahrscheinlich Rhabdomyom), von G. D'AJUTOLO (zwei Fälle von angeborenem Fibrom der Nasenwurzelgegend) und ein ähnlicher von T. KURATA. Das von D. DI VESTEA beschriebene sechsjährige, sonst völlig gesunde Mädchen (Abb. 64) erweckte ähnlich dem Falle von ERDMANN den Eindruck einer zweiten aufgesetzten Nase. Die auf dem Nasenrücken sichtbare, zweilappige, scharf abgesetzte Masse hatte z. T. narbiges Aussehen. Im Bereich eines medialen Lappenanteiles fand sich eine zeitweise sezernierende Tränenfistel. Linker Tränensack medialwärts verlagert, Stirnhöhlen fehlten, Kieferhöhlen und Siebbeinlabyrinth jedoch gut ausgebildet. Innerer Augenwinkelabstand 4 cm (!). Röntgenologisch fand sich ein interkalierter überzähliger Knochen in Form eines „Triangulum interfrontale", dessen seitliche Nähte oben in die Sutura metopica übergingen. DI VESTEA lehnt einen Zusammenhang mit einer noch im Embryonalleben erfolgten Rückbildung einer Encephalocele oder mit einer auf ähnlicher Basis erfolgten Tumorbildung ab, zumal sich bei der Untersuchung der knorpelharten Masse am Nasenrücken keinerlei nervöses Gewebe, übrigens auch kein Knorpel fand, sondern nur *dermoidale Gewebsarten mit Einlagerung nicht unbeträchtlicher Mengen von quergestreiften Muskelbündeln.* —

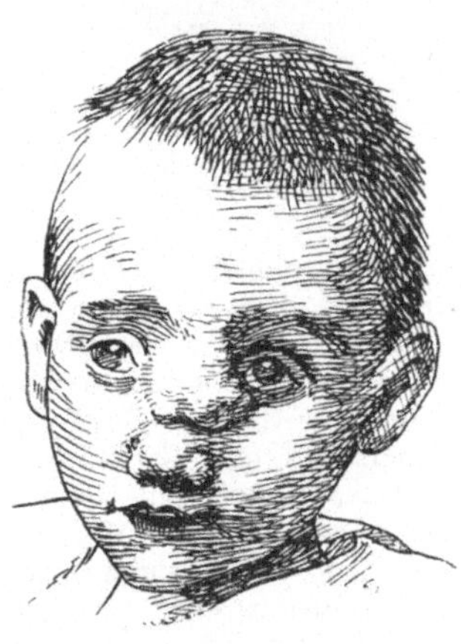

Abb. 64. Angeborener teratoider Tumor der äußeren Nase unter dem Bilde einer „superponierten zweiten Nase". Der Tumor setzt sich mittels einer tiefen queren Einsattelung vom Nasenrücken ab (nach D. DI VESTEA).

Am Nasenrücken bzw. an der Nasenwurzel kommen also, wenn auch selten, angeborene teratoide Geschwülste vor, welche teils als heterochthone, teils als autochthone zu bezeichnen sind (vgl. hierzu auch S. 208 u. S. 261 ff).

Aus den Ausführungen zu Beginn dieses Abschnittes und aus den eingestreuten Bemerkungen bei der Kasuistik geht hervor, daß die *Ätiologie der medianen Nasenspalte keine einheitliche* und keine in allen Fällen sicher deutbare ist. Dies gilt auch für die übrigen Gesichtsspalten, demnach auch für die im folgenden zu besprechenden Lateralspalten. *Neben äußeren mechanischen Momenten* (Amnionfäden, Einlagerung von Teratomen) spielen *auch innere mechanische Kräfte* (Encephalocele, Hydrocephalus int.) eine Rolle und bewirken dauernde Diastase der dirhinen Nasenanlage und durch Gewebsschädigung der betroffenen Bezirke auch Defekte. Die nächsten Ursachen liegen hier also in Amnionanomalien und Hirnmißbildungen (vgl. hierzu Abschn. I, S. 15 ff. und Abschn. III, Kap. C., S. 97 ff.). In den *leichten* Fällen kommen solche Ursachen wohl meist nicht in Frage; *die Hemmung der normalen Ausgleichs- und Umbildungsvorgänge* (mit und ohne primären Materialmangel im Bereich des mittleren Nasenfortsatzes) *kann Folge von exogenen toxischen, beispielsweise von uterinen Erkrankungen ausgehenden Störungen sein mit konsekutiver lokaler Genodemutation im Gewebe* (vgl. Abschn. I, S. 7 f.; in diesem Zusammenhang darf auch an die gelungenen Experimente von Hönnicke erinnert werden!) *oder sie kann einer pathologischen Genodemutation in den Gameten ihren Ursprung verdanken.* In letzterem Falle ist die Basis der Mißbildung schon im Zeitpunkt der Zeugung vorhanden gewesen. Vererblichkeit

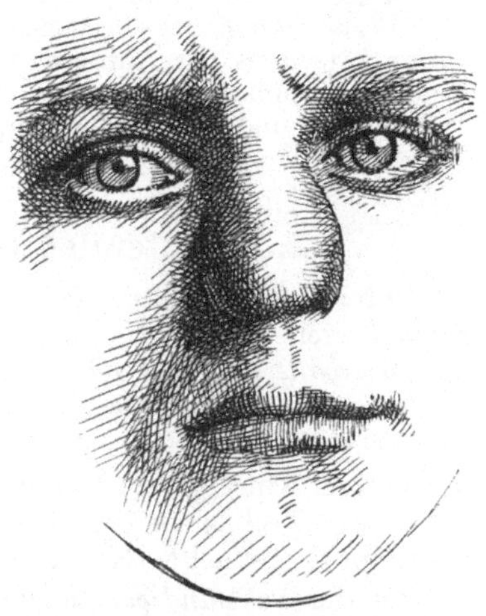

Abb. 65. Angeborene ererbte Verbreiterung der gesamten Nase (Kartoffelnase) mit Andeutung von Doggennase. Ansicht von vorne (nach C. E. Benjamins und F. H. Stibbe).

wurde allerdings bei der reinen medianen Nasenspalte bisher nicht nachgewiesen. Über das Vorkommen von *medianer Gesichtsspalte* an zwei Kindern desselben Elternpaares wurde zwar von Bougon und Derocque berichtet, doch ist damit Vererblichkeit nicht bewiesen. Dagegen publizierten C. E. Benjamins und F. H. Stibbe eine *vererbbare Kombination verschiedener Mißbildungen der äußeren Nase* (mit Beziehungen zur medianen Nasenspalte), weshalb sie hier Platz finden möge (Abb. 65 u. 66):

Der 19jährige, sonst völlig gesunde Mann, zeigte seit Geburt folgende Difformitäten: 1. *Starke Verbreiterung des Sept. membranaceum und der Nasenspitze,* welche keinen Knorpel enthielt und eine leicht ondulierte Oberfläche hatte; dadurch übermäßiger Abstand beider Nasenöffnungen voneinander. Dies fassen die Autoren als *Andeutung einer Doggennase* auf. Dabei besteht die Nasenscheidewand in ihren vorderen Partien aus zwei getrennten verknöcherten Blättern (Nachweis im Röntgenbild); 2. *Verbreiterung der ganzen Nase* „en forme de ballon" (sogenannte Kartoffelnase nach J. Joseph), wobei die laterale Nasenwand aus einer einzigen undifferenzierten (!) Knorpelmasse besteht; 3. *Fehlen der Ossa nasalia und der Proc. nas. oss.*

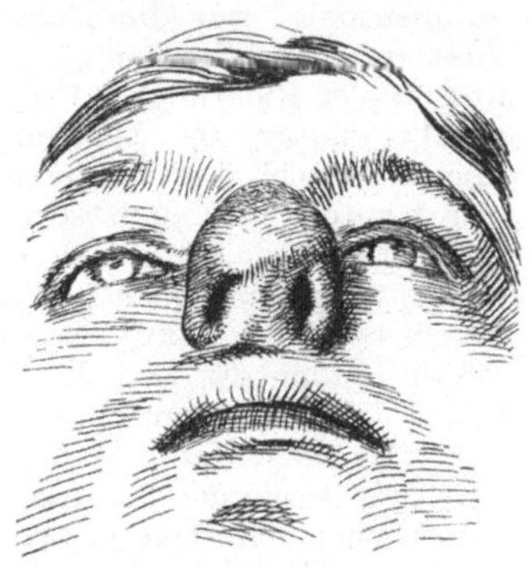

Abb. 66. Derselbe Fall wie Abb. 65 bei zurückgeneigtem Kopf (nach C. E. Benjamins und F. H. Stibbe).

maxill.; 4. *Fehlen des rechten, Unterentwicklung des linken Sin. frontalis.* Das Naseninnere war normal und das Nasenprofil hatte trotz des Fehlens der Nasenbeine nicht gelitten, da das knorpelige Stützgerüst der Nase inklusive Cart. quadrangul. septi nicht nur vorhanden war, sondern auf dem frühembryonalen Zustand der Doppelröhre (ohne sekundäre Modellierung und Zerteilung) verharrte. Da die beschriebene Mißbildung bzw. beträchtliche Verbreiterung des Sept. mobile, der Nasenspitze und des

Nasenrückens bei einer Anzahl von Familienmitgliedern der letzten zwei Generationen vorhanden war (Mutter und zwei Schwestern derselben zeigen dieselbe Anomalie, andere Geschwister der Mutter jedoch nicht; Patient hat einen normalen Bruder und zwei Schwestern mit derselben Anomalie usw.), so kann hier die *Heredität als erwiesen gelten*. Es konnte aber keine genaue Vererbungsregel aufgefunden werden. Die Bezeichnung des beschriebenen Mißbildungskomplexes als ,,Hemmungsmißbildung" (seitens der Autoren) kann nur in dem Sinne zugelassen werden, daß die Entwicklungsphase des Endes des dritten Embryonalmonats festgehalten ist und weitere Um- und Ausbildungsvorgänge ,,gehemmt" wurden oder besser gesagt unterblieben, nicht aber, daß zu dieser Zeit die Störung eintrat.

2. Die lateralen Gesichtsspalten (Lit. VIII/B 1 u. 2).

Unter den hierher zu rechnenden Spaltbildungen kommen für die Nase vornehmlich die *seitliche Oberlippen- und Oberlippenkieferspalte, die seitliche Gaumenspalte und ihre Kombinationen* in Betracht.

Bei der *seitlichen Oberlippenspalte* (= Hasenscharte) erstreckt sich die Fissur im höchsten Grade ihrer Ausbildung bis ins Nasenloch. Dabei ist das Nasenloch in querer Richtung verbreitert, der nach außen verzogene Nasenflügel geht nicht selten unmittelbar in den äußeren Rand der Spalte über und die Nasenspitze erscheint abgeflacht (K. GRÜNBERG).

Bei der *vollständigen Kieferspalte* durchsetzt die Fissur den Alveolarbogen vom freien Rande bis ins Nasenloch hinein und erstreckt sich, nach hinten innen gegen die Mittellinie konvergierend, durch den vordersten Teil des harten Gaumens bis in die Gegend des For. incisivum.

Bei der *vollständigen Gaumenspalte* ist die Nasenhöhle am Boden dicht neben dem untersten Septum- bzw. Vomerbezirk unverschlossen und dies entweder ein- oder doppelseitig.

Kombinationen dieser Hauptformen sind nicht all zu selten. Auf die *nasalen Veränderungen* dabei machte insbesondere GRÜNBERG aufmerksam:

An einem Neugeborenen mit linksseitiger Oberlippen-Kiefer-Spalte und bilateraler Gaumenspalte war die *Nase stark deformiert, der linke Nasenflügel abgeflacht, die Nasenspitze und das häutige Septum stark nach rechts verlagert,* so daß letzteres in fast horizontaler Richtung verlief. Zwischenkiefer nach rechts gezogen, gedreht und schief gestellt, dadurch das Septum stark nach rechts verschoben und derart gedreht, daß ,,die im Bereich ihres hinteren Abschnitts noch ziemlich genau nach unten gerichtete freie Kante weiter nach vorne immer mehr nach rechts hinüber" sah. Linke untere Muschel größer und tieferstehend, *linke Nasenhöhle durch buckelförmiges Vorspringen des Septums sehr verengt.* Schädelbasis normal. Ähnliches in einem zweiten (seitenverkehrten) Fall. GRÜNBERG leitet die ,,für einseitige Kieferspalten charakteristische Schrägstellung des Zwischenkiefers und die Prominenz desselben auf der Seite der Kieferspalte" ab vom stärkeren Vorwachsen des Vomer, welchem die seitliche Stütze fehlt. Dadurch werde zugleich eine mit der Konvexität nach der gespaltenen Seite gerichtete *Deviation der Nasenscheidewand* bewirkt,[1] während der Vomer sich bogenförmig nach der ungespaltenen Seite wende und aus der vertikalen in eine mehr horizontale Lage übergehe. (Vgl. hierzu auch S. 216.)

Das Nasen*innere* ist bei Cheilognathopalatoschisis bisher m. W. nicht genauer untersucht worden. *M 58 (Musealpräparat des Innsbrucker path.-anat. Instituts)* bot hierzu Gelegenheit. Es betrifft ein neugeborenes (?) Mädchen mit linksseitiger *Cheilognathopalatoschisis, Agenesie des Unterkiefers, totaler Wangenspalte beiderseits*

---

[1] Nach H. PICHLER (Lit. X/10) genügt eine nur teilweise Verwachsung des Zwischenkiefers auf einer Seite, um eine konvexe Ausbiegung des Septums nach der gespaltenen Seite zu bewirken. Vor kurzem hat V. VEAU auf Grund reichen eigenen Materiales die GRÜNBERGschen Angaben durchaus bestätigt.

und einem gewissen Grad von Otocephalie.[1] Mittlere Schädelgrube und Gegend der Foram. olfact. sehr tief, Hypophysengegend normal.

Gesichtsschädel von vorne unten (Abb. 67): Flache Mulde mit zahlreichen symmetrischen, nach hinten zu konvergierenden Schleimhautfältchen (Anlage der Rachenmandel). Lateral davon beiderseits die Tubenostien. Nach außen davon jederseits eine Velumhälfte, welche jederseits von der *queren Wangenspalte* gekreuzt wird. Letztere führt jederseits zu den frei daliegenden „Trommelfellen" und zu den Ohrmuscheln. Die Gehörgänge sind gewissermaßen aufgeschlitzt und stellen frei zutage liegende Flächen dar. Das Septum endet kranioventral von der Rachenmandelanlage, verläuft schräg nach rechts vorne mit freier, kaudalwärts gekehrter Kante und begrenzt auf der rechten Seite eine *dreieckige Choane,* in welcher man die Hinterenden der rechten unteren und mittleren Muschel erscheinen sieht, wogegen links wegen der Kiefer-Gaumen-Spalte eine Choane fehlt. Rechts sind Nasenloch und Nasenboden ausgebildet; da beides links fehlt, überblickt man von unten her die linke untere und mittlere Muschel ihrer ganzen Länge nach. Die beiderseits sichtbaren, von dorso-lateral nach ventro-medialwärts ziehenden dicken „tonsillenartigen" Wülste sind die zahnkeimeführenden Alveolarfortsätze der Oberkiefer. Auch zwischen deren hinteren Polen und den „Trommelfellen" findet sich beiderseits eine Zahnanlage in Form eines kleinerbsengroßen Gebildes. Nach außen davon grenzt sich die Oberlippe und Wange jederseits durch eine Furche (Mundvorhof) ab. Die linksseitige *Oberlippen-Kiefer-Spalte* ist sehr breit, es findet sich ein muldenförmiger Defekt, der ziemlich weit nach außen reicht. *Äußere Nase*

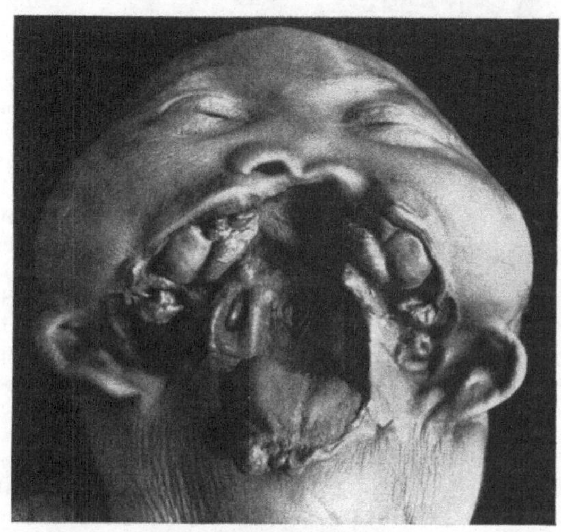

Abb. 67. Komplexe Fehlbildung mit linksseitiger fast vollständiger Cheilognathopalatoschisis und rechtsseitiger partieller Cheiloschisis, bilateraler Wangenspalte, Agenesie des Unterkiefers usw. (Musealpräparat des Innsbrucker pathologisch-anatomischen Institutes).

sehr flach, Augen ziemlich weit voneinander abstehend. — *Sonstige Anomalien:* Aorta thoracica dextroposita. A. subclav. sin. geht als letzter Ast des rechtsläufigen Aortenbogens ab und kreuzt jenseits der Speiseröhre zur linken Seite. Gemeinsam mit der A. subcl. sin. geht der Duct. Botalli ab. Vena cava inf. läuft als Vena azygos getrennt von den Lebervenen zur Vena cava sup. Die Lebervenen münden direkt in den rechten Herzvorhof, wo sonst die Vena cava inf. einmündet. Vena hemiazygos anscheinend sehr klein, abpräpariert. — Oesophagus und Trachea normal.

Zur histologischen Untersuchung der Nase und des Nasenrachenraums wurde mittels zweier paralleler Parasagittalschnitte dicht neben den Lam. papyraceae sowie

---

[1] Herr Prof. G. B. GRUBER demonstrierte diese Mißbildung zusammen mit einer Reihe anderer in der Sitzung der Wissenschaftlichen Ärzte-Gesellschaft in Innsbruck am 14. Jänner 1927 (W. kl. W. 1927, Nr. 11) unter der Bezeichnung: „*Agnathie mit Makrostoma,* seitlicher typischer Mundspalte, Mangel des Zwischenkiefers und des Gaumens, Oberlippen-Nasen-Spalte links, Anomalie der Aorta und der Vena cava inferior. Mikroskopische Untersuchung ließ jede Spur des Unterkieferanteils vermissen". Dasselbe Objekt wurde auch von KARL FRIEDRICH FRICKE, einem Schüler G. B. GRUBERS, in dessen Mitteilung „Über die angeborene quere Wangenspalte", B. An. Phys. etc. O., Bd. 30, S. 282 ff., 1932, als Fall 2 *makroskopisch* beschrieben und abgebildet. *Ich* selbst gab davon eine kurze Beschreibung in anderem Zusammenhang (Act. O.-L., Bd. 19, S. 1, 1933).

mittels eines Frontalschnittes hinter der Sella turcica ein prismatisches Gewebestück gewonnen, an dessen ventraler Fläche die äußere Nase mit dem geschlossenen rechten und dem mit der Mundhöhle kommunizierenden linken Nasenloch sichtbar ist. Dieser Gewebsblock wurde in Frontalschnitte zerlegt. Ferner wurde das *Mund-Wangen-,* *bzw. das „Trommelfell"-Ohrmuschel-Gebiet* jederseits horizontal geschnitten. — Färbungen mit Hämatoxylin-Eosin, nach v. GIESON und mittels der WEIGERTschen Markscheidenfärbungsmethode.

Frontalschnittserie durch die Nase: Schnitt 25: Tiefe Oberlippenspalte links. Linke Nasenlichtung wesentlich enger als die rechte, Auskleidung mit mehrzeiligem Zylinderepithel, Septumknorpel nasenrückenwärts tief gegabelt, innerhalb der Furche ist spongiöser Knochen (Nasenbein) eingelagert, dessen seitliche, kaudalwärts gerichtete Flügel das gegabelte Septumende lateralwärts umgreifen. *Kaudal* läuft der *Septumknorpel* — wie schon von Beginn der Serie nachweisbar — in *zwei annähernd frontal gerichtete lange Arme aus, welche bis zum lateralsten Punkt der Nasenvorhöfe reichen.* — Schnitt 50: Linksseitige Oberlippenspalte im Begriffe sich zu schließen. Seitenwandknorpel in kontinuierlicher Verbindung mit dem Septum. In der Medianebene der Oberlippe findet sich ein sagittaler Gewebestreif, welcher ein in straffes Bindegewebe eingeschlossenes, sagittal ziehendes Blutgefäß mit feinem Begleitnerv enthält. Dicht daneben tritt auf der rechten Seite ein annähernd sagittal gestellter schmaler Knorpelstab auf. — Schnitt 75 (Abb. 68): Neben dem sagittal verlaufenden dünnen Gefäß im medianen Oberlippengebiet liegt rechts und links je ein ebenfalls sagittal ziehender Nerv (Endast des N. nasopalatinus Scarpae?). Rechts ist aus dem obenerwähnten Knorpelstab ein etwa *halbkreisförmiges mächtiges*

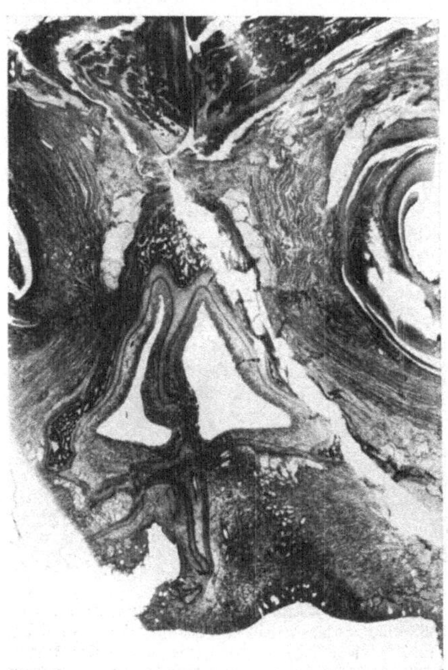

Abb. 68. Frontalschnitt durch die Nasen-Oberlippenpartie des in Abb. 67 dargestellten Objektes. Bezüglich Details vgl. den Text.

atypisches Knorpelgebilde geworden, welches aus mehreren Teilstücken besteht, seine Konkavität latero-kaudalwärts kehrt und dabei eine *tiefe, von geschichtetem verhornten Pflasterepithel bekleidete Einbuchtung der rechten Oberlippenhälfte gewissermaßen überwölbt* (partielle Oberlippenspalte). An der linken Oberlippenhälfte erinnert nur eine leichte Einkerbung am Rande noch an die Spalte. *Nasenscheidewand sehr beträchtlich* im oberen und mittleren Anteil nach rechts *deviiert, wobei an der Grenze des mittleren gegen das untere Drittel geradezu ein knieförmiger Vorsprung vorhanden ist.* Dadurch wesentliche Erweiterung der Lichtung der linken bislang engeren Nasenseite. Die zwei vom kaudalen Septumende abgehenden horizontal ziehenden Knorpelplatten reichen lateral bis zu einem der Apertura piriformis angehörenden spongiösen Knochenbezirk und grenzen so die Nasenregion von der Lippenregion beiderseits scharf ab. — Schnitt 100: *Innerhalb der linken Oberlippe ist ein kleiner Knorpelherd aufgetreten.* — Schnitt 125: *Rechts:* Einbuchtung der Oberlippe größtenteils ausgeglichen, die in die Lippensubstanz eingelagerten atypischen Knorpel immer noch reichlich vorhanden, aber von anderer Gestaltung. *Links:* Nasenboden steht deutlich höher als rechts. Zwischen der leicht eingebuchteten Lippenoberfläche und dem Nasenboden liegt ein *hufeisenförmiger Knorpel*, daneben ein zweiter kleinerer klumpiger; medial davon beginnt die mit verhorntem Pflasterepithel bekleidete *Gaumenspalte.* Am kaudalen Rande der knöchernen Apert. pirif. findet sich beiderseits seitlich eine *sagittal stehende Knorpelspange* angesetzt, welche offenbar das unterste Ende der Cart. lat. darstellt. In beiden Orbitae ist die Trochlea deutlich nachweisbar. —

Es ist also *links* vorerst eine bis ins Nasenloch reichende *Oberlippenspalte* vorhanden, welche sich dann schließt, es folgt eine solide Gewebsbrücke, hierauf beginnt die *Kiefer-Gaumen-Spalte*; *rechts* findet sich nur eine *unvollständige Lippenspalte*. — Schnitt 150: Gaumenspalte links; rechts ist noch etwas *atypischer Knorpel* zu sehen, *welcher nunmehr in den Gaumen eingelagert ist*. — Schnitt 175: Die höhergradige Septumdeviation gliedert sich formal-anatomisch so, daß einesteils die kaudale Septumhälfte stark nach rechts abgewichen ist und daß sich andernteils an diese der Gaumen anschließt, welcher dieselbe Richtung fortsetzt, welche die kaudale Septumhälfte eingeschlagen hat. Die beiden Anteile (Septum- und

Gaumenabschnitt) der „Septumdeviation" können am Epithelwechsel der medialen Fläche genau auseinandergehalten werden. *Obwohl der rechte Proc. palat. hypoplastisch ist, hat er aber immerhin — wenigstens vorne — zur Verbindung mit dem Septum ausgereicht. Letzteres* wurde nun teils durch *vermehrte Zugwirkung der hypoplastischen rechten Gaumenhälfte*, teils dank des *fehlenden Widerparts der linken Seite* (Gaumenspalte!) *nach rechts hin verzogen!* Am kaudalen Ende des eigentlichen Septums ist eine annähernd horizontal gerichtete Knorpelplatte zu sehen, kaudal davon ein Rest der in den Schnitten 75 ff. beschriebenen großen atypischen, z. T. hufeisenförmig gestalteten Knorpelkörper. — Duct. nasolacrimalis beiderseits während seines Verlaufes im knöchernen Kanal nachweisbar. — Schnitt 250: Die mittleren und unteren Muscheln sind beiderseits gleichmäßig gut ausgebildet, die *unteren Muscheln aber seit ihrem ersten Auftreten relativ sehr klein, mit schmächtigem Knorpelgerüst* (noch ohne Knochen!), *demnach beträchtlich hypoplastisch.* Schnitte 275, 300: Abführende Tränenwege ganz nahe an die Meat. nasi infer. herangetreten. In der Region der Lam.

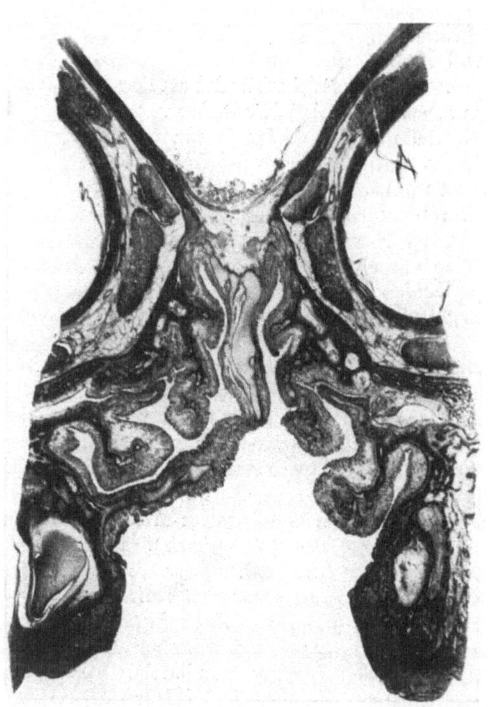

Abb. 69. Frontalschnitt durch die Nasen-Gaumen-Oberkieferpartie desselben Objektes wie Abb. 68. Bezüglich Details vgl. den Text.

cribrosa beiderseits mehrere quer und längs getroffene Nervenfaserbündel, sämtliche marklos (Olfactorius); in der Riechschleimhaut zahlreiche BOWMANsche Drüsen. Einzelne Olfactoriusbündel im Durchtreten durch die Sieblöcher begriffen. Rechts langgestreckte Kieferhöhle, links neben der Oberkieferhöhle noch zwei Siebbeinzellen. — Schnitt *350*: In der Region der Lam. cribrosa ist außerhalb der Nasenhöhle beiderseits je eine, am Schnitt kreisrund aussehende, von welligem Bindegewebe eingescheidete *Anhäufung von Olfactoriusbündeln* vorhanden, von welchen einzelne von der Nase her einstrahlen. Diese Anhäufungen von teils quer und schräg, teils längs getroffenen Olfactoriusbündeln machen den Eindruck von *Neurinomen* und nehmen zueinander eine streng symmetrische Lagerung ein. Sie enthalten keine Ganglienzellen und lassen keine hirnwärts gerichteten Olfactoriusbündel erkennen. — Die medialsten Zahnkeime in beiden Oberkiefern charakterisieren sich als Eckzähne. — Schnitt *375*: In dem die kaudalen Septumpartien mit dem Alveolarfortsatz schräge verbindenden schmalen Gaumen sind einige Knorpelplättchen eingelassen, anscheinend Reste der in den ersten Schnitten beschriebenen, zu den Basalknorpeln der Nasenkapsel gehörigen Knorpel. — Schnitt *400*: Septum im kaudalen Abschnitt stumpfwinkelig nach rechts abgeknickt, im kranialen jedoch vertikal und annähernd median stehend. Die mittleren und unteren Muscheln sind annähernd beiderseits gleich gut entwickelt. Bulla ethmoid. beiderseits angedeutet. — Schnitt *425* (Abb. 69): Ähnlich wie Schnitt 400, daneben Auftreten beider oberen Nasenmuscheln. Rechts zwei, links vier Siebbeinzellen. Olfactoriusfasern können über längere Strecken hin bis dicht unterhalb des Septumepithels verfolgt werden. Die in Schnitt 350 beschriebenen neurinomähnlichen Anhäufungen von Olfactoriusbündeln haben sich beiderseits stark verkleinert. — Schnitt *475*: Auftreten des Vomerknochens (Y-Figur). Die Verbindung des in der kaudalen Hälfte immer noch sehr stark nach rechts abgeknickten Septums mit dem Gaumen ist nunmehr aufgehoben, so daß nunmehr *eine Spalte zwischen Septum und rechter Gaumen-Alveolar-Partie* resultiert. — Schnitt *500*: Die Olfactoriusbündel im extranasalen Gebiet der Lam. cribrosa sind vorwiegend quergetroffen und stellen mehr lockere Verbände dar. — Schnitt *509*: Einzelne cerebralwärtsziehende Olfactoriusbündel nachweisbar, namentlich sieht man innerhalb des Duragewebes links seitlich von der verknöcherten Crista galli ein größeres schräg getroffenes Bündel und jederseits je ein quergetroffenes im Duragewebe neben der Spitze der Crista galli. — Schnitt *550*: Die *Vomerausbildung* im kaudalsten, freistehenden Septumabschnitt stellt sich folgendermaßen dar: Die beiden lateralen und der mediane Knochenkern sind noch nicht miteinander verschmolzen und liegen — abweichend von der Norm — asymmetrisch zueinander, indem sie etwas auf die linke konvexe Seite verschoben sind. — Auf eine detaillierte Befundangabe des *Epipharynx* und *der beiden Wangen-Ohr-Gegenden* inklusive Bebilderung wird hier verzichtet und das Ergebnis in der Zusammenfassung gebracht.

Zusammenfassung: Die *Fehlbildung betrifft hauptsächlich den ersten Kiemenbogen und seine allernächste Umgebung.* Besonders betroffen sind die Unterkieferfortsätze (fast komplette Agenesie des Unterkiefers) und der linke Gaumenfortsatz sowie derjenige Teil des kaudalen Endes des mittleren Nasenfortsatzes, welcher für die Bildung des Philtrum und des Zwischenkiefergaumens bestimmt ist. Durch die mangelnde Verwachsung der Reste der Unterkieferfortsätze mit den Oberkieferfortsätzen resultierte eine *beiderseitige typische quere Wangenspalte* (Makrostoma), welche jederseits zu der frei daliegenden Gehörgangs-Mittelohr-Gegend und nach den Ohrmuscheln zu führt (leichter Grad von *Otocephalie*). Infolge der beschriebenen Defekte kam es zur Ausbildung einer *Einbuchtung der rechten Oberlippe* (Rest einer inkompletten Oberlippen-Kiefer-Spalte), zu *einer fast vollständigen linksseitigen Oberlippen-Kiefer-Spalte* sowie zu *fehlendem Verschluß des sekundären Gaumens links* und zu *partieller Gaumenspalte* rechts. Epipharynx im allgemeinen gut ausgebildet, linke Tube in ihrem Knorpel-Muskel-Apparat unterentwickelt. Die typischen Gebilde des Mittelohrs beiderseits nachweisbar, *die Gehörknöchelchen allerdings stark modifiziert, ebenso die äußere Ohröffnung.* Nur links ist eine Andeutung eines Trommelfells vorhanden. — Was die *Anomalien im Nasenbereich* betrifft, so waren solche hauptsächlich am Zwischenkiefer, am untersten Septumabschnitt und an den unteren Nasenmuscheln ausgesprochen. Letztere sind als Abkömmlinge der z. T. defekten Oberkieferfortsätze deutlich hypoplastisch, der Zwischenkiefer fehlt und auch die untersten Septumpartien dorso-kranial vom Zwischenkiefergaumen erscheinen etwas hypoplastisch. Obwohl der Zwischenkiefergaumen praktisch fehlte, war es dennoch rechts und in einem sehr kleinen brückenartigen Gebiete auch links zur Ausbildung eines Gaumens gekommen. Die hochgradige Defektuosität des linken Gaumenfortsatzes führte weiter rückwärts zur „Spaltung" des sekundären Gaumens, wogegen die geringgradigere Defektuosität des rechten Gaumenfortsatzes eine *Abknickung des Septums* nach rechts veranlaßte und zur Ausbildung eines Gaumens auf der rechten Seite eben noch ausreichte. Wichtig ist die Feststellung, *daß der Gaumen nirgends Knochen enthält.*

Besonderes Interesse verdienen die festgestellten verschiedenen *Knorpelanomalien anschließend an den untersten Septumbezirk und im Oberlippengaumenbereich.* Es handelt sich *erstens* um jene höher oben beschriebenen *horizontal verlaufenden Knorpelplatten,* welche mit dem kaudalsten Ende des Septumknorpels in kontinuierlicher Verbindung stehen und sich in ventralen Schnitten erst mit den Nasenflügel-, dann mit den Seitenwandknorpeln der Nase vereinigen, in weiter dorsal gelegenen Schnitten aber diese Verbindungen lösen und sich immer mehr und mehr verkleinern. Eine

Identifizierung dieser Knorpelplatten mit den Crura medialia der Nasenflügelknorpel ist nicht einmal in den ventralsten Schnitten möglich, da die Crura med. ja niemals lateral bis zu den Nasenflügelenden reichen. Für die Hauptmasse dieser Knorpelplatten muß man eine besonders mächtige Ausbildung der Basalknorpel der Nasenkapsel verantwortlich machen, wie sie sonst in dieser Ausdehnung weder am frühembryonalen Objekt, noch gar am geburtsreifen vorzukommen pflegt. Wahrscheinlich gehören die gesehenen Knorpelplatten zu den Cart. paraseptales sive basales. Nach K. PETER (Lit. IX/b, S. 77 u. 79) sind die manchmal noch am Erwachsenen in verkümmertem Zustand erhaltenen Paraseptalknorpel vielleicht als Reste einer *Lam. transversal. ant.* aufzufassen, welche bei manchen Säugern vorne Septum und Seitenplatten verbindet. *Hier liegt also übermäßige Basalknorpelbildung und mangelhafte Rückbildung (Hemmungsmißbildung) vor, wobei ein tierähnlicher Zustand (Theromorphismus) aufscheint. Zweitens* fanden sich ventral von den Paraseptalknorpeln im Oberlippen-Kiefer-Bereich *abnorme Knorpeleinlagerungen von z. T. besonderer Mächtigkeit, meist bogenförmig die partielle Lippen-Kiefer-Spalte überwölbend* (Abb. 68). Da histologische Untersuchungen ähnlicher Fälle bisher mangeln, so ist der *Befund atypischer Knorpeleinlagerung in das Lippen-Gaumen-Gebiet bei Cheilognathopalatoschisis als derzeit einzig dastehend* zu betrachten und einstweilen nicht zu entscheiden, ob es sich um einen Ausnahmefall handelt oder nicht.[1] Die Ausbildung der inneren Nase und ihrer Gebilde (Siebbeinmuscheln, Schleimhaut, Nebenhöhlen) war dem Alter der Fehlbildung entsprechend annähernd normal weit fortgeschritten. Namentlich war auch die Riechzone mit BOWMANschen Drüsen und Olfactoriusbündeln reichlich versehen, ferner konnten mit Sicherheit Sieblöcher und größere Anhäufungen von Olfactoriusbündeln cerebralwärts vom knorpeligen Nasendach nachgewiesen werden. *Diese Olfactoriusbündel* zeigten z. T. *Agglomeration zu neurinomartigen, symmetrisch zur Medianebene liegenden Gebilden.* Einzelne feinere Olfactoriuszweige wurden noch weiter cerebralwärts angetroffen, im Schnitt jedoch keine komplette Durchbohrung der Dura aufgefunden (vgl. hierzu Schnitt 509), was wohl nur eine Zufälligkeit darstellt, da ja Foramina olfact. (siehe makroskopische Beschreibung) gesehen wurden. Obwohl über die *Hirnverhältnisse* dieser Fehlbildung nichts bekannt ist, darf wohl angenommen werden, daß schwerere Störungen fehlten. Anderseits könnte sehr wohl trotz guter Ausbildung von Riechfäden und Siebplatte Mangel der primären Riechhirnzentren (Riechlappen) vorhanden gewesen sein, wie wir dies aus Befunden von Fällen her wissen, welche zur Gruppe h der KUNDRATschen Arhinencephalie gehören (vgl. S. 78). Doch wäre dies wohl dem seinerzeitigen Obduzenten nicht entgangen.

Entstehungszeit: Wegen der normalen Ausbildung der Augen und der von der Augennasenrinne abzuleitenden Tränenwege mußte die fehlbildende Ursache erst zu einer Zeit eingesetzt haben, als diese Organe ihre erste embryonale Ausbildungshöhe gewissermaßen schon überschritten hatten. Wegen des Vorhandenseins von Fila olfact. konnte die Störung etwa in einem Stadium eingesetzt haben, welches einer GL. von ca. 14,5 mm entspricht, anderseits aber nicht später als in jenem Stadium, wann die Oberkieferfortsätze mit den Nasenfortsätzen in Berührung treten, die Gaumenfortsätze bereits angedeutet sind und das Hammer-Ambos-Gelenk in Ausbildung begriffen ist (etwa GL. von 17 mm). Da die Ausbildung des Herzens sowie der art. und venösen Gefäßsysteme in diesen Phasen schon weitgehend gediehen ist, so ist die Auffindung relativ geringfügiger Anomalien im Bereiche dieser Gefäßsysteme hiermit in gutem Einklang.[2] Die Störung — *wahrscheinlich handelte es sich um eine exogene Noxe chemisch-*

---

[1] Eine genauere Schilderung der Knorpelanomalien (inklusive Abbildungen) findet der Leser in M. O. 1937 (Nov.-Heft). Daselbst bin ich auch auf die mutmaßliche Genese näher eingegangen.

[2] In der nach der Niederschrift des Obigen publizierten ausführlichen und mit zahlreichen Abbildungen belegten Arbeit von V. VEAU und G. POLITZER, welche sich mit der Entstehung des primären Gaumens und insbesondere mit der formalen Genese der verschiedenen Formen der Lippenkieferspalte beschäftigt, gelangen die Autoren unter Zugrundelegung der histologischen Untersuchungsergebnisse an drei etwa gleichaltrigen Embryonen mit verschiedenen Graden von Cheilognathoschisis — davon gehören die Embryonen von 21 und 23 mm G. L. der F. HOCHSTETTERschen Sammlung

toxischer Natur — dürfte also zur Zeit der erwähnten Phasen eingesetzt und gleich- und einzeitig sowie wahrscheinlich ziemlich kurzdauernd auf den ganzen Organismus eingewirkt haben, wobei namentlich diejenigen Organ- und Gewebsbezirke zu Schaden (dauernder Ausfall, Hypoplasien und Modifikationen) kamen, welche eben im Zustand der An- und Ausbildung und damit in lebhaftem Stoffwechsel begriffen waren.

Zur Frage der *Septum- und Vomerdeviation* geht aus dem Vergleich der oben-erwähnten Fälle von K. Grünberg mit dem eben geschilderten Falle, in welchem eine Abknickung des Septums und eine Abweichung des Vomers nach der ungespaltenen Gaumenseite vorlag, hervor, daß es diesbezüglich anscheinend keine allgemein gültige Regel bei diesen Spalten gibt.[1] Diese Deviationen sind offenbar einerseits von Faktoren abhängig, welche in den deviierten Organen selbst liegen, anderseits von mechanischen Momenten, wie diverse Zugwirkungen oder die Nichtver-einigung der Gesichtsfortsätze bzw. der Gaumenfortsätze. So war in meinem eben geschilderten Falle die *pathologische Kürze* des mit dem Septum vereinigten sekundären Gaumens imstande eine Septum-Vomer-Deviation nach der unge-spaltenen Seite zu erzeugen, wogegen die Verbiegung nach der total gespaltenen Seite in den Grünbergschen Beobachtungen wohl deshalb zustande kam, weil der Zwischenkiefer auf der Lippen-Kiefer-Spaltenseite infolge des daselbst fehlenden Gegendrucks eben nach diesem Spalt zu abweichen und sich nach demselben hin drehen konnte und dadurch Septum und Vomer gleichfalls nach dieser Seite hin abzuweichen veranlaßte. Ähnliches war in einer kürzlich von mir gemachten, bisher nicht veröffentlichen klinischen Beobachtung der Fall, obgleich nur eine partielle Lippen-Kieferspalte vorlag:

Bei einem mit *linksseitiger Hasenscharte und bilateraler Spalte des sekundären Gaumens* geborenen, nunmehr 21jährigen Patientin (J. B.) wurde erstere im Alter von einem halben Jahr operativ geschlossen. Die Zwischenkieferregion ist bis auf eine Andeutung einer linksseitigen Kieferspalte intakt. *Septum* basal verdickt, be-trächtlich *nach links deviiert* mit einer nach links ausladenden, dorsalwärts ansteigenden Leiste. Wie die Betrachtung von der Mundhöhle her ergibt, fehlte hier (im Gegensatz zu den Grünbergschen Beobachtungen) der hintere Septumbezirk (= Vomer) gänz-lich.

Partielle Defektuosität der aus dem mittleren Nasenfortsatz hervorgehenden Gebilde war außer bei meinen eigenen Fällen (einmal im Zwischenkieferbereich, einmal entsprechend dem Vomer) auch im Falle von A. Berg vorhanden:

Ein zweijähriger Knabe, dessen Bruder mit bilateraler totaler Cheilognathopalato-schisis geboren wurde, hatte seit Geburt eine linksseitige komplette Lippen-Kiefer-

---

an und der 22 mm lange liegt der H. Maurerschen Publikation zugrunde — zur Feststellung, daß die aus der Dehiszenz (oder Ruptur) der ursprünglichen Epithel-mauer (im Bereiche der Nasengaumenrinne) sich ergebende Spalte längstens un-mittelbar nach der Phase von 20 mm G. L. eingetreten sein müsse, möglicherweise aber auch bis zur Phase von 12 mm G. L. zurückreichen könne.

[1] In dem von V. Veau und G. Politzer untersuchten 23 mm langen F. Hoch-stetterschen Embryo mit bilateraler, aber nur einseitig komplett ausgebildeter Cheilognathopalatoschisis war das untere Septumende nach der unvollständig ge-spaltenen Seite deviiert. Durchaus Vergleichbares fand sich bei der einseitigen Lippenkieferspalte des Keimlings H. Maurers. An einem eine wesentlich spätere Ausbildungsphase repräsentierenden Embryo (165 mm G. L.) von V. Veau und G. Politzer (l. c. Fig. 47) erkennt man neben gleichseitiger Deviation des kaudalen Endes des knorpeligen Septums die fast horizontale Verlagerung der Cart. Jacobsonii und des Vomers bei Schrägstand des Zwischenkieferknochens. Auch an zahl-reichen anderen Präparaten V. Veaus ist die nach der gespaltenen Seite hin ge-richtete Septumknorpeldeviation gut zu erkennen (Horizontalschnitte!).

Gaumen-Spalte mit Fehlen der linken Zwischenkieferhälfte, des Philtrums und des Septumknorpels im vorderen unteren Anteil der Nasenscheidewand.

Im Gegensatz dazu sind bei den in Rede stehenden Spaltbildungen *auch zahlreiche Fälle* bekannt, *in welchen sämtliche Gebilde des mittleren Nasenfortsatzes intakt sind.* Dies ist nicht so selten bei den doppelseitigen totalen Lippen-Kiefer-Gaumen-Spalten der Fall. *Zumeist prominiert dann der Philtrum-Zwischenkiefer-Anteil* stärker und ist gewissermaßen aus seiner normalen Position ventralwärts verlagert.[1] Dies zeigt Beobachtung 3 von K. GRÜNBERG (l. c. S. 138 mit Abbildungen). Nasenflügel dabei abgeflacht und verbreitert, segelartig die beiden durchgehenden Spalten überbrückend, *Septum gerade, Nasenhöhlen symmetrisch.*

Einen ähnlichen (bisher nicht veröffentlichten) Fall hatte *ich* 1928 Gelegenheit zu beobachten (Abb. 70): Bilaterale Oberlippen-Kiefer-Spalte mit bürzelförmigem Vortreten des Oberlippen-Zwischenkiefer-Gaumen-Anteils des mittleren Nasenfortsatzes und bilateraler sekundärer Gaumenspalte bei sechs Wochen altem männlichen Säugling. Im medianen, über 1 cm breiten Oberlippenspalt hängt vom Nasenseptum her ein in allen drei Dimensionen ca. 1 cm großer Gewebsbürzel herunter, welcher die Oberlippenspalte überragt. Nasenflügel zur Seite gedrängt, den Nasenlöchern fehlt die untere Umrandung.

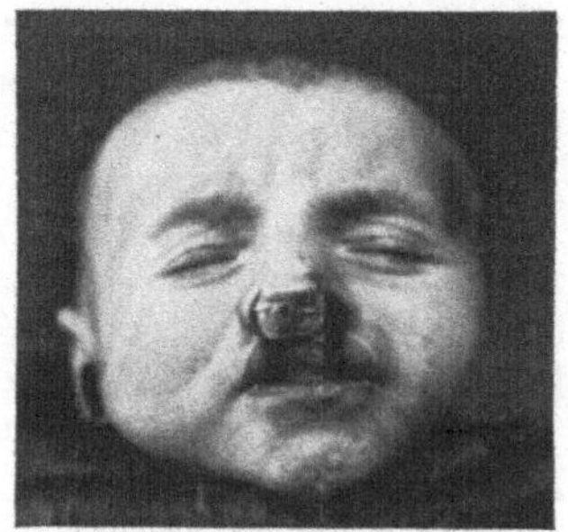

Abb. 70. Bilaterale Oberlippen-Kiefer-Gaumenspalte mit tumorartigem Vorspringen des Oberlippenzwischenkiefer-Gaumenbezirkes des mittleren Nasenfortsatzes (eigene Beobachtung).

Bei *doppelseitigen* Lippen-Kiefer-Gaumen-Spalten kommen zwar häufig *Septum- und Vomerdeviationen* vor (V. VEAU, O. HIRSCH, Lit. X/10), sie können aber auch vollständig fehlen (vgl. obige Fälle). Bezüglich Erklärung dieser Erscheinung siehe auch S. 216.

Bezüglich der *formalen Entstehung der Lippen-Kiefer-Spalte* wird gewöhnlich auf die unterbliebene Vereinigung des mittleren Nasenfortsatzes mit dem Oberkiefer- und seitlichen Nasenfortsatz hingewiesen. Eine Spalte zwischen diesen drei Gesichtsfortsätzen ist aber in keinem Stadium der Entwicklung vorhanden. Das Verständnis dafür, wie dann doch eine *durchgehende* Spalte zwischen den aus ihnen hervorgehenden Organen resultiert, ist m. E. auf dieser Basis nicht zu gewinnen. Demgegenüber haben FLEISCHMANN und POHLMANN der Meinung Ausdruck gegeben, daß die Epithelmauer, welche den Riechsack in frühen Stadien mit dem Epithel der Körperoberfläche verbindet, nicht vom Mesoderm wie de norma durchbrochen wird und daß es durch Auseinanderweichen der Epithelien zur Ausbildung der Spalte komme. Dieser Erklärungsversuch wurde von K. PETER zwar als möglich zugegeben, dann aber doch abgelehnt, da er angeblich „an Stelle der einfachen formalen Genese komplizierte pathologische Vorgänge setzt, die kausal nicht zu erklären sind". Diese Begründung scheint mir aber selbst erst eines Beweises zu bedürfen. Bei den *Sauropsiden* bleibt der Riechsack ventral immer offen, so daß eine tiefe Spalte von der Vorderfläche des Gesichts in die Mundhöhle führt. Diese Spalte wird erst sekundär durch Annäherung und Verwachsung der drei Gesichtsfortsätze in der Mitte der Fissur überbrückt, wodurch die ursprünglich einheitliche Öffnung des Riechorgans in eine vordere (Apert. ext.) und in eine hintere (die primitive Choane) zerlegt wird (K. PETER, l. c. S. 10). Das Unterbleiben der mesodermalen Durchwachsung der Epithelmauer zwischen den Gesichtsfortsätzen des Menschen und die folgende Dehiszenz derselben führt nun offenbar zu einem ähnlichen Resultat wie sich die ursprüngliche

---

[1] Vgl. Fußnote auf S. 217.

Phase bei den Sauropsiden darstellt. Sollte von vornherein bei menschlichen Fehlbildungen der Weg der Sauropsidenentwicklung (also Nasen-Gaumen-*Spalte* statt Nasen-Gaumen-*Rinne*) eingeschlagen werden, so könnte darin ein atavistischer Rückschlag erblickt werden, also eine Hemmung der normalen, für den Menschen erreichten Entwicklung unter Hervorkommen einer phylogenetisch überwundenen Form. Letztere Möglichkeit hat W. KLESTADT für die Genese der *Gesichtsspaltencysten* mit herangezogen. Eine solche Annahme scheint indes nicht nötig zu sein, findet übrigens auch keine Stütze an den Befunden, welche kürzlich V. VEAU und G. POLITZER an 21—23 mm langen, mit Cheilognathoschisis behafteten menschlichen Embryonen erheben konnten. Auf Grund histologischer Details und des neuerlichen Studiums der Genese des primären Gaumens mit Hilfe eines ungewöhnlich reichen Embryonenmateriales stellen sich diese Autoren durchaus auf den seinerzeit von A. FLEISCHMANN eingenommenen Standpunkt. Obgleich VEAU und POLITZER auch die Möglichkeit eines abnorm großen Widerstandes der Epithelmauer gegenüber der mesodermalen Durchwachsung ins Kalkül ziehen, entscheiden sie sich doch auf Grund der Hypoplasie des primären Gaumens und des mittleren Nasenfortsatzes (partielle primäre Atrophie?) für eine *Verminderung der dynamischen Kräfte der durch die Epithelmauer getrennten Mesodermpartien. Die Epithelmauer wird schließlich* durch das stark nach vorne gerichtete Gesichtswachstum *zerrissen.* Im Gegensatz dazu hält H. MAURER an der höher oben erwähnten „klassischen" Hypothese fest.

Die *Ätiologie (kausale Genese) dieser Spalten ist anscheinend durchaus keine einheitliche* (vgl. höher oben S. 120f.). In einem beträchtlichen Prozentsatz der Fälle von Hasenscharte und Gaumenspalten wurde *Erblichkeit, i. e. primäre pathologische Keimesvariation,* nachgewiesen (HAYMANN, H. TICHY, A. D. DAVIS, J. ST. DAVIS, W. BIRKENFELD, SANDERS, F. CURTIUS). Bei Untersuchung eineiiger Zwillinge zeigte sich, daß die Spalten in fast genau gleicher Form stets kontralateral, also spiegelbildlich gleich auftreten, was mit der gleichfalls spiegelbildlich gleichen Anordnung anderer Fehlbildungen bei eineiigen Zwillingen durchaus übereinstimmt.[1] Daneben gibt es aber sicherlich auch Fälle, welche *äußeren ungünstigen Einflüssen,* welche während der Entwicklung auf einen ursprünglich normalen Keim einwirken, ihre Entstehung verdanken (Amnionanomalien, Druck der Herzwölbung auf die Nasengaumenregion, fetale Entzündungen, chemische Einflüsse, siehe auch die Experimente von HÖNNICKE). *Ein wichtiges Unterscheidungsmerkmal, ob Spaltbildungen* (im Bereich der normalen Furchen und Rinnen des embryonalen Gesichtsreliefs) *auf primären, erblichen und vererbbaren Keimesanomalien beruhen oder durch Einwirkung äußerer Noxen auf normale Keime entstanden sind,* scheint m. E. darin zu liegen, daß *bei ersteren nur die Spalten, jedoch keine* oder keine nennenswerten *Defekte* an den die Spalten begrenzenden Gewebspartien vorhanden sind, wogegen *bei den letzteren neben den Spalten mit* oft sehr beträchtlichen *Defektuositäten der begrenzenden Gesichtsfortsätze* gerechnet werden muß.

Unter die lateralen Gesichtsspalten wird ferner die *schräge Gesichtsspalte* (Lit. VIII/B 2) subsumiert. Die seit POLYET als typische Fehlbildungsform bezeichnete schräge Gesichtsspalte kommt im Sinne von MORIAN[2] in drei verschie-

---

[1] Diese spiegelbildliche Gleichheit unterstützt nach W. BIRKENFELD (b) „die heutige Auffassung von der Entstehung der eineiigen Zwillinge, nach welcher sich im Blastulastadium durch doppelte Gastrulation die beiden Zwillinge bilden", indem eine Teilung in der Längsachse des Keimes erfolgt.

[2] R. MORIAN, A. kl. Ch. 35, 245ff, 1887, berichtete über 36 einschlägige Fälle, darunter sieben eigene. Unter den letzteren waren vier Präparate und drei Patienten, von welchen einer eine sichere, zwei wahrscheinlich eine schräge Gesichtsspalte hatten.

denen Erscheinungsarten vor, wobei Typus I und II von K. Grünberg zu den *primären* Lateralspalten gezählt wurden. Typus I soll eine Kombination der Hasenscharte (wobei die Spalte bis ins Nasenloch reicht) mit offener, den Nasenflügel außen umziehender Augennasenrinne darstellen; die Spalte erreicht durch den inneren Augenwinkel oder durch das Unterlid die Lidspalte und verläuft schließlich durch den äußeren Augenwinkel schräg gegen die Stirne zu. Nicht immer braucht diese ganze Strecke durchmessen zu werden, mehrmals endigte der Spalt schon oberhalb des Nasenflügels, andere Male ist die Oberlippe nur eingekerbt und der Spalt beschränkt sich auf den Raum zwischen Nase und Augenhöhle. In der Regel allerdings erstreckt sich der Spalt vom Mund durch die Nase bis in die Lidspalte. Auf Typus II soll hier nicht näher eingegangen werden, da die Spalte das Nasenloch außen umzieht. Ähnliches gilt für Typus III. *Bei vollständigen, auch die knöcherne Unterlage affizierenden Spalten des Typus I* bleibt der innere Zwischenkieferanteil, die untere Muschel, das Siebbein, der Vomer, das Tränen- und das Nasenbein medial vom Spalt, wogegen der äußere Zwischenkieferanteil, der Oberkiefer mit dem Foram. infraorbitale und das Gaumenbein lateral von demselben liegen (Morian). Dabei sind stets auch die den Spalt begrenzenden Gewebsteile mehr minder defekt, was dafür spricht, daß die Störung nicht etwa allein auf einer Hemmung der normalen Verschmelzung der Gesichtsfortsätze beruht, sondern weit darüber hinaus in einer partiellen Zerstörung derjenigen Abschnitte derselben besteht, welche unmittelbare Anrainer der genannten embryonalen Gesichtsfurchen sind. In solchen Fällen ist mit *rudimentärer Entwicklung der unteren und mittleren Muschel* zu rechnen, das *Tränenbein fehlt ganz oder partiell, der Oberkiefer erweist sich als unterentwickelt* und der *Tränennasenkanal klafft oder fehlt* (Abb. 90 bei K. Grünberg, l. c.). Nur in leichten Fällen ist der Duct. nasolacrimalis intakt. Unter Morians 36 Fällen von schräger Gesichtsspalte gehörten 19 zum Typus I. *Die Nase steht ferner meist zu hoch und ist bei einseitigen Spalten zur Seite verzerrt;* bei Typus I ist auch der *Nasenflügel* auf der Spaltseite *abgeflacht.* — In den meisten Fällen von schräger Gesichtsspalte handelte es sich um schwere komplexe, mit dem Leben nicht vereinbare Fehlbildungen. *In den schwersten, mit Hirnanomalien kombinierten Fällen waren stets auch schwerste Nasenveränderungen vorhanden,* z. B.: Fall W. Dick (Nr. 9 bei Morian) — zwei schmale Nasenlöcher, Nasenbeine und Nasenknorpel fehlen; Fall 2 von Meckel (Nr. 10 bei Morian) — Nasenknorpel eine Scheidewand der Nasengruben bildend, Nasengruben nach außen nicht geschlossen, Muscheln frei zu sehen, Nasenschleimhaut durch den nicht geschlossenen Halbkanal des Tränennasenganges in die Konjunktiva übergehend, Nasenhöhlen hinten blind geschlossen; Fall Vrolik (Nr. 11 bei Morian) — rüsselförmige Nase mit Öffnung zu beiden Seiten, durch welche man eine Sonde in den Rachen durchführen konnte (beiderseitige Gaumenspalte!). *Dagegen können in den leichten, lebensfähigen Fällen die Nasenveränderungen nur geringfügig sein.*

Kürzlich hat nun im Gegensatz zur bisherigen Auffassung G. Politzer gezeigt, daß die schräge Gesichtsspalte in *allen* ihren Formen als eine *sekundäre atypische Spaltbildung infolge Zerreissung des embryonalen Gesichtes* aufzufassen ist. Insbesondere ist die Anschauung, daß die Spaltbildung der embryonalen Augennasenrinne folge, falsch. Ask und Hoeve haben nämlich festgestellt, daß der Verlauf der Spalten zu den Tränenwegen ein ganz verschiedener sein kann, daß letztere in ganz verschiedener Weise gekreuzt werden, gelegentlich aber auch vollständig medial von der Spalte bleiben können. Wichtig ist ferner die Feststellung von G. Politzer, daß eine Projektion der embryonalen Augennasenrinne bzw. der aus derselben in die Tiefe sproßenden ableitenden Tränenwege auf das fertige Gesicht undurchführbar ist, daß die Grenzfurche zwischen Oberkieferfortsatz und lateralem Nasenfortsatz, welche bisher allgemein als Augennasenrinne bezeichnet wurde, gar nicht mit letzterer identisch ist, weil nämlich die wirkliche Augennasenrinne innerhalb des Territoriums des lateralen Nasenfortsatzes liegt (wie Präparate mit gleichzeitiger Anwesenheit beider Rinnenbildungen zeigen), und daß die Grenzfurche des Oberkieferfortsatzes früher verstreicht. Bei der schrägen Gesichtsspalte handelt es sich demnach um eine zwischen Puncta minoris resistentiae (Mundspalte, Nasenloch, Lidspalte) erfolgende Zerreissung des Gesichtes unter der *Einwirkung von höchstwahrscheinlich exogenen Noxen* (Amnionstränge?) und zwar zu einem Zeitpunkt, wann schon die Tränennasenfurche verschwunden ist.

Auf ihre Abstammung von den Furchen zwischen den embryonalen Gesichtsfortsätzen deuten eine *Reihe von pathologischen Bildungen, welche* sich anscheinend an die Grenzen der Gesichtsfortsätze halten, also *in den Bereich der Gaumennasenrinne bzw. der Augennasenrinne fallen.* Hierher gehören

3. Mucoide, Dermoide und kongenitale Fisteln (Lit. VIII/B 2).

Besonders die *Mucoide* kommen nicht so selten vor. (Bisher wurden über 70 Fälle mitgeteilt, siehe Lit. VIII/B 2; die wichtigsten Arbeiten stammen von H. Knapp, Brown-Kelly, W. Klestadt, A. Brüggemann u. A.) Seit etwa 40 Jahren erregen sie das steigende Interesse der Rhinologen, haben aber erst durch genauere histologische Untersuchung und unter Verwendung aller aus der normalen Entwicklungsgeschichte dieser Gegend bekanntgewordenen Daten ihre richtige Deutung erfahren. Der *hauptsächlichste Sitz* dieser Mucoide *liegt an jener Stelle* dorsal vom lateralen Nasenflügelansatz, *welcher dem Zusammentreffen des mittleren Nasenfortsatzes, des lateralen Nasenfortsatzes und des Oberkieferfortsatzes entspricht,* wo sich also die Augennasenrinne und die Nasengaumenrinne vereinigen. Ihre Größe schwankt von Erbsen- bis Mandarinengröße, die meisten haben Haselnußgröße. Sie entwickeln sich unter dem Ansatz des Nasenflügels und wölben sich nach dem Nasenvorhof, nach dem Mundvorhof und nach der Nasolabialfalte zu vor (Abb. 71). Im

Abb. 71. Typische linksseitige Nasenvorhofcyste bei 20 jährigem Mädchen (nach E. Döring).

unvereiterten Zustand enthalten sie eine bernsteingelbe, äußerst eiweißarme, mucinhaltige Flüssigkeit ohne Cholestearin und ohne Formelemente oder höchstens mit spärlichen Epithelien und nur gelegentlich mit einem geringfügigen weißlich-gelblichen grießähnlichen Bodensatz. Die Cysten sind von einem meist zweireihigen oder auch mehrschichtigen Zylinderepithel ausgekleidet, welches häufig stellenweise Flimmerhaare trägt, öfters kommt daneben, seltener allein, ein zwei- bis mehrschichtiges kubisches bzw. Pflasterepithel vor. Die bindegewebige Hülle ist außen öfters von elastischen Fasern umgeben, in einem doppelseitigen Falle (von M. Malan) fand sich auf einer Seite auch ein kleines Knorpelstückchen außen angelagert, welches aber nicht vom Nasenflügelknorpel stammte. Die Cysten machen bei einiger Größe eine typische Druckatrophie im Zwischenkieferknochen dicht vor der Apertura piriformis (K. Kofler), haben aber keine eigene Knochenhülle, wodurch sie sich abgesehen von ihrer verschiedenen Epithelbekleidung und dem fehlenden Cholestearingehalt von den *Zahnwurzelcysten* eindeutig unterscheiden.

Die *Mucoide* wurden im Laufe der Erkenntnis mit verschiedenen Namen belegt: *Nasencysten, seromuköse Cysten am Nasenflügel, glanduläre Retentionscysten, Gesichts-*

spaltencysten, Nasenvorhofscysten. Der erste, welcher eine solche Cyste beschrieb, war wohl E. Zuckerkandl (1882), welcher an einem nasenpolypenfreien Präparat eine nußgroße, mit honiggelbem Inhalt gefüllte Cyste am vorderen Ende des unteren Nasenganges auffand. Der Gedanke fissuraler Entstehung kam anscheinend schon Brown-Kelly (1898), doch entschied sich dieser Autor auf Grund des Vorkommens von *Schleimdrüsen am Nasenboden*[1] ganz vorne mit cystenähnlichen Erweiterungen der Ausführungsgänge dann doch für die Annahme von „*Retentionscysten*". Letztere Ansicht wurde wiederholt auch von K. Kofler (1913 bis 1919) vertreten. Die Möglichkeit des Vorkommens von Retentionscysten soll nicht zurückgewiesen werden, hat aber wohl nur für eine Minderheit Geltung. (Zu fordern ist Nachweis des Zusammenhanges mit der Nasenschleimhaut [Ausführungsgänge!] und Auskleidung mit einem einreihigen Zylinderepithel ohne Flimmerbesatz.) Schleimdrüsenretentionscysten werden sich primär am Nasenboden bald mehr medial, bald mehr lateral lokalisieren und sich erst bei Größenzunahme nach dem Nasenvorhof zu entwickeln, wobei die typische Beziehung zum Nasenflügelansatz kaum je gegeben sein wird. *Andere, rein theoretisch erwogene Entstehungsmöglichkeiten* (Brüggemann, W. Klestadt) sind: a) Cyste der *lateralen Nasendrüse* von Stenson, die häufig auch bei menschlichen Embryonen angelegt, am Erwachsenen aber vermißt wird (Grosser); sie müßte jedoch vor dem Agger nasi sitzen, also an ganz differenter Stelle. b) Nach W. Klestadt (b) wird im Laufe der Entwicklung die seitliche Kante des Nasenbodens gewöhnlich äußerst spitz ausgezogen und ragt dabei leicht oder stärker geschwungen tief ins Mesenchym vor. „Von solchen embryonalen Räumen mögen gleichfalls Zellterritorien zur Ablösung kommen, die blastogenetische Fähigkeiten besitzen und die geforderten epithelialen Qualitäten in sich tragen können."[2]

Praktische Bedeutung kommt bei der *Differentialdiagnose* außer den schon erwähnten *Zahnwurzelcysten* noch folgenden cystischen Bildungen zu: *Seröse Perichondritis* des Nasenflügels (Bobone); *Cystenbildung in Höhlungen des Knorpels*, welche durch regressive Veränderungen zustande kommen können (C. Zarniko); *Retentionscyste des Duct. nasopalatinus* (L. Grünwald); *Lymphcyste* an der Innenfläche des Nasenflügels (von H. Marx bei einer 50jährigen Frau histologisch nachgewiesen; Ausbildung binnen wenigen Wochen, keine Vorwölbung des Nasenflügels).

Für die Mehrzahl der am Nasenflügel lokalisierten Cysten mit serös-schleimigem Inhalt ist jedoch die fissurale Genese anzunehmen (echte Mucoide). Auf diese Genese wiesen mit aller Deutlichkeit Ad. Blumenthal und W. Klestadt (a) 1913 unabhängig voneinander hin. Von Klestadt stammt der einprägsame, die Genese berücksichtigende Name „*Gesichtsspaltencysten*". Später versuchte Brüggemann, gestützt auf die Ansicht von K. Peter und auf eine aus dessen Laboratorium hervorgegangene Arbeit von Tüffers über die Entwicklung des vorderen Teiles des Tränennasenganges bei verschiedenen Säugetieren die Mucoide aus dem vordersten, beim Menschen rückgebildeten, gelegentlich aber rudimentär gebliebenen Abschnitte des *D. naso-lacrimalis* abzuleiten.

Über das *Verhalten des D. naso-lacrimalis* weiß man seit Arlt und Bochdalek (zit. nach W. Klestadt, b), daß von der bekannten Öffnung unter dem vorderen Ende der unteren Muschel sich noch eine Furche in der Schleimhaut selbst die seitliche Nasenwand entlang und manchmal auch noch von dieser bogenförmig oder knieförmig umbiegend bis auf den Nasenboden verfolgen läßt — gelegentlich bis in die nächste Nähe des Can. incisivus — und daß diese Furche im ganzen Verlauf

---

[1] W. Klestadt (b) hat an einer größeren Reihe menschlicher Embryonen im Alter von zehn bis elf Wochen das Vorkommen zahlreicher Drüsenanlagen am Nasenboden und an der unteren seitlichen Nasenwand bestätigt.

[2] Der Erklärungsversuch von K. Beck (1911) anläßlich der Beschreibung einer Nasenvorhofscyste scheint mir hierher zu gehören, da Beck die Cyste genetisch von abgeschnürten Epithelröhren ableitet.

oder nur streckenweise zum Kanal ausgebildet sein kann und dann als Blindsack endigt. MONESI konnte an Embryonen diese Verhältnisse bestätigen. Aus den Untersuchungen geht aber unzweideutig hervor, daß von einer Fortsetzung des Tränennasenkanals in die äußere Nase, in die laterale Vorhofswand oder auch nur bis vor das Knochengerüst keine Rede sein kann. Bei einer Nachprüfung an menschlichen Embryonen fand W. KLESTADT, daß der Tränennasengang stets blind vor dem Gebiete endigt, welches als äußere Nase und als Apertur bezeichnet wird. *Wenn aus diesem vordersten rudimentären Abschnitte des Tränennasenganges tatsächlich Zysten entstehen sollten, so müßten sie im vordersten Teile des Nasenbodens liegen und könnten sich von dort allenfalls sekundär in den Nasenvorhof hinein entwickeln,* eine Vorbuchtung und ein Verstreichen der Nasolabialfalte und ein Vordrängen der Schleimhaut des Mundvorhofs wäre jedoch kaum zu erwarten oder doch höchst ungewöhnlich (außer bei riesiger Größe).

Die beiden einander entgegenstehenden Ansichten von W. KLESTADT und A. BRÜGGEMANN überbrückte W. UFFENORDE gewissermaßen durch den Hinweis, daß ja auch die ableitenden Tränenwege aus der Augennasenrinne entstehen und daß es sich bei den fissuralen Mucoiden KLESTADTS geradezu um eine Schwesterbildung (Parallelbildung) handle. Dementsprechend faßt UFFENORDE sowohl die Tränennasengangcysten als auch die fissuralen Gesichtsspaltencysten als einfache *teratoide Cysten, als Hamartome,* auf. Die ableitenden Tränenwege sind aber nicht mit der Augennasenrinne identisch, sondern sproßen nur vom kranialen Ende derselben aus in die Tiefe des Mesoderms. Der Tränennasenkanal liegt daher innerhalb, die Mißbildung jedoch außerhalb der Deckknochen. *Da die gefundenen Cysten stets außerhalb des Nasengerüstes liegen,* so sind sie im Sinne von W. KLESTADT als *fissurale Mucoide* aufzufassen, *hervorgegangen aus liegengebliebenen Ektodermzellen,* welche ursprünglich die Oberfläche der hier zur Verschmelzung gelangenden Gesichtsfortsätze bekleideten und bei der Durchsetzung der Epithelmauer von mesodermalem Gewebe abgetrennt und nicht resorbiert wurden. UFFENORDE und W. KLESTADT betonen übereinstimmend (gegenüber BRÜGGEMANN), daß aus dem *Detail der Epithelauskleidung* keine Schlüsse bezüglich Ableitung des Ursprungs der Cysten statthaft sind, da sowohl die Riechplakode wie das Epithel der Gesichtsfortsätze und der Furchen zwischen denselben und der primären Anlage des Tränennasenkanals ektodermaler Herkunft ist und in diesem Bereich somit alle Differenzierungen und Übergänge vom geschichteten Pflasterepithel bis zum typischen respiratorischen Epithel der Nase möglich sind. Tatsächlich sind nicht nur in einzelnen Gesichtsspaltencysten beträchtliche Abweichungen in der Art der epithelialen Bekleidung festgestellt worden, sondern es wechseln gelegentlich auch in ein und derselben Cyste verschiedene Epithelarten miteinander ab (Beobachtung von W. UFFENORDE). Gerade dieser Umstand ist m. E. eine wichtige Stütze für die Richtigkeit der BLUMENTHAL-KLESTADTschen Auffassung. Geradezu ein· Beweis hierfür ist in dem bisher schon wiederholt festgestellten *doppelseitig-symmetrischen Auftreten* dieser Gesichtsspaltencysten zu erblicken (Beobachtungen von K. KOFLER, M. MALAN [je zwei Fälle], HALLE, GIGNOUX, CARCÓ, W. ARNOLDI, H. CLAUS, J. SCHMIDT, P. JACQUES, VL. HLAVAČEK [je ein Fall]) sowie im Vorkommen von *fissuralen Fisteln*[1] im ganzen Bereich der primären Augennasenrinne bzw. der

---

[1] KL. VOGEL hat 1923 anläßlich der Beschreibung einer Gesichtsspaltencyste hingewiesen auf das Vorkommen von *kleinen kongenitalen Fisteln* „bald im Winkel zwischen Nasenflügel, Wange und Oberlippe, bald unterhalb des Nasenflügels oder tiefer in der Gegend der seitlichen Lippenspalte, vereinzelt sogar mit einer schrägen Gesichtsspalte kombiniert. Ebenso finden sich auch im oberen Bereiche der Augennasenrinne gelegentlich kleine Fisteln. Sie sitzen also z. T. genau in der Gegend (sc. der Nasenvorhofscysten) ..., z. T. oberhalb und unterhalb auf der Spur der

Nasengaumenrinne, namentlich aber am Orte der „Gesichtsspaltencysten"
(KL. VOGEL). Ein weiteres Beweismoment für die KLESTADT-BLUMENTHALsche
Auffassung ist ferner in der *Vererbbarkeit* der Gesichtsspaltencysten zu erblicken.
Bisher liegt diesbezüglich allerdings nur die einzige, aber einwandfreie Beob-
achtung F. KASCHES (Abb. 72 a u. b) vor, welcher an Vater und Tochter je eine
typische rechtsseitige Gesichtsspaltencyste beschrieb.

Die Kenntnis der Vererbbarkeit der mit den Gesichtsspaltencysten in Parallele
zu setzenden *Cheilognathoschisis* und *Uranoschisis* ist dagegen seit langem gesichert.
W. BIRKENFELD (Lit. VIII/B 1/a) hat Erblichkeit in 20% der Fälle dargetan. In
80% der erblichen Fälle wurde *rezessive* Vererbung nachgewiesen, wobei die gleichgeschlechtliche Vererbung in geringem Grade überwog. Die Spaltbildung wird dabei
überwiegend beim männlichen Geschlecht manifest und bevorzugt die linke Seite.
Dominante Vererbung fand
sich nur in 20% der erblichen
Fälle, wobei die gleichgeschlechtliche Vererbung häufiger war als die wechsel-
geschlechtliche. *In Hinkunft
soll bei Fällen von fissuralen
Fisteln, Mucoiden und Dermoiden auf Vererbbarkeit besonders geachtet werden.*

*Geschlechtsverhältnisse,
Zeitpunkt des Auftretens,
kausale Genese:* Das Überwiegen des weiblichen Ge-
schlechts war schon BROWN-
KELLY aufgefallen, ferner,
daß sich das Leiden meist
zwischen dem 20. und 60.
Lebensjahr erstmalig zeigte. Auch auf Grund des

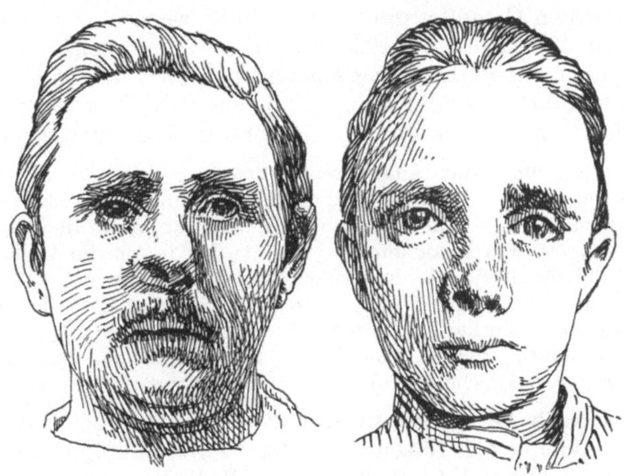

Abb. 72 a und b. Typische rechtsseitige Gesichtsspaltencyste bei Vater
und Tochter (nach F. KASCHE).

seither zugewachsenen Materials trifft dies zu (HUIZINGA; unter zehn Fällen
von VL. HLAVAČEK acht Frauen).[1] Diese ungleiche Verteilung auf die beiden

Augennasenrinne. Sie stehen meist mit dem Tränennasengang oder direkt mit der
Nase in Verbindung". KL. VOGEL führt sieben einschlägige Fälle auszugsweise an, von
welchen namentlich auf den Fall A. PICHLERs besonders verwiesen sei (daselbst reichliche Quellenangaben!). Ferner kommen hier auch *Dermoidcysten* vor. Sie sind nach
KL. VOGEL nicht nur im Bereiche der Kieferspalte sehr selten (zwei Fälle aus LANNE-
LONGUE), sondern auch in jenem der Augennasenrinne (KL. VOGEL, W. KLESTADT,
c, S. 480). KL. VOGEL hebt dabei hervor, daß er im Bereiche der Nasenvorhofscysten nur zwei zweifelhafte Fälle von Dermoidcysten von FELIX und von
MAISONNEUVE habe auffinden können und im mittleren Abschnitt der Augennasenrinne nur die Fälle von BRAMANN und von BEELY. Dagegen sind die Dermoidcysten
im obersten Abschnitt der Augennasenrinne entsprechend den Gesichtsspaltencysten
im naso-ethmoidalen Grenzgebiet (siehe später) häufiger. Auch KLESTADT (c) spricht
sich diesbezüglich im gleichen Sinne aus und weist Literaturangaben nach. Ich
selbst konnte aus der neuesten Literatur den Fall von B. WIŠKOVSKY auffinden.
Auch der der alten Literatur angehörende Fall von REMY scheint hierher zu gehören.

[1] Vor kurzem konnte *ich selbst* ein typisches fissurales Mucoid bei einer 39jährigen,
bisher normal menstruierten Frau operieren, welche damit seit drei Jahren behaftet
war. Die Cyste saß links, enthielt Schleim und war haselnußgroß. Familienanamnese
bezüglich Hasenscharte, Wolfsrachen oder Äquivalente negativ. (Bisher unveröffentlichte Beobachtung.)

Geschlechter muß den Verdacht eines besonderen Vererbungsmechanismus (rezessive Vererbung?) erwecken und ist dadurch wieder ein Beweis für das Vorliegen einer im Keime präformierten Anomalie, welche sich allerdings nicht schon bei der Geburt zeigt, sondern meist erst während der Phase der Geschlechtsreife oder bei Einsetzen des Klimakteriums unter uns bislang unbekannten Bedingungen hervortritt. (Ähnliches findet sich bei den Kiemengangscysten und branchiogenen Tumoren!) Traumen scheinen gelegentlich die letzte auslösende Veranlassung zu bilden. Ob eine Seite bevorzugt wird, ist einstweilen wegen des häufigen Mangels der Seitenangaben nicht feststellbar.

Neben den *Nasenvorhofscysten* gibt es noch *eine weitere, allerdings seltenere Gruppe fissuraler Mucoide* unter dem Bilde von Flimmerepithelcysten *am oberen Ende der Tränennasenrinne*, welche von augenärztlicher Seite meist unter die „serösen Orbitalcysten" subsumiert werden. Auf diese wiesen KL. VOGEL 1923 und W. KLESTADT 1926 hin. Letzterer bezeichnet diese Cysten als „*Gesichtsspaltencysten im naso-ethmoidalen Grenzgebiet*", läßt von den von KL. VOGEL angeführten acht Fällen nur jenen von MENDEZ gelten, fügt dagegen je einen Fall von BECKER und von HEILBRUN und einen eigenen hinzu:

Säugling mit angeborener erbsengroßer Geschwulst im linken Augenwinkel, welche von einem Kollegen gespalten worden war; konsekutive Eiterung. Nach Vernarbung Wiederauftreten der Schwellung. Tränenwege normal. Der Cystenbalg drang in den Knochen ein, reichte bis unter die Lam. cribr., nahm nach innen die Siebbeingegend ein und erstreckte sich dabei etwa 1 cm der Orbitalfascie entlang. Keine knöcherne Hülle, unmittelbares Anliegen der Cyste an der Rückseite der Nasenschleimhaut. Tränenbein und vorderster Anteil der Lam. papyracea fehlten. Die Cyste enthielt eine klare, leicht fadenziehende Flüssigkeit; Epithelbelag nur stellenweise erhalten als „ein mehrreihiges, z. T. flimmertragendes Zylinderepithel".

Nach W. KLESTADT sind diese Cysten nicht durch Abschnürung bzw. Einschließung von Nasenschleimhaut entstanden, sondern analog den *Dermoidcysten* dieser Gegend (z. B. Fälle von W. KLESTADT und von ECKERT-MÖBIUS) *durch Verlagerung von ektodermalem Material*. Der kranialste, individuell verschieden lang und tief ausgebildete Abschnitt der Augennasenrinne bietet nach W. KLESTADT besonders Gelegenheit zu Lösungen des Zellzusammenhangs.[1] Aus diesem Material können in gleicher Weise Dermoide und Mucoide mit Zylinderzellenauskleidung hervorgehen, letztere, je früher der Zeitpunkt der Zellenabschnürung Platz greift. Auch das Verhalten der Deckknochen zu diesen Cysten bietet der Erklärung letzterer im angegebenen Sinne keine Schwierigkeit. Hält sich der abgelöste Epithelkeim nahe seinem Ursprungsgebiet (wie in den Fällen von BECKER, MENDEZ und HEILBRUN), so ist der Knochen erhalten, ist dagegen der Keim weiter in die Tiefe verlagert (wie in KLESTADTs Beobachtung), so bleibt die Deckknochenbildung aus. Die Anlage des primordialen Knorpels ist entweder an dieser Stelle nicht erfolgt, oder er wurde, was KLESTADT wahrscheinlicher dünkt, ungestört resorbiert. Die Verhältnisse bezüglich Heredität sowie eventueller Bevorzugung von Seite und Geschlecht sind bei den Gesichtsspaltencysten im naso-ethmoidalen Grenzgebiet bislang nicht erforscht.

In *nicht vererbten* Fällen von Mucoiden und Dermoiden beider Lokalisationen käme als *teratogenetische Terminationsperiode* der Verlagerung ektodermalen Materials spätestens die erste Hälfte des zweiten Embryonalmonats in Betracht,

---

[1] Abgesehen von der Augennasenrinne kann auch die dicht daneben liegende *Grenzfurche zwischen dem Oberkieferfortsatz und dem lateralen Nasenfortsatz* das verlagerte Material geliefert haben, jene Furche nämlich, welche bislang stets als „Augennasenrinne" angesprochen worden war (siehe die S. 131f. erwähnten Feststellungen von G. POLITZER).

da die Gesichtsfurchen und -rinnen nur etwa bis zum 38. Tag erhalten sind. Über die *kausale* Genese solcher Fälle mangeln einstweilen Beweise (siehe darüber den vorhergehenden Abschnitt).

4. Die seitliche Nasenspalte (Lit. VIII/C).

Die seitliche Nasenspalte gehört zu den seltensten Mißbildungen. Aus den letzten 50 Jahren liegen nur ca. 20 Beobachtungen vor. Sie verteilen sich ziemlich gleichmäßig auf die rechte und linke Seite. Auch zwei doppelseitige Fälle sind bekanntgeworden (CANTLIE, TSAKYROGLOUS). Die Spaltbildung beginnt in den leichten und mittelschweren Fällen, welche zugleich die Hauptmasse darstellen, etwa in der Mitte des Nasenflügels und reicht verschieden hoch hinauf. Der Defekt — meist handelt es sich um einen solchen! — hat dabei eine annähernd dreieckige Gestalt und kehrt seine Spitze nach aufwärts, wo er sich in der lateralen Nasenwand allmählich verliert. Als *allerleichtester Grad* bzw. als *Äquivalent* der lateralen Nasenspalte kommt *Narbenbildung* in der Haut der lateralen Nasenwand vor (wie in der von K. GRÜNBERG [Lit. VIII/A] erwähnten LÄHRschen Beobachtung einer intrauterin geheilten Nasenspalte) bzw. *angeborene Fibrombildung* des Nasenflügels, wie E. RUTTIN an einem siebenjährigen Knaben beobachten konnte (Fibrome und Cavernome im Bereich fetaler Spalten kommen bekanntlich nicht so selten vor). — Über das *Verhalten des Naseninnern* sind meist nur spärliche Bemerkungen vorhanden oder mangeln gänzlich. Bei den leichteren Formen sind die Gebilde des Naseninnern teils normal befunden worden oder wohl als normal anzunehmen. Dies braucht indes auch in leichten Fällen nicht zuzutreffen, da beispielsweise in dem oben zitierten LÄHRschen Falle die betroffene Nasenhälfte rudimentär entwickelt und von der mittleren Muschel an aufwärts verschlossen war.

Kasuistik: a) *Gruppe der leichteren Formen:* Fälle von MADELUNG, F. BRAMANN, LUCY, NASH, L. KREDEL, LEXER, E. KIRMISSON, FRANGENHEIM (zwei Fälle), L. STÜTZ, A. GLAUS und F. REDER. Die klassische Beobachtung von MADELUNG zeigt den Defekt des Nasenflügels rein ohne Defekt im knöchernen Nasenrücken bzw. Stirnbein an einem sonst völlig gesunden wohlgebildeten Erwachsenen. — Bei dem zweijährigen sonst völlig gesunden, aus mißbildungsfreier Familie stammenden, von E. KIRMISSON beobachteten Mädchen reichte die sonst typische Spalte bis gegen den inneren Augenwinkel zu; gleichwohl erwies sich das Nasenskelet als völlig normal. — Im KREDELschen Falle tastete man im Bereich einer strichförmigen, von der Mitte des Nasenflügels ausgehenden und schräg bis zur knöchernen Nase hinaufreichenden Furche einen *Knorpeldefekt* von annähernd dreieckiger Form (ähnlich den submukösen Gaumendefekten!). — Interessant sind die Beobachtungen von F. BRAMANN und von A. GLAUS. In ersterer war *neben dem Defekt noch eine gestielte pendelnde Geschwulst* vorhanden, welche vom inneren Rand des gespaltenen Nasenflügels ausging und zum Nasenloch heraushing. Der aus Haut, Fett- und Bindegewebe bestehende Tumor stellt *gewissermaßen ein Äquivalent des Nasenflügeldefekts* dar, um so mehr, als er an dem Nasenflügeldefektrand inserierte. — Der vom oberen Winkel des dreieckigen Nasenflügeldefekts eines unreifen männlichen Neonatus herunterhängende rötlichblaue zwetschkenförmige „Polyp" im Falle von A. GLAUS zeigte einen myxomatös-kavernös-fibromatösen Bau. Vom rechten Nasenbein war nur eine kleine undeutliche Resistenz tastbar; übriges Stützgerüst inklusive Septum normal, desgleichen auch das Naseninnere. Im GLAUSschen Falle fanden sich ferner schwere Fehlbildungen am Herz-Gefäß-Apparat, an den Gliedmaßen, Atresie des Oesophagus mit Oesophagus-Tracheal-Fistel, gelappte Cystenniere links, MECKELsches Divertikel und Gallenstauungscirrhose der Leber. GLAUS ist wohl mit Recht der Ansicht, daß hier eine *Keimabsprengung* im Bereiche des lateralen Nasenfortsatzes stattgefunden haben müsse. Mit Rücksicht auf die begleitenden verschiedenen inneren Fehlbildungen lehnt GLAUS amniogene Fehlbildung ab und denkt an ein Vitium primae formationis. —

In Fall 2 von FRANGENHEIM fand sich auf dem Nasenrücken in Höhe des inneren Augenwinkels eine erbsengroße, verschiebliche, von geröteter Haut bedeckte Anschwellung von harter Konsistenz (Abb. 73). *Histologisch* lockeres, fast ödematöses Bindegewebe mit rundlichen und ovalen Zellkernen, einigen vielkernigen Riesen-

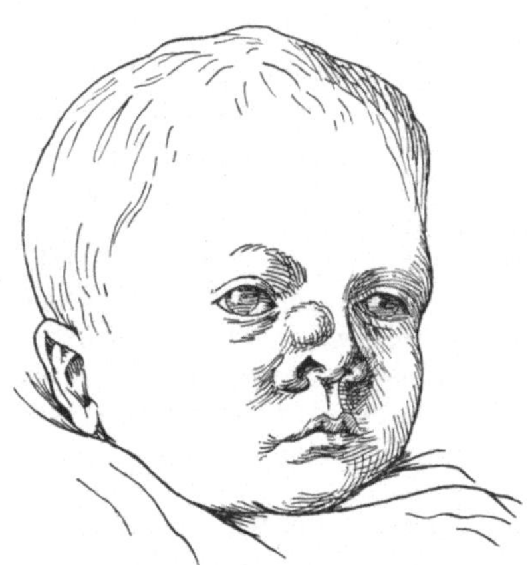

zellen, vielen zartwandigen Gefäßen, einigen Muskelfasern und einer Knorpelinsel mit beginnender Verkalkung. Hier war es also gewissermaßen zu einer *Materialverschiebung* gekommen, wodurch einerseits der Defekt im Nasenflügel, anderseits der Tumor in Höhe des inneren Augenwinkels resultierte. Hierzu paßt gut, daß eine Einkerbung im gleichseitigen Nasenbein und eine Unterentwicklung der gleichseitigen Cart. nasi lat. gefunden wurde. — Eine *komplexere* Störung ist in dem Falle von L. STÜTZ realisiert: Das zwölfjährige, aus mißbildungsfreier Familie stammende Mädchen hatte nicht nur einen Defekt der linken lateralen Nasenwand, sondern überdies noch eine *homolaterale Tränensackfistel, Kolobom des unteren Augenlids und komplette typische knöcherne Choanalatresie* bei normal gebildetem Epipharynx (Abb. 74). Die Entwicklungsstörung griff hier also auch auf das Gebiet der fetalen Augennasenrinne und auf die Ausbildung des Nasensackes selbst über. — *Kom-*

Abb. 73. Angeborene seitliche Nasenspalte mit Tumor auf den Nasenrücken bei 2 Wochen altem Mädchen (nach P. FRANGENHEIM).

binierte Störungen lagen auch in den Beobachtungen von W. G. NASH (Kind mit Fissur des rechten Nasenflügels und Fehlen des rechten Auges bis auf einen erbsengroßen pigmentierten Stummel) und von J. CANTLIE vor (doppelseitige laterale Nasenspalte und doppelseitige Hasenscharte). Kombination mit *schräger Gesichtsspalte* fand sich in den Fällen von BROCA, A. L. THOMAS, BIDALOT (zit. nach LANDOW und nach FRANGENHEIM) sowie im oben geschilderten Falle von L. STÜTZ. — Nicht unerwähnt bleibe das von F. SALZER an einem 18jährigen, mit rechtsseitiger Cheilognathopalatoschisis behafteten Mädchen gefundene angeborene straußeneigroße, über dem rechten Nasenflügel sitzende und in die rechte Stirnhöhle durchgebrochene *Teratom (Bidermom), welches sich auf dem Boden einer lateralen Nasenspalte entwickelt hatte.* Die Geschwulst hatte das rechte Auge nach außen verdrängt und die Lidspalte um die Hälfte verkürzt. F. SALZER suchte wahrscheinlich zu machen, daß *infolge des innigen Anliegens des Proamnions eine Einlagerung desselben in die embryonalen Gesichtsfurchen statthaben könne, innerhalb welcher es mit der Körperoberfläche eventuell verlöte.* Da zur Zeit der Ausbildung der embryonalen Gesichtsfurchen das Proamnion seine Mesodermschicht bekommt, könne bei einer Verlötung und nachträglichen Abtrennung einer Amnionfalte daraus nicht nur eine Absprengung von

Abb. 74. Zwölfjähriges Mädchen mit angeborenem Defekt der linken Nasenflügelgegend, Tränensackfistel, Unterlidkolobom und Choanalatresie (nach L. STÜTZ).

Epiblast, sondern auch eine solche von Mesodermgewebe resultieren, woraus bei weiterem Wachstum Bidermome hervorgehen können.

b) *Gruppe der schwereren und schwersten Formen* (stets kombiniert mit einer größeren Reihe weiterer Spalten und sonstiger Fehlbildungen): Beobachtungen von ANGERER-KINDLER (reproduziert bei K. GRÜNBERG, l. c.), R. JOHNSON (zit. nach KEITH) und LEUCKART (reproduziert bei K. GRÜNBERG, l. c.).

Formale Genese: Eine Anzahl von meist älteren Autoren nimmt *wahre Hemmungsbildung* an und spricht von einem gänzlichen oder teilweisen Ausbleiben der Verwachsung des lateralen mit dem medialen Nasenfortsatz. Dagegen haben schon M. Landow und L. Kredel, später Marchand und K. Peter Einspruch erhoben. An dem Orte, an welchem für gewöhnlich die lateralen Nasenspalten gefunden werden, gibt es nämlich während der normalen Embryogenese keine Spalte. Ferner ist daran zu erinnern, daß von allem Anfang an Nasenfortsätze nicht vorhanden sind, sondern daß die mit den Termini „medialer Nasenfortsatz" und „lateraler Nasenfortsatz" bezeichneten Mesodermmassen erst durch die Riechplakode herausmodelliert werden, indem sich letztere immer weiter einsenkt bzw. zum Nasensack wird. Anderseits nehmen natürlich auch die Mesodermmassen in der Umgebung des Riechfeldes an Masse zu und überwölben gewissermaßen letzteres. An ca. 30 Tage alten Embryonen (Abb. 75a u. 75b) hat sich die

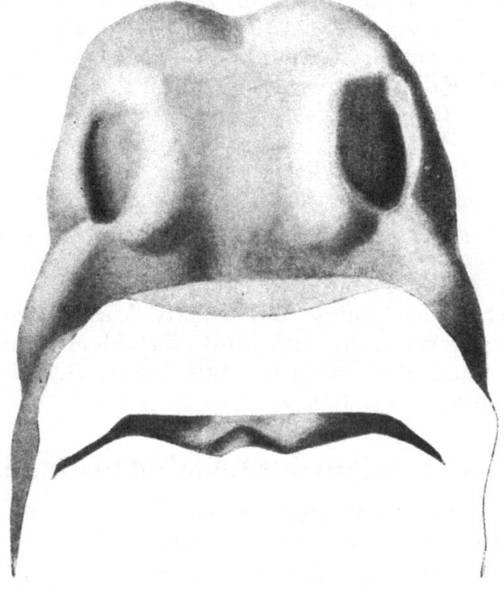

Abb. 75a. Modell des Vorderkopfes eines 9,2 mm langen menschlichen Embryo. Stadium des tiefen Riechgrübchens mit Hervortreten des medialen und lateralen Nasenfortsatzes (nach K. Peter).

Riechgrube außen bedeutend vertieft, medial und lateral von derselben wulstet sich der mediale bzw. der laterale Nasenfortsatz vor. *Nur nach der Kopfspitze zu ist die Begrenzung der Riechgrube noch nicht deutlich* (vgl. die punktierte Linie in Abb. 75b). In späteren Stadien ist dagegen auch kranialwärts die Riechgrube von einem rundlichen Wall überhöht, der eine kontinuierliche Verbindung zwischen dem medialen und dem lateralen Nasenfortsatz darstellt. *Für den Fall nun, daß an der in Abb. 75a und 75b sichtbaren Mulde gleichzeitig die Massenzunahme und das Vorwachsen der Mesodermmassen zurückbleibt, könnte hier gewissermaßen eine „Lücke" resultieren bzw. bestehen bleiben.* Diese fände sich dann zwischen jenen Gewebsbezirken, welche als medialer bzw. als lateraler Nasenfortsatz bezeichnet werden. Diese „Lücke" wäre demnach nicht Folge der Nichtverschmelzung normal ausgebildeter Nasenfortsätze miteinander, sondern offenbar Folge eines

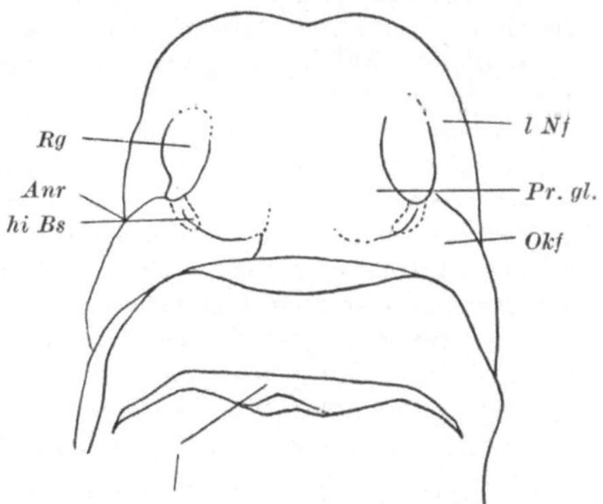

Abb. 75b. Schematische verkleinerte Zeichnung desselben Objektes wie Abb. 75a (nach K. Peter). *Rg* Riechgrube; *Anr* Augennasenrinne; *hi Bs* hinterer Blindsack der Riechgrube; *l Nf* lateraler Nasenfortsatz; *Pr.gl.* Proc. globularis des mittl. Nasenfortsatzes; *Okf* Oberkieferfortsatz.

primären Materialmangels in jenem Mesodermbereich (*Ausgleichshemmung*). Eine solche Annahme könnte jedoch *höchstens zur Erklärung für relativ geringfügige Nasenflügeldefekte ausreichen.*

Für alle irgendwie größeren Defekte, wie sie in einzelnen der oben geschilderten

Fälle aufscheinen, ist wohl ein *sekundärer Materialmangel* durch eine von außen kommende, lokale Zerstörungen setzende Schädlichkeit anzunehmen. Obwohl Beweise bisher mangeln, handelt es sich dabei wohl *wahrscheinlich vorwiegend* um *amniogene Zerschnürungen des bereits gebildeten Nasenflügels* (also zu einem etwas späteren Zeitpunkt als oben erwähnt). Die Fälle von F. Bramann, A. Glaus und Fall 2 von P. Frangenheim scheinen dafür zu sprechen. Nach der hier vertretenen Auffassung gehört also die laterale Nasenspalte fast in allen ihren Formen zu den *sekundären Gesichtsspalten* im Sinne von K. Grünberg. — Faßt man die komplexen Fehlbildungen des Glausschen Falles nicht als im Keim präformierte gekoppelte, sondern als exogen (aber freilich nicht amniogen!) entstandene auf, so gelangt man zur Annahme einer ganz analogen *teratogenetischen Terminationsperiode* (wie oben erwähnt), und dies annähernd für jede der vorhandenen Teilmißbildungen, so daß ursächlich wohl eine einheitliche, gleichzeitige und relativ kurzdauernde Schädlichkeit (exogene toxische Noxe) wahrscheinlich wird. Zu einem ähnlichen Ergebnis führt auch die Verwertung der Daten des mit Tränensackfistel und Choanalatresie kombinierten Falles von L. Stütz.

E. Anomalien des nasalen Stützgerüstes (Lit. IX/1 u. 2, X/1 u. 2).

Eine *erste Gruppe von schwereren Fällen* ist durch die Fälle von Maisonneuve und von Tissier repräsentiert.

Im Maisonneuveschen Fall (zit. nach Lannelongue und Ménard) war das neun Monate alte, sonst normale Mädchen mit völligem Fehlen der Nase geboren worden. An Stelle des Nasenvorsprungs fand sich eine von zwei kleinen, runden, 1 mm breiten und 3 cm voneinander abstehenden Öffnungen durchbohrte Oberfläche. Dadurch groteskes Aussehen und Schwierigkeiten bei der Atmung und beim Saugen. Über den Zustand des Naseninnern wird nichts erwähnt. — Aus dem mir allein zugänglichen Referat des Tissierschen Falles geht hervor, daß das Septum völlig fehlte und unter der Gesichtsmaske sich zwei durch einen zirka 2 cm breiten Zwischenraum getrennte Öffnungen fanden, welche in den Pharynx führten.

In beiden Fällen *mangelte* also *vorwiegend die äußere Nase*, zwei Nasensäcke und zwei getrennte Öffnungen in den Pharynx waren vorhanden, die Nasensäcke standen aber voneinander außergewöhnlich weit ab und waren wohl auch unternormal entwickelt. Es hatte also die gesamte Nasalregion gelitten, vorwiegend aber die Nasenfortsätze, besonders wohl der mittlere, welcher den Nasenrücken entstehen läßt. Dieser hatte sich nicht erhoben und war breit und flach geblieben, wie etwa bei ca. vier bis fünf Wochen alten Embryonen. *Wahrscheinlich* liegt also *mangelhaftes Fortschreiten der normalen Umbildungsprozesse* vor, vermutlich entstanden durch *sekundären, exogen bedingten Materialmangel*. Die Unterentwicklung der Nasensäcke, deren normale Ausbildungshöhe sicherlich vom Ausbildungszustand der sie umgebenden Nasenfortsätze abhängt, ist vielleicht als sekundär zu deuten (vgl. damit die im Kapitel „Proboscis lateralis" sub e erwähnten Fälle von V. P. Blair und von Hellat).

In einer *zweiten Gruppe leichter, viel häufiger vorkommender Fälle* scheint äußerlich meist nicht das geringste zu fehlen. Die Anomalien bzw. Defekte werden daher öfters erst bei anatomischer Zergliederung festgestellt und betreffen überwiegend die Nasenbeine.

Die *Nasenbeine* zeigen unter allen menschlichen Knochen die meisten ethnischen und individuellen Variationen (Manouvrier). Ihre Längen- und Breitenentwicklung schwankt in weiten Grenzen (E. Zuckerkandl, O. v. Hovorka), ihre Form ähnelt der Biskuitgestalt (wenigstens bei der kaukasischen Rasse). Nach G. Perna entsteht das Nasenbein aus zwei Ossifikationspunkten, einem lateral-unteren größeren und einem medial-oberen kleineren. Ersterer fällt in den Bereich des lateralen Nasenfortsatzes, letzterer gehört zum ursprünglichen medialen Nasenfortsatz. Der lateraluntere Anteil des Nasenbeines entwickelt sich am Ende des zweiten Monats in dem die knorpelige Nasenkapsel umgebenden Bindegewebe (daher Deckknochen!), der medial-obere Anteil erst nach dem vierten Monat im obersten Teile des Nasenrückenknorpels (daher Ersatzknochen!). Anthropologisch steht fest, daß *die Verschiedenheit in der Form und Ausbildung der Nasenbeine* besonders *mit der interorbitalen Breite, der Weite der Apertura piriformis und mit der Gesichtshöhe zusammenhängt.* Die Breite des *Septum interorbitale* ist wieder abhängig von der Entwicklung des Stirnhirns und daher beim Menschen viel größer als bei den Primaten. Bei den im Laufe der Phylogenese auftretenden Veränderungen in der Stirn-Nasen-Region spielt das *Os praefrontale,* welches mit dem Os postfrontale zur Umkapselung des Gesichtes und des Geruchsorgans bestimmt ist, eine wichtige Rolle (Kriechtiere). Durch Assimilierung des Os praefrontale beim Menschen mit den Nasenbeinen wurde erst eine vollständige Überdachung der Nasenhöhle ermöglicht. Den Lacrimalteil des Proc. front. oss. maxill. und wenigstens das obere Stück des seitlichen Teils des Nasenbeins faßt PERNA als Homologa des Präfrontalbeins der Kriechtiere auf. Zwischen Lacrimalteil des Proc. front. oss. max. und äußerem Teil des Nasenbeins herrscht ein Kompensationsverhältnis bezüglich Größe derart, daß bei Schmalheit der Nasenbeine im oberen und mittleren Teil sich der mittlere Teil des Proc. front. stärker entwickelt zeigt. *Die Breite des Septum interorbitale bleibt also konstant.* Dies ist für die *Wertbestimmung* der *ethnischen Merkmale* von besonderer Wichtigkeit: *Vorwiegend nasale Ausbildung des Präfrontalbeins stellt ein Merkmal fortschreitender Entwicklung dar,* da es die höchste Erhebung des Nasenskelets bedingt. Dagegen ist die überwiegend orbitale Entwicklung des Präfrontalbeins ein Merkzeichen der niedrigerstehenden Tiere. Daraus darf man ableiten, daß die *größere Breite des lacrimalen Teils des Proc. front. oss. max.,* welche man bei den *niederen Menschenrassen* häufig beobachtet, und die damit Hand in Hand gehende *geringere Ausbildung („Reduktion") der Nasenbeine ein atavistisches Merkzeichen darstellt.*

Schon das alte anatomisch-anthropologische Schrifttum (siehe bei E. ZUCKERKANDL) enthält über *Variationen, minderwertige Ausbildung und Fehlen des Nasenbeins* sowie über die Auffassung solcher Befunde als *Rückschlagserscheinungen* wichtige Mitteilungen. In der Folge konnte E. ZUCKERKANDL auf Grund eines großen Materials europäischer und außereuropäischer Rassenschädel konstatieren, daß mangelhafte Ausbildung der Nasenbeine bis zu Fehlen derselben häufiger (10,1%) an außereuropäischen Schädeln (Malayen, Neger, Chinesen) gefunden wird als an europäischen (1,5%). ZUCKERKANDL stellte *folgende Gruppen* auf:

a) *Nasenbeine asymmetrisch,* eines breiter, das andere verkümmert;

b) *Nasenbeine verkürzt,* dreieckig und von der Artikulation mit dem Stirnbein ausgeschlossen, sei es, daß die Stirnfortsätze der Oberkieferbeine sich zwischen Frontale und Ossa nasalia einschieben oder ein Nasenbein durch Verbreiterung seines oberen Endes das andere verdrängt;

c) *vollständiger oder unvollständiger Ersatz der Nasenbeine* durch die Spina nas. sup., durch einen abnormen Fortsatz des Stirnbeins, durch beide Momente oder durch die Lam. perpendicul. oss. ethmoid. Gelegentlich findet sich auch ein aus allen genannten Teilen zusammengesetzter Fortsatz zwischen die Oberkiefer-Stirn-Fortsätze eingeschoben, dem sich am Rande kleine Knochenplättchen anschließen;

d) *vollständiges Fehlen der Nasenbeine* und der sub c bezeichneten Bildungen, *wobei die Oberkiefer-Stirn-Fortsätze entweder median aneinanderschließen oder aber in normaler Weise voneinander abstehen.*

Zur Illustration der unter d angeführten zwei Eventualitäten mögen die Abb. 76 u. 77 dienen:

In Abb. 76 treten die verbreiterten Oberkiefer-Stirn-Fortsätze bei völligem Fehlen der Nasenbeine aneinander; das darunter sichtbare schraffierte Feld entspricht der vorragenden Spina nas. sup.

Das mazerierte Präparat der Abb. 77 stammt von einem 20jährigen Mädchen mit langer, schmaler, schön gebogen vorspringender Nase, deren Betastung eine abnorme Bildung des Nasenrückens nicht vermuten ließ. Nach Abtragung der Haut stieß man auf eine *dicke bindegewebige Membran,* die bis an die Pars nas. ossis frontis emporreichte. Von dieser Membran bedeckt, setzte sich der *Scheidewandknorpel mit seitlichen, die fehlenden Nasenbeine substituierenden Knorpelflügeln* bis an das Stirnbein nach oben fort.

Kompensation der fehlenden Nasenbeine durch Verbreiterung der Oberkiefer-Stirn-Fortsätze muß also nicht stets statthaben. Auch in einem weiteren Falle von ZUCKERKANDL (Schädel eines Neugeborenen mit Emporreichen der knorpeligen Nase bis an das Stirnbein und Übergang ins knorpelige Siebbein) fand sich *Agenesie der Nasenbeine, wobei ein frühembryonaler Phasenzustand erhalten blieb.* Das Bildungsmaterial für die Nasenbeine war zwar vorhanden, doch war es zur Hemmung der weiteren Aus- und Umbildung gekommen, wofür namentlich der erwachsene Schädel der Abb. 77 eindeutig beweisend ist.

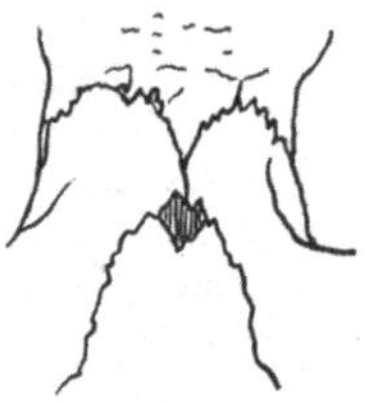

Wie die vergleichende Ontogenese zeigt, kommt es zwischen Affen- und Menschennase sehr früh zu divergenten Entwicklungen, indem sich bei ersterer regressive, bei letzterer progressive Momente wirksam zeigen (WIEDERSHEIM, zit. nach J. GOLLING). Da *hochgradige Schmalheit* bzw. *Verkümmerung und Verschmelzung der Nasenbeine* bei einzelnen *anthropoiden Affenarten* häufig angetroffen wird, wurde versucht, analoge Bildungen des Menschen als *pithecoides Merkmal* anzusprechen.[1] Auch weitgehende *Obliteration der Nasennähte* wird als *atavistisches Zeichen* gedeutet (WIEDERSHEIM). Wichtig ist die Feststellung, daß die verschiedenen Arten der Primaten wesentlich differente Nasenbeintypen und innerhalb dieser wieder individuelle Schwankungen zeigen (MARTIN). Reduktionserscheinungen der Nasalia in extremer Form an außereuropäischen Rasseschädeln bildeten J. GOLLING und B. WAHBY ab. Dabei entsprachen die interorbitalen Breitendimensionen völlig oder fast völlig den Durchschnittswerten ihrer Rassen. Ähnliche interessante Befunde am Nasengerüst beobachtete ADOLPHI an einem wahrscheinlich russischen Schädel. L. GRÜNWALD möchte kleine bzw. defekte Nasenbeine nur dann als dysgenetisch bezeichnen, wenn gleichzeitig ein verkleinerter Interorbitalraum besteht. Kleine bzw. fehlende Nasenbeine bei normal großem Septum interorbitale jedoch erlauben die Deutung, „daß entweder eine mangelhafte Entwicklung sekundär durch stärkeres Wachstum der Nachbarknochen kompensiert würde oder eine primär höhere Wachstumstendenz der Oberkieferfortsätze als archaistische Erscheinung" obwalte. Kleinheit bzw. Defekt der Nasenbeine als Dysgenesie nur bei verschmälertem Interorbitalraum gelten zu lassen, scheint mir zu eng begrenzt zu sein. Die oben zitierten zwei Fälle ZUCKERKANDLS von Agenesie der Nasenbeine *ohne Vergrößerung der Oberkiefer-Stirn-Fortsätze* und *ohne Verkleinerung des Septum interorbitale* erweitern entschieden diese Auffassung GRÜNWALDS.

Abb. 76. Anomale Bildung des Nasenrückenskelettes mit Fehlen der Nasenbeine und kompensatorischer Vergrößerung der Oberkieferstirnfortsätze (nach E. ZUCKERKANDL).

Abb. 77. Völliges Fehlen der Nasenbeine ohne Kompensation durch die Oberkieferstirnfortsätze (nach E. ZUCKERKANDL).

---

[1] Aber auch *nicht verkümmerte* Nasenbeine können angeblich ein pithecoides Zeichen abgeben, wenn sie nämlich verbreitert und abgeplattet sind und dadurch die für Hylobates charakteristische Gestalt haben (KOLLMANN, zit. nach ZUCKERKANDL). Und ZUCKERKANDL fügt hinzu, daß auch lange flache Nasenbeine theromorph seien, da sie zur Charakteristik des Quadrupedenkopfes gehören.

An dem Vorkommen echter Agenesie und Dysgenesie der Nasenbeine (bei normal großem Septum interorbitale mit und ohne Kompensationserscheinungen der Nachbarknochen) *ist demnach m. E. nicht zu zweifeln.* Die aus jüngster Zeit stammenden drei Beobachtungen von Loeschke-Schwörer und der vierte von Schwörer hinzugefügte Fall von G. B. Gruber sind hierfür Beweise. M. E. sollte der von diesen Autoren aufgestellte Terminus der „*dorso-medianen Nasenspalte*" bzw. der einer „*besonderen Form von angeborener medianer Nasenspalte*", da zu Mißdeutungen Anlaß gebend, lieber fallen gelassen werden. *Zum Unterschied gegenüber den Fällen von medianer Nasenspalte* (siehe höher oben) liegt hier nämlich *keine äußerliche Entstellung der Nase* vor, *die Anomalie betrifft primär und ausschließlich das Skelet* der äußeren Nase, die „Spalte" liegt subkutan und steht am mazerierten Objekt in breiter Kommunikation mit der Apert. piriformis. Die deckenden Weichteile sind normal.

In Abb. 78 (Fall 1 von Loeschke-Schwörer, an Dysenterie verstorbene Frühgeburt) sitzen die rudimentären Ossa nasalia der unteren Hälfte der Proc. front. oss. maxill. als schmale, dünne, völlig selbständige Knöchelchen auf. Zwischen den Stirnfortsätzen der Oberkieferbeine bleibt ein ca. 2 mm breiter Raum frei, innerhalb welches die Part. nasales der noch nicht verschmolzenen Stirnbeine eingelassen sind. Familienanamnese negativ, serologische Proben bei Mutter und Kind negativ. Eine Verbildung der äußeren Nase wurde nicht beobachtet, bloß schniefende Atmung, obwohl kein Schnupfen bestand. — Bei Fall 2 lag ein ähnlicher Befund vor, überdies war im Bereiche des sekundären Gaumens eine mediane Spalte vorhanden, die Verwachsung des lateralen mit dem medialen

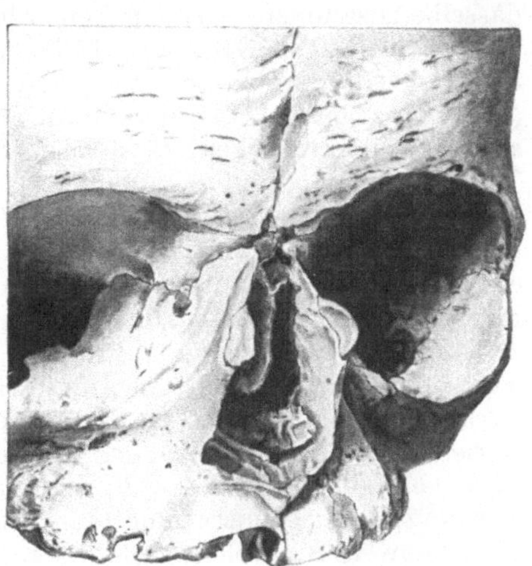

Abb. 78. Subkutane mediane Lückenbildung im knöchernen Nasengerüst infolge rudimentärer Ausbildung der Nasenbeine (nach M. Schwörer).

Anteil des Os incisivum war ausgeblieben und der untere Rand des Vomer stand $1^{1}/_{2}$ cm über der Ebene der knöchernen Gaumenplatte. — In Fall 3 standen die sehr schmalen Nasenbeine 2 mm voneinander ab und erreichten oben die Stirnbeine. Ferner war ein mäßiger innerer Hydrocephalus, Balkenmangel und Hypospadie vorhanden. Hier wäre es (bei eventuellem Weiterleben) vielleicht zur Ausbildung einer typischen catarrhinen Nasenform gekommen. — In Fall 4 war zwischen den sehr schmalen und rudimentär entwickelten Nasenbeinen nur eine partielle Lücke vorhanden; da die Beobachtung von einem Erwachsenen stammt, gibt sie gewissermaßen den Endzustand der Entwicklung weniger schwerer Fälle an.

Fußend auf den Untersuchungen von Perna sieht auch Schwörer die *minderwertige Anlage der Nasenbeine* als *Rückschlagserscheinung bzw. als Wiederholung der Nasenaufbauformen gewisser anthropoider Affen* an. Nur der lateraluntere Knochenkern war angelegt. Keinesfalls waren die Nachbarknochen schuld an der Unterentwicklung der Nasenbeine. Schwörer ist zuzustimmen, daß *primäre Vergrößerung der Proc. front. oss. maxill.* mit sekundärer Wachstumsbehinderung der Nasenbeine *nur dann angenommen werden darf, wenn der Nachweis kleiner, median zusammenstoßender,* zwischen abnorm großen Oberkiefer-Stirn-Fortsätzen eingeklemmter *Nasenbeine bei einem Fetus gelingt.* Die Verhältnisse am Erwachsenen können deshalb nicht beweisend sein, weil es sich um sekundär ausgleichendes Wachstum der Proc. front. bei primärer Kleinheit der Nasenbeine gehandelt haben könnte. Ein solcher Nachweis ist aber bislang nicht erbracht worden.

Die geschilderten *subkutanen medianen Lücken im Nasenrückengebiet* hätten
sich in den SCHWÖRERschen Fällen 1 bis 3 (Neugeborene und Feten) in der Folge
eventuell schließen können, wobei es zur Ausbildung der schmalen, als *catarrhin*
bezeichneten Nasenform gekommen wäre. Sie sind ebenso wie die referierten
Fälle von *Agenesie* und *Dysgenesie* der Nasenbeine als *atavistische Rückschlagserscheinungen*, demnach als *im Keime präformierte Anomalien* aufzufassen.

Außer den in vorstehenden zwei Gruppen behandelten Fällen gibt es noch
eine große Menge von Anomalien der äußeren Nase bzw. ihres Stützgerüstes.

Sieht man dabei von den traumatischen und durch Entzündungen verursachten
Anomalien der Größe, Stellung und Form des Nasengerüstes bzw. der einzelnen
dasselbe zusammensetzenden Teile ab, so kommt *ätiologisch* hierfür überwiegend
Keimbedingtheit in Betracht.[1] Dabei werden solche Abnormitäten entweder mit
auf die Welt gebracht oder treten erst (häufiger) während der Entwicklungsjahre
(meist im zweiten Lebensdezennium) hervor. Diese Anomalien können sowohl die
starren Teile (Knochen) der Nase als auch die *beweglichen, häutig-knorpeligen*
Teile betreffen. Häufig handelt es sich um ein *Zuviel*, in anderen Fällen um
einseitige oder *doppelseitige Schiefheit* der Nase, in wieder anderen Fällen um
ein *Zuwenig* (wie etwa bei der Sattelnase). Die angeborene Schiefnase kann Teilerscheinung einer umfangreicheren Schädelasymmetrie sein. Die meisten der
hierher gehörigen Nasenanomalien sind *Vergröberungen* wohl charakterisierter,
z. T. auch rassischer Typen (wie z. B. die an die Negernase erinnernde abnorme
Vorwölbung des Nasenflügels) und gehören demnach zu den *anatomischen Varietäten*. Letztere und viele typisch rassische Züge sind noch im Zuge fortschreitender
wissenschaftlicher Erforschung. Hier einige Hinweise: Ältere Erkenntnisse stammen von O. V. HOVORKA, F. SPURGAT, H. VIRCHOW u. A., neuere von A. H.
SCHULTZ, A. N. BURKITT und G. H. S. LIGHTOLLER, E. V. EICKSTEDT, A. BASLER,
RASPOPOW u. A., welche teils die Nase des Europäers bzw. der weißen Rasse,
teils die der gelben Rasse, der Neger, der Australneger und der Malayen untersuchten. WEN konstatierte bezüglich der Ausbildung der *Nasenknorpel* eine *auf-
steigende Entwicklungsreihe* von den Prosimiae über die Platyrrhinen und Catarrhinen zu den Negern bzw. Weißen und dies sowohl für den fetalen als auch
für den erwachsenen Zustand. Die Nase des erwachsenen Australnegers fanden
BURKITT und LIGHTOLLER extrem breit und kurz, den Nasenrücken breit und
flach, statt einer richtigen Nasenspitze ist eine konvexe ellipsoide Fläche vorhanden, die Nasenöffnungen dehnen sich sehr weit lateral aus und die Nasenflügel stehen fast ganz lateral von der knöchernen Apertura piriformis. Diese
Charaktere erinnern sehr an die Nasenform neugeborener Kinder der weißen
Rasse. Da die Australneger zweifellos zu den Primitiven gehören, wofür übrigens
auch manches pithecoide Zeichen an ihrem Nasenskelet Zeugnis ablegt, so ist
dieses Verharren der Nasenentwicklung auf einem Stadium, welches für die weiße
Rasse nur eine Durchzugsphase darstellt, gewiß sehr bemerkenswert. Es könnte
somit gewissermaßen von einem *Mangel weiterer Umbildung* gesprochen werden,
wenn sich solche Formen bei höherstehenden Menschenrassen finden.

F. Die Nasenverschlüsse (Atresien und Synechien).

Die Nasenverschlüsse teilt man zweckmäßigerweise nach ihrer Lage ein in
vordere, mittlere und *hintere*. Die *vorderen* liegen am Naseneingang, die *mittleren*
können sich über das ganze Bereich der eigentlichen Nasenhöhle ausdehnen, die
hinteren liegen in oder nahe der Ebene der Choanen.

---

[1] Vgl. hiezu Abb. 65 u. 66 auf S. 121 und V. GUALDI S. 215.

1. Die vorderen Nasenverschlüsse (Lit. X/3).

Sie finden sich so gut wie ausnahmslos am sogenannten *inneren Nasenloch*, d. i. am Übergang des Nasenvorhofs in die eigentliche Nasenhöhle (Bereich des Limen nasi), also in einiger, allerdings wechselnder Entfernung von der Ebene der eigentlichen äußeren Nasenöffnung. Die Verschlüsse sind dabei teils ein-, teils doppelseitig, vollständig oder mehr minder unvollständig und ganz überwiegend membranös. Kongenitales Vorkommen ist zweifellos sichergestellt, wenn auch unter den als angeboren bezeichneten vorderen Nasenverschlüssen nur ein kleiner Teil der Kritik standhält. Feststellung des Angeborenseins sagt aber noch nichts über die eigentliche Ätiologie aus und fällt nicht zusammen mit präformierter Keimesanomalie. Die im extrauterinen Leben auf der Basis verschiedener Infektionskrankheiten entstandenen Verengerungen und Verwachsungen der äußeren Nasenöffnungen sind ein Fingerzeig dafür, daß auch im intrauterinen Leben infolge entzündlicher Vorgänge ähnliche Ergebnisse möglich sind, insbesondere sei hier auf die von A. LÖWENSTEIN für die Genese okulärer Mißbildungen hervorgehobene Rolle des *entzündlich hyperämischen Bindegewebes während des Embryonallebens* hingewiesen. Immerhin kommen aber auch *nicht-entzündliche* vordere Nasenverschlüsse vor, deren Fehlbildungscharakter durch andere in nächster Nähe vorfindliche Anomalien deutlich wird.

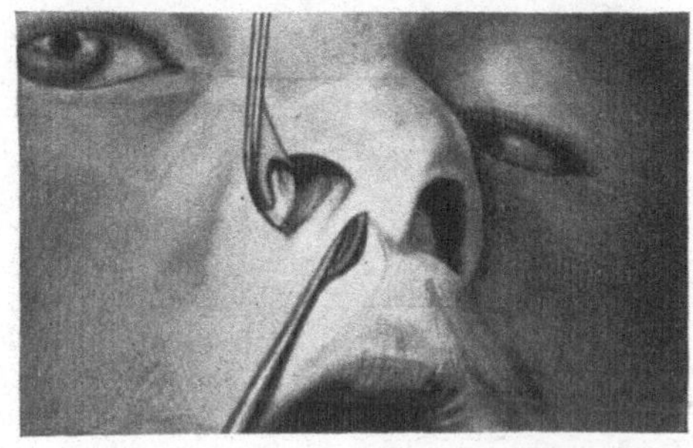

Abb. 79. Vollständige häutige Verwachsung beider Nasenlöcher. Einblick in das rechte Nasenloch (nach E. PHLEPS).

Kasuistik: Besonders hervorzuheben sind die Beobachtungen von A. BAUROWICZ, E. PHLEPS, MAYERSOHN, O. v. HOVORKA, V. P. BLAIR (Fall 1), KIRMISSON und E. ORTSCHEIT:

Der *leicht trichterförmig geformte bilaterale Verschluß* bei einem von BAUROWICZ beschriebenen dreimonatigen männlichen Kinde setzte außen ungefähr 2 mm, innen 1 mm vom gut ausgebildeten äußeren Nasenlochrand an und wurde beim Blasen kugelförmig aufgebläht. Beim Erbrechen von Milch wurden beiderseits Spuren davon durchgepreßt. Äußere Nase sehr kurz und namentlich in ihrem häutigen Teil auffallend verbreitert, ebenso das Septum membranaceum. Harter Gaumen schmal, stark gewölbt (dies ein ganz ungewöhnlicher Befund bei einem Neugeborenen!). — In Abb. 79 (Fall von E. PHLEPS) erkennt man die Atresie im rechten Nasenloch, mit welcher der sonst nicht mißbildete, nunmehr vierjährige, aus mißbildungs- und luesfreier Familie stammende Knabe seit Geburt behaftet ist. Schwierige Aufzucht, in den ersten Lebensjahren häufig krank, Mundgeschwüre und anscheinend eitrige Erkrankungen der vorderen Augenabschnitte. *Äußere Nase auffallend klein,* doch wohlproportioniert. Hautüberzug der Verschlußmembranen vollkommen glatt, ohne Narbenbildung. Pharynxdach frei, ebenso die Choanen; bei Rhinoscopia post. keine Muschelanomalien. Geruchsvermögen vorhanden, Nasenhöhle und Nasennebenhöhlen röntgenologisch normal.[1] Bei der Operation wurde festgestellt, daß die verschließenden Membranen derb, ca. 2 mm dick und von den seitlichen Begrenzungsflächen des Naseneingangs unvermittelt und senkrecht herausgewachsen waren. Histologisch: *Locker gewebtes gefäßreiches Bindegewebe mit Einlagerung von zwei*

---

[1] Demgegenüber beobachtete V. APRILE Minderentwicklung der Kieferhöhle bei Vernähung der äußeren Nasenöffnung am Kaninchen und V. FRÜHWALD Unterentwicklung des Bulbus und Tractus olfact. bei experimentellem einseitigen Nasenverschluß.

Knorpelinseln. Nirgends Entzündungszellen. Außen geschichtetes, geringe Verhornung zeigendes Plattenepithel mit vertieften Retezapfen. — MAYERSOHNS 13jähriges, geistig

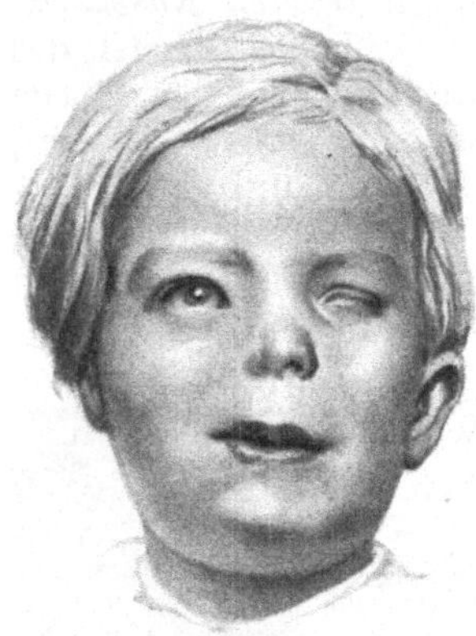

Abb. 80. Rechtsseitiger kompletter Verschluß des Nasenloches, Fehlen des Nasenflügels und des Nasenvorhofes (nach V. P. BLAIR).

zurückgebliebenes Mädchen hatte ein bilaterales, komplettes, membranöses Diaphragma in der Tiefe der Nasenvorhöfe. Die äußere Nase wies dabei nichts Auffälliges auf, im Naseninnern waren jedoch überdies „Narbenbänder" vorhanden. — Bei einem 35jährigen, aus mißbildungsfreier Familie stammenden, mit Sattelnase behafteten Patienten O. v. HOVORKAS war das rechte Nasenloch komplett membranös verschlossen und *noch verschiedene Verwachsungen im Naseninnern beiderseits sowie Gesichtsasymmetrie und eine kleinere Choane rechts vorhanden.* Die derbe narbenfreie Membran stand quer, war nach oben konkav gehöhlt und ebenso wie die Haut des Vestibulums mit Härchen besetzt. Hinter der Membran fand sich ein kleiner rundlicher Hohlraum, der von einer knorpeligen Spange der Cart. quadrangularis begrenzt wurde und gegen die Haupthöhle der Nase durch eine nach innen zu konvexe Membran abgeschlossen war. — In Fall 1 von V. P. BLAIR war der *komplette grübchenförmige Verschluß des rechten Nasenloches mit Fehlen des rechten Nasenflügels und einer kongenitalen Deformation des linken Auges kombiniert* (Abb. 80). Unter der Haut des Verschlusses lag ein feines, innen von Nasenschleimhaut überzogenes Knochenplättchen. Naseninneres, Tränennasengang und Nasenrücken normal.

Eine andere Form der Nasenlochverschlüsse wird durch *brückenförmige Membranen* bzw. Gewebszüge dargestellt, welche *die Öffnung des Nasenloches zweiteilen.*

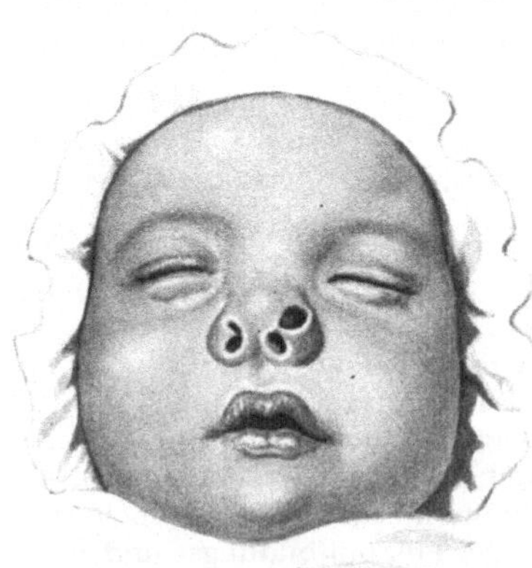

Abb. 81. Angeborene Teilung beider Nasenlöcher durch quere häutige Brücken (nach E. ORTSCHEIT).

Hierher gehören die Fälle von KIRMISSON (zweijähriges, sonst wohlgebildetes Mädchen mit Zweiteilung des rechten Nasenloches) und von E. ORTSCHEIT: Zwei Monate altes, sonst wohlgebildetes Mädchen mit verbreiterter Nasenbasis und Verbreiterung des Philtrums gegen die etwas aufgebogene Nasenspitze zu. Linkes Nasenloch durch eine 3 mm dicke, 1 cm tiefe Hautbrücke in zwei leicht querovale Öffnungen unterteilt, hinter welcher die beiden Öffnungen in eine normale Nasenhöhle übergingen. Eine ähnliche Hautbrücke rechts, Nasenlochkanäle aber enger (Abb. 81).

Ätiologie: In den meisten der angeführten Fälle spricht das *Mitvorkommen anomaler Bildungen in der Nachbarschaft* der Nasenlochverschlüsse (abnorme Breitenentwicklung der gesamten äußeren Nase, Hypsistaphylie, Gesichtsasymmetrie, mittlere Synechien, Choanalverengung, in einem Fall auch Unterentwicklung einer Nasenhälfte und Fehlen des zugehörigen Nasenflügels) *für das Wirken einer exogenen (mechanischen, vielleicht amniogenen?) Noxe während des intrauterinen Lebens.* Es handelt sich demnach um intrafetal entstandene, lokal begrenzte, aber mehr minder komplexe Fehlbildungen. Aber auch bei fehlender Komplikation geht aus dem Bau der Verschlüsse der Fehlbildungscharakter hervor. Brückenförmige, die Lichtung des Nasenloches frei durchsetzende Gewebspartien ohne Narbencharakter können wohl nicht anders gedeutet werden und im gleichen Sinne spricht die Einlagerung von *Knorpelinselchen* in ein locker gefügtes, gefäßreiches, von Entzündungszellen freies Bindegewebe (E. PHLEPS).

Knorpel- bzw. Knocheneinlagerungen fanden sich auch in den dem älteren Schrifttum angehörenden Beobachtungen von JARVIS (zwei Fälle), von F. H. POTTER und von SELIGMANN. Auch die von F. TÖRNE, G. K. GRIMMER, A. KEITH (zwei Fälle), A. GÖZ, F. BOKŠTEIN und von G. RUSSO-FRATASSI mitgeteilten Beobachtungen, die größtenteils Erwachsene mit z. T. inkompletten Verschlüssen betrafen, sind höchstwahrscheinlich als echte Fehlbildungen aufzufassen. Nach Entfernung der häutigen Verschlußanteile im Falle BOKŠTEINS war die Stenose noch nicht behoben, da der knöcherne Rand der Apert. pirif. in seinem lateralen und unteren Anteil sehr stark vorsprang. Im Falle GÖZ bestand eine hochgradige gleichseitige Nasenscheidewanddeviation, und bei der Operation mußte auch ein größerer Teil der Cart. alaris entfernt werden.[1]

Aus der Betrachtung der mit Fehlbildungen in der Nachbarschaft komplizierten Nasenlochatresien geht hervor, daß offenbar der normale Entwicklungsgang von außen her eine störende Modifikation erfuhr und sich dadurch erst eine Nasenlochatresie ausbilden konnte. Ob die bei *isolierten* Nasenlochverschlüssen öfters aufgefundene, auffallend breite und kurze Nase einen Schluß auf exogene Störung zuläßt, bleibe dahingestellt, mindestens aber darf in solchen Fällen die Annahme einer *Hemmung der normalen Weiterbildungsvorgänge* gemacht werden. Das Wirksamwerden exogener Störungen oder die Ausbildung entzündlich-hyperämischen embryonalen Bindegewebes im Sinne von A. LÖWENSTEIN (siehe eingangs) hat aber ein *vermittelndes Zwischenglied* zur Voraussetzung. Dieses wird seit O. v. HOVORKA unter Hinweis auf das Vorkommen epithelialer Verklebungen an Augenlidern, Stimmbändern, Harnröhre usw. in den *gallertigen Pfröpfen* erblickt, welche die Nasenlöcher de norma von der siebenten Woche bis etwa zum fünften bis sechsten Embryonalmonat völlig und konstant ver-

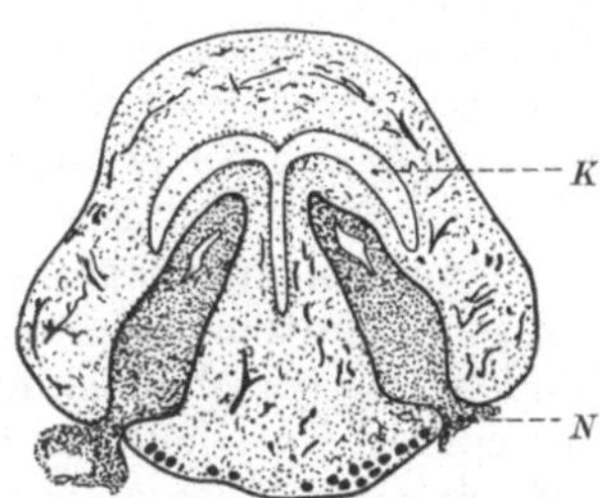

Abb. 82. Epithelpfröpfe, welche die Nasenlöcher (*N*) verstopfen und z. T. aus denselben heraushängen. *K* Knorpel der Scheidewand bzw. der Nasenflügel (nach E. KALLIUS).

schließen. Aus Abbildungen A. GLÜCKSMANNS kann man entnehmen, daß die Bildung des Epithelpfropfes anscheinend schon im Stadium der Membrana bucco-nasalis (Alter von etwas über fünf Wochen) im Gange ist und im ventro-lateralen Abschnitt der äußeren Nasenöffnungen beginnt. Die Zellen des nur vom Periderm sich ableitenden Epithelpfropfes sind „wirbelartig angeordnet" und zeigen selbst in diesem frühen Stadium bereits stellenweise Untergangserscheinungen.

Diese „Epithelpfröpfe" (A. v. KOELLIKER, G. RETZIUS) kommen von den Reptilien aufwärts unter verschiedenen Formen (und nicht bloß an den Nasenöffnungen) vor und werden als Schutzmaßnahme zugunsten der tieferen Hohlräume gegenüber den umgebenden Flüssigkeiten gedeutet. Nach K. PETER (Lit.. IX/1b, S. 121) reicht der Epithelpfropf gelegentlich bis zum Ansatz des Maxilloturbinale. Abb. 82 zeigt den Epithelpfropf an einem Frontalschnitt durch die Nasenspitze und das Nasenloch eines ca. 15 Wochen alten menschlichen Embryos, ca. 0,8 mm von der Nasenspitze entfernt. Die Epithelmassen gehen ohne deutliche Grenze ineinander über. Im oberen Teile der verschließenden Epithelmasse ist jederseits eine Stelle zu bemerken, an welcher die Lösung bereits zu erfolgen scheint. Spätestens im fünften bis sechsten Lunarmonat beginnt die Lösung des Verschlusses, anscheinend durch Zugrundegehen

---

[1] Hieraus ergibt sich eine gewisse klinische Ähnlichkeit bei allerdings vollkommen differenter Ätiologie mit jenen Fällen, in welchen die Verengerung des Nasenloches einzig und allein durch eine *zu starke Ausprägung der Plica vestibuli* herbeigeführt ist, wie beispielsweise im Falle HUTTER. Plica vestibuli wird jene Falte genannt, welche durch den unteren Rand der Cart. triangularis aufgeworfen wird, wo letztere an die Cart. alaris anschließt.

der mittleren Epithelmassen, doch findet man oft lange Zeit nachher noch Reste von Epithel in den freigewordenen Nasenlöchern.

Zur Ausbildung einer Nasenlochatresie ist nun die Annahme einer sekundären Organisation bzw. Durchwachsung des Epithelpfropfes mit Mesoderm erforderlich. Dieser Idee stehen D. v. HANSEMANN, E. KALLIUS und K. PETER (l. c.) ablehnend gegenüber und nehmen *intrauterine Entzündung* an. Dies kann gewiß für einzelne Fälle Geltung haben, setzt m. E. aber doch die Mitwirkung des Epithelpfropfes voraus. Beweise für das Walten fetaler Entzündung wurden bei Nasenlochatresien bislang niemals strikte erbracht. Im Gegenteil sprechen manche Befunde (entzündungszellfreie lockere Membranen, manchmal mit *Knorpel*einlagerungen!) entschieden gegen Entzündungsvorgänge. (Während *Knochen*einlagerungen eventuell auch als Metaplasien im entzündlichen Narbengewebe gedeutet werden können, kommen *Knorpel*einlagerungen auf dieser Basis überhaupt nicht vor.) Das embryonale Mesenchym hat nun auch knorpelbildende Fähigkeiten, wobei der Knorpel offenbar nicht von außen ins Diaphragma hineinwächst, sondern sich in demselben an Ort und Stelle[1] ebenso bildet, wie etwa der Knorpel in den Nasenmuscheln. So haben denn auch neuere Autoren (E. PHLEPS, E. ORTSCHEIT) zur Erklärung ihrer Fälle wiederum auf den physiologischen Epithelpfropf zurückgegriffen. PHLEPS stellt sich dabei vor, daß der Epithelpfropf in einzelnen Fällen nicht zur Degeneration und Rückbildung komme, sondern als verschließender Körper bestehen bleibe und dadurch auf die schon in reiferer Entwicklung befindliche Umgebung einen Reiz ausübe, vielleicht ähnlich einem Thrombus auf eine Gefäßwand. Dadurch werde das Nasenvorhofsgewebe zu einer produktiven Reaktion mit Einwachsen mesodermaler Gewebselemente (Bindegewebe, Gefäße) gebracht. Diese Annahme — *Persistenz des Epithelpfropfes* als Durchwachsungsreiz — hat unleugbar manches für sich und kann, worauf E. PHLEPS nicht hinweist, m. E. überdies durch verschiedene physiologische Vorkommnisse gestützt werden. Bekanntlich bildet die *Epithelbekleidung* an verschiedenen Stellen des in Bildung begriffenen Körpers *kein Hindernis (oder vielleicht einen Anreiz?) für mesodermale Durchwachsungen*, wie dies beispielsweise bei den embryonalen Gesichtsfortsätzen und Gaumenfortsätzen (bei der Bildung des primären und des sekundären Gaumens!) der Fall ist. Das Epithel — manchenorts findet sich geradezu eine „Epithelmauer“ — wird dabei aufgelöst und verschwindet. Dagegen ist zuzugeben, daß es sich beim Epithelpfropf nicht um das Aneinanderliegen von „Fortsätzen“ handelt, denen die Fähigkeit und Bestimmung innewohnt, miteinander zu verschmelzen. Anderseits kommen gerade dem Nasenvorhof, in welchem ja das im Zuge der Entwicklung in den Riechsack miteinbezogene Epithel der äußeren Haut[2] in das respiratorische Epithel der eigentlichen Nasenhöhle übergeht, gewisse über die Produktion eines Epithelpfropfes hinausgehende Schutz- und Bildungsfähigkeiten zu. So wird in der Klasse der Vögel eine von der lateralen Wand des Nasenvorhofs entspringende, mit Pflasterepithel bekleidete Muschel (Atrioturbinale) ausgebildet, welche schützende Funktionen ausübt. Ohne damit im entferntesten eine Homologisierung ver-

---

[1] Eine Parallele hierfür erblicke ich in dem Nachweis des Vorkommens von *umfangreichen Knorpelgebilden im Oberlippen-Kiefer-Gaumen-Gebiet* bei dem auf S. 122 ff. geschilderten Fall von *Cheilognathopalatoschisis.* Hier hatte sich in einem Territorium, welches sonst nie Knorpel entstehen läßt, unter der Einwirkung der Störungsursache aus dem ursprünglichen Mesoderm hyaliner Knorpel gebildet. Möglicherweise wurden durch die Wirkung einer exogenen (chem.-toxischen?) Noxe *somatische Genodemutationen* (im Sinne von K. H. BAUER, vgl. Abschnitt I, S. 7) und dadurch *veränderte (heteroplastische) Fähigkeiten* der affizierten Gewebe hervorgebracht.

[2] Analog der Bildung der sogenannten „Einführungsgänge“ bei den Amphibien.

suchen zu wollen, ist es immerhin bemerkenswert, daß in allen als angeborene Fehlbildungen aufzufassenden Beobachtungen die Verschlüsse ihren Sitz *innerhalb* des Nasenvorhofs hatten, also gerade dort, wo auch der Epithelpfropf seinen Hauptsitz hat. Freilich wird *der sonst hinfällige Pfropf nur dann die Vermittlung für Durchwachsungsvorgänge abgeben können, falls noch ein auslösendes Moment für letztere hinzutritt.* Solche Momente sind in relativ zu großer Annäherung gegenüberliegender Teile, Druck von außen (eventuell infolge bislang allerdings noch nicht nachgewiesener Amnionstränge), Einwirkung höher konzentrierter oder abnormer chemischer Körper in der umgebenden Amnionflüssigkeit und in deren irritativer dysplastischer (eventuell auch entzündungserregender?) Wirkung zu erblicken, welche einzeln oder in Kombination wirkend gedacht werden können. Vielleicht kann auch durch einen oder den anderen dieser Umstände die Ausbildung des primitiven Nasenbodens sich allzuweit ventro-kranialwärts ausdehnen und dadurch zur Nasenlochatresie beitragen. Primäre Keimesvariation scheint dagegen nicht in Frage zu kommen. Heredität wurde bisher nicht nachgewiesen. Mit Rücksicht darauf, daß offenbar der physiologische Epithelpfropf die Brücke zur Ausbildung der Atresie abgibt, kann die angeborene Nasenlochatresie gewissermaßen als „*Hemmungsmißbildung*" (allerdings in einem weiteren Sinne) bezeichnet werden. Als *teratogenetische Terminationsperiode* kommt der fünfte bis sechste Lunarmonat in Betracht, als *frühester Fehlbildungszeitpunkt* die siebente Woche. In Analogie zu früheren Erfahrungen dürfte *der tatsächliche Zeitpunkt der Entstehung* schon mit Rücksicht auf die begleitenden, wahrscheinlich gleichzeitig entstandenen Fehlbildungen nahe dem frühesten Fehlbildungszeitpunkt liegen. So sieht man schon bei 15 Wochen alten Embryonen Dehiszenzen im Epithelpfropf (Abb. 82), welche offenbar die beginnende Auflösung anzeigen. Laufen Zerfall und Organisation gleichzeitig nebeneinander her, so werden *unvollständige Diaphragmen* resultieren, welche ihr Loch im Zentrum haben, falls dort, wie am häufigsten, die Desintegration einsetzte, oder brückenartige Bildungen, falls etwa zwei räumlich getrennte Zerfallsherde mit dazwischen erhaltener Brücke im Zeitpunkt der Organisation vorhanden waren. Gerade die zwanglose Art der Erklärung der unvollständigen Nasenlochatresien und ihrer verschiedenen Formen gibt der behaupteten Wahrscheinlichkeit ihres Zusammenhangs mit dem sogenannten Epithelpfropf eine weitere Stütze. Ferner auch der Umstand, daß unvollständige und einseitige Nasenlochatresien nach der Statistik von E. PHLEPS (l. c.) viel häufiger gefunden werden als bilaterale und komplette, da es ja a priori wahrscheinlicher ist, daß die immanenten Selbstauflösungsbestrebungen des Epithelpfropfes nicht gänzlich und nicht beiderseits gleichzeitig und gleich stark gehemmt und von den Durchwachsungsvorgängen abgelöst werden.

Der Vollständigkeit halber sei erwähnt, daß die Nasenlochverschlüsse seinerzeit irrtümlich mit der Persistenz der Membrana bucco-nasalis HOCHSTETTERS in Beziehung gebracht wurden (BAUROWICZ fußend auf A. BOCHENEK).

2. Die Verwachsungen im Naseninneren (Lit. X/4).

Auch im Bereich der eigentlichen Nasenhöhle kommen *abnorme Verbindungen einzelner Organe untereinander* vor *(endonasale Verwachsungen* oder *mittlere Synechien)*. Diese Synechien können je nach ihrer Ausdehnung bloß Verengerungen der Nasenlichtung oder auch mehr minder vollständige Verschlüsse derselben hervorrufen und haben dann teils die Gestalt strang- oder bandförmiger Adhäsionen, teils flächenhafte Ausdehnung. Sie sind meist rein bindegewebiger Natur, gelegentlich knöchern oder doch stellenweise knochenführend. Die meisten endonasalen Synechien werden während des extrauterinen Lebens erworben und sind Folgen entzündlicher, traumatischer und ähnlicher Prozesse (eitrig-katarrhalische Entzündung der Nasenschleimhäute mit oder ohne Beteiligung der Nasennebenhöhlen, luische, diphtherische und andere infektiöse Entzündungen; operative Eingriffe; chemische Ätzungen; Galvanokaustik u. dgl.). Durch den hierbei auftretenden Epithelverlust an gegenüberliegenden Stellen mit reaktiver Schwellung und innigem Kontakt von Fläche zu Fläche während einiger Zeit kommt es dann infolge der einsetzenden Granulationsbildung zu Verbindungen von *Narben*charakter. Klinisch werden sie am häufigsten in den kaudalen Nasenabschnitten gefunden, am Seziertisch dagegen im Rimaspalt (E. Zuckerkandl, Lit. IX/1, II. Bd., S. 136 ff.). Hierin ist jedoch kein prinzipieller Gegensatz zu erblicken. —

Hier sollen nur die sicher *angeborenen* endonasalen Verwachsungen betrachtet werden. Sie können teils durch *intrafetale Entzündung* oder durch *Platzmangel mit konsekutiver Verklebung infolge äußeren bzw. inneren Drukkes* hervorgebracht sein (siehe hierüber auch den vorhergehenden Abschnitt), teils handelt es sich dabei um *echte Fehlbildungen. Der kardinale Unterschied zwischen Synechien infolge Fehlbildung des Naseninnern und solchen anderer Ätiologie* liegt m. E. darin, daß bei ersteren von vornherein Verbindungen zwischen Nachbarorganen oder Nachbargebieten bestehen, wogegen bei letzteren ursprünglich getrennte Organe sekundär miteinander vereinigt werden. Da die Lumenbildung der Nasenhöhle ebenso wie das „Herausschneiden" der Muscheln und

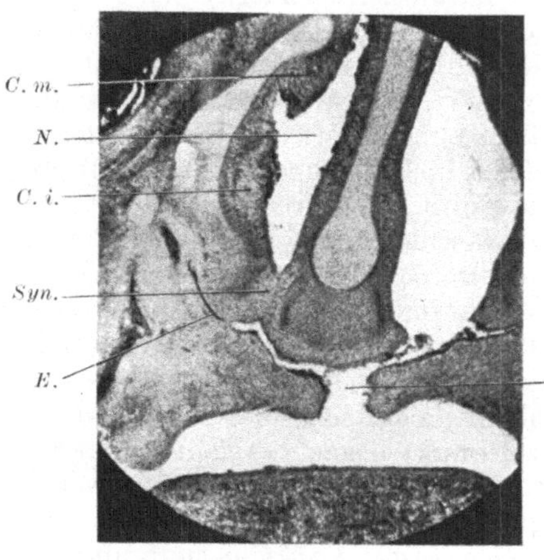

Abb. 83. Frontalschnitt durch die Nase eines menschlichen Embryos von 40 mm St.-Sch.-L. (Ende des 2. Monats) mit Synechie zwischen Septum und rechter unterer Nasenmuschel (nach H. Richter).
C. m. mittlere Muschel; *N.* Nasenhöhle; *C. i.* untere Muschel; *Syn.* Verwachsungsbezirk; *E.* Epithelplatte des Nasenhöhlenepithels entsprechend dem späteren unteren Nasengang; *G.-sp.* embryonale Gaumenspalte.

die Bildung der Nasengänge und Nasennebenhöhlen aktive Vorgänge des Nasenepithels sind (wenn auch unter gleichzeitiger Massenzunahme des Mesoderms, aus welchem herausmodelliert wird), so werden abnorme Zusammenhänge von Organen oder Nachbarzonen, welche auf echter Fehlbildung beruhen, wohl nur dort auffindbar sein, wo die physiologische Grenze des aktiven Einsprossungsgebietes des Nasenepithels liegt oder doch in dessen unmittelbarster Nähe. Es können so brückenartige Verbindungen, welche als Falten vortreten, oder eventuell auch epithelumflossene Mesodermbezirke (also in Form von frei durch das Lumen ziehenden Strängen) resultieren, allerdings *nur in den periphersten Bezirken* der Gänge und Höhlungen. In zentralen Gebieten der Nasenhöhle situierte strangförmige Verbindungen (beispielsweise zwischen Septum und unterer Muschel) können dagegen niemals auf die eben geschilderte Art entstanden sein und erwecken den dringenden Verdacht sekundärer Verbindungen zwischen ehemals freien Oberflächen, selbst dann, wenn es sich dabei um Fälle von nachweislich angeborenen Synechien handelt. Entgegen G. Killian (Lit. IX/5) kommt es bei der Bildung der menschlichen Muscheln und Nebenhöhlen niemals zu „Verschmelzungen" oder „Verwachsungen". Wenn solche angetroffen werden, sind sie als außerhalb des Rahmens der normalen Entwicklung stehend anzusehen (K. Peter, Lit. IX/1a u. b). *Knochen innerhalb von Synechien* können auch metaplastisch im Narbengewebe gebildet worden sein (ein Traumafall von SEMON, zit. nach R. KAYSER [Lit. X/1], ein Fall post morbillos von KOFLER). Lockeres Bindegewebe ohne Einlagerung von Entzündungszellen spricht gegen entzündliche Genese, besonders wenn an der Oberfläche solcher Synechien überdies Drüsen ausmünden. Solcherart gebaute Synechien (Fall POLI) dürften während des frühfetalen Lebens aus *sekundären nichtentzündlichen Verwachsungsvorgängen* resultieren, die in von Natur aus engen Gängen unter besonderen Umständen (Platzmangel infolge Vergrößerungen und Deviationen und dadurch vermehrter gegenseitiger Druck!) vor sich gehen. Eine Verwachsung zwischen unterer Muschel und Septum letzterer Ätiologie konnte kürzlich H. RICHTER an einem menschlichen Embryo auffinden (Abb. 83), wobei sich innerhalb der Verwachsungszone deutlich Epithelreste nachweisen ließen. Durch die Beobachtung H. RICHTERs ist jedenfalls *bewiesen*, daß mehr minder *flächenhafte membranöse Adhäsionen zwischen Septum und unterer Muschel bereits während des intrauterinen Lebens entstehen können.* Die Wahrscheinlichkeit, daß ähnlich gelagerte endonasale Synechien „angeboren" sein können, wächst mit dieser positiven Beobachtung, darf aber anderseits nicht dazu verführen, gefundene endonasale Synechien (namentlich bei Erwachsenen) wegen sogenannter „negativer" Anamnese ohne weiteres als angeboren zu bezeichnen. *Eindeutig für Fehlbildung* im Sinne von *mangelhafter Nasenausbildung* sprechen m. E. Einlagerungen von Gewebsbestandteilen, welche niemals in Synechien entzündlicher oder sonstiger Genese vorkommen können. Hierher gehört die *Anwesenheit von Knorpel und von Nervenfasern innerhalb solcher Verbindungsbrücken.* Als Adjuvans für Fehlbildung kann das gleichzeitige Vorhandensein von Mißbildungen im Bereich der Nase oder in deren Umgebung oder auch an anderen Körperorganen betrachtet werden. Anderseits ist die Möglichkeit offen zu lassen, daß in der Nase fehlgebildeter Früchte sich überdies fetal-entzündliche Vorgänge abspielen und Rückstände in Form von Synechien hinterlassen können.

Synechien im Naseninnern, welche als *echte Fehlbildungen infolge mangelhafter Ausbildung* anzusprechen sind, sind durch Fall 6 von H. KUNDRAT (Lit. V) und durch eine *eigene* jüngst publizierte Beobachtung (STUPKA, Lit. X/4 c) repräsentiert:

In KUNDRATs zur sogenannten medianen Oberlippenspalte gehörendem, durch hochgradige Defektuosität aller aus dem mittleren Nasenfortsatz hervorgehenden Gebilde ausgezeichneten Fall fanden sich die *oberen Nasenmuscheln miteinander* „*verschmolzen*" (rein makroskopische Beschreibung). Diese „Verschmelzung" war aber nicht durch sekundäre Muschelverwachsung zustande gekommen, sondern dadurch, daß das Material zum Herausschneiden der der primär-septalen Nasenwand angehörenden Ethmoturbinalia eben wegen des hochgradigen Defekts des mittleren Nasenfortsatzes größtenteils mangelte und nun von vornherein ein gegenüber der Norm wesentlich verkleinertes „Doppelgebilde" entstand, welches den Eindruck einer Fusion der oberen Muscheln erweckte. — Bei dem von *mir* beschriebenen Monstrum der Arhinencephaliereihe *(kindlicher Kopf mit bilateraler Lippen-Kiefer-Gaumen-Spalte und Hypoplasie der Gebilde des mittleren Nasenfortsatzes* — vgl. Abschn. III, Kap. A, S. 72, u. Abb. 37) fanden sich *im Rimaspalt beiderseits brückenartige quere Verbindungen zwischen dem Septum und der lateralen Nasenwand* (Siebbeinmuscheln), welche an den Horizontalschnitten den Eindruck von Strängen machten. Schnittweiser Vergleich ergab, daß es sich bei den meisten dieser brückenartigen Verbindungen um quer über das Nasendach gespannte, tiefer in das Nasenlumen hinabreichende Schleimhautfalten, bei einzelnen jedoch um tatsächlich frei durch das Lumen der Rima hindurchziehende Schleimhautstränge handelte. Innerhalb dieser Falten und Stränge findet sich keinerlei für frische oder stattgehabte Entzündung sprechendes Zellmaterial bzw. Residuen eines solchen, vielmehr ein *normales Bindegewebe, innerhalb welches Gefäße, alveolär gebaute Drüsen und schräg- bis längsverlaufende Nervenfaserbündel vom Olfactoriustyp* vorhanden sind. Die beschriebenen Verbindungen sind offenbar der Ausdruck einer *mangelhaften Ausbildung der Nasenlichtung*, also einer Störung des normalen Entwicklungsvorganges, *wobei das normale Ausmaß der Entwicklung nicht erreicht wurde*.

Weitere Kasuistik: In Verwertung des Obenerwähnten ist größte Vorsicht bei der Klassifikation endonasaler Synechien als „angeboren", besonders aber als „durch Fehlbildung" entstanden, geboten. Die in der älteren Literatur (siehe bei R. KAYSER, Lit. X/1) als „angeboren" registrierten Fälle halten strenger Kritik meist nicht stand bzw. ermangeln wichtiger Details zu abschließender Beurteilung, z. T. handelt es sich dabei um rein makroskopische Untersuchungen am toten Objekt. Auch E. ZUCKER-KANDLS Befunde wurden an Leichen erhoben. Für seine Beobachtung 1 (einmal unter 22 Fällen) nimmt er kongenitalen Ursprung an. Auf der rechten Seite des Präparats (Angaben über Alter fehlen, keinesfalls Neugeborener, da links mächtige Keilbeinhöhle vorhanden!) fand sich eine ausgedehnte flächenhafte Adhäsion des Septums mit der mittleren Muschel, welche angeblich durch *sekundäre Verklebung* infolge des Druckes einer großen Bulla ethmoidalis entstanden war. Selbst wenn

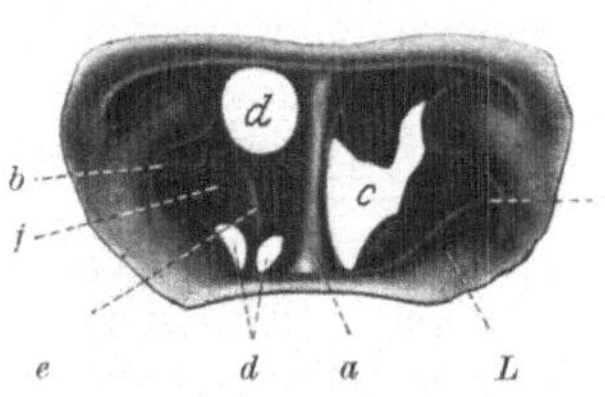

Abb. 84. Endonasale Verwachsung links mit Fehlen der Kieferhöhle und Dreiteilung der Choane (*d*). *b* Tuba Eustachii; *c* rechte Choane; *L* Levatorwulst. Sonstige Bezeichnungen siehe im Text (nach E. ZUCKERKANDL).

diese Erklärung zuträfe, ist damit nichts über den Zeitpunkt der Entstehung ausgesagt, da ja auch im extrauterinen Leben die Verwachsung entstanden sein konnte. — Dagegen liegt bei einer zweiten, als *Bildungshemmung* bezeichneten Beobachtung E. ZUCKERKANDLS (l. c. I. Bd., 2. Aufl., Fall 5 auf S. 246) sehr wahrscheinlich tatsächlich eine *kongenitale* Anomalie vor (Abb. 84): *Links* Höherstehen des Nasenbodens, starke Ausbuchtung der lateralen Nasenwand und mangelhafte Resorption des im übrigen sehr gut ausgebildeten Kieferknochens, in dessen reichlicher Spongiosa Fettmark enthalten war. Der Hiatus semilunaris fehlte, an Stelle der Kieferhöhle fand sich nur ein über bohnengroßer dichter Bindegewebspfropf, welcher mit der Submucosa der Nasenschleimhaut in Verbindung stand. Der linke untere Nasengang war durch Verschmelzung der unteren Muschel (*f*) einerseits mit dem Nasenboden und andererseits mit dem Hakenfortsatz (*e*) des Septums (*a*) in zwei nebeneinanderliegende Röhren (*d*) geteilt, welche beide im Choanenbereich ausmündeten, in der Richtung gegen das Nasenloch jedoch blind endigten, also vollkommen verschlossen waren. Nur der oberhalb dieser beiden Röhren befindliche gemeinsame Nasengang hatte eine vordere Öffnung, daneben auch eine separate im Choanalbereich, so daß die linke Choane sich als dreigeteilt erwies (d in Abb. 84). Die Verwachsung der linken unteren Muschel mit dem Nasenboden war nur vorne häutig, sonst durchaus knöchern. Hinten endigte sie frei. Überdies fanden sich noch drei strangförmige Verwachsungen zwischen der linken mittleren Muschel und dem Septum. Riechspalte linkerseits mangelhaft entwickelt, indem durch Verwachsung der Schleimhaut der mittleren Muschel mit der Scheidewand im hinteren Rimabezirk die Riechzone wesentlich eingeengt war. Rechterseits Kieferhöhle von normaler Größe, Hiatus semilunaris jedoch fehlend, da die mittlere Muschel mit Ausnahme ihres hinteren Endes an die Seitenwand angewachsen war. Hinter dieser Synechie fanden sich noch zwei andere zwischen mittlerer Muschel und Septum. Statt einer direkten Verbindung zwischen Nase und Kieferhöhle mündete das sonst normal situierte Ost. maxillare in das aus großen Zellen bestehende Siebbeinlabyrinth, welches hinten direkt in die Keilbeinhöhlen überging, die weder eine Vorderwand noch Foramina sphenoidalia besaßen. Wegen geringer Ausbauchung der fazialen Wand der linken Kieferhöhle war auch noch eine leichte Asymmetrie des Gesichtsskelets vorhanden. Es ist m. E. nicht unwahrscheinlich, daß es durch eine von *außen her einwirkende Störung* auf die in Bildung begriffenen Nasensäcke zu fast kompletter Hemmung der Kieferhöhlenaussprossung links und durch Schädigung des Nasenhöhlenepithels an verschiedenen Stellen zu verschiedentlichen sekundären Verklebungen mit Ausbildung membranöser und knöcherner Synechien kam. Als *teratogenetische Terminationsperiode* kommt wegen der festgestellten Aussprossungshemmung der linken Kieferhöhle ein frühfetaler Zeitpunkt, etwa das Ende des zweiten oder der Anfang des dritten Lunarmonats in Frage. Falls die Noxe nur relativ kurze Zeit eingewirkt haben sollte, konnte neben Dauerschäden auch weitgehendo Erholung einsetzen, so daß sich schließlich ein Zustand ergab, welcher genügende Ausbildung eines inneren Nasenreliefs und namentlich auch relativ weit gediehene Nebenhöhlenausbildung zeigte. — Als *sehr wahrscheinlich kongenital* sind die endonasalen Synechien in den Fällen von MAYERSOHN (Lit. X/3) und von O. v. HOVORKA (Lit. X/3) anzusehen, bei welchen überdies beiderseitige bzw. einseitige Nasenlochatresien und auch noch andere Störungen bestanden — siehe den vorhergehenden Abschnitt. Dagegen ist Vorsicht bei den von A. ROSSMANN aus O. SEIFERTS Poliklinik beschriebenen vier bis fünf Fällen (unter 18) bezüglich Kongenitalität am Platze und vielleicht auch bei der Beobachtung von GERBER (Lit. X/4, Taf. IV, Abb. 6: Synechie zwischen Septumspina und linker unterer Muschel), jener von PEGLER (Fall 2) und der jüngsten von S. HAYASHI und A. KAMEI.

Aus der gegebenen Darstellung erhellt, daß *endonasale Synechien auf verschiedenen Wegen zustande kommen können*: Bei *Monstren* infolge primärer „Fusion" von sonst nicht miteinander zusammenhängenden Teilen, indem wegen Materialmangels und Hemmung der plastischen Fähigkeit des Nasenhöhlenepithels letzte Phasen des normalen Modellierungsprozesses unterblieben; bei *sonst normal gebildeten Früchten* dadurch, daß ursprünglich getrennte Flächen verschiedentlich sekundär miteinander verwuchsen, teils unter der Einwirkung mechanischer Störungen, teils infolge von toxischen (äußeren) oder eventuell auch entzündlichen (inneren) Noxen.

Anhang: Eine vom formal- und kausalgenetischen Standpunkt *besondere* und bislang *außerordentlich seltene Gruppe* der *endonasalen Verwachsung* stellen die von LANNELONGUE und von B. SIMONETTA beschriebenen Fälle dar. Die gleichzeitig vorhandene „Zweiteilung" des Nasenloches hebt sie sogleich von den anderen Gruppen heraus.

An dem von SIMONETTA beschriebenen Kinde war das rechte Nasenloch von Geburt durch ein etwa horizontal stehendes, *häutig-knorpeliges Diaphragma* zweigeteilt, *welches sich bis in den Nasengrund fortsetzte.* Die obere Etage mit Siebbeinmuscheln hatte keine Verbindung mit dem Nasenrachen, die untere (in welche der Tränennasenkanal einmündete) stand jedoch in breiter Verbindung mit demselben. Nach Abtragung der trennenden Membran konnte eine normale Nase wieder hergestellt werden. Einen durchaus analogen Fall beschrieb LANNELONGUE und zog daraus den Schluß, daß diese Mißbildung dadurch zustande kam, daß sich *der laterale Nasenfortsatz mit dem medialen zur unteren Umrandung des Nasenloches vereinigt hatte* (daher Nasenflügelknorpel vorne im Diaphragma!), jedoch *ohne Mitwirkung des Oberkieferfortsatzes* (wie de norma) und daß durch die davon getrennte Anlagerung des Oberkieferfortsatzes die unterhalb des oberen Nasenloches gelegene zweite, „Fistel" genannte Öffnung zustande kam. SIMONETTA pflichtet dieser Erklärung vollinhaltlich bei und *nimmt überdies an, daß das Diaphragma, die vollständig erhaltene Membrana bucco-nasalis sei*, die sich dadurch als ein nur vom mittleren und lateralen Nasenfortsatz her abzuleitendes Gebilde darstelle.

Letztere Deutung erscheint mir außer anderen Gründen deshalb nicht zutreffend zu sein, da die Membrana bucco-nasalis ein rein epitheliales Gebilde darstellt (wogegen hier ein mesenchymale Elemente enthaltendes Diaphragma vorhanden war) und weil überdies die Membrana bucco-nasalis eine viel geringere Tiefenerstreckung hat und deshalb wohl nicht zu einer so weit dorsalwärts reichenden Membran „ausgezogen" werden könnte. Für die Ableitung eines Diaphragmas von der Membrana bucco-nasalis müßte der Nachweis der Lage desselben kaudalwärts vom Ursprungsgebiet der unteren Muschel gefordert werden; leider ist jedoch nichts darüber ausgesagt, ob das Diaphragma lateral aus der unteren Muschel entspringt oder etwa kaudal oder kranial von ihr.[1] Für Rückschlüsse auf die normalen Entwicklungsverhältnisse sind diese Entwicklungsstörungen, wie beide Autoren mit Recht betonen, gewiß besonders geeignet, weshalb auf den heuristischen Wert ähnlicher oder analoger Zukunftsbeobachtungen hingewiesen sei.

3. Verengungen und Verwachsungen im Bereiche des Nasenausgangs (Choanalstenose und Choanalatresie) (Lit. X/5).

Im Bereich des hinteren Ausgangs der Nase, der sogenannten Choanen, kommen nicht allzu selten Verengerungen bzw. mehr minder vollständige Verschlüsse (Atresien) vor. Auf diese Tatsache ist man seit etwa 100 Jahren aufmerksam geworden,die ersten Funde wurden an nicht lebensfähigen Monstren gemacht. Viel später wurde die Choanalatresie an sonst wohlgebildeten Lebenden gesichtet und EMMERT war der erste, welcher 1851 an einem siebenjährigen Knaben mit doppelseitiger knöcherner Choanalatresie eine erfolgreiche Operation durchführte. Seither wurde diesem Leiden vornehmlich von Rhinologen, Chirurgen und Pathologen ein wachsendes Interesse entgegengebracht, wofür eine achtunggebietende Kasuistik Zeugnis ablegt. Im Verlaufe dieser Studien zeigte es sich, daß neben den *typischen* Choanalatresien auch noch *atypische* vorkommen und daß es schließlich auch *Choanalasymmetrien* mit Verengerung der Choanen gibt. Verschließungen der Choanen fanden sich ferner *bei einer Reihe von Nasenmiß-bildungen bzw. bei Fehlbildungen im unmittelbaren Nachbarschaftsbereich der Nase*, welche ein gewisses Licht auf die Ätiologie der früher erwähnten Formen der Choanalatresie werfen. Wenn demnach zwar verschiedene klinische Formen vorliegen, denen formalgenetisch Sonderstellungen zukommen, so ergeben sich doch anderseits — wenigstens zwischen einzelnen von diesen Typen — Übergänge bzw. Berührungspunkte, aus welchen sich eventuell Anhaltspunkte zu gemeinsamer Betrachtung in kausalgenetischer Beziehung gewinnen lassen. Die einzelnen Typen sind folgende:

a) *Die Choanalatresie bei normal oder annähernd normal gebautem Choanalrahmen* und bei sonst normaler oder annähernd normal gebauter Nase. Diese Form wird gemeiniglich als *typische Choanalatresie* bezeichnet.

b) *Die Choanalatresie, welche mit Verbildungen des Choanalrahmens und beträchtlichen Abweichungen am Septum und am Muschelapparat*, gelegentlich auch mit endonasalen Synechien verknüpft ist. Diese Form wird meist als *atypische Choanalatresie* bezeichnet.

c) Die *Choanalasymmetrie bzw. Choanalverengerung* in verschiedener Form und Ausdehnung jedoch ohne Verschlußplatte, meist vergesellschaftet mit Verengerung der Nasenhöhle und des Epipharynx.

d) Die *Choanalatresie* (ein- und doppelseitig) *bei verschiedenen Fehlbildungen am vorderen Körperende* (an den Nasenfortsätzen, am Oberkieferfortsatz des ersten Kiemenbogens usw.), wobei es teils an den Nasensäcken selbst, teils in deren unmittelbarer Umgebung zu mehr minder schweren Mißbildungen kam. Die hierbei gefundene Choanalatresie bildet nur ein relativ untergeordnetes, aber koordiniertes, wahrscheinlich kausal-syngenetisches Teilstück der komplexen Fehlbildung, so daß ich hierfür die Bezeichnung *simultane Choanalatresie* vorschlagen möchte.

a) Die typische Choanalatresie.[2]

Die typ. Ch.-a. ist *stets angeboren* und dadurch gekennzeichnet, daß die Ch. durch ein aus Knochen oder aus Bindegewebe oder aus beiden Gewebsarten

---

[1] Nach brieflicher Mitteilung SIMONETTAS an den Verfasser war die untere Muschel kaum angedeutet und das membranöse Septum inserierte wahrscheinlich dicht kaudal von derselben.

[2] Abgekürzt: typ. Ch.-a.

bestehendes Diaphragma gänzlich oder fast gänzlich verschlossen ist. Vollständige knöcherne oder knöchern-membranöse Verschlüsse überwiegen über rein membranöse (nur ca. 11 bis 15%) und über unvollständige. Meist ist die Ch.-a. eine doppelseitige und komplette, etwas weniger häufig eine einseitige mit Bevorzugung der rechten Seite. Frauen sind häufiger befallen, angeblich 2 : 1 (Statistische Daten bei A. SCHWENDT, W. ANTON, H. HAAG, G. COHN, O. KAHLER, A. BALLA, K. A. PHELPS usw.). Bis 1907 waren über 150 Fälle mitgeteilt, L. DUCUING [zit. nach E. ESCAT (b)] zählte 1912 sogar schon 264. Bilaterale Ch.-a. sind namentlich bei Erwachsenen sehr selten beiderseits rein membranös, wogegen am Neugeborenen und am Kleinkind dieser Befund öfters erhoben wurde. Falls die Frequenz die natürliche Relation dieser Alterskategorien überwöge, so ließe sich daran denken, daß sich gelegentlich nachträglich in membranösen Verschlüssen Knochenplatten ausbilden können. Die Verschlußplatten sind meist derart in den Ch.-Rahmen „eingepaßt", daß letzterer namentlich im Vomerbereich bei Postrhinoskopie deutlich vorragt.

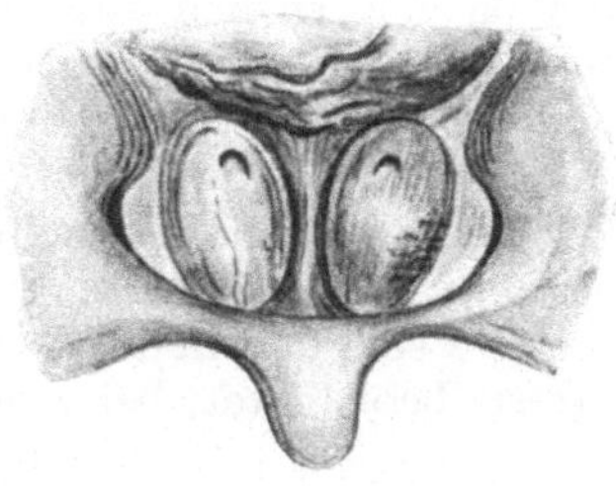

Abb. 85. Bilaterale knöcherne Choanalatresie bei 25 jährigem Mann. Die Verschlußplatten erreichen fast das Niveau des Vomerrandes (nach P. H. GERBER).

Dies kann um 1 bis 4 mm der Fall sein. Man spricht dann von einem *intranasalen* Sitz des Diaphragmas, sonst aber von einem *marginalen* (R. KAYSER). Der Ch.-Rahmen zeigt entweder normale Dimensionen (Abb. 85) und Stellung (häufiger) oder weicht davon ab (seltener). In letzterem Falle ist die Ch. zwar in allen Maßen verkleinert, meist aber proportioniert.

Knöcherne Verschlußplatten sind meist dünn, erreichen aber gelegentlich eine sehr beträchtliche Dicke (wie in den Fällen von A. BRUNK, H. HOCHHEIM und VAN DEN WILDENBERG). Sie stehen meist schräg geneigt von hinten-oben nach vorne-unten zu, gelegentlich so gar fast horizontal (Fall 1 von T. K. HAMILTON) und sind fast stets leicht trichterförmig gestaltet und dabei meist nach hinten konkav, doch kommt auch umgekehrt eine Vorbauchung nach rückwärts zuweilen vor (SCHMIEGELOW, A. BINNERTS). Post-

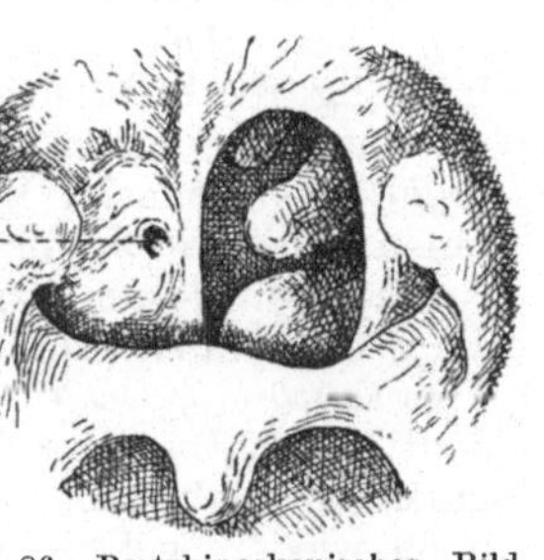

Abb. 86. Postrhinoskopisches Bild einer rechtsseitigen kompletten knöchernen Choanalatresie bei einer erwachsenen Frau. Rechte Choane wesentlich kleiner und enger als die linke normale. Im oberen Drittel der Verschlußplatte eine ovale, grübchenförmige, blind endigende Vertiefung (*G*) (nach E. ESCAT).

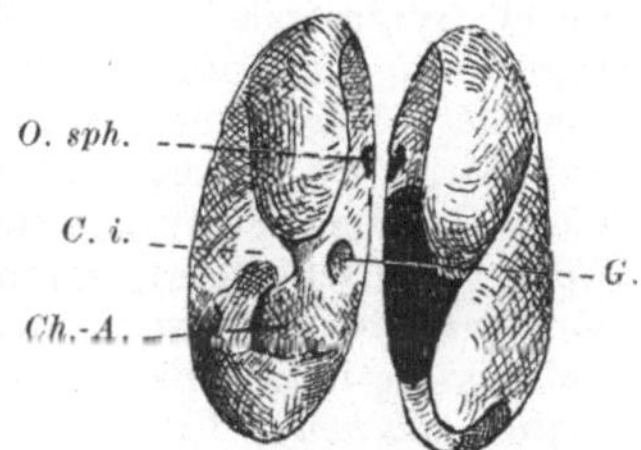

Abb. 87. Derselbe Fall wie Abb. 86 bei Rhinoscopia anterior nach teilweiser Resektion der rechten unteren Muschel.

O. sph. Keilbeinhöhlenostium; *C. i.* untere Nasenmuschel; *Ch.-A.* Verschlußplatte der Choanalatresie; *G.* ovales, blind endigendes Grübchen im oberen Drittel der Verschlußplatte, korrespondierend mit einer ähnlichen Vertiefung an der hinteren Fläche (*G.* in Abb. 86) (nach E. ESCAT).

rhinoskopisch erscheinen die Diaphragmen rosa bis rötlichgelb (wenn knöchern) bzw. blaßgrau (wenn membranös). L. VON SCHRÖTTER beobachtete ein etwas stärkeres Gefäßnetz im oberen bzw. unteren Bereich der Verschlußplatte (nasopharyngeale Seite), E. ZAUFAL sah ein größeres, sich dichotomisch teilendes venöses Gefäß, welches von oben-außen nach innen-unten verlief. Öfters, wenn auch durchaus nicht immer, zeigt sich im oberen Bezirk der Verschlußplatte, meist etwas nach außen zu, eine *grübchenförmige, scharfrandige, schiefgerichtete Vertiefung*, welche meist Stecknadelkopfgröße hat und gelegentlich in einen kurzen, blind endigenden Kanal führt. Dies ist öfters nicht nur von rückwärts her feststellbar, sondern auch von vorne, wie Abb. 86 und 87 zeigen. Diese *Grübchen* sind zugleich auch die dünnsten Stellen der Diaphragmen und gelegentlich rein häutig, wogegen die dicksten Partien meist lateral-oben anzutreffen sind. Nicht selten ist aber auch der Knochen vorneunten am Septum ziemlich dick. Die Grübchen, meist in der Einzahl vorhanden, können gelegentlich auch in der Mehrzahl (zwei bis drei) innerhalb eines Diaphragmas gefunden werden. Als weitere Variante findet sich statt des Grübchens ein *Loch* (Abb. 88). Bei den *unvollständigen* Ch.-Verschlüssen reicht das Diaphragma nicht ganz bis zum Nasenboden herab (Abb. 88). In einem Fall von J. L. SIEMENS war rechts eine lange spaltenförmige, links wahrscheinlich nur eine ganz feine Öffnung in dem sonst ganz membranösen Diaphragma vorhanden; letzteres bewegte sich deutlich bei Phonation.[1] Nie aber wurde bisher eine unvollständige Atresie beobachtet, bei welcher die obere Hälfte der Ch. frei und die untere mit Knochen oder einer Membran ausgefüllt war. Dies zu betonen, scheint mir für das Verständnis des Zustandekommens dieser Atresien von besonderer Wichtigkeit (siehe hierüber S. 173). Aufklärung über *Zusammensetzung und Ausgangspunkt der Verschlußplatte* bei Ch.-a. können nur Schnittserien unverstümmelter Objekte geben.

Abb. 88. Postrhinoskopisches Bild einer rechtsseitigen unvollständigen knöchernen Choanalatresie mit Loch im Diaphragma an der Stelle des „typischen Grübchens" (nach O. KAHLER).

W. BERBLINGER verdanken wir die bisher einzige diesbezügliche Untersuchung, stammend von einem fünf Monate alten, an schwerer eitriger Rhinitis leidenden und an Bronchopneumonie verstorbenen Mädchen, bei welchem bereits intra vitam die Diagnose auf bilaterale knöcherne vollständige Ch.-a. gestellt worden war. Der Fall war durch Symmetrie der beiden Gesichtshälften und durch völlig regelmäßige Konfiguration der äußeren Nase sowie durch ein senkrechtstehendes Septum ausgezeichnet. Beiderseits drei Muscheln ausgebildet, Nasennebenhöhlen gehörig. Vomer knöchern. Beiderseits bildete das etwas vor dem Ch.-Rahmen situierte Diaphragma einen flachen, nasalwärts sich zuspitzenden, blindsackartigen Trichter, dessen zentrale Teile durchscheinend waren. Außerdem fand sich ein wenig nach innen und oben von der Mitte jederseits noch eine *kleine, grubige, ebenfalls nasalwärts gerichtete Vertiefung,* die jedoch nur vom Nasopharynx aus betrachtet deutlich sichtbar war *(typisches Grübchen).* Unten war ein Umschlag der Diaphragmen zur Schleimhaut des harten flachgewölbten Gaumens vorhanden. Der in Abb. 89 wiedergegebene Parasagittalschnitt zeigt das Diaphragma teils aus Bindegewebe, teils aus bindegewebig angelegtem geflechtartigen Knochen bestehend, welcher zum größeren Teil von der Pars vertic. und auch von der P. horiz. oss. palat. und zum wesentlich kleineren Teil vom Vomer ausging. Der Vorsprung des Gaumenbeines schob sich dabei weit medialwärts vor, wogegen sich vom Vomer aus nur eine niedrige, lateral gerichtete Knochenleiste erhob. Dabei nahm die Dicke des vom Gaumenbein ·ausgehenden Knochens von außen nach innen und gleichzeitig von vorne nach hinten ab. „Aus dieser Konfiguration des Knochens erklärt sich leicht die blindsackartige Form, unter der die Atresie der Chn. sich darstellt. Da sich die beiden Vorsprünge medial wie lateral verschieden hoch ausdehnen, so wird dadurch auch verständlich, daß ein wenn auch

---

[1] Bewegung eines Diaphragmas bei Phonation und beim Schluckakt, kenntlich an den Verschiebungen des Lichtreflexes von unten nach oben, sah KAMM in einem Fall von bilateraler membranöser Ch.-a., welche rechts vollständig, links jedoch unvollständig war (linsengroßes Loch), und zog daraus den Schluß, daß es sich hier um die Aktion von abnormen, von der Gaumenmuskulatur stammenden Muskelfasern handeln müsse. Ein histologischer Beweis wurde jedoch nicht geführt. Es scheint mir wahrscheinlicher, im geschilderten Phänomen einen rein passiven Vorgang zu erblicken.

kleiner Bezirk des Diaphragmas ganz knochenfrei bleibt.“ Dies ist die Gegend des sogenannten „Grübchens“, das, in der Nähe der Übergangsstelle des mehr vertikalen in den mehr horizontalen Teil der pharyngealen Oberfläche gelegen, sich als eine nur auf wenigen Schnitten sichtbare, nasalwärts gerichtete Aussackung in das Diaphragma hinein erwies. Die Epithelbekleidung beider Seiten der Verschlußplatten war sehr defekt; nasalwärts war Nasenmucosa (*nm*) vorhanden, deren Epithel infolge des Katarrhs über größere Strecken hin abgestoßen war, pharynxwärts (*np*) fand sich ein zweizeiliges Epithel, unter welchem Schleimdrüsen lagen (*phm*).

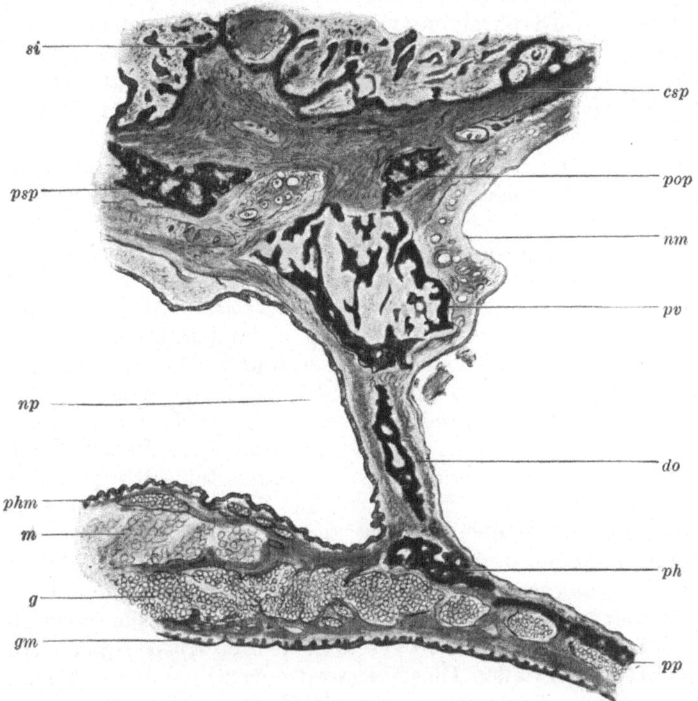

Abb. 89. Typische knöcherne Choanalatresie (*do*). Sichtbar sind außer dem zum vertikalen Teil (*pv*) des Gaumenbeins gehörigen spongiösen Knochen im Diaphragma Teile der Proc. sphenoid. (*psp*) und orbitalis (*pop*) sowie der Pars horiz. (*ph*) des Gaumenbeins. Diese Teile erwiesen sich in den folgenden Schnitten als miteinander in Verbindung stehend. *si* Synchondrosis intersphenoidalis; *csp* Corpus ossis sphenoid.; *m* Muskulatur des weichen Gaumens; *g* Drüsen; *gm* Gaumenschleimhaut; *pp* Proc. palat. maxillae; übrige Bezeichnungen siehe im Text (nach W. BERBLINGER).

Der spongiöse *Knochen im Diaphragma* dieses Falles (und wohl auch in anderen typischen Fällen) stammt demnach z. T. vom Vomer, z. T. vom Gaumenbein, es liefert also formalgenetisch zur Bildung des Diaphragmas sowohl der mittlere Nasenfortsatz Material als auch und vorwiegend der Gaumenfortsatz des Oberkieferfortsatzes. — Bemerkenswert ist der Befund von *Knorpelresten* innerhalb einer Knochenplatte (J. P. STEWART), was abgesehen von eventuell ungenügender Septumknorpelresorption zwischen den Vomerschenkeln allenfalls auf eine gelegentliche Mitwirkung des Keilbeines am Aufbau dieser Diaphragmen zu beziehen ist.

Nasale Organe und Nachbarschaftsorgane; *etwaige Anomalien derselben:* Die *Nasenscheidewand* steht in der Mehrzahl der bilateralen Fälle gerade, bei einseitigen ist sie aber fast stets, meist aber nur vorne nach der atretischen Seite hin deviiert. Das Gegenteil (ein Fall L. GRÜNWALDS) ist eine ebenso seltene Ausnahme wie etwa die, daß einmal die nicht verschlossene Ch. viel schmäler ist als die verschlossene (Fall von Hems). In Beobachtung 4 von T. K. Hamilton war das Septum *sichelförmig* gestaltet und kehrte seine Konkavität nach dem Nasopharynx zu. — Das *Naseninnere* ist zumeist (häufig auch bei einseitiger Atresie) infolge *Kleinheit der Muscheln* geräumig. Vornehmlich ist es die untere Muschel, welche gegenüber der Norm wesentlich hypoplastisch ist und häufig höher oben inseriert, so daß ihr unterer Rand hoch über dem Nasenboden bleibt und der untere Nasengang dadurch sehr erweitert ist (beispielsweise im Falle von Morf). Die Muschelschleimhaut ist dann sehr dünn und blaß. Gelegentlich kann man von vorne direkt das Diaphragma (Fall von J. Layera) sehen. Weniger häufig ist der *hypertrophische Muscheltyp* [Fälle von M. Scheier, Th. S. Flatau, W. Uffenorde (a)], welcher vornehmlich den Schleimhautüberzug und den Drüsenapparat betrifft, da vorwiegend in solchen Fällen große Massen eines zumeist klebrig-gelatinösen Sekrets, manchmal in Klumpenform, in der Nasenhöhle vorhanden zu sein pflegen (selbst schon in der Nase des Neugeborenen). Seltener ist schleimig-eitriges Sekret in der verschlossenen Seite angehäuft, und zwar als Ausdruck entzündlicher Störungen, besonders infolge Nebenhöhlenaffektionen, die bisher gelegentlich beobachtet wurden [Fälle von L. Grünwald, C. Hopmann (f, Fall 1), W. Lüders, Fall 3 von T. K. Hamilton, W. Stupka (c) u. a.]. — Auf die Ausbildungsverhältnisse der *Nebenhöhlen* wurde bisher relativ wenig geachtet: Laut Röntgenuntersuchung normal angelegt waren sie in den Fällen von W. Uffenorde (b), Feuchtinger und G. Charausek; T. K. Hamilton (b) konstatierte in seiner Beobachtung 1 (35jährige mikrocephale Frau mit bilateralem vollständigen knöchernen Verschluß) bei Untersuchung des mazerierten Schädels Brachycephalie, Leptorhinie und schlechte Entwicklung bzw. Schmalheit beider Oberkiefer und Sinus maxillares. Ich selbst (c) konnte an einer erwachsenen Frau mit rechtsseitiger totaler Ch.-a., welche eine gleichseitige chronische Kiefer- und Siebbeineiterung hatte, bei Jodipinkontrastfüllung und bei der späteren Siebbein- und Kieferhöhlenradikaloperation feststellen, daß diese Höhlen *entschieden unterentwickelt* waren, wogegen die Stirn- und Keilbeinhöhlen normal ausgebildet schienen. Auch Wessely hat bei Atresien wiederholt Unterentwicklung der Nasennebenhöhlen gesehen. — Der *Epipharynx* ist meist (auch bei einseitiger Atresie) in allen Durchmessern normal gebildet, gelegentlich sogar besonders weit, die in ihm enthaltenen Gebilde gehörig. Seltener springen die Tubenwülste stärker vor und steht das Nasenrachendach niedriger. *Adenoides Gewebe* ist meist nur spärlich vorhanden, Hyperplasie der Rachenmandel selten. Geiger und Roth sahen gleichseitige Atrophie einer Rachenmandelhälfte. — Sehr häufig steigt der gleichseitige *Nasenboden* nach rückwärts zu an, was auf der Mundhöhlenseite einer dicht hinter den Schneidezähnen gelegentlich ganz brüsk beginnenden, tiefen, kranialwärts gerichteten Einbuchtung entspricht. Der *harte Gaumen*, der meist hochgewölbt und schmal ist, setzt sich dann stufenförmig gegenüber der anderen Seite ab; die dadurch gegebene Asymmetrie des harten Gaumens kommt aber gelegentlich, wenn auch viel seltener, auf der anderen (normalen) Seite vor. Manchmal ist jedoch überhaupt keine Gaumendeformität vorhanden und es findet sich bei bilateralen Fällen eine geradezu flache Gaumenwölbung. — Die *äußere Nase* ist meist völlig normal, ebenso auch die *Nasenöffnungen*, gelegentlich sind aber Asymmetrien bemerkbar. So fand G. Cohn bei einem zehnjährigen Knaben auf der atretischen Seite das Nasenloch weiter und tiefer liegend, auch die Mundhälfte stand tiefer, das Auge und das Ohr dagegen etwas höher und die Gegend der Kieferhöhle war etwas vorgewölbt, so daß die atretische Gesichtshälfte voller erschien. Auch in je einem Falle von Hanszel, Dundas Grant und von Baker war auf der atretischen Seite das Gesicht voller, sonst aber wurde, falls überhaupt eine *Gesichtsasymmetrie* vorlag, stets die atretische Seite hypoplastisch gefunden. (Darüber und über sonstige klinische Details siehe die ausführliche Darstellung bei W. STUPKA, Lit. X/4a.) Relativ sehr selten tritt zu diesen Asymmetrien des Gaumens und Gesichtes auch eine deutliche *Asymmetrie des Körpers*, besonders kenntlich an schwächerer Ausbildung des Thorax (M. SCHEIER; LOSSEW). Gelegentlich tritt rasches und *stärkeres Schwitzen im Gesicht* auf der atretischen Seite auf (ZAUFAL, MORF, PIFFL, RIES und TATO, drei Fälle von J. LANG, zwei Fälle von KL. VOGEL), was auf eine kongenitale Anomalie der Drüsenfunktion (J. LANG) bzw. auf eine kongenitale Parese der betreffenden Sympathicusfasern zurückgeführt wird (KL. VOGEL). In einzelnen Fällen fand sich ferner: Asymmetrische Schädelform, Vortreten der Bulbi [L. v. SCHRÖTTER, A. SCHWENDT (a)], abnorme Länge des Velums, Uvula bifida, Fistula auris congenita (SREBRNY, KL. VOGEL), Verdoppelung des Tragus beiderseits (BINNERTS), Pyocele congenita im gleichseitigen inneren Augenwinkel (CRULL), Iriskolobom, komplette palato-pharyngeale Verwachsung [JOHN O. ROE (Lit. X/5a)] usw.; K. M. MENZEL sah einmal *Ozaena* in der *nicht*verschlossenen Seite.

Alle diese Anomalien zeigen deutlich, daß die Fehlbildung sich nicht bloß auf die Ausbildung eines knöchernen oder membranösen, mehr ninder kompletten Verschlusses einer oder beider Chn. beschränkt, sondern daß eine *komplexe Mißbildung* vorliegt, die ihren Hauptherd im Bereich der Chn. und der Nase hat, daneben aber noch — wenigstens in manchen Fällen — einzelne Nachbargebiete mitergreift.

b) Die atypische Choanalatresie.

Die Zahl der in dieser Gruppe vereinigten Beobachtungen tritt weit hinter diejenige der typ. Ch.-a. zurück. Die hierher gehörigen Fälle zeigen meist noch wesentlich beträchtlichere Abweichungen von der Norm. Unter sich haben sie wenig Gleichartiges. In den Statistiken, welche sie besonders registrieren (bei H. HAAG, A. BALLA u. a.) wird gelegentlich betont, daß manchmal fließende Übergänge zu den typ. Ch.-a. nicht geleugnet werden können, woraus hervorgeht, daß die Zuteilung solcher Fälle zu einer der beiden Gruppen nicht immer leicht ist und demnach auch verschieden ausfallen kann.

Kasuistik: A. ÓNODI beschrieb einen jungen Mann mit einer teils membranösen, teils knorpelig-knöchernen, fast kompletten rechtsseitigen Atresie, welche im mittleren Drittel der Nasenhöhle begann und durch Verwachsung der unteren Muschel mit dem gleichseitig deviierten Septum zustande gekommen war, so daß nur oben und unten je eine feine Kommunikation mit dem Nasopharynx übrig blieb. — Mit hierher kann wohl auch der S. 152 (Abb. 84) geschilderte Fall von E. ZUCKERKANDL gerechnet werden. — In dem von P. HEYMANN demonstrierten Präparat war der fast vollständige knöcherne Verschluß etwas weiter vom Ch.-Rahmen ventralwärts gerückt; es fand sich ein kleines Loch, welches an das hintere Ende des mittleren Nasengangs hinführte. In der Diskussion gab SCHOETZ die Erklärung, daß der Verschluß durch Wachstumsanomalien der unteren und mittleren Muscheln im Verein mit einer Septumleiste zustande gekommen sei. Hierher gehören auch zwei Fälle von C. HOPMANN (Lit. c u. f): Beim ersten (c) fand sich „rechts statt der Ch. eine Knochenleiste in dichter Verbindung mit dem Septum". Am Ende des vorderen Drittels der Nasenhöhle war eine den Boden letzterer vorwölbende Knochenmasse vorhanden, welche anfangs noch eine schmale Spalte zwischen sich und dem Septum frei ließ. Im zweiten (f) war die rechte Ch. für den Finger ganz undurchgängig und die rechte Nasenhöhle schon von vorn an enger. Diese Enge entwickelte sich noch vor Beginn des mittleren Drittels zu einer kompletten knöchernen Atresie. Von der Verschlußstelle bis zum Ch.-Ring nahm die Enge wieder mehr Trichterform an. Daneben erhebliche Ch.-Asymmetrie (rechts 14 : 9, links 20 : 13 mm), vornehmlich infolge Verschiebung des Septums nach rechts entstanden. Fall CHARAUSEK könnte eventuell als Annäherung an die typ.

Ch.-a. aufgefaßt werden: Bei der einseitigen, 6 bis 8 mm dicken Ch.-a. gingen die *Hinter-enden der etwas atrophischen und höher inserierenden unteren und mittleren Muscheln direkt in die Verschlußplatte über.* Dabei war der Ch.-Rahmen deutlich enger und etwas niedriger und die entsprechende Nasopharynxhälfte enger. Die Kleinheit der Anlage führe zur Annäherung der Muschelenden an die Vomerplatte und zur Verwachsung und zwar besonders dann, wenn der nach unten offene Winkel, welchen die Muscheln mit der lateralen Nasenwand bilden, größer werde. CHARAUSEK ist ferner geneigt, die gelegentlich *rinnenförmigen, meist aber grübchenförmigen Vertiefungen in den Verschlußplatten,* an deren Stelle auch Foramina (Fälle von WOLFF, O. KAHLER u. A.) auftreten können, wegen ihrer Form *mit dem hintersten Abschnitt des mittleren Nasen-gangs zu identifizieren* und daraus einen Beweis seiner Auffassung der Genese der Ch.-a. abzuleiten.

CHARAUSEKS Beobachtung unterscheidet sich aber wegen der Kleinheit der atretischen Ch., der gleichseitigen Verengerung des Epipharynx, namentlich aber wegen des Eingehens der Muschelhinterenden in die Verschlußplatte schon formal deutlich von der typ. Ch.-a. Dies gilt noch viel mehr von den höher oben erwähnten Fällen. Alle diese unterscheiden sich m. E. nicht nur in formalgeneti-scher, sondern auch in ätiologischer Beziehung von der typ. Ch.-a. (siehe darüber später).

c) Die Choanenasymmetrie bzw. Choanalverengerung.

Den älteren Anatomen galt es geradezu als Axiom, daß die Chn. stets gleich groß sind und daß sich keine wesentlichen Schwankungen der Hauptdimensionen an denselben vorfinden. Dies trifft indes nicht ausnahmslos zu. Die Größe und Weite der Ch. schwankt nicht nur nach Alter, Geschlecht und Rasse innerhalb gewisser physiologischer Grenzen, sondern es existieren öfters auch nicht un-erhebliche Schwankungen zwischen beiden Seiten. Auf Grund eigener und fremder Messungen errechnete C. M. HOPMANN (a) als Mittelwerte beim erwach-senen Mann 27 : 13 und am erwachsenen Weibe 25 : 12 mm bzw. unter Berück-sichtigung der mukös-periostalen Auskleidung 24 : 11 bzw. 22 : 10 mm. Gelegent-liche, nicht unwesentliche Überschreitungen werden als noch innerhalb der Variationsbreite gelegen aufgefaßt, Werte von 20 : 11 (für den Mann) und 18 : 9 (für das Weib) müssen als klein, darunter gelegene Werte bereits als subnormal bezeichnet werden.

Kasuistik: Subnormale und *noch weiter, vornehmlich im Querdurchmesser verengte Chn.* konnte C. M. HOPMANN (l. c.) überraschenderweise in einer großen Zahl von Fällen wahrnehmen und an Abdrücken der Epipharynx-Ch.-Gegend ausmessen und demon-strieren. Dabei ließen diese *verengten Chn. sehr häufig auch größere Differenzen zwischen rechts und links erkennen,* es lag also *Ch.-Asymmetrie* vor. *Meist* war auch der *Epi-pharynx wesentlich verengt.* Abb. 90a—e zeigt solche stenosierte und z. T. asymmetri-sche Chn. als halbschematische Zeichnungen nach Abdrücken von C. HOPMANN. Neben der abnorm niedrigen und verbreiterten (b) und der sehr hohen und schmalen Ch. (c) ist es namentlich die schlitzförmige enge Ch. (e), zumeist bei gleichzeitig ver-minderter Höhendimension, welche öfters vorkommt. C. HOPMANN konnte sich wiederholt davon überzeugen, daß diese Ch.-Verengerungen schon bei Kindern, ja sogar bei Neugeborenen vorhanden sein können. Die Träger dieser verengten und asymmetrischen Chn. waren vornehmlich an chronischen Nasen- und Nasenrachen-affektionen Erkrankte, darunter nicht wenige Ozänöse, jedoch keine Syphilitiker (Vorwassermannzeit!). C. HOPMANN spricht diese Ch.-Engen ausnahmslos als infolge Wachstumsstörungen entstandene kongenitale Anomalien an. Auch das *hereditäre Moment* schien C. HOPMANN gelegentlich mit im Spiele zu sein (hochgradig verengte Chn. bei Vater und Sohn bzw. bei einem Geschwisterpaar). Gleichzeitig geht aus zahlreichen Krankengeschichten und Abdrucken C. HOPMANNs (l. c.) hervor, daß bei den festgestellten Ch.-Verengerungen der *mukös-periostale Überzug,* der auf beiden Seiten ungleichmäßig dick sein kann, und mancherlei *sehnige Züge elastischen Bindegewebes in Form von Faltenbildungen* zwar mit eine Rolle spielen, daß diese Bildungen indes nicht etwa allein die Ursache der Ch.-Stenosen und -Asymmetrien abgeben. — Am *feuchten Präparat* fand H. BERGEAT (a) ähnlich wie E. ZUCKERKANDL (Bd. I, Taf. X, Abb. 6; Bd. II, Taf. XI, Abb. 3 u. Taf. XII, Abb. 3) meist nur unbedeutende Unter-

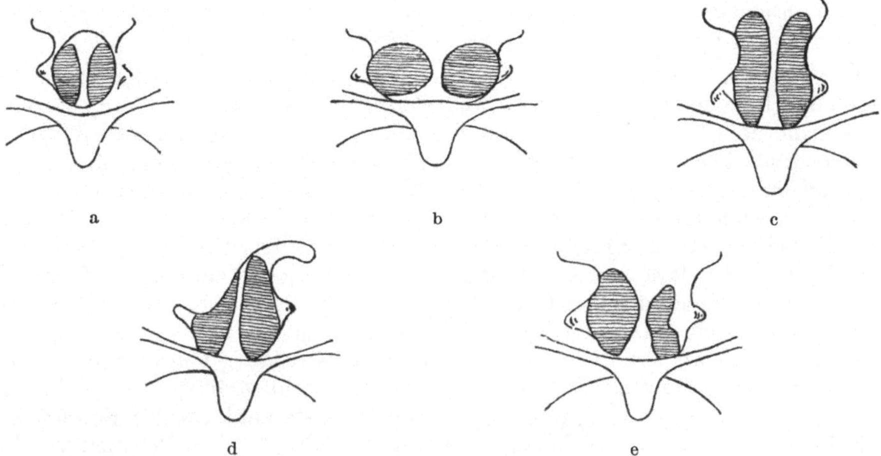

Abb. 90 a—e. Stenosierte und asymmetrische Choanen (aus P. H. GERBER nach Zeichnungen von C. HOPMANN). a) Gleichmäßige Einengung durch Ringmembran; b) sehr niedrige breite Chn.; c) sehr hohe schmale Chn.; d) eine vom Os basilare ausgehende knöcherne Kulisse zieht über eine Ch. z. T. hinweg; e) Stenose einer Ch.

schiede in der Form, Stellung und Weite der Chn. (fluxionäre und exsudative Schwellungen der Schleimhäute, welche sich nach dem Tode, namentlich aber durch die Wirkung wasserentziehender Flüssigkeiten verlieren?), an 1200 mazerierten menschlichen Schädeln der Münchener anatomischen, anthropologischen und pathologisch-anatomischen Sammlungen dagegen in etwa 10% Ch.-Asymmetrie. *Am Vorkommen von Ch.-Verengerungen und -Asymmetrien*, welche zum mindesten auf Verschiedenheiten des Ch.-Rahmens beruhen, *ist demnach nicht zu zweifeln*, anderseits können sich aber im Sinne von C. HOPMANN (l. c.) zu diesen Differenzen noch weitere Verschiedenheiten der Weichteile addieren. Häufiger noch als am Menschen fand BERGEAT (l. c.) an *tierischen* Schädeln (große Hunderassen, Orang, Gorilla) Asymmetrien der knöchernen Chn. Ähnlich den Verhältnissen an Menschenaffen *herrscht beim Menschen* nach BERGEAT *derjenige Typus vor*, welcher in starker Neigung des Proc. pterygoid. einer Seite nach unten und auswärts besteht, wobei meist die hintere Vomerkante in mittlerem Grade der Auswärtsneigung folgt. An dieser im ganzen weiteren Seite verliert die Ch. oben an

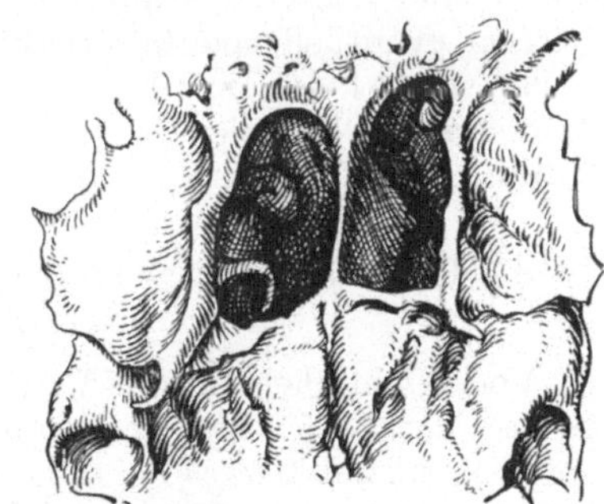

Abb. 91. Haupttypus der Choanalasymmetrie beim Menschen (nach H. BERGFAT).

Rundung, Breite und Höhe, gleicht aber diesen Verlust durch Tieferrücken ihres Bodens am harten Gaumen wieder aus. Im Naseninnern wird das Septum meist gegen die Seite der fehlenden Auswärtsneigung hin konvex und trägt ebenda sehr regelmäßig an der Vereinigungsstelle der knöchernen Septumplatten eine Spina oder Crista (Abb. 91). Neben diesem Haupttypus unterscheidet BERGEAT noch eine Reihe von *Nebentypen.* So kann Ch.-Asymmetrie mit gleichzeitiger Erhöhung der Ch.-Decke aus *primärer Einwärtsstellung eines Flügelfortsatzes* resultieren, möglicherweise infolge Verkümmerung der gleichseitigen Hälfte des Keilbeinkörpers. Weitere (seltene) Nebentypen lassen sich aus der Verschiedenheit des Konturs der Decke und der Seitenwand, ferner aus der Lage, Breite und Höhe der Chn. ableiten. Später konnte BERGEAT (*b*) auch über *Ch.-Asymmetrien* (und Septumabnormitäten) *an Neugeborenen* berichten, doch ist BERGEAT der Meinung, daß sich diese Anomalien überwiegend erst im extrauterinen Leben ausbilden. Ferner liegen ausgedehnte Untersuchungen von CITELLI an Schädeln Normaler sowie an solchen von Verbrechern, Kretinen, Mikrocephalen und Negern vor, welche ergaben, daß *Ch.-Asymmetrie ziemlich häufig an Verbrechern, Degenerierten und an niedrigerstehenden Rassen* gefunden wird. Schließlich registrierte E. BALLMANN Differenzen der Ch.-Breite als relativ häufiges Vorkommnis.

Formale und kausale Genese: Nach C. HOPMANN (ll. cc.) werden diese Anomalien durch ungleichmäßiges, gestörtes oder auch zu starkes Wachstum einzelner, die knöcherne Ch. konstituierenden Elemente (Alae vomeris, Proc. pterygoidei oss. sphenoid., Proc. horiz. oss. palat.) hervorgebracht. Er ist geneigt in ihnen den *Ausdruck minderwertiger Anlage* zu sehen. Nach BERGEAT (*a*) kommen *verschiedene Momente* ursächlich in Betracht: *Anthropologische Besonderheiten* spielen wahrscheinlich eine Rolle. Der relativ häufige Fund asymmetrischer Chn. an *Verbrechern und Degenerierten* läßt sie mit zu den *Entartungszeichen* zählen. Einfache Verbreiterung und Erhöhung der Ch. und Verlagerung des unteren Ch.-Randes nach vorne kann durch *primäre* Unregelmäßigkeiten am Ch.-Rahmen bedingt sein. Ganz besonders aber sind *sekundäre Einflüsse* wirksam: *Ungleichmäßige Einwirkung mechanischer und statischer Momente* bei nicht genügend konsolidiertem Schädel- und Knochenbau (kindliche Rhachitis, Osteomalacie der Erwachsenen und Greise) bzw. bei ungleichmäßiger Benützung des Gebisses können via Keilbeinkörper und den mit demselben verbundenen Vomer bzw. via Flügelfortsatz auf die Konfiguration der Chn. wesentlichen Einfluß gewinnen. Ebenso können *Ungleichmäßigkeiten des Schädelwachstums* sekundäre Verschiebungen am Keilbein und Vomer bewirken und damit zu Ch.-Asymmetrie führen. Daß *solchen sekundären Momenten* in der Entstehung der Ch.-Asymmetrie *eine große Rolle zukommt,* konnte BERGEAT durch genaue Betrachtung der von ihm untersuchten Schädel erweisen. Es geht dies aber auch aus dem Vorkommen der Ch.-Asymmetrie bei pathologischen Zuständen, wie Wolfsrachen, höhergradigem Hydrocephalus usw., hervor. Bei Walten sekundärer Einflüsse können sich Ch.-Stenosen und -Asymmetrien eventuell spontan rückbilden, eine Beobachtung, welche C. HOPMANN (ll. cc.) wiederholt gemacht hat und welche ein Beweis dafür ist, daß wenigstens in diesen Fällen die Ch.-Asymmetrie auf erworbenen reparablen Störungen beruhte.

d) Die Choanalatresie bei verschiedenen Fehlbildungen am vorderen Körperende.

Von Wichtigkeit für das Verständnis der formalen und wohl auch der kausalen Genese der atypischen und wahrscheinlich auch der typischen Ch.-a. ist m. E. die Kenntnis, daß *auch bei einer Reihe von Fehlbildungen am vorderen Körperende, bzw. in der nächsten Umgebung der Nasensäcke ein- und doppelseitige Ch.-Atresien zustande kommen können.* Schon A. SCHWENDT hatte 1889 auf das Vorkommen der Ch.-a. bei einzelnen Formen der Arhinencephaliereihe hingewiesen. Aber auch noch bei anderen Fehlbildungstypen kann sich Ch.-a. finden:

α) Bei *medianer Nasenspalte* (vgl. S. 109). Bei den höheren Graden derselben leidet die Ausbildung der Nasensäcke oft beträchtlich. Im LEXERschen Falle war die rechte Ch. unvollständig membranös verschlossen (vgl. S. 116), im KREDELschen Falle war die rechte Nasenseite rückwärts vollständig verschlossen und endigte am Vomer.

β) *Bei seitlichen Gesichtsspalten mit und ohne seitliche Nasenspalte, bzw. bei isolierten seitlichen Nasenspalten:*

Im Stützschen Falle (vgl. S. 138 u. Abb. 74) bestand linksseitige komplette knöcherne Ch.-a. bei komplexer Entwicklungsstörung im Bereiche der fetalen Augennasenrinne und des lateralen Nasenfortsatzes, welche auch die normale Ausbildung des Nasensackes behindert hatte. — Bei dem von Kl. Vogel beschriebenen, geistig etwas zurückgebliebenen Mädchen war der rechte Nasenflügel verkümmert und lateral davon eine rudimentäre Fistelöffnung vorhanden; gleichzeitig bestand eine rechtsseitige *typische knöcherne Ch.-a., Grübchenbildung im Diaphragma* und Hochstand und Unterentwicklung der unteren und mittleren Nasenmuschel. Bei der Geburt soll sich im Fistelgebiet ein ellenlanger fadenförmiger Anhang befunden haben (wahrscheinlich *amniogene Verschlußstörung* im Bereiche der fetalen Augennasenrinne, welch erstere Kl. Vogel ebenso wie die Störung im Bereiche des Nasensackes und des Gaumens [gleichseitige Hypoplasie] als Folge intrauteriner Kompression ansieht). — Gele-

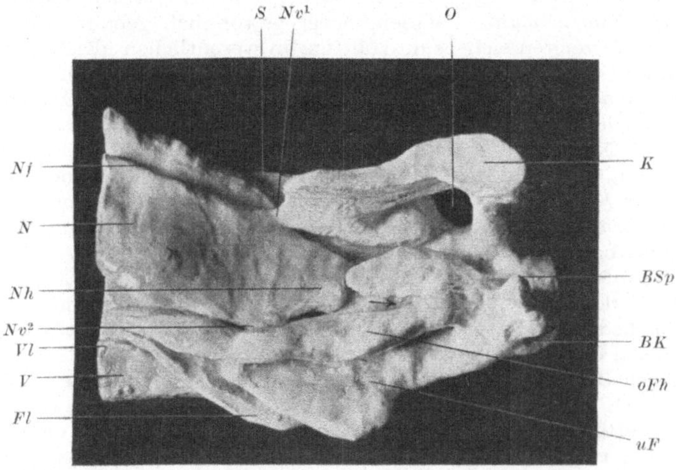

Abb. 92. Plattenmodell (in seitlicher Ansicht) einer komplexen menschlichen Mißbildung im Bereiche des ersten Kiemenbogens, des Schädelgrundes, der Choanen und der Ohren (nach F. Altmann).
BK Kanal, welcher den Basalteil des Alisphenoids durchbohrt; *BSp* vom Basalteile lateralwärts abgehender Sporn; *Nf* Ansatzfurche des Stirnbeins; übrige Bezeichnungen siehe im Text. Der Pfeil führt in die von den Ursprungsteilen umfaßte Öffnung.

gentlich kommt es nur zu *Verschmälerung der gleichseitigen Ch.:* Solches stellte R. H. Lucy (zit. nach W. G. Nash) bei einem zwei Monate alten, mit angeborener rechtsseitiger Nasenspalte behafteten Kinde fest.

γ) Bei *echter Oberkieferverdoppelung*, intrauterin geheilter schräger Gesichtsspalte, Makrostoma, Kolobom des rechten Unterlides, Iriskolobom, Verdoppelung der vorderen Zungenanteile und der Uvula, realisiert im Falle von E. Bumm, ein dreieinhalbjähriges, geistig völlig normales, aus mißbildungsfreier Familie stammendes Mädchen betreffend, welches mit einer Geschwulst zwischen rechtem Auge und Oberkiefer zur Welt gekommen war. Die rechte Nasenhälfte war in einer Distanz von $4^1/_2$ cm Entfernung vom Nasenloch vollständig verschlossen, bei Palpation vom Epipharynx aus wurde komplette Ch.-a. rechts getastet. Muscheln, soweit sichtbar, normal vorhanden. Isthm. fauc. und Cav. phar. breiter als normal. Der Nebenkiefer und die z. T. doppelte Zungenanlage sind wohl auf eine frontale (amniogene?) Teilung gewisser Abschnitte des ersten Viszeralbogens zurückzuführen, ja das Fehlen der aus dem mittleren Nasenfortsatz (Zwischenkiefer) hervorgehenden Incisivi im Nebenkiefer ist geradezu ein Beweis für diese Anschauung. *Durch den Wachstumsdruck der rückwärts zusammenstoßenden zwei Oberkiefer ist die rechte Nasenhöhle in ihrer normalen Ausbildung wahrscheinlich schon während der Zeit der Ausbildung der primären Ch. beeinträchtigt worden* (siehe darüber später), *wodurch es zur Ch.-a. kam.*

δ) Bei *Mißbildungen im Bereiche des ersten Kiemenbogens, des Schädelgrundes und dessen Umgebung.* Hierher gehört der Fall von F. Altmann: An der siebenmonatigen weiblichen Frühgeburt fand sich außer der bilateralen knöchernen Ch.-a. noch beiderseitige Mikrotie mit Mangel des äußeren Gehörgangs, schwere Mittelohrmißbildung, Hypoplasie des Unterkiefers mit mangelhafter Ausbildung der aufsteigenden Äste, Fehlen beider Kiefergelenke, der Jochbogen und der Ohrspeicheldrüsen. Gehirn makroskopisch normal, keinerlei Riechlappendefekt. Große Keilbeinflügel ca. 1 cm vom Keilbeinkörper entfernt mit freiem Rande endigend. Harter Gaumen schmäler, dorsalwärts stärker vorgewölbt, steil nach oben-innen gegen den vorderen-unteren Rand des Keilbeinkörpers gerichtet. Alle drei Muscheln vorhanden, die untere aber ungewöhnlich hoch inserierend. Jede Nasenhöhle rückwärts durch eine auf dem Längsschnitte dreieckige, mit ihrer Basis der Unterfläche des Keilbeinkörpers aufsitzende Gewebsplatte verschlossen, welche nach vorne-unten in die Gaumenplatte übergeht und seitlich gegen das Septum und die laterale Nasenhöhlenwand zu ausläuft. Die *Verschlußplatte* zeigt die *Einlagerung dreier kleiner Knochenstücke und einer länglichen Knorpelplatte.* Keilbeinkörper gewöhnlich gebaut. Bei *histologischer Serienuntersuchung* zeigten sich beide Hälften im wesentlichen gleichartig aufgebaut: Vomer U-förmig (statt Y-förmig), *Alae vomeris fehlend.* In Abb. 92 (linke Seite des ALTMANNschen Wachsplattenmodells) bedeutet N die Nasenkapsel, Nh einen hinteren, vom Septum losgelösten Teil derselben, K den kleinen Keilbeinflügel, Nv^1 eine Knorpelbrücke zwischen Nasenkapsel und kleinem Keilbeinflügel, O das *Foramen opticum.* An der Stelle nun, wo sonst der große Keilbeinflügel entspringt, findet sich ein *kompliziert gestalteter Knochen*, welcher der Hauptsache nach aus *einem kurzen Basalteil und zwei nach vorne gerichteten Fortsätzen* besteht, einem oberen und einem unteren. Der *obere Fortsatz* besteht wieder aus einer *vertikalen* und aus einer *horizontalen* Lamelle. Die vertikale Lamelle erstreckt sich nach vorne gegen das Hinterende der knorpeligen Nasenkapsel, verkleinert sich rasch und endigt etwa $1^1/_2$ mm vor und etwas unterhalb derselben. oFh bedeutet die vom Basalteil des Alisphenoids ausgehende *horizontale* Lamelle des *oberen* Fortsatzes, welcher sich dem Proc. alaris major als homolog erwies; sie erstreckt sich dabei in ein Gebiet, in welchem normalerweise der hintere Teil der Maxilla und das Os palatin. liegen sollten. uF bezeichnet den *unteren* Fortsatz, welcher dem *äußeren* Blatte des Proc. pterygoideus entspricht, wogegen Fl eine dem unteren Fortsatz angelagerte, dem *inneren* Blatte des Proc. pterygoideus entsprechende Knochenlamelle darstellt. Nv^2 bezeichnet eine Knorpelbrücke zwischen Nasenkapsel und horizontaler Lamelle des oberen Fortsatzes. V bedeutet den Vomer und Vl einen von der Außenfläche des mittleren Vomerbereiches ausgehenden 1 bis 1,5 mm langen Lateralfortsatz desselben. Weiter nach vorne gelangt oFh an die Oberfläche von Vl und Fl erstreckt sich in den Winkel zwischen vertikaler und lateraler Vomerlamelle hinein. Lam. cribrosa rein knorpelig, annähernd normal, ebenso die vorderen und mittleren Abschnitte der Nasenkapsel, wogegen die hinteren rasch an Höhe sehr beträchtlich abnehmen und etwas hinter dem vorderen Rand des kleinen Keilbeinflügels endigen. *Gaumenfortsätze der Oberkieferbeine schon vorne schmal*, verschmälern sich dann noch weiter, *Gaumenbeine vollständig fehlend.* Zwischenkiefer und Tränenbein normal. Am *Aufbau des Diaphragmas* sind nun oFh, uF, Fl und Vl beteiligt (siehe hierzu Abb. 152 bei F. ALTMANN), von hinten her führt der relativ breite, aber sehr niedrige Meatus nasopharyngeus an dasselbe heran und endigt ungefähr in gleicher Höhe mit dem hinteren Ende der Nasenhöhlenlichtung. In ALTMANNs Beobachtung war demnach *vor allem das Alisphenoid* (großer Keilbeinflügel und laterale Lamelle des Proc. pterygoid.) *und die mediale Pterygoidlamelle mißbildet*, aber auch der Hinterteil der epithelialen Nasenanlage und deren Kapselanteile. Es handelt sich daher auch *nicht* um eine einfache Ch.-a., sondern um eine mit Atresie des hinteren Nasenendes einhergehende hochgradige Verbildung der Chn. *inklusive ihres Rahmens.* Für das Fehlen des Basalteiles des Vomer nimmt ALTMANN Platzmangel infolge ungenügender Entwicklung der medialen Gaumenabschnitte an, m. E. ist dabei wohl eher an Materialmangel zu denken. — Bezüglich der *formalen Genese* denkt ALTMANN daran, daß die primitive Ch. zum mindesten in ihrem vorderen Abschnitte normal gebildet worden sein mußte und daß nach dem Einreißen der Membr. bucco-nasalis eine Verbindung zwischen Nasenhöhle und primitiver Mundhöhle bestand. Der rückwärtige Verschluß der Nasenhöhle sei daher als *sekundärer* anzusehen und „offenbar erst durch das nach hinten fortschreitende Vorwachsen der

Gaumenplatten zustande gekommen". Aus der Existenz von Gaumenabschnitten vor und hinter der Gegend der Verschlußplatte schließt ALTMANN, daß die Gaumenfortsätze auch in den Verschlußplatten selbst enthalten sein müßten. Diese Annahme erscheint m. E. jedoch nicht gerechtfertigt, da der gesamte Gaumen sehr hypoplastisch war, das Gaumenbein gänzlich fehlte und in der Verschlußplatte nur Derivate der großen Keilbeinflügel und des Vomer gefunden wurden. ALTMANN machte denn auch selbst, wenn auch aus anderen Gründen, die Einschränkung, daß schon vor dem Vorwachsen der Gaumenfortsätze *am hinteren Abschnitt der primitiven Ch. abnorme Verhältnisse bestanden haben müßten*, bestehend in der Ausbildung eines quergestellten, gegen die primitive Mundhöhle zu vorragenden Mesenchymwulstes (Gegend des einspringenden Keilbeinwinkels), „welcher nach medial zu breitbasig ins Septum übergeht und dadurch den Riechsack etwas nach außen und unten abdrängt". Mit diesem Wulste würden einerseits die Gaumenfortsätze verschmelzen, anderseits könnten die Keilbeinfortsätze in demselben schon lange vor erfolgter Verschmelzung zur Anlage kommen. Bei der Ausbildung dieses (supponierten) Wulstes würde es sich also um eine exzessive Steigerung eines schon normalerweise im Bereiche des einspringenden Keilbeinwinkels vor sich gehenden Entwicklungsvorganges handeln. Man müsse dabei „nicht unbedingt auf eine Mißbildung schon der ersten primitiven Ch.-Anlage, eine abnorm geringe Längsausdehnung derselben zurückgreifen", die Ausbildung des Wulstes könne vielmehr auch die Folge eines abnormen Ablaufes von Umbildungsprozessen des Riechsackes nach gehöriger Ausbildung der primitiven Ch. darstellen. Die *Entstehungszeit* der Mißbildung verlegt ALTMANN in die Zeit von der sechsten bis zur neunten Woche (15 bis 30 mm St.-Sch.-Länge), also zwischen Ausbildung der Membr. bucco-nasalis und beginnender Verschmelzung der Gaumenplatten. Bei Fehlen hereditärer und familiärer Momente und bei Ausschluß von Lues und entzündlichen Vorgängen denkt ALTMANN ursächlich „an eine auf inneren Ursachen beruhende, in einer abnormen Keimesanlage begründete Entwicklungsstörung". M. E. dürfte es sich hier aber um eine exogen entstandene Störung bei ursprünglich normaler Keimesanlage gehandelt haben.

ε) *Choanalatresie bei den Mißbildungen der Arhinencephaliereihe*, also bei Fehlbildungen, welche nicht nur das umgebende Mesenchym, sondern speziell auch die Nasensäcke selbst (neben dem Rhinencephalon und anderen Organen) ergreifen (Abschn. III, Kap. A, S. 58).

Der Rüssel der *Ethmocephalen* steht *nicht* mit dem Epipharynx in Verbindung. An einem Lammethmocephalus von OTTO (Nr. 109; zit. nach H. KUNDRAT, Lit. V/1) waren die „beiden kurzen Gaumenbeine dort, wo sie die Chn. begrenzen, welche aber mit dem ganzen Nasencavum fehlen, unter sich vereinigt, so daß sie eine knöcherne Platte bilden, die in der hinteren Nasenöffnung liegt". —

Bei der *Cebocephalie* ist schon eine, wenn auch sehr rudimentäre Nase vorhanden, welche in fast allen Fällen *rückwärts gegen den Epipharynx zu verschlossen* ist. Hierher gehören die in der Literatur wegen ihrer Ch.-Mißbildung zitierten Fälle von v. LUSCHKA, J. ARNOLD, GROSS und Fall 1 von H. KUNDRAT sowie zahlreiche andere seit 1882 publizierte Fälle. In KUNDRATS Fall 1 (siehe Abschn. III, S. 62) waren „die Flügelfortsätze des Keilbeines sowie die *vertikalen Teile* der Gaumenbeine klein, vollständig vertikal gestellt, letztere zu einem dreieckigen, zwischen ersteren eingeschobenen Knochen verschmolzen". Diese Verschmelzung zu einem einzigen Knochen war deshalb möglich, weil das Septum völlig mangelte. In LUSCHKAS Fall war es jedoch wegen eines Vomerrudiments nicht zur Verschmelzung gekommen und die beiderseitige Ch.-a. wurde durch zwei symmetrische Knochenblättchen hergestellt, welche von der Pars *horiz.* oss. pal. ausgingen und nach aufwärts rückwärts in etwas schiefer Richtung zur Unterfläche des Keilbeinkörpers stiegen und sich an diesen mit gezähneltem Rand anschlossen. — In ARNOLDS Fall (Kombination von Cebocephalie mit Otocephalie) fehlte das Septum gänzlich und die Nasenhöhle war rückwärts durch ein gemeinsames Knochenmassiv verschlossen. — In B. LANGS Beobachtung fehlten Septum und Vomer und statt der Chn. war eine einheitliche, aus den Part. vertic. oss. palat. hervorgegangene, nach oben sich verjüngende Knochenplatte zwischen den beiden Proc. pterygoid. eingeklemmt und erreichte oben den Keilbeinkörper. *Interessanterweise war an der Stelle der beiden Chn. je eine etwa kreisrunde grübchenförmige Vertiefung vorhanden! Bei diesen Cebocephalen waren also entweder einfache (fusionierte) oder getrennte Verschluß-plättchen in den Ch.-Rahmen eingelassen, deren Material sich teils vom vertikalen, teils vom horizontalen Teil des Gaumenbeines ableitete.*

Bei der *Arhinencephalie mit Defekt des mittleren Nasenfortsatzes* kommt es gelegentlich zum Gaumenschluß (Untergruppe). Es sind dann zwar sekundäre Chn. ausgebildet, sie präsentieren sich aber infolge des Septumdefektes als *unpaare* hintere Ausgangsöffnung. In diesen Fällen treten die *vertikalen Teile* der Gaumenbeine dicht aneinander und bilden so eine dicke knöcherne Wand, welche ungefähr dreieckig ist und einen unteren, von einer Seite zur anderen ausgeschweiften Rand hat, welcher fast bis ins Niveau der horizontalen Gaumenplatte reicht und oben eine Spitze besitzt, welche zwischen den mit den Wurzeln einander sehr genäherten Flügeln des Keilbeines an den Körper des letzteren stößt (z. B. Fall 4 von KUNDRAT). *Ist aber nicht nur der Gaumen, sondern überdies noch der hintere Nasenausgang verschlossen, dann ist eine vollständige bilaterale Ch.-a. vorhanden.* Diese Kombination beschrieb *ich* (Lit. X/5b) 1931, woselbst auf die Ch.-Verhältnisse besonders eingegangen wurde. An Stelle der Chn. fand sich ein *Knochenmassiv*, welches die Nasenhöhlen vom gehörig gebildeten Epipharynx trennte. Harter Gaumen außergewöhnlich dick (bis zu 9 mm). Die *histologische Untersuchung* ergab relativ gutes Erhaltensein des Septums in den hinteren Partien und einen ziemlich gut ausgebildeten Nasensack mit mehreren atypisch gestalteten Muscheln, mit Siebbeinzellen, Kieferhöhle und einem leicht atypisch mündenden Tränennasenkanal. Hinten reichte die Nasenhöhle weiter kaudalwärts hinab als vorne und endigte blind, ebenso auch der D. nasopharyngeus. *Zwischen beiden fand sich ein größeres, vorwiegend aus spongiösem Knochen gebildetes Massiv, welches anatomisch zum Os palatinum gehört und sich rückwärts an das Keilbein anschließt, ohne jedoch nachweislich mit demselben zu verwachsen* (vgl. hierzu Abschn. III, Kap. A, S. 67 u. Abb. 30—34). — Zur dritten Gruppe der Arhinencephalie gehört auch die öfters zitierte Beobachtung von BITOT. Das Septum fehlte, der Keilbeinkörper und die kleinen Flügel waren „atrophiert", *die Chn. durch zwei ziemlich regelmäßige dreieckige Knöchelchen* („Ossa triangularia") *mit unterer Basis und oberer Spitze verschlossen.* Die Basis derselben vereinigte sich mit der Pars horiz. oss. pal., die Spitze mit dem Keilbein, der äußere Rand entsprach dem freien Rand der inneren Flügel des Proc. pterygoid., die inneren Ränder bildeten miteinander eine mediane Spalte.

Zusammenfassung: Aus dem Vorstehenden erhellt, daß bei Cebocephalie und bei gewissen Formen der Arhinencephalie mit Defekt des mittleren Nasenfortsatzes hintere Nasenverschlüsse sehr häufig bzw. regelmäßig angetroffen werden. *Das verschließende Knochenmaterial wurde stets vom Gaumenbein geliefert,* wenn auch von verschiedenen Abschnitten desselben. Die Verschlüsse sind gelegentlich plättchenförmig dünn und entbehren dann nicht weitgehender Ähnlichkeit mit den Diaphragmen bei typ. Ch.-a., namentlich wenn man ihre Einpassung in den Ch.-Rahmen berücksichtigt (v. LUSCHKA, BITOT). Einmal fanden sich in den Verschlußplatten kreisrunde grübchenförmige Vertiefungen (B. LANG).

ζ) Bei *Proboscis lateralis* (siehe Abschn. III, Kap. A, S. 83).

Ihrer Ch.-Verhältnisse wegen sind namentlich einige zu den Gruppen b und c der Proboscis lateralis gehörige Fälle bemerkenswert. So der Fall von A. ŠERCER (vgl. S. 86) und die Fälle von A. SELENKOFF und B. LANG (vgl. S. 87): Im SELENKOFFschen Falle fehlte auf der Rüsselseite (rechts) der Vomer, und an Stelle der fehlenden rechten Nasenhälfte war ein Netzwerk von festen Knochenbälkchen vorhanden, welches hinten an Stelle der Ch. durch einen scharfen, dem Proc. pterygoid. anliegenden Rand von letzterem geschieden war und heller aussah als der Flügelfortsatz. *Der Rahmen der rechten Ch. war also erhalten, maß 17: 11 mm und war von Knochen ausgefüllt, so daß eine flache, von glatter Schleimhaut bekleidete Mulde resultierte,* welche im unteren medialen Teil einen *blinden Trichter von 5 mm Tiefe und 4 mm größtem Durchmesser* zeigte. Bezüglich der Beobachtung B. LANGS siehe S. 87 u. f. *Die Ähnlich-*

keit mit der typ. Ch.-a. ist in den angezogenen Fällen gewiß *bemerkenswert,* ganz besonders im Falle SELENKOFF, welcher zeigt, bis zu welcher Gestaltung der Ch.-Rahmen und die ihn verschließende Knochenmasse an einem Erwachsenen zu gelangen fähig ist, wenn der Nasensack völlig fehlt. — In derselben Weise verwertbar sind die der Proboscis lateralis nahestehenden Fälle von *Aplasie einer Nasenhälfte,* wie z. B. der S. 90, Abb. 43 genauer geschilderte Fall von G. TIEFENTHAL.

Zusammenfassend läßt sich feststellen, daß bei einer Reihe von Fehlbildungen, welche teils mit den embryonalen Gesichtsfurchen zusammenhängen, teils den ersten Kiemenbogen und den Schädelgrund betreffen, teils zur Arhinencephaliereihe gehören bzw. die Nasenausbildung beeinträchtigen, Ch.-Verschlüsse angetroffen werden, welche bisweilen sehr an die Diaphragmen bei typ. Ch.-a. erinnern. Dies trifft besonders für einige Fälle von Proboscis lateralis und Aplasie einer Nasenseite zu. Gerade solche Fälle zeigen ferner, daß *die Gestaltung des typischen Ch.-Rahmens weitgehend unabhängig von der Gegenwart eines Nasensackes ist und vornehmlich garantiert wird von der Unversehrtheit des hierfür erforderlichen Materials* (Schädelgrund-Keilbein-Gegend, Oberkiefer- und Gaumenfortsatz des ersten Kiemenbogens). Sind Nasensäcke vorhanden, so genügen mancherlei Alterationen in ihrer Nähe (wie bei den Gesichtsspalten), um Störungen in der Ausbildung der sekundären Ch. (Choanalatresie) zur Folge zu haben.

4. Zusammenfassung über formale und kausale Genese der Choanalatresien.

Formale Genese der Choanalatresien der Gruppen a, b und d (vgl. hiezu auch Lit. IX/1 u. 3): Schon A. SCHWENDT wies 1889 auf die große Ähnlichkeit der typ. Ch.-a. mit Ch.-Verschlüssen bei einzelnen Monstren der Arhinencephaliereihe hin. Auch wagte er einen Vergleich mit den normalen Nasenverhältnissen bei den Fischen, bei welchen (mit Ausnahme der Myxiniden und Dipnoi) das Nasalorgan gegen die Mund-Rachen-Höhle zu verschlossen ist. Die im vorstehenden angeführten Ermittlungen ergaben, daß das *verschließende Diaphragma bei Gruppe d* (mit Ausnahme des ganz anders gearteten Falles von ALTMANN) *wahrscheinlich stets dem Gaumenbein angehört,* und zwar teils der Pars horizontalis, teils der Pars verticalis desselben. Namentlich für die Fälle von Proboscis lateralis und Aplasie einer Nasenhälfte mit normal oder annähernd normal konfiguriertem Ch.-Rahmen ist dies sehr wahrscheinlich. In Übereinstimmung damit sind auch die Diaphragmen bei der typ. Ch.-a. ebenfalls vorwiegend vom Gaumenbein abzuleiten. Der histologisch untersuchte BERBLINGERsche Fall hat dies bewiesen. Hier prävalierte die P. verticalis, daneben war in den medialen Bezirken der Verschlußplatte noch eine vom Vomer ausgehende Knochenportion vorhanden. Die Bildung des Diaphragmas von Knochenteilen aus, die der lateralen und oberen Wand des Ch.-Rahmens zugehören (im wesentlichen also Keilbeinanteile!), ist dagegen ganz außerordentlich selten und nur in dem ALTMANNschen Monstrum sichergestellt (über die Deutung von *Knorpelresten* in der Beobachtung von J. P. STEWARD vgl. S. 157). In ALTMANNS Fall hatte es sich dementsprechend um eine Mißbildung der Keilbeinregion mit gleichzeitiger schwerer Verbildung des Ch.-Rahmens gehandelt. C. HOPMANN vertrat die Anschauung, daß die Ch.-a. sich durch Verwachsen der Rahmenteile bilde; für ihn ist die typ. Ch.-a. nur der höchste Grad der Ch.-Stenose und das so häufig an der Rückfläche der Diaphragmen vorhandene Grübchen nur der Rest der ursprünglich vorhanden gewesenen Öffnung. Die HOPMANNsche Auffassung könnte höchstens für einzelne Fälle von atyp. Ch.-a. (siehe diese!) mit gleichzeitiger Verbildung und Verengerung des Ch.-Rahmens zutreffen, kommt aber offenbar für die Genese der typ. Ch.-a. nicht in Betracht. Dies deshalb nicht, weil bei typ. Ch.-a. der

Ch.-Rahmen normal oder, wenn verkleinert, völlig proportioniert ist, der Verschluß sehr häufig ventral vom Ch.-Rahmen (nämlich intranasal!) liegt und weil bei unvollständiger, aber sonst typ. Ch.-a. gleichzeitig daneben eine typische Grübchen- bzw. Lochbildung vorhanden sein kann, wie der S. 156, Abb. 88 angeführte Fall von O. Kahler beweist.

1891 hat F. Hochstetter über die Bildung der *primären Choane* (= pr. Ch.) beim Menschen grundlegende Feststellungen gemacht. Der Ausbildung derselben geht ein Stadium voraus, in welchem das Epithel des Riechsackes ohne dazwischenliegendes Mesoderm direkt an das Epithel der primären Mundhöhle stößt. Die daraus resultierende, etwa am 38. Tage des Embryonallebens in größter Ausbildung begriffene Membran wurde von F. Hochstetter *Membrana bucco-nasalis* (= M. b.-n.) genannt. Unter fortschreitender Größenzunahme der Mund- und Nasenhöhle reißt die M. b.-n. etwa um den 40. Tag herum ein,[1] woraus eine sich in der Folge mehr und mehr in die Länge ziehende Verbindung der primären Nasenhöhle mit der primären Mundhöhle ergibt, eben die sogenannte *primäre Choane. Es lag nun nahe, die Ch.-Atresie mit einer Ausbildungsstörung der pr. Ch. in Verbindung zu bringen.* Haag (und Siebenmann) qualifizierten die typische Ch.-Atresie als eine „regelmäßig in derselben Weise eintretende Störung im normalen Entwicklungsvorgang der Nasenhöhle", ließen es aber unentschieden, ob erstere darin besteht, daß die M. b.-n. statt einzureißen von Mesoderm durchwuchert wird und so einen bleibenden Verschluß der Nasenhöhle nach hinten bedingt oder ob diese Membran später (bei der Bildung des sekundären Gaumens) mit dem nach hinten und unten wachsenden Septum an die Stelle des Ch.-Diaphragmas zu liegen kommt. Diese vorsichtige Fassung wurde in der Folge von vielen Seiten als Theorie der *Persistenz der M. b.-n.* bezeichnet. Später wurde sie von einzelnen wieder fallengelassen. J. Lang erblickt neben der Haag-Siebenmannschen Auffassung eine zweite Möglichkeit darin, daß sich die Verschlußplatte unabhängig von der M. b.-n. entwickle. „Da die Abgrenzung des hinteren Teiles der Nasenhöhle von der lateralen Seite durch Auswachsen der Proc. palatini zustande kommt, mußte sich die verschließende Platte auch aus dem oberen Gesichtsfortsatz, also von der lateralen Seite entwickeln." D. v. Hansemann (Lit. X/3) glaubt, daß weder Hemmungsbildung noch intrauterine Entzündung eine Rolle spiele und man *Variation der Knochenbildung* annehmen müsse. Ähnlich Berblinger, welcher auf Grund einiger mir nicht stichhaltig erscheinender und übrigens unsicherer Schleimhautdetails *annimmt*, daß in einer sehr frühen Embryonalepoche (spätestens in der Periode des Gaumenschlusses, wahrscheinlich zwischen der sechsten und dem Ende der zwölften Fetalwoche) *die bindegewebigen Vorstadien der die Choanen begrenzenden Knochen* (insbesondere der Gaumenbeine) *sich septalwärts exzessiv und abnorm entfalten* (unter unmittelbarer Berührung der vorgewölbten Epithele der späteren lateralen und der medialen Nasenwand) und daß dadurch eine Verschlußplatte entstehe. Berblinger setzt die Bildung der Ch.-Diaphragmen in Parallele zum physiologischen Gaumenschluß und erblickt in der Auffindung von Epithelcysten und soliden Epithelzellhaufen in der Nähe der Basis des Diaphragmas eine Bestätigung seiner Annahme. Die *kausale Genese* eines solchen exzessiven Wachstums ist nach Berblingers Ansicht völlig dunkel, bestimmt aber liege mehr als eine bloße „Variation der Knochenbildung" vor. Die Altmannsche Ansicht wurde höher oben wiedergegeben. Zur gleichen Zeit (1931) habe *ich selbst* (Lit. X/5b) anläßlich der Beschreibung des höher oben (Abschn. III, Kap. A, S. 67 bzw. S. 166) refe-

---

[1] V. Veau und G. Politzer (Lit. VIII/B 1, S. 299, Fig. 38) haben den Eindruck, daß die Ränder der pr. Ch. auseinandergezogen und letztere dadurch zerrissen werde.

rierten Falles von Arhinencephalie mit Ch.-a. auf Grund von entwicklungsgeschichtlichen, vergleichend-anatomischen und experimentell-teratologischen
Tatsachen *wieder auf die M. b.-n. als Ausgangspunkt der Ch.-a. hingewiesen,*
freilich in einer völlig geänderten Form, als dies bisher geäußert worden war.

Beim Aufbau der Nase (Riechplakode, Riechgrübchen, Ausbildung des Blindsackes usw.) *ist dem Riechplakodenepithel eine hochaktive Rolle zugewiesen,* indem es
eine aktive Einsenkung ins Kopfmesoderm hinein zustande bringt. Bei allen aktiven
Epitheleinsenkungsvorgängen (Ausbildung der Gastrula, der Saugnäpfe der Anuren
und anderer embryonaler Primitivorgane derselben usw., vgl. Abschn. I, S. 16 und
Abschn. II, S. 28 und 38) konnte A. RUFFINI übereinstimmend das Auftreten von
Keulenzellen nachweisen, welche ihr keulenförmig angeschwollenes Ende körperwärts
kehren und es solcherart eindringen lassen. In Übereinstimmung damit wurde auch
in den ersten Phasen der Nasenausbildung von L. MARCHETTI (Lit. I/a) am Bufokeim
das Auftreten dieser keulenförmigen Zellen festgestellt und abgebildet. In der Folge
wird die Bildung des Hohlorgans ergänzt und vertieft durch das Vorwachsen der die
Riechzone umgrenzenden Mesodermbezirke (mittlerer und lateraler Nasenfortsatz
usw.) unter Heranziehung von Oberflächenepithel der Umgebung (Nasenvorhofs-
bildung). Für die schließliche normale Ausgestaltung ist natürlich Bedingung, daß
nicht nur der Epithelsack, sondern auch das Substrat, innerhalb welches sich alle
Phasen der Nasenentwicklung abspielen (nämlich mittlerer und lateraler Nasenfortsatz, Oberkieferfortsatz und Schädelgrund) normal angelegt, also nicht defekt ist.
Bezüglich der *feineren Vorgänge bei der Ausbildung* der ersten Phasen *des menschlichen Nasensackes* sei auf die ausführliche, mit den HOCHSTETTERschen Darlegungen
konforme Schilderung bei K. PETER (Lit. IX/1 a u. b) verwiesen: Die Epithelbrücke,
welche den Riechsack mit der äußeren Furche zwischen mittlerem Nasenfortsatz und
Oberkieferfortsatz anfangs noch verbindet, wird bald dehiszent. Diese Dehiszenz
schreitet mit dem Längenwachstum des Nasensackes nach beiden Seiten fort, ohne
den oralen Grund des Blindsackes mit abzuheben. „Durch die so geschaffene Brücke
tritt Bindegewebe ein und vereinigt die erst nur epithelial verschmolzenen Gesichtsfortsätze auch in ihren mesodermalen Teilen; so bildet *das Geruchsorgan einen Blindsack, der apical mit weiter Öffnung nach außen mündet, eine Strecke weit frei im Mesoderm liegt und mit seinem blinden Ende wieder an die Epidermis stößt.*“ Diese letzte,
rein epitheliale Verbindung bleibt lange bestehen, weitet sich mit der breiten Zunahme
des Lumens im hinteren Teile des Nasensackes aus, verdünnt sich (*M. b.-n.* HOCH-
STETTERs) und reißt schließlich ein, so daß jetzt erst die Nasenhöhle mit der primären
Mundhöhle in Verbindung gesetzt wird (*primitive Choane*).[1] K. PETER erklärt das Durchreißen der M. b.-n. nicht für einen rein passiven Vorgang, sondern denkt wenigstens
z. T. an *aktive Vorgänge des Epithels des Nasensackes,* „da ja eine Ausweitung des

---

[1] Neuerdings wird von P. P. SCHNEIDER und von A. GLÜCKSMANN (Lit. IX/4) in
Anlehnung an die alte HISsche Auffassung eine einheitliche Linie für die Primitiv-
entwicklung des Geruchsorgans bei Sauropsiden und Säugern aufzuzeigen versucht.
Allen gemeinsam sei der Beginn des Schlusses der *Riechrinne* an der Grenze zwischen
mittlerem und kaudalem Drittel, die Nichtteilnahme des Oberkieferfortsatzes an
diesem Epithelverwachsungsprozeß und daß die primitive Ch. mit dem Beginn der
Nasenbodenbildung nach Größe und Gestalt fertig angelegt sei. Die Bildung der
M. b.-n. bei Säugern an Stelle der Ch. wird ebenso wie die des Nasenpfropfes an
der äußeren Nasenöffnung als eine Interferenz mit der Peridermbildung *ohne prinzipielle Bedeutung* angesehen. [*Diese,* den Untersuchungen von F. HOCHSTETTER
und von K. PETER diametral entgegengesetzten *Angaben scheinen mir einer gründ-
lichen Überprüfung zu bedürfen* ! Übrigens haben V. VEAU und G. POLITZER (Lit.
VIII/B 1) kürzlich eine eingehende Darstellung der *Entstehung des primären Gaumens*
gegeben, welche durchaus die Angaben von F. HOCHSTETTER (l. c.) und von K. PETER
(l. c.) bestätigt.] Angefügt sei, daß SCHNEIDER die von M. KUREPINA entwickelten
Vereinheitlichungstendenzen zwischen der Nasenentwicklung der Amphibien einerseits und der Sauropsiden und Säuger anderseits in Übereinstimmung mit den bisherigen Anschauungen der führenden Anatomen ablehnt.

Nasensackes im hinteren Abschnitte wohl nur unter aktiver Mitwirkung des Epithels geschehen kann und überdies eine *aktive Aussprossung des Epithels im hintersten-untersten Nasenbezirk dicht hinter und etwas kranial von der M. b.-n.* erwiesen ist". Durch letzteren Vorgang wird eine zwischen Mundhöhlendach und hinterstem Nasenbereich dicht hinter der noch erhaltenen oder schon durchgerissenen M. b.-n. gelegene *mesodermale Gewebsmasse* abgegrenzt, welche als *Lamina terminalis* (= L. t.) bezeichnet wird.[1] (Die L. t. stellt die Bildungszone der als *Schlußplatte* bezeichneten horizontalen, knochenführenden Lamelle dar, welche von der vorderen-unteren Keilbeinfläche ausgehend, den Duct. nasopharyngeus überdacht und in ihrem vorderen Anteile unter der Bezeichnung „Haftplatte" den Siebbeinmuscheln zur Insertion dient [O. Seydel.] Die Ossicula Bertini des Menschen [Synonym für „Conchae sphenoidales"] sind nach E. Zuckerkandl der L. t. homolog.) *Die L. t. ist bei allen Säugern nachweisbar, beim Menschen deutlich ausgeprägt,* bei den über ein nur geringes Geruchsvermögen verfügenden katarrhinen Affen schlecht, bei Talpa europaea und bei Canis famil. jedoch sehr mächtig ausgebildet.

Zum Studium der *anatomischen Einzelheiten der M. b.-n. und der L. t.* eignen sich besonders die makrosomatischen Säuger. Die in Abb. 93a—f wiedergegebenen, ventralwärts fortschreitenden Frontalschnitte durch einen 12 mm langen *Hundeembryo* zeigen folgendes: bei a endigt die Nasenhöhle hinten frei im Bindegewebe mit einem soliden epithelialen Strang (*E*); bei b erkennt man eine selbständige Reg. olfact. mit einer *mesodermalen* Lamina terminalis (*lt*); bei c folgt die *epitheliale* Lamina terminalis (*lt*), welche bei d allmählich in die dünne gedehnte Membrana bucco-nasalis (*mbn*) übergeht; hier ist der Oberkieferfortsatz (*oKF*) scharf gegen den lateralen Nasenfortsatz abzugrenzen. Bei e folgt der epitheliale primitive Gaumen, bei f verkleinert sich der Oberkieferfortsatz und endigt schließlich noch weiter ventral im Gebiete des mesodermalen primitiven Gaumens. Hierauf folgt eine Zone, innerhalb welcher der Nasensack unten vom epithelialen primitiven Gaumen begrenzt wird, und schließlich tritt die offene Nasengrube zutage (diese letzteren Abschnitte der Serie sind nicht abgebildet). Durchaus Analoges konnte G. P. Frets auch für den Menschen zeigen. Wenn bei der Bildung der prim. Ch. die M. b.-n. in der Mitte zerreißt, dann muß man in diesem Stadium noch eine *Pars prae-* und eine *Pars postchoanalis* der M. b.-n. unterscheiden. An einem menschlichen Embryo konstatierte

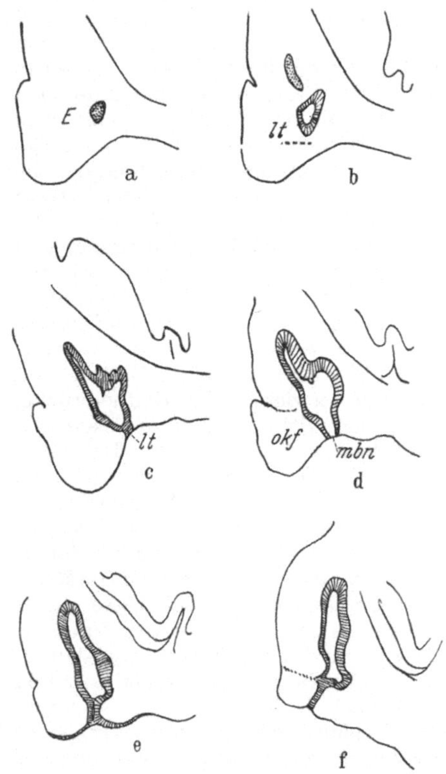

Abb. 93 a—f. Frontalschnittserie durch einen Hundeembryo, welche die Verhältnisse der dorsalen Portion des Nasensackes zu seiner Umgebung bzw. die Lam. terminalis und die primäre Choane illustriert. Legende siehe im Text (nach G. P. Frets).

---

[1] Abweichend davon gibt Dursy in seinem bekannten Werk ex 1869 an, daß im Bereich der primären, nunmehr in die Länge gezogenen Ch. der mediale mit dem lateralen Rand hinten „im Grunde" verwächst, während G. P. Frets (Lit. IX/4) anzunehmen scheint, daß diese „Verwachsung" im gleichen Niveau stattfindet. Viel wahrscheinlicher ist die oben gegebene Darstellung der Bildung der L. t., bei welcher *keine* „Verwachsungen" statthaben.

FRETS (l. c.), daß die Zerreißung der M. b.-n. anscheinend nicht in der Mitte, sondern mehr nach hinten stattfindet. Postchoanal fanden sich 9, prächoanal 17 Schnitte. „Einige von diesen Schnitten repräsentieren möglicherweise einen post- bzw. prächoanalen Abschnitt der M. b.-n., andere werden durch mesodermale Durchwachsung eine Vergrößerung des mesodermalen primären Gaumens bzw. der mesodermalen L. t. herbeiführen." Da sich oft nur eine minimale L. t. findet, „herrscht also eine große Variationsbreite in der Ausbildung während der Entwicklung der L. t. beim Menschen" (FRETS, l. c.). Abb. 94 zeigt die Verhältnisse der Übergangzone der prim. Ch. in den Ductus nasopharyngeus knapp vor Gaumenschluß und Herstellung der sekundären Ch. an Semnopithecus nasicus, einer catarrhinen Affenart, wobei *ro* die Regio olfact., *lt* die Lamina terminalis, *p. Ch.* die primitive Choane, *dnph* den Ductus naso-pharyngeus, *Gf* den Gaumenfortsatz und *ae* das abgehobene Epithel der Zunge bedeutet.

Aus dieser Darstellung geht hervor, daß *neben der eigentlichen Durchreißungszone der M. b.-n.,* welche sich hinter ihrer Mitte zu befinden scheint, *anfangs wenigstens noch eine nicht eingerissene Pars prae- und eine Pars postchoanalis der M. b.-n. vorhanden ist.* Diese Anteile können anscheinend in der Folge auch noch einreißen, wodurch die prim. Ch. weiter vergrößert wird, *sie können aber anscheinend sowohl vor als auch hinter der prim. Ch. mesodermal durchwachsen werden und vergrößern dann den primären Gaumen bzw. die mesodermale L. t. Aus den verschiedenen Ausbildungsgraden der L. t. und dadurch auch der M. b.-n.* mit ihrer Durchreißungszone bei verschiedenen menschlichen Embryonen *konstatierte* G. P. FRETS *eine große Variabilität in der Ausbildung dieser Verhältnisse.* Dies läßt den Schluß zu, daß hier *nicht nur eine an und für sich variable,* sondern wohl auch *sehr labile und wahrscheinlich leicht auf Störungen reagierende Zone vorliegt.*

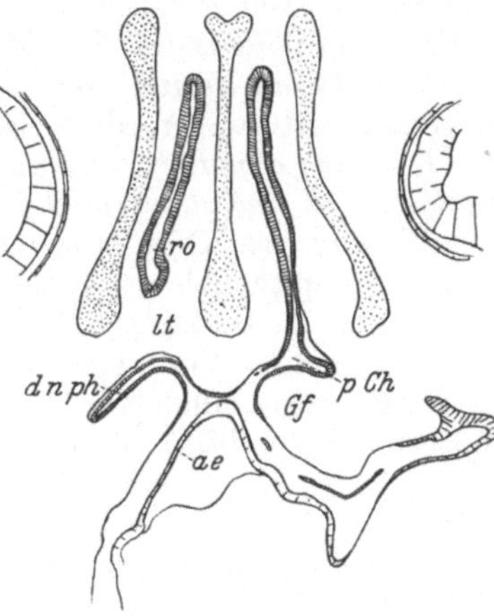

Abb. 94. Nicht ganz frontal geführter Querschnitt durch die hinteren Nasenbezirke von Somnopithecus nasicus. Legende im Text (nach G. P. FRETS).

Daß Störungen des die Nasensäcke bildenden aktiven Sinnesepithels zum Ausbleiben der Ch.-Bildung führen können, dafür sind sowohl die frei in der Natur gefundenen *Mißbildungen von Amphibienlarven* (KORSCHELT und FRITSCH, A. FISCHEL) als auch die zahlreichen an Amphibien (Anuren und Urodelen) angestellten Experimente ein *sicheres Zeugnis* (vgl. diesbezüglich die in Abschn. II, S. 34 u. ff. referierten Feststellungen zahlreicher Teratologen, wie E. T. BELL, H. SPEMANN, G. LEPLAT, G. COTRONEI, G. EKMAN, H. S. BURR u. A.). Mangels genügender experimenteller Erfahrungen an höheren Wirbeltierklassen müssen wir uns einstweilen mit solchen an Amphibien zufriedengeben. Obwohl wichtige Unterschiede in der Bildung des Nasalorgans zwischen Amphibien und Säugern bestehen (siehe K. PETER, Lit. IX/1 a, und Abschn. II, S. 38 u. 42), gibt es doch *in allgemein biologischer Beziehung* und namentlich *für die ersten Bildungsphasen der Nasenhöhle* so viele *grundlegende Parallelismen,* daß wir uns bei unseren Betrachtungen über nasale und choanale Fehlbildungen des Menschen der Erfahrungen an Amphibien als Leitfaden bedienen können.

Bezüglich der *Ch.-Bildung bei den Amphibien* (vgl. hierzu Abschn. II, S. 38 und Abb. 6 u. 7) ist folgendes beachtenswert: Auf der Mundhöhlenseite bilden sich zwei querstehende entodermale Ch.-Falten aus, welche vom aktiv vordringenden Nasensack, also vom Ektoderm her induziert werden. Bei Transplantationen des Nasensackes und aktivem Vorwachsen seines Epithels mundhöhlenwärts wird nicht unter allen Umständen eine Ch.-Faltenbildung induziert, sondern wohl nur dann, wenn die hierfür geeigneten Stellen der Mundhöhle in den Bereich der Ektodermwirkung fallen, wogegen „ortsfremde Stellen der Mundhöhle durch die Einwirkung der ektodermalen Nasenanlage zur Ch.-Bildung nicht induziert werden" können. Zur regelrechten Ch.-Bildung der Amphibien ist also eine feine Zusammenstimmung von Ektoderm und Entoderm erforderlich. Daß sich bei gröberen Fehlbildungen am vorderen

Körperende, wie bei *Prosophthalmie* und namentlich bei *Synophthalmie, rudimentäre Ausbildung der Nasensäcke und Ch.-Mangel* findet, nimmt infolgedessen nicht wunder. Aber auch viel geringere Störungen können *Ch.-Mangel* zur Folge haben. Dies geht u. a. aus zahlreichen Nasenregenerationsversuchen G. EKMANS hervor (siehe Abschn. II, S. 39 und Abb. 8a—m).

Da nun auch beim Menschen die Bildung der prim. Ch. einen aktiven Vorgang darstellen dürfte (siehe darüber die höher oben wiedergegebene Anschauung K. PETER's) und da, wie früher gezeigt wurde, schwerere, aber auch leichtere Fehlbildungen an den Nasensäcken oder in deren unmittelbarer Umgebung zum *Ch.-Mangel* führen können, so liegt hier *zwischen den natürlichen und künstlichen Fehlbildungen der Amphibien mit Ch.Mangel einerseits* und den *natürlichen Fehlbildungen des Menschen mit Ch.a. anderseits ein anscheinend weitgehender Parallelismus vor.*[1] Es ist daher naheliegend anzunehmen, daß bei Ausbildungsstörungen des Nasensackes auch die *Ausbildung der M.b.-n. und der L.t. eine abnorme* sein kann, *indem die M.b.-n. über eine zu kurze Strecke gebildet wird und dann auch der einreißende Bezirk (prim. Ch.) eine zu geringe Ausdehnung hat.* Dies gibt die Möglichkeit, daß nunmehr in die vergrößerten Zonen der epithelialen und mesodermalen Lam. terminalis Mesoderm einwächst, wodurch es zu Bildungen kommt, welche sonst nicht angetroffen werden. Es ist klar, daß solche Vorgänge von einschneidender Bedeutung für das schließliche Endresultat, nämlich für die gehörige Ausbildung der sekundären Ch. sein müssen, *da begreiflicherweise nur dann mit einer normalen Ausbildung einer sekundären Ch. gerechnet werden kann, wenn die vorgängige Ausbildung der primären Ch. und der L.t. eine normale gewesen ist.* M. E. darf man sich also *vorstellen, daß unter der Einwirkung störender Verhältnisse* die Ausbildungshöhe bzw. *Ausbildungsstrecke der M.b.-n. eine zu geringe ist,* dementsprechend die von G. P. FRETS als Pars prae- und postchoanalis bezeichneten Bezirke größere sind und daß *nunmehe die Ausbildung der prim. Ch. nur über eine verkleinerte Strecke hin erfolgt, welche für die gehörige Bildung der hinteren Nasenausgangsöffnung, i. e. sekundäre Ch., nicht hinreicht; oder daß* — in Anlehnung an einzelne der oben zitierten Erfahrungen an Amphibien — *die Ausbildung der M.b.-n. und damit der prim. Ch. gänzlich unterbleibt* (STUPKA, Lit. X/5b).

Den letzteren Fall dürfen wir uns wohl gegeben denken bei jenen *schweren nasalen Mißbildungsformen,* bei welchen eine mehr minder rudimentär ausgebildete Nasenhöhle keinen „Anschluß" an den meist normal ausgebildeten Epipharynx gefunden hat, sondern durch eine knöcherne Barriere von ihm und von der Mundhöhle geschieden ist (schwere Mißbildungen der Arhinencephaliereihe, als Paradigma *mein* S. 67 und S. 166 beschriebener Fall). Da sich von der *primären* Nasenhöhle die ganze Regio olfact. und ein Großteil der Regio respiratoria herleitet, so hängt die Ausbildung der Riechzone und die Muschel- und Nebenhöhlenausbildung vom Zustand des Nasensackes und seiner mesodermalen Umgebung ab. Bei Schädigung desselben kann offenbar auch *der für die Anlegung an das Ektoderm der primären Mundhöhle und für die Ausbildung der M.b.-n. bestimmte und hierfür befähigte Teil seiner Funktion nicht oder nicht genügend nachkommen und somit unterbleibt sowohl die Ausbildung der Membran als auch die der pr. Ch.* Beim Auswachsen der Gaumenfortsätze kommt es also auch nicht zu einer Überwachsung und Verdeckung der prim. Ch., vielmehr dürften die Gaumenfortsätze unter den Nasensäcken, die sich ja von vornherein mangelhaft ins Kopfmesoderm eingegraben haben, direkt medianwärts weiter-

---

[1] Erst kürzlich schrieb F. HOCHSTETTER (Morph. Jahrb. 77, 1936, S. 183): „Wir haben allen Grund, die sogenannten hinteren Nasenlöcher der Amphibien mit den primitiven Choanen der Keimlinge der Säuger und des Menschen zu homologisieren".

wachsen und hierdurch jene dicke Gewebsbrücke unten (mundhöhlenwärts) und hinten (epipharynxwärts) zustande bringen, welche das Nasenrudiment allseits isoliert (Ch.-a.) und auch in meiner oben beschriebenen Beobachtung vorhanden ist. Denn daß das zur Bildung des sekundären Gaumens bestimmte Material in meinem Falle und in anderen ähnlichen tatsächlich von beiden Seiten her nach der Mittellinie vorgedrungen sein mußte, ergibt der anatomische Befund (Gaumenbeine, wenn auch mißbildet, vorhanden, ebenso der weiche Gaumen, Uvula bifida).

J. ARNOLD hat 1867 anläßlich der Beschreibung eines Falles, der als Cebocephalie plus Otocephalie zu qualifizieren ist, sich dahin geäußert, daß die Nasenhöhle in ihrem ersten Zustande (völlige Trennung von der Mundhöhle) verblieben sei. Obgleich zu dieser Zeit die Basis zur Formulierung einer solchen Ansicht noch nicht geschaffen war, da man ja bis 1891 ganz im Gegenteil an der HISschen Vorstellung einer primär offenen, die Nasenanlage mit der primären Mundöhle verbindenden Nasenrinne festhielt, verdient doch diese anscheinend intuitiv erflossene Vorstellung vermerkt zu werden.

Für weniger schwer mißbildete Fälle glaube ich es statthaft, sich die Vorstellung zu bilden, daß *hier die Ausbildung der M. b.-n. partiell gehemmt wurde und daher nur in kleinerem Ausmaß erfolgte.* Dort aber, wo ein kleiner Zellbezirk des Nasensackes Verbindung mit dem Ektoderm der Mundhöhle gewinnen konnte, dort reißt sie sicherlich auch durch, weil eben die Voraussetzungen hierfür völlig erfüllt sind. Es handelt sich demnach *nicht* um eine „Persistenz der M. b.-n.", bzw. um eine Rückverschiebung letzterer an den Ort, wo man die spätere (sekundäre) Ch. antrifft, sondern um eine *mangelhafte Ausbildung dieser M. b.-n.,* die dann natürlich auch nur eine *kleinere pr. Ch.* zustande bringt. Die Folge davon ist, daß die beim nachfolgenden Schädelwachstum de norma sehr sich in die Länge ziehende *Ch.-Spalte kleinere Dimensionen aufweist* und daß namentlich *hinter ihr ein größeres Mesodermlager erhalten bleibt,* welches das Ausmaß des hier normalerweise anzutreffenden, der L. t. entsprechenden Areals wesentlich überschreitet. *Diese atypischerweise zurückgebliebene Mesodermausbreitung dürfte* teils eben hierdurch *zur Grundlage der Ch.-a. werden,* teils dadurch, daß sie, ähnlich wie höher oben bezüglich der ersten Eventualität ausgeführt, an der Schädelbasis seitlich entspringende, *dem Gaumenfortsatz zugehörige Mesodermmassen wenigstens z. T. in Gebiete ablenkt, in welche sie sonst nicht vorwuchern.* Der Gaumenfortsatz, dessen eigenes Material keinesfalls vermehrt ist, wird dann nicht nur zur Bildung des sekundären Gaumens und zur Überwachsung der primären, in ihrer Dimension verminderten Ch. verwendet, sondern auch zur Diaphragmenbildung. Zur Irreleitung trägt gewiß bei, daß die primäre Störung, welche den Nasensack trifft, sicherlich auch seine Umgebung, nicht zuletzt den an der Nasenbegrenzung und an der Bildung der unteren Muschel und des sekundären Gaumens ausschlaggebend beteiligten Oberkieferfortsatz schädigt.

Unter der Annahme dieser Hypothese[1] *lassen sich m. E. auch verschiedene Details der Ch.-Diaphragmenbildung,* welche bisher keine Erklärung gefunden haben, *verstehen.* Je nach der Menge des vorhandenen oder hinzuwachsenden Mesoderms werden dicke oder dünne Diaphragmen resultieren, eventuell auch nur membranöse, i. e. bindegewebig bleibende. War die Störung weniger ausgedehnt, so resultieren „partielle Verschlüsse", wobei es für die Art der gegebenen Erklärung spricht, daß solche partielle Ch.-Atresien stets nur im *hinteren-oberen* Ch.-Bezirk anzutreffen sind. Zur Erklärung der *Loch-, Grübchen- und Dellenbildung* bzw. der in den meisten Fällen nasalwärts gerichteten Konvexität der Diaphrag-

---

[1] Ausschlaggebende Bedeutung kommt diesbezüglich natürlich der Untersuchung von *Embryonen mit Ch.-a.* zu; bislang wurden jedoch keine solchen Fälle mitgeteilt.

menmitte darf man vielleicht die Annahme wagen, daß darin eine mehr minder ausgiebige Aktion wahrscheinlich seitens des Munddachepithels allein zu erblicken ist, welche gelegentlich ans Ziel (Bildung eines oder mehrerer kleiner Löcher) gelangt, zumeist sich aber früher erschöpft und dann nur einen kurzen Kanal oder ein Grübchen erzeugt. Man müßte allerdings dazu ein ähnliches aktives Geschehen wie bei der Ch.-Bildung der Anuren supponieren, was zwar bei der normalen Ch.-Bildung des Menschen bisher nicht beobachtet wurde, in pathologischen Fällen aber infolge Verlustes der phylogenetischen Errungenschaften (durch Genschädigung?) wieder zur Geltung kommen könnte. Aus den Beobachtungen von L. v. Schrötter und E. Escat (Abb. 86 u. 87) geht hervor, daß es Fälle gibt, welche einen kurzen nach rückwärts verlaufenden, also *von der Nasenseite her sondierbaren Kanal* besitzen, bzw. *Einsenkungen des Epithels in Kanalform von beiden Seiten her* (wie im Falle von E. Escat). Dies entspricht wahrscheinlicherweise einem aktiven, aber nicht zu Ende gediehenen Annäherungs-, Verschmelzungs- und Durchreißungsprozeß von beiden Seiten her.[1] Daß die *Diaphragmen zumeist schräg* stehen, *ja öfters fast horizontal* (Kinder), wird daraus ohne weiteres erklärlich, daß auch de norma der D. nasopharyngeus anfangs in kranio-kaudaler Richtung äußerst niedrig ist, der vordere-untere Keilbeinwinkel sehr tief und die hintere Vomerkante sehr schräg steht. Erst während des postnatalen Gesichtsschädelwachstums wird sich allmählich unter Aufrichtung der Chn. auch das in dieselben eingelassene Diaphragma im gleichen Ausmaße mehr der Vertikalen nähern können. Da *als Sitz der Störung die L. t. bzw. die Gegend dicht vor derselben anzusehen ist,* so muß auch die durch das Einwachsen des Mesoderms entstehende „Verschließung" stets ungefähr am gleichen Orte liegen. Dies entspricht der Gegend der Gaumenbeinanlage. Dabei ist es m. E. völlig gleichgültig, ob das dem Diaphragma zugrunde liegende Knochenplättchen der Pars horiz. oder der Pars vertic. des Gaumenbeines oder beiden Teilen angehört, was übrigens auch in verschiedenen Fällen verschieden sein kann (siehe Lit.). *Erstreckt sich die Störung bis ins Keilbeingebiet* (Ausnahmefälle), *so wird auch der Ch.-Rahmen meist mißbildet sein* und es können dann Knorpelreste im Diaphragma gefunden werden. *Ob die hintere Vomerkante den Ch.-Rahmen hinten überragt* (wie ziemlich häufig) *oder nicht,* hängt wohl von individuellen, mehr oder minder ausgiebigen Wachstumspotenzen des hinteren, aus dem Schädelgrund herauswachsenden Septumanteils ab. Die durch das Herabwachsen des Septums erfolgende Teilung des vorerst unpaaren D. naso-pharyngeus dürfte so, wie in der Norm, von vorne nach hinten fortschreiten und wahrscheinlich erst unmittelbar nach dem Verwachsen der Gaumenplatten miteinander stattfinden. So wird es nicht überraschen, daß ein unter der Wegeleitung vorhanden gebliebenen Mesoderms sich aus dem Gaumenfortsatz entwickelndes Diaphragma mit dem Septum partiell verwächst.

Aus diesen Feststellungen und Erwägungen dürfte m. E. der Schluß zu ziehen sein, daß *vom formal-genetischen Standpunkt keine unüberbrückbaren bzw. prinzipiellen Unterschiede zwischen* den eingangs entwickelten Gruppen der „*typischen*", „*atypischen*" und der „*simultanen*" Ch.-a. bestehen, wenn im einzelnen auch

---

[1] Sollte sich diese Hypothese durch embryologische Funde nicht beglaubigen lassen, so müßte für die Ausbildung der „typischen Grübchen" die Erklärung ähnlich wie im Berblingerschen Falle (siehe diesen höher oben!) gegeben werden, daß nämlich diejenige Zone im Diaphragma, in welcher kein Knochen eingelagert ist bzw. keine Verschmelzung der Knochenteile miteinander erfolgt ist, die schwächste ist und deshalb das Grübchen darstellt. Lochbildungen an Stelle der Grübchen müßten dann entweder als sekundäre Durchreißungen dieser Grübchen oder als primäre Nichtverwachsungszonen aufgefaßt werden. *Echte Kanalbildungen* scheinen mir damit aber nicht erklärbar.

große Unterschiede in klinischer Beziehung obwalten, welche ganz mit Recht zur Abgrenzung der verschiedenen Formen gegeneinander geführt haben. Der Differenz in formaler Beziehung liegen offenbar *Störungen verschiedener Ausdehnung und Art* zugrunde:

a) *Reicht die Störung nicht sehr weit nach rückwärts* (Keilbeingebiet intakt), so bleibt der Ch.-Rahmen normal und der Nasopharynx von gehörigen Dimensionen. Dies ist bei der *typ. Ch.-a.* realisiert. Die Störung am Nasensack selbst und an seiner Umgebung (Oberkieferfortsatz, eventuell auch mittlerer Nasenfortsatz usw.) zeigt sich dabei nicht nur in der auf ungenügender Ausbildung der M. b.-n. und ihrer Folgezustände beruhenden Entstehung des Diaphragmas, sondern auch in der Mißbildung des harten Gaumens, Unterentwicklung der unteren Muschel und gelegentlich auch der von der primär-septalen Nasenwand abzuleitenden Siebbeinmuscheln, in eventueller Unterentwicklung der pneumatischen Nebenräume der Nase und in anderen Fehlbildungen, welche mehr oder weniger in der Nähe des hauptsächlich gestörten Focus gelegen sind. Bei Fehlen oder schwacher Ausbildung dieser begleitenden Mißbildungen war offenbar die Noxe relativ begrenzt oder nur schwach wirksam, was übrigens auch die ziemlich großen Varianten in der Diaphragmenbildung erklärt (siehe höher oben).

b) *Ist die Störung eine gröbere und reicht sie weiter nach rückwärts*, dann ist — wie zumeist bei der *atypischen* Ch.-a. — auch der Ch.-Rahmen mißbildet (verkleinert, asymmetrisch), der Nasopharynx verengt und niedriger (was namentlich bei einseitigen Fällen sehr augenfällig ist!) und überdies sind auch im Naseninnern schwere Verwachsungen (häufig schon ziemlich weit vorne beginnend) vorhanden. Daraus ergeben sich die relativ großen formalen Verschiedenheiten zwischen den einzelnen hierher gehörigen Fällen.

c) *Ist das Keilbeingebiet besonders oder allein geschädigt*, so werden daraus Störungen in der Ausbildung des Ch.-Rahmens, Asymmetrien und Verengerungen der Ch. resultieren. Eventuelle Verschlüsse (wie im Falle von ALTMANN) sind dann von Keilbeinanteilen (Proc. pterygoideus usw.) gebildet (statt von verschiedenen Gaumenbeinanteilen wie bei der typ. Ch.-a.).

d) Da die Störung bei den unter der Bezeichnung „*simultane*" Ch.-a. zusammengefaßten verschiedenen Fehlbildungen meist nicht bis an den Schädelgrund reicht, so ergeben sich bei diesen Formen gelegentlich Befunde, welche mit jenen bei der typ. Ch.-a. große Ähnlichkeiten aufweisen.

Was die **kausale Genese** der verschiedenen Formen der Ch.-a. betrifft, so haben wir es hier keinesfalls mit Gleichförmigkeit zu tun. Bezüglich der Ätiologie der *simultanen Ch.-a.* verweise ich auf die bei Besprechung der Grundstörungen gegebenen Aufklärungen (siehe die entsprechenden Kapitel in Abschn. III). Wir haben es hierbei überwiegend mit *von außen her einwirkenden Schädlichkeiten verschiedener Art* zu tun, *deren Angriffspunkte und Einwirkungszeiten verschiedene sind.* — Exogene (wahrscheinlich mechanische) Störungen scheinen mir für die *atypische Ch.-a.* verantwortlich zu sein, ähnlich wie ich dies für manche Fälle von endonasalen Verwachsungen (siehe S. 151 f.) als wahrscheinlich bezeichnet habe. Da wohl auch bei der atyp. Ch.-a. die Ausbildung der M. b.-n. und der L. t. in der oben geschilderten Weise zumeist gestört ist, so ist die *teratogenetische Terminationsperiode* bei solchen Fällen in die Ausbildungszeit der M. b.-n. zu verlegen, also spätestens etwa in die sechste Woche des Embryonallebens, sonst aber eventuell auch später bis gegen das Ende des zweiten Lunarmonats anzusetzen, wie aus dem S. 152 referierten Falle E. ZUCKERKANDLS ableitbar erscheint. — Über die kausale Genese der *Choanalverengerung und -asymmetrie (ohne Verschlußplatte)* wurde schon höher oben gesprochen (vgl.

S. 162). — Für die *typ. Ch.-a.* mag es a priori zweifelhaft sein, ob sie durch äußere Einflüsse entstanden oder nicht vielmehr als primäre Keimesvariation anzusehen ist. In den letzten Jahrzehnten sind *einige Tatsachen* aufgedeckt worden, welche *für Heredopathie sprechen.*

1912 wies J. Lang drei Fälle von rechtsseitiger kompletter knöcherner Ch.-a. bei einer Frau und zwei erwachsenen Kindern derselben (ein Sohn und eine Tochter) nach (siehe Abb. 95). Der Mann bzw. Vater wurde normal befunden. Genaue Nachforschungen ergaben, daß eine verstorbene Tante der Frau mütterlicherseits höchstwahrscheinlich ebenfalls an rechtsseitiger kompletter Ch.-a. gelitten hatte und daß ein Sohn besagter Frau, welcher niemals durch die Nase atmen konnte und in seiner fünften Lebenswoche an Erstickung gestorben war, möglicherweise ebenfalls mit Ch.-a. behaftet gewesen war. Dagegen erwiesen sich zwei weitere Kinder normal. Damit ist das Vorkommen der typ. Ch.-a. in zwei Generationen festgestellt und für eine dritte Generation (in der Aszendenz) höchstwahrscheinlich gemacht. Soweit

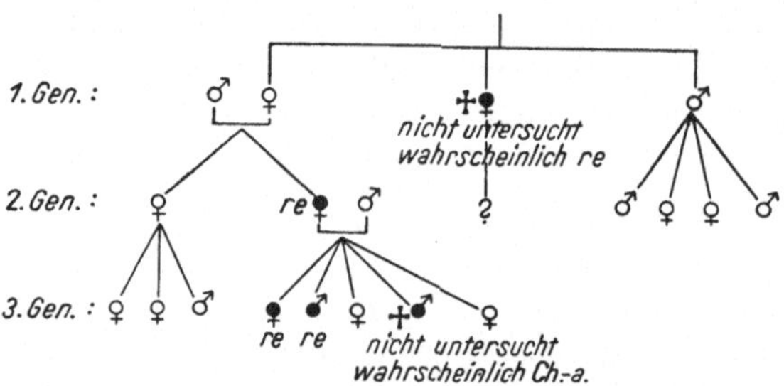

Abb. 95. Stammbaum einer Familie mit typischer Choanalatresie (nach Joh. Lang). Die vollen Kreise bedeuten Choanalatresie; *re* rechts.

ein Urteil möglich ist, *scheint es sich um einen rezessiven Vererbungstypus* zu handeln. A. J. M. Wright fand 1912 bei zwei Schwestern (14 bzw. 15 Jahre alt, sonst gesund und normal gebaut) doppelseitige knöcherne typ. Ch.-a., drei jüngere Geschwister und die Mutter waren gesund. 1931 konnte ferner J. P. Stewart über familiäres Vorkommen von typischer knöchern-membranöser Ch.-a. berichten: Es handelte sich um zwei Schwestern, wahrscheinlich war auch ein drittes Geschwister, welches am ersten Lebenstag gestorben war, gleichfalls damit behaftet gewesen. Bei den übrigen Familienmitgliedern und in der Aszendenz konnten keine analogen Fälle nachgewiesen werden. Durch eine genaue Familienanamnese konnte Alban Evans, welcher bei einem Neugeborenen bilaterale knöcherne vollständige Ch.-a. feststellte, Anhaltspunkte für den dringenden Verdacht gewinnen, daß die vier ersten Kinder aus derselben Familie, welche sämtlich meist schon in den ersten Stunden nach der Geburt gestorben waren, anscheinend mit derselben Mißbildung behaftet gewesen. Schließlich erwähnt K. A. Phelps (l. c. S. 144) nebenher eine Familie, in welcher sechs Mitglieder befallen waren und zwar die Mutter, zwei Schwestern derselben sowie zwei Töchter und ein Sohn dieser Mutter. Es scheint sich aber um eine fremde Beobachtung gehandelt zu haben, deren Autor nicht erwähnt wird.

Diese Feststellungen sprechen dafür, daß in den erwähnten Fällen eine primäre Keimesvariation (infolge pathologischer Genodemutation in den Gameten) vorlag. Diese Heredopathie muß m. E. in einer *keimmäßig gegebenen anomalen Ausbildungsbreite der M. b.-n. und der L. t.* bestehen bzw. sich äußern. Tatsächlich wurde ja von G. P. Frets bei menschlichen Embryonen an diesen Gebilden eine nicht unbeträchtliche Variationsbreite beobachtet. Es ist nun sehr wohl möglich, daß auch in jenen Fällen, für welche bislang familiäres Vorkommen bzw. Heredität nicht nachgewiesen wurde, präformierte Keimesanomalie vorlag. Dann müßten sämtliche Fälle von typ. Ch.-a. als auf *Heredopathie* fußend angesehen werden. *Es könnte aber auch sein, daß es neben sicheren solchen noch andere gibt,* welche dadurch entstehen, daß *in ursprünglich normalen Keimen erst während des intrauterinen Lebens somatische* (also nicht vererbbare) *Genodemutationen* (für den Ausbildungsbereich der pr. Ch. und der L. t.) *unter der Einwirkung toxischer exogener Noxen* auftreten. Letztere Möglichkeit scheint mir neben der ersteren nicht unwichtig zu sein. Aus dieser Darstellung erhellt, daß *für die* besonders interessante *Gruppe der typ. Ch.-a.* noch zahlreiche *weitere Nachfor-schungen* (Familienforschung!) *nötig sind* und daß auch von der Untersuchung einer möglichst großen Anzahl menschlicher Embryonen im Stadium der Ausbildung der M. b.-n. noch wichtige Aufklärungen zu erwarten sind.

G. Varianten, Anomalien und Mißbildungen der lateralen Nasenwand (Lit. IX/1 u. 6, X/7).

Im Naseninnern, namentlich am Muschelapparat und an den Nasenneben-höhlen, wurden häufig Anomalien festgestellt, bei welchen es zweifelhaft ist, ob es sich um Varietäten oder um echte Fehlbildungen handelt. Trotz des fort-geschrittenen Standes der heutigen Kenntnisse ist es nicht immer leicht, Ent-scheidungen zu treffen. Erst die weitere Verfeinerung unseres Wissens des Nor-malen bzw. verschiedener Typen desselben (unter besonderer Berücksichtigung der Rasseneigentümlichkeiten) wird es gestatten, eine genaue Scheidung in Varietäten einerseits und Abnormitäten bzw. Mißbildungen anderseits zu ziehen. Hiezu müssen neben den Tatsachen der normalen Anatomie des erwachsenen Zustandes namentlich die Ergebnisse der Ontogenese, der vergleichenden Ana-tomie sowie der Anthropologie herangezogen bzw. unsere Kenntnisse auf diesen Gebieten noch weiter vermehrt werden.

1. Zur Ontogenese und Phylogenese der Gebilde der lateralen Nasenwand (Lit. IX/1—6).

Nasenmuscheln und Nasengänge: Bei den *Amphibien* treten im Inneren des Nasen-sackes erstmalig muschelartige Wülste auf, von welchen ein an der lateralen Wand befindlicher als Vorläufer der Muschel der Reptilien bezeichnet wird. Von der Klasse der *Reptilien* aufwärts nimmt die Zahl der Muscheln langsam zu. Beispielsweise hat das Krokodil hinter der eigentlichen Muschel noch einen zweiten als Pseudoconcha bezeichneten Wulst, welcher vielleicht der Concha post. der Vögel homolog ist. Die *Vögel* haben überdies eine Schutzzwecken dienende, durch Einstülpung des äußeren Epithels entstandene Concha anterior im Nasenvorhof, eine den Vögeln eigentümliche, sonst nicht vorkommende Bildung. Alle diese Muscheln oder muschelartigen Gebilde gehen ausschließlich aus der *primär-lateralen* Nasenwand hervor. Der zweite Haupt-ursprungsort der Muschelbildung, die *primär-mediale* (septale) Nasenwand, tritt erst von der Klasse der *Säuger* ab in Erscheinung. Im Bereiche der hinteren-oberen Ecke des Nasensackes werden von der septalen Wand durch aktives Vorwachsen des Nasen-epithels Wülste abgefurcht, welche als Ethmoturbinalia bezeichnet werden und nach der Reihenfolge ihres sonst gleichartigen Entstehens die erste, zweite, dritte usw. *Siebbeinmuschel* darstellen. Die Siebbeinmuscheln sind das Hauptausbreitungsgebiet des Riechnerven, und dementsprechend ist bei den makrosmatischen Säugern auch eine größere Anzahl von Ethmoturbinalia vorhanden (jedoch nie mehr als drei bis vier). Der Mensch gehört (mit den verschiedenen Affenarten, Robben usw.) zu den mikrosmatischen Säugern. Nur ganz wenige Säuger sind in Anpassung an veränderte Lebensbedingungen anosmatisch. Bei diesen letzteren Kategorien hat eine Riech-muschelreduktion stattgefunden: Beim *Menschen* werden höchstens drei Ethmo-turbinalia angelegt und davon nur die ersten zwei (die *mittlere* und *obere* Nasenmuschel) ausgebildet, wie K. PETER (Lit. IX/1 b) mit einer alle Zweifel ausschließenden Sicher-heit nachgewiesen hat. Und zwar werden nacheinander durch *aktives Einwachsen* des Nasenhöhlenepithels in Form von Furchen (sogenannte *Hauptfurchen*) in die den Nasensack begrenzende, in Massenzunahme begriffene Mesodermmasse diese Sieb-beinmuscheln herausgeschnitten, stellen sich also genetisch als *Hauptmuscheln* dar. Durch Auftreten von *Nebenfurchen* kann die Oberfläche der Hauptmuscheln eine weitere Gliederung erfahren (*Nebenmuscheln*); *die meisten derselben verschwinden* jedoch noch während des embryonalen Lebens *durch ausgleichendes Wachstum* (K. PETER, l.c.), nicht aber durch Verwachsungen (Synechien), wie G. KILLIAN (Lit. IX/5) seinerzeit annahm. Eine dieser Nebenfurchen im Bereiche der zweiten Siebbeinmuschel bleibt meist bestehen und bildet den obersten Nasengang; das dadurch aus dem zweiten Ethmoturbinale herausgeschnittene Gebilde, die sogenannte *oberste Nasenmuschel*, stellt sich daher nicht als Haupt-, sondern als Nebenmuschel dar. Durch fortschreitendes Wachstum des Nasenepithels in der Tiefe der Hauptfurchen im Sinne von asymmetrisch-dichotomischer Teilung (M. SCHWARZ, Lit. IX/6b) erfolgt einerseits die Bildung weiterer Nebenmuscheln, anderseits die gesamte Pneumatisierung. Die gleiche aktive Rolle des Epithels ist auch bei dem Herausschneiden der Muscheln der *primärlateralen* Nasenwand (*Maxilloturbinale* und *Nasoturbinale*) wirksam. Diese *Conchae laterales* entstehen beim mikrosmatischen Menschen im Gegensatze zu den Makrosmatikern früher als die Ethmoturbinalia. Das *Maxilloturbinale* (Kiefermuschel, vulgo *untere Nasenmuschel*) ist der Concha der Saurier und Schlangen bzw. der Concha media der Vögel homolog, das *Nasoturbinale* der Säuger (= Agger nasi des Menschen) der oberen Muschel der Krokodile bzw. der Concha posterior (Riechhügel) der Vögel. Die *Ethmoturbinalia (Conchae mediales)* jedoch sind *den Säugern eigentümliche Bildungen* und können bei den verschiedenen Arten derselben nur untereinander verglichen werden. — Den vom *sekundären Nasendach* (Nasenfirst) bis zum Boden reichenden spaltförmigen Raum benennt man herkömmlicherweise mit dem Terminus *Meatus nasi communis*, den zwischen unterem Rand der unteren Muschel und Nasenboden gelegenen Raum als *unteren Nasengang*. Die Epithelwände des letzteren *verkleben* während des embryonalen Lebens *zeitweise* und öffnen sich später wieder durch Dehiszenz (K. PETER, Lit. IX/1b und Abbildung daselbst). Der *mittlere* Nasengang (Meat. nas. medius) liegt zwischen unterer Muschel (= u. M.) und erster Siebbeinmuschel (= mittlerer M.) und entspricht dem *primären* First des Nasensacks. „Das unter ihm gelegene Gebiet ist primär-lateral, das darüber befindliche primär-septaler Natur" (K. PETER, l. c.). Die Wichtigkeit dieser Abgrenzungszone in genetischer und topographischer Beziehung erkennend schlug L. GRÜNWALD (Lit. IX/1a) hierfür und gewissermaßen als Ersatz für den Terminus „mittlerer Nasengang" den Ausdruck „*Seitenraum*" vor. Der mi. Ng. (= Seitenraum L. GRÜNWALDs) gehört demnach zur primär-lateralen Nasenwand und die daselbst durch die aktive Rolle des Nasenepithels hervorgebrachten muschelartigen Gebilde und Nebenhöhlen natürlich ebenso. Als wichtigste und dauernd vorhandene Nebenmuscheln im Seitenraum sind der *Proc. uncinatus* und die *Bulla ethmoidalis* zu nennen, für welch letztere GRÜNWALD (l. c.) den nicht präjudizierenden Namen „*Torus lateralis*" gebraucht. (Die Bulla ethmoid. ist im embryonalen Leben überhaupt kein Hohlraum und später nur in 62% der Fälle pneumatisiert!) Die im Seitenraum befindlichen Vertiefungen, Rinnen und Gänge werden mit den Termini „Recess. frontalis", „Hiatus semilunaris" und „Infundibulum" bezeichnet. GRÜNWALD hat festgestellt, daß der *Seitenraum* sich bei einer größeren Reihe von Fällen in eine Pars anterior und eine Pars posterior scheidet, in anderen dagegen nicht; er sieht darin *zwei gleichberechtigte Typen*, die also nicht als Norm bzw. als Varietät einander entgegenzustellen wären.

Nebenhöhlen- und *Nebenmuschelausbildung:* Schon bei einzelnen Vertretern der *Amphibien* sind seitliche Ausbuchtungen der Nasenhöhle nachweisbar und am ehesten als Andeutungen eines Sinus maxillaris zu werten (P. R. NEMOURS, Lit. IX/3a), wenn auch dieser Recessus nicht vom Os maxillare umfaßt ist. Die meisten *Reptilien* haben *Kieferhöhlen* (MEEK, zit. nach K. PETER, Lit. IX/1a; P. R. NEMOURS, Lit. IX/3b). Bei den *Vögeln* öffnet sich die Kieferhöhle oberhalb der dem Maxilloturbinale der Säuger entsprechenden „mittleren" Muschel. Bei den *Säugetieren* können die Nebenhöhlen gewaltigen Umfang erreichen, fehlen aber den kleinen und den ans Wasserleben angepaßten Formen (Robben, Wale). Sind Nebenhöhlen vorhanden, so wechseln sie beträchtlich nach Anordnung, Weite und Zahl. Durch Eindringen des pneumatisierenden Epithels können die verschiedensten Gesichtsknochen luftführend werden, dabei kann die Pneumatisation homologer Gesichtsknochen von verschiedenen Nasengängen aus erfolgen. *Maßgebend für die Zuordnung und Benennung des einzelnen Hohlraumes ist die Stelle seiner Ausmündung in einen der Nasengänge*, da von letzteren aus ursprünglich der Epithelsproß ins umgebende Mesoderm eindrang. Bei der im allgemeinen nach lateral und aufwärts gerichteten Pneumatisation, die von verschiedenen Stellen gleichzeitig oder bald hintereinander einsetzt, spielt sich in dem zu pneumatisierenden Mesoderm ein Kampf der Epithelblasen um den Raum ab, wobei es zu gegenseitigen Behinderungen, Verdrängungen und Substitutionen kommen kann. Immerhin ist aber auf Grund der von den verschiedenen Arten und Familien der Säuger erworbenen Pneumatisationsnormen mit einer für eben diese Arten und Familien charakteristischen Topik zu rechnen. Neben einer *Kieferhöhle* trifft man bei den Säugern häufig auf einen *Sin. sphenoidalis,* das luftführende *Zellsystem des Siebbeines* ist bei Huftieren, vielen Fleischfressern und einzelnen anthropoiden Affen vorhanden, *echte Stirnhöhlen* finden sich aber *außer beim Menschen nur bei einzelnen Anthropoiden, nämlich Gorilla und Schimpanse* (A. KEITH, Lit. IX/3, H. WEINERT, Lit. IX/2). Bei den makrosmatischen Säugern sind in Keilbeinhöhle, Siebbeinzellen und Stirnhöhle Riechwülste vorhanden, bei den zu den mikrosmatischen Tieren gehörigen Menschenaffen und beim Menschen selbst sind diese Höhlen frei davon. Der *Recessus frontalis* des Menschen beginnt sich im vierten Lunarmonat auszubilden und gehört zur Pars anterior des Seitenraumes (wo eine solche vorhanden ist). Er kann ungegliedert bleiben oder durch Einsprossung von Epithel Teilungsvorgänge aufweisen, welche zur Bildung von sogenannten *Frontalzellen* führen. In diesem Bereiche findet sich bei vielen Säugern eine üppige Paraturbinalbildung, die, falls sie am erwachsenen Menschen angetroffen würde, als theromorphe Erscheinung infolge Wiederholung bzw. mangelnder Rückbildung phylogenetischer Vorgänge aufgefaßt werden müßte. Frontalzellen können sich auch durch Spaltungsvorgänge im Bereiche des Agger nasi bilden, ändern aber später ihre Lagebeziehung und werden dann beim Erwachsenen im Recessus frontalis gefunden, womit der Anschein erweckt wird, als ob sie davon ausgegangen wären. Da der Pneumatisationsvorgang beim Menschen einen noch nicht abgeschlossenen, sondern im weiteren Fortschreiten begriffenen biologischen Prozeß darstellt, wertet GRÜNWALD das *Bestehen* bzw. *Nichtvorhandensein von Zellen im Rec. front. als zwei verschiedene Werdetypen,* nämlich als *vollkräftigen,* zu definitiver Gestaltung ausreichenden Typus (wenn auch unter Umständen mit fetaler Regression) und als einen *vorzeitig sich erschöpfenden* und (nach fetaler Reduktion) vollständig unterliegenden. Fehlt eine Pars anterior des Seitenraumes, so ist letzterer dann nur von den Gebilden der *Pars posterior* eingenommen. Zu diesen zählt der *Torus lateralis* und der *Proc. uncinatus* und ein System von Spalten, Rinnen und Gängen, nämlich der *Hiatus semilunaris* und das *Infundibulum* (von GRÜNWALD z. T. umbenannt und in einen „Hiatus semilun. sup." [entsprechend dem Rec. sup. KILLIANS], in einen „Sinus lateralis" und in einen „Hiatus semilun. inf." unterschieden). Bezüglich des *Torus lateralis* (= Bulla ethmoidalis) konnte GRÜNWALD das Bestehen zweier Typen konstatieren, nämlich eines *soliden* und eines *ausgehöhlten* (pneumatisierten) Typus, letzteren als känogenetisches Produkt jener dem Siebbein des Menschen eigenen Pneumatisierungsvorgänge. Wegen des Fehlens von Paraturbinalpneumatisationen bei Tieren sieht GRÜNWALD im *soliden Typ* des Torus lateralis eine *theromorphe Erscheinung.* (Diese Deutung kann allenfalls für das Einzelobjekt dann gelten, wenn für das Ausbleiben der Pneumatisation krankhafte Störungen mit Bestimmtheit ausgeschlossen werden können.) Während bei niedrigstehenden Säugern sich im Seitenraum stets Paraturbinalia finden, wird ein Torus lateralis bei den Menschenaffen fast immer vermißt. Dagegen kommen bei niedriger stehenden Affenarten diesbezüglich manchmal menschenähnliche Bildungen vor. Dies läßt GRÜNWALD äußern, daß „die Herstellung phylogenetischer Zusammenhänge nichts weniger als leicht erscheinen muß". Immerhin deutet GRÜNWALD das in seltenen Fällen nachweisbare Zurückbleiben der Ausbildung des Seitenwulstes als „starken Reduktionsvorgang aus phylogenetischer Richtung her". — Bei allen *niederen* Säugern hat die Nebenmuschelbildung insofern Beziehung zur *Stirnbeinpneumatisation,* als die Zugänge zu den in der Regel mehrfachen Stirnhöhlen zwischen den Paraturbinalia liegen. Beim *Menschen* kann sich *die Stirnhöhle* sei es direkt aus dem *Rec. front.,* sei es aus dem *Sinus lat.* (einer nach GRÜNWALD vom Siebbein angeblich abzusondernden, ein- bis mehrzelligen Hohlraumbildung im Bereiche des Hiatus semilun. sup.), sei es aus *Terminalzellen* entwickeln, welche, am oberen Ende des Hiatus semilun. inf. entstehend, dann auch als „Frontalzellen" bezeichnet werden. Alle diese Frontalzellen können zu Stirnhöhlen auswachsen oder es kann sich eine Anlage gabeln, so daß zwei Hohlräume (Stirnhöhlen) mit einem gemeinsamen Ausgang entstehen. — Vom *Hiatus semilunaris inferior* gehen nach verschiedenen Richtungen hin Pneumatisationsprozesse (Recessus laterales, Aggerzellen usw.) aus, der Eingang in die *Kieferhöhle* findet sich zumeist am Hinterende desselben. *Läuft der Hiatus semilun. inf. flach aus,* was bei fast sämtlichen Affenarten die Regel ist, am menschlichen Fetus jedoch nur dreimal, am Erwachsenen sogar nur einmal von GRÜNWALD (Lit. IX/1a, S. 591) gesehen wurde, so darf man darin ein *pithecoides Merkmal* erblicken. Alles in allem konstatierte GRÜNWALD, daß der Seitenraum der menschlichen Nase ein Gebiet ist, auf welchem sich in seltener Fülle und Gedrängtheit Kämpfe der verschiedenen, die Körperbildung beeinflussenden Kräfte abspielen, und zwar neugestaltende „känoteletische" neben konservativ gerichteten „paläoteletischen" Trieben, beeinflußt von wechselnden mechanischen Widerständen der Nachbarschaft.

2. Derzeitiger Stand der Pneumatisationsfrage (Lit. X/1 u. 7).

Die Gefahr, Formabweichungen der Nebenhöhlen, Kleinheit, ja Fehlen derselben unter allen Umständen als das Resultat pathologischer Vorgänge, eventuell sogar als Fehlbildungen aufzufassen, wird durch die Zunahme unserer Kenntnisse der normalen Pneumatisation mehr und mehr gebannt.

Es ist das bleibende Verdienst von MOURET, als erster die *Varianten der Pneumatisation* (des Warzenfortsatzes = WFS.) *als* von Entzündungseinflüssen unabhängig und dadurch als *idiotypisch bedingt* erkannt zu haben. Daran reihten sich die histologischen Feststellungen WITTMAACKs, daß nur eine normale, von Säuglingsotitis und ähnlichen entzündlichen Affektionen verschonte Mittelohrschleimhaut zu typischer Pneumatisation befähigt ist. WITTMAACK konnte diesbezüglich vier gut charakterisierte Schleimhauttypen nachweisen, deren Pneumatisationspotenz eine Skala von Höchstleistung bis zu vollständigem Unvermögen darstellt. STEURER bestätigte diese Befunde.[1] In der Folge erkannte W. ALBRECHT auf Grund der Zwillingsforschung, daß die WITTMAACKschen *Pneumatisations-* und *Schleimhautformen* im allgemeinen nicht durch schädigende Umweltsfaktoren hervorgebracht sind, sondern im wesentlichen *verschiedene Idiotypen* darstellen, daß also den *Schleimhauttypen eine ererbte größere oder geringere Pneumatisationstüchtigkeit innewohnt, woraus sich wiederum der anlagemäßig bedingte, verschiedene Pneumatisationszustand des WFS. ableitet.[2] Die Pneumatisationsverschiedenheiten* sind also *nur zum kleineren Teile Folge paratypischer Einflüsse* (sogenannter Umweltsfaktoren, wie Blutungen, Entzündungen, falsche Ernährung usw.). Bei umweltlich ungestörter Tätigkeit wird die eine Schleimhaut eine gute, die andere eine schlechte oder gar keine Pneumatisation zustande bringen, bei Störungen von außen wird die eine Schleimhaut kaum oder überhaupt nicht, die andere sehr beträchtlich gestört werden. *Diese Feststellungen und Anschauungen dürfen im großen ganzen auch für die Ausbildung der Nasennebenhöhlen Gültigkeit beanspruchen.* Stillschweigende Voraussetzung ist, daß Knochen mit normaler Eignung zur Pneumatisation vorhanden ist.[3] Ideale Pneumatisation spricht dem-

---

[1] Die Zurückführung fehlender Pneumatisation auf *entzündliche Knochenapposition* wurde dadurch zwar erschüttert, doch können am Warzenfortsatz durch Knochenneubildungsvorgänge auf entzündlicher Basis *Struktur*änderungen zustande kommen. Die Verwandlung eines ehemals pneumatischen Warzenfortsatzes in einen apneumatischen ist allerdings unmöglich.

[2] WITTMAACK schrieb 1928 (Lit. IX/1e), daß auch er mehr und mehr dieser Ansicht zuneige.

[3] *Störungen der Knochenentwicklung* infolge Dysfunktion endokriner Drüsen (SHEA), *Stillstand der Knochenausbildung* (eventuell auch durch raumbeengendes Wachstum von Nachbarknochen), *Skeleterkrankungen,* welche den Knochen zur Resorption nicht geeignet machen, hemmend auf den Ersatz des Knorpels durch den Knochen einwirken bzw. die knöcherne Verschmelzung der zunächst bindegewebigen Skeletteile verhindern, sind normaler Pneumatisation abträglich. Dies ist bei der Dysostosis cleido-cranialis und bei der Marmorknochenkrankheit der Fall (dagegen

nach für die Anwesenheit und Tätigkeit einer durch Umwelteinflüsse überhaupt nicht oder nicht wesentlich gestörten (und störbaren) Schleimhaut, schwer gestörte oder gar fehlende Pneumatisation *kann* der Ausdruck hochgradiger Pneumatisationsunfähigkeit der Schleimhaut allein oder aber die Summation von Minderwertigkeit und Umweltsstörung sein. Infolge der späteren und länger dauernden Entwicklung der Nebenhöhlen und ihrer relativ exponierten Lage kommt indes hier dem *Umweltsfaktor eine größere Bedeutung zu als am Ohr.* Übereinstimmung im Pneumatisationscharakter ist am ehesten noch zwischen Stirnhöhle und WFS. nachweisbar (J. BECK, M. SCHWARZ), vielleicht da auf beiden Territorien die Pneumatisation eine relativ junge Errungenschaft darstellt. Ein wichtiger Unterschied besteht aber darin, daß bei den chronischen Nasennebenhöhlenaffektionen mangelhafte Pneumatisation meist vermißt wird (UFFENORDE; dagegen CARMODY).

Hier ist es vielleicht nicht unangebracht, den *derzeitigen Stand der Schleimhautfrage* zu skizzieren: Morphologische und funktionelle Gesichtspunkte haben bei der Beurteilung einer Schleimhaut durch den Kliniker durchaus ihre Berechtigung. Man kann eine *dünne, mitteldicke* und *dicke Schleimhaut* unterscheiden. (Ich vermeide lieber die Ausdrücke hypoplastisch-fibrös, normal-beschaffen und hyperplastischödematös, da damit z. T. pathologische Wertungen verknüpft sind, wo vorwiegend Konstitutionstypen vorliegen und sich gelegentlich vielleicht nur verschiedene funktionelle Zustände manifestieren.) Dabei ist wenig, mehr oder sehr viel Bindegewebe (letzteres allenfalls von verschiedener Struktur), ein geringer oder ein mehr minder reicher Drüsen- und Gefäßapparat und eine analoge Lympheinlagerung vorhanden. *Da die Nase Umwelteinflüssen sehr unterliegt,* ist es wahrscheinlich, daß ein etwa am Erwachsenen erhobener Befund nicht immer auch von allem Anfang an vorhanden war. (Man denke u. a. an die von vielen Autoren festgehaltene Behauptung, daß bei typischer Ozäna primär ein hypertrophisches Schleimhautstadium existiere!) Gewiß wird man auch eine *hochwertige* bzw. *minderwertige Schleimhaut* mit Bezug auf ihre Widerstandsfähigkeit gegen Infektionen und mit Bezug auf ihr Vermögen, nach solchen zu rascher Wiederherstellung bis zur Norm zu gelangen, unterscheiden dürfen. Daß verschiedene Idiotypen der Schleimhaut existieren, geht auch aus der Erbforschung über exsudative Diathese und über Rhinopathia vasomotoria hervor (RUNGE). Bei allergischer Konstitution (Asthma, Rhinopathia vasomotoria usw.) hat z. B. die Nasenschleimhaut sehr häufig ein charakteristisches Aussehen (diffuse grauweiße Verfärbung oder nur grauweiße Inseln, WOJATSCHEK, UNDRITZ, STORM VAN LEEUWEN — GERLINGS — VAN GILSE). M. SCHWARZ macht neuestens den Versuch, die verschiedenen morphologischen Schleimhautcharaktere ausschließlich auf den mesenchymatischen Grundstock der Mucosa zurückzuführen und, da die verschiedenen allgemeinen Körperkonstitutionstypen im wesentlichen ebenfalls auf Mesenchymdifferenzen beruhen sollen, letztere mit ersteren zu verknüpfen. Abgesehen davon, daß die alleinige Berücksichtigung des mesenchymatischen Grundstockes vielleicht zu einseitig ist, sind trotz mancher Übereinstimmungen doch noch zu viele Ausnahmen aus den SCHWARZschen Tabellen abzulesen. Man wird daher vorsichtigerweise noch mancherlei Reihenuntersuchungen an verschiedenen Altersstufen und an Angehörigen verschiedener Länder und Rassen abwarten müssen. Gerade aus den SCHWARZschen Tabellen läßt sich vermuten, daß die wohl durch verschiedene Gengruppen repräsentierten Merkmalsgruppen des asthenischen bzw. des sthenischen Habitus einerseits und der dünnen, drüsen- und blutgefäßarmen (fibrös-hypoplastischen) Schleimhaut bzw. der dicken, drüsen- und blutgefäßreichen (hyperplastischen) Schleimhaut anderseits durchaus nicht stets miteinander gleichsinnig gekoppelt vorkommen müssen, sondern nicht so selten auch voneinander getrennt und vielleicht auch kreuzweise verknüpft. Daraus ist aber abzuleiten, daß die genetischen Re-

---

anscheinend nicht bei Rhachitis). Bei *Persistenz der Frontalnaht* fand VAN GILSE zumeist Fehlen oder starke Unterentwicklung der Stirnhöhle, auf derselben Basis ist vielleicht auch die starke Unterentwicklung der Stirn- und Keilbeinhöhlen bei *mongoloider Idiotie* zu erklären, wenn nicht — was wahrscheinlicher ist — eine *konstitutionell bedingte Korrelation* zwischen dieser Idiotieform und kleinen Stirn- und Keilbeinhöhlen besteht (VAN GILSE). Über die Verhältnisse bei *Hypertelorismus* siehe S. 234.

präsentanzen (etwa für asthenischen Habitus und fibrös-hypoplastische Schleimhaut) nicht ein und dieselben, sondern voneinander verschiedene (aber einander vielleicht benachbarte?) sind. Jedenfalls muß man sich m. E. davor hüten, die Kompliziertheit dieser Verknüpfungen und Repräsentanzen zu unterschätzen. Im Lichte der Genforschung betrachtet, scheint mir der bislang ziemlich entgegengesetzte, anscheinend unverträgliche Standpunkt WITTMAACKS einerseits und ALBRECHTS anderseits nicht unüberbrückbar. Man darf sich wohl vorstellen, daß die verschiedenen, in ihrer Eigenart nicht mehr bezweifelten Schleimhauttypen eine aus zahlreichen Genen zusammengesetzte Repräsentanz haben, wobei die zu idealer Pneumatisation und höchster Abwehrleistung befähigte Schleimhaut noch über etliche Gene mehr verfügt als die minderwertigeren Typen. Die Evolution tendiert eben zu idealer Pneumatisation und geht dadurch mit einem Neuerwerb von Genen einher. Einstweilen sind aber nebeneinander verschiedene Schleimhauttypen und Pneumatisationsgrade anlagemäßig vorhanden (wofür übrigens auch die Rassenforschung spricht!). Es kann nun durch eine *Gameten*schädigung eine *Genodemutation* (vgl. hierüber Abschn. I) hervorgebracht werden, wodurch möglicherweise die letzten Erwerbungen am meisten betroffen werden. Es kann aber auch sekundär, während des fetalen oder frühkindlichen Lebens durch entzündliche oder toxische Einflüsse eine *Demutation somatischer Gene im wachsenden und schaffenden Schleimhautkomplex selbst* (im Sinne von K. H. BAUER) stattfinden, wodurch eine ursprünglich zu idealer oder doch guter Pneumatisation befähigte Schleimhaut diese Potenz verliert und zugleich dauernd ein anderes Aussehen annimmt. Ist eine zu Höchstleistungen befähigte Schleimhaut vorhanden und die Schädigung nicht zu ernst, so kann es dann immerhin noch zu leidlicher Pneumatisation kommen. (So möchte ich beispielsweise die von KNICK und WITTE und von EISINGER 1928 mitgeteilten Fälle deuten, in welchen sich nach operierter Säuglings- und Kleinkindmastoiditis in der Folge eine relativ gute Warzenfortsatzpneumatisation ausgebildet hatte.) Diese Auffassung ist m. E. geeignet, die bisher bestehenden „diametralen" Gegensätze aufzuhellen und zu beseitigen.

Die große Variabilität in der Ausbildung der Nebenhöhlen (vornehmlich der Stirnhöhle) wurde bisher folgendermaßen erfaßt und bewertet:

LEPNEFF bediente sich der *variationsstatistischen Methode.* Er faßt die *Stirnhöhle* als einen äußerst unbeständigen Teil des Ethmoidallabyrinths auf und schließt aus den Beziehungen zwischen den Volumina, daß anscheinend eine umgekehrte Korrelation zwischen Stirnhöhle und Siebbeinlabyrinth vorliege (weil sich eben erstere z. T. auf Kosten des Ethmoidallabyrinths entwickelt) und daß zwischen Stirnhöhle und Kieferhöhle, bzw. Stirnhöhle und Keilbeinhöhle keine besonders große Korrelation vorhanden sei. LEPNEFF unterscheidet *drei Konstitutionstypen*, nämlich den Typus der *herabgesetzten Pneumatisation* (hierher gehört auch Fehlen und rudimentäre Ausbildung der Stirnhöhle), den *durchschnittlichen Typus* und schließlich *einen mit gesteigerter Pneumatisation* (in Proportion von 22 : 92 : 26). Die Korrelation zwischen rechter und linker Stirnhöhle ist eine sehr weitgehende; bezüglich weiterer Details sei auf das Original bzw. Referat verwiesen. *Beim Vergleich der Ausbildungsverhältnisse der Stirnhöhlen bzw. der gesamten Nasennebenhöhlen bei eineiigen Zwillingen* fand H. LEICHER in ca. 33%, M. SCHWARZ in knapp 50% *weitgehende Übereinstimmung*; die bei den restlichen Paaren festgestellten Verschiedenheiten werden auf *paratypische Einflüsse* bezogen (Nährschäden, Traumen,[1] allgemeine Infektionskrankheiten, fetale und

---

[1] V. TANTURRI (Lit. X/7 a u. b) beobachtete bis 1934 24 klinische Fälle von meist *einseitiger Unterentwicklung der Nasennebenhöhlen insonderheit der Stirnhöhlen bei* in früher Kindheit durchgemachtem *Nasentrauma*; auch einseitige Hypoplasie des Nasen-Kiefer-Gerüstes wurde dabei beobachtet. Daß selbst relativ leichte Traumen (wie das Geburtstrauma) zu Extravasaten in den verschiedenen Schichten der Schleimhaut, zu Auseinanderdrängung der Fasern des Perichondriums, zu Störungen der Osteoblastenreihungen und des Knochenmarks infolge Hämorrhagien und konsekutiven Entzündungen führen können, wurde an Neugeborenen festgestellt. Ohne mit ALBRECHT das Geburtstrauma im allgemeinen zu überschätzen, ist TANTURRI doch der Meinung, daß daraus eventuell funktionelle Störungen der Pneumatisations-

postnatale akute und chronische Entzündungen)[1]. Analoge Vergleiche bei *zwei-eiigen Zwillingen* und bei nahen *Blutsverwandten* ergeben gegenüber den Befunden an eineiigen Zwillingen *weit größere Verschiedenheiten.* Da ferner bei minutiöser Übereinstimmung der Nebenhöhlen- (Stirnhöhlen-) Ausbildung bei eineiigen Zwillingspaaren *ganz verschiedene Typen* vorkommen, so geht daraus hervor, *daß es verschiedene erbgebundene Formen gibt.* LEICHER unterscheidet ihrer fünf (unter vorwiegender Berücksichtigung der Höhen-Breiten-Ausdehnung): a) niedrige, in die Breite gewachsene Stirnhöhlen; b) große gefächerte, pyramidenförmig gebaute Stirnhöhlen; c) einfach gebaute Stirnhöhlen von mittlerer Größe ohne wesentliche Fächerung; d) Stirnhöhlen mit rundlichen Kuppeln; e) auffallend große gefächerte Stirnhöhlen. *Diese Typen können als gleichberechtigt nebeneinanderstehend gelten,* obwohl nach J. KOCH wahrscheinlich eine „genetische Tendenz besteht, das Nebenhöhlensystem vollkommen und ideal zu gestalten". Es geht daher nicht an, die vom Typus b oder e abweichenden Formen als „gestörte" bzw. als „Pneumatisationshemmungen" zu deuten. Wie die *Phylogenese* zeigt, hat die höhere Entwicklung des Frontalhirns und die daraus resultierende Zunahme der Interokulardistanz die Ausbildung eines umfangreichen Siebbeinlabyrinths und von Stirnhöhlen zur Folge. Die *Stirnhöhlen* stellen daher eine *relativ junge Neuerwerbung* (der Anthropoiden und des Menschen) dar, woraus sich leicht erklärt, daß hier verschiedene Pneumatisationsgrade bzw. -typen nebeneinander vorkommen. Dementsprechend ist auch *bei verschiedenen Rassen verschiedene Stirnhöhlenausbildung feststellbar* (WEINERT) und das *relativ häufigere Fehlen bzw. die Kleinheit derselben bei niedrigerstehenden Rassen* (Australnegern bzw. Melanesiern) verständlich (LOGAN TURNER). Auch *Geschlechtsunterschiede* gibt es: Beim Weibe beruht beispielsweise die relative Kleinheit der *Kieferhöhle* auf der schwächeren Ausbildung der Alveolarbucht (SCHÜRCH).

Aus obigen Feststellungen ergibt sich, daß *Pneumatisationsunterschiede zwischen beiden Seiten desselben Individuums, welche nur gradueller Natur sind,* vorwiegend durch das spätere Dazwischentreten *paratypischer Einflüsse* hervorgebracht sind, da beiderseits wohl stets eine idiotypisch gleichartige Nebenhöhlenanlage vorliegt. Da entzündliche Schleimhautaffektionen beiderseits meist ziemlich gleichmäßig auftreten, so dürften daraus keine höhergradigen Seitendifferenzen resultieren. *Für das Endergebnis spielt indes der Zeitpunkt, zu welchem eine solche Entzündung einsetzte, eine wesentliche Rolle, da die einzelnen Nebenhöhlen sich bekanntlich zu verschiedenen Zeitabschnitten zu entwickeln beginnen bzw. zum Abschluß gelangen.* Die Ausbildung der Kieferhöhle setzt als erste schon in frühfetaler Zeit ein, bald bildet sich auch das Siebbeinlabyrinth, es folgt dann die Keilbeinhöhle, sehr viel später die Stirnhöhle, die ihre volle Ausbildung überhaupt erst am Erwachsenen vollendet. Wird die weitere Nebenhöhlenausbildung durch entzündliche Affektionen der Schleimhaut gehemmt oder durch Knochenerkrankungen gestört, so kann man bei genauer Kenntnis der Ausbildungszeiten der Nebenhöhlen aus dem Röntgenbild errechnen, wann

---

potenz der Schleimhaut einerseits und der Pneumatisationsbereitschaft des Knochens anderseits resultieren können. Zahlreiche Experimente an Mäusen zeigten, daß bei stärkeren Traumen nach vier Monaten Dauerstörungen resultieren, indem die Schleimhaut narbigen Charakter annimmt, die Gefäße und der Drüsenapparat sich vermindern und verändern, was zu Hypoplasie und Asymmetrie der geschädigten Nasenseite mit Unterentwicklung der Paranasalsinus führt. Auch die von APRILE am Kaninchen erzielte. *Nasennebenhöhlenhypoplasie durch einseitigen Verschluß der Nasenöffnung* führt TANTURRI nicht auf mangelnde Respiration, sondern auf die dabei gesetzten ausgedehnten und intensiven Schleimhauttraumen zurück.

[1] Die ca. 66% Größen- und Gestaltsdifferenzen bezieht LEICHER nicht allein auf paratypische Einflüsse, sondern läßt daneben die Möglichkeit offen, daß „eine ebenfalls idiotypische, aber von anderen Erbanlagen abhängige Disposition zur Pneumatisationshemmung dem normalen idiotypischen Entwicklungsgang entgegengewirkt habe".

die Erkrankung der Nasenschleimhaut oder die Knochenaffektion einsetzte
(VAN GILSE, JOH. KOCH).

Aus dem im vorstehenden gegebenen Abriß des Werdegangs der Nasenneben-
höhlenentwicklung und des derzeitigen Standes der Pneumatisationsfrage geht hervor, *daß die große Mehrzahl aller Formdifferenzen nur anatomische Varianten sind
bzw. daß sehr verschiedene Typen* (in specie der Stirnhöhlenausbildung!) *nebeneinander gleichberechtigt existieren, ja daß selbst völliger Stirnhöhlenmangel erblich bedingt
sein kann* (H. LEICHER, M. SCHWARZ). Da man also kleinen Höhlen oder dem
Fehlen der Stirnhöhlen niemals ansehen kann, ob sie einem Idiotypus entsprechen
oder Folge sekundärer Hemmung der Pneumatisation sind, so ist in solchen Fällen
eine sichere Entscheidung meist unmöglich (außer wenn es sich um eineiige
Zwillinge handelt). Diese Zurückhaltung trifft natürlich nur die bilateral gleichmäßig „unterentwickelten" oder fehlenden Stirnhöhlen. Bei *Seitenverschieden-
heit der Pneumatisation* in gradueller, nicht prinzipieller Hinsicht, kann man
dagegen wohl für die in der Pneumatisation stärker zurückgebliebene Seite die
Einwirkung störender Umwelteinflüsse (siehe oben) in Rechnung stellen. *Von
höhergradigen Anomalien bzw. von Fehlbildungen zu sprechen werden wir dagegen
dann berechtigt sein, wenn eine höhergradige einseitige Nebenhöhlenunterentwicklung
bzw. ein einseitiger Nebenhöhlenmangel* (sei es der Stirnhöhle allein oder aber
mehrerer Nebenhöhlen gleichzeitig) *bei normaler oder annähernd normaler Ausbildung des Nasennebenhöhlensystems der anderen Seite vorliegt,* wenn also bezüglich
des Pneumatisationsgrades zwischen beiden Seiten *prinzipielle* Unterschiede
bestehen. Dies ist m. E. der derzeit einzig sichere Boden für die Anwendung der
Termine „Anomalie" bzw. „Fehlbildung" angesichts aufgefundener Abweichungen der Nasennebenhöhlenpneumatisation.

3. Spezielles über Nasennebenhöhlenanomalien (Lit. IX/1, 5, 6 u. X/7).

a) Kieferhöhle:

Bei den *makrosmatischen Säugern* (Carnivoren usw.) sind die Kieferhöhlen im allgemeinen klein, da die mächtig ausgebildeten Siebbeinmuscheln einen Großteil des ver-
füglichen Platzes absor-
bieren. Im gleichen Sin-
ne wirkt die mächtige
Ausbildung des Maxillo-
turbinale (E. ZUCKER-
KANDL). Infolge Rück-
bildung dieser Verhält-
nisse und der relativen
Kleinheit der Zähne
wird bei den Affen
und beim Menschen
Platz für eine beträcht-
lichere Entwicklung des
Sinus maxillaris. Unsere
Kenntnisse der Nasen-
und Nasennebenhöhlen-
ausbildung bei den
Primaten und Halbaffen
sind einstweilen noch
relativ dürftige. Nach
E. ZUCKERKANDL fehlt
den niederen Affen das

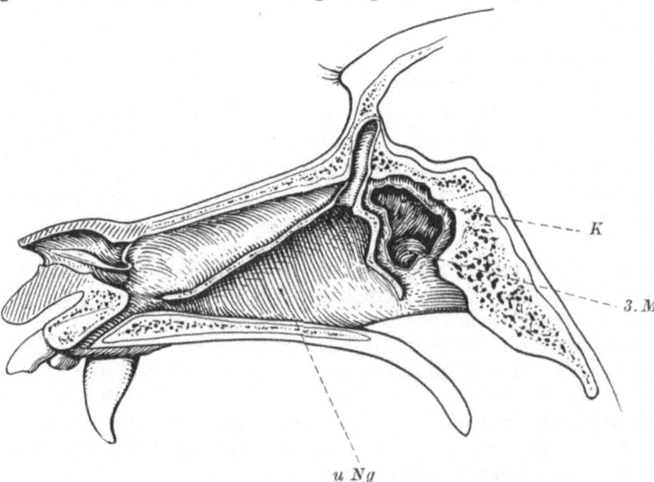

Abb. 96. Laterale Nasenhöhlenwand und Kieferhöhle des Pavians am Ende
der zweiten Dentition. Legende im Text (nach A. KEITH).

Siebbeinlabyrinth, am Orang (ein Exemplar) fand er einen großen Sinus maxillaris
und an Stelle der Siebbeinzellen einen einzigen großen Hohlraum, welcher mit der

Kieferhöhle zusammen eine Kavität bildete, die zugleich an ihrer hinteren Ecke in die Keilbeinhöhle mündete. GRÜNWALD (Lit. IX/1b) konstatierte an zwei Exemplaren von Orang weitgehend ähnliche Verhältnisse. Im Gegensatz dazu stellte H. RICHTER am Orang*fetus* fest, daß ein besonderer Zusammenhang der Kieferhöhle mit der Siebbeinzellenanlage (Cribrum FLEISCHMANNS) bzw. mit der Keilbeinhöhle (dem sogenannten Blindgrund der Nasenhöhle) nicht besteht. RICHTERs Plattenmodell zeigt vielmehr eine große Menschenähnlichkeit, wenn auch dem Kieferhöhlensack das „Siebbeindivertikel" fehlt, die Siebbeintaschen weniger reichlich ausgebildet sind und statt dessen nicht bloß ein drittes Ethmoturbinale, sondern sogar die Andeutung eines vierten und ein etwas größeres Nasoturbinale vorhanden ist. Hier ist also noch die Untersuchung *verschiedener* Lebensalter nötig. — Nach KEITH findet sich bei allen niederen Affen, aber auch bei Gorilla und Schimpanse, *starke Lateralausdehnung des unteren Nasengangs* und bei ersteren eine *relativ kleine Kieferhöhle* (*K*), welche *dorsokranial* gelegen ist. Der erweiterte untere Nasengang (*uNg*) ist dagegen ventrokaudal davon situiert (Abb. 96). Der Sin. maxillar. nimmt dabei nur jenen Oberkieferanteil ein, welcher über dem letzten bleibenden Molaren (3. *M*) gelegen ist. Diese Ausdehnungsneigung des unteren Nasengangs wird bei den Anthropoiden und beim Menschen *durch eine größere Ausbildung des Sin. maxillar. mehr minder abgelöst.* Während aber bei Gorilla und Schimpanse neben bedeutender Kieferhöhlenausbildung die äußere Nasenwand immer noch mächtig lateralwärts vorgebaucht ist, fehlt dies bei Orang und Gibbon.

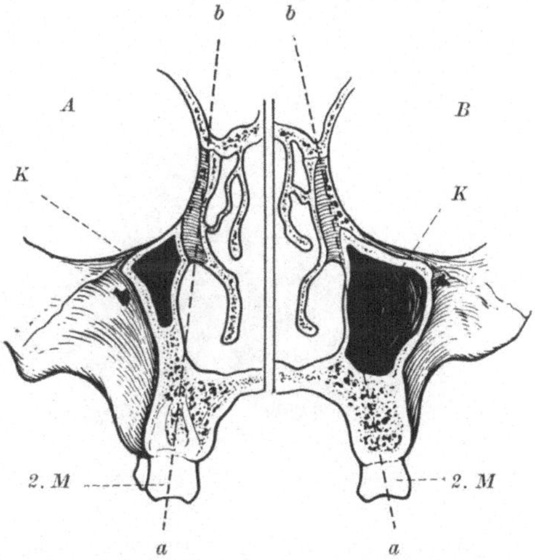

Auch für den *Menschen* konstatierte KEITH eine *deutliche Relation zwischen besonderer Weite des unteren Nasengangs* und *relativer Kleinheit der Kieferhöhle* bzw. umgekehrt. Bei Negern und negroiden Rassen ist eine relativ größere Ausdehnung des unteren Nasengangs auf Kosten der Kieferhöhle sehr häufig. Abb. 97 zeigt in *A* diesen Typus, wogegen *B* etwa den normalen Typus der weißen Rasse wiedergibt. *Die größere Ausdehnung des unteren Nasengangs bei gleichzeitiger Kleinheit der Kieferhöhle* kann daher als *eine primitive oder atavistische Bildung* angesehen werden.

Abb. 97. Verhältnis zwischen dem Kaliber des unteren Nasengangs und der Kieferhöhle (*K*). In *A* enges Antrum und weiter unterer Nasengang, in *B* umgekehrt. *ab ab* gleichweit von der Medianen abstehende Ebenen. *9. M* zweiter Molar (nach A. KEITH).

So versuchte PEGLER ein einer älteren Frau angehörendes anatomisches Präparat zu deuten, in welchem links ein linearer Defekt in der äußeren Wand des unteren Nasengangs entsprechend der ganzen Länge des Nasenbodens vorhanden und die Kieferhöhle auf einen kleinen „malaren Apex" (i. e. auf den oberen Anteil der Höhle und die Gegend des Rec. zygomaticus) reduziert war. Sicher hierher gehören zwei Fälle von E. ZUCKERKANDL (Lit. IX/1, S. 268), in welchen die „Verengerung" der Kieferhöhle durch eine nur auf den unteren Nasengang beschränkte, allerdings exzessive Ausbuchtung der äußeren Nasenwand hervorgerufen war, während die Nasenwand im Bereiche des mittleren Nasengangs ihre Lage nicht in auffallender Weise geändert hatte. Richtiger scheint es jedoch, die Kleinheit der Kieferhöhle als das Primäre aufzufassen (siehe später).

Lateralausbauchungen der gesamten lateralen Nasenwand sind dagegen *viel seltener*. Abb. 98 zeigt einen Frontalschnitt durch ein Kiefergerüst, in welchem infolge der Ausbauchung der gesamten lateralen Nasenwände (*cc*), welche über eine große Strecke hin mit den medialen Bezirken der unteren Orbitalwände verschmolzen sind, eine wesentliche Einengung beider Kieferhöhlen (*bb*) resultierte.

Neben der Phylogenese sind die Tatsachen der Ontogenese zum Verständnis der Mißbildungen und Anomalien der Kieferhöhle wichtig: In Analogie zur Keilbeinhöhlenentwicklung kommt van Gilse (Lit. IX/6, a—e) zur Feststellung, daß sich auch *bei der Entwicklung und dem Wachstum der Kieferhöhle zwei Hauptphasen* unterscheiden lassen (erst ein *Palaiosinus*, dann ein *Neosinus*), welche zusammen erst die Höhle im erwachsenen Zustand ergeben. Nur wird der Neosinus der Kieferhöhle viel früher gebildet als derjenige der Keilbeinhöhle, so daß bei der Geburt der Neosinus der Kieferhöhle schon z. T. entwickelt ist, wogegen er bei der Keilbeinhöhle noch fehlt. Nach E. Zuckerkandl (Lit. IX/1, S. 294) und K. Peter (Lit. IX/1 b, S. 54) ist die *Kieferhöhle* bei der Geburt erst etwa erbsengroß und auf die unmittelbare Umgebung des hinteren-unteren Abschnitts des Infundibulum beschränkt. Immerhin hatte auch der *fetale* Sin. maxillar. schon einige bedeutsame Wachstumsetappen erreicht, im siebenten Lunarmonat seine seitlich vorgebauchte Knorpelkapsel usuriert (Beginn der Ausbildung des Neosinus), sich dadurch gegen den knöchernen Oberkiefer zu lateralwärts verschoben und nach vorne den Ductus nasolacrimalis erreicht. Beim Neugeborenen reicht die Kieferhöhle vom Sulc. lacrimalis bis an das Zahnsäckchen des zweiten Mahlzahnes und late-

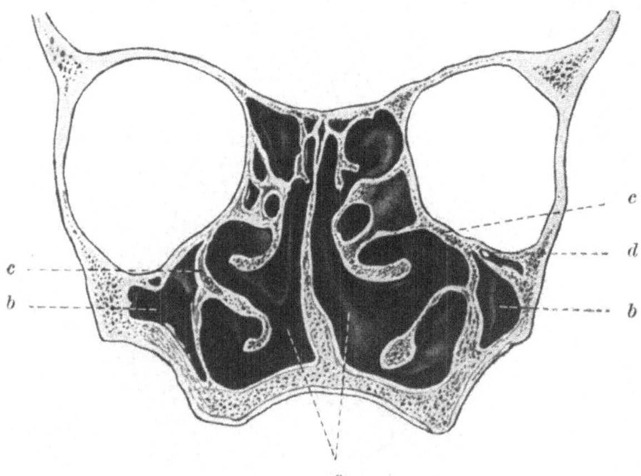

Abb. 98. Frontalschnitt durch die Oberkiefer-Nasenpartien eines Falles von Verkümmerung der Kieferhöhlen (*bb*) und abnorm starker Ausbuchtung der gesamten lateralen Nasenwände (*cc*). *a* Nasenhöhle; *d* N. infraorbitalis (nach E. Zuckerkandl).

ralwärts bis an den Can. infraorbitalis. Im zweiten Lebensjahr erstreckt sie sich vorne bis an den Infraorbitalkanal, hinten über denselben etwas hinaus und nach unten bis zum Ansatz der unteren Muschel. Im dritten und vierten Lebensjahr ist die Kieferhöhle auch vorne über den Infraorbitalkanal nach außen vorgedrungen, im siebenten Lebensjahr ist die Mitte des Abstandes zwischen letzterem und dem Proc. zygomaticus erreicht, im achten und neunten Lebensjahr dieser selbst. Damit hat die Kieferhöhle der Quere nach ihre definitive Form erreicht, nimmt aber später noch an Höhen- und Tiefenausdehnung.zu, was wesentlich mit dem Herabrücken und Durchbrechen der bleibenden Zähne zusammenhängt. Dementsprechend kommt die volle Ausbildung der Kieferhöhle erst nach Abschluß der zweiten Dentition zustande. Daraus geht hervor, daß die *hinteren-oberen Partien zuerst entstehen und die spätere Raumgewinnung sich zuerst in lateraler, dann in ventraler und in kaudaler Richtung erstreckt*. Kieferknochenwachstum und Pneumatisation gehen de norma im gleichen Schritt und annähernd gleichsinnig vor sich. Bei normaler Größe aller die Kieferhöhle begrenzenden Knochen muß eine kleine, von einem relativ dicken Spongiosamantel umgebene Kieferhöhle als *Pneumatisationshemmung* gelten und man kann aus den oben gegebenen Daten des normalen Pneumatisationsfortschritts etwa entnehmen, auf welcher Entwicklungsphase die Höhle stehengeblieben ist. Damit ist aber nicht gesagt, daß die Hemmung erst zu diesem Zeitpunkt eingesetzt haben müsse, da es ja sehr wohl denkbar ist, daß eine gestörte Pneumatisation noch eine Zeitlang, wenn auch verlangsamt, fortschreitet, um schließlich irgendeine Mittelphase der normalen Entwicklung als Endzustand zu erreichen. Da *doppelseitige gleichmäßige und starke Hemmung der Pneumatisation der Kieferhöhle* — im Gegensatz zu den Verhältnissen an der Stirnhöhle — bisher nicht als typische anatomische Variante bekannt ist, kann ein solches Vorkommnis nur als *Fehlbildung* bewertet werden.

E. GRABSCHEID beobachtete an einer 53jährigen, mit beiderseitiger Anophthalmia congen. behafteten Frau Fehlen der Nasennebenhöhlen beiderseits (links komplett, rechts fast vollständig). Da die *angeborene Anophthalmie* nach v. HIPPEL als *Mißbildung* aufzufassen ist, so gilt das gleiche wohl auch für das Fehlen der Nebenhöhlenausbildung. Dabei war das sonstige Naseninnere beiderseits normal gebildet, das Riechvermögen fehlte jedoch. *Ursächlich liegt Keimesanomalie vor* (da bei einzelnen Fällen von Anophth. congen. Heredität nachgewiesen wurde), in einzelnen Fällen vielleicht auch exogene Störung in frühfetaler Zeit (Beginn der Ausstülpung der Augenblasen). Da zu dieser Zeit die Riechfelder noch nicht angelegt sind, hier aber gute Nasenausbildung vorhanden ist, kann m. E. im geschilderten Falle eine exogene Störung nicht schuldtragend gewesen sein.

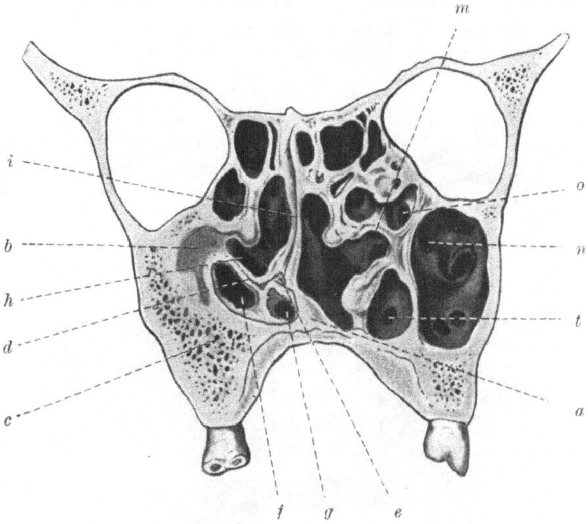

Graduelle Pneumatisationsunterschiede zwischen beiden Seiten sind wohl nur durch leichte Umwelteinflüsse erzeugt, *hochgradige einseitige Pneumatisationshemmung* spricht dagegen für *schwere einseitige Störung bzw. Fehlbildung.* Schon E. ZUCKERKANDL (Lit. IX/1) beobachtete solche Fälle und belegte sie mit den Termini *Verengerung, Verkümmerung* bzw. *Defekt.* Er unterscheidet eine „Verengerung" der Kieferhöhle *infolge mangelhafter Resorption der Spongiosa oberhalb des Alveolarfortsatzes* mit Beschränkung des Höhen- und Tiefendurchmessers der Höhle, deren Fundus dadurch das Niveau des Nasenbodens nicht erreicht. Dies entspricht der *reinen Pneumatisationshemmung.*

Beispiele hierfür sind: Abb. 99 zeigt einen Fall von ZUCKERKANDL, welcher neben *vollständigem Mangel der linken Kieferhöhle und des beiderseitigen Hiatus semilunaris* überdies bilaterale Verwachsungen im Naseninnern und eine dreigeteilte Ch. auf der linken Seite hatte (vgl. hiezu Abb. 84 und S. 152). Kieferknochen links durchaus nicht kleiner als rechts, aus engmaschiger, Fettmark führender Spongiosa bestehend, die ganze laterale Nasenwand links ausgebaucht, an Stelle der Kieferhöhle erstreckt sich ein *über bohnengroßer, dichter, mit einigen bis hanfkorngroßen, glashellen Cysten durchsetzter Bindegewebspfropf,* welcher mit der Submucosa der Nasenschleimhaut in Verbindung

Abb. 99. Vorderes Segment eines Frontalschnittes durch ein Kiefergerüst mit nasalen Synechien und Defekt der linken Kieferhöhle (männliche Leiche).

a asymmetrische untere Nasenwand; *b* Bindegewebspfropf; *c* Spongiosa, beide an Stelle des linken Sin. maxillaris; *d* untere Muschel; *e* Hakenfortsatz des Septums; *f* und *g* der durch Synechien geteilte untere Nasengang; *h* tief herabreichender mittlerer Nasengang; *i* Synechie zwischen mittlerer Muschel und Septum; *m* Synechie zwischen mittl. Muschel und äußerer Nasenwand; *n* Ostium maxillare; *o* Siebbeinzelle; *t* Mündung des Tränennasenganges (nach E. ZUCKERKANDL).

steht, *in den Kieferkörper hinein.* Rechts ist eine etwa normal große Kieferhöhle vorhanden, das an normaler Stelle vorfindliche Ost. maxillare mündet jedoch ins Siebbeinlabyrinth, welches wieder seitlich mit den Keilbeinhöhlen in Verbindung steht. Letzteren fehlt die Vorderwand und die Ost. sphenoidalia. Demnach *bilaterale komplexe Pneumatisationsstörung,* wobei die Kieferhöhlenaussprossung links auf frühfetaler Stufe stehenblieb, die gesamte Pneumatisation der rechten Seite von atypischer Stelle des Seitenraumes aus erfolgte und die de norma vom Blindgrund der Nasenhöhle aus erfolgende Bildung der Keilbeinhöhle anscheinend vollkommen unterdrückt und von der Siebbeinpneumatisation substituiert wurde. — Reine Bildungshemmung der linken Kieferhöhle bei annähernd normal groß gebildetem Kiefergerüst zeigt das in Abb. 100 wiedergegebene, von einem Manne stammende Präparat (ZUCKERKANDL, Lit. IX/1, I. Bd., Taf. 27, Fig. 2). Die außerordentlich kleine Kieferhöhle (*S.*), deren Breitenwachstum über den Zustand

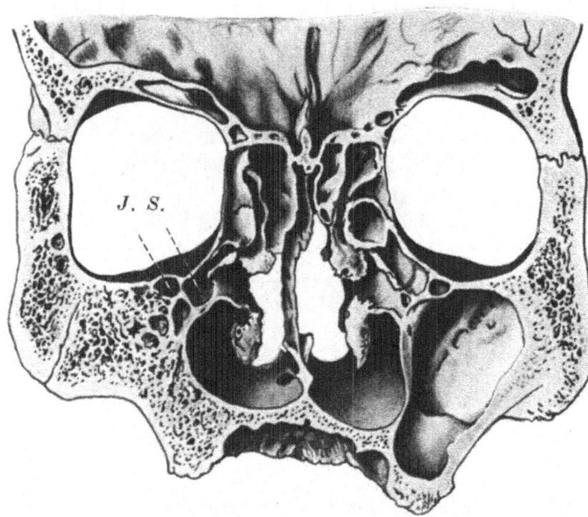

Abb. 100. Frontalschnitt durch ein Kiefergerüst mit angeborener Verkümmerung der linken Kieferhöhle. Legende im Text (nach E. ZUCKERKANDL).

beim Neugeborenen nicht hinausgekommen ist, während die Höhe derjenigen eines etwa zweijährigen Kindes entspricht, liegt dem Can. infraorbitalis (*J.*) an. Wichtig ist, daß *die Lage dieses Kieferhöhlenrudiments genau jenem Ort entspricht, wo die Höhle des Neugeborenen bzw. des jungen Kindes typischerweise liegt.* Apertura piriformis und Nasenrücken symmetrisch, faziale Kieferwand jedoch etwas eingesunken. Nasenhöhle dadurch etwas asymmetrisch, daß der *linke untere Nasengang stärker lateralwärts ausgebaucht* ist. Vielleicht haben wir es hier mit der Wirkung einer im zarten Kindesalter durchgemachten einseitigen schweren Kieferhöhlenentzündung oder mit einem Trauma der Oberkiefergegend zu tun. — Auch in einem dritten Fall (Schädel eines achtjährigen Kindes mit sonst normaler Ausbildung des Kiefergerüstes) konnte ZUCKERKANDL das Stehenbleiben einer Kieferhöhle auf dem natalen Entwicklungsstadium konstatieren. — *Komplette Pneumatisationshemmung* („Defekt") lag in dem von ZUCKERKANDL zitierten Fall von J. B. MORGAGNI, in den Beobachtungen 18 und 19 von ZUCKERKANDL und *doppelseitig* in der Beobachtung von W. GRUBER (Lit. X/7a) vor. — Weitere Fälle von *Pneumatisationshemmung* wurden von BUYS und CAPART jun. beschrieben. *Das Sinusrudiment lag* — wie stets in solchen Fällen — *hinten-oben weit entfernt von den Zähnen,* also an der für die normale Lage des fetalen bzw. frühkindlichen Sinus charakteristischen Stelle. Es darf hier wohl angefügt werden, daß eine kleine, etwa vorne-unten im Kieferknochen gelegene Höhlung niemals als verkümmerte Kieferhöhle gedeutet werden könnte. — Aus jüngster Zeit stammt die Mitteilung von C. E. BENJAMINS, eine mit Carcinom der linken unteren Muschel behaftete Frau betreffend, bei welcher anläßlich der Operation *völliger Mangel der Kieferhöhle, der mittleren Muschel, des Siebbeinlabyrinths* und *der Stirnhöhle* festgestellt wurde. Der Oberkieferknochen bestand aus Spongiosa, äußerlich war vom Defekt nichts zu bemerken, Choane und Keilbeinhöhle waren normal gebildet. Offenbar war es etwa in der Phase von 30 bis 40 Tagen zu einer einseitigen Hemmung des aktiven Vordringens des Riechsackepithels — wenigstens temporär — gekommen, so daß das Herausschneiden der Ethmoturbinalia und die gesamte Pneumatisation unterblieb, soweit sie nicht später vom Blindgrund (Sin. terminalis) der eigentlichen Nasenhöhle (Keilbeinhöhlenbildung!) erfolgte. — Vgl. ferner den *Nebenhöhlenmangel* in B. LANGS Mißbildung (S. 87f.).

Über die vermutliche *kausale Genese der Pneumatisationshemmung* siehe die höher oben gegebene Darstellung. Einseitiger kompletter Defekt der Nasennebenhöhlenausbildung bei guter Pneumatisation der anderen Seite macht die Annahme einer die Nasenmucosa treffenden *äußeren Noxe* wahrscheinlich, die m. E. eventuell in der umgebenden differenten Amnionflüssigkeit gesucht werden könnte, falls etwa der schützende Epithelpfropf einer Seite verspätet oder überhaupt nicht ausgebildet worden wäre (Parallele zur Fruchtwasserschädigung der Mittelohrschleimhaut). Dies ist indes reine Hypothese und kann einstweilen nur heuristischen Wert beanspruchen. *Totaler Bildungsmangel der Kieferhöhle ist jedenfalls ein äußerst seltenes Vorkommnis*, da in den Statistiken von A. ÓNODI und E. OPPIKOFER wohl ein- oder doppelseitiges Fehlen der Stirn- oder der Keilbeinhöhle (3 bis 5%), niemals jedoch Fehlen der Kieferhöhle und der Siebbeinzellen aufscheint.

Eine „*Verengerung*" des Sin. maxillaris kann ferner *Folge des „Einsinkens" der vorderen und lateralen Wand des Kieferknochens* sein, also Folge einer *partiellen Unterentwicklung* desselben. Solche Fälle, z. T. rein, z. T. in Kombination mit Pneumatisationshemmung, sah schon ZUCKERKANDL (l. c. S. 263 ff.). Ist die Unterentwicklung des Kieferknochens einseitig und beträchtlich, so resultiert eine deutliche Asymmetrie des Gesichtsskelets.

Schließlich führt ZUCKERKANDL (l. c. S. 270) noch *Zahnretention* (Eckzahn, dritter Molar) als Ursache für eine relativ zu kleine Kieferhöhle an. VAN GILSE hat später einen Befund erhoben, der dies verstehen lehrt (vgl. S. 191).

Hier sei angefügt, daß auch eine *in einzelne Wandabschnitte der Kieferhöhle vorgetriebene Siebbeinpneumatisation* zu *sekundärer Raumbeengung* einer sonst normal pneumatisierten Kieferhöhle führen kann. Dies kann dadurch geschehen, daß der an der hinteren-oberen und inneren Begrenzung der Kieferhöhle teilhabende Proc. orbitalis des Gaumenbeines gelegentlich eine Zelle enthält, welche sich dann gegen den hinteren-oberen Winkel des Sin. maxillaris vorwölbt und anderseits dadurch, daß von der Bulla ethmoidalis her zwischen die Blätter des Orbitalbodens eine Zelle vorgetrieben wird (Processus Halleri des Torus lat. bzw. HALLERsche Zelle), welche dann das Kieferhöhlendach vorwölbt.

Zu den Pneumatisationsanomalien gehört ferner die *Zwei- oder Mehrfachbildung*, die *Knochenkammbildung* und die *Septen- und Schleimhautfaltenbildung* der Kieferhöhle sowie die *exzessive Pneumatisation*.

Zwei- oder Mehrfachbildung: Echte Zweiteilung der Kieferhöhle ist relativ selten. BRÜHL fand sie an 200 Nasenpräparaten einmal, T. YOSHINAGA an 200 Höhlen (100 Japaner) zweimal (= 1%). Die *Zweiteilung* oder *besser Verdoppelung der Kieferhöhle* kann durch eine frontale knöcherne oder knöchern-membranöse Scheidewand (am häufigsten), durch eine horizontale (seltener) oder durch eine sagittale oder schräg sagittale (äußerst selten) hervorgebracht sein. Auch Kombination von frontaler mit horizontaler Teilung wurde beobachtet (zwei Fälle von W. GRUBER [Lit. X/7b] und ein Fall von E. POLLATSCHEK).

α) Verdoppelung durch *frontale* Scheidewand: Hierher gehören Fall 1 und Fall 2 von W. GRUBER (Lit. X/7b), darunter ein doppelseitiger; zwei Fälle von E. ZUCKERKANDL, zwei Fälle von M. HAJEK, ein klinisch und ein anatomisch untersuchter Fall von SWERSCHEVSKY, je ein klinischer Fall von J. DUNDAS-GRANT, J. H. HARRIS und T. MORI. In den beiden Beobachtungen von W. GRUBER mündeten beide Höhlen in den *mittleren* Nasengang, anscheinend ebenso auch im Falle von DUNDAS-GRANT. In den Fällen von E. ZUCKERKANDL, M. HAJEK und in der klinischen Beobachtung von SWERSCHEVSKY mündete stets die vordere Höhle in den *mittleren*, die rückwärtige in den *oberen* Nasengang (Abb. 101; vgl. hiezu auch Abb. 104). Demnach gibt es verschiedene Ursprungsarten.

β) Verdoppelung durch *horizontale* Scheidewand: In Fall 3 von W. GRUBER (Lit. X/7b) mündeten beide Höhlen in den *mittleren* Nasengang, in einem Fall von E. ZUCKERKANDL (l. c. S. 285) die untere Abteilung in den mittleren, die obere jedoch in den oberen Nasengang. Also auch hier zwei Ursprungsarten.

γ) Verdoppelung durch *schräg-sagittale* Scheidewand: In den Fällen 4 und 5 (im letzteren doppelseitig!) von W. GRUBER (Lit. X/7b) mündeten sämtliche Höhlen in den mittleren Nasengang.

δ) *Mehrfachbildung* durch *frontale* und *horizontale* Scheidewand (Abb. 102): Diese äußerst seltene Kombination fand sich in W. GRUBERS Fall 2, bei welchem der *hintere* Sinus (b) durch eine horizontale Wand quer unterteilt war. Diese Unterteilung war jedoch medialwärts nicht ganz komplett, die beiden hinteren Sinus (α, β) standen daselbst miteinander in Verbindung und mündeten durch eine gemeinsame Öffnung in den hinteren Teil des mittleren Nasengangs. Der *vordere* Sinus (a), welcher durch ein schräg frontal gestelltes papierdünnes Septum von den beiden hinteren Sinus gänzlich abgeschlossen war, mündete getrennt mit größerer Öffnung

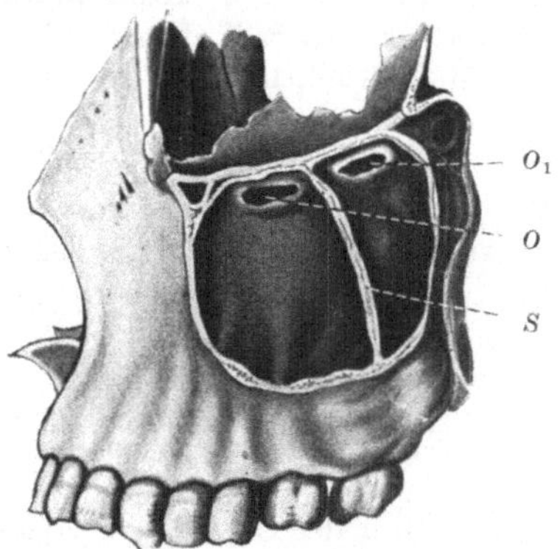

Abb. 101. Die von außen eröffnete linke Kieferhöhle ist durch eine annähernd frontale Knochenplatte (*S*) in eine vordere und in eine hintere Kavität geteilt. Erstere mündet bei *O* ins Infundibulum, letztere bei O_1 in den oberen Nasengang (nach E. ZUCKERKANDL).

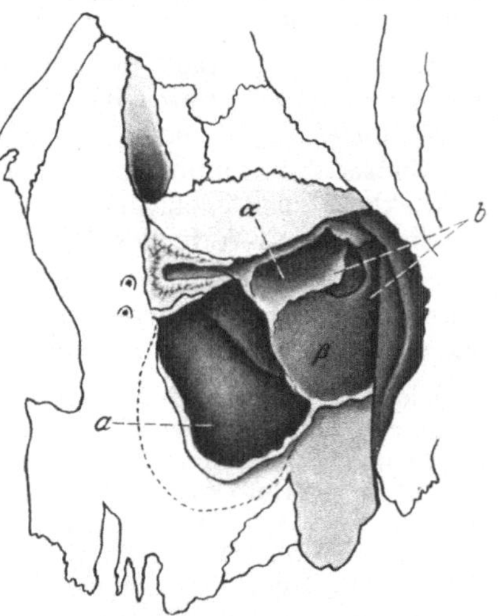

Abb. 102. Mehrfache Teilung der linken Kieferhöhle. Legende im Text (nach W. GRUBER).

in den mittleren Nasengang. — Umgekehrt war in einem von E. POLLATSCHEK operierten Fall die *vordere* Höhle durch eine horizontale knöcherne Scheidewand in zwei Abteilungen geschieden, wovon die untere jedoch wesentlich kleiner war als die obere. Bei der Operation gelangte man in die eitergefüllte obere Etage der vorderen Höhle, obwohl die Kieferhöhle vorher gespült worden war (von wo aus? Verf.). Leider fehlen Angaben über die Topik der Ausführungsgänge dieser Höhlen.

Bei der *Erklärung* dieser Fälle *von Zwei- und Mehrfachbildung* muß man von den Ausmündungsverhältnissen ausgehen. BRÜHL nimmt für die *echte* Zweiteilung *Spaltung der Anlage* an. J. P. SCHAEFFER (Lit. IX/6) konstatierte auf Grund anatomischer und embryologischer Studien, daß die *primäre Oberkieferhöhle doppelt angelegt sein könne*. Dies könne in manchen Fällen die Ursache für das Vorhandensein eines doppelten Ost. maxillar. beim Erwachsenen sein. Die beiden Taschen verschmelzen nämlich distalwärts miteinander, es bleiben aber die beiden Ausstülpungsstellen und werden beim Erwachsenen zu zwei Ostien. Das primäre Ostium variiere bei verschiedenen Embryonen erheblich an Größe.[1]

---

[1] Nach H. RICHTER (Lit. IX/6a) steht die embryonale Kieferhöhlentasche durch eine breite längliche Öffnung mit der Nasenhöhle in Verbindung. Aus ersterer sollen durch Abschnürung die beiden späteren Ostien der Kieferhöhle entstehen.

PETER (Lit. IX/1b, S. 54) konnte an seinen Embryonen keine doppelte Anlage der Kieferhöhle, bestehend aus zwei getrennten Taschen, beobachten. Demgegenüber wies SWERSCHEVSKY an makroskopischen und mikroskopischen Präparaten nach, daß Anlagen von Zwischenwänden schon beim Embryo vorgefunden werden können. Schließlich sprach VAN GILSE (Lit. IX/6f) die Ansicht aus, daß die in manchen Kieferhöhlen angetroffenen *frontalen* Septa infolge Pneumatisationshemmung entstünden und daß vielleicht hierbei ein Gefäß- und Nervenbündel kausalgenetisch eine Rolle spiele, welches beim Neugeborenen vom vordersten Teile der Höhle schräg zum Eckzahn herabzieht. Dieses Bündel verschwindet, wenn die Zahnentwicklung beendet ist, Störungen in der Zahnentwicklung lassen das Bündel bestehen und könnten vielleicht die Pneumatisationshemmung verursachen. M. E. ist es sehr wahrscheinlich, daß die Zwei- oder Mehrfachbildung der Kieferhöhle dadurch zustande kommt, daß im Sinne von J. P. SCHAEFFER vom mittleren Nasengang bzw. vom Hiatus semilunaris inferior aus eine *doppelte Aussprossung* statthat, *dann aber keine Verschmelzung der beiden Taschen erfolgt, sondern diese dauernd getrennt bleiben.* Auch durch dichotomische (mehr minder ungleiche und in verschiedenen Ebenen mögliche) Teilung des ursprünglich einfachen, soliden Epithelsprosses kann dasselbe zustande kommen. Auf dieser Basis kann man sich die *echte* Kieferhöhlenverdoppelung mit Ausmündung beider Höhlen im mittleren Nasengang ohne weiteres erklären.[1] Der Zeitpunkt der Entstehung der Kieferhöhlenverdopplung fällt etwa in die zehnte bis zwölfte Woche des Embryonallebens. Ursächlich dürfte ein verschiedener (ererbter?) Pneumatisationstypus, eventuell auch eine Störung des normalen Pneumatisationsvorgangs in Betracht kommen. Schreitet die Pneumatisation weiter und kommt es zur Usurierung der trennenden Wand, so kann es im Zentrum derselben zur Ausbildung eines mehr minder großen *Loches* kommen, wofür eine von DUNDAS-GRANT zitierte Beobachtung von LOGAN TURNER und ein Fall ZUCKERKANDLS (l. c. Bd. I, Taf. XXVII, Fig. 3) Beweise sind. Es sind dann meist frontal stehende, *von Schleimhaut überzogene Knochenkämme* oder nur *Schleimhautfalten* im Inneren der „einfachen" Kieferhöhle vorhanden. — Für jene Fälle von Zwei- oder Mehrfachbildung jedoch, bei welchen die vordere bzw. die untere Höhle in den mittleren Nasengang, die hintere bzw. die obere Höhle jedoch in den oberen Nasengang mündet, muß angenommen werden, daß sich vom oberen Nasengang aus eine größere Siebbeinzelle nach dem Kieferhöhlengebiet zu ausdehnte und dadurch die regulär gebildete Kieferhöhle in ihrer Ausdehnung beschränkte. Die dadurch gebildete zweite „Kieferhöhle" trägt ihren Namen insofern mit Recht, als sie tatsächlich vom Oberkieferknochen umschlossen ist.

Wenn eine vom oberen Nasengang aus gebildete „Kieferhöhle" durch fortschreitende Pneumatisation und Usurierung der Wände mit der eigentlichen Kieferhöhle verschmilzt und letztere an und für sich zwei Ostien im mittleren Nasengang hat und eventuell daneben noch eine mit der eigentlichen Kieferhöhle verschmolzene HALLERsche Zelle mit eigener Öffnung im mittleren Nasengang vorhanden ist, so kann es vorkommen, daß schließlich eine einzige Kieferhöhle vorhanden ist, welche, wie in dem von K. M. MENZEL (Lit. X/7b) publizierten Fall, neben einem typischen Ostium im mittleren Nasengang noch zwei akzessorische im mittleren und ein akzessorisches im oberen Nasengang hat.

Als Ergänzung zu obigen Ausführungen über *Kamm- und Schleimhautfaltenbildung* sei erwähnt, daß darin z. T. auch *rassische Eigentümlichkeiten* zum Ausdruck zu kommen scheinen, wie dies aus der Publikation von H. RAMSEY SMITH

---

[1] Es kann aber auch eine Siebbeinzelle des mittleren Nasengangs die zweite Kieferhöhle erzeugen. Wenn dieser Sproß sich dichotomisch teilt, kann es zu einer Mehrfachbildung kommen, wie sie sich in W. GRUBERS Fall 2, Abb. 102, realisiert findet.

(Lit. IX/2) hervorgeht, welcher an den Ureinwohnern Australiens partielle Teilungen des Antrum Highmori durch vertikale Septa beschreibt. Hier sind anscheinend *Urformen* der Pneumatisation erhalten. Daß diese Falten und Kämme offenbar Überbleibsel einer urtümlichen Pneumatisation (bei leichter Dichotomie des primär einfachen Sprosses) sind, scheint auch in dem sogenannten „Siebbeindivertikel" der Kieferhöhle eine Stütze zu haben, welches an den RICHTERschen Modellen der fetalen Kieferhöhle sichtbar ist (Lit. IX/6a u. b).

Angefügt sei, daß gelegentlich einmal durch *Entzündung* solcher Kämme bzw. Schleimhautfalten die dazwischen ursprünglich vorhandene Öffnung *sekundär* geschlossen werden kann, wodurch *völlig abgeschlossene* pneumatische Räume entstehen. M. SIVALGNI (Lit. X/7) beschrieb einen solcherweise abgeschlossenen Rec. palat. inferior.

Zu den Pneumatisationsvarianten gehört ferner die *exzessive Pneumatisation*, welche über die normale Rezessusbildung hinaus etwa zur Ausbildung eines *mächtigen Rec. palat. inferior* führen kann, der dann eventuell bis in die Nähe der Medianebene reicht. E. ZUCKERKANDL (l. c. S. 259 u. Taf. XXV, Fig. 2 u. 4), M. HAJEK (l. c. S. 25), M. SILVAGNI und *ich selbst* (Lit. X/7b) haben solche Fälle beschrieben.

Bei den im vorstehenden angeführten Kieferhöhlenanomalien handelt es sich demnach z. T. um *im Keime präformierte Fehlbildungen* (bilaterale Aplasie sämtlicher Nebenhöhlen im Falle GRABSCHEID), z. T. um mehr minder schwere Pneumatisationshemmungen, welche ihrerseits wieder teils als *Fehlbildungen*, teils als *Rückschlagserscheinungen*, teils nur als Folgen *schwerer Entzündungen* oder vielleicht auch einseitiger *Traumen* anzusprechen sind. (Die Anamnese dieser Fälle ist vielfach dunkel bzw. mangelhaft.) Andere Bildungen wieder kennzeichnen sich als *anatomische Varianten* (wie die exzessive und die eingeschränkte Pneumatisation, die Kammerung, Septenbildung und die Doppelbildungen), wobei eventuell auch Rasseneigentümlichkeiten bzw. Hemmungsbildungen mitspielen können.

b) Siebbeinlabyrinth (Lit. IX/1, 6 u. X/1, 7).

Bezüglich der normalen Anatomie und Histologie verweise ich auf die Arbeiten von E. ZUCKERKANDL, A. SCHÖNEMANN, K. PETER, H. RICHTER und M. SCHWARZ. Nach SCHWARZ' Untersuchungen an höheren Säugern entstehen die pneumatischen Siebbeinzellen durch zweierlei Vorgänge, nämlich durch überstürzte Teilungen und durch Aussprossen von Adventivknospen. Diese Knospen werden durch weiteres Wachstum zu Siebbeinzellen, können aber auch zu Gängen werden und sich teilen und auch wieder neue Adventivknospen aussprießen lassen. Diese Verhältnisse sind auch am Menschen erkennbar. Bei idealer Pneumatisation ist schon zur Zeit der Geburt eine verwirrende Menge von blasenartigen Ausstülpungen vorhanden, an anderen Neugeborenen aber eine viel geringere (Abbildungen davon bei K. PETER). Diese von allen bisherigen Untersuchern auch an Erwachsenen festgestellte große Variabilität bezüglich Größe und Zahl der Zellen sowie bezüglich der Ausbildung der das Siebbeinlabyrinth zusammensetzenden Zellgruppen (Cellulae infundibulares, frontales, bullae ethmoidalis; Cellulae meat. nar. sup. et suprem.) läßt den Schluß zu, daß wir mit *mehreren gleichberechtigt nebeneinander stehenden Typen bzw. Varianten* rechnen müssen. Dies konnte M. SCHWARZ (Lit. IX/6a) mit Hilfe der Zwillingsforschung erhärten und an vier Paaren von eineiigen Zwillingen feststellen, daß bei gleichzeitigem Fehlen oder Kleinheit der Stirnhöhlen die Siebbeinlabyrinthe dreimal sehr schmal bis schmal, einmal mittelgroß waren. Schmalheit, Kleinheit, Zellarmut der Siebbeinlabyrinthe kann demnach in der Erbanlage begründet, muß also nicht paratypisch hervorgebracht sein.

Nach SHEA sollen die Siebbeinzellen die krankmachenden Einflüsse widerspiegeln, welchen sie während ihrer Entwicklung ausgesetzt waren. Es bleibe dann der charakteristische infantile Typus mit wenigen kleinen vorderen Zellen und harter dicker Knochenschale bestehen, die Zahl der hinteren Zellen sei ebenfalls vermindert, die Zellen aber größer als normale hintere Zellen bei im ganzen kleinerem Gesamt-

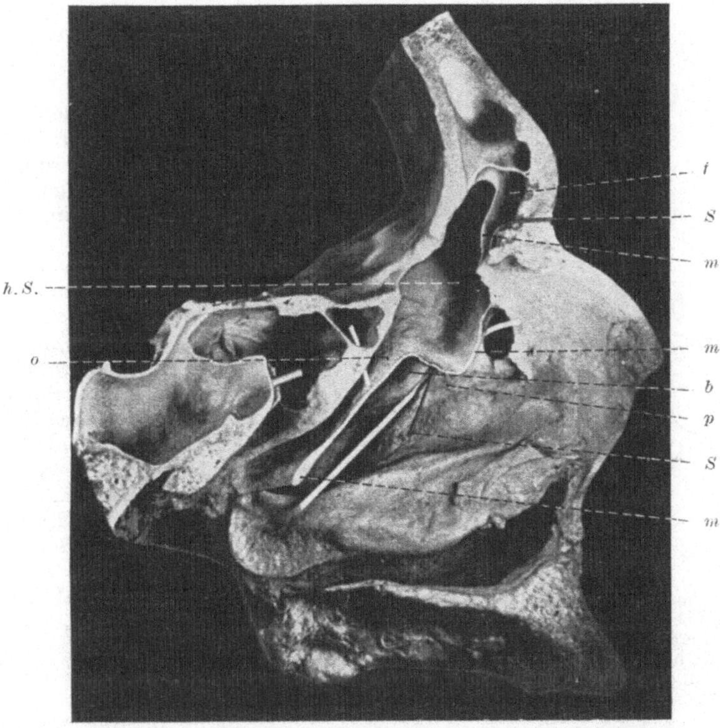

Abb. 103. Bildung einer sekundären (unechten) Stirnhöhle vom hinteren Siebbeinlabyrinth aus. Die Grundlamelle der mittleren Muschel (*m m m*) schiebt sich über die der Bulla ethmoidalis (*b*) hinüber, berührt sogar den Proc. uncinatus (*p*) und verschmilzt schließlich mit der Tab. extern. der Stirnbeinschuppe. Dadurch bilden die hinteren Siebbeinzellen eine große, laterale und hinter der erheblich kleineren primären Stirnhöhle (*f*) gelegene, weit in die Pars squamosa des Stirnbeins sich erstreckende Höhle (*h. S.*), deren Mündung (*o*) im oberen Nasengang liegt. Die Sonde *S S* bezeichnet den Verlauf des D. nasofrontalis der primären Stirnhöhle (nach G. RITTER).

volumen. Es ist ja immerhin möglich, daß durch entzündliche Prozesse die weitere Aussprossung von Siebbeinzellen verhindert und die Ausweitung der schon vorhandenen gestört werden kann, doch sind gewiß im einzelnen sehr erhebliche Unterschiede mit Hinsicht auf den ursprünglichen Pneumatisationstyp und das Vorliegen einer störbaren oder nicht störbaren Schleimhaut zu erwarten. Indes ist mit Rücksicht auf das oben Gesagte nicht genug vor solchen weitgehenden Schlüssen zu warnen. Nur von Reihenuntersuchungen an großem Material aller Stadien, namentlich auch mittels wiederholter Überprüfung derselben Personen von frühester Jugend an (*Stereo*röntgen, gewöhnliche Aufnahmen m. E. ungenügend!), sind eindeutige Ergebnisse zu erhoffen. Da auch im Kindesalter immer noch neue Siebbeinzellen gebildet werden (H. RICHTER) — das Tempo verlangsamt sich erst vom vierten Lebensjahr ab — und die Wahrscheinlichkeit besteht, daß knöcherne Intercellularsepta teilweise oder ganz resorbiert werden, so ist damit zu rechnen, daß normalerweise letzten

Endes die Zellenzahl im Erwachsenen vielleicht nicht nennenswert größer ist als im Neugeborenen, die Zellengröße aber natürlich beträchtlich zugenommen hat. Die endgültige Klärung mancher wichtiger Punkte steht also m. E. noch aus.

Nur bei schweren Seitenunterschieden, wie in dem im vorigen Abschnitt erwähnten Fall von BENJAMINS, kann man von *Pneumatisationshemmung bzw. -ausfall* sprechen. Der ebenfalls schon erwähnte doppelseitige Fall von GRABSCHEID ist natürlich als *Fehlbildung* zu werten. Die übrigen am Siebbein vorfindlichen Anomalien müssen dagegen als *anatomische Varianten* bezeichnet werden.

Hierher gehört die über die Siebbeingrenzen hinaus getriebene *exzessive Pneumatisation*. So kann eine Infundibularzelle von medial, lateral oder von hinten sich in die Stirnhöhle vorbauchen (*Bulla front.* nach E. ZUCKERKANDL und M. HAJEK), was fälschlich als Verdoppelung der Stirnhöhle aufgefaßt werden kann. Durch Eindringen einer *hinteren* Siebbeinzelle zwischen die beiden Lamellen der Stirnbeinschuppe kann es, wie Abbildung 103, S. 193 zeigt, zu *Stirnhöhlenverdoppelung* kommen (siehe darüber unter „Stirnhöhle"). Die Pneumatisation kann ins Tränenbein (Cellula lacrimalis), eventuell sogar in den Proc. front. oss. maxill. eindringen, den Duct. nasofrontalis medialwärts und vorne umgreifen, so daß die Sonde beim Eingehen in den letzteren erst Zellen des vorderen Siebbeinlabyrinths passiert. Infundibularzellen können sich nach vorne in den Agger nasi und den Proc. uncinatus erstrecken, so daß diese dann in die Nasenhöhle geschwulstartig vorspringen.

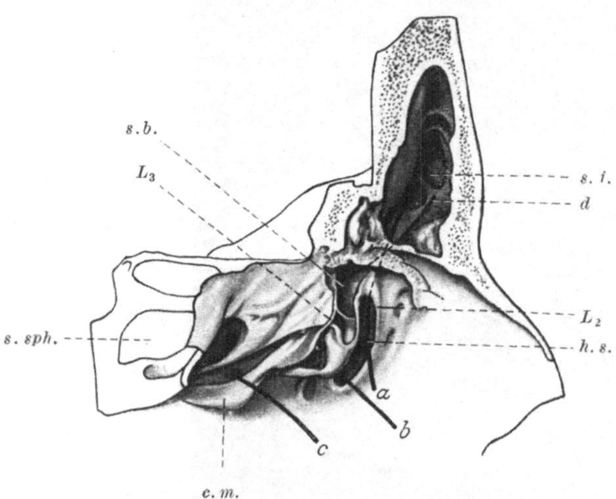

Abb. 104. Anomalie des vorderen Siebbeinlabyrinths infolge „Defektes" des oberen Anteils der zweiten Grundlamelle (L_2) des Siebbeins. Das Präparat weist gleichzeitig eine „Zweiteilung" der Kieferhöhle auf, deren vordere Abteilung bei *b* in den mittleren, deren hintere Abteilung bei *c* in den oberen Nasengang mündet. Übrige Legende im Text (nach M. HAJEK).

Hierher gehört auch die übermäßige Pneumatisation der *Bulla ethmoidalis* (HAJEK, BERNFELD, J. S. FRENKEL). Klinisch nicht minder wichtig ist die Pneumatisation der mittleren Muschel (*Concha bullosa*), welche nach M. HAJEK angeblich stets vom oberen Nasengang aus erfolgt. Seit ZUCKERKANDLS Mitteilung (Lit. X/7) sind zahlreiche Fälle und histologische Untersuchungen publiziert worden, so von G. E. SHAMBAUGH, A. SUNDHOLM, L. HARMER, J. KIKUCHI, A. ÓNODI, WIETHE u. A.). Durch Mucocelenentwicklung in Conchae bullosae können Auftreibungen der Nase und des mittleren Gesichtsanteils bewirkt werden (u. a. auch zwei Fälle von MAX KOCH). Auch die *obere* Nasenmuschel kann gelegentlich einmal durch Eindringen einer hinteren Siebbeinzelle zur Concha bullosa werden (A. ÓNODI), ein anderes Mal wieder wird eine Nebenmuschel des oberen Nasengangs pneumatisiert (M. HOFMANN.) — Schiebt sich vom oberen bzw. obersten Nasengang aus eine Zelle gegen die Keilbeinhöhle vor, so grenzt sich diese „sphenoidale Siebbeinzelle" durch eine horizontale Wand von der darunterliegenden Keilbeinhöhle ab.

Ferner kommen *Knochendefekte und Dehiszenzen* vor: Abb. 104 zeigt eine Variante in der Ausbildung des Siebbeinlabyrinths, wobei die der Bulla angehörende *Grundlamelle 2 (L_2) ungenügend und atypisch gebildet ist;* L_3 ist eine weitere Grundlamelle; *h. s.* = Hiatus semilunaris, *s. f.* = Sin. front., *s. sph.* = Sin. sphen., *s. b.* = künstlich eröffneter Sinus der Bulla, *c. m.* = mittlere Muschel; Sonde *a* führt vom Infundibulum in die Stirnhöhle, Sonde *d* aus letzterer in die Bullahöhle, Sonde *b* durch das Ost. maxill. in den vorderen Anteil der „zweigeteilten" Kieferhöhle, Sonde *c* durch ein Ostium des oberen Nasengangs in den hinteren Abschnitt der Kieferhöhle. HAJEK erblickt die Knochenanomalie im wesentlichen darin, daß die vordere und die hintere Wand der Bulla ethmoid. sich nicht zu einer Grundlamelle verbunden hatten und die Bullalamelle sich mit dem vorderen Ende des Proc. uncinatus vereinigt hatte. Es resultierte daraus eine Anomalie des Duct. nasofront., welcher nicht nur ins Infundibulum, sondern auch in die Zelle der Bulla ethmoidalis mündete. — Nach den neueren Erkenntnissen der Pneumatisation hat es den Anschein, daß den „Defekten" einzelner Grundlamellen nur eine *andere Art* der Epitheleinsprossung bzw. der Herausmodellierung des mesenchymalen Gerüstes zugrunde liegt, so daß also nur eine anatomische Variante dieses letzteren vorliegt.

Auch die von ZUCKERKANDL (Lit. IX/1) nicht allzu selten angetroffenen *Dehiszenzen* in der Lam. papyracea, welche weder Artefakte noch Altersatrophien darstellen, sind vielleicht nicht als „Bildungshemmung" der Lam. papyracea aufzufassen, sondern als Defekte *infolge übermäßiger Pneumatisation*. In Abb. 105 erkennt man nicht nur eine Dehiszenz der Papierplatte (a), welche zu einer Kommunikation der Siebbeinzellen und der Stirnhöhle mit der Orbita geführt hat, sondern auch eine solche des Orbitalbodens (b = Verbindung der Kieferhöhle mit der Orbita). ZUCKERKANDL beobachtete 15 einschlägige Fälle, darunter

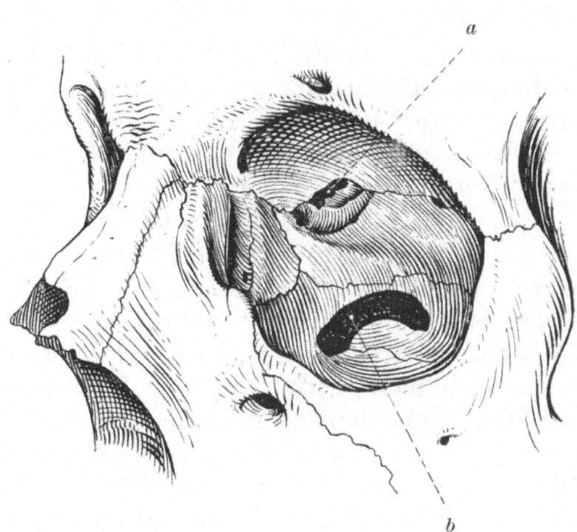

Abb. 105. Knochendehiszenzen im Bereich der Lam. papyracea (*a*) und des Orbitalbodens (*b*) (nach E. ZUCKERKANDL).

eine Frau, deren mittlere Muschel überdies ein pithecoides Verhalten zeigte. Die Genese dieser Dehiszenzen erscheint mir einstweilen noch nicht völlig aufgeklärt.

Besondere praktische Wichtigkeit kommt den *am Siebbeindach* gelegentlich anzutreffenden *Dehiszenzen* und den *Anomalien der Sieblöcher* zu (vgl. hierzu die Ausführungen im Kapitel „Hirnbrüche und neurogene Tumoren", S. 100).

C. FROBOESE beschrieb eine Siebbeinanomalie, welche in einer *Asymmetrie der Lam. cribrosa* infolge Verschiebung der Crista galli nach rechts und in der Ausbildung eines einzigen, erbsengroßen, trichterförmigen, glattrandigen *Loches* in der linken, wesentlich breiteren Hälfte der Siebplatte bestand. Drei klinische Fälle von Dehiszenzen am Siebbeindach beobachtete HALLE und weitere zwei analoge Fälle konnten seine Assistenten bei Operationsübungen in cadavere feststellen. Auf die Beobachtung von A. EXNER wurde schon auf S. 100 hingewiesen; ebendort auch auf die Funde von DAHMANN und MÜLLER: Die Lam. cribr. überschritt in abnormer Weise die Insertionslinie der mittleren Muschel lateralwärts und zeigte einige *lateral gelegene, direkt ins Siebbein führende Foramina*. D. v. HANSEMANN wies 1917 an einem großen Sektionsmaterial nach, daß die Dicke und Größe der Lam. cribr. nicht nur zwischen einzelnen Menschen, sondern auch zwischen der rechten und der linken Hälfte bei demselben Menschen außerordentlichen Schwankungen unterliegt, daß sich also die Lam. cribr. (und auch die Crista galli) als äußerst variable anatomische Gebilde darstellen. Ausgehend von der Feststellung von DAHMANN und MÜLLER und dem Nachweis M. VOITS, daß am Kaninchen (und an anderen Säugern) einzelne Foramina der lateral-vorderen Sieblöchergruppe im Rec. front. münden, untersuchte W. TONNDORF 100 menschliche Schädel und auch menschliche Embryonen und konnte die VOITschen Befunde für den Menschen bestätigen. In zehn Fällen mündeten einzelne Sieblöcher im Rec. front., also *lateral* von der mittleren Muschel in der Gegend der Ausmündung des Duct. nasofront. Dabei sieht man in einer der Abbildungen TONNDORFs die Lam. cribr. nicht nur über den Ansatz der mittleren Muschel hinausreichen, sondern auch zwei Dehiszenzen an der Grenze zwischen Lam. cribr. und Stirnbein.

Bei diesen Anomalien am Siebbeindach haben wir es demnach mit zwei verschiedenen Bildungen zu tun, nämlich einerseits mit *Knochendehiszenzen* (vielleicht stets zwischen Lam. cribr. und Stirnbein?), welche mit den Sieblöchern nichts zu tun haben und Knochendefekte darstellen, welche teils als Verbreiterungen oder Klaffen von Nähten, teils als Pneumatisationsanomalien (ähnlich den Lam. papyracea-Defekten) anzusprechen sind, und anderseits mit *Anomalien in der Lam. cribr. selbst*, welche teils als *Hemmungsbildungen* (Lochbildung im Sinne eines *embryonalen Foramen olfact.*[1]), teils als *anatomische Varianten* bezeichnet werden müssen.

Aus dieser Darstellung erhellt, daß die große Mehrheit aller im Bereiche des Siebbeins aufgefundenen Abweichungen als anatomische Varianten aufzufassen sind, und *daß es nur relativ wenige Befunde gibt, welche die Annahme einer Pneumatisationshemmung bzw. einer Keimesanomalie oder einer Hemmungsmißbildung rechtfertigen.*

c) Stirnhöhle (Lit. IX/1, 6 u. X/7).

Bei Darlegung unserer derzeitigen Pneumatisationserkenntnisse (vgl. S. 180 ff.) wurde festgestellt, daß *bilaterales Fehlen oder Kleinheit der Stirnhöhlen* nicht Folge einer Pneumatisationsstörung sein müsse, sondern auch als vererbter Idiotypus auftreten kann (Resultat der Zwillingsforschung). *Doppelseitiges Fehlen* der Stirnhöhlen (verbunden mit Fehlen der übrigen Nebenhöhlen), wie in dem von GRABSCHEID beschriebenen Fall von Anophthalmia congenita, ist dagegen als *Fehlbildung* zu klassifizieren. Ähnlich zu bewerten ist offenbar auch das Fehlen bzw. die Kleinheit der Stirnhöhlen (und der Keilbeinhöhlen) bei *mongoloider Idiotie* (NIEUWENHUYSE, VAN DER SCHEER, VAN GILSE), bei *Dysostosis cleidocranialis* und bei *Ozaena*. Auch bei der als Konstitutionsanomalie aufzufassenden *Persistenz der Frontalnaht* kommt überwiegend Fehlen oder Kleinheit der Stirnhöhlen vor (GOSÉ, VAN GILSE). (Die *formale* Genese differiert wohl bei diesen Affektionen wesentlich.) *Einseitiges Fehlen* der Stirnhöhle (eventuell auch kombiniert mit Fehlen der übrigen homolateralen Nebenhöhlen, wie im Falle von C. E. BENJAMINS) spricht für einseitige Fehlbildung oder Obwalten schwerer paratypischer Einflüsse (homolaterale Entzündung, Trauma od. dgl.). In solchen Fällen kann es zu kompensatorischer Vergrößerung der anderen Stirnhöhle kommen, welche den ganzen Raum der nicht entwickelten noch dazu einnehman kann (K. M. MENZEL [Lit. XI/7a]).

Bei den sonst im Stirnhöhlenbereich vorfindlichen „Anomalien" dürfte es sich überwiegend bloß um *anatomische Varianten* handeln:

α) *Fehlen* der Stirnhöhle: Unter 100 menschlichen Schädeln wurde dies von J. P. TUNIS einmal notiert, M. SCHEIER fand es zweimal unter 100 Erwachsenen, OPPIKOFER siebenmal unter 190 Erwachsenen. Nach SANVENERO-ROSELLI schwanken die Literaturangaben zwischen 4,5 bis 8,9%. Umwelteinflüsse dürften nur zum kleinsten Teil die Schuld daran haben.

β) *Exzessive Größe:* Beim Manne nicht ganz selten. Die Stirnhöhle ist dann meist in allen drei Dimensionen enorm vergrößert (beispielsweise der Fall von ZUCKERKANDL [Lit. IX/1. I. Bd., S. 325] mit riesigem Orbitalrecessus, und jene von M. CAMPEGGIANI und von J. P. TUNIS). Hierher gehört auch die Ausdehnung der Pneumatisation auf solche Nachbarschaftsbezirke, welche sonst nicht pneumatisiert werden. So kann — wie Abb. 106 zeigt — der Sin. front. zuweilen in der Spina nas. sup. eine Bucht (b) erzeugen, welche bei guter Entwicklung der Spina bis zur Mitte des knöchernen Nasendaches herabreichen kann. Die Abbildung zeigt ferner, daß auch die Crista galli einen pneumatischen Hohlraum enthält (a). Ist die Vorderwand des Recessus

---

[1] Einen solchen Befund konnte *ich selbst* an einer arhinencephalen menschlichen Fehlbildung erheben; vgl. hiezu S. 75 u. Abb. 38.

der Spina nas. sup. dehiszent, so können die Nasenbeine den Sinus abschließen; Analoges kann durch die Flügel der Crista galli bei Dehiszenz des Recessus in letzterer bewirkt werden.

γ) Schrägstellung des Septum interfrontale, Lochbildung in demselben; Knochendehiszenzen. Erfolgt die Stirnbeinpneumatisation beiderseits gleichmäßig, so steht das Sept. interfrontale median und sagittal, sonst aber schräg und mehr minder nach der Seite der geringeren Pneumatisationsintensität hin verschoben. In einem Falle von K. M. MENZEL (Lit. X/7b) griff die mächtig entwickelte rechte Stirnhöhle so weit nach links hinüber, daß das Sept. interfrontale nicht sagittal, sondern um etwa 90 Grad gedreht, also fast frontal stand, derart, daß die viel kleinere linke Stirnhöhle von der rechten gedeckt war. Die Pneumatisationsenergie kann nun in einzelnen Fällen so weit gesteigert werden, um auch noch das Sept. interfrontale mehr minder aufzuzehren, derart, daß nur noch ein Sept. membranaceum ohne oder mit zentraler Lücke vorhanden ist. In letzterem Fall ist damit eine Kommunikation zwischen beiden Stirnhöhlen hergestellt. Vollständiges Fehlen der Stirnhöhlenscheidewand beobachtete E. OPPIKOFER unter 190 Nasensektionen Erwachsener zweimal. — Sehr viel seltener sind „angeborene" *Knochendehiszenzen* im Bereiche der Vorderwand und der orbitalen Wand. E. ZUCKERKANDL (l. c. S. 333f.) fand solche teils im Stirnbein allein, teils kombiniert mit Defekten des Siebbeins, gelegentlich auch mit solchen des Orbitalbodens (Abb. 105). Einmal sah er auch eine Dehiszenz eines Orbitalrecessus, wodurch dessen Schleimhaut direkt an die Dura grenzte. Weiteren Forschungen muß es überlassen bleiben, ob hier (bei Ausschluß anderer pathologischer Möglichkeiten) „Knochendefekte" im Sinne von Hemmungsmißbildungen vorliegen oder das Endergebnis übermäßig weit getriebener Pneumatisation (letztere macht de norma vor der Tabula vitrea halt!).

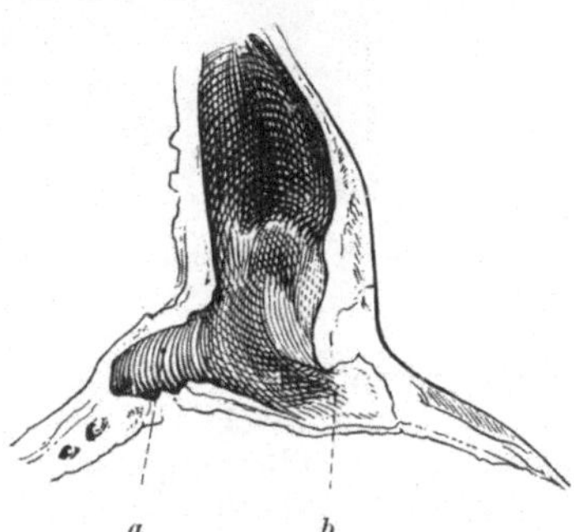

Abb. 106. Exzessive Pneumatisation im Stirnhöhlenbereich. Legende im Text (nach E. ZUCKERKANDL).

δ) Varietäten und Anomalien des Duct. nasofront.: Hierüber sei besonders auf die Ausführungen bei E. ZUCKERKANDL, M. HAJEK, G. KILLIAN (Lit. IX/5) und L. GRÜNWALD verwiesen. Gewöhnlich existiert eine direkte Verbindung Nasenhöhle—Hiatus semilunaris—Infundibulum—Ost. frontale. Gelegentlich hört aber der Hiatus semilunaris mit einem blindsackartigen Recessus oben auf und erst in einiger Entfernung und oberhalb desselben findet man das isoliert stehende Ost. frontale. Ferner kann auch die Vorderbucht des mittleren Nasengangs direkt in die Stirnhöhle hineinführen. Einen besonders *gewundenen, S-förmigen* und daher für Sondierungsversuche ganz ungünstigen *Verlauf* kann der Duct. nasofront. dadurch annehmen, daß in seiner Nähe vorfindliche vordere Siebbeinzellen sich teils von vorne und sogar von medial, teils von seitlich und von hinten vorwölben. — Interessanterweise gibt es, wenn auch anscheinend äußerst selten, Fälle, in welchen *zwar eine Stirnhöhle, aber kein Ausführungsgang vorhanden ist:* W. HUDLER beschrieb einen 40jährigen Mann, bei welchem anläßlich einer wegen schwerer Kopfschmerzen ausgeführten Trepanation der rechten Stirnhöhle nicht nur kein Ausführungsgang gefunden wurde, sondern sich bei Anlegung eines breiten Fensters nach dem Siebbein zu zeigte, daß „die Schleimhaut des Naseninnern kuppelartig gegen den Boden der Stirnhöhle vorgewölbt war, ohne irgendwo eine Kommunikation mit der letzteren erkennen zu lassen". HUDLER zitiert als einziges bisher bekanntgewordenes Analogon einen Fall von BÖGE, welcher zur Erklärung auf gewisse Parallelismen, wie die Abschnürungsvorgänge der Linse vom Epithel der Körperoberfläche, des Ovariums vom Keimesepithel usw. hinwies und die Anschauung entwickelte, daß sich eine Stirnhöhle, auch ohne von pathologischen Affektionen beeinflußt zu sein, gelegentlich bindegewebig von der Nasenhöhle trennen könne. Dies steht durchaus in Widerspruch zu den bekannten Vorgängen der Nebenhöhlenaussprossung. M. E. ist, da ein Beobachtungsirrtum wohl ausgeschlossen erscheint, doch das im Falle HUDLERs anamnestisch aufscheinende Trauma (einige Jahre früher erlittener heftiger Schlag mit einem stumpfen Instrument gegen die rechte Stirnseite!) ätiologisch verantwortlich zu machen, obwohl dies HUDLER nicht zugeben will.

Nicht minder interessant sind Fälle von *Ausmündung beider Stirnhöhlen auf einer Seite allein:* H. ABRAND teilte einen Fall mit, bei welchem der Sin. front. der linken Seite sich weit über die Medianebene nach rechts erstreckte und der Sin. front. der rechten Seite als Knochenblase in den linken Sinus hineinragte. Beide Sinus standen

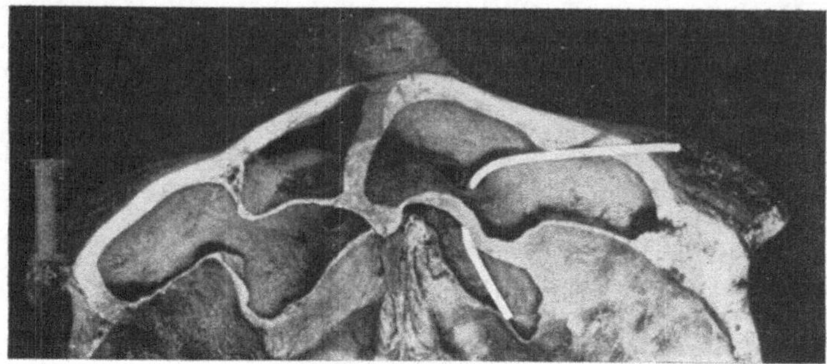

Abb. 107. Verdoppelung der linken Stirnhöhle und Kämmerung der rechten in Daraufsicht (nach cinem bisher nicht veröffentlichten Präparate von G. RITTER).

nur mit dem linken mittleren Nasengang, und zwar durch je einen Ductus in Verbindung, von welchen derjenige des linken Sinus weiter nach vorne lag. Offenbar wurde rechts überhaupt keine Stirnhöhle gebildet und die ganze Pneumatisation erfolgte von links her, und zwar durch eine übermäßig große Stirnhöhle und durch eine frontale Siebbeinzelle, welche sich nach rechts hin entwickelte und nach Art einer Bulla front. sich in die linke Stirnhöhle hinein vorbauchte. Die Ausführungsgänge mußten bei dieser Art der Entwicklung natürlich auf einer Seite allein (hier der linken) liegen. Eine wahrscheinlich ebenfalls hierher gehörige ähnliche Beobachtung beschrieb H. BELL TAWSE.

Als *atypisches Verhalten* muß man ferner das Vorkommen einer *Stirnhöhle mit zwei Ausführungsgängen* bezeichnen. K. M. MENZEL (Lit. X/7c) demonstrierte ein solches Präparat. Offenbar war es hier vorerst zur Einsprossung zweier nicht allzu dicht nebeneinander liegender Epithelknospen (entsprechend der späteren typischen Stirnhöhle und einer Infundibularzelle oder entsprechend

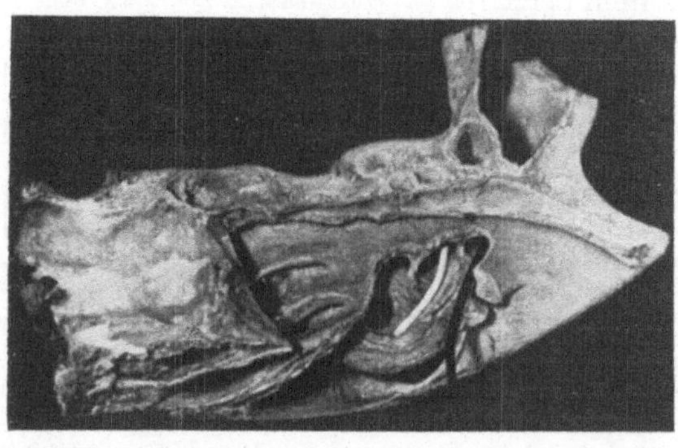

Abb. 108. Ausmündungsverhältnisse bei Doppelbildung der linken Stirnhöhle (nach einem Präparate von G. RITTER).

zwei Infundibularzellen) gekommen, die zwei Hohlräume verschmolzen dann miteinander, die Ausführungsgänge blieben aber voneinander getrennt (vgl. hierzu die Ausführungen über Kieferhöhlenverdoppelung). Mit solchen Vorkommnissen enge verwandt ist die

ε) *Stirnhöhlenverdoppelung:* BRÜHL unterscheidet *echte* und *scheinbare* Verdoppelung der Nebenhöhlen und spricht von scheinbarer dann, wenn die Verdoppelung durch Ausstülpung einer Siebbeinzelle in die entsprechende Nasennebenhöhle hinein entstand. *Scheinbare Verdoppelung* ist *ziemlich häufig.* Hier spielt die von ZUCKERKANDL beschriebene *Bulla front.* die Hauptrolle. Sie kann von einer zwischen Bulla ethmoidalis und Stirnhöhlenhinterwand situierten vorderen Siebbeinzelle oder von einer Terminalzelle des Hiatus semilunaris oder von einer Aggerzelle aus gebildet sein und sich dementsprechend in den Sinus front. vorbauchen. Demgegenüber ist *echte Doppelbildung selten.* BRÜHL nimmt hierfür *Spaltung der Stirnhöhlenanlage* an. Dies ist gewiß möglich. RITTER anerkennt nur dann das Vorliegen einer *echten (primären) Verdoppelung,* wenn beide Höhlen bis in den Schuppenteil des Stirnbeins hineingewachsen sind (oder wenigstens den Margo supraorbitalis erreicht haben), wenn ihre Ausgangsöffnungen im vordersten Teil des mittleren Nasengangs liegen und die vorderen Wände beider Stirnhöhlen von der Tabula externa des Stirnbeins gebildet werden (also *Nebeneinanderlagerung*). Dagegen können Siebbeinzellen, welche zwar den Margo supraorbitalis erreichen, dabei aber in das Innere einer regu-

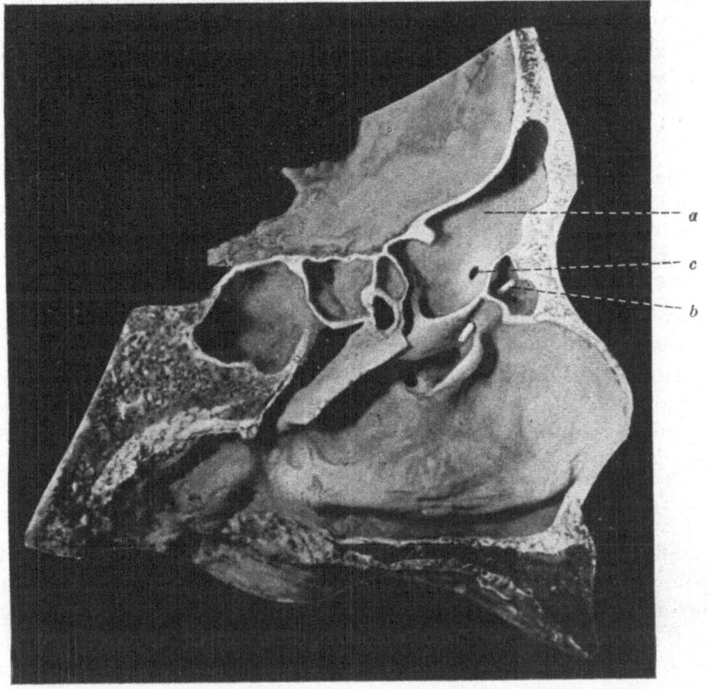

Abb. 109. Doppelbildung der linken Stirnhöhle von einer peribullären Zelle aus. Legende im Text (nach einem bisher unveröffentlichten Präparat von G. RITTER).

lären Stirnhöhle eingeschachtelt sind (wie bei der Bulla front. ZUCKERKANDLS) nicht zu den Doppelbildungen gezählt werden. Die RITTERsche Forderung, daß die doppelten Stirnhöhlen stets nebeneinander situiert sein müßten, erscheint mir zu rigoros. Auch bei *Hintereinanderlagerung* darf man wohl von echter Stirnhöhlenverdoppelung sprechen, falls diese Höhlen nur nicht ineinander eingeschachtelt sind, im mittleren Nasengang ausmünden und bis in die Stirnbeinschuppe hinein reichen. In den folgenden Abbildungen sind die wichtigsten Arten der Stirnhöhlenverdoppelung festgehalten. Abb. 107 zeigt in der Daraufsicht Doppelbildung der linken Stirnhöhle durch gleichzeitige Entwicklung von zwei Infundibularzellen. Beide Stirnhöhlen münden nebeneinander, die mediale vor der lateralen. Die rechte Stirnhöhle zeigt Kammerbildung (Sonde). Abb. 108 zeigt die Ausmündungsverhältnisse in einem solchen Fall im Profil. Abb. 109 zeigt Doppelbildung der linken Stirnhöhle von einer peribullären Zelle (*a*) aus. Die eigentliche, davor liegende Stirnhöhle (sondiert) ist verkümmert (*b*); bei *c* ist es zu einer Kommunikation zwischen beiden Stirnhöhlen gekommen. Abb. 103 zeigt überdies die Bildung einer *sekundären* (unechten) Stirnhöhle von einer *hinteren* Siebbeinzelle aus. Die Grundlamelle der mittleren Muschel (*m m m*) schiebt sich über die Grundlamelle der Bulla ethm. (*b*) hinüber, berührt sogar den Proc. uncinatus (*p*), bringt dadurch den oberen Teil des Hiatus semilunaris zum Abschluß und verschmilzt schließlich mit der Tabula externa der Stirnbeinschuppe. Dadurch bilden die hinteren Siebbeinzellen eine große, laterale und hinter der erheblich kleineren eigentlichen Stirnhöhle (*f*) gelegene, weit in die Pars squamosa sich erstreckende Höhle (*h. S.*), deren Mündung (*o*) im *oberen* Nasengang liegt. Beschreibungen *hintereinander*gelagerter Stirnhöhlen stammen von BAYLEY, K. M. MENZEL (Lit. X/7b), M. COHEN und von *mir* selbst (Lit. X/7a). M. COHEN fand an einem sonst normal gebildeten Schädel jederseits zwei hintereinandergelegene Stirnhöhlen, welche mit je einem besonderen, in den mittleren Nasengang mündenden Ductus nasofrontalis versehen und durch vollständige knöcherne Septa jederseits voneinander geschieden waren. Ich selbst konnte anläßlich der Stirnhöhlenradikaloperation eines erwachsenen Mannes mit Pansinuitis chron. purul. sin. feststellen, daß auf der linken Seite zwei Stirnhöhlen hintereinander vorhanden waren, welche beide in die Stirnbeinschuppe hinauf reichten und gut ausgebildete Orbitalrecessus hatten. Die vordere dieser Stirnhöhlen war besonders groß und hatte ein solides Sept. interfrontale, die hintere, etwas kleinere, hatte im Sept. interfrontale ein Loch, mittels welchem sie mit der gesunden Stirnhöhle der rechten Seite kommunizierte. Vor der Operation war durch wiederholte Ausspülungen der linken Stirnhöhle festgestellt worden, daß bald Spülflüssigkeit rechts mit abfloß, bald auch wieder nicht. Aus diesem anatomischen Verhalten scheint hervorzugehen, daß die hintere Stirnhöhle wahrscheinlich die aus dem Rec. front. direkt hervorgegangene, die vordere dagegen eine aus einer Infundibularzelle hervorgesproßte gewesen sein dürfte.

Aus dieser Übersicht geht hervor, daß ähnlich wie bei der Kieferhöhle und beim Siebbein *sichere Fehlbildungen äußerst selten* sind. Auch schwererer einseitiger Pneumatisationshemmung (auf entzündlicher oder traumatischer Basis) begegnet man nicht häufig. Die Hauptmasse der sonstigen „Anomalien" (exzessive Pneumatisation, Verdoppelungen, abnorme Ausmündungsverhältnisse usw.) sind jedoch als *anatomische Varianten* aufzufassen.

d) Keilbeinhöhle (Lit. IX/1, 6 u. X/7).

Zum Verständnis der Fehlbildungen, Anomalien und Varianten im Bereiche des Sin. sphenoid. ist eine kurze Darlegung seiner Ausbildung Grundvoraussetzung. Ich beziehe mich hierbei besonders auf die zahlreichen und grundlegenden Arbeiten von P. H. G. VAN GILSE (Lit. IX/6a, d u. Lit. X/7, b, c), in welchen unser derzeitiges Wissen und die Geschichte der Keilbeinhöhlenforschung erschöpfend behandelt ist, sowie auch auf diejenigen von V. Z. COPE und von E. D. CONGDON.

Nach VAN GILSE kann man — analog wie an den übrigen Nasennebenhöhlen — bis zur vollständigen Ausbildung der Keilbeinhöhle vier Stadien unterscheiden. Die erste Anlage der Keilbeinhöhle als das beim Menschen (und den Primaten) stark reduzierte Homologon der Riechkammer der makrosmatischen Säuger fällt in den dritten Embryonalmonat und stellt sich als eine *dorsalwärts gerichtete Ausstülpung der Nasenhaupthöhle* dar (Cupula nasi posterior oder „Blindgrund" der Nasenhöhle). Sie ist vom Knorpel der Nasenkapsel umgeben. Letztere wieder ist vom Keilbeinkomplex durchaus mittels einer Bindegewebsschicht geschieden. In der im fünften Embryonalmonat einsetzenden zweiten Phase wird die knorpelige Kapsel durch Knochen ersetzt, und zwar teilweise durch enchondrale, teilweise durch bindegewebige Verknöcherung. Diese knöcherne Kapsel, für welche VAN GILSE statt des irreführenden Namens „Concha" sphenoidalis (BERTIN) bzw. des nichtssagenden „Ossiculum" Bertini den Terminus *Capsula ossea praesphenoidalis* vorschlägt, hat noch keine Verbindung mit dem Keilbein. Im dritten Stadium, welches im vierten Lebensjahr einsetzt und etwa bis zum achten bis zehnten Jahr dauert, wird die knöcherne Kapsel bis auf die vordere-untere Wand resorbiert, welche nun die von BERTIN seinerzeit beschriebene „Keilbeinmuschel" darstellt. Der Resorptionsprozeß schafft Lücken an typischen Stellen, welche miteinander relativ frühzeitig verschmelzen. Annähernd gleichzeitig mit der Resorption der Kapsel vollzieht sich deren knöcherne Verwachsung

mit angrenzenden Skeletteilen (Siebbein, Körper des Keilbeins). Dies ist die Voraussetzung, daß der Keilbeinkomplex von der sekundären Pneumatisation überhaupt angegriffen werden kann. Wenn die Resorptionslücken kürzere oder längere Zeit nicht miteinander verschmelzen, so kann dies eine der Ursachen der verschiedenen Ausbildung der Höhle im Keilbein selbst sein. Die Resorption wird von der dem Knochen anliegenden Schleimhautpartie besorgt, welche sich histologisch durch besondere Dicke, Gefäßreichtum usw. charakterisiert. Die Höhlung innerhalb der vorerst knorpeligen, später knöchernen Capsula cupularis kann man mit VAN GILSE als *Palaiosinus* sphenoidalis oder als *primäre* Keilbeinhöhle bezeichnen, wogegen die nunmehr einsetzende Hohlraumbildung im Keilbein mit dem Ausdruck *Neosinus* (entstanden durch *sekundäre* Pneumatisation) belegt werden darf. Die Ausbildung des Neosinus stellt das vierte Stadium dar. Den Resorptionslücken der knöchernen Kapsel entsprechen bestimmte Resorptionszentren in der Nähe des Rostrum bzw. an der Wurzel des Proc. pterygoideus usw. (Abb. 110; bezüglich weiterer Details sei auf die Arbeiten von VAN GILSE verwiesen). Eine *ideale Pneumatisation*, worunter beiderseits gleich große, den Keilbeinkörper größtenteils einnehmende Höhlen, glatte Wände und der Besitz eines geradestehenden, dünnen Septums verstanden wird, wird dann zustande kommen, wenn auf beiden Seiten die Resorptionsstellen zeitig und mehr minder gleichzeitig miteinander verschmelzen und die Resorption bzw. Pneumatisation auf beiden Seiten gleichmäßig fortschreitet. Da das *Sept. intersphen.* (übrigens analog dem Sept. interfront.) nicht vom Anfang an als eine Scheidewand angelegt ist, sondern als Aussparung zwischen der von beiden Seiten her vordringenden Pneumatisation resultiert, so ist klar, daß ungleichmäßige Pneumatisation *Schrägstand bzw. Seitwärtsverschiebung* nach der Seite der „gehemmten" Pneumatisation zur Folge

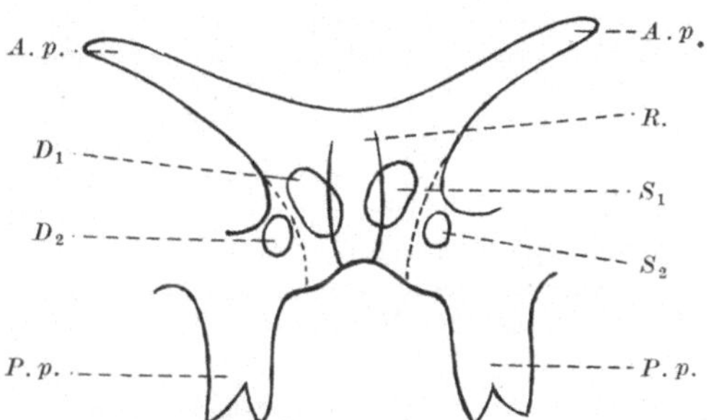

Abb. 110. Schema der vorderen-unteren Fläche eines kindlichen Keilbeins.

A. p. Ala parva; *P. p.* Process. pterygoideus; *R* Rostrum sphenoidale; D_1, D_2 mediales bzw. laterales Resorptionszentrum der rechten Seite; S_1, S_2 mediales bzw. laterales Resorptionszentrum der linken Seite. Die punktierten Linien bezeichnen die Stellen der Fuge zwischen dem Keilbeinkörper und der Wurzel des Proc. pterygoideus (nach P. H. G. VAN GILSE).

haben muß. Bezüglich der *Ursachen gestörter Pneumatisation* genüge hier der Hinweis, daß die Ursache sowohl in der Schleimhaut (primäre Minderwertigkeit, Erkrankung derselben) als auch im Knochengewebe (zur Resorption ungeeigneter Knochen, Knorpelfugen, mangelnde Verschmelzung von Knochenabschnitten untereinander) gelegen sein kann. Auf die Folgen des Ausbleibens der Ausbildung und der Verschmelzung der typischen Resorptionsflächen oder eines Teiles derselben für das Endresultat der Pneumatisation hat besonders VAN GILSE hingewiesen und daraus die öfters angetroffenen, geradezu *typischen Varianten der Keilbeinpneumatisation* abgeleitet. Findet z. B. nur am lateralen Teile der hinteren Resorptionsfläche Pneumatisation statt oder hat sie dort größeren Vorsprung, so ist zu erwarten, daß an dieser Seite die ali-präsphenoidale Grenzfläche die Höhle medialwärts begrenzt. Hat dazu auf der anderen Seite auch im medialen Anteil der hinteren Resorptionsfläche Pneumatisation stattgefunden, so besteht die Möglichkeit, daß diese Höhle die Medianlinie überschreitet. Es entsteht dann eine große und eine kleine, lateral gelegene Höhle (Abb. 111). Bleibt auf beiden Seiten die Resorption des Präsphenoids aus, so erhält man wahrscheinlich ein sehr dickes Sept. intersphenoidale mit beiderseits kleinen, lateral situierten Höhlen. Dann kann eventuell eine hintere Siebbeinzelle (*C. e.*) von der einen oder der anderen Seite her sich zwischen die beiden kleinen Keilbeinhöhlen unter Resorption des Knochens von oben her einschieben, woraus sich dann ein Zustand ergibt, wie ihn Abb. 112 zeigt. Für das Verständnis des Zustandekommens und die Bewertung von *Knochenkämmen (Leisten)* und mehr minder unvollständigen *Septen* innerhalb der Keilbeinhöhlen sind namentlich die Forschungsergebnisse von COPE und von CONGDON sowie die Ergänzung derselben durch VAN GILSE

maßgebend. COPE führt aus: Während der Kindheit werden nur die Knochenkerne
des Prä- (Ali-) Sphenoids pneumatisiert, einige Zeit nach der Pubertät aber dehnt sich
die Keilbeinhöhle nach rückwärts und seitwärts aus (Abb. 113). Knochen, welcher
sich an der Vereinigungslinie von zwei Knochenzentren gebildet hat, leistet der Resorption größeren Widerstand. Infolgedessen
werden diese Verschmelzungsbarrieren
häufig nur unvollständig zerstört, woraus
Grate, Leisten oder unvollständige Septa

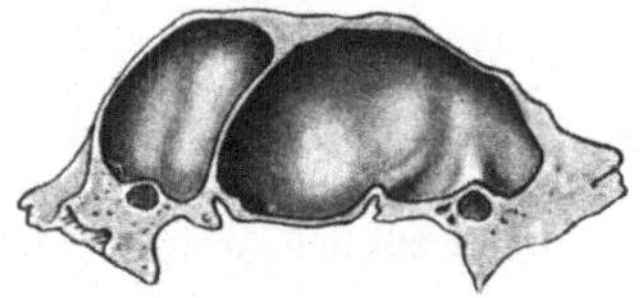

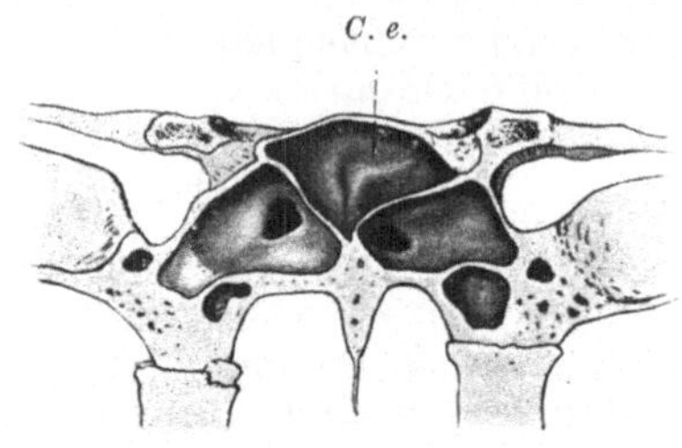

Abb. 111. Frontaler Sägeschnitt durch ein Keilbein
eines Erwachsenen, welches eine große und eine
kleine Höhle enthält (nach P. H. G. VAN GILSE).

Abb. 112. Frontaler Sägeschnitt durch ein Keilbein
eines Erwachsenen. Siebbeinzelle (*C. e.*) im rostralen
Teil des Keilbeins. Innenansicht der vorderen Wand
(nach P. H. G. VAN GILSE).

hervorgehen, welche den Vereinigungslinien zwischen den Knochenkernen im Präsphenoid, in der Lingula und im großen Keilbeinflügel entsprechen. Ist einmal die
Barriere überschritten, dann geht die Pneumatisation rasch vonstatten und diejenige Seite, welche den Vorsprung hat, kann den Platz für sich in Anspruch nehmen,
welcher sonst der Nachbarseite zugehörte. So kann auf einer Seite nur die präsphe-

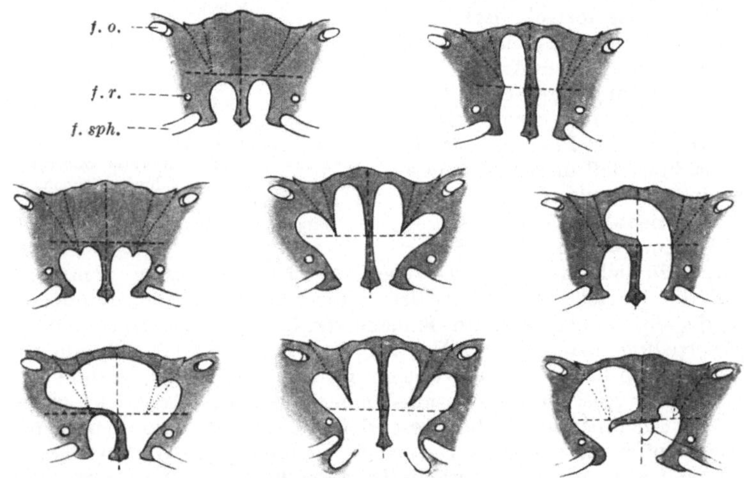

Abb. 113. Diagramm des Grundplans der verschiedenen Keilbeinhöhlentypen, z. T. mit lateralen und vorderen Recessusbildungen. Darstellung in Daraufsicht. Die punktierten Linien bezeichnen die Verschmelzungs-
zonen zwischen Präsphenoid, Postsphenoid, Lingula und großem Keilbeinflügel. Deutliche Kennzeichnung der
dreieckigen Lingula. In der letzten Figur ist das Septum intersphenoidale abgebrochen.
f. o. Foramen ovale; *f. r.* Foramen rotundum; *f. sph.* Fissura sphenoidalis (nach V. Z. COPE).

noidale Zone pneumatisiert sein, auf der anderen Seite aber nicht nur das ganze
Keilbein, sondern auch die postsphenoidale Zone der ersten Seite. Quere Septa, Leisten
oder Grate in der Keilbeinhöhle entstehen durch Überbleibsel der Verknöcherungs-
zone zwischen den prä- und den postsphenoidalen Knochenkernen (Abb. 114). Meist
finden sich dieselben am Dache der Höhle, seltener am Boden. CONGDON stellte später
Untersuchungen an, ob tatsächlich Beziehungen zwischen diesen ursprünglichen Synchondrosen und der Lokalisation der Septa, Cristae und Spinae bestehen. Unter
der hinteren Wurzel des kleinen Keilbeinflügels treffen drei Synchondrosen zu-

sammen und diese Gegend erwies sich als derjenige Ort, von welchem drei Fünftel von den in über 200 Höhlen gefundenen Septen usw. ausgingen. Dieser Bezirk entspricht am erwachsenen Knochen dem von STERNBERG beschriebenen Can. cran.-pharyng. later. Aber auch unabhängig von ehemaligen Synchondrosen kommt Septenbildung vor, dies allerdings selten. CONGDON erblickt die Ursache in einer „festeren" Knochenleiste, doch ist dies nach VAN GILSE sehr unwahrscheinlich; es sind vielmehr *Bindegewebs- oder Knorpelreste, welche die Resorption hemmen.* Bezüglich weiterer Details und einer Erklärung für die Entstehung sogenannter „dreistrahliger" Septa bzw. für das Vorkommen von zwei sagittalen Septen nebeneinander verweise ich auf die Arbeiten von VAN GILSE (Lit. IX/6d).

Bei obigen, häufig als Anomalien bezeichneten Bildungen wie ungleichmäßiger Pneumatisation beider Seiten, Schrägstand oder Seitwärtsverschiebung des Septum intersphenoidale, akzessorischen Septen, Leisten und Spinen handelt es sich demnach größtenteils um Formvarianten, meist noch innerhalb der physiologischen Breite, vornehmlich hervorgebracht durch die Eigentümlichkeiten der Zusammensetzung des Keilbeinkomplexes und der Pneumatisation desselben, seltener um gröbere ein- oder doppelseitige Pneumatisationshemmungen aus verschiedenen Ursachen. Ausführlicheres Eingehen erfordern noch folgende Vorkommnisse:

α) *Fehlen der Keilbeinhöhle:* Im Gegensatz zu Literaturangaben über öfteres Vorkommen totalen ein- oder doppelseitigen Fehlens der Keilbeinhöhle (L. GRÜNWALD in $^1/_2$%, WERTHEIM in $1^1/_2$%, OPPIKOFER fünfmal unter 190 Erwachsenen) ist VAN GILSE auf Grund eigener ausgedehnter

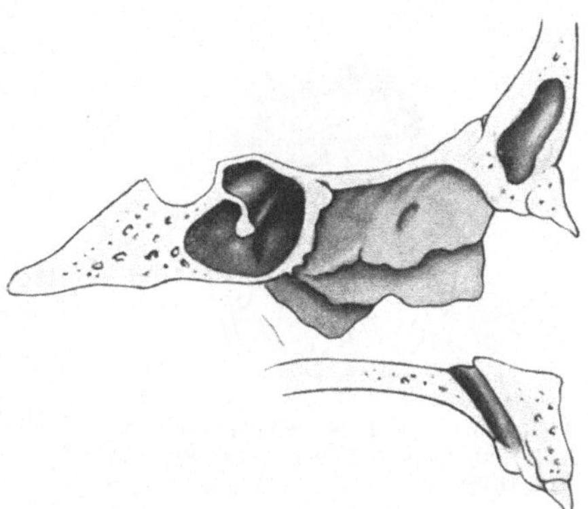

Abb. 114. Parasagittalschnitt durch einen Sin. sphenoidalis mit transversalem Septum (nach V. Z. COPE).

Untersuchungen an über 1000 mazerierten und nicht mazerierten Schädeln der Überzeugung, daß *öfters Fehlen der Höhle vorgetäuscht wird.* Es sind dann sehr kleine, weit lateral gelegene Höhlen vorhanden, deren Ostien im Rec. spheno-ethmoid. liegen. Diese Höhlen wurden entweder übersehen oder für Siebbeinzellen gehalten. Auch in einem eigenen Präparat VAN GILSES wurde einseitiges Fehlen der Keilbeinhöhle vorgetäuscht und schließlich die rudimentäre Höhle mit z. T. atypischer Umwallung bei mikroskopischer Untersuchung gefunden. *Immerhin kann es ein Fehlen der Hohlraumbildung innerhalb des Keilbeinkörpers geben.* In solchen Fällen handelt es sich aber nicht um das Fehlen der hinteren Ausstülpung der Haupthöhle der Nase, sondern nur darum, daß die Störung etwa auf dem Stadium des Palaiosinus einsetzte und *es daher nur andeutungsweise oder überhaupt nicht zur sekundären Pneumatisation des Keilbeinkomplexes gekommen ist.* Ein öfters zitierter Befund von ZUCKERKANDL lautet dahin, daß bei Höhlenmangel sich an der vorderen Wand des Keilbeinkörpers statt des Ost. sphenoidale ein Grübchen als Anfang der Höhlenbildung findet und in dem Grübchen ein flaschenförmiger Anhang der Nasenschleimhaut stecke. Das Grübchen ist offenbar der Ausdruck der im ersten Beginn gehemmten sekundären Pneumatisation und der flaschenförmige Anhang der Nasenschleimhaut der Inhalt des Rec. cupul. posterior, der „primitiven" Keilbeinhöhle. Dieser Befund charakterisiert sich demnach als *Entwicklungsstillstand* zwischen dem zweiten und dritten Stadium der Keilbeinhöhlenausbildung und entspricht dem Zustand zur Zeit der Geburt oder in den allerersten Kinderjahren. Ein ähnliches Untersuchungsergebnis konnte VAN GILSE (Lit. IX/6 d) am Schädel eines erwachsenen, mongoloid-idiotischen Individuums[1] erheben, wo auf der gehemmten Seite der kupulare Teil des Keilbeins auf dem Standpunkt des Neonatus stehen geblieben war. „Er fehlte jedoch nicht, er kann auch ohne starke Entwicklungsstörung nicht fehlen, ebensowenig wie im anatomischen Sinne die Höhle in der Cupula posterior fehlen kann." Letztere Möglichkeit, das *Fehlen der Cupula posterior nasi, ist bisher überhaupt nicht erwiesen* worden und dürfte sich wohl nur in schwersten Mißbildungsfällen mit komplexen Störungen in der Umgebung des Blindgrundes der Nase finden.[2]

β) Die im Schrifttum beschriebenen Fälle von „*Verdoppelung*" der Keilbeinhöhle (LÜDERS, O. HIRSCH, M. SCHEIER) sind wohl sämtlich nur als *scheinbare* Verdoppelung aufzufassen, sei es durch *Pneumatisation des Keilbeinkörpers vom Siebbein* aus, sei es durch *Septenbildung* innerhalb der Keilbeinhöhle. Wenn man

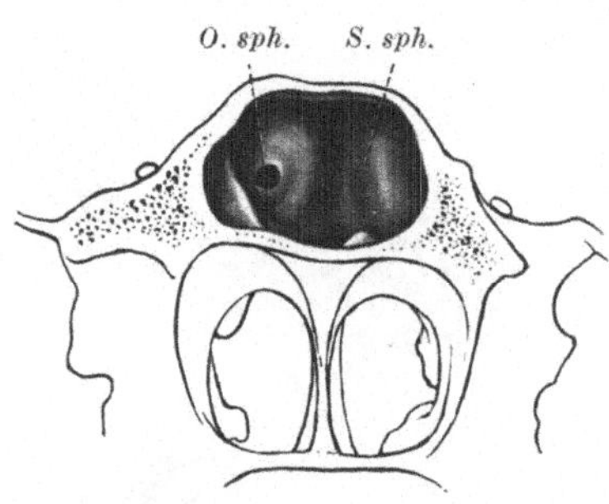

Abb. 115. Mangel der Scheidewand der Keilbeinhöhlen (*S. sph.*). Es ist nur eine Öffnung (*O. sph.*) vorhanden (nach M. HAJEK).

zur Erklärung einer *echten* Keilbeinhöhlenverdoppelung die von VAN GILSE (Lit. IX/6d) mit Recht kritisierten Anschauungen bzw. Befunde von G. KILLIAN und von CH. SCHMIDT nicht gelten läßt und auch einer vorwiegend theoretischen Ausführung von L. GRÜNWALD (Lit. X/1b) bezüglich des Verhaltens eines mehr spaltförmigen Recessus parasphenoidalis mit Vertiefung am oberen und unteren Ende skeptisch gegenübersteht, so bliebe nur die Annahme einer Verdoppelung des hinteren Endes der Nasenhaupthöhle übrig. VAN GILSE erklärt mit Recht dieses (bisher nicht nachgewiesene) Vorkommnis ohne gleichzeitige eingreifende Entwicklungsstörungen und sonstige Anomalien für undenkbar.

γ) Schon eher könnte es vorkommen, daß eine Keilbeinhöhle eine *doppelte Öffnung* hat. VAN GILSE (l. c. S. 286) versucht für diese indes noch nicht nachgewiesene Anomalie eine Erklärung zu geben.

δ) Dagegen kommt es vor, daß *der ganze Keilbeinkörper nur eine einzige Höhle enthält*, welche *mittels einer oder zweier Öffnungen* mit der Nase in Verbindung steht. Im *ersteren* Falle dürfte entweder die zweite sehr kleine, lateral gelegene Höhle (samt ihrem Ostium) der Feststellung entgangen oder für eine Siebbeinzelle gehalten worden sein, oder die Pneumatisation erfolgte nur von einer Seite aus und ergriff auch die andere Hälfte des Keilbeins, in welcher die sekundäre Pneumatisation gänzlich unterdrückt wurde. Abb. 115 zeigt einen solchen Fall, welcher als „Mangel der Scheidewand" der Keilbeinhöhle klassifiziert ist. Sind dagegen zwei *Ostien* vorhanden, so mußte es durch Verschmelzung der beiderseitigen Höhlen zu einer einzigen gemeinsamen Höhle gekommen sein. Dies hat zur

---

[1] 1936 berichtete VAN GILSE (Lit. X/1) über Untersuchungen an fünf Schädeln von erwachsenen *mongoloiden Idioten* (darunter vier Post-mortem-Untersuchungen). Neben Stirnhöhlenhypoplasie bzw. -aplasie waren „die Keilbeinhöhlen wenigstens an einer Seite sehr stark gehemmt, so daß die Größe der eines Neonatus entsprach bis zu der eines sechsjährigen Kindes. Die andere Höhle war auch ziemlich klein". Die Keilbeinhöhlenhypoplasie ist hier *konstitutionell* bedingt. Der konstitutionelle Faktor ist auch bei den kleinen Keilbeinhöhlen (und Stirnhöhlen) der *Ozänösen* wirksam.

[2] Damit stimmt gut überein, daß in dem S. 188 geschilderten Fall von BENJAMINS gleichwohl die Keilbeinhöhle vorhanden war. Ob der S. 187 erwähnte Fall von GRABSCHEID tatsächlich in diesem strengsten Sinn ohne Keilbeinhöhlen war, bleibe dahingestellt, da nur eine Röntgenuntersuchung stattfand und mit dieser wohl nur der Neosinus beurteilt werden kann.

Voraussetzung, daß eine exzessive Pneumatisation zur Aufzehrung des ganzen Septum intersphenoidale geführt hat. E. Oppikofer sah dies vierzehnmal unter 190 Erwachsenen. *Rein membranöse Scheidewände* (Jul. J. Klepper) und *Lochbildungen im Septum intersphenoidale* (Fälle von Hutter und von Réthi, Diskussionsbemerkung zu Hutter) sind wohl als Vorstadien zu vollständigem Scheidewandmangel anzusehen.

ε) *Spontane Dehiszenzen; exzessive Pneumatisation:* Abgesehen von den durch Altersatrophie hervorgebrachten *Dehiszenzen*, welche sich gelegentlich in der Gegend der oberen Öffnung des Canal. cranio-pharyngeus lat. finden, kommen solche auch bei jüngeren Individuen vor. Zuckerkandl sah einige Male kleine, in den seitlichen Wänden vorhandene, in die mittlere Schädelgrube führende Lücken, in deren Bereich Schleimhaut und Dura einander berührten. A. W. Meyer fand unter acht Kadavern zweimal je einen *ovalen, ziemlich großen Defekt in der vorderen Hälfte der lateralen Keilbeinhöhlenwand* derart, daß in diesem Bereich je ein Schleimhautdivertikel in den Subduralraum hineinreichte. Auch Jul. J. Klepper spricht unter Berufung auf J. P. Schaeffer von Wanddehiszenzen mit Schleimhautdivertikelbildung und dadurch gegebener Durakontiguität. Ein Teil dieser Dehiszenzen sind offenbar *Gefäßlücken.* So beobachtete Spee (zit. nach A. Ónodi) einmal einen Defekt am Sulc. carot., A. Ónodi Gefäßlücken an mehreren Schädeln, manchmal symmetrisch auf beiden Seiten unmittelbar unter der lateralen Wurzel des kleinen Keilbeinflügels. In einzelnen Fällen ziehen zu diesen Gefäßlücken Gefäßfurchen, an welchen kleinere, größere oder längliche Dehiszenzen vorkommen. Möglicherweise aber handelt es sich bei etlichen der referierten Dehiszenzen um *zu weit getriebene Pneumatisation,* die de norma an der Tabula vitrea haltmacht, oder um ein Mißverhältnis zwischen (minderwertiger?) Knochenanbildung und Pneumatisation zu Gunsten letzterer. Voraussetzung für *exzessive Pneumatisation* ist, daß vorerst die Nahtstellen bzw. Synchondrosen zwischen den einzelnen Knochenabschnitten verknöchert sind und daß sich die Pneumatisationskraft der Schleimhaut noch nicht erschöpft hat.[1] Die Pneumatisation richtet sich dabei im allgemeinen nach vorne, lateral und nach hinten, so daß man einen Rec. ant., lat. und post. unterscheiden kann. Dadurch können die kleinen und die großen Keilbeinflügel, die Proc. pterygoidei, der Clivus, die verschiedenen Proc. clinoidei, das Rostrum sphenoidale, *ja sogar die hinteren Abschnitte der knöchernen Nasenscheidewand* (im Bereich des Vomer und der Lam. perpendicularis oss. ethmoid.) mehr minder pneumatisiert werden. Ónodi bildet (l. c., Taf. 93, Abb. 125) einen solchen Nasenscheidewandrecessus der Keilbeinhöhle und einen weiteren gegen die Fossa pterygopalatina zu ab und verfügt über Präparate, bei denen die Keilbeinhöhle an die Stirnhöhle angrenzt bzw. ein vorderer Keilbeinhöhlenrecessus die Stelle einnimmt, wo sich sonst eine hintere Siebbeinzelle oder eine Zelle des Proc. orbit. oss. palatin. zu befinden pflegt. Es hat dann also — umgekehrt wie sonst häufig — eine *sphenoidale* Pneumatisation dieser Gebiete stattgefunden. Eine besondere anatomische Studie hat O. Jacob der Pneumatisation der großen Keilbeinflügel gewidmet und dabei an 150 Präparaten festgestellt, daß in einem Sechstel der Fälle das Foram. rot. und das Foram. ovale erreicht wurde und daß sogar die Pneumatisation (einmal unter 15 Fällen) noch darüber hinausging und sich mehr oder weniger bis ins Dach der Fossa pterygo-maxill. fortsetzte. Das Übergreifen der Pneumatisation auf die großen und kleinen Keilbeinflügel und auf die Proc. pterygoidei findet sich anscheinend ungleich häufiger noch an *Anthropoiden* (B. C. Brühl, R. Owen, E. Zuckerkandl). Außerdem konnte Zuckerkandl

---

[1] *Hyperpneumatisation* findet sich gelegentlich bei Akromegalie (A. Schüller).

am Orang nachweisen, daß außer dem Ost. sphenoidale im Bereich der P. ethmoidalis der vorderen Keilbeinhöhlenwand lateralwärts noch ein überbohnengroßes Loch vorhanden war, welches durch den die Siebbeinzellen substituierenden Raum in die Kieferhöhle führte. (Ein umgekehrtes Verhalten [Pneumatisation des Keilbeins von der Kieferhöhle aus] fand ZUCKERKANDL an Mycetes seniculus [nur einseitig].) Diese an verschiedenen Affenarten festgestellten Verhältnisse erinnern einigermaßen an Vorkommnisse, wo die Keilbeinhöhle einen „Recessus maxillaris" gegen die hintere-obere Ecke der Kieferhöhle vorschickt, von welcher derselbe gelegentlich nur durch ein dünnes Knochenblättchen getrennt ist (Fälle von ÓNODI und M. SCHEIER).

Die im Bereich der Keilbeinhöhle auftretenden Abweichungen in der Form, Größe und Ausdehnung der Höhlen, die verschiedenen Verhältnisse des Sept. intersphenoidale, der Kämmerung, der Septen-, Leisten- und Spinabildung innerhalb der Höhlen charakterisieren sich demnach im allgemeinen als *anatomische Varianten*, hervorgerufen durch die besonderen Bauverhältnisse des zu pneumatisierenden Keilbeinkomplexes, können aber z. T. *auch Folge störender Umwelteinflüsse* sein, um so mehr, als sich die Keilbeinhöhlen relativ spät entwickeln. Störungen höheren Grades können zu einer mehr minder kompletten *Hemmung der sekundären Pneumatisation* Veranlassung geben, wobei ein Zustand festgehalten wird, wie er etwa einem Neonatus entspricht. Solche Befunde können teils ein-, teils doppelseitig angetroffen werden und sprechen dann für *schwere einseitige Störung* bzw. für *Konstitutionsanomalie* oder fallweise auch für *nicht keimbedingte Fehlbildung*. Komplette Unterdrückung der Ausstülpung der Cupula nasi post. (Blindgrund der Nasenhaupthöhle) wurde bisher nicht beobachtet, müßte aber als sehr schwere Fehlbildung klassifiziert werden. Gewisse Formen der exzessiven Pneumatisation erinnern an tierische Formen und sind daher möglicherweise als *Rückschlagserscheinungen* (Theromorphismen) anzusehen.

4. Epidermoide und Dermoide in ihren Beziehungen zu den Nasennebenhöhlen und zur Nase (Lit. X/8 u. VIII/A—C).

Außer Betracht bleiben die *sekundären* Cholesteatome, welche — zumeist im Anschluß an entzündliche Nebenhöhlenaffektionen — gelegentlich in denselben durch Einwachsen von Plattenepithel von Kieferhöhlen-Mundhöhlenfisteln bzw. äußeren Stirnhöhlenfisteln aus oder durch Epithelmetaplasie entstehen. Solche sekundäre Cholesteatome sind bekanntlich in Stirn- und Kieferhöhlen mehrfach festgestellt worden (HEGETSCHWEILER, A. HEIMENDINGER, J. HABERMANN u. a.).

Genetisch streng davon zu trennen sind die *Epidermoide* (wahre oder primäre Cholesteatome) und *Dermoide, welche sich als durch Keimversprengung entstandene kongenitale Mißbildungen charakterisieren.* Sie haben primär nie oder fast nie Beziehungen zur Nase und deren Nebenhöhlen. Da sie aber neben anderen Lokalisationen (wie an den Meningen, im Hinterhauptbein, an der Grenze zwischen Schläfen-, Scheitel- und Hinterhauptbein usw.) gelegentlich auch in nächster Nachbarschaft der Nasennebenhöhlen vorkommen, so können sie *sekundär* durch gegenseitige Annäherung des wachsenden Einschlusses und der sich vergrößernden Höhle innige Beziehungen zueinander gewinnen. Es findet dann ein Einbruch in eine Nebenhöhle statt (meist kommt nur die Stirnhöhle in Betracht).

Kasuistik: Im Stirnbein lokalisierte Epidermoide und Dermoide — fast stets handelte es sich um erstere — *ohne Verbindung mit der Stirnhöhle* beschrieben ESMARCH, C. WOTRUBA, CHEVELLEREAU, HALD, MARX, solche *mit Einbruch* WEIN-

LECHNER (Diskussionsbemerkung von BILLROTH), F. DE LAPERSONNE, A. HAYG-STROEM, O. KAHLER (Verbindung mit dem *Siebbein,* die sehr kleine Stirnhöhle jedoch frei), H. STARCKE und HINNEN.[1] WINCKLER beschrieb 1909 einen Fall, welcher klinisch und histologisch auf wahres Cholesteatom der *Kieferhöhle* sehr verdächtig ist. Eine möglicherweise ebenfalls hierhergehörende Beobachtung machte L. GRÜNWALD (Lit. VIII/B 2a) an einer Leiche: Im hinteren-unteren Abschnitt der Kieferhöhle war ein 2 cm im Durchmesser haltender Tumor mit zarter Wandung und gelb-rosa durchscheinendem Inhalt vorhanden. Letzterer wölbte die Wandung vor und gestaltete sie leicht höckerig (Abb. 116). Im Inneren waren fettige Massen vorhanden, welche an der Luft zu einer stearinhaltigen Masse erstarrten. Kein Zusammenhang mit den Zähnen. Dieser Fall ist auf Epidermoid suspekt, wenn auch Lipom nicht sicher auszuschließen ist.

In Zukunft wird nach dem Vorgang von O. KAHLER und L. GRÜNWALD für die Diagnose eines Cholesteatoma verum großer Wert auf das Ergebnis der histologischen Untersuchung zu legen sein. Subepitheliale reichliche Einlagerung *elastischer Fasern* ist nämlich nach ERDHEIM für Epidermoide sehr charakteristisch, wogegen solche Fasern in der Nasennebenhöhlenschleimhaut so gut wie überhaupt nicht vorkommen. Die Frage, ob neben dem sekundären Einbruch von Epidermoiden noch andere Entstehungsarten von innerhalb der Nebenhöhlen gelegenen Dermoidgeschwülsten existieren, wird von L. GRÜNWALD widersprechend beantwortet: Einerseits hält er es für ausgeschlossen, daß vom Nasennebenhöhlensystem jegliche Art embryogener innerer Neubildung ausgehen könne (? Ref.), und zwar wegen der Art seiner Entstehung und weil die Aussprossung der Höhlen zu einem relativ

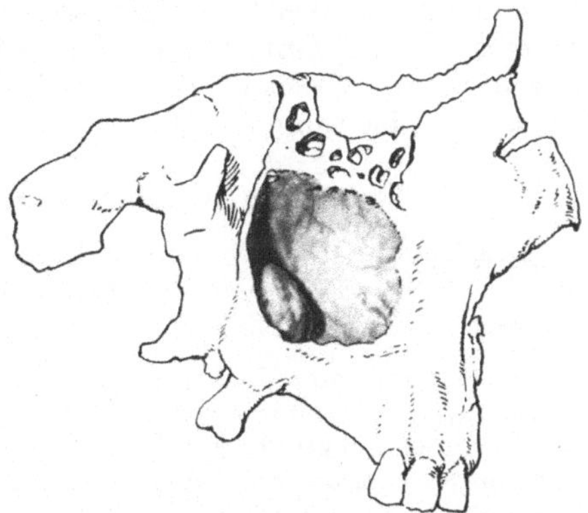

Abb. 116. Leichenpräparat mit 2 cm im Durchmesser haltendem Tumor im hinteren-unteren Abschnitt der Kieferhöhle [Epidermoid?] (nach L. GRÜNWALD).

späten Zeitpunkt erfolge. Anderseits denkt GRÜNWALD daran, daß die Auskleidung des Nasensackes ihren ektodermalen Charakter beibehalten könnte (gemeint ist wohl stellenweise atypische Differenzierung zu spezifisch epidermoidalen Bildungen!). Mit Bezug auf die Kieferhöhle hält er ferner die Verlagerung von Teilchen der epithelialen Zahnanlagen für vorstellbar. M. E. wird man bei allen Zukunftsbeobachtungen diese Annahmen kritisch überprüfen müssen.

Unter diesen Umständen erscheint mir die Deutung einer Beobachtung H. GAUDIERS als Dermoidcyste der mittleren Muschel zweifelhaft.

Bei einem 15jährigen Mädchen mit seit Jahren zunehmender Nasehverstopfung war die linke mittlere Muschel in einen riesigen, oberflächlich glatten harten Tumor verwandelt. Die Punktion ergab eine geruchlose, weiße, fettartige Masse, Kultur negativ. Mikroskopisch: Fettiger Detritus, Cholestearinkristalle, schlecht zu charakterisierende Epithelzellen, wahrscheinlich aber Plattenepithelien. An der Muschel außen und am Knochen normale Verhältnisse, die Mucosa innen stellenweise von einem geschichteten flimmernden Zylinderepithel, stellenweise aber auch von einem geschichteten Pflasterepithel bekleidet. M. E. liegt die Deutung einer entzündlichen Affektion innerhalb einer Concha bullosa mit Umwandlung des Sekrets in eine käsige Masse (ähnlich wie bei Sinuitis maxill. caseosa) näher als die Annahme GAUDIERS. Das stellenweise vorgefundene Pflasterepithel muß als Metaplasie gedeutet werden, analog

---

[1] Auch *Teratome* können gelegentlich in die Stirnhöhle durchbrechen. Dies fand sich in dem auf S. 138 erwähnten Fall von F. SALZER realisiert. (Vgl. auch S. 208.)

den Epithelumbildungen, welche in der Kieferhöhlenschleimhaut und in Mucocelen des Siebbeins beispielsweise von A. Onodi beschrieben wurden.

Bezüglich der *Genese* und *Entstehungszeit* der dermoidalen Geschwülste sei in Ergänzung früherer Ausführungen (vgl. hierzu Abschn. III, Kap. D, S. 117 u. ff., S. 132 u. ff. und Fußnote zu S. 134 sowie S. 136) folgendes angefügt: Die *ursächliche Epidermiskeimverlagerung* erfolgt wahrscheinlich etwa zu Beginn des zweiten Embryonalmonats, also lange vor der Ausbildung der als Deckknochen angelegten Schädel- bzw. Gesichtsknochen. Wenn das Epidermoid später vom Knochen umgeben ist (meist liegt es innerhalb der Spongiosa), so ist es nicht in den Knochen „eingedrungen", sondern letzterer hat sich später aus dem Mesoderm um den schon lange darin liegenden Keim herausdifferenziert. Der Kreis möglicher Gestaltungen aus dem versprengten Keim ist desto größer, je früher die Verlagerung erfolgte. Je früher die Keimabsprengung erfolgte, in desto größere Tiefe konnte der Keim verlagert werden und daraus sind am ehesten Epidermoide zu erwarten (L. Grünwald). Für die zur Stirnhöhle in Beziehung tretenden Dermoide ist vielleicht die von B. S. Vermeulen und von C. E. Benjamins versuchte Ableitung vom Sulc. supranasalis statthaft.

5. Teratome im Nasen- und Nasennebenhöhlenbereich.

Bezüglich der Teratome der *Nasenrücken*gegend verweise ich auf S. 119. Einbruch in die *Stirnhöhle* beschrieb F. Salzer (vgl. S. 138). In der nächsten Nachbarschaft der Nase war der interessante Fall von Arnold lokalisiert:

Bei einem neun Monate alten Kinde fand sich ein halbkugeliger, von normaler Haut überzogener, breitbasig aufsitzender derber Tumor in der Stirnmitte zwischen Nasenwurzel und großer Fontanelle. Die Sektion zeigte, daß sich die äußere Geschwulst mit einem breiten Stiel zwischen die auseinandergedrängten Stirnbeinhälften ins Schädelinnere fortgepflanzt und hier einen ausgedehnten Geschwulstzapfen zwischen den Hirnwindungen gebildet hatte. Der äußere Tumorteil bestand aus Fettgewebe, der innere aus Fett und im Zentrum aus Knorpel, Knochen, Mark und Bindegewebe. Somit lag ein Teratom vor.

Auf jene teratoiden Tumoren, welche *vom Epipharynx her gelegentlich Beziehungen zur Keilbeinhöhle* gewinnen können, wird bei Besprechung der Anomalien des Nasenrachenraumes (Abschn. IV, Kap. E u. G) eingegangen werden.

6. Varianten und Anomalien im Bereiche der Nasenmuscheln (Lit. IX/1, 5 u. X/6).

Im Bereich der definitiven lateralen Nasenwand entspringen die untere Nasenmuschel (Maxilloturbinale, Kiefermuschel), der Agger nasi und die zwei bis drei Siebbeinmuscheln (mittlere, obere und oberste Muschel), welche ursprünglich aus der primär-septalen Nasenwand hervorgingen.

Nach Zuckerkandl zeigt das *Maxilloturbinale der Säuger zwei Hauptformen*, nämlich die *gewundene* und die *ästige* Muschel. Die *gewundene Muschel* kann einfach oder doppelt gewunden sein. Die axiale Muschelplatte setzt sich bei der doppelt gewundenen Muschel an ihrem medialen Ende in je eine unter brüskem Winkel abbiegende eingerollte Knochenlamelle fort, und zwar in eine obere und in eine untere. Beim einfach gewundenen Muschelbein fehlt das obere eingerollte Knochenblatt. *Das menschliche Muschelbein ist einfach gewunden.* Nach Zuckerkandls Erfahrungen kommen bei den niederen und den anthropoiden Affen beide Formen der gewundenen unteren Muschel vor. Beim Orang ist die untere Muschel zwar doppelt gewunden, die obere Platte bildet aber nur eine niedrige Leiste. Beim Schimpansen ist die obere Lamelle rudimentär, falls überhaupt vorhanden. Die untere Muschel des Gorilla gleicht derjenigen des Menschen.

Am fetalen Muschelbein des Menschen treten Anklänge an die doppelt gewundene Form auf, doch verschwindet die obere Lamelle später ganz. Abb. 117 zeigt deutlich die Zweiteilung der unteren Muschel an einem menschlichen Embryo aus dem vierten Monat, wobei *m* die untere Muschel, *S* die mittlere Muschel, *p* die Anlage des Proc. uncinatus und *K* die Knochenbildung im Bereich der Nasenkapsel bedeutet. Das knorpelige Stützgerüst der unteren Muschel zeigt deutlich *Zweiteilung.* Gelegentlich kann es vorkommen, daß eine deutliche Gliederung der unteren Muschel in einen unteren und oberen Abschnitt dauernd erhalten bleibt (meist nur vorne) oder daß wenigstens durch Ausbildung einer sagittalen Furche, welche einen Teil der medialen Wand der unteren Muschel einnimmt, diese Teilung angedeutet ist.

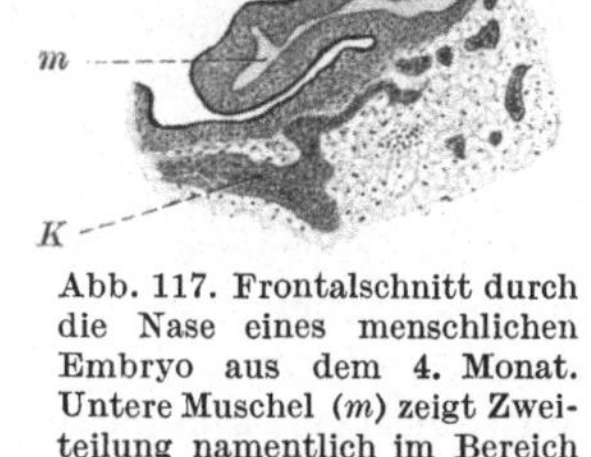

Abb. 117. Frontalschnitt durch die Nase eines menschlichen Embryo aus dem 4. Monat. Untere Muschel (*m*) zeigt Zweiteilung namentlich im Bereich ihres knorpeligen Stützgerüstes. Sonstige Legende im Text (nach E. Zuckerkandl).

Hieher gehörige Fälle beschrieben: Sturmann (Frau mit „Doppelbildung" der unteren Muscheln), A. Bondarenko, F. Kastorskij und L. Castellani. In letzterem Falle (38jähriger Mann) hatte die Muschel vorne ein bewegliches, spindelförmiges Anhängsel vom Aussehen einer „Hyperplasie", welches mit dem eigentlichen Muschelkörper mittels einer Schleimhautfalte zusammenhing. Im Anhängsel fand sich ein hyaliner Knorpelkern mit beginnender perichondraler Verknöcherung. Der rudimentäre obere Muschelabschnitt barg also einen Rest des typischen Stützapparates, allerdings in fetaler Ausprägung. Seither hat Krajewski über diesen Gegenstand ausführliche anatomische Untersuchungen angestellt (104 Erwachsene, 46 Kinder, 12 Feten) und dabei mehrfach auf der freien Oberfläche der unteren Muschel *angeborene Furchen* festgestellt, welche öfters eine Länge bis zu 13 mm hatten. Im gleichen Sinne sind wahrscheinlich die von Zuckerkandl erwähnten *grubigen oder rinnenartigen Vertiefungen* an der konvexen Fläche und die *randständigen Einschnitte* zu deuten.

Diese Befunde an den unteren Muscheln sind demnach als *Stillstand auf einem fetalen Entwicklungszustand (Umbildungshemmung)* aufzufassen, wobei Formen festgehalten werden, welche eine gewisse Übereinstimmung mit tierischen Formen ˙haben und demnach auch als *theromorphe* bezeichnet werden dürfen.

Viel seltener ist *Zweiteilung (Gabelung) der unteren Muschel im Bereich ihres hinteren Endes.* E. Urbantschitsch fand dies zufällig bei einem an erschwerter Nasenatmung und Adenoiden leidenden Schwerhörigen. Die linke untere Muschel war hinten in einen auf- und in einen absteigenden Ast geteilt (Abb. 118). Offenbar ist diese Bildung

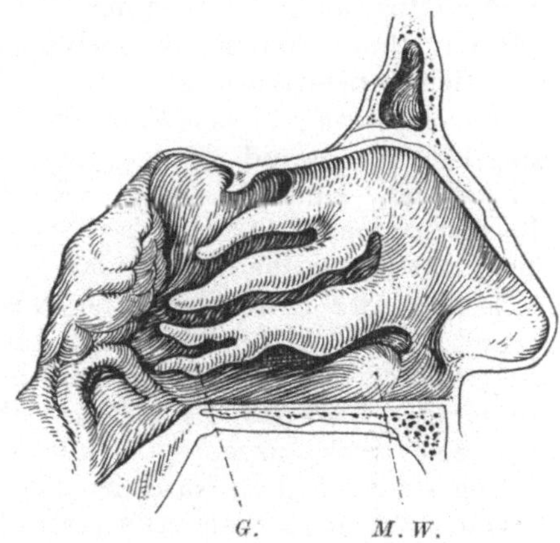

Abb. 118. Gabelung (*G.*) des hinteren Endes der unteren Muschel und Ausbildung eines muschelähnlichen Wulstes (*M.W.*) im unteren Nasengang bei einem Erwachsenen (nach E. Urbantschitsch).

ebenso zu erklären wie die Zweiteilung des vorderen Endes. Überdies fand sich beiderseits unterhalb des vorderen Anteils der unteren Muschel ein isolierter *muschelförmiger Wulst (M.W.).* Dieser Wulst hatte jederseits die Länge von mehreren Zentimetern, stand vom Septum einige Millimeter ab und war von glatter, kavernöses Gewebe führender Schleimhaut bekleidet. Etwas weniger gut ausgeprägte Wülste konnte Urbantschitsch auch bei der Mutter des Patienten nachweisen. Mit der Sonde fühlte man unter dem kavernösen Gewebe eine knöcherne Basis und gewann den Eindruck, „eine von der lateralen und z. T. noch von der unteren Nasenwand vorspringende Knochenblase vor sich zu haben". URBANTSCHITSCH hält es für möglich, daß diese Anomalie dadurch entstand, daß (bei der Bildung des Gaumens) der *septale* Fortsatz der Gaumenleiste mit der Nasenscheidewand nicht zur Verwachsung kam, persistierte und sich an seiner Oberfläche mit kavernösem Gewebe überzog. M. E. liegt hier entweder eine Teilung der Anlage des Maxilloturbinale vor oder wahrscheinlicher noch eine *isolierte Anhäufung kavernösen Gewebes*, wie solches außerhalb des normalen Vorkommens gefunden wird.[1] Und zwar handelt es sich hier offenbar nicht bloß um das Erhaltensein eines fetalen Zustands des Schwellgewebes mit Anklängen an tierische Formen (Nycticebus, Orang), sondern darüber hinaus noch um eine in der Keimmasse begründete besondere Mutation, da auch die Mutter des Trägers eine ähnliche Bildung besaß. *Ich selbst* sah, einmal darauf aufmerksam geworden, bisher zwei Fälle mit Einlagerung von eindrückbarem Schwellkörpergewebe am Nasenboden vorne, die wie „*Gerberwülste*" aussahen, ohne es natürlich zu sein. Die von H. LEICHER als vererbliche Varietät beschriebene Exostosenbildung in dieser Gegend kommt wohl nicht in Betracht, da die Schwellkörpereinlagerung das Bild beherrscht und die knöcherne Grundlage ganz zurücktritt.

Sehr selten ist *Pneumatisation der unteren Muschel*, welche vom mittleren Nasengang aus erfolgt (K. PETER, Lit. IX/1 b). Möglicherweise gehört hierher die Beobachtung von BOBONE, wo sich im Knochen und Knorpel der unteren Muschel eine Cyste eingelagert fand (Mucocele ?). Vor kurzem fand *ich selbst* bei einem 16jährigen, an Nasenverstopfung und vermehrter Schleimsekretion leidenden Jüngling anläßlich der Resektion der hochgradig vergrößerten linken unteren Muschel im Inneren derselben einen großen zelligen Hohlraum, welcher sich mit flimmerndem Zylinderepithel ausgekleidet erwies (bisher nicht veröffentlichte Beobachtung).

Abnorm hohe oder tiefe Insertion der unteren und der mittleren Muscheln an der lateralen Nasenwand konnte H. LEICHER (Lit. IX/2) als *anatomische Varietät* sicherstellen. Hohe Insertion der (dann meist auch *hyp*oplastischen) unteren Muschel kommt aber auch als pathologische Begleiterscheinung bei der typischen Choanalatresie (siehe diese!) vor.

Der an der Seitenwand der Nase vorne situierte, sogenannte *Agger nasi*, springt, falls von Siebbeinzellen pneumatisiert, stärker vor. LEICHER konnte auf Grund von Familienforschungen wahrscheinlich machen, daß ein *stark vorspringender Agger nasi* als *rezessives Merkmal* zu betrachten ist (vermutlich ebenso auch eine stark ausgeprägte Bulla ethm.). Der menschliche Agger nasi wurde bislang stets mit dem Nasoturbinale der Säuger homologisiert. Nach K. PETER, O. GROSSER und H. RICHTER (Lit. IX/5a) findet man zwar beim menschlichen Fetus an der Seitenwand der Nase einen rudimentären Muschelwulst, der dem

---

[1] H. RICHTER (Lit. IX/5b) fand bei Nycticebus *Anhäufung von Schwellgewebe* unter anderen Stellen *auch im vorderen Teil des unteren Nasengangs*, bei Macacus hochgradige Ausbildung und diffuse Anordnung und beim *Orang* Schwellgewebe in den interturbinalen Gängen und so *auch im unteren Nasengang*. Auch in fetalen und kindlichen menschlichen Nasen wurde Schwellgewebe in der Schleimhaut der Nasengänge gefunden, doch berichtet RICHTER nicht von einer irgendwie stärker (muschelähnlich!) hervortretenden Einlagerung. ZANGE hat einmal bei einem Erwachsenen (Hingerichteter) *diffuse* Einlagerung von mächtigem Schwellkörpergewebe innerhalb der gesamten Mucosa der Nasenhaupthöhle bis zum Nasendach festgestellt (also macacusähnlich!).

tierischen Nasoturbinale entspricht und bald wieder verschwindet, doch ist er nach RICHTER nicht mit dem „Agger" identisch. RICHTER konnte dagegen *bei einem Erwachsenen ein wohlausgebildetes Nasoturbinale* feststellen, das sich durch typische Lagerung oberhalb des vorderen Endes der unteren Muschel, durch eine dem Nasenbein entsprechende Verlaufsrichtung, durch muschelartige Form und völlige Reizlosigkeit und Glätte seines Schleimhautüberzuges charakterisierte. Dies ist als *Exzeß*bildung auf Grundlage einer Rückbildungshemmung zu werten.

Die als *Nebenmuscheln* aufzufassenden *Proc. uncinatus* und *Torus lat.* (Bulla ethm.) variieren bekanntlich sehr in bezug auf Größe und Gestalt, was vornehmlich auf Pneumatisation beruht.

Zu den Anomalien bzw. Varianten des Seitenraumes der Nase gehört ferner die Bildung *überzähliger muschelartiger Gebilde* (Paraturbinalia).

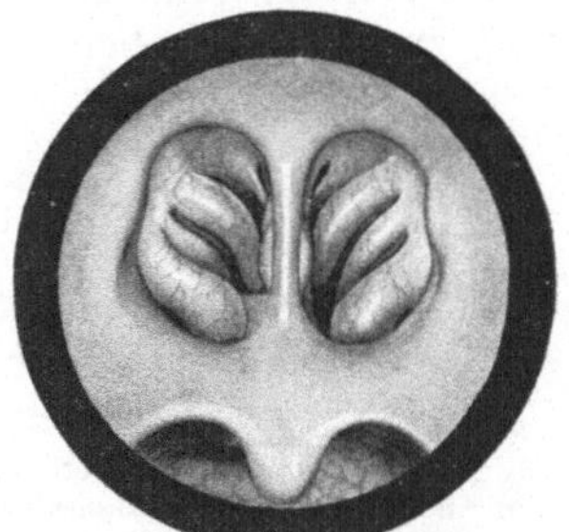

Abb. 119. Überzähliges muschelartiges Gebilde im hinteren Anteil beider mittleren Nasengänge [bei Rhinoscopia posterior] (nach K. M. MENZEL).

K. M. MENZEL konnte in neun klinischen Fällen im hinteren Anteil des mittleren Nasengangs *interturbinale Bildungen* konstatieren (Abb. 119), welche möglicherweise mit den von KILLIAN, ZUCKERKANDL und MENZEL selbst an Embryonen gemachten Feststellungen, daß gelegentlich der Proc. uncinatus und auch die Bulla ethm. bis in den hintersten Abschnitt des mittleren Nasengangs reichen, in Zusammenhang stehen. Anderseits besteht auch die Möglichkeit, daß die von MENZEL gesehenen Paraturbinalbildungen besonders starke Ausprägungen von sonst passageren Nebenmuschelanlagen sind, die er als keilförmige Schleimhautwülste (ohne Knorpel-Knochen-Einlagerung) an etlichen Embryonen der HOCHSTETTERschen Sammlung nachweisen konnte. Vielleicht ist diese Erscheinung als theromorphe insofern anzusehen, als bei niedrigen Säugern die Paraturbinalbildung im Seitenraum der Nase eine besonders lebhafte ist. Übrigens variiert nach M. SCHWARZ auch am Menschen die In- und Extensität der Gangbildung sehr, was bei positivem Vorzeichen zu vermehrter Paraturbinalbildung führt.

Besonders *zahlreiche Varianten lassen sich an den Siebbeinmuscheln nachweisen* (siehe darüber besonders bei E. ZUCKERKANDL, Lit. IX/1). Nicht so selten findet man an der medialen Fläche der mittleren Muschel oder parallel zum freien Rande *sagittale Furchen*, welche als Nebenfurchen anzusprechen sind und den Eindruck einer Zweiteilung oder einer Verwachsung der Muschel aus zwei Muscheln erwecken. Abb. 120 zeigt am Frontalschnitt durch die Nase eines menschlichen Embryos aus dem fünften Fetalmonat eine sagittale Rinnenbildung im Bereich der mittleren Muschel (*u. S.*), welche sich auch am knorpeligen Stütz

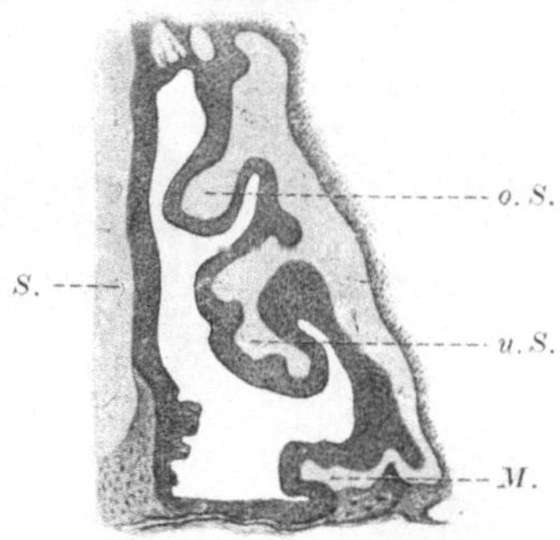

Abb. 120. Furchenbildung an der mittleren Muschel (*u. S.*). *M* untere Muschel; *o. S.* obere Siebbeinmuschel; *S.* Nasenscheidewand (nach E. ZUCKERKANDL).

gerüst manifestiert. Auch an der Oberfläche der zweiten Ethmoidalmuschel können sich analoge Nebenfurchen einsenken. Selbst mehrere solcher Rinnen sind an den Siebbeinmuscheln beobachtet worden. Interessanterweise kommt *auch an anthropoiden Affen Rinnenbildung im Bereich der ersten Siebbeinmuschel* vor (Nachweis durch ZUCKERKANDL am Schädel eines Schimpansen). Diese Furchen und Rinnen verschwinden später wieder, können aber gelegentlich persistieren, wie ZUCKERKANDL an einem Erwachsenen beobachten konnte. Diese Rinnen schneiden aber niemals den hinteren Muschelrand ein, sondern hören stets in einiger Entfernung von demselben auf (ZUCKERKANDL, MEYJES). In neuerer Zeit fand KRAJEWSKI an größerem, anatomisch untersuchtem Material (162 Fälle, darunter zwölf Feten) zwölfmal auf der inneren Fläche der unteren Siebbeinmuschel eine ca. 15 mm lange Furche, welche den Eindruck machte, als ob zwei Muscheln im vorderen Teile miteinander verwachsen wären.[1] Abweichend davon beschrieb J. KILLIAN einen Fall von beiderseitiger Spaltung ausschließlich der Hinterenden der ersten und zweiten Siebbeinmuscheln (Ab-

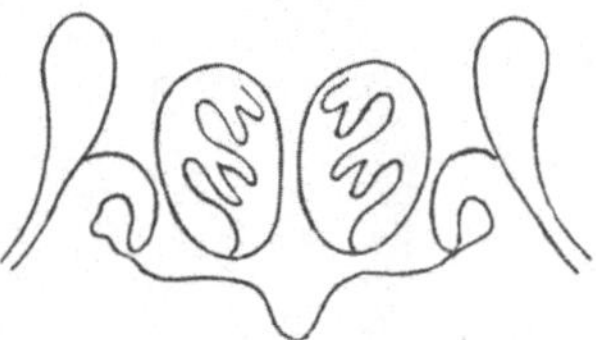

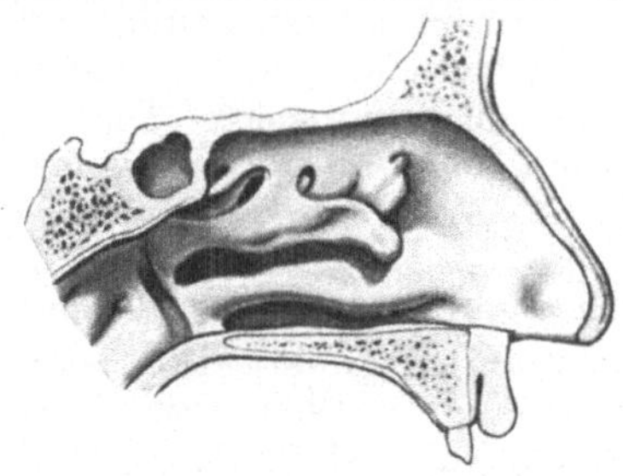

Abb. 121. Gabelung der hinteren Enden der mittleren und oberen Nasenmuscheln beiderseits im postrhinoskopischen Bilde (nach J. KILLIAN).

Abb. 122. Nasenhöhle einer Frau mit affenähnlicher mittlerer Nasenmuschel (nach E. ZUCKERKANDL).

bildung 121). Die zwei Muschellefzen vereinigten sich lateralwärts und nach oben wieder zu einem einfachen ungeteilten Anheftungsstück. Später sah J. KILLIAN nur noch einmal Spaltung des hinteren Endes der mittleren Muschel, dagegen fand er „den Spalt am hinteren Teile der oberen Muschel ziemlich häufig, woferne sich diese nur in genügender Ausdehnung übersehen ließ“.

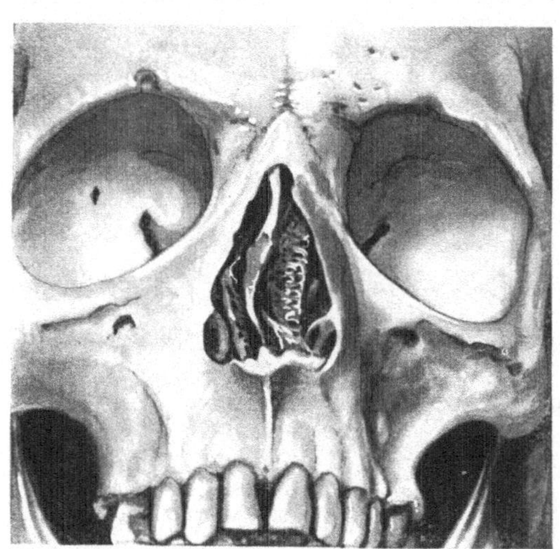

Abb. 123. Naseninneres mit lamellenförmig übereinander geschichteten, knochenblättchenähnlichen Massen (nach G. CLAUS).

Bei den beschriebenen *sagittalen Furchen, Rinnen und Spaltungen* handelt es sich also offenbar um die *Persistenz von Nebenfurchen* (eventuell mit Bildung von Nebenmuscheln), welche während der embryonalen Entwicklung ziemlich häufig auftreten und sich zumeist völlig zurückbilden. Sie stellen also *Umbildungshemmungen* (eventuell auch mit Reminiszenzen an *theromorphe* Bildungen) dar. — Äußerst selten scheint beim Menschen eine Form der mittleren Muschel vorzukommen, wie sie sich bei niederen Affen findet: Abb. 122 zeigt die linke Nasenhälfte einer Frau, bei welcher die *untere Siebbeinmuschel* vom Siebbein mittels einer schmalen Brücke erst hinter der Bulla ethmoidalis abzweigte. Sie hatte also vorne keine Haftlinie, inserierte aber hinten in typischer Weise. Das Siebbeinlabyrinth war auf dieser Seite sehr rudimentär ausgebildet, der Sin. front. fehlte. Rechte Nasenhälfte völlig normal. Die schwere partielle Pneumatisationshemmung links deutet darauf hin, daß dieser Anomalie eine frühzeitig einsetzende

---

[1] ZUCKERKANDL unterscheidet überdies noch *Inzisuren des freien unteren Randes.* Sie kommen gelegentlich an der mittleren und unteren Muschel vor, doch sollen sie selten angeboren, häufiger traumatisch entstanden sein (durch Anpressen von Leisten der Nasenscheidewand).

einseitige Umweltsstörung zugrunde lag, welche auch an der mittleren Muschel einen abnormen Zustand hinterließ, welcher deutliche *Reminiszenzen an pithecoide Formen* aufweist.

Im Anschluß an die Muschelanomalien sei einer *singulären Beobachtung* gedacht, welche G. CLAUS am mazerierten Schädel eines Oxycephalen mittleren Lebensalters machen konnte, bei welchem „beide Nasenhöhlen völlig ausgefüllt sind mit weißlichen, lamellenförmig übereinander geschichteten Massen, die dünnen Knochenblättern gleichen" (Abb. 123). Diese Knochenblättchen, welche von der Gegend der Apertura piriformis bis zu den Choanen die Nasenhöhlen ausfüllen und sich „blätterteigartig" in ihrer Anordnung um den Muschelkontur herum schwingen, „so daß die mittleren und unteren Muscheln sowie Septum und Nasenboden völlig von ihren Schichtungen umgeben sind", bestehen nach dem Befund von CLAUS aus neugebildeter Knochensubstanz und grenzen sich gegen die präformierten Gebilde der Nasenhöhlen (Septum, Muscheln, Siebbein usw.) durch ihre Sonderstruktur deutlich ab. Über den Befund im Leben und etwaige klinische Symptome konnte nichts eruiert werden. Eine Verwechslung mit Rhinolithen oder verkalkten Sekretborken kann als ausgeschlossen gelten, ebenso ein Artefakt. Wegen der Regelmäßigkeit kommt entzündliche Genese wohl nicht in Betracht. CLAUS benennt seinen Fund „*Hyperplasia ossium nar. conchoides*", spricht sich aber über die Genese nicht weiter aus. Vielleicht darf man an eine exzessive Nebenmuschelbildung unter Nachahmung gewisser tierischer Formen denken. Jedenfalls bleibt abzuwarten, ob sich ähnliche Beobachtungen am Menschen werden machen lassen. Am Präparat fällt ferner die besondere Größe des For. incisivum auf (vom Autor nicht hervorgehoben).

7. Varianten, Anomalien und Mißbildungen im Bereiche des Tränennasengangs (Lit. VIII/B 2 u. X/9).

Anomalien im Bereich der abführenden Tränenwege interessieren hier nur insofern, als sie Beziehungen zur Nase haben. Es kommt daher vorwiegend nur der D. naso-lacrimalis in Betracht.

Der *D. naso-lacrimalis* leitet sich so wie die gesamten abführenden Tränenwege von der Tränennasenrinne[1] ab, welche sich bei ca. sechs Wochen alten Embryonen ausgebildet findet. Vom Augenende dieser Rinne sproßt das Epithel als solider Zapfen, losgelöst vom Mutterboden, frei im Bindegewebe in die Tiefe. Das kaudale Ende dieses anfangs soliden Epithelstrangs wächst dem Epithel des unteren Nasengangs entgegen. Ihre Vereinigung vollzieht sich meist im sechsten Monat, nach O. SCHIRMER angeblich nie vor Ablauf des achten Monats, öfters sogar erst nach der Geburt. Die Stelle der Konfluenz bzw. des Durchbruchs — es können übrigens auch mehrere Durchbruchsstellen auftreten — entspricht nicht immer dem untersten Ende des Gangs. Bei Unterbleiben des Durchbruchs liegt eine *kongenitale Atresie* vor, welche außer am kaudalen Ende auch im Verlauf des D. naso-lacrimalis vorkommen kann.[2] Dies ist als *Hemmungsmißbildung* zu

---

[1] Vgl. hierzu die Ausführungen auf S. 131 f.

[2] Die bei kongenitalen Atresien gefundene starke Erweiterung der abführenden Tränenwege ist nach den ausgedehnten Untersuchungen von M. SCHWARZ als Stauungsektasie über einer Stenose bzw. über einem Verschluß aufzufassen. SCHWARZ fand am Ende des 10. Lunarmonates noch relativ viele Fälle verschlossen (ca. 35%). Durch die Ektasie gewinnt der Tränennasengang ein colonartiges Aussehen (mit Falten und „Haustren") und sein häutiger Verschluß wölbt sich als „Endblase" in den unteren Nasengang vor. Es kann dadurch selbst eine Muschelverdrängung medialwärts erfolgen, wie ein Präparat von SCHWARZ zeigt.

werten. Der in einzelnen Fällen erbrachte Nachweis des hereditären Moments (R. Peters) ist geeignet, diese Mißbildung wenigstens in diesen Fällen als *Heredopathie* zu qualifizieren. Über das Verhalten der *nasalen Öffnung*[1] des D. naso-lacrimalis und daselbst vorfindliche anatomische Varianten und Restgebilde siehe Abschn. III, Kap. D, S. 133. Hier sei nur ergänzt, wie die Verhältnisse bei den meisten *Säugern* liegen: Nach Tüffers diesbezüglichen Untersuchungen können *verschiedene Mündungstypen* vorhanden sein. Bei manchen Haustieren (Pferd, Schaf, Katze, Kaninchen) mündet der Tränennasengang vorne-unten im Nasenvorhof, kurz hinter dessen Epithelleiste und bleibt in seinem Verlauf weit vom unteren Nasengang entfernt, bei anderen lagert sich der Ductus bei sonst gleichen Mündungsverhältnissen während seines Verlaufes mehr oder weniger innig an den unteren Nasengang an, bei wieder anderen (Schwein, manchen Hunden) entsteht an dieser hinteren Anlagerungsstelle eine zweite Öffnung; schließlich ist nur die dorsale Öffnung vorhanden und das Vorder-

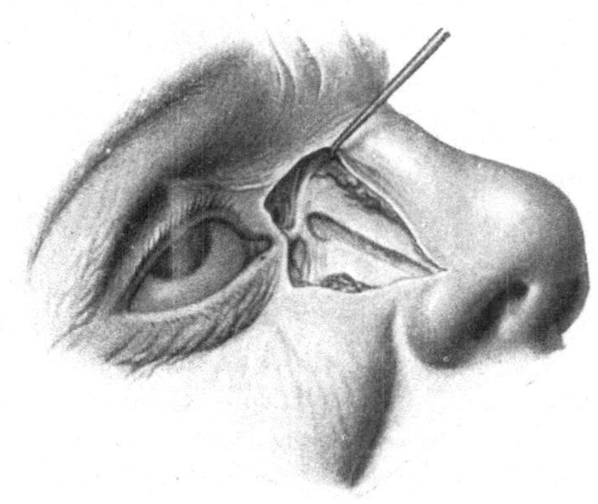

Abb. 124 a. Abnormer Verlauf des D. naso-lacrimalis in einer knöchernen Rinne des Stirnfortsatzes des Oberkiefers. Bisher nicht veröffentlichte Zeichnung nach einem Leichenpräparat von Guist.

stück ist mehr weniger rudimentär geworden. Dieser letztere Typus nähert sich sehr den menschlichen Verhältnissen. Zu analogen Ergebnissen kam Bolk: Die Mündung des D. naso-lacrimalis unter der unteren Muschel charakterisiert sich als spätere Form, wogegen die Mündung in den Stensonschen Gang eine Art von primärem Zustand zu sein scheint, wie er z. B. bei Reptilien vorkommt und bei Affenembryonen die Regel ist. Peters (zit. nach Bolk) beschrieb einmal die *Ausmündung des D. naso-lacrimalis in den Stensonschen Gang (Rückschlagserscheinung)*. Einzig dastehend ist eine Beobachtung von Guist: Hier fand sich *beiderseits* starke Erweiterung des Tränensacks, die D. naso-lacrimales lagen statt in einem knöchernen Kanal in einer ziemlich scharfkantigen Furche des Proc. front. oss. max. knapp unter der Haut und mündeten von außen kommend in einer Falte am Nasenflügel, etwa 8 mm hinter dem Naseneingang (Abb. 124 a u. 124 b). Hier liegt ein Verlauf vor, wie ihn Tüffers für manche Säuger als normal und charakteristisch beschrieben hat (siehe oben), und so muß man hier wohl von einem *besonders schönen Beispiel*

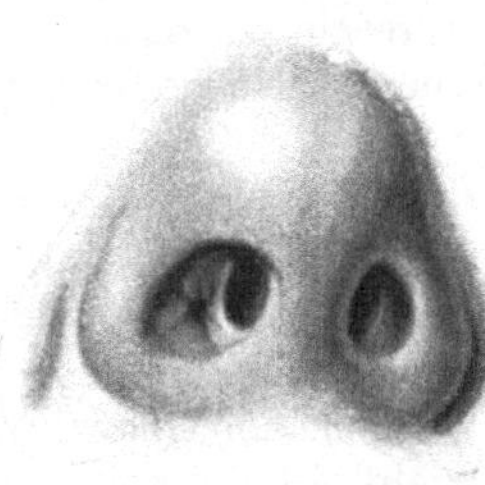

Abb. 124 b. Abnorme Einmündung des D. naso-lacrimalis im Nasenvorhof. Dasselbe Objekt wie Abb. 124 a. Bisher nicht veröffentlichte Zeichnung nach einem Leichenpräparat von Guist.

theromorphen Verhaltens sprechen, wobei man sich vom formalgenetischen Standpunkt vielleicht vorstellen darf, daß *die embryonale Tränennasenrinne gewissermaßen direkt zur Bildung des D. naso-lacrimalis verwendet wurde.* — Eine *weitere wichtige Mündungsanomalie* ist in den Fällen von Falta und von Carrère und Casejust repräsentiert. Letztere Autoren fanden zufällig an einem Seziersaals-

---

[1] Nach Zaritzky gibt es keine Hasnersche Klappe, sondern nur gelegentlich Schleimhautfalten innerhalb der Öffnung, die sich durch die Wirkung von elastischen Fasern, zirkulären und schrägen Bindegewebsfasern und glatten Muskelelementen sphinkterartig verschließen kann.

präparat, daß der sehr „kurze und enge D. naso-lacrimalis einen besonders schrägen Verlauf von vorne-außen nach hinten-innen nahm und unmittelbar unterhalb des unteren Randes des Proc. uncinatus *im mittleren Nasengang* offen endigte". Artefakt wird ausgeschlossen, zumal auch im unteren Nasengang keine Mündung vorhanden war. Ähnliches beobachtete FALTA.

Daß bei schweren Fehlbildungen am vorderen Körperende, wie bei Cyklopie und den höhergradigen Formen der Arhinencephalie, *Störungen bzw. Anomalien in der Ausbildung der ableitenden Tränenwege vorkommen können,* ist begreiflich. So konnte *ich* an einem *Ziegencyklops ohne Rüsselbildung* (siehe Abschn. III, Kap. A, S. 46 f.) unterhalb des Cyklopenauges ein Gangsystem auffinden, welches wahrscheinlich die miteinander verschmolzenen D. naso-lacrimales darstellt. Dagegen konnte an zwei menschlichen Monstren mit erheblicher bzw. relativ mäßiger Hypoplasie des mittleren Nasenfortsatzes (vgl. Abschn. III, Kap. A, S. 67 ff. bzw. S. 72 ff.) und an einem Fall von Cheilognathopalatoschisis (vgl. Abschn. III, Kap. D, S. 122 ff.) annähernd normaler Verlauf und Einmündungsverhältnisse der entsprechenden D. naso-lacrimales festgestellt werden. Nach O. BARATTA unterstützt *Hasenscharte* und *Hypertelorismus* die Ausbildung von Tränensackentzündungen und V. GUALDI hat eine erbliche Formanomalie der Nase (Verbreiterung und Abplattung der Nasenwurzel, ziemlich hoher Nasenindex) beschrieben, welche mit einer *Verengerung der Tränenwege* verknüpft ist.

Anomalien an den abführenden Tränenwegen kommen demnach nicht so selten zur Beobachtung. Es finden sich hier *echte Mißbildungen,* z. T. durch Keimesanomalie bedingt, und *unter den Verlaufsvarianten* auch solche, welche als *Theromorphismen* zu bezeichnen sind.

H. Varianten, Anomalien und Fehlbildungen im Bereiche der medialen Nasenwand.

Im wesentlichen handelt es sich hier um die *Nasenscheidewand,* das JACOBSONsche Organ und um die *Region des D. naso-palatinus.*

1. Nasenscheidewand (Lit. IX/2 u. X/10).

Ätiologie: Die *Abweichung der Nasenscheidewand von der Medianebene* namentlich in frontaler Richtung (*Deviation*) wurde bislang meist als etwas Pathologisches angesehen. Abgesehen von Traumen des späteren Lebens (welche hier außer Betracht bleiben) wurden, da Septumdeviationen auch schon bei Neugeborenen und jungen Kindern festgestellt und selbst an Feten gesehen wurden, *Geburtstraumen* (METZENBAUM, YOSHIDA) bzw. *einseitige Muschelhyperplasien* in der Embryonalzeit (H. RICHTER) ursächlich angeschuldigt. Solche Vorkommnisse können zwar gelegentlich eine Rolle spielen, doch ist, wie neuere Erkenntnisse sicherstellen, der Großteil der angeborenen Septumdeviationen nicht traumatischen Ursprungs, sondern keimbedingt. Daß *rassische Momente* hier eine große Rolle spielen, hatte schon ZUCKERKANDL erkannt. (53,2% Septumdeviationen an 370 Europäerschädeln gegen nur 27,9% an 329 Schädeln außereuropäischer Völker). An Negern und Indianern findet man nur selten Septumdeviationen (DELAVAN u. a.). J. BAUER faßt höhergradigere Septumdeviation als Teilerscheinung einer *degenerativen Konstitution* auf, wobei sich nicht so selten eine Steigerung der physiologischen Gesichtsasymmetrie finde. Daß *anlagemäßige Einflüsse* vorwalten, wurde von zahlreichen Forschern wegen des Vorkommens der Septumdeviation an Feten, Neugeborenen und ganz jungen

Kindern vermutet, jedoch erst mit Hilfe der systematischen Familien- und Zwillingsforschungen durch H. Leicher und M. Schwarz sichergestellt.

Leicher fand zwischen den Septumdeformitäten von 100 Elternpaaren und ihren 288 Kindern eine deutliche Korrelation und wies nach, *daß die Heterozygoten größtenteils mit der dominanten Septumdeformität in Erscheinung treten.* In der Gestalt derselben war jedoch bei den einzelnen Familienmitgliedern meist Verschiedenheit vorhanden. Dagegen war bei *eineiigen Zwillingen* auch die gestaltliche Abhängigkeit der Septumdeformität ganz besonders deutlich. So schreibt Leicher: „Es ist erstaunlich, in welch hohem Maße bei der Mehrzahl der von uns untersuchten eineiigen Zwillinge die Gestalt und der Sitz der Septumleisten und Septumdornen übereinstimmten, besonders die flügelartigen Ausladungen im hinteren Teil des Septum und die bodenständigen Leistenbildungen wiesen bei den meisten eineiigen Zwillingen... eine derartige Ähnlichkeit auf, daß an einem Einfluß der Vererbung nicht gezweifelt werden kann." Auch für das fälschlicherweise als „*Luxation*" (oder Subluxation) bezeichnete Vorwachsen des vorderen-unteren Anteils des knorpeligen Septums und für die am hinteren Vomerende auftretenden polsterartigen Schleimhautverdickungen konnte H. Leicher erbliche Einflüsse sicherstellen. Anscheinend rezessiv erblich ist die als „*Tuberculum septi*" bezeichnete Schleimdrüsenanhäufung und Schwellkörperbildung gegenüber dem vorderen Ende der mittleren Muschel (Leicher). M. Schwarz fand an 84 Zwillingspaaren (53 eineiigen und 31 zweieiigen), daß unter den eineiigen mehr als die Hälfte (52,8%) gleiche (zum kleineren Teil spiegelbildlich gleiche) Formen hatten, während unter den zweieiigen nur 9,6% übereinstimmten, und schließt daraus: „Das Nasenscheidewandwachstum in der Nase ist anlagemäßig festgelegt. Das Septum bekommt also nach Abschluß der Wachstumsperiode eine ihm vorbestimmte Form, sofern nicht paratypische Einflüsse, welchen eine wesentliche Bedeutung beizumessen ist, die Entwicklung stören." K. Fuchs, der mit G. Franke in dem *unharmonischen Flächenwachstum des Knorpels* die letzte (formale) Ursache der Septumdeviationen erblickt (siehe das Folgende), nimmt in Anlehnung an Zuckerkandl als *kausale Genese* an, daß das zu starke Knorpelwachstum zu den atavistischen Erscheinungen gehört und daß der *Knorpel an diesem atavistischen Wachstumsausmaß zäher festhält als der Knochen,* welcher bei der phylogenetisch fortschreitenden Verkürzung des Gesichtsschädels dieser rückläufigen Entwicklungstendenz leichter und ausgiebiger folgt. Da beim Europäer die Verkürzung des Gesichtsschädels am weitesten gediehen ist, muß sich auch bei diesem (gegenüber niedriger stehenden Rassen) die Disharmonie und damit die Septumdeviation um so stärker geltend machen.

Die *Septumdeviation* ist demnach als eine *in der Erbmasse verankerte Formanomalie* anzusehen und tritt in einem relativ großen Prozentsatz unbeeinflußt von Umwelteinflüssen in Erscheinung. Letztere können modifizierende Einflüsse ausüben. *Nicht-keimbedingte Fehlbildungen* sind nur dann anzunehmen, *wenn weitgehendste Bildungsabweichungen durch Ursachen bewirkt wurden, welche auch sonst Mißbildungen hervorrufen und die frühfetale Anlage trafen.*

Formale Genese (der physiologischen Septumdeviation): Die *Rahmentheorie* (Geschichte derselben bei K. Fuchs), welche in dem Mißverhältnis zwischen dem Tempo des Wachstums des Septumknorpels und seines Rahmens die Hauptursache der Deviation erblickt, ist bei Widerlegung von Einwürfen (seitens O. Hirsch) durch Fuchs auf eine neue Basis gestellt worden. Fuchs weist nämlich darauf hin, daß auch bei bilateraler, völlig durchgehender Cheilognathopalatoschisis *keine* Rahmendefekte vorliegen, da, abgesehen von der oberen Umrahmung, Zwischenkiefer und Vomer vorhanden sind und es nur auf die Wachstums*disharmonie* zwischen dem relativ oder absolut stärker wachsenden Septumknorpel und· der knöchernen Umgebung desselben ankomme.[1] Ja innerhalb des knorpeligen Septums selbst könne es zentrale Partien mit beträchtlicherer Wachstumsintensität geben und die peripheren Anteile des Knorpels seien dann als hemmender Rahmen aufzufassen. Nach den durchaus logischen Darlegungen von FUCHS ist nämlich das interstitiell erfolgende Wachstum des knorpeligen Anteils des Septums allein für das Wachstum der gesamten Nasenscheidewand maßgebend, da der Knochen nur dem Knorpel folgt, selbst aber nicht interstitiell wachsen kann. Wenn nun auch die Nasenscheidewandverkrümmung allein vom Knorpel ausgeht, wird doch später sekundär der Knochen davon in Mitleidenschaft gezogen und nimmt nun seinerseits daran teil (Bildung von Spinen, Leisten und Hakenfortsätzen; bezüglich genauerer, mit Abbildungen belegter Details dieser komplizierten Vorgänge siehe bei FUCHS). M. SCHWARZ stellt sich vor, daß infolge verschiedener Wachstumstendenz der beiden Vomerzinken Schiefheit des Vomers, sekundäre Verbiegungen der Lam. perpendicularis und der Crista nasalis und Septumleisten entstehen können. Nach K. HILLENBRAND sollen die sogenannten „Nebenleisten" der knorpeligen Nasenscheidewand (K. PETER, Lit. IX/1 b, S. 77) ein wichtiges Substrat der typischen *Leistenbildungen* am Septum abgeben. Es handelt sich dabei um leistenförmige, nach PETER inkonstante, von HILLENBRAND aber in allen Fällen gefundene Knorpelgebilde, welche von vorne-kaudal nach hinten-kranial ziehen, in der Mitte ihres Verlaufes meist noch mit dem Septum zusammenhängen, sonst aber von ihm gelöst sind. Hinten können sie mit dem Balken der Lamina cribrosa (PETER) bzw. mit dem Seitenknorpel sich verbinden (HILLENBRAND). — Ursache einer Septumdeviation kann auch eine *einseitige, stärker ausgeprägte bzw. persistierende Cart. paraseptalis* sein, wobei auf der Seite der Cart. parasept. noch eine Knorpelverdickung hinzukommt (gute Abbildung bei FUCHS). Ebenso bezogen SIEUR und JACOB (Fall 1) eine 2 mm über dem Nasenboden inserierende, 7 mm lange und 2 mm vorspringende Crista, welche das rechte Nasenloch eines

Abb. 125. Schematische Darstellung einer „Verdoppelung" des vorderen Septumanteils. Der vorderste, punktiert angedeutete Anteil der knorpeligen Hauptplatte ist bei der Operation abgebrochen worden (nach A. ŠERCER).

gleich nach der Geburt verstorbenen Neugeborenen verstopfte, auf einen hypertrophischen HUSCHKEschen Knorpel. An der korrespondierenden Stelle links war dagegen im Septum eine Depression vorhanden und im Zentrum derselben fand sich die Öffnung des JACOBSONschen Organs. Hierher gehören offenbar auch Befunde, welche A. ŠERCER an Erwachsenen und Embryonen erheben konnte. In 2 bis 4% aller Fälle fand ŠERCER bei der submukösen Septumresektion solche als „*Knorpelduplikatur*" bzw. als „*Verdoppelung*" des vorderen Septumanteils bezeichnete Knorpelplatten, welche gelegentlich eine besondere Größe haben können und als nicht vollständige „Abspaltungen" der Cart. parasept. in ventro-dorsaler oder umgekehrter Richtung aufgefaßt werden (Abb. 125). Mit Rücksicht auf die Entwicklung der Cart. parasept. (K. PETER; H. RICHTER, Lit. X/10a) handelt es sich aber nicht um eine „Abspaltung" (vom Septumknorpel), sondern um eine sekundäre Anlagerung und inkomplette Verschmelzung, wodurch der *Eindruck einer Verdoppelung des vorderen freien Septumrandes* erweckt werden kann.

---

[1] Nur im Stadium des reinen Chondrokraniums (wann die *ganze* Nasenscheidewand noch *knorpelig* ist) und bei noch offenen physiologischen Gaumenspalten hätte die Nasenscheidewand bei zu starkem Flächenwachstum die Möglichkeit, sich in die Mundhöhle hinein auszudehnen und den zukünftigen Zwischenkiefer nach vorne zu verschieben (FUCHS). Daß letzteres tatsächlich regelmäßig und oft sogar in sehr hohem Grade geschieht, wurde von H. PICHLER gezeigt.

Auch *Cystenbildung im Bereich des* JACOBSON*schen Organs* kann gelegentlich eine Septumdeviation zustande bringen (Beobachtungen von SIEUR und JACOB [Fall 2] und von K. HILLENBRAND, Abb. 126). —

Neben den mehr minder physiologischen Septumdifformitäten gibt es aber auch Bildungen, welche teils als *Anomalien,* teils als *Mißbildungen* bezeichnet werden dürfen: Zu den ersteren gehört *exzessive Pneumatisation* des Septums, *Spaltbildung der hinteren Vomerkante* und *rudimentäre retrovomerale Knorpelbildung,*[1] zu den letzteren *Hypo- und Aplasie des Nasenscheidewandknorpels, Hypound Aplasie des Vomer* und *Mangel des Septum mobile.*

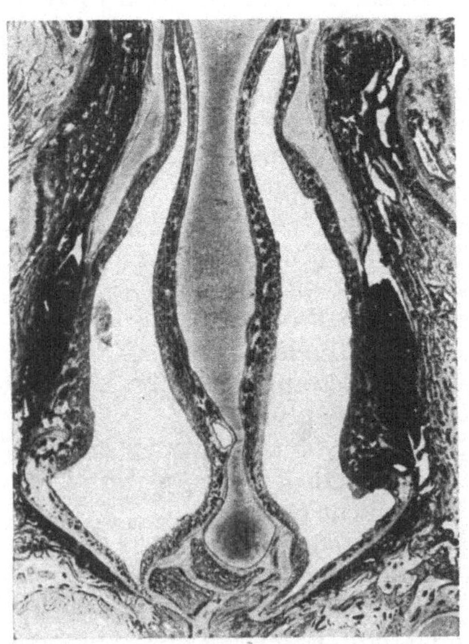

Abb. 126. Cystenbildung des JACOBSONschen Organs mit Ausbiegung der knorpeligen Nasenscheidewand nach der entgegengesetzten Seite bei einem Neugeborenen (nach K. HILLENBRAND).

Hier reihen sich ferner die *Appendixbildungen,* die am Septum inserierenden *Teratome* und die durch schwerere Gesichtsmißbildungen bedingten Fehlbildungen des Septums an.

Exzessive Pneumatisation (vgl. auch die Artikel „Stirnhöhle" und „Keilbeinhöhle" in Abschn. III, Kap. G): Hierher gehörige anatomische Präparate bzw. klinische Fälle, in welchen von der Keilbeinhöhle, gelegentlich aber auch von der Stirnhöhle aus ein pneumatischer, mehr minder großer Hohlraum ins Septum (manchmal inklusive Crista galli) reichte, sahen A. ÓNODI, J. P. SCHAEFFER, V. J. SCHWARTZ, F. J. PRATT (zwei Fälle), McCULLAGH und HALLINGER (zit. nach V. J. SCHWARTZ). SCHWARTZ beschrieb einen klinischen Fall (Differentialdiagnose gegen Knochencyste!) und konnte bei Durchsicht von über 800 Röntgenbildern Hohlraumbildung in der Nasenscheidewand in etwas über $2^0/_0$ nachweisen (belegt mit guten Abbildungen). —

Sehr selten ist *Spaltbildung im oberen Teile der hinteren Septumkante* (LANGER, LEFFERTS, zit. nach GRÜNWALD, Lit. VIII/B, 2 b): Es handelt sich dabei um eine dreieckige, nach oben breit auslaufende Grube zwischen den sich spaltenden Vomerflügeln, wofür GRÜNWALD Fehlen bzw. mangelnde Ersatzbildung des vor dem Rostr. sphenoidale situierten Fortsatzes der Nasenscheidewand verantwortlich glaubt.

Einen Fall von *Aplasie des Nasenscheidewandknorpels* beschrieb JURASZ: fünfjähriges Mädchen mit angeborener Breit- und Plattnase. Nasenrückenprofil eingebogen, direkt in die Linie der Oberlippe und des Unterkiefers übergehend. Nasenlöcher schmal, Apert. piriform. tastbar, Cart. alares und laterales schwach

---

[1] 1909 beschrieb W. HABERFELD erstmalig ein *rudimentäres,* parallel zur hinteren Vomerkante gelagertes oblonges *Gebilde mit hyalinem Knorpelkern,* welches an Feten, Neugeborenen und jungen Kindern nur selten nachweisbar ist, am Erwachsenen dagegen in ca. 50% der Fälle auftritt. Das Knorpelkörperchen wurde niemals in Verbindung mit dem Vomer.und stets, auch im höchsten Alter, ohne Verknöcherung angetroffen. FUCHS (Lit. X/10a) beschrieb in zwei Fällen anscheinend dasselbe (die Gebilde jedoch in der Zweizahl, faserknorpelig, mit Neigung zu enchondraler Verknöcherung) ohne HABERFELD zu erwähnen. Die phylogenetische Bedeutung dieser Knorpelchen ist unklar, eine Mißbildung unwahrscheinlich.

ausgebildet, *Septum nur aus den beiden Schleimhautblättern bestehend, imperforiert,* Nasenmuscheln intakt. Der Knorpelbildung geht ein Vorknorpelstadium voraus, erst in der siebenten bis achten Woche beginnt die Verknorpelung des Bindegewebes von der Keilbeinregion aus. Falls keine primäre Keimesanomalie vorlag, muß also spätestens zu diesem Zeitpunkt die Störung eingesetzt haben. — Einen 14jährigen Knaben mit angeborenem Septummangel beschrieb ferner MAGNE.

Auf Fälle von *Hypoplasie des Vomers* hatten schon C. M. HOPMAN und G. FRANKE (letzterer in der irrtümlichen Annahme, daß hierdurch Septumdeviationen hervorgerufen würden) aufmerksam gemacht. HILLENBRAND stellte histologisch unter 93 Feten und Neugeborenen 57 Septumasymmetrien bzw. 24 Fälle mit vorwiegenden Vomerveränderungen fest. Am häufigsten ist Asymmetrie des Vomerkörpers und besonders der beiden Seitenlamellen, gelegentlich wird ungleichmäßige Ausbildung des Vomerfußes oder Fehlen einer Seite der Fußplatte gefunden. Abb. 127 zeigt eine *teilweise Aplasie einer Vomerhälfte*, wobei der Fuß dieser Seite größtenteils nur bindegewebig ist (partielles Stehenbleiben der Vomerentwicklung). Höhere Grade von Vomerhypoplasie stellen

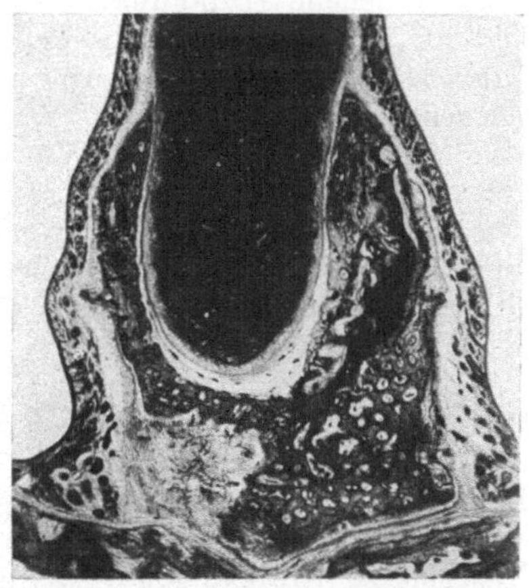

Abb. 127. Einseitige Aplasie des Vomerkörpers mit ungleichmäßiger Entwicklung der Vomerlamellen bei einem Neugeborenen (nach K. HILLENBRAND).

die von HOPMAN wiederholt (hauptsächlich an Ozänösen) erhobenen und als kongenitale *Verkürzung und Vorverlagerung des Vomers* beschriebenen Befunde dar. Dabei verläuft der freie Vomerrand nicht wie de norma in derselben Ebene mit den lateralen Choanalrändern, sondern ist in der Mitte erheblich ausgebuchtet und sein unteres Ende setzt sich *vor* der Spina nasal. post. an. Die „Vorverlagerung" (besser Verkürzung) kann bis zu 25 mm von der Ebene der Plicae salpingopalatinae betragen. *Dadurch ist die Nasenscheidewand sehr verkürzt, die Rachentiefe erheblich vergrößert, die Choanen atypisch konfiguriert* und es ragen die unteren und mittleren Muscheln bis zu einem Drittel ihrer Länge frei in den Nasenrachenraum hinein. In Abb. 128 ist eine parasagittal halbierte, mittels Abdruckverfahrens gewonnene Moulage des Nasenrachenraumes und des hinteren Nasenabschnittes wiedergegeben (stammend von einem 16jährigen, nicht ozänösen Mädchen, welches an behinderter Nasenatmung und Stockschnupfen

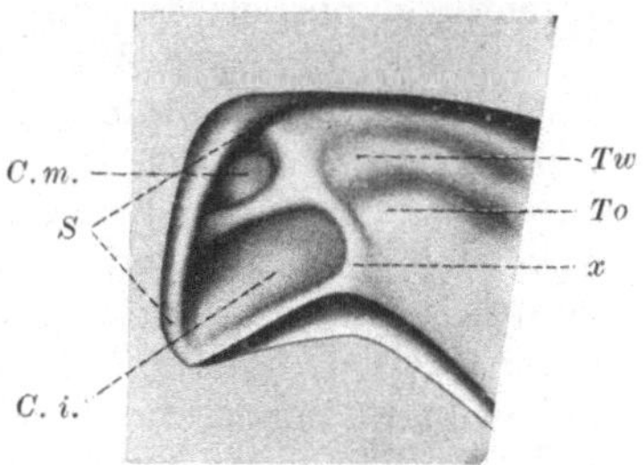

Abb. 128. Angeborene Verkürzung des Vomer. Legende im Text (nach C. M. HOPMAN).

litt und mit Vergrößerung des rechten Ohrläppchens, Verkürzung des Alveolarbogens des rechten Oberkiefers sowie Uvula bifida behaftet war). *S* bedeutet den hinteren Vomerrand, *C. m.* und *C. i.* das Hinterende der mittleren bzw. unteren Muschel, *Tw* den Tubenwulst, *To* das Tubenostium und *x* die Plica salpingopalatina (seitlicher Choanalrand). Das Verhältnis der Septumlänge zur Nasopharynxtiefe beträgt hier 60 : 40 (gegenüber 80 : 20 de norma). Einen ähnlichen Befund erhob GRÜNWALD (l. c. S. 743). Weitere Beobachtungen von *Hypoplasie* oder selbst *Aplasie des Vomers* beschrieben: v. GYERGYAI (*keilförmiger Defekt* im hinteren basalen Teil der Nasenscheidewand), DAN MACKENZIE (37jähriger Mann mit Defekt des hinteren Septumdrittels und Uvula bifida) und K. M. MENZEL (22jähriger Mann mit *komplettem Vomerdefekt*, bei welchem aber gleichwohl der ganze Schleimhautüberzug in normalem Umfang vorhanden war, so daß die hintere Septumhälfte ausschließlich aus den beiden Schleimhautblättern bestand. Bei hinterer Rhinoskopie war dadurch eine normal aussehende Umrandung der Choanen vorhanden. Ausgesprochene Hypofunktion des Gaumensegels bei guter anatomischer Ausbildung und Angewachsensein beider Ohrläppchen, *vielleicht auch submuköse Gaumenspalte*, sonst keine Abweichungen von der Norm). — *Vomerdefekte* sind gelegentlich *mit submukösen Gaumenspalten* kombiniert. GRÜNWALD erwähnt als Beispiel den Fall von J. WOLFF. Auch Kombination mit Wolfsrachen kommt vor. Ein hierher gehörender *eigener* Fall wurde im Abschn. III, Kap. D, S. 128 beschrieben.[1] Diese *Vomerhypo- und -aplasien* beruhen offenbar — soweit sie nicht durch sekundäre, etwa in der siebenten bis achten Woche des Embryonallebens einsetzende Störungen bewirkt sind — auf *Hemmungsbildung infolge primären Materialmangels.*

Defekt des Septum mobile: Einen solchen (sehr seltenen) Fall stellte K. M. MENZEL vor: Bei dem 15jährigen Patienten fehlte seit Geburt das häutige Septum und das in demselben enthaltene Crus mediale der Cart. alaris. Infolge dieses Defekts waren die beiden Vestibula nasi in eine einzige Höhle umgewandelt und der vordere Septumrand entsprach dem vorderen Rand der Cart. quadrangularis. Nasenspitze herabhängend, Nasenflügel weich und anscheinend nur aus häutigen Anteilen bestehend. Wa.-R. beim Patienten und seiner Mutter negativ, nie bestand ein geschwüriger Prozeß im Bereich des Nasensteges. *Ursächlich* kommt entweder ein *primärer oder ein infolge einer exogenen Noxe entstandener sekundärer Materialmangel mit Stehenbleiben der Wachstums- und Umbildungsvorgänge* in Frage. In letzterem Fall ist der früheste Entstehungszeitpunkt in die siebente bis achte Woche des Embryonallebens zu verlegen, als spätester Zeitpunkt wäre etwa das Ende des dritten Embryonalmonats anzusetzen, da de norma zu dieser Zeit die Aussprossungsvorgänge des vorderen Endes der knorpeligen Nasenkapsel vor sich gehen, welche zur Bildung des medialen und des lateralen Schenkels des Nasenflügelknorpels führen.

Anhang: a) **Appendix septi congenita, angeborenes Anhängsel oder** (wohl fälschlich!) **„Teratoidtumor" der Nasenscheidewand.** Unter dieser Bezeichnung sind namentlich in den letzten 20 Jahren eine Reihe von Beobachtungen mitgeteilt worden, deren Zusammengehörigkeit zu einer speziellen Gruppe nicht zu verkennen ist. Es handelt sich um mehr minder pendelnde, zum Nasenloch heraushängende und von verschiedenen Stellen des Septums ausgehende *angeborene glockenklöppelähnliche Tumoren,* welche zumeist in der Einzahl vorhanden und nach Aussehen und Konsistenz den bekannten Auriculananhängen ähnlich sind. Manchmal ist daneben noch eine Gesichtsspalte (Hasenscharte, mediane Nasenfurche) oder das Äquivalent einer solchen (fissurale Fistel usw.)vorhanden.

Kasuistik: Aus älterer Zeit gehört wahrscheinlich hierher die Beobachtung von GRUGET, aus späterer sicher die Fälle von HAENISCH (Mann, von dessen Nasenscheidewand rechts vorne hintereinander zwei wurstförmige Anhänge entsprangen. Der vordere, an der Grenze des membranösen Septums situierte war histologisch kutisähnlich aufgebaut und enthielt eine größere Menge von quergestreiften Muskelfasern, was offenbar mit der Ausstrahlung der mimischen Muskulatur zusammenhängt.[2]

---

[1] Schließlich sei angeführt, daß *Vomerdefekt* (neben anderen Fehlbildungen) auch bei *spheno-ethmoidalen Cephalocelen* als *sekundäre* Störung vorkommt. Die Beobachtung von A. EXNER (vgl. S. 105 und Abb. 52a u. b) ist hierfür ein Beweis.

[2] Die Art der Entstehung und Verteilung der Muskulatur im Nasenbereich des Embryos (FUTAMARA, zit. nach K. PETER, Lit. IX/1b, S. 89) läßt verstehen, daß der

Der hintere Anhang zeigte eine Plattenepithelschicht mit Papillen und in der Tiefe stellenweise Anhäufung von Plasmazellen, zahlreiche Schleim- und Eiweißdrüsen sowie Fettgewebe. Auf derselben Seite war ferner dicht unterhalb des Nasenflügelansatzes eine dem obersten Punkt der Gaumennasenrinne entsprechende *fissurale Fistel* vorhanden.), von A. BROWN-KELLY (zwei eigene Fälle, wovon einer in Abb. 129 wiedergegeben ist; in Fall 2 war neben zwei Anhängseln eine beträchtliche Verbreiterung und Abflachung der unteren Nasenpartien mit *Medianfurche* an der Nasenspitze vorhanden), von FARLOW (zit. nach BROWN-KELLY), von A. PUGNAT (20 Tage altes, aus mißbildungsfreier Familie stammendes Kind mit glockenklöppelartigem, aus zwei aneinander adhärierenden Hautlagen aufgebautem und vom oberen Nasenlochwinkel entspringendem Tumor; linkes Nasenloch doppelt so groß, am rechten Auge eine Veränderung, welche als intrauterin entstandene Iritis gedeutet wird), von N. FEYGIN (Kombination mit Hasenscharte;

die gestielte, vom knorpeligen Septum entspringende Geschwulst charakterisierte sich als von Pflasterepithel bekleidetes Fibrolipoma pendulans, welches Balgdrüsen, Haare und einige Schweißdrüsen enthielt) und von V. A. BORGIOLI. BROWN-KELLY gibt eine gute Überschau über das Schrifttum bis 1918.

Die weitgehende Übereinstimmung in der äußeren Form, im Ursprungsort und im inneren Aufbau dieser Geschwülste läßt letztere als eine *genetische Einheit* erscheinen. Auch der bei einigen Fällen vorhandene Zusammenhang mit Gesichtsspalten oder deren Überresten weist in dieselbe Richtung. In Fall 1 von BROWN-KELLY und im Falle FARLOW war eine Art von fibrösen Befestigungsbändern vorhanden, welche sich einerseits ins Septum, anderseits in die Oberlippe erstreckten, also etwa der Vereinigungslinie des mittleren Nasenfortsatzes mit dem Oberkieferfortsatz entsprachen. Diese Tatsachen machen es *wahrscheinlich, daß diese angeborenen, mehr*

Abb. 129. Zwei Monate altes Mädchen mit großem rundlichen, vom Septum entspringenden fleischigen Tumor, dessen häutige Bedeckung mit der Columella und der Oberlippe verbunden war. Erweiterung des rechten Nasenloches (nach A. BROWN-KELLY).

minder pendelnden Septumgeschwülste ihre Entstehung Spaltbildungen vornehmlich im Bereiche der Gaumennasenrinne verdanken, wobei es zu einer *Materialverlagerung septalwärts* oder zu einem *partiell-exzessiven Wachstum des mittleren Nasenfortsatzes* kam und die Spalten meist intrauterin gänzlich oder bis auf kleine Reste heilten. Da die embryonalen Gesichtsfortsätze und die zwischen denselben befindlichen Rinnen etwa im Alter von 30 Tagen auf der Höhe der Ausbildung und im Alter von sechs Wochen schon ziemlich verwischt sind, so dürfte die *Entstehungszeit* der Septalanhänge spätestens in die Zeit der fünften bis sechsten Woche des embryonalen Lebens zu verlegen sein.

b) **Echte Teratome.** Äußerst selten inserieren am Septum echte Teratome. E. SCHWALBE gab auf Grund der MARCHAND-BONNETschen Hypothese von der monogerminalen, durch Keimmaterialausschaltung herbeigeführten Entstehung dieser Gebilde seinerzeit die Erklärung, daß der morphologischen Reihe (gut ausgebildeter zweiter Individualteil bis herab zum behaarten Rachenpolypen und zur Mischgeschwulst) eine genetische Reihe entspreche, indem den kompli-

---

der Tiefenschicht der Facialismuskulatur zugehörige, eine vorübergehende Bildung darstellende M. orbicularis nasi, welcher auch im Septum vorhanden ist, das Material liefert, auf Grund welches das Vorkommen von quergestreifter Muskulatur in Anhangsgebilden des Septums als autochthone Produktion erscheint.

ziertesten Formen die früheste, den einfachen die späteste Entstehungszeit
(Zeitpunkt der Keimmaterialausschaltung) zukomme.[1] (Vgl. hierzu die Ausführungen im Abschn. IV, Kap. E, S. 263 unter „Teratome des Epipharynx".)
Einen hochinteressanten, E. SCHWALBES zweiter Gruppe entsprechenden Fall
beobachtete Y. NAKATA: Bei einem Säugling entsprang eine faustgroße Tumormasse mit daumengroßem harten Stiel aus der rechtsseitigen Septumfläche.
Im Tumor wurde u. a. eine extremitätenähnliche Anlage und zwei augenähnliche
Cysten gefunden. *Mischgeschwülste* der Nasenscheidewand (sehr selten!) beschrieben STEVENSON und J. F. WEIDLEIN.

c) **Septumbildung bei schweren Mißbildungen am vorderen Körperende.**
Daß die Septumbildung bei den schweren Mißbildungen am vorderen Körperende, vornehmlich bei Cyklopie und den einzelnen Formen der Arhinencephalie
gänzlich defekt ist bzw. höhergradige Störungen und Modifikationen erleidet,
wurde in den entsprechenden Abschnitten (siehe diese) bereits ausgeführt und
z. T. durch histologisch untersuchtes eigenes Material illustriert.

So kann bei der *Arhinencephalie mit Defekt des mittleren Nasenfortsatzes* das Septum
bloß eine Schleimhautfalte darstellen, also weder Knochen noch Knorpel enthalten
(Fall E. MONNIER, Abb. 27 u. 28), in anderen Fällen aber viel besser ausgebildet
sein (Abb. 29 und Eigenbeobachtung Abb. 30—34). In einer zur *Arhinencephalie
mit Lippen-Kiefer-Gaumen-Spalte* gehörenden Eigenbeobachtung (Abb. 35—38)
reichte die Nasenscheidewand weniger weit kaudalwärts als de norma und enthielt
in kaudalen Schnitten nur im dorsalen Drittel Knorpel eingelagert. Die knorpel-
freien Partien hatten eine ausgesprochen spindelförmige Gestalt mit starker Verjüngung ventralwärts. In kranialer gelegenen Schnitten wurde in den vorderen zwei
Dritteln des Septums ein oblonges inselförmiges Knorpelstückchen eingelagert
gefunden. Noch weiter kranialwärts war die Knorpeleinlagerung ins Septum abnorm
dick.

Betreffs der Nasenscheidewandverhältnisse bei *Proboscis lat.* und bei *Aplasie
einer Nasenhälfte* sei auf dieses Kapitel verwiesen. In den Kapiteln „*Die Nase
bei den Doppelbildungen*" bzw. „*Alleinige Nasenverdoppelung*" *(Rhinodymie)* sind
auch Angaben über die Septumverhältnisse enthalten, doch sind erstere beim
bisherigen Mangel histologischer Untersuchungen sehr lückenhaft.

Interessant ist das Verhalten des Septums bei den *Gesichtsspalten:* Bei der
medianen Nasenspalte wurde *wiederholt Teilung des knorpeligen Septums vorne
in zwei Lamellen oder Vorhandensein zweier getrennter knorpeliger Septumblätter
festgestellt.* Im WITZELschen Fall war überdies das Septum cutaneum median
geteilt (vgl. S. 109 ff. und S. 116 f., wo auf die Ursache der Paarigkeit
eingegangen wird). Über das Verhalten der Nasenscheidewand bei *Cheilognathopalatoschisis* wurde auf S. 122 und auf S. 128 ausführlicher berichtet (vgl. ferner
hierzu S. 216 f.).

In *Zusammenfassung* der im Bereiche der Nasenscheidewand vorkommenden
Abweichungen von der Norm ergibt sich, daß *der Großteil* der häufig als Anomalien
bezeichneten Befunde *anatomische, idiotypisch fixierte Varianten* darstellt und daß
sich *nur ein relativ kleiner Teil* als *Anomalien bzw. Fehlbildungen* charakterisiert.
Zu letzterer Gruppe ist wohl die totale oder partielle Aplasie der knorpeligen,
knöchernen bzw. membranösen Nasenscheidewand in ihren verschiedensten Ausprägungen zu rechnen, ferner die Septumanhängsel, die deutliche Beziehungen zu
den Gesichtsspalten erkennen lassen, und die echten teratoiden, am Septum
inserierenden Tumoren (Embryome, Mischgeschwülste); schließlich jene oft
sehr weitgehenden Defekte bzw. Störungen der Septumausbildung, welche sich

---

[1] Demgegenüber nehmen zahlreiche Forscher wenigstens für die komplizierteren
Teratomformen *bigerminale* Entstehung an.

bei den Mißbildungen am vorderen Körperende finden. Bezüglich der Einzelheiten sei auf die im vorstehenden gegebenen ausführlichen Darlegungen verwiesen.

2. Jacobsonsches Organ (Organon vomeronasale) (Lit. X/11).

Das JACOBSON*sche Organ* (= J. O.) entsteht an der septalen Wand der Riechgrube durch aktive Ausstülpung eines Teiles des Sinnesepithels ins Mesenchym hinein (Anfang der fünften Woche). An 15 mm langen Embryonen hebt sich das J. O. als allseitig scharf abgesetzte, tief eingegrabene Furche mit kurzem hinteren Blindsack von der Umgebung ab. Mit dem Wachstum des Nasensackes hält es nicht Schritt und erscheint als ein immer kleiner werdender Anhang des Septums. Schließlich resultiert ein röhrenförmiges Organ, welches dorsalwärts eine sackartige, mit hohem Riechepithel ausgekleidete Erweiterung zeigt und ventral ein dünnes, spulrundes Mündungsstück hat. (Bezüglich weiterer histologischer Details und funktioneller Wertung sei auf die Arbeiten von H. RICHTER, F. LAUTENSCHLÄGER, S. J. PEARLMAN und J. ERNYEI verwiesen.) Etwa von der 20. Woche ab steht das J. O. auf der Höhe seiner Ausbildung (KALLIUS, K. PETER, Lit. IX/1 b). Die *Mündung* des J. O. liegt bei vielen Säugern im Duct. naso-palatinus, bei Nagern und beim Menschen dagegen am Septum selbst, und zwar bei letzterem relativ hoch über dem Nasenboden. Die Öffnung, an Feten des fünften Monats noch sehr weit, ist beim Neugeborenen nur noch stichförmig. Bei

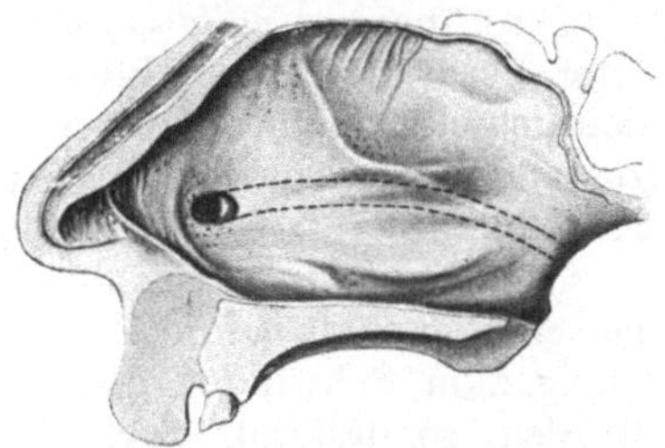

Abb. 130. Anomalie des JACOBSONschen Organs bei einem Erwachsenen. Erklärung im Text (nach M. MANGAKIS).

älteren Feten liegt das J. O. beiderseits an der dünnsten Stelle des knorpeligen Septums, bekommt aber nicht — wie bei einigen Säugern — eine eigene knorpelige Umhüllung. (Der jederseits nur in der Einzahl vorhandene JACOBSONsche oder HUSCHKEsche Knorpel = *Cart. paraseptalis* liegt nämlich fernab vom J. O. am kaudalen Ende des Septumknorpels.) Nach H. RICHTER reicht der Zeitpunkt der Degeneration des J. O. des weißen Menschen vom Ende der Fetalzeit bis in die ersten Lebensjahre (J. O. an 27 Nasenpräparaten von Kindern bis zum fünften Lebensjahr nur noch neunmal nachweisbar!). Am Chinesen fand dagegen TOIDA das J. O. noch in der Hälfte der Fälle. Beim erwachsenen Europäer fehlt es sehr oft und hat, falls vorhanden, eine durchschnittliche Länge von 2 bis 7 mm (A. KOELLIKER, zit. nach K. PETER). GRÜNWALD (Lit. VIII/B, 2 a) sah unter 300 Nasen nur einmal Persistenz am Erwachsenen. Hat das J. O. eine *über obiges Maß hinausgehende Länge oder besondere Weite* oder zeigt es *cystische Veränderungen* mit und ohne Beeinflussung seiner näheren Umgebung, so darf man darin wohl *Anomalien* erblicken, welche teils Hemmungen der normalen Rückbildung darstellen, teils in sekundären pathologischen Veränderungen auf dieser Basis bestehen:

In dem von L. HOFMANN demonstrierten Fall von *bilateraler Persistenz* des J. O. hatten die Gänge keine über das von A. KOELLIKER gefundene Maß hinausgehende Längenentfaltung erreicht. Dagegen waren bei dem von MANGAKIS beschriebenen Mann zwei außerordentlich lange, beiderseits symmetrisch situierte Gänge vorhanden, welche vorne miteinander durch das Septum hindurch in Verbindung standen, einen nach oben schwach konvexen Verlauf nahmen und am hinteren freien Rande der Nasenscheidewand mit engen Öffnungen ausmündeten (Abb. 130). Wände der Gänge hart (Sondierung!), so daß MANGAKIS darin das atypische Vorhandensein einer Knorpelkapsel (wie bei manchen Säugern) vermutet. Die mikroskopische Untersuchung von drei aus verschiedenen Stellen der Gänge entnommenen Stücken ergab als Auskleidung eine Schleimhaut, welche sich in allem der P. respir. und der P. olfact. der Nasenschleimhaut ähnlich erwies. MANGAKIS zweifelt nicht daran, daß es sich dabei um die J. O. gehandelt hat und sieht neben der *ungewöhnlichen Länge* der Gänge (wie sie sonst nur bei Tieren gefunden wird) das Besondere darin, daß letztere rückwärts Öffnungen hatten (Artefakte infolge der Sondierungen? Verf.). Daß die vorderen viel weiteren Öffnungen der Gänge miteinander durch die Nasenscheidewand hindurch kommunizierten, könnte vielleicht damit erklärt werden, daß der Septumknorpel am Ort der Einlagerung des J. O. stets seine dünnste Stelle hat, daß ehemals daselbst vielleicht cystische Erweiterungen der Gänge (mit Druckatrophie des Knorpels?) bestanden und dadurch eine Verbindung beider Gänge möglich wurde. Die *besondere Längenerstreckung* der Gänge und die *Härte der äußeren Wand* derselben (Knorpelkapsel?) darf wohl als *Rückschlagserscheinung* (Theromorphismus) gedeutet werden.

Retentionscystenbildung des J. O. beschrieben: SIEUR und JACOB ($8^1/_2$ Monate alter Fetus mit *erbsengroßer*, leicht vorspringender *Cyste* links, welche in einer deutlichen Exkavation des Septums lag und eine Deviation desselben nach rechts zustande gebracht hatte). Ein ähnlicher einseitiger Fall wurde kürzlich von K. HILLENBRAND an einem Neugeborenen beobachtet (Abb. 126) und *doppelseitige Cystenbildung* von demselben Autor an einem Fetus des neunten Schwangerschaftsmonats gefunden. In letzterem Fall war der dazwischen gelegene Knorpel völlig zum Schwinden gebracht oder an seiner vollen Entwicklung gehindert worden, so daß nur noch das Perichondrium erhalten war. *Am Erwachsenen scheint Cystenbildung des J. O. eine außerordentliche Seltenheit* darzustellen. Wahrscheinlich gehört die Beobachtung von KELEMEN hierher. Die Fälle von RUEDA (Trauma vorausgegangen!) und J. J. LEVIN (bilaterale apfelsinengroße cystische Geschwulst am Nasenboden) sind mehr als zweifelhaft; in letzterem Fall dürfte es sich m. E. um Gesichtsspaltencysten gehandelt haben.

3. Ductus naso-palatinus[1] (Lit. X/12).

Die Entstehung und der Verlauf der STENSONschen Gänge leitet sich von den Verschlußvorgängen im Bereiche des sekundären Gaumens ab. Die langgezogenen primären Choanen, zwischen welchen die aus dem mittleren Nasenfortsatz stammenden Gebilde, primärer Gaumen (Zwischenkiefergaumen) und Nasenscheidewand liegen, werden von den sich aufrichtenden Gaumenfortsätzen mehr und mehr von lateralwärts nach der Mittelebene zu überdeckt. Schließlich verwachsen die Gaumenfortsätze untereinander unter Bildung des sekundären Gaumens. Im Bereich des vordersten Anteils der primären Chn. ist der Vorgang des Gaumenschlusses etwas komplizierter. „Die freien Ränder der Gaumenplatten divergieren hier nach vorne und laufen, den vorderen Rand der primitiven Chn. umziehend, auf den primitiven Gaumen aus" (K. PETER, Lit. IX/1 b). Abb. 131 zeigt dieses Verhältnis, wobei *pr. Ch.* die primitive Choane, *Gp* die Gaumenplatte und *Pp* die Anlage der Papilla palatina bedeutet.

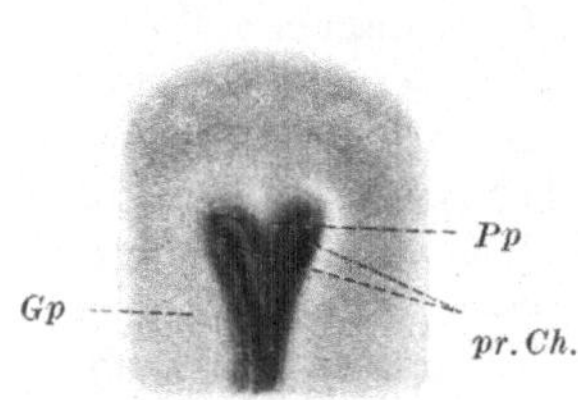

Abb. 131. Vorderteil des Gaumens eines 26 mm langen, zirka acht Wochen alten menschlichen Embryos mit den Vorderenden der primitiven Choanen und der Anlage der Papilla palatina zwischen denselben. Legende im Text (nach K. PETER).

Der ventrale Anteil des primitiven Gaumens liegt im Niveau der Gaumenplatten und wird ins definitive Munddach aufgenommen, der dorsale Bezirk jedoch, welcher zum Septum nar. verschmälert ist, liegt

---

[1] Abgekürzt: D. n.-p.

weiter kranialwärts und läßt so kaudal von sich die sekundären Gaumenplatten sich zusammenschließen.[1] An der Grenze zwischen dem vorderen und hinteren Bezirk des primitiven Gaumens liegt ein länglicher, nach hinten spitz endigender Höcker. Dies ist das Gebiet der Papilla palatina, mit welchem nun die Gaumenplatten verwachsen. Die Epithelverschmelzung geht im ganzen Bezirk der Berührung vor sich. Es resultiert daraus jederseits ein D. n.-p., welcher entsprechend der in die Tiefe verlagerten vordersten Umrandung der primären Ch. am Nasenboden vorne dicht neben der Spina nas. ant. seine nasale Mündung und dicht hinter der Papilla palatina seine palatinale Öffnung hat. Am Knochenpräparat spricht man von Foram. incisiva des Nasenbodens und vom unpaaren medianen Foram. incisivum des Gaumens, innerhalb welches die palatinalen Abschnitte der D. n.-p. gelegen sind. Der Knochenkanal ist demnach Y-förmig gestaltet und hat einen schräg nach vorne gerichteten Verlauf. Am Lebenden sind jedoch keine klaffenden Lumina vorhanden, sondern die Kanäle sind ausgefüllt mit epithelialen Gangresten, Gefäßen, Nerven und Bindegewebe. Weitere wichtige Details brachten die Arbeiten der PETER-Schüler RYDZEK und RAWENGEL und eine neuere Mitteilung von K. PETER selbst: Im Gegensatz zu gewissen Säugern (wie etwa Talpa) sind beim Menschen de norma keine Kanäle, sondern nur *aus Epithelverklebungen hervorgegangene Stränge* vorhanden, wofür PETER den Namen *Tractus naso-palatini* (= Tr. n.-p.) gebraucht. Das Schicksal letzterer (und einer weiteren Reihe von Epithelsträngen im Bereich der Papilla palatina und dicht dahinter) hat PETER an Embryonen und RAWENGEL an Neugeborenen und Erwachsenen verfolgt. Schon bei Feten sind diese *Tr. n.-p. meist diskontinuierlich.* Dann finden sich meist drei Teilstücke, nämlich ein von der Nase ausgehender und ein mit dem Gaumen zusammenhängender Zapfen und ein dazwischen im Bindegewebe isoliert liegender Zellstrang. Das beiderseits blind endigende Mittelstück kann sich mit degenerierenden Zellen anfüllen und dadurch zur Bildung von *Epithelperlen* Veranlassung geben. Da die Tr. n.-p. auch Drüsen aussprossen lassen, so kann es in solchen Mittelstücken durch Sekretstauung zur Bildung *großer dünnwandiger Blasen* („Drüsenblasen") kommen. Die drei Teilstücke vermögen anscheinend erheblich in die Länge zu wachsen und wahrscheinlich auch miteinander zu verschmelzen, so daß aus einem unterbrochenen Nasengaumenstrang ein vollständiger werden kann. Die *zwischen* und *vor* den Nasengaumensträngen liegenden strangförmigen epithelialen Gebilde (hervorgegangen aus den „Stauungsleisten" und aus epithelialen Wucherungen der Papilla palat.) können Verbindung mit ersteren gewinnen und kanalisiert werden. Dies ist geeignet ein Licht auf die verschiedenen Stellen der Gaumenmündung der D. n.-p. zu werfen. Abb. 132 zeigt einen ziemlich häufig zu erhebenden Befund: Links ist entsprechend dem Nasengaumengang (*N GG*) ein lumenloser über eine kurze Strecke hin unterbrochener Epithelstrang vorhanden, rechts geht vom Nasen-

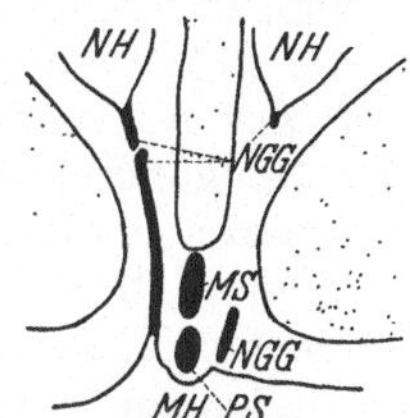

Abb. 132. Schematische Darstellung eines in der Richtung der knöchernen Nasengaumengänge geführten Schnittes durch den Gaumen eines Neugeborenen. Skeletteile punktiert, Epithelien schwarz. Legende im Text (nach G. RAWENGEL).

---

[1] F. HOCHSTETTER benennt in einer kürzlich erschienenen Arbeit (Morph. Jahrb. 77, 1936) diese Bezirke *Mundhöhlenfläche* bzw. *Verwachsungsfläche* des primitiven Gaumens und geht unter Verwendung einiger neuer Spezialtermini und reichlicher Bebilderung genauer und z. T. berichtigend auf das Schicksal des vordersten Abschnittes der primären Choane und des aus demselben hervorgehenden Ductus bzw. Tractus naso-pal. ein. HOCHSTETTER weist dabei auf die gegenüber anderen Körperabschnitten *sehr beträchtliche individuelle Variabilität* der Verhältnisse bei der Bildung des menschlichen definitiven Gaumens hin.

höhlenboden (*NH*) nur eine ganz kurze epitheliale Einsenkung aus. Das palatinale Stück des rechten Tr. n.-p. ist kurz und hat keine Verbindung mehr mit der Mundhöhle (*MH*). In diesem Präparat ist zwischen den Nasengaumensträngen ferner noch ein epithelialer Papillenstrang (*PS*) und entsprechend dem einheitlichen Stück des *knöchernen* Nasengaumengangs ein dicker gequollener, mit Epithel gefüllter Strang (Mittelstrang = *MS*) vorhanden. In anderen Präparaten konnten mehrfach *große*, gewissermaßen als Retentionscysten aufzufassende *Epithelblasen* (hervorgegangen aus Mittelstücken der Tr. n.-p.) festgestellt werden.[1] Vollständiger Schwund der Tr. n.-p. ohne irgendwelche Reste findet sich nur äußerst selten. Am Erwachsenen haben sich die Verhältnisse an den epithelialen Strängen weiter vereinfacht (RAWENGEL). Meist sind die Tr. n.-p. nur in Resten, und zwar in Form von Blindsäcken vorhanden, welche nach der Nasenhöhle zu (öfters) bzw. nach der Mundhöhle zu (seltener) offen sind. *Nur einmal fand sich ein vollständiger Zusammenhang zwischen Nase und Mundhöhle.* Zu ähnlichen Feststellungen gelangte NORBERG. Am Neugeborenen fand er nur ganz spärliche Reste des D. n.-p., welche bisweilen zu Cysten erweitert sein können.

Durch diese mikroskopisch und mittels des Rekonstruktionsverfahrens gewonnenen Erkenntnisse sind die älteren auf LEBOUCQ und F. MERKEL zurückgehenden und auf Sondenuntersuchungen fußenden Angaben z. T. erweitert und vertieft, z. T. korrigiert worden. LEBOUCQ fand unter 28 Neugeborenen den Can. incisivus zweimal durchgängig, und zwar einmal auf beiden Seiten und einmal nur auf der rechten Seite; *bei Erwachsenen war der Kanal konstant undurchgängig,* gewöhnlich war der palatinale Teil vollkommen geschwunden, während der nasale erhalten war. —

Obgleich die Zahl der daraufhin untersuchten Erwachsenen relativ sehr klein ist, muß *Persistenz* bzw. *komplette Durchgängigkeit des D. n.-p.* doch als *seltene Anomalie* bezeichnet werden.[2]

Einen hierher gehörenden klinischen Fall beobachtete SCHÖNLANK: Der 23jährige, sonst wohlgebildete Mann, welcher wegen eines Katarrhs in Behandlung trat, gab an, daß beim Pressen mit geschlossenem Mund deutlich Luft in die Nase einstreiche und daß er starke Geschmacksreize deutlich als Gerüche empfinde. Papilla palatina nach rechts verschoben und links völlig abgeflacht. An dieser Stelle war eine Eindellung zu bemerken, durch welche eine feine Sonde ohne weiteres nach hinten oben glitt und an der typischen Stelle vorne am Nasenboden erschien. Ein Flüssigkeitsexperiment bestätigte dies. Rechts war dagegen der D. n.-p. völlig verschlossen und der Can. incisiv. enthielt seine typischen Nervengebilde (Anästhesieprobe).

---

[1] Diese Befunde PETERS und seiner Schule wurden kürzlich von F. HOCHSTETTER (l. c.) im großen ganzen bestätigt. Für die neben den Tr. n.-p. vorhandenen verschiedenen epithelialen Gebilde (mediane und laterale „Stauungs"leisten, Mittelstrang) gebraucht er meist etwas abweichende Termini (z. B. mediane Nebenleiste statt Mittelstrang) und begründet dies z. T. damit, daß Stauungen nicht nachweisbar sind und wahrscheinlich nur Epithelwucherungsprozesse (aus einstweilen unbekannter Verursachung) vorliegen dürften. Unter Berücksichtigung aller dieser epithelialen Gebilde und unter der Annahme nur eines einzigen Mittelstücks der Tr. n.-p. berechnet HOCHSTETTER 73 verschiedene Varianten, von welchen er in seinen zahlreichen Präparaten 20 verifiziert fand. *Epithelcysten* können sowohl von Mittel- (oder Zwischen-)stücken der Tr. n.-p. als auch aus den medialen Nebenleisten hervorgehen. HOCHSTETTER verfügt über ein Präparat, in welchem infolge Cystenbildung eine *erhebliche Erweiterung* des Canal. incisiv. zustandegekommen war.

[2] Daß gelegentlich auch Entzündungen des D. n.-p. bzw. seiner Reststücke (z. B. des palatinalen) auftreten können, darauf haben HAUENSTEIN und EULER aufmerksam gemacht (zit. nach A. SCHOENLANK).

Im Anschluß hieran sei erwähnt, daß *Offenstehen des D. n.-p.* auch als *sekundäre* Störung im Gefolge von schweren Fehlbildungen auftreten kann. Solches konstatierte A. EXNER (Lit. VII) in einem Falle von *spheno-ethmoidaler Cephalocele* (vgl. S. 105 und Abb. 52 a u. b).

Äußerst selten sind ferner *Cysten,* welche sich offenbar von einem jederseits blind endigenden Mittelstück des D. n.-p. ableiten (vgl. hiezu S. 226).

Solche Fälle beschrieben GRÜNWALD, SCHROFF und neuerdings M. KIKUCHI (der seine Beobachtung indes fälschlich deutete!). GRÜNWALD fand zufällig an einem ziemlich zerstörten Präparat eine wahrscheinlich vom rechten STENSONschen Gang ausgehende Cyste mit glattrandigem feinem Loch am Nasenboden. Vielleicht gehört auch eine zweite Beobachtung GRÜNWALDS (an einer 50jährigen Frau) hierher. Geradezu klassisch ist aber der Fall KIKUCHIS: Bei einem Manne, der seit einigen Monaten über Nasenverstopfung klagte, war (bei Abwesenheit entzündlicher Erscheinungen) eine halbkugelige fluktuierende Vorwölbung am harten Gaumen vorne und am Nasenboden vorhanden. Verschwinden der Anschwellungen nach Punktion. Kein Zusammenhang mit den Zähnen. Die Cyste war mit geschichtetem flimmernden Zylinderepithel ausgekleidet.

Aus dem Vorstehenden ergibt sich, daß *Offenstehen* des D. n.-p., schon am Neugeborenen sehr selten, am Erwachsenen als *Hemmungsmißbildung* (mangelhafte Rückbildung unter Auftreten theromorpher Zustände) und die nicht minder seltene *Cystenbildung* als besondere Form der Anomalie des Tr. n.-p. zu werten ist.

I. Varianten und Anomalien des Nasenbodens und der Apertura piriformis.

Im Anschluß an die Besprechung der anatomischen Varianten, Anomalien und Fehlbildungen im Bereich der lateralen und der medialen Nasenwand sei noch einiger *Formabweichungen im Bereich des Nasenbodens und der Apertura piriformis* gedacht.

Fossa praenasalis (= F. pr.-n.): Statt der Leiste, welche den Nasenboden gegen die faziale Fläche des Zwischenkiefers abgrenzt, findet sich zuweilen eine der Tiefe nach variierende *Grube,* welche seit ZUCKERKANDL (Lit. IX/1) als F. pr.-n. bezeichnet wird. Diese Bildung ist keine pithecoide, sondern eine Varietät der menschlichen Form (MINGAZZINI). Sie findet sich häufiger und besser ausgebildet bei den prognathen außereuropäischen Völkern (ZUCKERKANDL), ist aber nichtsdestoweniger von dem Grade der Prognathie unabhängig. LEICHER (Lit. IX/2) stellte fest, daß es sich bei der F. pr.-n. um eine *rezessiv vererbliche anatomische Variante* handelt.

Fehlen die den Nasenboden von der fazialen Kieferfläche abgrenzenden verschiedenen Grenzleisten (Crista intermaxillaris, Cr. naso-dentalis) nebst der Spina nas. ant. und ist der Zwischenkiefer stark prognath, dann geht der Nasenboden direkt in den schräg gelagerten Zwischenkiefer über und es kommt, ähnlich wie bei den Affen, zur Bildung eines *Planum praenasale* (oder besser P. naso-intermaxillare). Diese Bildung stellt nach ZUCKERKANDL ein *pithecoides Merkmal* dar.

Spina nasalis anterior: Der vordere Nasenstachel ist bei den Europäern relativ am stärksten, bei den außereuropäischen Rassen weniger stark ausgeprägt. Es gibt bei dieser *anatomischen Variante* fließende Übergänge von den schwach ausgeprägten Formen bis zu den allerstärksten. Eine genaue Übereinstimmung in der Größe und Gestalt des vorderen Nasenstachels fand LEICHER (l. c.) bei eineiigen Zwillingen. Aus den Familienforschungen LEICHERS scheint sich der Schluß zu ergeben, daß die stark vorspringende Spina nas. ant. sich dominant, die wenig vorspringende rezessiv vererbt.

15*

Auf die *Varietäten des Nasenbodens* wurde bisher kaum geachtet. LEICHER (l. c.) konnte *verschiedene Typen* (Konkavität, Konvexität in der Mitte mit Abfall septum- und lateralwärts, Exostosenbildung an bestimmten Stellen usw.) auffinden und diese bei eineiigen Zwillingen in völlig übereinstimmender Weise, bzw. bei nächsten Blutsverwandten in sehr ähnlicher Ausprägung nachweisen.

Auch *Asymmetrien der Apertura piriformis* durch stärkere seitliche Ausladung oder Kaudalerstreckung einer Hälfte gegenüber der anderen kommen bei nächsten Blutsverwandten anscheinend nicht allzu selten in ziemlich übereinstimmender Weise vor (LEICHER, l. c.). Dadurch könne es zu einem Schiefstand des Septums kommen. Bei der Asymmetrie der Apert. piriformis, welcher seinerzeit WELCKER (Lit. X/10) eine besondere Studie gewidmet hatte, handelt es sich demnach um eine *anatomische Variante.*

J. Diverse Konstitutionsanomalien.

Die Konstitutionsforschung, welche seit den letzten eineinhalb Jahrzehnten besondere Aktivität entfaltet, hat u. a. zur Erkenntnis geführt, daß auch viele Krankheiten und Anomalien im Bereiche der oberen Luftwege und des Ohres als auf vererbten Krankheitsanlagen beruhend aufgefaßt werden müssen. Diese Erbkrankheiten bzw. Konstitutionsanomalien haben also ihre Ursache in Genodemutationen der Gameten, sind also als *im Keim präformierte Fehlbildungen* (im weiteren Sinne) zu bezeichnen. Der Erbgang der meisten dieser Konstitutionsanomalien und Erbkrankheiten ist bei der hier vorliegenden äußerst komplizierten Materie bgreiflicherweise noch nicht oder nicht endgültig geklärt. Die meisten Erbanlagen stellen nämlich solche Eigenschaften dar, welche durch multiple polymere Faktoren gebildet werden. Die verschiedenen Erbfaktoren können einander verdecken oder verstärken, sie können an ein Chromosom gebunden sein (also nur gekoppelt auftreten) oder im Gegenteil nie miteinander zusammentreffen, dazu treten die Erscheinungen des Valenzwechsels und die Wirkung verschiedener Faktoren (Erregungs-, Konditional-, Intensitäts-, Hemmungs-, Verteilungsfaktoren usw.).

Die Hervorhebung bzw. kurze Anführung einiger der bekannteren Erbkrankheiten bzw. Konstitutionsanomalien (soweit sie sich an den oberen Luftwegen vorwiegend manifestieren!) verfolgt den Zweck, in einem Buche, welches sich mit den Mißbildungen und Anomalien der Nase und des Nasenrachenraumes beschäftigt, auch auf erstere in anatomischer und funktioneller Hinsicht hinzuweisen und damit eine gewisse Vollständigkeit des Stoffes zu erreichen. Dabei sei darauf hingewiesen, daß die abnormen Anlagen nicht bei allen Trägern manifest zu werden brauchen, daß sie aber durch bestimmte „Entwickler" (allgemein schwächende Momente, wie Infektionskrankheiten, Hunger usw., lokale schwerere Erkrankungen, äußere Schädlichkeiten, wie Chemikalien, Staub usw., Störungen des Gleichgewichts der innersekretorischen Produkte, Fehlen von Vitaminen usw.) hervorgerufen und anderseits auch wieder durch Vermeidung solcher Noxen bzw. mittels geeigneter hormonaler, diätetischer, klimatischer und sonstiger therapeutischer Maßnahmen wirkungsvoll bekämpft werden können.

1. Ozaena, Rhinitis chronica atrophicans (Lit. X/1 und 13).

W. WOJATSCHEK und seine Schule fassen diese Formen, ferner die Rhinitis catarrhalis, die Nasenpolypen und die hypertrophische Rhinitis zu einer einzigen Gruppe zusammen, nämlich zu den *dystrophischen Prozessen* der Nasenhöhle, erblicken darin eine lokale Konstitutionsanomalie und stellen sich vor, daß bei der Vererbung der verschiedenen Dystrophien gleichartige Gene im Spiele sein können, welche aber infolge verschiedener Intensitäts- und Verteilungsfaktoren verschiedene Krankheitsbilder hervorrufen können. Dabei komme der atrophischen Dystrophie größere Durchschlagskraft zu (Dominanzwechsel, WOJATSCHEK, UNDRITZ). Zwischen den hereditären Faktoren der Rhinitis atrophicans und der Ozaena müsse eine allerengste Korrelation bestehen, wahrscheinlich sind summierende Faktoren (welche die Intensität einer Eigenschaft, hier der Atrophie, bestimmen) im Spiele. Stammbäume weisen darauf hin, daß bei der Rhinitis atrophicans bzw. Ozaena weder ein einfach rezessiver Erbgang noch ein einfach monogener dominanter Erbgang vorhanden ist; am wahrscheinlichsten sei eine dominante, aber nicht monogene, äußerst verwickelte Vererbung (UNDRITZ). Ob diese Zusammenfassung aller dystrophischen Formen zu einer einzigen übergeordneten Gruppe berechtigt ist oder nicht, müssen erst weitere Forschungen ergeben. Die deutsche Schule (W. ALBRECHT, UFFENORDE, ZANGE, RUNGE, M. SCHWARZ) formuliert den Gegenstand dahin, daß nicht nur die Neigung zu Entzündungen der Schleimhaut konstitutionell begründet ist, sondern auch die Art der individuellen Reaktion, wie dies bei chronischen Katarrhen hervortritt, nämlich als hypertrophische Entzündung bzw. als atrophische. Dabei bilde die hyperplastische Schleimhaut die konstitutionelle Grundlage für die hypertrophische Entzündung und die fibröse diejenige für die atrophischen Prozesse. Letztere beschränken sich aber nicht immer nur auf die Nase, sondern erstrecken sich häufig auch auf den Rachen, den Kehlkopf und die Luftröhre und Gleichartiges kommt auch im Darm vor (ALBRECHT), so daß hier eher eine *allgemeine* als eine lokale *Konstitutionsanomalie* vorliegt. Die Anschauung ALBRECHTs findet ihre Begründung in seinen Familienforschungen und bestätigt damit die Annahmen einer Reihe von älteren Autoren (MacKENZIE, ABATE, GRADENIGO, V. SCHMIDT, GALOZZI, zit. nach W. ALBRECHT).

Was nun die *Ozaena bzw. Rhinitis chronica atrophicans* im speziellen betrifft, so sind die früher als ätiologisch angesehenen Momente, nämlich die Infektionstheorie von PEREZ-HOFER, die Annahme eines Mangels sympathicotroper Substanzen im Blute (Trophoneurose)[1] und die Annahme eines Vitaminmangels[2] (GLASSCHEIB) gegenüber der Erkenntnis des Vorliegens einer *anlagemäßigen Disposition* in den Hintergrund gedrängt worden, wenn auch zuzugeben ist, daß unrichtige Ernährung mit Mangel gewisser Vitamine, Hungersnot, klimatische Störungen, Erkrankungen mit Dysfunktion des endokrinen Apparats, verstümmelnde Operationen mit Zerstörung eines Großteils des Drüsenapparats der Schleimhaut Ozaena hervorrufen können (allerdings wahrscheinlich nur an primär dazu Disponierten!). Neuerdings benennt A. SCHOENLANK die als hypoplastisch-fibröser Schleimhauttypus sich charakterisierende Konstitutionsanomalie (zu welcher insbesondere die Ozaena gezählt wird) mit dem Terminus „primäre hydropenische Schleimhautatrophie" und weist bei derselben ein beträchtliches C-Vitamindefizit (und damit einen Mehrbedarf des Körpers an C-Vitamin) nach. Damit ist eine Brücke zwischen der Auffassung der Ozaena als Manifestation der konstitutionell bedingten atrophischen Dystrophie und der Auffassung ersterer als Avitaminose gegeben.[3] Eine wesentliche Stütze der konsti-

---

[1] M. OZAWA und H. IDE konnten durch Resektion des Halssympathicus am Kaninchen Veränderungen der Blutversorgung der Nasenschleimhäute mit konsekutiver Ausbildung dauernd-atrophischer Prozesse beobachten!

[2] Bei lange im rhachitischen Zustand erhaltenen Kaninchen entwickeln sich chron.-atrophische Zustände im Naseninnern (K. KATO).

[3] Interessanterweise entspricht der *Alters*-hydropenie ebenfalls ein C-Vitaminmangel (GANDER und NIEDERBERGER, zit. nach A. SCHOENLANK).

tutionell bedingten Entstehung der Rhinitis atrophicans bzw. Ozaena ist im Auftreten derselben im Rahmen der als komplexe Fehlbildung zu klassifizierenden *Anidrosis hypotrichotica* zu erblicken (CHRIST, NAGER, FLEISCHMANN). Letztere stellt anlagemäßig gegebene Ektodermdefekte dar und weist bei voller Entwicklung Haar-, Zahn- und Schweißdrüsenmangel sowie Defekt der ektodermalen Schleimdrüsen der Nase auf. Namentlich O. FLEISCHMANN hat in einer Reihe von Arbeiten seine Auffassung von der primären, anlagemäßig gegebenen oder eventuell auch durch Umwelteinflüsse hervorgerufenen *Schädigung der Drüsenelemente der Nase als Ursache der Ozaena* dargelegt und kommt auf Grund weiterer Forschungen und Analysen von Stammbäumen von Anidrosis hypotrichotica zum Ergebnis, daß letztere lediglich eine Verbindung von zweifellos sehr häufig vorkommenden ektodermalen Einzeldefekten mit eigenem Erbgang darstelle. Die *angeborene Minderwertigkeit des Schleimdrüsenapparats der Nase* (welche der Rhinitis chron. atrophicans zugrunde liege) ist solch ein Einzeldefekt, dessen Erbgang noch nicht gänzlich geklärt ist (jedenfalls aber nicht geschlechtsgebunden). Da diese Fassung die atrophischen Prozesse anderer Lokalisation nicht mitumfassen kann, findet W. ALBRECHT diese Betrachtungsweise zu eng und rekurriert auf die fibröse Schleimhautkonstitution als letzte und wesentliche Ursache, muß aber zugeben, daß möglicherweise keine einheitliche Ätiologie vorliegt. Das häufige Vorkommen minderwertiger Ausbildung der gesamten Nasennebenhöhlen (insbesondere aber der Stirn- und Keilbeinhöhlen) bei gleichzeitig verdicktem eburnifiziertem Knochen, Kürze und relative Breite des Gaumens sowie Kürze des Septums („Vorverlagerung" des Vomers nach C. M. HOPMAN) deutet jedenfalls auf ausgedehnte konstitutionelle Störung mit Minderwertigkeit der pneumatisierenden Kräfte der Nasenschleimhaut hin. Das öftere Vorkommen einer besonderen Nasenform (breite eingesunkene Nase) und das häufige Auftreten einer bestimmten Gesichtsbildung (Chamäprosopie) und Schädelkonfiguration („Ozaenaschädel") faßt O. FLEISCHMANN weder als Ursache noch als Folge des ozaenösen Prozesses auf, sondern als mit letzterem koordinierte und demnach als in der ursächlichen Genodemutation mitverankerte Erscheinung.

Über die *pathologische Anatomie* der Ozaena bzw. Rhinitis chronica atrophicans schrieben ZUCKERKANDL, HABERMANN, L. GRÜNWALD, LAUTENSCHLÄGER, A. MINKOWSKY, M. BIGLER u. A.

GRÜNWALD (Lit. VIII/B, 2b, S. 741) spricht von außergewöhnlicher „Magerkeit" der Muscheln, besonders der dem Siebbein angehörenden, welche weit häufiger angeboren als erworben sei. Hochgradige Fälle von Atrophie bzw. Hypoplasie des Muschelapparates untersuchten C. GEGENBAUR, GRÜNWALD (l. c.) und H. BURGER, in dessen Beobachtung überdies ein höhergradiger Defekt des korpeligen und knöchernen Septums, submuköse Gaumenspalte und ein abnorm großes Foram. incisivum des Gaumens vorhanden war, woraus wohl auf Fehlbildung geschlossen werden darf. BIGLER fand unter 16 fetalen Nasen dreimal kleinere Strecken *gemischten Epithels*, welches wegen des Vorhandenseins entzündlicher Veränderungen daselbst ursächlich auf die letzteren zurückgeführt wird. Einige Nasen waren abnorm weit und hatten ungewöhnlich kleine Muscheln. Interessant sind die Befunde MINKOWSKYS an Leichen mit makroskopisch deutlicher Atrophie der Schleimhäute der oberen Luftwege. Das besondere *Wesen der atrophischen Konstitution* scheint ihm weniger darin zu liegen, daß chronische Entzündungen mit degenerativen Veränderungen der Drüsen, des Epithels und der Muskulatur mit dem Ausgang in chronische Bindegewebswucherung entstehen, als *in der besonderen Labilität der Zellelemente*, welche rasch der Entartung und dem Zerfall anheimfallen.

2. Familiäres Nasenbluten (Lit. X/14).

(Babington-Oslersche *Teleangiektasia haemorrhagica hereditaria*.)

Dem familiären Nasenbluten liegt eine anlagemäßig gegebene Minderwertigkeit des Kapillar- und Präkapillargefäßsystems mit Ausbildung angiomatöser Teleangiektasien und mit Blutungsneigung zugrunde und beinhaltet dadurch eine *partielle Abwegigkeit der allgemeinen Haut- und Schleimhautkonstitution (Stat. varicosus* als Ausdruck einer allgemeinen Venenwanddysplasie — Curtius; dagegen Lenz und Siemens). Die Nasenblutungen treten meist schon in frühester Kindheit hervor, gelegentlich aber auch erst später und erfolgen *meist vom Septum vorne unten, gelegentlich aber auch aus den Muscheln, der Lippenschleimhaut und aus den vorderen Zungenpartien*, gelegentlich selbst aus den Schleimhäuten des Magens, des Darmes, der Bronchien, des Urogenitalapparats und der Meningen. Kleine Angiome finden sich gelegentlich auch an den Conjunctiven und an einzelnen Stellen der Mund-, Rachen- und Kehlkopfschleimhaut. Auch auf der äußeren Haut (Wange, Ohrmuscheln, Stirne, Nasenflügel, Kinn, Stamm, unter den Fingernägeln usw.) kommen nicht selten Angiome vor, entwickeln sich aber meist erst im dritten Jahrzehnt. Bis 1931 waren ca. 500 Fälle aus 90 Familien bekannt (H. J. Goldstein). Niemals ist eine deutliche Thrombopenie vorhanden, die Blutungszeit ist nicht wesentlich verlängert, die Gerinnungszeit ist niemals abnorm lang, es besteht keine hämorrhagische Diathese. Das Blutbild ist quantitativ und qualitativ normal, ebenso der Calciumspiegel. Von der Hämophylie unterscheidet sich das familiäre Nasenbluten durch die einfach dominante Vererbung, also die gleichmäßige Erkrankung beider Geschlechter (R. Schoen). Neben dieser wohlcharakterisierten Gruppe gibt es aber auch Hämangiomatose *ohne* Heredität: Zange beschrieb einen Fall von multiplen, ausschließlich an der Nasenschleimhaut lokalisierten stecknadelkopfgroßen hochroten Kapillargefäßwucherungen (mit Fehlen der Muscularis) bei einem zwölfjährigen Mädchen, welche als fehlerhaft angelegte Kapillargebiete angesprochen werden. Es gibt aber anscheinend auch schweres tödliches Nasenbluten auf hereditärer Basis *ohne* Teleangiektasien, wie der Fall von E. Wordley zeigt.

Was das *gewöhnliche habituelle Nasenbluten*, wie es besonders häufig im Kindesalter auftritt, anbelangt, so hat es zwar mit der voll ausgebildeten Oslerschen Krankheit gewisse Zusammenhänge (gehäuftes familiäres Auftreten, Undritz; Erhebungen G. Reichmanns, erwähnt von M. Schwarz; Darlegungen bei H. J. Goldstein), unterscheidet sich aber anderseits wieder davon (baumförmig verzweigte und gleichmäßig oder varikös erweiterte Gefäße mit verminderter Wandresistenz, aber *ohne* Anordnung in Form von Hämangiomen, die auch anderenorts fehlen). *Gelegentlich kann jedoch das dem gewöhnlichen habituellen Nasenbluten zugrunde liegende anatomische Bild in das der* Oslerschen *Krankheit übergehen* und dadurch eine Vorstufe oder eine forme fruste derselben darstellen.

3. Allergische Diathese (Lit. X/1).

(*Rhinopathia vasomotoria, Heuschnupfen*.)

Es handelt sich hierbei um eine Teilerscheinung einer allgemein vegetativen Neurose, die sich teils durch Einwirkung spezifischer Allergene, teils aber auch durch unspezifische Reize (mechanischer, thermischer und sonstiger Natur) vorwiegend am vasoneurotischen System auswirkt. *Diese Überempfindlichkeit ist konstitutionell bedingt*, kann aber auch künstlich an Gesunden hervorgerufen werden (Blochs Resultate mit hochkonzentriertem Primeldestillat!). Die allergische Diathese ist demnach als eine Steigerung einer physiologischen Reaktion aufzufassen. Ihre Erscheinungsformen sind verschieden. Nicht letztere werden vererbt, sondern die allgemeine Bereitschaft zu übermäßigen Reaktionen.[1] Dies geht aus der familiären Häufung solcher oft verschiedenen Formen der allergischen Diathese hervor (ALBRECHT, HANHART). *Ein klinisch äußerst wichtiges, weil objektives Zeichen der allergischen Konstitution* ist die zuerst von WOJATSCHEK beschriebene *Veränderung des Aussehens der Nasenschleimhaut.* Diese ist nämlich nicht nur feuchter als normal, sondern hat eine diffuse, namentlich an den unteren Muscheln gut hervortretende grauweißliche Farbe; manchmal sind die Muscheln auch eigentümlich blaß blaurot oder rötlich mit bläulichweißen Flecken darin (UNDRITZ). Am Material der STORM-VAN LEEUWENschen Klinik wurde an 200 Asthmatikern in 90% der Fälle dieses veränderte Aussehen nachgewiesen (VAN GILSE, GERLINGS). Es findet sich genau so bei Rhinopathia vasomotoria und seine dauernde Ausprägung (auch außerhalb asthmatischer oder vasomotorischer Anfälle) gestattet häufig die Stellung der Diagnose „allergische Konstitution" noch vor Aufnahme der Anamnese. Nach UNDRITZ sind diese bläulichweißen Flecken vom Gefäßspasmus der Schleimhaut abhängig und stellen angeblich einen zur Gruppe der atrophischen Dystrophien zu rechnenden Zustand dar. — Auf andere an den oberen Luftwegen sich manifestierende Erscheinungen der allergischen Diathese, wie Asthma und anaphylaktisches Kehlkopfödem, soll hier nicht eingegangen werden, da nicht zum engeren Kreise des Gegenstandes gehörig.

K. Schädelanomalien und Nasenausbildung (Lit. X/15).

Die Beziehungen zwischen Schädelanomalien und Ausbildungsverhältnissen der Nase sind bisher wenig erforscht bzw. beachtet worden, wie aus den meist spärlichen Notizen über den Zustand namentlich der *inneren* Nase bei Schädelanomalien erhellt. Hier liegt ein interessantes Arbeitsfeld noch ziemlich brach.

Von den hierher gehörigen Formen, welche als *komplexe, durch fehlerhafte Keimesanlage* (Koppelung anormaler Gene) *hervorgebrachte Mißbildungen* anzusehen sind, kommen vorwiegend in Betracht:

1. Die mongoloide Idiotie.

Hier findet sich *flacher und tiefer Nasenrücken*, Schrägstellung der Lidachsen, Epikanthus, Brachycephalie, voluminöse Zunge, Hyperflexibilität der Gelenke, Idiotie, Brachyphalangie; manchmal ist damit Syn- und Hyperdaktylie, Cystenniere, Ureterenerweiterung, Hasenscharte und Klumpfuß vergesellschaftet. Bemerkenswert ist die schon von NIEUWENHUYSE und von VAN DER SCHEER bemerkte, von VAN GILSE besonders hervorgehobene, *konstitutionell bedingte, sehr starke Entwicklungshemmung der Stirn- und Keilbeinhöhlen,* wobei in drei (von fünf Erwachsenen) die Stirnhöhlen ganz fehlten und in allen Fällen die Keilbeinhöhlen wenigstens auf einer Seite sehr stark gehemmt waren. Die bei mongoloider Idiotie bestehende späte Nahtverknöcherung (KASSOWITZ, FRASER) wurde an einem Teil des Materials, besonders auch an der Verschmelzungsstelle von Nasenkapsel und Schädelbasis gefunden, und dreimal war eine *persistierende Stirnnaht* vorhanden. Da dies nur für einen Teil der Fälle die mangelnde Pneumatisation erklären könnte (und auch dann nur für die Stirnhöhle!), so entscheidet sich VAN GILSE mit Recht für die Annahme *konstitutionell bedingter Pneumatisationshemmung.* Auch *Zurückbleiben und Fehlen der Nasenbeine* kommt öfters

---

[1] Bezüglich weiterer Details und den Einfluß der innersekretorischen Organe verweise ich auf die Abhandlungen von H. KÄMMERER und W. KÜMMEL.

(aber nicht immer!) bei mongoloider Idiotie vor (Lit. bei VAN GILSE, X/1). Nach einer mündlichen Mitteilung VAN DER SCHEERS an RÜDIN hält ersterer die mongoloide Idiotie abhängig von einer erblichen Anomalie der Uterusschleimhaut.

2. Der Hypertelorismus

(auch *Euryopie* genannt, von D. M. GREIG 1924 erstmalig beschrieben).

Charakteristisch sind *breiterer und flacher Nasenrücken, sehr beträchtliche Vergrößerung des Augenabstandes*, angedeutete mongoloide Schlitzaugenbildung, Brachycephalie, häufig auch Brachyphalangie, Geistesschwäche (jedoch anderer Art als bei mongoloider Idiotie). Manchmal ist der Hypertelorismus vergesellschaftet mit Gaumenspalte, hereditärem Kolbendaumen, Schwimmhautbildung, nach vorne gerichteten Naseneingängen, Oxycephalie, Syndaktylie, ektodermalen Defekten, Henkelohren, Nabelhernie, Kryptorchismus.

Der *Hypertelorismus* ist nach GREIG eine *Schädelmißbildung sui generis* (nicht zu verwechseln mit echter Oxycephalie und prämaturer Nahtsynostose, ebenso auch nicht mit intrauterin geheilter Encephalocele nasofrontalis und mit angeborener medianer Nasenspalte, bei welch letzteren Mißbildungen ebenfalls Vergrößerung des Augenabstandes und Nasenverbreiterung vorkommt!) und ist formalgenetisch bedingt durch eine relativ *zirkumskripte Wachstumsstörung im*

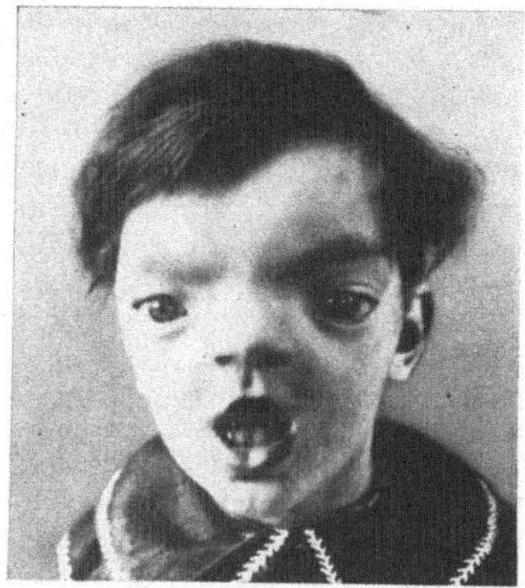

Abb. 133. Hypertelorismus bei siebenjährigem Mädchen (nach D. M. GREIG).

prächordalen Anteil des Schädels, und zwar in demjenigen Bezirk des Chondrokraniums, aus welchem sich das Keilbein, vornehmlich der große Flügel desselben, zu bilden berufen ist. GREIG erblickt darin einen *anlagemäßig gegebenen Mangel an Gleichmäßigkeit der Entwicklung*, wie er in Familien Degenerierter obwaltet. Die das Tel- und Diencephalon treffende Deformation und Pressung des Gehirns macht GREIG für die psychisch-intellektuellen Schäden verantwortlich.

Abb. 133 zeigt Fall 1 von GREIG im Alter von sieben Jahren. Die im Alter von 22 Jahren an Tbc. pulm. verstorbene Patientin war die Tochter einer Schwachsinnigen und eines Trinkers und selbst schwachsinnig. Gutes Gehör und Gedächtnis, aber schlechteres Sehen in den letzten Lebensjahren. Stammelnde Sprache.

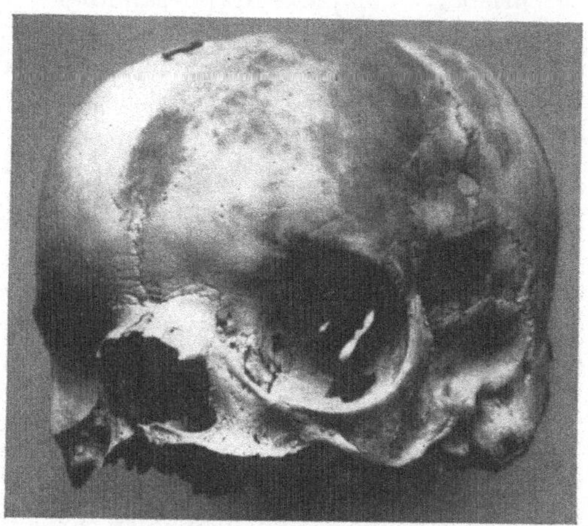

Abb. 134. Schädel der Patientin von Abb. 133 in der Ansicht von links vorne. (Hypertelorismus) (nach D. M. GREIG).

Neben den schon erwähnten Charakteristica deutliche Progenie. Relativ tiefe Stimme. Gutes soziales Verhalten. Normal menstruiert. Die Untersuchung des Schädels (Abb. 134) ergab: Brachy- und hypsicephaler orthognather Schädel mit niedriger Stirn und stark abgeflachtem Hinterhaupt. *Apertura piriformis annähernd viereckig, ungewöhnlich groß,*

Nase fast ebenso breit wie hoch (Hyperplatyrrhinie). Nasenbeine breiter als lang, zwischen denselben ein intersuturaler Knochen. Dicht oberhalb der Nasenwurzel eine 7 : 4 mm große, in die vordere Schädelgrube führende Öffnung, welche mit Bindegewebe ausgefüllt gewesen sein dürfte. Sutura metopica vorhanden, Tränenbein schmal und gefenstert (ähnlich wie bei Feten), *im vorderen Anteil der Lam. papyracea* ebenfalls *Dehiszenzen* vorhanden. Fissura orbit. inf. ungewöhnlich groß (ähnlich wie bei menschlichen Feten und niedriger stehenden Säugern). Im Naseninnern jederseits drei Muscheln, die oberste aber nur sehr schwach ausgebildet. Lam. perpendic. auf einen 2,5 mm nicht übersteigenden Kiel reduziert und rückwärts mit dem sehr niedrigen Vomer in Verbindung stehend. Septum rückwärts vollständig ausgebildet. Das Nasenhöhlendach ist beiderseits konvex und durch eine *ungewöhnlich breite Lam. cribrosa* gebildet. Crista galli fehlt. *Antrum maxillare schmal, Siebbeinzellen und Sin. front. fehlen beiderseits.* Über die Keilbeinhöhle wird nichts ausgesagt, sie könnte aber wegen des offenen Can. cran.-pharyng. bestenfalls nur innerhalb des Präsphenoids ausgebildet gewesen sein. *Kleine Keilbeinflügel relativ zu groß, große dagegen wesentlich kleiner und schmäler als de norma.* — Von GREIG wurde noch ein zweiter sehr ähnlicher Fall beobachtet, auch einige unter anderen Diagnosen seinerzeit mitgeteilte Fälle anderer Autoren rechnet er hierher. Seither sind einige weitere Fälle von Hypertelorismus von MUIR, COCKAYNE (zwei Fälle), APERT und BENOIST, RAWSON und AVILA, REILLY und H. GÜNTHER mitgeteilt worden. Z. T. mit hierher scheint auch der Fall von WAARDENBURG und der in Abschn. III, Kapitel B, S. 95 erwähnte Fall von VAN VOORTHUYSEN zu gehören.

COCKAYNE hält den Hypertelorismus für *exogen entstanden,* und zwar durch ungünstige Einwirkungen der Umgebung auf einen primär gesunden Keim. COMBY macht auf eine gewisse Verwandtschaft des Hypertelorismus mit anderen Schädel- und Gesichtsmißbildungen aufmerksam, und zwar mit der *Dysostosis craniofacialis hereditaria* von O. CROUZON und der *Akrocephalosyndaktylie* von APERT. Letztere kann unter die von G. B. GRUBER als

3. Dyskranio-Dysphalangie

beschriebene komplexe Keimesanomalie subsumiert werden. Zur Untergruppe „*Akrocephalosyndaktylie*" rechnet GRUBER teils reine Formen, teils solche in Kombination mit verschiedenen Graden der *Arhinencephalie,* so den in Abschn. III, Kap. A, S. 66 u. ff. erwähnten Fall von Arhinencephalie mit Defekt des mittleren Nasenfortsatzes und den S. 64 erwähnten Fall von K. HENZE.

4. Dysencephalia splanchnocystica.

Unter den von G. B. GRUBER zu einer weiteren typischen Mißbildungsform zusammengefaßten und als Dysencephalia splanchnocystica bezeichneten Fällen (bei welchen hintere Hirnhernien mit cystischer Degeneration von Nieren, Pankreas, Leber und teilweise auch mit Mikrophthalmie bzw. Retina- und Unterlidcysten kombiniert sind) finden sich auch einige mit leichteren Formen der *Arhinencephalie* sowie ein nichtarhinencephaler Trigonocephalus.

Mit Rücksicht auf das Vorkommen arhinencephaler Formen bei den unter 3 und 4 angeführten Mißbildungskombinationen empfiehlt GRUBER angelegentlichst „alle arhinencephalen Früchte auf periphere Skeletunregelmäßigkeiten genauestens zu prüfen und so einen Weg zu suchen, die Rolle von Erbfaktoren im Rahmen dieser Mißbildung zu erkennen". Dieser Aufforderung muß in Hinkunft entschieden Rechnung getragen werden. (Dahingegen habe ich in Abschn. I., S. 18f., und in Abschn. III, S. 78ff. und S. 80 jene Gründe angeführt, welche mir einstweilen dafür zu sprechen scheinen, daß die überwiegende Anzahl der cyklopisch-arhinencephalen Fehlbildungsformen *exogen* entstanden ist.) — Schließlich sei noch auf die *Oxycephalie* und auf die *Dysostosis craniofacialis* (CROUZON) als weiteres Forschungsgebiet auch für unser engeres Fachgebiet hingewiesen.

L. Ätiologie der Varianten, Anomalien und Fehlbildungen der Nase.

Überblickt man die im vorstehenden geschilderten Abweichungen von der Norm, so gibt sich darin eine *große Mannigfaltigkeit der Formen* kund. Den Beobachter von anomalen Bildungen interessiert dabei besonders, ob eine gesehene Formabweichung als *anatomische Variante*, als *Anomalie* oder als *Fehlbildung* zu qualifizieren ist. Diese Frage ist um so berechtigter, als die Erfahrung zeigt, daß man im allgemeinen geneigter ist, anatomische Varianten und leichtere Anomalien als Fehlbildungen anzusehen als umgekehrt.

Bei Beantwortung der Frage nach der *Verursachung* jeglicher Formabweichung stoßen wir auf *zwei scharf miteinander kontrastierende Eventualitäten.* Das eine Mal ist die Keimmasse des werdenden Organismus von beiden Elternteilen her als völlig normal zu bezeichnen und wird erst während der embryonalen Entwicklung durch schädliche Umwelteinflüsse (exogene Noxen verschiedener Art) verändert. Die daraus resultierenden Anomalien bzw. Fehlbildungen sind nicht vererbbar. Im Gegensatz dazu kann die Keimmasse des werdenden Organismus von allem Anfang an verändert sein, und zwar durch eine sprunghafte Keimesvariation, die teils noch innerhalb der Grenzen des Normalen gelegen ist und dann *anatomische Varianten* ergibt, teils von der Norm so sehr im ungünstigen Sinn abweicht (pathologische Genodemutation), daß ihr Endprodukt als *wahre Fehlbildung* erscheint. In beiden letzteren Fällen resultieren vererbbare Formen (bezüglich weiterer Details verweise ich auf den Abschn. I).

Fehlbildungen durch Einwirkung exogener Noxen auf ursprünglich völlig normale und sich anfangs normal entwickelnde Keime scheinen in der menschlichen Teratologie nicht weniger häufig zu sein als primär in der Keimmasse verankerte. Tritt die störende Noxe sehr frühzeitig in Aktion, so resultieren, falls nicht das Leben des Keimes überhaupt beendet wird, relativ sehr schwere, ausgedehnte und komplexe Fehlbildungen, deren Typus und eventuelle Kombinationen im wesentlichen vom Zeitpunkt der Schädigung, weniger von der Art derselben abhängen. Bei späterem Einsetzen des störenden Agens (in der Zeit der Organanlagen und Organausbildungen) ist mit örtlich beschränkteren Fehlbildungen zu rechnen. Hierfür wurden in den vorausgegangenen Kapiteln einige schöne Beispiele von Mißbildungsreihen mit fallendem Störungsgrad ihrer Glieder gegeben (Cyklopie-Arhinencephalie-Reihe; Proboscis lateralis-Reihe; einzelne Formen der medianen Nasenspalte). Bei der Analyse exogen entstandener Fehlbildungen wurde, gestützt auf experimentell-teratologische Erfahrungen und gewisse Tatsachen der Biologie (Empfindlichkeitsstufenleiter von CHILD), dem Gedanken Ausdruck gegeben, daß häufig alle die verschiedenen, oft an fernab liegenden Organen auffindbaren Fehlbildungen durch eine relativ kurzdauernde, einmalige und gleichzeitige Einwirkung einer Noxe entstanden zu denken sind. Komplexität muß also nicht immer keimbedingt, sondern kann auch das Ergebnis einer einzigen exogenen Störung sein. Als Beweis hierfür dienen die aus den KEIBEL-ELZESchen Normentafeln ablesbaren gleichzeitigen Entwicklungsvorgänge an verschiedenen Körperstellen bzw. im Bereiche verschiedener Organe, welche Entwicklungsvorgänge dann gleichzeitig am Weiterschreiten behindert sind. Umgekehrt kann durch genaue Kenntnis aller Entwicklungsstillstände bzw. Hemmungen in sämtlichen Organen einer komplexen Fehlbildung mit stets steigender Präzision der Zeitpunkt des Einsetzens der störenden Noxe ermittelt werden. Anderseits wird eine *komplexe Fehlbildung dann den Verdacht erwecken eine keimbedingte, also durch Koppelung pathologischer Gene in den Gameten verursachte, zu sein,* wenn sich in der fertigen Mißbildung Organveränderungen und Ausbildungsstillstände vorfinden, welche unmöglich gleichzeitig eingeleitet sein konnten.

Ordnet man die verschiedenen, in den vorausgegangenen Kapiteln aufgezählten und beschriebenen *Abweichungen* von der Norm, welche sich teils als anatomische Varianten, teils als Entwicklungs- und Umbildungsstillstände (Hemmungsbildungen) mit und ohne Theromorphismen und teils als wahre Fehlbildungen charakterisieren, *nach der kausalen Genese, so ergibt sich:*

Als anatomische Varianten (= anat. V.) *charakterisieren sich:* Abweichungen der Lamina cribrosa in Form, Lage, Breiten- und Längenausdehnung, Dicke und bezüglich der Topographie der Sieblöcher (Vorkommen von solchen im Rec. front.). Dasselbe gilt für die Crista galli, für das Vorhandensein oder Nichtvorhandensein von Zellen im Rec. front., bzw. für die sehr verschiedene Ausbildungsart und Größe der Stirnhöhle und des Siebbeinlabyrinths. Ja selbst völliger Stirnhöhlenmangel (bilateral) kann durchaus in der normalen Erbmasse begründet, demnach eine anat. V. sein, ebenso aber auch aus einer pathologisch demutierten Keimmasse resultieren (wie bei mongoloider Idiotie und bei Ozaena). Als anat. V. ist auch die exzessive Pneumatisation zu werten, welche, vom Siebbein, Kieferhöhle, Stirnhöhle oder Keilbeinhöhle ausgehend, zur Pneumatisation von Siebbeinmuscheln (Conchae bullosae), von Maxillo- und Nasoturbinale, von Paraturbinalia (Proc. uncinatus, Tor. lat. u. a.), von Anteilen der Keilbeinflügel und des Septums und zu Wanddehiszenzen (nach der Orbita bzw. vorderen Schädelgrube hin) führen kann. Hierher gehören ferner die Rasseneigentümlichkeiten im ganzen und in allen Besonderheiten des Aufbaues der Nase, wie sie sich u. a. auch an der Nebenhöhlenausbildung offenbaren, dann die Verdoppelungen von Nebenhöhlen, Septierungen, Falten- und Kammbildungen in denselben, Lochbildungen im Sept. interfrontale bzw. intersphenoidale oder Fehlen dieser Septa, Verdoppelung und Lageveränderung der Nebenhöhlenausführungsgänge u. a. m. Im Bereich der Haupt- und Nebenmuscheln ist die Ausbildungsgröße, die Zahl derselben, die Art und Höhe der Insertion als anat. V. aufzufassen. Ebenso die Einmündung des D. naso-lacrimalis in den mittleren Nasengang, die Knorpeleinlagerung in der Schleimhaut hinter der freien Vomerkante, die meisten Formen der (physiologischen) Septumdeviation ebenso wie die polsterartigen Schleimhautverdickungen am hinteren Septumende und die als Tuberculum septi bezeichneten Drüsen- und Schwellkörperanhäufungen, ferner die Fossa praenasalis, die verschiedene Ausbildung des vorderen Nasenstachels, verschiedene Gestaltungen des Nasenbodens und Asymmetrien der Apertura piriformis. Als in der Keimmasse begründete anat. V. sind auch die verschiedenen Schleimhautkonstitutionstypen mit der daraus resultierenden Disposition zu hypertrophischen bzw. atrophischen Entzündungen zu bezeichnen.

Als *anat. V. mit theromorphem Einschlag (Rückschlagserscheinungen)* können gelten: Starke Ausbildung bzw. mangelhafte Rückbildung der Paraseptalknorpel, mangelhafte Ausbildung oder gar Fehlen der Nasenbeine (pithecoides Merkmal), Obliteration der Nasennähte, üppige Paraturbinalbildung im vorderen Anteil des Seitenraumes, solider Typus des Torus lateralis, flaches Auslaufen des Hiatus semilun. inf., größere Lateralausdehnung des unteren Nasengangs (z. T. auf Kosten der Ausbildungsgröße der Kieferhöhle), wie sie an zahlreichen Affenarten vorkommt und sich bei negroiden Rassen häufig findet, Vorwalten kleiner Stirnhöhlen bei relativ niedrigstehenden Menschenrassen, übermäßige (pithecoide) Pneumatisation von Clivus und Keilbeinflügeln, Zweiteilung des Vorderendes und Gabelung des Hinterendes der unteren Muschel, eigentümliche (pithecoide) Ausbildung und Anheftung der mittleren Muschel, sagittale Rinnen- und Furchenbildung an derselben, Furchen- und Kanalbildungen, welche sich von der typischen Öffnung des D. naso-lacrimalis der lateralen Nasenwand entlang gegen den Nasenboden zu hinziehen, Ausmündung des D. naso-lacrimalis in den D. naso-palatinus, übermäßig großes bzw. persistierendes JACOBSONsches Organ (eventuell mit Knorpelumhüllung), komplettes Offenstehen des D. naso-palatinus, Ausbildung eines (pithecoiden) Plan. naso-intermaxillare und vielleicht auch die von G. CLAUS als Hyperplasia oss. nar. conchoides beschriebene singuläre Bildung. Bei einzelnen von diesen Formen sind auch Hemmungen der normalen Ausbildung und Umbildung im Spiele, also Hemmungsbildungen, die indes nicht immer als Fehlbildungen zu werten sind, und zwar namentlich dann nicht, wenn Formen erzeugt werden, welche innerhalb der phylogenetischen Reihe liegen.

Zur Gruppe der *wahren, in der Keimmasse begründeten ererbten und vererblichen Krankheiten bzw. Fehlbildungen* gehören: Die von BENJAMINS und STIBBE beschriebene Kumulation von äußeren Nasendifformitäten mit besonderer Beteiligung des Stützgerüstes, ein Teil der seitlichen Oberlippen- bzw. Kiefer- und Gaumenspalten (anscheinend dadurch charakterisiert, daß die Partes constituentes der Spalten keinen Materialverlust erlitten), ein Teil der von den Gesichtsspalten sich genetisch ableitenden Mucoide, Fisteln und fissuralen Geschwülste, die typische Choanalatresie (zumindest in einem Teil der Fälle), ein Teil der Choanalverengerungen und -asymmetrien, die kongenitale Atresie des D. nasolacrimalis, wohl die Hauptmasse der Fälle von genuiner Ozaena bzw. Rhinitis chronica atrophicans und die Teleangiectasia haemorrhagica hereditaria. Vielleicht gehören hierher einzelne leichtere Arhinencephalieformen, welche mit Akrocephalosyndaktylie bzw. mit Dysencephalia splanchnocystica kombiniert sind.

Zu den durch störende exogene Einwirkungen (wahrscheinlich infolge Resorption toxischer uterinogener Substanzen) *auf einen ursprünglich normalen Keim entstandenen nasalen Fehlbildungen gehören:* Die Aprosopie (Kombination von Otocephalie mit cyklopisch-arhinencephalen Formen); die meisten Fälle der cyklopischen und arhinencephalen Fehlbildungen; die Hirnbrüche; die leichteren Formen der medianen und der lateralen Nasenspalte, ferner jene Formen der seitlichen Gesichtsspalte (Cheilognathopalatoschisis), welche mit Defekten an den die Spalte begrenzenden Gewebsteilen einhergehen; einzelne der mit den Gesichtsspalten zusammenhängenden Keimverlagerungen bzw. Fisteln, Mucoide usw.; möglicherweise einzelne isolierte Formen von Destruktion der äußeren und inneren Nase (bei sonst normal gebildeten Individuen ohne Augenmißbildungen); ein Teil der vorderen, der mittleren und der hinteren Nasenverschlüsse bzw. Synechien, wobei von den Choanalatresien ein kleiner Teil der sogenannten atypischen und ein Teil der simultanen hierher zu rechnen ist; schwere einseitige Fehlbildungen (bzw. Mangel) an den Nasenmuscheln und an den Nebenhöhlen; wahrscheinlich etliche Fehlbildungen der Nasenscheidewand (Mangel der knorpeligen Nasenscheidewand, sekundärer Materialmangel im Bereiche des Vomer und im vordersten Septumanteil), namentlich aber solche Defekte am Septum, wie sie sich bei Monstren der Arhinencephaliereihe finden; schließlich zirkumskripte Wachstumsstörungen des prächordalen Schädelanteils mit ihren Auswirkungen am Nasenapparat. *Für eine Reihe dieser Fehlbildungsformen wurde der mutmaßliche Zeitpunkt ihrer Entstehung anzugeben versucht,*

wobei sich zeigte, daß die Datierung komplexer Fehlbildungen mit Hilfe der
KEIBEL-ELZESchen Normentafeln zu Ergebnissen führt, welche in guter Übereinstimmung mit der aprioristischen Überlegung sind, daß, je geringfügiger und
zirkumskripter die Mißbildung ist, ein um so späterer Zeitpunkt für ihre Entstehung wahrscheinlich wird.

*Eine Untergruppe der exogen entstandenen Fehlbildungen stellen die durch
mechanische Momente* (darunter auch Amnionanomalien) *hervorgebrachten dar.*
Hierher gehören: Die verschiedenen Formen der Proboscis lateralis-Reihe, wobei
die geschädigte Riechplakode nicht in allen Fällen an Ort und Stelle blieb, sondern
von der mechanischen Gewalt gewissermaßen in fremde Umgebung transplantiert wurde und sich daselbst zu einem rüsselförmigen Nasenäquivalent umbildete;
wahrscheinlich auch die echten Doppelmißbildungen (Diprosopie und verschiedene
Janusformen), bei welchen neben der Möglichkeit der Verschmelzung zweier
ursprünglich getrennter Individuen vornehmlich die Entstehung der Doppelbildung aus einem einzigen Keim durch eine wahrscheinlich mechanische Einwirkung von außen her in Frage kommt; sehr wahrscheinlich die Fälle von
alleiniger Nasenverdoppelung; die äußeren und inneren neurogenen Tumoren,
wie nasale Gliome, Neuroepitheliome usw. (Absprengung von zentraler Randglia
oder von Riechplakodenanteilen in frühembryonaler Zeit); die schweren Formen
der medianen Nasenspalte (für einzelne Beobachtungen Einlagerung von Amnionanteilen in die mediane Mulde der frühembryonalen Nase erwiesen; eventuell
Einlagerung von Dermoidcysten oder Teratomen; schließlich Druck von Cephalocelen); die schwereren Formen der seitlichen Nasenspalte; die schräge Gesichtsspalte; einzelne Formen der vorderen, mittleren und hinteren Synechien bzw. Nasenverschlüsse (z. B. ein Großteil der atypischen Choanalatresien, ein Teil der Fälle von
simultaner Choanalatresie sowie jener von Choanalverengerung und -asymmetrie);
letzten Endes auch die Epidermoide, Dermoide und Teratoidtumoren, welche ihre
Entstehung Keimversprengungen bzw. Materialverlagerungen verdanken.[1]

Damit ist die *wahrscheinliche Verursachung* aller der im Bereiche der Nase
und ihrer unmittelbaren Umgebung vorfindlichen Abweichungen von der Norm
nach dem Stande unseres derzeitigen Wissens dargestellt. *Es resultieren fünf
Gruppen,* nämlich die *anatomischen Varianten,* die mit *Rückschlagserscheinungen*
(Theromorphismen) gepaarten, die durch *pathologische Keimesvariation entstandenen erblichen und vererbbaren Fehlbildungen* und schließlich jene *Mißbildungen,* welche durch *störende exogene Einflüsse* auf ursprünglich völlig normale
und sich normal entwickelnde Keime entstehen, wobei für eine Gruppe derselben
entzündlich toxische Noxen im engeren Sinne und für die andere *mechanische
Momente verschiedener Art* (Teilung, Druck infolge Platzmangels, Amnionanomalien usw.) ursächlich in Betracht kommen.

Es zeigt sich damit, daß auch auf dem relativ beschränkten Territorium eines
einzelnen Organs, hier der Nase, welche anfänglich eine von der Umgebung
ziemlich unabhängige Entwicklung nimmt und erst später Anschluß an Mundhöhle, Rachen und Gehirn gewinnt, sich nicht nur ein äußerst mannigfaltiger
Formenkreis der von der Norm abweichenden Bildungen dem Beobachter dar-
bietet, sondern daß unter den zahlreichen Anomalien sich reichlich Beispiele für
jegliche Gruppen finden lassen, welche auch sonst für die Abnormitäten des Ge-
samtorganismus und für jene jedes anderen Organs maßgebend sind.

---

[1] Bei den nicht-keimbedingten Fehlbildungen gewinnt man den Eindruck, daß in den
affizierten Körperzellen gerade solche Gene besonders zu Schaden kommen, welche
den phylogenetischen Fortschritt repräsentieren. Dadurch treten Mißbildungen auf,
welche z. T. an tierische Zustände (selbst aus tiefer stehenden Vertebratenklassen)
erinnern. Vgl. auch S. 174, 182 u. 268.

IV. Die Mißbildungen und Anomalien des Nasenrachenraumes (NRR.).

A. Anatomische Vorbemerkungen (Lit. XI/1).

Die *Höhlung des Epipharynx* stellt sich als ein annähernd kubischer, kranial von einer Wölbung abgeschlossener Raum dar. Die zur *Vorderwand* gehörende *hintere Vomerkante* ist meist gegen die Gaumenebene dorsalwärts geneigt, was indes beim Menschen viel weniger ausgesprochen ist als bei den Tieren. Das hintere-obere Vomerkantenende legt sich fast horizontal auf die Crista inferior des Keilbeins und bildet einen Sporn, welcher sich gelegentlich sehr weit auf die *Wölbung* des Epipharynx erstreckt. Letztere wird von der Unterfläche des Prä- und des Postsphenoids und von der Pars basilaris des Hinterhauptbeins gebildet (Os tribasilare — VIRCHOW, Os sphéno-basilaire — ÉSCAT). Seitlich treten noch zur Vervollständigung des Skeletrahmens die Spitzen der Schläfenbeinpyramiden hinzu. Zwischen den knöchernen Elementen finden sich die Fiss. petro-occip., die Fiss. spheno-petrosa und das Foram lacerum. Bei den Primaten sind diese Spalten äußerst eng. Ähnliches kann sich an Rassenschädeln finden. Eine periostale, aber auch Knorpelmassen und kleine Knöchelchen enthaltende Schicht überquert den Raum von der Fiss. spheno-petrosa bis zur Fiss. petro-occip., verschließt auch das Foram. lacerum und reicht vom Tuberc. phar. nach vorne bis zum Vomeransatz am Keilbeinkörper (Synchondrosis spheno-petrosa bzw. Fibrocartilago basilaris). Die *rückwärtige* Wand des NRR. reicht etwa vom Tuberc. phar. bis in die Gegend des oberen Randes des Atlasbogens. Die *Seitenwände* haben nur vorne Skeletstützen (Lam. intern. proc. pterygoid.). Sonst ist diese Wand durch die aus derben, horizontal verlaufenden Bindegewebsfasern gewebte sogenannte *peripharyngeale Aponeurose* (JONNESCO) (Syn.: Lig. phar. laterale) eingenommen, welche vorne in der Fossa pterygoidea entspringt und in ihrem Verlauf nach rückwärts die Außenfläche der Ohrtrompete überzieht. Die peripharyngeale Aponeurose geht rückwärts in die *Fascia praevertebralis* über, hinter welcher die Mm. rect. capit. antic. major und minor und die Halswirbelsäule gelegen sind. Nach außen von der lateralen Rachenfaszie bleiben die Kaumuskeln, die großen Gefäße des Halses mit ihren begleitenden Lymphknoten und die Schädelnerven, nach innen von ihr liegt der eigentliche Rachenapparat mit Ohrtrompete, Mm. petro- und sphenostaphylin., M. constrictor super., Ggl. cervic. super. sympathic. und die retropharyngealen Lymphknoten. Die zuletzt genannten Organe liegen im sogenannten *Prävertebral- oder Retrovisceralraum*, welcher hier speziell den Namen *Retropharyngealraum* führt. Dieser ist nach vorne und einwärts durch die unterhalb der Submucosa liegende Rachenfaszie im engeren Sinne, die *Tunica fibrosa pharyngis* begrenzt. Die Tunica fibrosa pharyngis hat am Horizontalschnitt die Form eines ventral offenen Bechers und setzt sich beiderseits vorne an der Innenfläche der Lam. int. des Proc. pterygoid. an. Rückwärts bilden die beiden Blätter die Rachenraphe und haben eine stark fibröse, sagittale Verbindung mit der Fascia praevertebralis bzw. mit dem Skelet. Seitlich liegt die Tun. fibrosa phar. *medial* von der Ohrtrompete und ihren Muskeln. In ihrem lateralen Insertionsbereich liegen zwei Verstärkungsbänder, welche zur Felsenbeinspitze bzw. zum unteren Rande der knorpeligen Ohrtrompete ziehen. Dazwischen stülpt sich der Epipharynxschlauch dorsolateralwärts aus (ROSENMÜLLERsche Grube = Rec. phar. lat.). Muskulär ist der *Rec. phar. lat.* vorne vom hinteren-unteren Rand des M. petrostaphylin., hinten von der Vorderfläche des M. rect. capit. antic. major und unten von den obersten Bündeln des M. constrict. phar. sup. eingefaßt. Letzterer reicht meist nicht ganz bis zur Pharynxwölbung empor, so daß die Tunica fibrosa rückwärts im obersten Bereich der Rachenwölbung allein wandbildend ist.

Dimensionen des Epipharynx: Man unterscheidet drei Durchmesser, einen *sagittalen,* einen *transversalen* (queren) und einen *vertikalen* (Höhen-) Durchmesser. Der *sagittale Durchmesser* wird von der Spina nas. post. bis zur gegenüberliegenden knöchernen Oberfläche gemessen. Außer durch diese Maße (Meßstellen bei E. ÉSCAT) ist die Form des Epipharynx noch durch den *palatobasilaren Winkel* (ÉSCAT, a) charakterisiert, dessen Schenkel durch den sagittalen Durchmesser und durch die dem Epipharynx zugekehrte spheno-basilare Knochenoberfläche gegeben sind. Für die Geräumigkeit des NRR. ist auch die Größe des zwischen hinterer Vomerkante und Pars basilaris des Hinterhauptbeins gelegenen Winkels (neben der Länge der Schenkel desselben) bestimmend. A. BLUMEN-THAL (Lit. XI/5a) nennt ihn *äußeren Basalwinkel.*

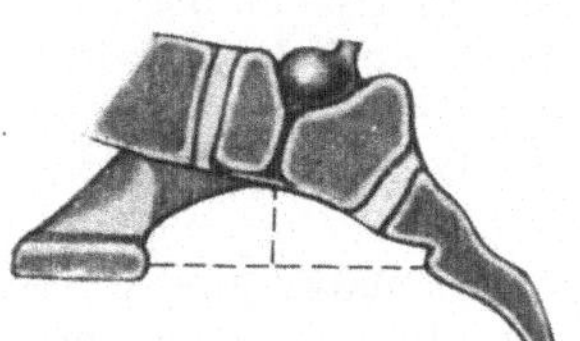

Abb. 135. Sagittalschnitt durch das Epipharynxgerüst eines Neugeborenen mit Persistenz des Can. cranio-pharyngeus. Sagittaler und vertikaler Durchmesser eingezeichnet (nach E. ÉSCAT).

Entwicklungsverhältnisse des NRR.: Beim Fetus und Neugeborenen überwiegt weitaus der sagittale Durchmesser. Dies rührt daher, daß einerseits Basipräsphenoid, Basipostsphenoid und Basioccipitale lebhaft wachsen und noch nicht miteinander verschmolzen sind und daß anderseits das Vertikalwachstum der Vorder- und Seitenwände noch sehr gering ist. Am Neugeborenen finden sich etwa folgende absolute Zahlen: 20 mm (sagitt.) : 12 bis 15 (transvers.) : 5 bis 7 (vertik.). Der palatobasilare Winkel beträgt etwa 20 bis 25 Grad (Abb. 135). Bis zum vollendeten ersten Lebensjahr bleibt der sagittale Durchmesser fast stationär, der transversale und der vertikale nehmen dagegen stark zu. Zwischen dem dritten und achten Lebensjahr nimmt der NRR. in allen drei Dimensionen zu, am meisten im vertikalen Durchmesser. Mit 14 Jahren mißt man ca. 26 : 25 : 20 mm; der palatobasilare Winkel hat 40 Grad erreicht. Zur Pubertätszeit setzt ein jäher Fortschritt ein, welcher namentlich den vertikalen Durchmesser betrifft. Zwischen dem 15. und 18. Lebensjahr maß ÉSCAT durchschnittlich 30 bis 35 : 30 : 25 mm, palatobasilarer Winkel zwischen 40 und 65 Grad. *Am Erwachsenen* finden sich dann in Einzelheiten eine *große Reihe von Variationen,* welche teils Rasseneigentümlichkeiten, teils persönliche Besonderheiten, teils die Folge bestimmter und z. T. anomaler Schädelgrundbildungen sind.

Auf Grund *anatomischer und anthropologischer Untersuchungen* über die *Beziehungen zwischen Schädelbildung und Umrißverhältnissen bzw. Geräumigkeit des Epipharynx* kam ÉSCAT zu folgenden Feststellungen: Es besteht eine Abhängigkeit des Breiten-Längen-Index des NRR. zum Breiten-Längen-Index des Schädels (brachycephale und dolichocephale Völker). Dagegen fehlen gleichsinnige Korrelationen der bezeichneten Indizes bei verschiedenen Schädelanomalien (Makro- und Mikro-, Hydro-, Scaphocephalie u. a.). Gleichsinnige Beziehungen bestehen ferner zwischen dem *Gesichtswinkel* und dem *Neigungswinkel des hinteren Vomerrandes.* Zwischen dem *palatobasilaren Winkel* und dem *Gesichtswinkel* scheinen ähnliche, aber durchaus nicht konstante gleichsinnige Beziehungen zu bestehen.

B. Varianten und Anomalien der knöchernen Epipharynxwände (Lit. XI/1, XI/5 a u. b).

1. Das Epipharynxdach.

Das *Basioccipitale* entsteht nach einigen Autoren aus zwei lateralen Knochenkernen; falls die Verschmelzung nicht oder nicht völlig geschieht, so resultiert daraus *das völlig gespaltene Basioccipitale* (CRUVEILHIER) bzw. das *Basioccipitale bifidum* (LEGGE) mit Auseinanderweichen nach vorne. Andere Autoren (RAMBAUD, RÉNAULD, ALBRECHT) lassen das Basioccipitale aus zwei hintereinander gelegenen Knochenkernen entstehen, welche gelegentlich getrennt bleiben können (dauernde Spalte); bei Verschmelzung kann sich im Gegenteil eine *Crista synostotica* ausbilden. Wenn man mit SIEUR und ROUVILLOIS annimmt, daß beide hintereinander gelegenen Anteile des Basioccipitale aus je zwei lateralen Knochenkernen hervorgehen, so kann man damit alle vorkommenden Anomalien erklären, auch die *Vierteilung des Basioccipitale* (FUSARI).

Tuberculum pharyngeum (= T. ph.): Das T. ph. liegt an der Unterfläche der Pars basil. oss. occipit. und ist eine in der Ausbildungsstärke zwar sehr variierende, sonst aber fast konstante Bildung. Manchmal tritt es in Form einer niedrigen, einige Millimeter langen *Leiste* auf und hat — namentlich bei stärkerer sichelförmiger Ausbildung — Ähnlichkeit mit pithecoiden Formen (Theromorphismus). — Unter den *Exostosenbildungen* am Epipharynxdach spielen die infolge Hypertrophie des T. ph. entstandenen Knochenvorsprünge (welche manchmal bei der Adenotomie abgetragen werden) die Hauptrolle. Solche Beobachtungen wurden u. a. von LICHTWITZ, ROURE, SIEUR und ROUVILLOIS und BLUMENTHAL gemacht. Möglicherweise gehört hierher auch der Fall von M. CALDERIN. Überdies kommen zwischen den Proc. condyloidei sitzende, unpaare oder auch paarige kegelförmige, meist ca. erbsengroße Exostosen vor (BLUMENTHAL).

Vor dem T. ph. liegt häufig eine grubige Vertiefung, die *Fossa navicularis*, und im Zentrum letzterer gelegentlich ein in der Größe sehr beträchtlich wechselndes Foramen caecum, für welches die Termini *Fovea pharyngea* (POELCHEN) oder *„fossette pharyngienne"* (TORTUAL, ROMITI, E. ÉSCAT) gebraucht werden. Nach anthropologischen Untersuchungen findet sich die Fovea pharyngea besonders häufig bei den negroiden Rassen, weniger häufig bei den Völkern der gelben Rasse, noch seltener bei Rothäuten und bei der weißen Rasse (4%), dagegen relativ häufig an Degenerierten und Verbrechern (ÉSCAT). Bei den Anthropoiden und der Mehrzahl der Säuger fehlt nicht nur eine Fovea pharyngea, sondern meist auch eine Fovea navicularis. (Bezüglich weiterer Details siehe unter *Bursa pharyngea*, S. 249 f.)

2. Die Hinterwand des NRR.

Sie wird von Anteilen des Epistropheus und des Atlas gebildet. Wegen der besonderen Entstehungsweise dieser Halswirbel (Ossifikationspunkte!) kommt es in den ventralen Anteilen nicht selten zu *Hypertrophien bzw. Exostosen der Tubercula anteriora* von Atlas und Epistropheus (v. LUSCHKA, E. ZUCKERKANDL). C. MAGENAU faßte unter dem Namen *„Vertebra prominens"* eine Reihe hierher gehöriger Fälle zusammen. Weitere stammen von SIEUR und ROUVILLOIS, NEWCOMB, ROURE u. a. — Mitunter ist die *physiologische Lordose der Halswirbelsäule gesteigert und dadurch der Epipharynx verengt.* — Von einiger Bedeutung ist die *nichtentzündliche, angeborene Atlasankylose* (Syn.: Atlantooccipitalsynostose, Atlasassimilation). Einzelne Autoren (BOLK u. a.) erblicken hierin das Walten eines *progressiven Reduktionsprozesses* (mit dem Ziel von nur sechs Halswirbeln). NOACK vertritt dagegen die Anschauung, daß die normalerweise erfolgende Trennung der Occipitalwirbelanlage in zwei Anteile, wovon der obere zum Primordialkranium geschlagen und der untere zur Atlasbildung verwendet wird, nicht immer oder nicht völlig stattfindet und dadurch eben eine „Verschmelzung" des Occiput mit dem Atlas zustande komme. Es liege also der Atlasankylose eine in ihrer Ursache freilich unbekannte *Entwicklungshemmung* zugrunde.

3. Die Vorderwand des NRR.

Sie wird von den Choanen und der dazwischenliegenden hinteren Vomerkante gebildet. C. M. Hopman erwies die Abhängigkeit der Ch.-Breite von der Breite des Keilbeinkörpers und der Ch.-Höhe von der Höhe der Lamina interna des Proc. pterygoideus. Kürze und Schrägneigung letzterer erzeugen niedrige, nach rückwärts geneigte Chn. *Bildungsfehler des Keilbeinkörpers und seiner Fortsätze haben daher bedeutenden Einfluß auf die Form und Größe der Chn.* (vgl. hierzu Abschn. III, Kap. F, S. 160) *und auf die Raumgestaltung des NRR., desgleichen Vomeranomalien. Verkürzung des Vomer* (vgl. hierzu S. 219) hat Vermehrung der Nasenrachenraumtiefe zur Folge. Sie kommt nicht so selten bei Ozänösen, bzw. auf hereditär-degenerativer Basis vor (Nachweis bei Bruder und Schwester durch Hopman).

Umgekehrt gibt es auch *Vergrößerung des Vomers nach rückwärts hin, i. e. sagittale Verlängerung des Septums in den NRR. hinein.* Letzterer wird dadurch gewissermaßen in eine rechte und linke Hälfte geteilt. Man spricht dann von *sagittaler Diaphragmenbildung.*

Kasuistik: P. Heymann (Lit. XI/3) führt die Fälle von J. N. MacKenzie, Major und Photiades an. Seither sind weitere hinzugekommen von F. Pisztory, A. Iwanoff, Mann und G. Killian, welche sagittale, teils knöcherne, teils häutige Verlängerungen des Septums nach hinten beobachteten, Pisztory kombiniert mit Pneumatocele supramastoidea, Iwanoff gleichzeitig mit einer Reihe weiterer Mißbildungen; aus neuester Zeit stammen ferner die Beobachtungen von Razemon, Predescu-Rion, Vasiliu und Daraban. — Aufschlußreich sind die Verhältnisse bei manchen Säugern: Beim Schwein und Schaf setzt sich das Septum membranös nach dem Epipharynx zu fort; bei Cebus capucinus findet sich in Verlängerung der Nasenscheidewand ein membranöses Sept. naso-pharyngeum, welches den Epipharynx in zwei Hälften teilt (Killian, Razemon). Beim Pferd ist der obere Abschnitt des NRR. in zwei Logen geteilt.

Innerhalb 18 Jahren fand Razemon bei 27 Patienten, welche alle einen typisch unintelligenten Gesichtsausdruck hatten, ein häutiges oder knöchernes Diaphragma des NRR. Die Postrhinoskopie läßt dabei mitunter im Stiche, doch kann man das Vorhandensein einer Epipharynxscheidewand vermuten, wenn man schon bei Horizontalstellung des nur wenig eingeführten Spiegels zwar die Chn., aber nichts von den hinteren Enden der unteren Muscheln sieht. Fingerexploration gibt das sicherste Resultat (scharfe oder stumpfe Leiste bzw. mehr minder beweglicher Vorhang), doch muß zur Vermeidung von Täuschungen der Kopf streng vertikal gehalten werden. Bei Exzisionen enthält das entfernte Stück einen knöchernen Kern in Form eines Umgekehrten T. Die vordere Grenze des Diaphragmas gegenüber dem Septum markiert sich nur am hinteren Gaumenrande, sonst gehen die beiden Septa ineinander über. Besonders bemerkenswert ist Fall 3 von Razemon, welcher eine *komplette Fortsetzung des Septums* in den Epipharynx hinein aufwies. *Auch an menschlichen Schädeln* fand Razemon *Diaphragmenbildung neben Umwandlung des Tuberc. pharyng. in eine Leiste* oder neben sonstiger Leistenbildung am Epipharynxdach. — Einen klassischen Fall demonstrierte Predescu-Rion: 14jähriger magerer Bursche mit schmalem Gesicht und Thorax, kleinen vorgetriebenen Augen, engen Nasengängen und Chn., welcher an verschlechterter Nasenatmung litt und den Eindruck eines Zehnjährigen machte (briefliche Mitteilung an den Verfasser). Der transversale Durchmesser des NRR. um ein Drittel verkleinert. *Durch eine vom hinteren Vomerrand ausgehende, nach unten konkave Platte war der Epipharynx halbiert* und die dadurch resultierenden „Logen" konnten eben Wattestückchen von 6 mm Durchmesser festhalten. — Das 14jährige Mädchen Darabans zeigte mehrfache Fehlbildungen, nämlich linksseitige Hemimyelie, angeborenes Fehlen zweier Halswirbel und des M. pectoralis major, Uvula- und Velumspaltung und überdies Verlängerung des Vomers nach hinten und Verwachsung desselben mit dem dritten Halswirbel. Leider fehlen bislang Abbildungen dieser interessanten Anomalie.

So wie KILLIAN, sieht auch RAZEMON die Diaphragmenbildung des NRR. beim Menschen als *offenbaren Atavismus* an. —
Über *Spaltbildung im oberen Teil der hinteren Septumkante* siehe Abschn. III, S. 218.

4. Der Einfluß der Bildungsverhältnisse des Schädelgrundes auf die Raumverhältnisse des NRR. (Lit. XI/3 u. 4).

Der wichtigste und für die Betrachtung des NRR. allein maßgebende Anteil des Schädelgrundes ist das *Os tribasilare* (vorderer und hinterer Keilbeinkörper und Basalteil des Hinterhauptbeins). Diese ursprünglich durch Knorpelplatten voneinander getrennten Teile des Grundbeins wachsen so lange in die Länge, bis der dazwischen liegende Knorpel aufgezehrt ist. Durch *vorzeitige Synostose*[1] der Anteile des Os tribasilare resultieren Hemmungen der Schädelentwicklung, namentlich eine *Kraniostenose in anterio-posteriorer Richtung* mit kompensatorischer Schädelumgestaltung in anderen Richtungen. Ähnliche Formen, jedoch ohne vorzeitige Synostose, zeigen typischerweise manche Rasseschädel, so daß R. VIRCHOW zur Feststellung gelangte, „daß das Wachstum der einzelnen Schädelknochen ein typisch verschiedenes ist und ein frühzeitiges Ende finden kann". Schädelbasis und Epipharynxwölbung werden cet. paribus um so länger, je mehr die Längsdurchmesser aller Basilarknochen, speziell auch die Anteile des Grundbeines in einer Linie liegen, und um so kürzer, je kleiner der Winkel zwischen je zweien derselben ist. *Bei beträchtlicher Neigung des Keilbeins gegen das Hinterhauptbein* resultiert eine über das normale Ausmaß hin *gesteigerte sphenoidale Kyphose des Schädelgrundes* und damit eine *Verkürzung der Epipharynxwölbung.* Solche sphenoidal-kyphotische Schädel haben gleichzeitig die größten Nasenwinkel und prognathe Profile. Nach SCHÜLLER (Lit. XI/4b) ist die durch prämature Nahtsynostose hervorgebrachte Kraniostenose an einer betonten *Herabdrängung des Keilbeins* kenntlich, wodurch eine *Verkürzung des Höhendurchmessers des NRR.* bewirkt wird. Ähnliches, nämlich relative Kürze der Schädelbasis mit gesteigerter Kyphose derselben und Verkürzung der Epipharynxwölbung wird durch die *Chondrodystrophie* und durch die beim *Kretinismus* vorhandene Wachstumsstörung des Knorpels und hierdurch auch des Knochens im Gebiete des Os tribasilare hervorgerufen.

Schon seit langem war zahlreichen Untersuchern bei Spiegelung des Epipharynx aufgefallen, daß bei manchen, im übrigen normal gebauten Personen eine *besondere Enge* des Zuganges (verminderte Distanz zwischen hinterer Rachenwand und Velum) vorhanden ist. C. M. HOPMAN wies schon vor über 40 Jahren Enge des NRR. mit Hilfe des Abdruckverfahrens nach. Diese Enge kann für alle drei Durchmesser vorhanden sein, ganz besonders aber für den Höhendurchmesser. Dann finden sich *Verhältnisse, welche einer Persistenz kindlicher Zustände ähnlich sind* (BERNFELD spricht dann von „infantilem" Epipharynx). Offenbar hierher gehörige Fälle beobachtete V. LANGE schon vor 40 Jahren (Patienten mit adenoidem Habitus ohne Adenoide); einzelne derselben wiesen überdies Abflachung des frontalen Kraniumanteils auf. Eine Reihe besonders einprägsamer Fälle publizierte gleichzeitig E. ÉSCAT und referierte ähnliche Beobachtungen von BALME und CASTEX. ÉSCAT fand Stenose der Nasengänge kombiniert mit höhergradiger Enge des Epipharynx an Degenerierten mit deutlichen Schädel-

---

[1] Dagegen wird die Bedeutung der vorzeitigen Nahtsynostose von THOMA geleugnet oder doch stark eingeschränkt und für die pathologischen Schädeldeformitäten *äußere oder innere* (vom Gehirn ausgehende) *Druckwirkungen auf die Schädelwand* als ursächlich angenommen. Freilich führen diese Druckwirkungen ihrerseits wieder durch Erhöhung der Spannung der Nahtsubstanz häufig zur prämaturen Synostose.

und Gesichtsdeformitäten und geistiger Minderwertigkeit[1] (Abb. 136). Sehr instruktiv sind Moulagen des Epipharynx und ihr Vergleich mit normalen derselben Alterskategorie (Abb. 137a u. b). Gemeinsam war diesen Fällen ein gewisser Grad von Mikrocephalie, fliehende Stirne, Abplattung der Hinterhauptregion, dadurch relativ starkes Vortreten des Scheitels, beträchtliche Verkleinerung des Querdurchmessers des Gesichts, des Gaumens (mit Spitzbogenform), der Choanen und des Pharynx. Der Epipharynx war ferner auch im sagittalen und z. T. auch im Höhendurchmesser verkleinert und stellte sich beispielsweise bei einem 56jährigen Mann in der Größe eines fünf- bis sechsjährigen Kindes dar. Velum klein, vordere Gaumenbögen sehr genähert, hintere verkürzt und meist sehr hoch und rückwärts an der hinteren Rachenwand inserierend, wodurch der Zugang zum Epipharynx zu einem engen Isthmus umgestaltet wird. Öfters wurden Degenerationszeichen (wie Fehlen des Helix, Angewachsensein des Ohrläppchens) gefunden, sie können aber auch vollkommen fehlen. — Schließlich kann man Verengerungen des Epipharynx *auch an Makrocephalen und Brachycephalen* beobachten, bei welchen im übrigen keine begleitende Verengerung der Nase und der Choanen besteht.

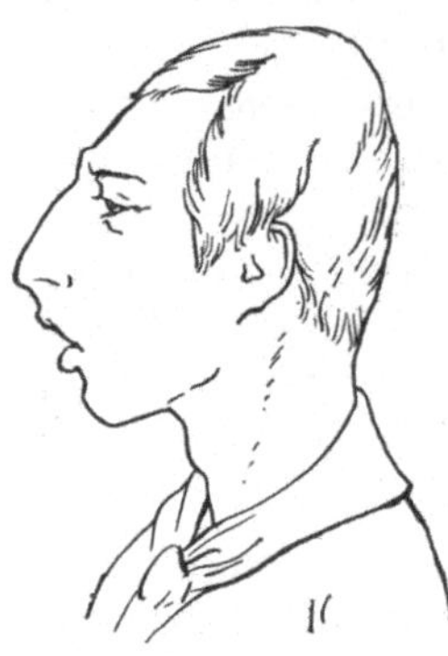

Abb. 136. Profilbild bei angeborener Enge des Epipharynx und der Nase bei 22jährigem imbezillen Epileptiker (nach E. ÉSCAT).

Wichtige Aufklärungen und weitere Erkenntnisse brachten Röntgenuntersuchungen an Schädelvarietäten und -deformitäten durch GOLDHAMER und SCHÜLLER, wobei vorwiegend auf die Verhältnisse der hinteren Schädelgrube, der Halswirbelsäule und des Epipharynx geachtet wurde. An vielen dieser Schädel fand sich mehr minder ausgeprägt die SCHÜLLERsche *„basilare Impression"*, welche mit Verkürzung und Steilheit des Clivus, mit z. T. dadurch verursachter Empordrängung der Basiongegend, Vertiefung der hinteren Schädelgrube und Nachvorwärtskehrung der Ebene des Hinterhauptloches verknüpft ist. Die basilare Impression bewirkt Verschiebung des oberen Endes der Halswirbelsäule nach vorne und dadurch *Verengerung des Epipharynx im anterio-posterioren Durchmesser*. Bei *Skaphocephalie, kongenitaler Atlasluxation, Atlasassimilation,* PAGETscher *Ostitis deformans, Dysostosis cleido-cranialis* findet sich mehr minder starke basilare Impression, bei letzterer überdies eine winkelige Knickung zwischen P. basilaris oss. occip. und Postsphenoid. Auch die *Rachitis* neigt in ihren höheren Graden zur basilaren Impression, gelegentlich auch die *Hydrocephalie*, besonders aber der *occipitale Senkschädel* (kyphotische Schädelform nach L. MEYER). GOLDHAMER und SCHÜLLER bilden u. a. eine Atlasassimilation mit Wirbelsäulenluxation nach vorne und *hochgradiger Verengung des Pharynx* ab (l. c. Abb. 22) und die Profilskizzen eines Mannes mit wahrscheinlich angeborenem occipitalen Senkschädel (l. c.

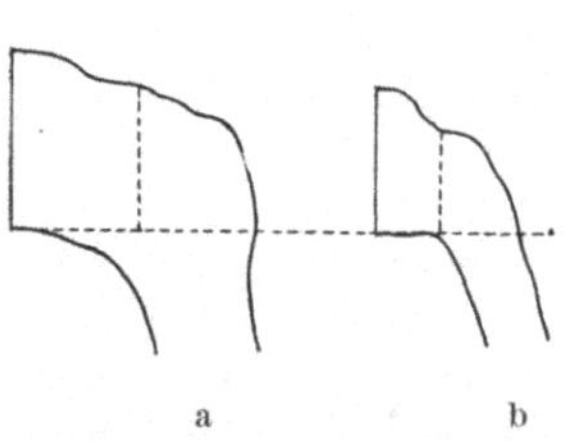

Abb. 137a u. b. a Mittelwert aus 7 Moulagen des N.R.R. bei zehnjährigen Kindern (Sagittaldurchschnitt). b Angeborene Enge des N.R.R. bei elfeinhalbjährigem Kinde. Verkleinerung auf die Hälfte. (Nach E. ÉSCAT.)

Abb. 24 u. 25), bei welchem die Wirbelsäule weit nach vorne vortritt und der *Nasopharynx dadurch hochgradig verengt* ist. Wegen hochgradiger Erschwerung der Nasenatmung war bei diesem Patienten eine Adenotomie völlig erfolglos vorgenommen worden.

Umgekehrt kann die physiologische Kyphose der Schädelbasis vermindert und der Basalwinkel derselben vergrößert sein (sogenannte *Platybasis*). Dadurch rückt die hintere Rachenwand weiter von der Choanalebene weg und *der Epipharynx gewinnt dadurch an Geräumigkeit* im sagittalen Durchmesser.

---

[1] Hier hatte es sich offenbar zumeist um prämature Synostose sämtlicher Schädelnähte gehandelt, welche zu *Mikrocephalie* führt.

Aus obigem geht der wichtige Einfluß hervor, welchen verschiedene Schädelformen und -deformitäten auf die Gestaltung und die Geräumigkeit des NRR. ausüben. Soweit diese Schädeldeformitäten als Mißbildungen anzusprechen sind, sind auch die begleitenden Epipharynxverengerungen als abhängige Fehlbildungen aufzufassen.

5. Der Nasenrachenraum bei Otocephalie, Cyklopie und Arhinencephalie.

Bei der Cyklopie-Arhinencephalie-Reihe ist, wie erwartet, die Bildung des Rachens und des Epipharynx eine normale, da der Defekt den Kopfdarm intakt läßt und auch den ersten Schlundbogen nicht berührt. Letzterer wird allein in mehr minder starkem Grade bei der *Otocephalie* in Mitleidenschaft gezogen (H. JOSEPHY, Lit. IV/b). *Der Pharynx ist bei den Otocephalen erhalten, aber seine Verbindungen mit der Mundhöhle und mit der Nase können verengt oder aufgehoben sein.* Letzteres war bei einem von DUVAL und HERVÉ untersuchten otocephalen Lamm der Fall. Es fand sich eine *Membran, welche vor den Ohren und vor der Tuba Eustachii, aber hinter dem Gaumen gelegen war*, ohne eine Verbindung mit demselben zu haben. Die Autoren sprechen die trennende Membran als *persistierende Rachenhaut* an und ziehen daraus den Schluß, daß der vordere und der hintere Teil des NRR. seiner Entstehung nach zwei verschiedenen Bezirken angehöre. — Aus der Lokalisation und dem Umfang der Defekte bei diesen beiden Fehlbildungsreihen einerseits und der Bildungsart des Rachens anderseits geht hervor, daß der Pharynx, insbesondere auch der Epipharynx, entweder gar nicht oder nur relativ wenig in seiner Ausbildungshöhe getroffen wird und dies noch am ehesten bei den höheren Graden der reinen oder mit Cyklopie kombinierten Otocephalie. Hier bleibe nicht unerwähnt, daß histologische Untersuchungen solcher Fehlbildungsfälle noch mangeln, insbesondere auch bezüglich der trennenden Scheidewand zwischen Rachen und Mundhöhle.

C. Varianten, Anomalien und Fehlbildungen an den Weichteilen des Nasenrachendaches (Tonsilla pharyngea und Bursa pharyngea).

1. Membranbildungen (Lit. XI/2 und 6a).

Im Schrifttum sind eine größere Reihe von Beobachtungen über *retrochoanal gelegene Membranbildungen* niedergelegt, welche von einer Reihe von Autoren als „angeboren" aufgefaßt werden, womit deren Fehlbildungsnatur zum Ausdruck kommen soll. Ja einzelne Autoren (SIEUR und ROUVILLOIS [Lit. XI/1], GRÜNWALD) führen diese Membranbildungen auf *Persistenz bzw. mangelhafte Rückbildung* der REMAK-RATHKEschen *Rachenhaut* zurück.

Die *Rachenhaut (Membr. bucco-pharyngea)* trennt die Mundbucht von der Kopfdarmhöhle und steht erst senkrecht, später schräg von hinten-oben nach vorne-unten. Oben inseriert sie an der Schädelbasis knapp dorsal von der Ausstülpung der RATHKEschen *Hypophysentasche.* Da letztere den Inhalt des Can. cranio-pharyngeus bildet und dieser im Postsphenoid dicht hinter der Synchondrosis intersphenoidalis liegt, so ist die ursprüngliche kraniale Insertionsstelle der Rachenhaut selbst am Erwachsenen noch rekonstruierbar. Anders verhält sich dies mit den übrigen Ansatzpunkten, wenn einmal die Rachenhaut geschwunden ist, was in der vierten Woche eintritt. Da nach dem Schwunde der Rachenhaut das ekto- und das entodermale Epithel der Mundbucht bzw. der Kopfdarmhöhle ununterscheidbar ineinander übergehen, so ist *später* — im Stadium der sekundären Mundhöhle, des Schlundes und der definitiven Nasenhöhle — *eine Entscheidung darüber unmöglich, wo die seitliche und untere Insertionslinie der Rachenhaut verlief.* Man ist hier *nur auf Vermutungen angewiesen,* genauere Angaben älterer Autoren und namentlich solche der FLEISCH-MANNschen Schule sind nach den Ausführungen von K. PETER (Lit. XI/2) mit größtem Skeptizismus aufzufassen.

Obgleich es unmöglich ist, an den Gaumenfalten einen ektodermalen von einem entodermalen Anteil abzugrenzen, ist es anderseits doch sicher, daß sie vorne im Bereich des ektodermalen Anteils der Mundhöhle beginnen und nach rückwärts in den entodermalen Kopfdarm hinein verlaufen. Wichtig ist festzuhalten, daß die Bildung des sekundären Gaumens erst zu einer Zeit erfolgt, wann die Scheidung zwischen Mundbucht und Kopfdarmhöhle längst verwischt ist. Sollten also retrochoanal gelegene, vom Dach des Epipharynx dorsal vom Hypophysengang entspringende Membranen mit einer Persistenz des M. b.-pharyngea in Beziehung stehen, so könnte es sich, da in allen solchen Fällen die Bildung des Gaumens (und des Velums) eine regelrechte gewesen und der Oro- und Hypopharynx normale Durchgängigkeit gezeigt hatte, nur um *partielle Persistenz der Rachenhaut* und zwar um *Erhaltenbleiben des kranialen Abschnitts derselben* gehandelt haben, wobei eine Lateral- und Kaudalerstreckung bis etwa zur Höhe des Gaumenfortsatzes (des Oberkieferfortsatzes) denkbar wäre. Die untere Insertion solcherart entstandener retrochoanalen Membranen wäre dann an der Hinterfläche des späteren Velums zu suchen. Da diese retrochoanalen Membranen nicht bloß wie die Rachenhaut aus zwei Epithelblättern bestehen, so müßte überdies die Annahme gemacht werden, daß später eine Einwanderung mesodermaler Elemente erfolgte. *Den wichstigsten Prüfstein für den zu erbringenden Identitätsbeweis sehe ich aber in dem Nachweis, daß die genannten Membranen ventral von den Tubenmündungen liegen,* da ja die Tuben als Abkömmlinge des dorsalen Endes der ersten Schlundtasche dem Areal des ursprünglichen Kopfdarms entstammen und daher dorsal von der Rachenhaut situiert sind. Auf diesen wichtigen Punkt wies *ich* (Lit. XI/6a) schon vor einigen Jahren hin. In der Kasuistik ist häufig nichts darüber vermerkt. Andernfalls findet sich stets die Angabe, *daß die Retrochoanalmembranen hinter den Tubenmündungen lagen.* Dies und die in einzelnen Fällen nachgewiesene Einlagerung von adenoidem Gewebe und Drüsen macht wenigstens für die Hauptmasse der Fälle eine andere Erklärung wahrscheinlicher (siehe später).

Die retrochoanalen membranösen Bildungen lassen sich nach O. CHIARI (Lit. XI/6a/β) vom klinisch-makroskopischen Standpunkt folgendermaßen einteilen:

a) **Lückenlose Membran** vom Rachendach bis zum Velum herabziehend und die Nasenluftpassage völlig verschließend.

Hierher gehören die Fälle von F. SEMON und S. MEYERSOHN. Im ersteren lagen adenoide Vegetationen hinter der völlig homogenen, relativ dicken, blaßrötlichen Membran, welche den Vomer und die hinteren Muschelenden vollkommen zudeckte. Im zweiten Falle war die Membran dünn, glatt, rötlich und mit Sonde von der Nase aus vorstülpbar; Katheterismus beiderseits von vorne her möglich. *Die Tubenöffnungen lagen daher ventral von der verschließenden Membran.*

b) **Membranen hinter beiden Choanen mit Lücken.**

Hierher gehören zwei Patientinnen O. CHIARIS im Alter von 70 und 50 Jahren. Bei ersterer deckte eine glatte rötliche Membran die rechte Ch. völlig zu und hatte entsprechend der linken zwei federkieldicke übereinanderliegende Öffnungen. Im zweiten Falle war in der ähnlichen Membran ein zentrales Loch von 4 : 3 mm vorhanden, durch welches man einen kleinen Teil des schmalen Septums und der Chn. erblickte. *Die Membranen lagen in beiden Fällen dorsal von den Tubenöffnungen* und zeigten *Mitbewegung bei Phonation* usw. Die histologische Untersuchung entfernter Membran-

partikel von Fall 2 ergab auf einer Seite mehrfach geschichtetes, teilweise in Pflasterepithel übergehendes Zylinderepithel und auf der anderen Seite (nasale Fläche?)
einfaches Zylinderepithel, dazwischen blutgefäßreiche
Bindegewebsnetze mit zahlreich eingelagerten Lymphfollikeln, reichliche Drüsen und ektasierte, mit Zylinderepithel ausgekleidete Drüsenausführungsgänge. CHIARI
lehnt daraufhin entzündliche Genese ab und entscheidet
sich für kongenitale Entstehung. *Weitere Kasuistik:*
G. STRAZZA, R. H. JOHNSTON, E. BAUMGARTEN, J. DEHAN,
J. L. SIEMENS, J. H. CONNOLLY, H. HECHT, POLYÁK-
KELLERMANN, P. H. GERBER (Abb. 138) und K. M. MENZEL
(β). In letzterem Fall waren die lateralen Partien des Diaphragmas knöchern, die medialen membranös und im Bereiche der rechten Choane hanfkorngroß, in dem der linken
erbsengroß durchlocht. Die Tubenöffnungen lagen beiderseits *ventral* von der Gewebsplatte. Wahrscheinlich gehört
hierher auch die ältere Beobachtung von C. STEIN.

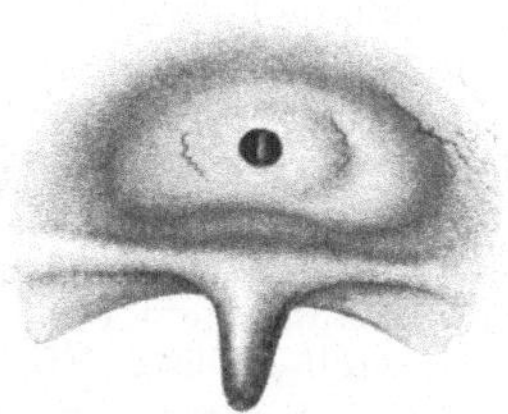

Abb. 138. Retronasale glatte blaßrosa gefärbte Membran mit zentralem glattrandigen, 2 mm breitem Loch bei 32jähriger Frau (nach P. H. GERBER).

c) **Vorwiegend oder ausschließlich einseitige, retrotubär gelegene Membran.**
Hierher gehört je ein Fall von O. CHIARI, von E. SCHMIEGELOW, MENZEL (α),
L. LACK, GRÜNWALD und CASSELBERRY.

In letzterem ergab die histologische Untersuchung der linken Hälfte Schleimhautduplikatur mit Einlagerung von Bindegewebe und spärlichen Muskelfasern, wogegen
rechts *beträchtliche Mengen von Muskulatur* enthalten waren. Abb. 139 zeigt die Beobachtung von GRÜNWALD, wobei *s* das Septum, *m* die mittlere, *u* die untere Muschel,
r einen Recessus der Rachenmandel und *pp* die
vorspringenden Proc. pterygoidei bedeutet.

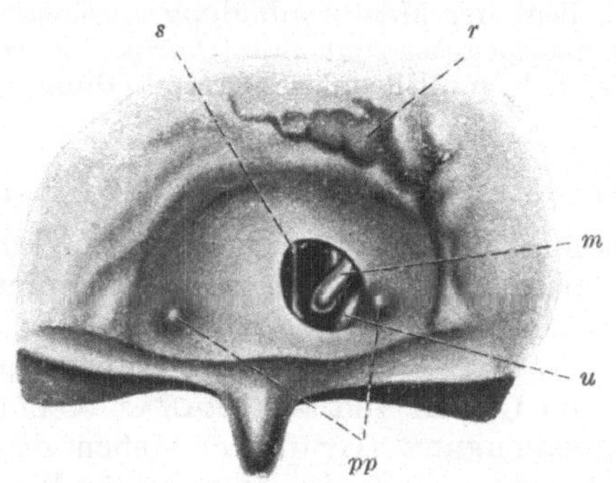

Abb. 139. Postrhinoskopische Ansicht einer retrochoanalen, einseitig durchlochten, dorsal von den Tubenwülsten gelege- nen Membran. Legende im Text (nach L. GRÜNWALD).

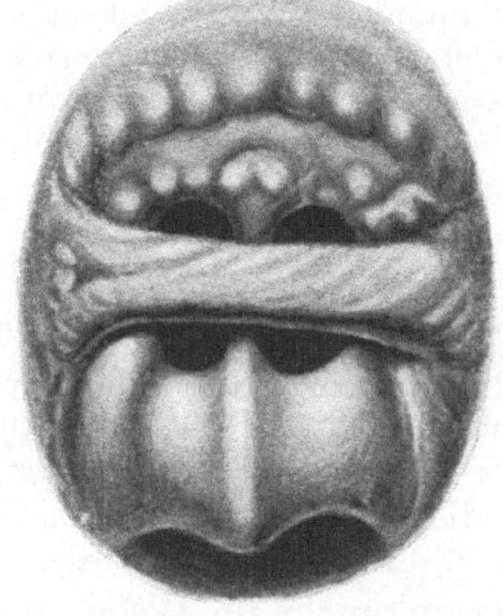

Abb. 140. Postrhinoskopisches Bild einer „Plica retronasalis congenita transversa" bei 44jäh- riger ozänöser Frau (nach F. SCHLEMMER).

d) **Ringförmige Membran** (manche mit großer zentraler Öffnung). Hierher
gehören zwei Fälle von MOLINIÉ und je ein Fall von C. M. HOPMAN, BAYER und
GRÜNWALD (l. c., Abb. 175a).

e) **Strangförmige Membran.** Hierher gehört die von JURASZ demonstrierte
Patientin, welche *gardinenartige Faltenbildung* zeigte, die „spindelförmig von
einem Tubenwulst über die Choanen zieht und sich mit dem anderen Tubenwulst verbindet".

JURASZ schwankte zwischen anatomischer Variante und Mißbildung und bezeichnete rudimentäre Fälle, in welchen die Falte seitlich am Rachengewölbe endet, als
nicht allzu selten. KILLIAN bezog (Diskussion) die Gardinenbildung *auf eigentüm-*
liche Rückbildungsvorgänge im Bereiche der Rachenmandel und wies auf das nicht
seltene Vorkommen von Membran- und Fächerbildungen in den ROSENMÜLLERschen

Gruben hin. In der Tat hat jeder geübte Untersucher erstere schon öfters zu Gesicht bekommen. *Gardinenartige* Bildungen sind aber doch *selten*. Weitere Beobachtungen stammen von M. HAJEK, E. BAUMGARTEN, CLARK (zwei Fälle), FOURNIÉ und SCHLEMMER; möglicherweise sind auch die Fälle von DIONISIO und von PHILIPPS hierher zu rechnen. In SCHLEMMERS Fall (Abb. 140) zog ein mehr minder spulrunder, leicht höckeriger Strang quer durch den Nasenrachenraum von einem Tubenwulst zum anderen, wobei sich jedoch die Choanalöffnungen sowohl oben als unten noch gut erkennen ließen. Histologisch bestand der von normalem Plattenepithel bekleidete Strang aus einer mächtigen Lage vaskularisierten Bindegewebes und einer breiten Einlagerung adenoiden Gewebes in Lymphfollikelform mit einzelnen Keimzentren sowie stellenweiser Einstreuung von Drüsen. Muskelfasern wurden nicht gefunden. Außer dem Strang war sonst kein adenoides Gewebe im Epipharynx vorhanden. Die Choanen waren vollkommen normal gebildet.

f) Horizontale Membran am Rachendach mit Lücken und Spalten. Sie stellt einen neuen, in der bisher einzigen Beobachtung von A. BALLA vorliegenden Typus dar, den ich den bisherigen Gruppen anreihen möchte.

An einem 22jährigen Mann fand sich eine, die ganze Kuppel des Nasenrachens schleierartig überspannende, annähernd horizontale Membran, welche hinten am Übergang der oberen in die hintere Pharynxwand, vorne am oberen Choanalrand und an den Seiten ringsum an der hinteren Oberfläche der Tubenwülste inserierte. Dadurch wurde die rechte Tubenöffnung nach aufwärts und hinten gezogen. Die beschriebene Membran zeigte eine lange sagittale Fissur, beiderseits davon je eine kürzere und lateral davon je eine nierenförmige, parallel zu den Tubenwülsten gerichtete. Überdies waren nach vorne noch einige kleinere Öffnungen vorhanden. In dem von der Kuppel des Nasopharynx und der Membran gebildeten Blindsack sammelte sich nachts stets Sekret an, das ausgehustet und ausgeblasen wurde. Adenoides Gewebe oder Reste von solchem waren nicht vorhanden. M. E. liegt der Membranbildung anscheinend eine *besondere Art der Involution des Rachenmandelgewebes* zugrunde (charakteristische Anordnung der Spalten!), wobei wahrscheinlich multiloculäre Cystenbildung mit vorliegt (vgl. S. 251).

Zusammenfassendes über die Entstehung der Membranbildungen.

Die Frage nach der Genese dieser mannigfaltigen Bildungen ist auf Grund der bisher relativ spärlich vorliegenden histologischen Befunde nicht vollkommen zu entscheiden. Für die Gruppen e und f sind *Bildungsvarianten bzw. anomale Rückbildungserscheinungen der Rachenmandel* wohl als feststehend anzusehen. Auch die histologisch untersuchten Fälle von CHIARI und von POLYÁK-KELLERMANN (aus Gruppe b) sowie der von CASSELBERRY (Gruppe c) stehen dieser Auffassung nicht im Wege und sprechen überdies eindeutig gegen entzündlichen Ursprung. Daß selbst ausgedehntere retronasale Membranen nicht unbedingt angeboren zu sein brauchen, geht aus einer Beobachtung von BAUMGARTEN hervor, welcher in einem sechs Monate früher noch normalen Nasenrachen eine sichelförmige, von einem Tubenwulst zum anderen ziehende Schleimhautleiste feststellen konnte, wodurch·eine Zweiteilung des oberen Abschnitts des Nasenrachenraumes bewirkt wurde. Immerhin ist es möglich, daß ein kleiner Teil der in Gruppe a bis d aufgezählten Fälle als angeborene Anomalien bzw. Fehlbildungen gelten darf, jedoch ohne Herleitung von der M. b.-pharyngea (siehe eingangs!). *Übrigens fehlen bislang solche Membranfunde an Neugeborenen durchaus.* Es wird daher immer wahrscheinlicher, den *Großteil* sämtlicher hierher gehörigen Formen und Fälle *auf atypische Ausbildungs- und Rückbildungsprozesse der Tonsilla pharyngea zu beziehen* (KILLIAN, GRADENIGO, P. HEYMANN).

Nach KILLIAN beginnt die *Bildung der Rachenmandel* im sechsten Lunarmonat. Erst sieht man eine sagittale grubige Spalte, bald zwei seitliche Falten, welche nach dem hinteren Ende der Spalte konvergieren. In der Folge verlängern, vermehren und vertiefen sich die Falten, welche das hintere Drittel des Rachendaches einnehmen und meist strahlenförmig gegen den rückwärts befindlichen *Rec. medius* hinziehen. Am Neugeborenen ist das noch deutlicher geworden. Die Furchen zwischen den Schleimhautfalten vertiefen sich nach rückwärts zu. In die Falten erfolgt die Einlagerung der Lymphfollikel, welche sich immer mehr steigert, so daß die Rachentonsille etwa im vierten Lebensjahr den Höhepunkt ihrer Ausbildung erreicht hat und durch energisches Wachstum nach vorne nunmehr das ganze Dach des Epipharynx einnimmt. *Neben dem Haupttypus* (fächerförmig nach rückwärts konvergierende Läppchen) unterscheidet ÉSCAT *noch zwei weitere Typen*: In einem derselben sind öfters nur Inzisuren und dementsprechend *überbrückende Querfalten* zwischen den Hauptfalten vorhanden (hirnwindungenähnliches Bild), und im anderen sind nur vorne fächerförmige Läppchen anzutreffen, *rückwärts aber frontal gestellte*. Die mit dem zwölften Lebensjahr einsetzende Rückbildung ist etwa mit 20 Jahren abgeschlossen. Das adenoide Gewebe schwindet mehr und mehr, die Schleimhautfalten werden dünner und glätten sich, schließlich bleibt gelegentlich nur noch die Medianfurche als oblonger Spaltraum erhalten. Nach dem 50. Lebensjahr tritt infolge Schleimhautatrophie eine fast völlige Verwischung auch des Rec. medius auf. Als *Anomalien der Rachenmandel* bezeichnet ÉSCAT (Lit. XI/1a): Vorzeitige sowie übermäßige Entwicklung; vorzeitige bzw. verspätete Rückbildung; teilweise oder vollständige Persistenz lateraler Recessus (hervorgegangen aus Seitenfurchen) neben dem Rec. medius und laterale Ausmündung des letzteren (dieselbe ist meist durch Ausbildung asymmetrischer Schrumpfungsprozesse hervorgerufen); besondere Tiefe (über 1 cm) des Rec. medius. Durch *Schleimhautbrücken* zwischen den schrumpfenden Falten bekommt das Rachendach öfters ein siebförmig durchbrochenes Aussehen. Genaue Angaben über die histologischen Vorgänge bei der Involution der Tons. phar. machte M. GÖRKE 1904.

Sollen die oben angeführten diversen Membranbildungen im NRR. mit abnormen Bildungs- und Rückbildungsformen der Rachentonsille in Zusammenhang gebracht werden — was für die meisten der angeführten Formen zuzutreffen scheint —, so sind noch mancherlei Spezialuntersuchungen zu ausreichender Begründung nötig. Einstweilen kann man sich nur *vorstellen, daß wahrscheinlich die Schleimhautfaltenbildung am Rachendach primär eine von der Norm völlig verschiedene sein kann*, vielleicht in Form einer einzigen annähernd frontal gestellten Schleimhautduplikatur (statt mehr sagittal gestellter Faltensysteme) oder in Form einer bilateral-symmetrischen gardinenartigen Bildung, daß dann in diese Gebilde die Einlagerung von lymphoidem Gewebe erfolgt und daß schließlich nach Rückbildung des letzteren frontale Schleimhautmembranen bzw. gardinenartige Falten übrig bleiben.

2. Cysten der Tonsilla pharyngea und der Bursa pharyngea (Lit. XI/6 b).

Im Epipharynx kommen Cysten verschiedenster Genese vor. Bei *lateralem Sitz* handelt es sich vorwiegend um solche *branchiogener Entstehung. Faßt man nur die Cysten mit medianem Sitz ins Auge*, so gibt es immer noch verschiedene Möglichkeiten. Neben den seltenen Dermoidcysten und den nicht minder seltenen, eventuell als Cysten imponierenden Hirnbrüchen (siehe hierüber S. 269 f.) kommen insbesondere Cysten der Tonsilla pharyngea und der Bursa pharyngea vor.

Die *Bursa pharyngea* (= B. ph.) stellt einen medianen, blindsackförmigen Anhang der Schleimhaut des Rachendaches an der *hinteren* Grenze der Rachenmandelanlage dar (J. C. F. MAYER, v. LUSCHKA). KILLIAN kam zur Ansicht, daß sich die B. ph. durch *aktives* Wachstum der Schleimhaut gegen die Schädelbasis zu bilde. Sie erscheint *wesentlich früher* als die Rachenmandelanlage und erweist sich daher unabhängig von dieser (DISSE, KILLIAN, die beiden TOURNEUX). Wichtig ist die Feststellung, *daß die Bursa pharyngea große Variabilität und nur in einer Minorität (etwa 20%) der Fälle klassische Ausbildung zeigt und daß nur jene medianen Buchten bzw.*

Gänge als B. ph. angesprochen werden können, welche in die Fibrocartilago basilaris eindringen und durch sie hindurch ins Hinterhauptbein gelangen (Differentialdiagnose gegenüber dem einfachen *Rec. medius* der Rachentonsille, welcher stets *innerhalb* der Schleimhaut bleibt!). Und zwar füllt die B. ph. die auf S. 241 beschriebene, in der P. basil. des Hinterhauptbeins gelegene Fossa navicularis bzw. die darin befindliche Fov. pharyngea aus, wobei die Schleimhaut der B. ph. direkt dem Knochen anliegt (POELCHEN). Wegen der Inkonstanz der B. ph. sind auch die von ihr erzeugten Knochenvertiefungen nicht in allen Fällen vorhanden. Die B. ph. bildet sich aber, wie neuere Erkenntnisse lehren, *nicht* durch einen aktiven Einsprossungsvorgang aus, sondern durch eine infolge Wachstumsverschiebungen hervorgebrachte, auf die Schleimhaut ausgeübte Zugwirkung von gewissen Anteilen der Chorda dorsalis und ihrer Scheide auf zirkumskripte Partien des Epithels des Epipharynxdaches (FRORIEP, R. MEYER, LINCK, F. und J. P. TOURNEUX). *Die B. ph. entsteht dabei von einer verdickten Epithelstelle aus, mit welcher die Chorda dorsalis zusammenhängt.* (Ursprüngliches Verhalten der Chorda dorsalis gegenüber dem Entoderm oder nachträgliches Wiederinverbindungtreten mit demselben durch Aussprossung von Chordafortsätzen!) Die Schlundwände werden an dieser Stelle zu einem engen Kanal ausgezogen, welcher bis an die Schädelbasis reicht und sein Ende in der vor dem Tub. phar. gelegenen Fov. navicularis findet. Gelegentlich kommt es bei Feten zur Anlage von zwei Bursen, einer an normaler Stelle und einer akzessorischen weiter vorne, welche beide mit der Chorda dors. im Zusammenhang gefunden werden. Bezüglich Unterscheidung der B. ph. von einem Rec. medius der Rachenmandel, der nahezu stets ausgebildet ist, siehe höher oben. Am Lebenden wird sich allerdings nicht immer entscheiden lassen, welches der beiden Gebilde vorliegt, und dies um so mehr, als die histologische Beschaffenheit der Schleimhaut inklusive Einlagerung von lymphoidem Gewebe bei beiden sehr ähnlich ist (DISSE). Die beiden Gänge können sich ferner auch überlagern, indem sich am Grunde des Rec. medius der Rachenmandel die B. ph. öffnen kann (TOURNEUX). Gelegentlich kommen beide Gebilde nebeneinander vor (TOURNEUX [l. c.] an einem Pferdefetus, A. TERBRÜGGEN an drei menschlichen Präparaten: ein Neugeborener und zwei Erwachsene). — Da sich nur dort eine B. ph. ausbildet, wo Chordaanteile mit dem Pharynxentoderm in direkter Berührung stehen, so kann die Bursabildung aufgefaßt werden als entstanden durch *Hemmung bzw. verspäteten Eintritt der normalerweise sich früher vollziehenden Lösung des Zusammenhangs zwischen Entoderm und Chorda,* demnach als *Hemmungsbildung* (R. MEYER, LINCK). Da aber auch die *Möglichkeit* besteht, *daß erst durch Wiederherstellung eines (sekundären) Kontakts* (HUBER, AUGIER, HORIA) *zwischen Entoderm und Chorda* mittels Aussprossung von Chordafortsätzen nach dem Rachenepithel hin sich die Einwirkung der Chorda vollzieht, so könnte dann die Bursaentstehung *als anatomische Variante oder vielleicht richtiger als Bildungsanomalie* aufgefaßt werden. Die letzte Ursache solcher Hemmung normaler Lösung oder abnormer Wiederannäherung bleibt freilich vorderhand im Dunkeln.

Die Zuordnung cystischer Gebilde zur Tonsilla pharyngea (= T. ph.) ist dann sichergestellt bzw. erleichtert, wenn sich die Cysten *innerhalb* der Rachentonsille vorfinden. Ist aber nicht einmal mehr ein Rest adenoiden Gewebes vorhanden, so ist die Entscheidung häufig nicht zu fällen. *Stark dorsale Lage spricht eher für Cyste der B. ph.* und dies insbesondere dann, wenn nach Abtragung der Cyste eine grubenförmige Einsenkung bzw. ein Gang resultiert, der sich eine Strecke weit in die Fibrocartilago basalis oder etwa gar in die Fovea pharyngea verfolgen läßt. Dagegen haben sich *keine* histologischen Kriterien[1] zur Differentialdiagnose auffinden lassen (DISSE,

---

[1] GANGHOFNER hat an seinen Präparaten der B. ph. am häufigsten folgendes Verhalten festgestellt: Der ganze Grund der Bursa ist mit flimmerndem hohem Zylinderepithel ausgekleidet, während nach der Eingangsöffnung hin dieses Epithel mit Pflasterepithel unregelmäßig abwechselt. Unter dem Epithel liegt entsprechend fast der ganzen Vorderwand der Bursa ein fein retikuliertes, von Rundzellen dicht

A. Terbrüggen kontra Lehmann, G. Finder). Wegen dieser Schwierigkeiten geschieht daher die Zuteilung vielfach willkürlich, um so mehr als manche Autoren immer noch den Rec. medius der Rachenmandel mit der B. ph. identifizieren. So beruht die Angabe Tornwaldts, innerhalb von zwei Jahren 45 Fälle von Cysten am Epipharynxdach gesehen zu haben, die er vornehmlich als Cysten der B. ph. bezeichnete, offenbar auf einem Irrtum. Es dürfte sich wohl überwiegend um die viel häufiger vorkommenden *Rachenmandelcysten* gehandelt haben. Diese bilden sich meist auf Grund entzündlicher Prozesse und dadurch bedingter Verlötungsvorgänge zwischen den Faltensystemen bzw. infolge von Retentionserscheinungen an den Ausführungsgängen oder im Bereich des Fundus der Schleimdrüsen. Auch die aktive Wucherung des Cystenepithels spielt eine Rolle. Namentlich im späteren Alter ist Cystenbildung relativ häufig. Die Cysten liegen teils im Epithel, teils im follikulären Gewebe, teils in der Submucosa (in letzteren beiden Fällen meist ausgehend von den Schleimdrüsen). Cystenbildung infolge schleimiger Umwandlung von Follikeln soll nach Görke nicht vorkommen, doch beschrieb Citelli (α) einen solchen Fall. Die *Schleim*cysten sind viel häufiger, kleiner und von Zylinderepithel ohne Flimmerbesatz ausgekleidet. Die *Plattenepithel*cysten sind seltener, größer und enthalten meist eine bräunlichgelbe, nicht fadenziehende Schmiere mit geschichteten Hornlamellen und Cholesterinkristallen. Ferner können bei akut-entzündlichen Prozessen im follikulären Gewebe *Lymphcysten* infolge Lymphstauung vorkommen (Genaueres bei Görke [α]).

Die *Zahl* der gesehenen Cysten im Bereiche der T. ph. geht wohl in die Hunderte, doch werden begreiflicherweise nur solche von besonderer Größe oder mit bemerkenswerten histologischen Details mitgeteilt. Solche Mitteilungen stammen von Schwabach, R. Kafemann, Hynitsch, Görke, Serebrjakoff, Carter, Bruzzone (zit. nach Citelli, β), Liebmann, Magnotti (multilokuläre, mit Zylinderepithel ausgekleidete Rachenmandelcyste, für welche vom Autor jedoch *branchiogene* Genese angenommen wird) und Citelli (riesige, den ganzen Nasenrachenraum ausfüllende Retentionscyste des Rec. medius). Lateral saß J. Fischers Cyste (Fall 1).

Zu den mit mehr minder großer Wahrscheinlichkeit *von der B. ph. abzuleitenden Cysten* gehören die älteren Beobachtungen von J. N. Czermak (publiziert von Semelder), die Atheromcyste von v. Tröltsch und drei histologisch untersuchte Fälle von Zahn, die Fälle von Schäffer, C. Lehmann, Zwirn, Malan (riesige Cyste bei 22jährigem Mädchen), W. Hewson und die beiden histologisch untersuchten Fälle von A. Terbrüggen, bei welchen die Deutung als Bursacyste darauf basiert ist, daß sich im ersten Falle anstatt einer Rachenmandel nur kleine höckerige Verdickungen fanden und im zweiten adenoides Gewebe überhaupt nicht mehr vorhanden war. Auch die Beobachtungen von Hagens, Giuffrida und Antonioli gehören anscheinend hierher. Besonders wichtig ist Lehmanns Beobachtung einer unter dem Velum herausragenden haselnußgroßen, blauroten, prall gespannten cystischen Geschwulst bei einem zweieinhalbjährigen Knaben, die in Erbsengröße schon im Alter von einem halben Jahr vorhanden gewesen und wahrscheinlich schon mit auf die Welt gebracht worden war. Bei mikroskopischer Untersuchung konnte ein mit der Beschreibung Ganghofners durchaus übereinstimmender Bau der Cystenwände festgestellt werden. *Hier scheint also tatsächlich eine angeborene Cyste, wahrscheinlich ausgehend von der B. ph., vorgelegen zu haben.*

Aus dem Dargelegten ist ersichtlich, daß es sich bei den Rachenmandel- und Bursacysten im allgemeinen nicht um Fehlbildungen handelt, sondern fast ausschließlich um die Folgen entzündlicher Prozesse oder involutiver Vorgänge.

---

infiltriertes Gewebe, welches sich vielfach zu wirklichen Lymphfollikeln verdichtet. Die seitlichen Wandpartien und z. T. auch die hintere Wand der B. fand Ganghofner aus einem mit zahlreichen Schleimdrüsen ausgestatteten, lockeren Bindegewebe gebildet.

3. Einschlüsse in die Tonsilla pharyngea (Lit. XI/6 c).

Seit der Mitteilung von Rosenberg-Töpfer über das Vorkommen von *quergestreiften Muskelfaserzügen* zugleich mit *Knorpelinseln* in einer wegen Hyperkeratosis lacunaris entfernten *Gaumenmandel* einer Erwachsenen wurde festgestellt, daß sich Knorpelinseln in den Gaumenmandeln relativ häufig finden, Muskelfasern jedoch nur sehr selten (Rosenberg-Töpfer, Glas, G. Alagna). Nach anfänglich irrtümlichen Annahmen (Knorpel-Knochen-Metaplasie aus Bindegewebssepten, Spitze eines abnorm langen Proc. styloid.) wurde in der Folge erkannt (Reitmann, Halkin), daß es sich bei den *Knorpel-Knochen-Einlagerungen* in die Tons. palat. um *Reste des zweiten Branchialbogens* handelt und daß dementsprechend solche Funde sich häufig auch schon an Feten und Neugeborenen machen lassen. Ebendafür beweisend ist Mitvorkommen von Epithelperlen (Anselmi) und der Fund einer *serösen* Cyste (unvollständige Obliteration der zweiten Branchialspalte!) in einem Fall von Halkin sowie einige histologische Details der Knorpelinseln (Halkin, Mantschik, A. L. Turner, Turner und Th. Sprunt). — *Quergestreifte Muskelbündel* kommen in der Tons. palat. teils in den bindegewebigen Zwischensepten, teils im Inneren von Follikeln vor (dann degeneriert). Als Ursprung derselben wird *embryonale Keimverschiebung* von zur Pharynxmuskelplatte gehörenden Zellkomplexen angenommen.

In durchaus analoger Weise finden sich nun auch, wenn auch außerordentlich selten, *Einschlüsse von quergestreiften Muskelfibrillen und -bündeln in der T. ph.* Hierher gehören je zwei Fälle von Martuscelli und von F. Magnotti (zwei sonst gesunde, aber neuropathische Schwestern im Alter von 18 und 27 Jahren). Die teils längs, teils quer getroffenen Bündel (in verschieden gutem Querstreifungszustand!) lagen zwischen dem Epithel und der Drüsen- bzw. Follikelschicht. Bezüglich des Ursprungs der Muskelfasern wird die gleiche Annahme wie für die Muskelfunde in der Tons. palat. gemacht. Magnotti weist überdies auf das Walten einer *hereditären Komponente* hin.

D. Varianten, Anomalien und Fehlbildungen im Bereiche der Weichteile der lateralen Epipharynxwand.

1. Im Zusammenhang mit der ersten Schlundtasche (Lit. XI/7).

Die Tuba auditiva mit der Paukenhöhle entwickelt sich bekanntlich aus dem dorsalen Anteil der ersten Schlundtasche. Die mit der ersten Schlundtasche außen korrespondierende erste Kiemenfurche wird zum Gehörgang, der zwischen beiden übrig bleibende Gewebsblock wird zum Trommelfell. In die Sprache der bei den branchiogenen Halsfisteln üblichen Terminologie übertragen, stellt der Gehörgang eine äußere inkomplette, das Pauken-Tuben-Rohr eine innere inkomplette physiologische „Kiemengangsfistel" dar.

a) **Tuba auditiva:** Lage und Gestalt der *pharyngealen Tubenmündung* zeigen große Verschiedenheiten, abhängig vom Alter und von zahlreichen individuellen Schwankungen (genaue Details bei K. v. Kostanecki, a). Öfters erscheint sogar die Mündung auf einer Seite anders situiert als auf der Gegenseite. Beim Fetus liegt die Tubenspalte unterhalb des Niveaus des harten Gaumens, beim Neugeborenen im Niveau, beim Erwachsenen ca. 10 mm oberhalb desselben. Das Lumen der Tuba auditiva stellt infolge Anliegens der Vorderwand an die hintere einen geschlossenen Spalt dar, welcher nur oben einen stets durchgängigen kapillaren Raum hat (Rüdinger). Beim Erwachsenen überwiegt die Dreieckform des Ost. pharyng., wobei die Basis vom membranösen Tubenboden mit dem

Levatorwulst, der vordere laterale Schenkel von der aus straff-fibrösem Gewebe
bestehenden vorderen Tubenlippe und der hintere mediale Schenkel vom mehr
minder stark vorspringenden Tubenwulst (mit seiner knorpeligen Grundlage)
dargestellt wird. Die verschiedene Gestalt des Ost. pharyng. tubae wird nach
V. Urbantschitsch nicht zuletzt dadurch hervorgebracht, daß die vordere
untere Partie des Ostiums einmal vorgewölbt, ein anderes Mal eingesenkt sein kann,
je nachdem die Lam. int. proc. pterygoid. oss. sphen. stärker nach abwärts reicht
oder schon am oberen Ende des Tubenspalts endet, wodurch das Tubenlumen
dann stärker klafft und die häutige Wand in die Fossa pterygoidea einsinkt.

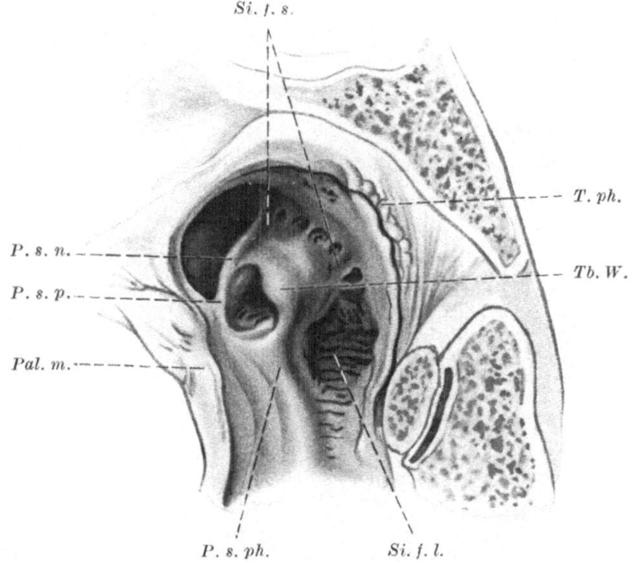

Abb. 141. Abnorm weites Ost. pharyng. tubae. Gitterbildung infolge Schleimhautfalten und -stränge in
der Rosenmüllerschen Grube.
Si. f. s. Sinus fauc. super.; *Si. f. l.* Sinus. fauc. later.; *T. ph.* Tonsilla pharyng.; *Tb. W.* Tubenwulst.;
P. s. n. Plica salp.-nasal.; *P. s. p.* Plica salp.-palat.; *P. s. ph.* Plica salp.-pharyng.; *Pal. m.* Palatum molle
(nach K. v. Kostanecki).

Klaffen der Tubenöffnung wird nach K. v. Kostanecki (a) auch durch einen
kräftigen, die Tubenlippen unten auseinander drängenden Levatorwulst hervorgebracht. — Die *Tube selbst* zeigt nach den Untersuchungen von Pautow eine
deutliche Korrelation mit den Schädelformen. Die Tube des Neugeborenen und
des Kindes ähnelt der tierischen, da sie verhältnismäßig breit und kurz ist und
der Isthmus fehlt. Am Erwachsenen fand Pautow drei verschiedene Formen:
α) die *gerade* Ohrtrompete, welche den theromorph-kindlichen Typus fortsetzt,
wird vom phylogenetischen Standpunkt als unvollkommener Typus bezeichnet
und findet sich hauptsächlich bei Brachycephalen und Chamäprosopen; β) die
S-förmige Tubenform wird als Übergangstypus bezeichnet und findet sich vorwiegend bei Mesoprosopie; γ) die *Tube mit S-förmiger Biegung und einer solchen
nach unten im Isthmusgebiet* wird vom phylogenetischen Standpunkt aus als
„vollkommen" bezeichnet und kommt vorwiegend bei Dolichocephalen und
Leptoprosopen vor.

b) **Umgebung der Tube.** Die vom Tubenostium ausgehenden *Schleimhautfalten* und die unterhalb derselben liegenden *Muskeln* sind für das Relief der
Tubenumgebung bedeutsam. Von dem nach vorne umgebogenen Haken des

Tubenknorpels zieht die *Plica salp.-palatina* (Hakenfalte) nach vorne, von der medial-hinteren Tubenlippe die *Plica salp.-pharyngea* (Wulstfalte) nach rückwärts. Die Grundlage der letzteren ist zumeist der M. palato-pharyng. und der M. salp.-pharyng. Wenn die zum knorpeligen Tubenwulst ziehende Hauptportion des Muskels fehlt, tritt an ihre Stelle das *Lig. salpingo-pharyngeum* (ZUCKERKANDL). Daneben gibt es häufig noch andere Bänder, welche teils vom lateralen Knorpelhaken, teils vom Tubenboden und teils von der medialen

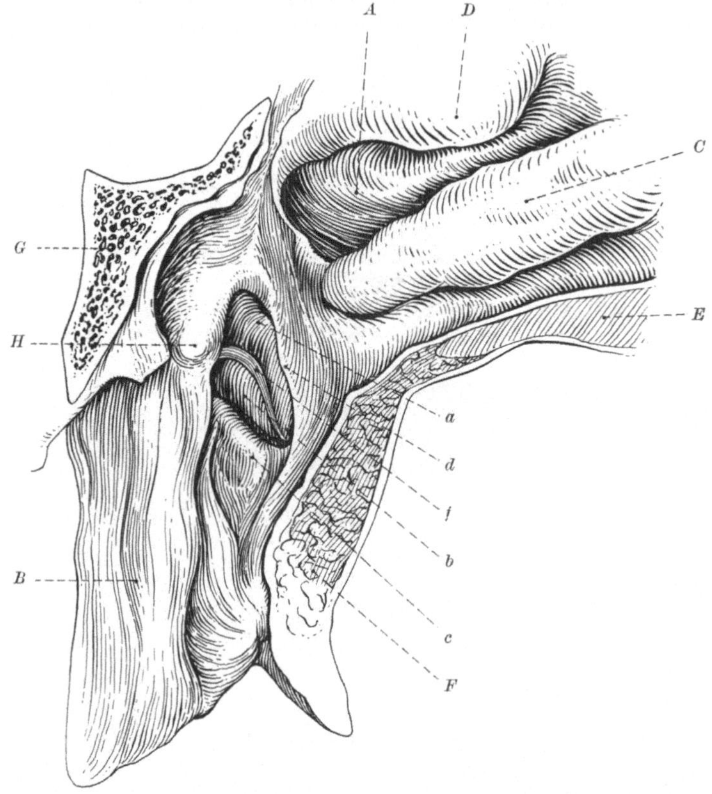

Abb. 142. Präparat mit stark ausgeprägtem Recessus salpingo-pharyngeus (nach E. ZUCKERKANDL).

Tubenplatte entspringen und fächerförmig ins Velum einstrahlen (*Ligg. salpingo-palatina* — ZUCKERKANDL). Besondere Wichtigkeit kommt ferner den zwei hauptsächlichsten Tubenmuskeln zu, dem medial gelegenen *M. levator veli palat.* (Synonym: M. petrosalp.-staph., M. compressor tubae aud.) und dem lateral davon gelegenen *M. tensor veli palat.* (Synonym: M. sphen.-salp.-staphyl., M. dilatator tubae). Zwischen beide schiebt sich die *Fascia salpingo-pharyngea* ein.

c) **„Zweiteilung" des Tubenostiums.** Sie entsteht dadurch, daß durch Bündel des Levator oder des Lig. salp.-palat. post. die Schleimhaut in der Gegend des Tubenbodens emporgedrängt wird und daraus der Eindruck der Verdoppelung oder Zweiteilung resultiert. Die „Zweiteilung" gehört zu den anatomischen Varianten.

d) **Übermäßige Erweiterung des Tubenostiums** (Abb. 141). Sie kann das Drei- bis Vierfache der normalen Weite betragen und bildet gewissermaßen den Übergang zu der im folgenden erwähnten Grubenbildung des Rec. salp.-pharyng.

e) **Recessus salpingo-pharyngeus** (Zuckerkandl). Zwischen Plica salp.-palat. und Levator zieht vom Boden der Tube zum Velum hin fast stets eine seichte Furche (Sulc. salp.-palat. ant.), welche bei stärkerer Vertiefung und Ausdehnung als Rec. salp.-pharyng. bezeichnet wird.

Abb. 142 zeigt eines der klassischen Präparate Zuckerkandls, wobei *A* die Nasenhöhle, *B* den Epipharynx, *C* die untere Muschel, *D* die mittlere Muschel, *E* den harten Gaumen, *F* das Velum, *G* den Clivus und *H* die mediale Platte der Tube bedeutet. *a* bezeichnet das Tubenostium, *b* den *Rec. salp.-pharyng.*, *c* den vom Levator aufgeworfenen Schleimhautwulst und *d* die Plica salpingo-palatina. Der Recessus hängt mit dem an und für sich erweiterten Tubenostium zusammen, beide Bildungen ergeben eine oft sehr ausgedehnte Mulde. In dem Abb. 142 zugrunde liegenden Präparat wurde die mediale und hintere Begrenzung des Rec. salp.-pharyng. durch das Lig. salp.-pharyng. und den Levatorwulst gebildet, die laterale und vordere Begrenzung durch die sehr scharf vortretende Plica salpingo-palatina, welche durch das Lig. salp.-palat. und den M. tensor aufgeworfen war. Der Recessus selbst wieder wurde durch eine halbmondförmige Falte (*f*) in eine vordere, ganz seichte, und in eine rückwärtige, den eigentlichen Blindsack darstellende Partie geteilt. Die obere Begrenzung des Recessus nach der Tube zu wurde durch eine Schleimhautleiste (modifiziertes Stück des Tubenbodens) gebildet, der Fundus unter dem Boden der Tube von der Schleimhaut des Pharynx, welche zwischen den weit auseinander gewichenen Mm. Tensor und Levator tief eingesunken war. Die Schleimhautbekleidung des Recessus war derart an die Unterlage fixiert, daß bei keiner möglichen Bewegung der Nasenrachenraumwände irgendein Teil des Recessus hätte verstreichen können.

Zuckerkandl (b) faßt die Recessusbildung als *kongenitale Steigerung* eines schon de norma angedeuteten Zustands auf, welcher bei einer gewissen Ausbildung des Levators zustande kommt, glaubt aber, daß „die Muskelverschiebung nicht als bedingende Ursache der Grubenbildung angesehen werden" könne. K. v. Kostanecki (a, c), welcher sich später ausführlich mit diesem Gegenstand beschäftigte, *unterscheidet nicht besonders zwischen Tubenmündung und Divertikel (Recessus), sondern rechnet die ganze Vertiefung zum Boden der pharyngealen Mündung* und bezeichnet sie als *abhängig von* einer in solchen Fällen stets vorhandenen *übermäßigen Länge des Velums.* Letzteres Moment führe zwangsläufig zu einer Verschiebung des Levators nach rückwärts und dadurch zur Recessusbildung.[1] Bezüglich weiterer Details muß auf die Schriften von Kostanecki verwiesen werden. Dieser Autor sieht demnach den *Rec. salp.-pharyng.* und ähnliche Bildungen für eine *angeborene, durch die ganze Konfiguration des Nasenrachenraumes bedingte Erweiterung (Ektasie) des membranösen Abschnitts am unteren Teil der knorpeligen Tube*, namentlich aber an der pharyngealen Mündung derselben, an.

f) **Divertikelbildung des Tubenbodens.** Ebenfalls zwischen Levator und Tensor liegt die sackartige Ausweitung des Tubenbodens bei der sogenannten Kirchnerschen *Divertikelbildung*, die sich aber vom Rec. salp.-pharyng. dadurch unterscheidet, daß die Ausweitung erst eine gewisse Strecke weit hinter dem Ost. pharyng. tubae beginnt, also *innerhalb der Tube selbst liegt*.

Abb. 143 zeigt ein von K. v. Kostanecki (c) beobachtetes Kirchnersches Divertikel (d), wobei *Tb. B.* den Tubenboden, *L. W.* den Levatorwulst, *s. s. p. p.* und *s. s. p. a.* den Sulc. salp.-palat. post. bzw. ant., *Tb. K. D.* das Tubenknorpeldach, *v. l. Tb. W.* die vordere laterale Tubenwand, *m. Tb. K.* den medialen Tubenknorpel und *pr. pt.* den Proc. pterygoid. bedeutet.

---

[1] Eine *Lageänderung der Tubenmuskulatur erfolgt auch bei Palatoschisis*, aber gewissermaßen in umgekehrtem Sinne. Dadurch und infolge fehlender Muskeleinwirkung ist der mediale, frei bewegliche Tubenknorpel lateralwärts gelagert und legt sich der vorderen Tubenwand an, von welcher infolgedessen ein Großteil sichtbar wird (v. Kostanecki).

Ätiologisch nimmt KIRCHNER Traktionsdivertikelbildung infolge Zuges des Tensors auf die Tubenschleimhaut, unterstützt durch sekundäre pathologische Veränderungen der Umgebung, an, KOSTANECKI dagegen eine *angeborene, stets an typischer Stelle* (Übergang des vorderen zum mittleren Tubendrittel) *situierte Ausstülpung*, welche auf Grund von bereits pränatal vorhandenen Buchtenbildungen an besonders dünnen, von der Umgebung nicht gestützten Stellen durch mechanische, vom Tubenlumen her wirksame Kräfte (Sekretansammlung, Sekretstauung) zustande gekommen sei. Nach KOSTANECKI liegt also eine *auf embryonaler Grundlage entstandene Pulsionsdivertikelbildung vor.*[1]

  g) **Branchiogene Fisteln und Cysten im Bereiche des dorsomedialen Bezirkes der ersten Schlundtasche.** Sie stehen den Divertikeln der Tubengegend nahe. Den bislang einzigen Fall einer *kompletten Halskiemenfistel der ersten Schlundtasche* beschrieb R. VIRCHOW:

  An einem totgeborenen, 42 cm langen Knaben fanden sich eine Reihe von Fehlbildungen, angeordnet in drei „Störungskreisen", welche nach Ansicht VIRCHOWS

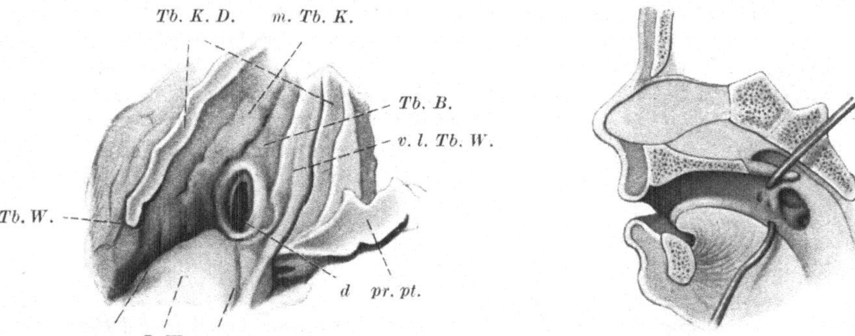

Abb. 143. KIRCHNERsches Divertikel des Tubenbodens. Die Tube längs des Daches durchschnitten und ausgebreitet (nach K. v. KOSTANECKI). Abb. 144. Rechtsseitige komplette Halskiemenfistel im Bereiche der ersten Schlundtasche bzw. Kiemenfurche. Näheres im Text (nach R. VIRCHOW).

unabhängig voneinander gewesen sein dürften, wenn vielleicht auch gleichzeitig und durch die gleiche Ursache entstanden. U. a. war rechterseits eine schwere OhrmuschelGehörgangs- und Mittelohr-Mißbildung (etwa Typus IV von MARX entsprechend) vorhanden, die Hirnbasis mit dem Hörnerven und das Felsenbein waren jedoch äußerlich normal gebildet. *Hinten unten vom äußeren Ohrrudiment* lag ein rundlicher Aurikularanhang, unter welchem sich eine *längliche Öffnung* fand, durch welche eine daselbst eingeführte Sonde ohne besonderen Widerstand in den Schlund gelangte (Abb. 144). *Hinter dem Velum war eine ungefähr in der Gegend der normalen Tubenöffnung situierte trichterförmige, von glatter Schleimhaut bekleidete Tasche* von solcher Weite vorhanden, daß ihr Eingang die Spitze des kleinen Fingers aufnehmen konnte. In die trichterförmige Tasche erstreckte sich von unten und vorne her ein anfangs breiterer, später sich verjüngender Wulst hinein, welcher erstere unvollständig

---

  [1] *Bei den Perissodaktyla, Hyracoidea und Chiroptera sind blasenförmige Tubenausbuchtungen de norma vorhanden.* Besonders genau erforscht sind die (medialen und lateralen) divertikelartigen pneumatischen Tubenanhänge des Pferdes, welche sich schon auf einer relativ frühen Stufe der fetalen Entwicklung auszubilden beginnen (PETER, VERMEULEN, DAUM, ZIMMERMANN) und zur Zeit der Geburt fast komplette Ausdehnung erreicht haben, ein Beweis für ihre rein anlagemäßig erfolgende Bildung. Da die Tubendivertikel des Menschen nur relativ selten vorkommen, wesentlich weniger ausgedehnt sind und überdies an durchaus verschiedener Stelle liegen, können sie mit den luftführenden Tubenanhängen obengenannter Tierarten wohl nicht in Zusammenhang gebracht werden.

in eine vordere und eine hintere Abteilung schied (in der Abbildung gut sichtbar). Die trichterförmige Tasche verengte sich sehr bald und mündete direkt in die erwähnte äußere, hinter dem Auricularanhang gelegene Öffnung. Statt der an gewöhnlicher Stelle fehlenden Tube fand sich beim Auseinanderziehen der Rachentasche dicht unter dem Schädelgrund *eine ziemlich weite Nebentasche*, welche von der Haupttasche durch eine von vorne nach hinten verlaufende Schleimhautfalte abgegrenzt wurde. Diese Nebentasche erstreckte sich etwas mehr horizontal und nach hinten als gewöhnlich und endigte blind in der Nähe des knorpeligen Gehörgangs. — Demnach lag eine *komplette Halskiemenfistel im Bereich der ersten Schlundtasche bzw. ersten Kiemenfurche bei gleichzeitig rudimentär ausgebildetem Gehörgangs-Mittelohr-Apparat derselben Seite vor*, wobei erstere gewissermaßen als *Ersatzbildung* für letzteren angesehen werden kann. Wegen der offenbar normalen Ausbildung des Labyrinthbläschens und der Störung der Gehörgangsausbildung dürfte der mutmaßliche Entstehungszeitpunkt der Fehlbildung zwischen dem Ende der dritten und der siebenten Woche des Embryonallebens anzusetzen sein, wahrscheinlich aber näher an letzteren Termin heran (wegen der gelungenen Ersatzbildung).

Ist die innere Öffnung einer unvollständigen Schlundtaschenfistel geschlossen und weitet sich das daran anschließende Gangstück erst später unter Bildung einer Cyste aus, so resultiert eine *branchiogene Cyste* (der ersten Schlundtasche) im Tubenbereich, wie sie durch den interessanten Fall von GIUSSANI realisiert ist:

25jähriger Mann mit etwa nußgroßem cystischem Tumor von grauroter Farbe und glatter Oberfläche, der sich anscheinend im Verlauf einiger Jahre ausgebildet hatte, in den hinteren Gaumenbogen eingedrungen war, den seitlichen Teil des Meso- und Epipharynx einnahm und bis hinauf zum Tubenboden reichte, von wo aus er entsprang. Die eine gelbe, serös-schleimige fadenziehende Flüssigkeit enthaltende Cyste bestand aus einem sehr gefäßreichen, membranös-balkigen Bindegewebe, in welchem zahlreiche, mit geschichtetem flimmerlosem Zylinderepithel ausgekleidete Hohlräume vorhanden waren. Einzelne dieser Hohlräume stellten sich im Querschnitt röhrenförmig dar und schienen von einem zentralen Hohlraum auszugehen. Im Zusammenhang mit der Haupthöhle waren an der Cystenbasis kleine gemischte Schleimdrüsen vorhanden, an vielen Stellen fanden sich ferner Anhäufungen von Lymphocyten, gelegentlich in Knötchenform.

Wegen der lateralen Lage und der histologischen Details spricht sich GIUSSANI für eine vom Entoderm ausgehende *branchiogene Cyste* des sonst sich ganz zurückbildenden *ventralen* Divertikels der ersten Schlundtasche aus, welch erstere sich anfangs wohl als kleiner Sproß von der unteren Tubenwand aus entwickelt haben mochte. Obwohl es sich um eine Fehlbildung aus frühembryonaler Zeit handelt, erfolgte der eigentliche Wachstumsimpuls wahrscheinlich erst um die Zeit der Pubertät. Die (übrigens vom Autor nicht ventilierte) Möglichkeit, daß es sich bei der beschriebenen Cyste um ein vom Tubenboden „abgeschnürtes" KIRCHNERsches Divertikel gehandelt haben könnte, scheint mir trotz ähnlicher Lokalisation nicht wahrscheinlich. Eher wäre es denkbar, daß aus atypischen Epithelaussprossungen des Tubenbodens sowohl Tubenbodendivertikel (häufiger) als auch branchiogene Cysten (selten) entstehen können, wenn nämlich die schließliche cystische Erweiterung des vorerst soliden Ganges erst weiter distal erfolgt und ohne Zusammenhang mit dem Tubenlumen bleibt. Wegen der Lage der Cyste bzw. der durchgehenden Kiemengangsfistel in den Fällen von GIUSSANI bzw. VIRCHOW kommt — wenigstens für diese Fälle — als Ausgangspunkt der sonst sich zurückbildende *ventrale Abschnitt der ersten Schlundtasche* in Betracht. Es handelt sich also um *mangelhafte Rückbildung (Hemmungsmißbildung)*, welche im VIRCHOWschen Fall bei der gleichseitigen Ohrmißbildung gewissermaßen einen Impuls zu einer Ersatzbildung erhielt. — Eine *branchiogene Cyste* des Epipharynx beobachtete ferner WODAK; wahrscheinlich sind auch die Fälle von GLAS und von MENZEL hierher zu rechnen.

Anhang.

Das Verhalten der Tuba Eustachii bei Mißbildungen des Mittelohres. Diesbezüglich stellte Marx fest, daß unter 37 anatomisch untersuchten Fällen viermal *Tubenverengerung* und ebensooft *Fehlen des Tubenknorpels* angegeben wurde. „Selbst bei vollkommenem Fehlen eines Paukenhöhlenlumens kann eine gut ausgebildete, blind endende Tube vorhanden sein." In einzelnen Fällen von Mittelohrmißbildung war allerdings auch die *Tube schwer betroffen*, sie war dann entweder nur ganz rudimentär entwickelt oder fehlte selbst ganz, *das Ostium pharyngeum mangelte* in solchen Fällen (v. Kostanecki [a], Marx). Das ausgedehntere und schwerere Betroffensein der Paukenhöhle gegenüber der Tube könnte, da m. W. kein umgekehrter Fall (relativ gute Ausbildung der Paukenhöhle bei fehlender Tube) bekannt ist, damit erklärt werden, daß die Ausbildungsstörung zu verschiedenen Zeitpunkten das vom Pharynx her auswachsende tubo-tympanale Rohr trifft, wodurch alle Übergänge zwischen schwerer Mißbildung und halbwegs gut ausgebildeter Paukenhöhle möglich sind, niemals aber Vorhandensein letzterer bei Fehlen der Tube. —

Anderseits gibt es aber Fälle, wo anscheinend ein normales Verhalten der Paukenhöhle besteht, die Tube aber nicht ganz normal gebildet ist, eine Verengerung ihres Lumens oder ein verkleinertes, infantil ausgebildetes Ost. pharyng. vorliegt (V. Urbantschitsch, l. c. S. 251; Voltolini sowie Löwenberg, zit. nach K. v. Kostanecki[a]). Zur Erklärung sei daran erinnert, daß die primäre Paukenhöhle (tubo-tympanales Rohr) in zwei Abteilungen zerfällt, nämlich in eine äußere (sekundäre oder definitive Paukenhöhle) und in eine innere, nämlich die Tube (N. Kastschenko [Lit. XI/8]). Letztere ist anfangs ganz kurz und wird erst mit der Zeit länger. Tritt also während dieser relativ spät erfolgenden Ausbildungszeit der eigentlichen *(sekundären)* Tube eine Störung auf, so kann es zu einem *Stehenbleiben der Tube auf embryonal-infantiler Entwicklungsstufe* kommen *(Hemmungsmißbildung)*. Es kann dann neben einer normalen sekundären Paukenhöhle eine unterentwickelte Tube vorliegen, eine Mißbildungsform, welche von der höher oben erwähnten Paukenhöhlenmißbildung durchaus hinsichtlich Zeitpunkt und wohl auch Art der ursächlichen Störung verschieden ist.

2. Varianten, Anomalien und Fehlbildungen im Bereiche des dorsalen Abschnittes der zweiten Schlundtasche (Lit. XI/8).

a) **Recessus pharyngeus lateralis.** Die im älteren Schrifttum vielenorts vertretene Ansicht, daß sich aus dem *dorsalen* Divertikel der zweiten Schlundtasche de norma der *Rec. pharyngeus lateralis* (Rosenmüllersche Grube) entwickle, wird seit Born, Kastschenko und K. Hammar verworfen. Kastschenko verfolgte am Hausschwein das Schicksal der zweiten Schlundtasche und konstatierte, daß dieselbe zu einer neben dem unteren und hinteren Rand der Tuba Eustachii liegenden schmalen, lumenlosen Epithelleiste wird und daß später auch dieser Rest spurlos verschwindet. Inzwischen bildet sich am inneren Rand des dritten Schlundbogens ein longitudinal verlaufender Wulst aus und der zwischen diesem und dem inneren Rand des zweiten Schlundbogens befindliche Raum wird zu einer vertikalen Grube umgewandelt, welche augenscheinlich die Rosenmüllersche Grube darstellt. In den letzten Jahren vertritt Caliceti die Ansicht, daß der Rec. pharyng. lat. *eine postnatale Spätbildung* ist. Feten und Neugeborene haben keine oder nur angedeutete Rosenmüllersche Gruben. Zur Bildung der verschiedenen Grade der Grube führe die Art, wie sich die Tunica fibrosa pharyngis ans Felsenbein und an den hinteren und inneren Anteil des Tubenknorpels anhefte sowie die besondere Anordnung des M. constr. pharyng.

sup. Dieser Muskel wird nämlich mit dem nach unten wachsenden Proc. pterygoideus nach unten verlagert und entfernt sich dadurch allmählich von der Schädelbasis, wodurch schließlich beim Erwachsenen ein Zwischenraum von ungefähr 10 bis 12 mm entsteht. Darauf beruhe die Ausgestaltung der ROSENMÜLLERschen Grube mit dem fortschreitenden Alter, wobei auch die Schluckakte mitwirken. Bei der Präparation des hinter dem Ost. pharyng. tubae liegenden *Rec. pharyng. lat.* stößt man nach ÉSCAT (Lit. XI/1a) auf ein von Muskeln begrenztes Dreieck, dessen Basis dem oberen konkaven Rand des oberen Schlundschnürers, dessen vordere schräge Seite dem hinteren-unteren Rand des M. petro-staphylinus und dessen Hinterseite der Vorderfläche des M. rect. capit. ant. major entspricht. Durch dieses Dreieck hindurch wölbt sich die Schleimhaut des Epipharynx lateralwärts aus und ist durch Bandmassen an der Pyramide fixiert. Infolge der immer weiter fortschreitenden Vergrößerung der Schädelbasis in transversaler Richtung

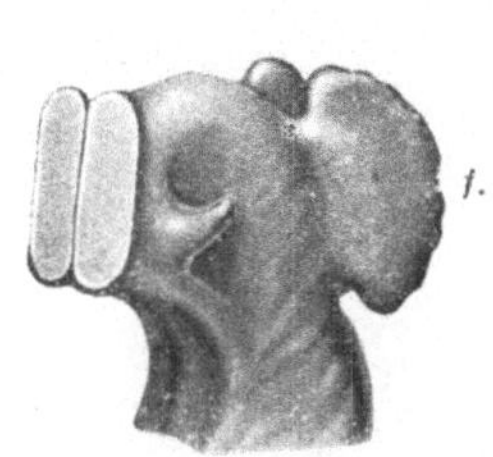

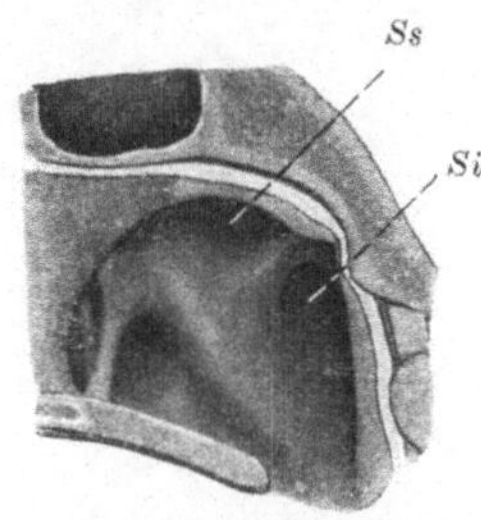

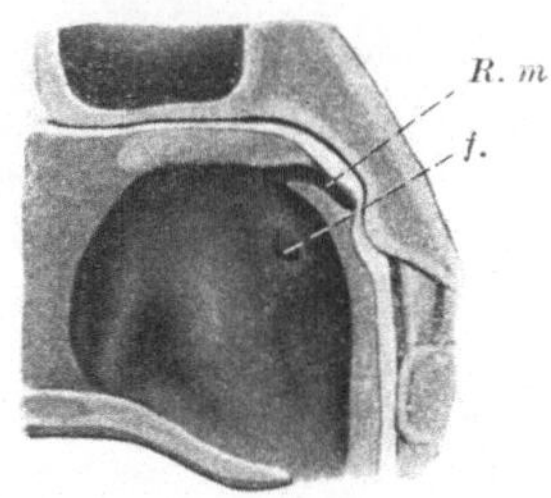

<table>
<tr>
<td>Abb. 145. Moulage des Epipharynx eines Erwachsenen bei sackförmig ausgebildetem Recess. pharyng. lat. (f.). ²/₃ d. nat. Gr. (nach E. ÉSCAT).</td>
<td>Abb. 146a. Zweiteilung des Recess. pharyng. lat. durch eine Schleimhautbrücke. Legende im Text. ²/₃ d. nat. Gr. (nach E. ÉSCAT).</td>
<td>Abb. 146b. Recess. pharyng. lat. zu einem beutelförmigen Sack mit enger Eingangsöffnung (f.) umgestaltet. R. m. Recess. medius der Rachenmandel. ²/₃ d. nat. Gr. (nach E. ÉSCAT).</td>
</tr>
</table>

wird die angeheftete Pharynxschleimhaut passiv mitgenommen und entfaltet sich zum Rec. pharyng. lat. Die Länge und Dichtigkeit der Bandmassen sowie die starke oder schwache Ausbildung der begrenzenden Muskeln sind geeignet, dem Rec. pharyng. lat. verschiedene Formen zu geben.

Abb. 145 gibt eine Moulage von ÉSCAT wieder, welche die durchschnittliche sackförmige Ausbildung (*f*) beim Erwachsenen zeigt. Die ROSENMÜLLERsche Grube kann außerordentlich tief sein (beginnende PERTIKsche Divertikelbildung), was vorwiegend bei Greisen vorkommt (ÉSCAT). *Zahlreiche Varianten der Ausbildung, Tiefe, Schleimhautbrückenbildung, Unterteilung* usw. bildete schon seinerzeit v. KOSTANECKI (a) ab. Vgl. hierzu Abb. 141, in welcher *Si. f. s.* Sinus fauc. sup., *Si. f. l.* Sin. fauc. lat., *T. ph.* die Rachenmandel, *Tb. W.* den Tubenwulst, *P. s. n.* Plica salp.-nasal., *P. s. p.* Plica salp.-palat., *P. s. ph.* Plica salp.-pharyng. und *Pal. m.* den weichen Gaumen bedeutet. Da sich die Rachentonsille sehr häufig über die ROSENMÜLLERsche Grube ausbreitet, zeigt demgemäß die Schleimhaut in den Buchten eine unregelmäßige, unebene, in Querfalten gelegte Oberfläche (Gitterstruktur bzw. „Zerklüftung" durch Schleimhautbänder). *Schon die Häufigkeit dieser fibrösen Zügel und Schleimhautbrücken führt dazu, dieselben bloß als anatomische Varianten aufzufassen.* Anderseits könnten pathologische Prozesse am adenoiden Gewebe der ROSENMÜLLERschen Grube die „Zerklüftung" und „Verwachsung" derselben fördern. ÉSCAT denkt an senil-atrophische Zustände, eventuell an Rückstände nach katarrhalischen Entzündungen. *Zweiteilung* des Rec. pharyng. lat. durch eine Schleimhautfalte, wodurch ein oberer horizontaler Sin. fauc. sup. (*Ss*) und ein hinterer vertikaler Sin. fauc. inf. (*Si*) entsteht, zeigt Abb. 146a. Schließlich kann die *Eingangsöffnung* in den Rec. pharyng. lat. lochförmig „*verengt*" sein, wodurch letzterer zu einem *beutelförmigen Sack* umgestaltet wird (Abb. 146b). *Alle diese Bildungen* stellen nach unseren derzeitigen Erfahrungen bloß *verschiedene, noch innerhalb der Norm liegende Formvarianten* dar, sind also nicht als Anomalien oder gar als Fehlbildungen aufzufassen.

b) **Divertikelbildung des Recessus pharyngeus lateralis (Rhinopharyngocele).** Erreicht jedoch der Rec. pharyng. lat. eine *excessive Tiefe und Lateralausdehnung,* so darf man füglich von einem *Divertikel* sprechen (sogenanntes PERTIKsches Divertikel).

Abb. 147 zeigt das Originalpräparat PERTIKs, an welchem nach Entfernung des retropharyngealen zähen fettlosen Bindegewebes *jederseits ein symmetrischer, mäßig*

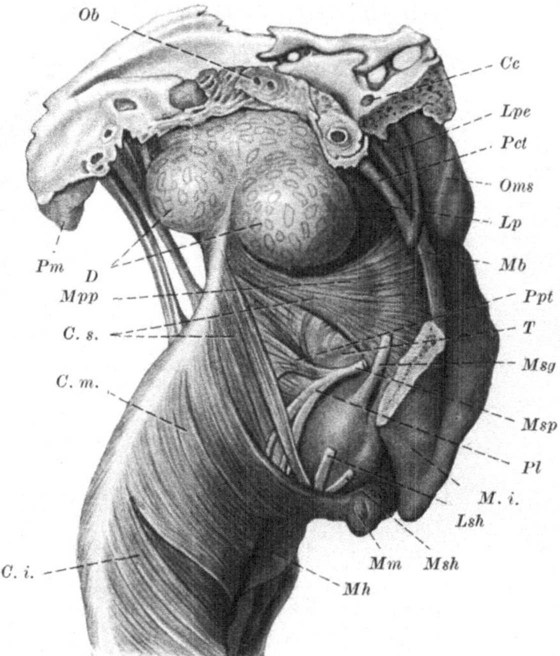

Abb. 147. Sackförmiges Divertikel des Recess. pharyng. lat. von außen her gesehen bei 55jährigem Manne (nach O. PERTIK).

fluktuierender Sack (D) zur Ansicht kam, welcher sich über den oberen, konkaven Rand des M. constr. pharyng. sup. (= C. s.) hauptsächlich *lateralwärts hernienartig vorstülpte.*[1] Die Säcke hatten eine Höhe von 18 mm und ragten 15 mm weit über den hinteren Rand des M. levat. veli palat. (*Lp*) seitlich vor. Dadurch bekam der Epipharynx eine Frontalerstreckung von 6,5 cm (gegenüber 3,5 cm in der Norm). Die Säcke wurden von der Fasc. cephalo-pharyngea gebildet, ihre Öffnungen stellten sich als stehende Ovale von etwa 16 : 12 mm Ausdehnung dar. *Die Tubenknorpel waren abnorm klein gebildet.*

PERTIK nimmt zwar *Pulsionsdivertikelbildung* infolge des Schluck- und forcierten Schneuzaktes an, verweist aber bezüglich der Möglichkeit der Kongenität

---

[1] In Ergänzung der Legende zu Abb. 147 sei angeführt: *Ob* = Os basilare; *Pm* = Proc. mast.; *Cc* = Can. carot.; *Lpe* = Lam. pteryg. ext.; *Oms* = Os max. sup.; *M.i.* = Max. infer.; *Pct* = Pars cartil. tub.; *Mpp* = M. pterygo-pharyng.; *C.m.* = Constr. med.; *C.i.* = Constr. inf.; *Mb* = M. buccin.; *T.* = Tonsille; *Msg* = M. stylo-gloss.; *Lsh* = Lig. stylo-hyoid.; *Msh* = M. stylo-hyoid.; *Mm* = M. mylo-hyoid.; *Mh* = M. hyo-gloss.; *Msp* = M. stylo-pharyng. mit a) *Ppt* = P. pharyngo-tons. und b) *Pl* = P. laryngea.

auf die *embryonale Anlage besonders großer, zipfelförmiger oberster Pharynx-buchten*, welche den obersten Teil der ROSENMÜLLERschen Gruben bilden. Derzeit sieht man in den PERTIKschen Divertikeln eine *angeborene Anomalie*, wobei es eventuell durch sekundäre postnatale pathologische Einwirkungen (häufiges Niesen und Schneuzakte) zu weiteren Vergrößerungen kommen kann.

Kasuistik: Drei Fälle von KOSTANECKI (c), wovon einer mit einem Rec. salp.-pharyng. vergesellschaftet war; mehrere Fälle von M. SCHMIDT, bei welchen der *hintere Tuben-wulst abgeplattet und mehr strangartig* gebildet war; die gleiche Beobachtung machte POLYÁK an zwei Fällen. Einen besonders eindrucksvollen Fall demonstrierte BROECKAERT an einem 15 Monate alten Kinde, bei welchem sich ganz allmählich an der linken seitlichen oberen Halsregion eine *Rhinopharyngocele von Mandarinengröße* ausgebildet hatte. Der Luftsack ließ sich durch Kompression zwischen Fingerkuppe und seitlicher Atlasapophyse zum Verschwinden bringen und nahm seinen Ausgangs-punkt von einer abnorm entwickelten ROSENMÜLLERschen Grube. Drückte man den Finger gegen diese Stelle, so konnte sich die einmal reponierte Aërocele nicht wieder bilden. Die Einseitigkeit des Prozesses und seine mächtige Ausbildung bei einem so jungen Kinde spricht nach BROECKAERT für *kongenitale Mißbildung* (An-nahme des Fortbestehens eines Divertikels am dorsalen Ende der zweiten Schlund-tasche). Auf die *praktische Bedeutung* dieser Divertikel wies besonders PETERS (zwei Fälle) hin und ging auf die *Differentialdiagnose* gegenüber *Verwachsungsprozessen der Tubenwülste mit der hinteren Rachenwand* und gegenüber *Tubenknorpelhyperplasie* ein. Weitere Fälle wurden von P. CALICETI (a) mitgeteilt.

Eine *Kombination zwischen Divertikelbildung des Rec. pharyng. lat. mit solcher des Tubenbodens* stellt das von BRÖSICKE an einem anatomischen Präparat beschriebene Divertikel dar. Das Divertikel des Rec. pharyng. lat. bestand aus einem Vorraum und einem daran anschließenden Hohlraum. An der Schwelle zwischen beiden bestand eine schlitzförmige Kommunikation mit der medial-hinteren Wand der Tube. Bei Inspektion letzterer erkannte man an der hinteren und unteren Wand derselben eine deutliche Vertiefung und in derselben den erwähnten Schlitz, der anscheinend eine *sekundäre* Verbindung zwischen beiden Bildungen darstellte. Kein besonderer Höhlen-inhalt. Überdies fand sich eine *Cyste des Can. incisivus.*

Die *Divertikel des Rec. pharyng. lat.* stellen sich demnach als teils angeborene (Fall BROECKAERT), teils erst später hervortretende, durch besondere anatomische Vorhältnisse (primäre Unterentwicklung des Tubenknorpels?) bedingte *Miß-bildungen bzw. Anomalien* dar, haben aber wahrscheinlich nichts mit mangel-hafter Rückbildung des dorsalen Recessus der zweiten Schlundtasche zu tun (siehe die oben mitgeteilten Ergebnisse der modernen anatomischen Forschung).

E. Epignathi bzw. Teratome des Epipharynx, teratoide Tumoren („behaarte Rachenpolypen" und ·Misch-geschwülste) (Lit. XI/9).

Im Bereich des Rachens bzw. des Epipharynx und der Schädelbasis kommen — analog wie an anderen Körperstellen — geschwulstartige Bildungen vor, welche infolge ihrer Zusammensetzung aus Organen oder Organteilen als Teratome zu bezeichnen sind und dies teils schon makroskopisch zu erkennen geben, teils erst bei histologischer Untersuchung dartun. Nach E. SCHWALBE sind die *Epignathi* eine Unterabteilung jener asymmetrischen Doppelbildungen, bei welchen der Parasit am Kopfe des Autositen befestigt ist. *Aus der Reihe der verschiedenen, z. T. ineinander übergehenden Formen hebt* SCHWALBE *vier Hauptgruppen heraus:* 1. Am Gaumen oder in der Nachbarschaft des Gaumens eines Individualteiles (Fetus) ist der Nabelstrang eines zweiten Individualteiles befestigt. Dieser zweite

Individualteil kann mehr oder weniger gut ausgebildet sein. 2. Aus der Mund-höhle eines Individualteiles (Fetus) hängen Körperteile eines zweiten Individual-teiles, die sich ohne weiteres als ausgebildete Organe bzw. Organteile (untere Extremitäten, Genitalien usw.) erkennen lassen. 3. Aus der Mundhöhle eines Fetus ragt eine unförmige Masse, an der keine organähnlichen Teile zu erkennen sind. Die Untersuchung ergibt Aufbau aus allen drei Keimblättern. 4. Ein größerer oder kleinerer Tumor befindet sich am Gaumen oder in der Mundhöhle, die Unter-suchung ergibt Zusammensetzung aus zwei Keimblättern.

Während es im Bereich der Gruppen 1 bis 3 nur relativ wenig gesicherte Beobachtungen gibt (namentlich Gruppe 1 ist sehr spärlich vertreten), sind die zur Gruppe 4 zu rechnenden teratoiden Tumoren, insbesondere die sogenannten „*behaarten Rachenpolypen*", die *Mischgeschwülste* und die *Dermoide* relativ viel häufiger. Die Träger von Teratomen der Gruppe 4 und kleinerer der Gruppe 3 haben infolge ihrer Lebensfähigkeit und wegen der bei ihnen fast stets vorhandenen Atem- und Schluckbehinde-rung klinisches Interesse.

Ein Teratom der Gruppe 3 stellt der klassische Fall von J. ARNOLD (b) dar, wo ein von der Zunge entspringender Parasit den Gaumenschluß verhin-dert hatte, den Epipharynx erfüllte und mit dem Schädelinhalt zusammenhing.

Behaarte Rachenpolypen: Sie sind ausnahms-los angeboren, werden aber gelegentlich wegen mangelnder Beschwerden nicht sogleich von der Umgebung bemerkt. C. REUTER stellte bis 1905 20 Fälle (darunter einen eigenen) zusammen, E. OPPIKOFER sen. berichtete 1911 schon über 40 Fälle (darunter einen eigenen), A. BROWN-KELLY zählte 1918 50 Fälle, darunter den als

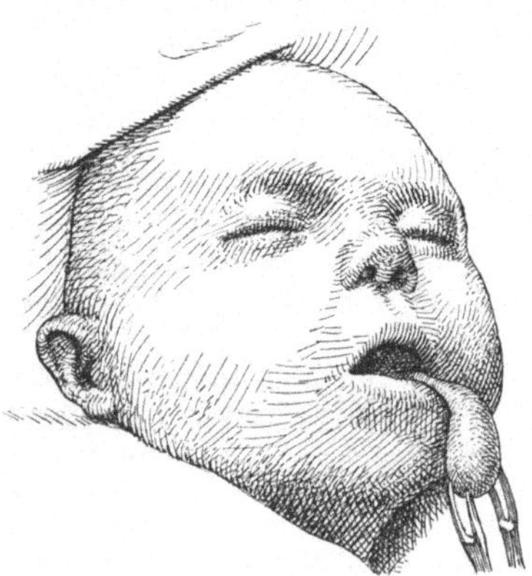

Abb. 148. Behaarter Rachenpolyp bei sechs Wochen altem Mädchen (nach A. BROWN-KELLY).

Übergangsfall zu Gruppe 3 zu wertenden Fall von G. J. JENKINS. Seither sind noch eine Reihe weiterer hinzugekommen (je ein Fall von BLOCH, DIGONNET, LEBEDEV, YAMAMOTO, FELDMANN, SCHWARZ, SOMMER, SANTI, BATAWIA, GUŠIĆ, E. OPPIKOFER jun., EULER und zwei Fälle von WILSON), so daß bis 1932 64 Fälle bekannt waren. Auffallend ist das *starke Überwiegen des weiblichen Geschlechts*. In der Mehrzahl der Fälle kommt der an seinem distalen Ende schlögel- oder glockenklöppel-artige oder mehr rundlich gestaltete, oberflächlich von Epidermis überzogene und darum weißlichgrau aussehende Tumor mit einem mehr minder dünnen Stiel aus dem Epipharynx heraus (Abb. 148), doch findet sich auch Insertion in der Mandelgegend (vorderer Gaumenbogen, Foss. supratons.) und am harten Gaumen (mit Spaltung des Velums). Die Ermittlung des epipharyngealen Ansatz-punktes stößt meist auf unüberwindliche Schwierigkeiten. REUTER stellte einmal Insertion am unteren Choanalrand fest, die zwei behaarten Tumoren YAMAMOTOS entsprangen am Ost. pharyng. tubae und die im Falle von STOOSS ebenfalls in der Zweizahl vorhandenen Tumoren (sehr große Seltenheit!) inserierten an der Schädelbasis. Ihre Größe und Dicke kann sehr verschieden sein. *Nach Abtragung rezidivierten sie nie.* Ein *postnatales Wachstum* dieser Geschwülste mit dem Träger ist nicht sicher festgestellt worden, doch sehr unwahrscheinlich, da die Größe der Tumoren sich umgekehrt zum Alter der Träger verhält. Der Stiel der behaarten Rachenpolypen ist gelegentlich von Schleimhaut bekleidet und dann rosa und setzt sich in solchen Fällen scharf gegen den distalen, von äußerer Haut bekleideten Teil ab. Meist sind alle Attribute letzterer vorhanden (Lanugohärchen, Talg- und Schweißdrüsen, Papillarkörper, Arrectores pilorum). Im Zentrum der Geschwulst findet sich meist Fett mit Bindegewebe, Gefäße und Nerven, gelegentlich auch quergestreifte Muskelfasern, öfters Knorpel, der gelegentlich auch Verknöcherung zeigt (Abbildungen solcher histologischer Befunde haben u. a. DOMBROWSKI und M. SCHWARZ gegeben). *Es waren also stets nur Abkömmlinge des äußeren und mittleren Keimblattes zugegen. Sonstige Fehlbildungen werden bei den Trägern dieser Geschwülste stets vermißt*, mit Ausnahme von gelegentlich vorkommenden *sekundären*, vom Tumor bedingten (Fehlen der Uvula bzw. eines Gaumenbogens, Verhinderung des Gaumenschlusses [Gaumenspalte] bzw. der Vereinigung beider Zungenhälften [Zungenspalte], Verwachsung der Zunge mit dem Mundboden und der Lippen mit dem Zahnfleisch, Ausbildung einer Hasenscharte). Diese sekundären Hemmungsbildungen können mit *zur Bestimmung des teratogenetischen Terminationspunktes* der Tumoren herangezogen werden, da ihr Vorhandensein darauf hinweist, daß letztere vor dem Verschluß gewisser physiologischer Spalten und Rinnen schon vorhanden gewesen sein mußten und dadurch Spaltbildungen, mangelhafte Weiterentwicklung bzw. Materialdefekte veranlaßten.

Zum Unterschied von den sogenannten behaarten Nasenrachenpolypen sind die *eigentlichen Mischgeschwülste* selten. *Epidermoide bzw. Dermoidcysten* kommen im NRR. anscheinend überhaupt nicht vor. Ein von LICHTENSTEIN publizierter Fall erwies sich als eine innerhalb des weichen Gaumens oberhalb der rechten Tonsille eingebettete *Mischgeschwulst,* welche durch eine derbe glänzende Bindegewebskapsel von ihrer Umgebung völlig getrennt war. Mischgeschwülste des Epipharynx beobachteten McGIBBON und BEATTIE (siebenjähriges Kind), ferner E. GLAS (parotistumorähnliche Geschwulst mit partieller karzinomatöser Entartung).

Die *Genese* der Epignathi und verwandter Formen (bis inklusive Mischgeschwülste und Dermoide) begegnet sehr verschiedener Auffassung (vgl. III. Abschn., S. 208). Für E. SCHWALBE liegt allen Formen eine Störung des Autositen zugrunde, sei es durch Ausschaltung einer omnipotenten Blastomere, sei es von Keimmaterial geringerer Wertigkeit zu einem immer späteren Zeitpunkt. Einen durchaus gegenteiligen Standpunkt nimmt etwa M. B. SCHMIDT ein, der auch für die Bidermome stets bigerminale Entstehung annimmt. Dagegen bekannte sich schon J. ARNOLD zu einer vermittelnden Auffassung, und zwar dermaßen, daß dort, wo sich histologisch Abkömmlinge aller drei Keimblätter finden, heterochthone Bildungen (also bigerminaler Ursprung im Sinne späterer Autoren), dagegen dort, wo sich nur Abkömmlinge von zwei Keimblättern finden, autochthoner (monogerminaler) Ursprung vorliege. Einen ähnlichen Standpunkt bezieht neuerdings G. B. GRUBER, welcher die erste Gruppe SCHWALBES als monoamniale, unfreie Zwillingsbildung bezeichnet und für die wesentlich untergeordneteren organismoidalen Bildungen (bis inklusive Dermoide) monogerminalen Ursprung mittels Abspaltung entwicklungsbefähigter Gewebsgüter annimmt. Bezüglich des *teratogenetischen Terminationspunktes der behaarten Rachenpolypen* hat SCHWALBE unter Zugrundelegung eines typischen Falles von ARNOLD (c) es wahrscheinlich gemacht, daß der am weichen Gaumen inserierende, den Gaumenschluß aber nicht behindernde Tumor zur Zeit der Gaumenbildung nur in der Anlage existierte und wegen des Knorpeleinschlusses genetisch wohl an den Anfang des zweiten Embryonalmonats zu verlegen sei. Dabei erscheint es SCHWALBE am ungezwungensten, daß die Keimausschaltung beim Schwinden der Rachenhaut unter Persistenz unverbrauchter embryonaler Zellen vor sich gegangen sei. Ähnliche Überlegungen mögen auch für andere Fälle mit entsprechenden Modifikationen zutreffen.

F. Diverse Tumoren des Epipharynx, welche auf anomalem Verhalten einzelner Gewebsbestandteile beruhen (Lit. XI/10).

In einer den Fehlbildungen und Anomalien gewidmeten Zusammenstellung kann es im allgemeinen nicht Aufgabe sein, die Tumoren mit abzuhandeln. Da aber anderseits die Anschauung, *daß den meisten Tumoren Zell- bzw. Gewebsmißbildungen zugrunde liegen*,[1] als ziemlich gesichert angesehen werden darf, so ist es nicht ungerechtfertigt, in diesem Zusammenhang auch auf einzelne Tumoren ein Streiflicht zu werfen.

a) **Das Basalfibroid** (Synonyma: Das juvenile Schädelbasisfibrom, die typischen Nasenrachenpolypen) (Lit. XI/10a): COENEN sieht den Ursprung des *Basalfibroids* (B.-f.) in dem zu Bindegewebe rückdifferenzierten Chondrocranium, eine Ansicht, die anscheinend dadurch gestützt wird, daß neben Basalfibroiden auch *Basalchondroide* an der Schädelbasis vorkommen, welche sich klinisch und grob anatomisch ganz gleich verhalten, histologisch aber Knorpelzellen aufweisen. Auch *echte Knochenbildung* kommt gelegentlich vor. Es verdient angemerkt zu werden, daß das B.-f. gleichen Schritt mit dem Knochenwachstum hält, zur Zeit der Pubertät hervortritt, von selbst aber nach erreichtem Wachstumsende des Skelets verschwindet. Je nach der Ansatzstelle des Stiels unterscheidet COENEN folgende vier (ineinandergreifende) Typen: den *basilaren*, den *sphenoethmoidalen* (choanalen), den *pterygomaxillären* und den *tubären* Typus. Auch *Ursprung vom Vomer* wird angegeben (MANGABEIRA-ALBERNAZ, K. BOKU), falls es sich hier nicht etwa um eine sekundäre Verwachsung gehandelt hatte. Wegen der Zugehörigkeit der Lam. ext. des Proc. pteryg. zum Chondrocranium kommt Ursprung von diesem und Entwicklung des B.-f. nach der Wange zu vor, wobei der Epipharynx freibleibt (extrapharyngeale Formen von BENSCH, Beobachtung von HERTEL). Wenn auch das jugendliche Alter die Prädilektionszeit des B.-f. darstellt, so kommt es doch gelegentlich auch bei kleinen Kindern und bei Greisen zur Entwicklung (SHAHEEN HASSAN BEY, PHILIPPE, BOKU). PAPALE will sogar an einem 22 mm langen Embryo ein B.-f. gefunden haben. Die von früher her geltende Regel des ausschließlichen Befallenseins des männlichen Geschlechtes wurde neuerdings durch das *gelegentliche Vorkommen* des B.-f. *beim weiblichen Geschlecht* umgestossen (BARMWATER, R. H. FISCHER). Heredität scheint nicht vorzuliegen, PAPALE behauptet dagegen familiäres, geschlechtsgebundenes Auftreten. *Histologisch* präsentieren sich die typischen Nasenrachenpolypen als festgewebte, mit elastischen Fasern durchsetzte, im allgemeinen zellarme Fibrome, doch kommen gelegentlich Nester zellreichen jungen Bindegewebes in solcher Menge vor, daß dann von Fibrosarkom gesprochen wird. Unter den Zellen finden sich die verschiedensten Formen, auch Sternzellen; ferner kommen Mast- und Plasmazellen vor. Histologische Studien aus neuerer Zeit (VL. HLAVÁČEK, MUSTAKALLIO) zeigen, daß sich um die Gefäße herum stets die von MAXIMOW beschriebenen *undifferenzierten embryonalen Mesenchymzellen* finden, welche als *persistentes parachordales Gewebe* aufgefaßt werden. Unter Verbindung dieser Feststellungen mit früheren Ermittelungen darf man wohl *annehmen,* daß *einzelne Partien der bindegewebigen Vorstufe des Chondrocraniums eben auf dieser undifferenzierten Stufe beharrten und daß von diesen Partien aus später die Tumorbildung* (auf einen wahrscheinlich endogenen Anstoß hin) *erfolgte.* Mit Rücksicht auf das spontane

---

[1] Es sei in diesem Zusammenhang an E. ALBRECHTS Definition der Tumoren als *organoide Fehlbildungen* erinnert. Freilich braucht es zur Tumorentstehung noch einer auslösenden Ursache endogener oder exogener Art, von chemischer oder physikalischer Natur, über welche wir bislang noch nicht genügend unterrichtet sind.

Verschwinden des B.-f. bei vollendetem Skelettwachstum bzw. vollentwickelter Pubertät verabreichte H. J. L. Struycken Geschlechtshormone, hatte aber damit widerspruchsvolle Ergebnisse.

Die viel selteneren *Knorpelgeschwülste (Enchondrome)* des NRR. entstammen, wie schon erwähnt, wahrscheinlich derselben Matrix (persistierende Knorpelreste des Chondrocraniums bzw. Fibrocartil. basil.). Coenen spricht daher von *Basalchondroiden.* In der letzten Zusammenstellung von Schleglmünig werden die sechs von E. Hillenberg gesammelten Fälle erwähnt und noch eine Beobachtung von Migge sowie eine eigene hinzugefügt. *Unter diesen acht Fällen waren sechs Frauen.*

In Schleglmünigs Beobachtung (17jähriges Mädchen mit angeborener Gaumenspalte) inserierte das breitbasig der linken seitlichen Wand des NRR. aufsitzende, walnußgroße Chondrom zwischen lateralem Choanalrand und Tube. Der Kern des Tumors bestand aus Faserknorpel. Da die innere Lamelle des Proc. pterygoideus kein knorpeliges Vorstadium durchläuft, nimmt Schleglmünig an, daß als Matrix seines Tumors entweder persistierende Knorpelreste der primordialen Nasenkapsel oder versprengte Knorpelzellen des Tubenknorpels in Betracht kämen. Vom histologischen Standpunkt ist m. E. vor allem an die Fibrocart. bas. zu denken.

b) Das maligne Chordom (Lit. XI/10b und XI/6b).

Nach ihrer Ablösung vom Entoderm liegt die *Chorda dorsalis* (= Ch. d.) zwischen dem Medullarrohr und der dorsalen Darmwand und reicht kopfwärts bis zur Hypophysentasche. Der oberste Anteil der Ch. d. ist krückenförmig ventralwärts umgebogen und öfters in mehrere Teile gespalten. Die Ch. d. kann an einer oder mehreren Stellen mit dem Epipharynxepithel in Verbindung stehen, und zwar durch einander entgegenkommende Pharynx- und Chordasprossen. Durch das rings um die Ch. d. später entstehende knorpelige bzw. knöcherne Skelet wird dieselbe eingeschlossen und nimmt dabei einen bemerkenswerten Verlauf: Nach dem Austritt aus dem Dens epistrophei liegt sie erst an der Innenfläche des Clivus, „durchbohrt" dann im Can. chord. post. die Schädelbasis und findet sich nun in der Rachenschleimhaut (eventuell in Verbindung mit einer Bursa pharyngea, vgl. hierüber S. 250), zieht weiter nach vorne und oben und erreicht durch die Fuge zwischen Os sphenoidale und occipitale ziehend das Dorsum sellae. Der Kopfabschnitt der Ch. d. beginnt sich im vierten Fetalmonat durch stellenweisen Schwund zurückzubilden. In den *Weichteilgebieten* des Chordavorlaufes an der inneren und äußeren Schädelbasisfläche können sich Reste von Chordazellen in Form verschieden großer Klümpchen, welche aus Chordascheidensubstanz bestehen und in Fächern die stark reduzierten, vakuolisierten Chordazellen enthalten, noch lange erhalten (Linck).

Aus Resten der Ch. d., welche sich lebens- und wucherungsfähig erhalten haben, gehen nun die malignen Chordome hervor. Doch offenbar nur an *extra*vertebral gelegenen Stellen, wo im Zusammenhang mit dem Bindegewebe sich besondere Wachstumsbegünstigungen ergeben bzw. letztere die Rückbildung der Chordazellen über einen bestimmten Grad latenter Wachstumsfähigkeit hinaus nicht eintreten lassen. Wiederholte entzündliche, die Epipharynxschleimhaut treffende Noxen können dann schließlich das auslösende Moment für die *Chordombildung* darstellen (Linck).

Außer am Schädel kommt das maligne Chordom auch in der Sacrococcygealregion vor. Linck-Warstat stellten bis 1922 22 Fälle zusammen, wovon 14 auf die Schädelbasisregion entfielen. Im Bereich letzterer unterscheidet Coenen vier Typen: Das *Clivus-,* das *hypophysäre,* das *dentale* und schließlich das *nasopharyngeale* Chordom. Die im Epipharynx aufgefundenen Chordome können dabei entweder durchgewucherte Clivuschordome oder aber primär im NRR. entstandene sein. Bis 1928 konnte Loebell 23 bösartige Clivus- und Nasenrachenchordome (inklusive eines eigenen) sammeln. Seither sind noch die Beobachtungen von Meeker und von Pavlica-Soukup hinzugekommen.

Anhangsweise sei ein Fall erwähnt, den GRÜNWALD als „*Cyste der Chordascheide*" bezeichnete. Links von der Mittellinie war im Keilbein- und Hinterhauptkörper eine Höhlenbildung vorhanden, welche an der Hinterkante der Sattellehne bis zur Dura reichte, von einer dünnen glatten Membran ausgekleidet und von sklerosiertem Knochen umgeben war. Am unteren Ende war der Knochen kariös erweicht und öffnete sich zu einem auf die Spitze des Epistropheus zu führenden Kanal. Der Hohlraum hatte viele Jahre spontan nach dem Rachen zu schleimig-eitriges Sekret abgesondert. Durch operative Eröffnung kam die Eiterung zum Versiegen und der Hohlraum hatte sich nach dem Rachen zu geschlossen. GRÜNWALD lehnt Beziehungen zu einer eventuellen Pyramidenspitzeneiterung, zum Hypophysengang oder zu einer abnormen nasalen Pneumatisierung ab, er deutet die Höhle als präformierten Raum und macht die Annahme einer Cystenbildung[1] aus der Chordascheide, obwohl die histologische Untersuchung keinen Anhaltspunkt dafür lieferte. M. E. liegt es näher, entweder an eine (abnormerweise nicht median gelegene) Cyste der Bursa pharyngea zu denken oder an die Entstehung des Hohlraumes auf chronisch-entzündlicher (spezifischer?) Basis, wobei insbesondere die Lymphogranulomatose in Betracht kommt (GRÄFF).

G. Anomalien und Mißbildungen des NRR. im Zusammenhang mit der Bildung des Hypophysenvorderlappens (Lit. XI/11 a—d).

Die ektodermale *Hypophysentasche* bildet hirnwärts wachsend den Hypophysengang; die entodermal dicht hinter der Rachenhaut gebildete SEESSEL*sche Tasche* wird nach dem Verschwinden ersterer in die Hypophysenbucht aufgenommen (BRUNI). Aus dem Hypophysengang entsteht dann der Hypophysenvorderlappen. Ungefähr in der sechsten Woche beginnt die sogenannte *Stielung* der Hypophyse, wodurch letztere immer mehr vom Rachendach abgedrängt und der „Hypophysenstiel" immer dünner wird. Durch den Hypophysenstiel mit seiner begleitenden Bindegewebs-Blutgefäß-Hülle entsteht eine Aussparung in der anfangs häutigen, dann knorpeligen Schädelbasis, der sogenannte *Can. cranio-pharyng.* Der anfangs hohle Hypophysenstiel bildet sich später zu einem soliden Strang um, welcher das Hypophysensäckchen mit dem Rachendach verbindet. Im Bereich des letzteren dicht hinter dem Vomeransatz bleibt genau in der Medianebene ein Rest des ehemaligen Hypophysenstiels zurück, aus welchem sich die *Rachendachhypophyse* (Hypophysis pharyngea) entwickelt, welche als *konstante normale Bildung* anzusprechen ist (A. CIVALLERI, CHRISTELLER) und eine analoge gewebliche Zusammensetzung besitzt wie der Hypophysenvorderlappen.[2]

a) **Geschwülste und Cysten des Hypophysenganges.** Die komplizierte Zusammensetzung der Hypophyse und die mannigfaltigen Vorgänge beim Ascensus und der Bildung derselben machen es verständlich, daß *die Hypophyse ein häufiger Fundort von Gewebsmißbildungen* und aus solchen hervorgehenden blastomatösen Wucherungen ist. Die *Hypophysengangsgeschwülste* (sogenannte ERDHEIM-Tumoren) erscheinen demnach nicht nur im Sellabereich, sondern unter Umstän-

---

[1] GRÜNWALD stützt sich dabei auf Untersuchungen von H. MÜLLER, welcher bei Embryonen und Kindern im ersten Lebensjahr solche zur Ch. d. in Beziehung stehende Höhlen beschrieb.

[2] Klinische Bedeutung scheint der *Rachendachhypophyse* durch die Störung ihrer Funktion infolge adenoider Vegetationen zuzukommen. CITELLI (und nach ihm eine größere Reihe von meist italienischen Autoren) beschrieben ein Krankheitsbild (CITELLIsches Syndrom), in welchem hypophysäre Züge erkennbar sind.

den auch *am Rachendach* bzw. *innerhalb des Keilbeines*, entsprechend dem dasselbe durchsetzenden Can. cranio-pharyng. (Fall BOCK). MENZEL macht es wahrscheinlich, daß die im Epipharynx auftretenden *Plattenepithelcarcinome* sich von der Rachendachhypophyse bzw. von Hypophysengangsresten daselbst herleiten. *Cysten* (Flimmerepithelcysten, hervorgegangen aus Resten der ursprünglichen Hypophysenhöhle) und durch kolloide Einschmelzung entstandene *Kolloidcysten* kommen im Bereich des Hypophysenvorderlappens relativ häufig vor und so können auch in der Rachendachhypophyse sich ähnliche Bildungen ergeben. Vielleicht sind manche Fälle von *Cystenbildung am Rachendach*, dicht hinter der Insertion des Vomers, auf diese Weise zu erklären. Anderseits kann auch eine cystische Bildung der Haupthypophyse oder des Hypophysenstiels (bei offenem Can. cranio-pharyng.) bis in den Epipharynx vordringen (ein Präparat von HUGO NEUMANN). H. MEYER beschrieb eine ungefähr pflaumengroße, mit Flimmerepithel ausgekleidete Cyste, welche den größten Teil des Vorderlappens eingenommen und nach unten wachsend den Keilbeinkörper durchbohrt hatte.

b) **Persistenz des Canalis cranio-pharyngeus.** Normalerweise obliteriert der Can. cranio-pharyng. (= C. c.-ph.) am Ende des zweiten oder anfangs des dritten Embryonalmonats (KULISCHER, FRORIEP), und zwar geht die Auflösung desselben von unten nach oben vor sich. In relativ seltenen Fällen ist er jedoch noch an Feten, Neugeborenen und selbst an Erwachsenen nachweisbar. Er liegt dabei stets *innerhalb des Postsphenoids*, allerdings ziemlich nahe an der Synchondrosis intersphenoidalis,[1] welcher Umstand die gelegentlich unterlaufende Verwechslung desselben mit letzterer am *mazerierten* Objekt erklärt. LANDZERT fand an *nichtmazerierten* Schädeln Persistenz des C. c.-ph. ausschließlich bei Feten und Neugeborenen, und zwar in 10%. Der Kanal enthält einen fibrösen Strang, welcher die Dura mater der Sattelgrube mit dem fibrösen Gewebe der unteren Keilbeinfläche in Verbindung setzt. Nach LE DOUBLE, welcher eine fast analoge Perzentzahl fand, verwächst der C. c.-ph. rasch und wird bei über ein Monat alten Kindern nur noch selten beobachtet. An Erwachsenen fand SOKOLOW Persistenz in etwa 0,3%. Aus neuerer Zeit liegen ferner Untersuchungen von A. SCHULTZ am Menschen und an Affen vor.

Persistenz des C. c.-ph. mit (oder vielleicht infolge) *mangelhaftem Ascensus des Hypophysenvorderlappens* bei einem sonst wohlgebildeten vierjährigen, an Larynxdiphtherie und Bronchopneumonie verstorbenen Mädchen fand SUCHANNEK: Am Rachendach zeigte sich, ventral vom oberen Ende der sehr gut ausgebildeten Rachenmandel innerhalb einer Einsenkung *eine rundliche, pilzförmige, etwa 4 mm hohe Hervorragung* und am Durchschnitt durch die Schädelbasis *ein 2 cm langer, aus bräunlichem Hypophysengewebe bestehender, von Dura eingescheideter Strang*, welcher den Rachentumor mit dem Hypophysengewebe in der Sella turcica verband. Der als Aus- und Umbildungshemmung zu bezeichnende mangelhafte Ascensus mußte spätestens zu Ende des zweiten Embryonalmonats eingesetzt haben (siehe höher oben). — Einen offenen C. c.-ph. erwähnt ferner A. PRIESEL in einem Falle von Dystopie der Neurohypophyse und hochgradiger Atrophie des mit der Neurohypophyse mangelhaft vereinigten Vorderlappens. — Relativ häufiges Vorkommen eines offenen C. c.-ph. wurde ferner an *Irren* festgestellt (CASELLI). Offenstehen findet sich ferner gelegentlich bei *Mikrocephalie, Akromegalie,* manchmal ferner bei einzelnen *schwereren Fehl-*

---

[1] Der Schwund der *Synchondrosis intersphen.* geht so vor sich, daß erst das obere (*vor* der Mündung des C. c.-ph. gelegene) Ende schwindet, viel später dann das untere. Zwischen dem oberen Ende der Synchondrose und dem oberen Ende des C. c.-ph. können mit Knorpel ausgefüllte „Wanddehiszenzen" vorhanden sein. In letzteren Fällen kann am *mazerierten* Objekte die *Täuschung eines offenen C. c.-ph.* hervorgerufen werden.

bildungen am Schädel und am Gesichte. So konnte HABERFELD (Lit. XI/11b) bei drei *Anencephalen,* drei *Hirnbrüchen* (mit meist noch anderen Fehlbildungen) und an dem Schädel eines Kindes mit *Hydrocephalus* und *doppelseitiger Lippen-Kiefer-Gaumen-Spalte* Persistenz des C. c.-ph. nachweisen, mußte sich aber überzeugen, daß dies selbst bei diesen Fehlbildungstypen ziemlich selten ist. Bei einem nicht mazerierten *Anencephalus* (Abb. 149) HABERFELDS war die *Hypophyse* (a, b, c) *mangelhaft aszendiert,* gewissermaßen im C. c.-ph. steckengeblieben und ragte unten *wie ein Polyp in die Rachenhöhle* vor. *h* bedeutet den Hinterlappen, *y* eine länglich gestellte RATHKESche Cyste, *P* das Keilbein und *R* das Rachendach. — Nach HABERFELD wurde gänzliches oder teilweises Offenstehen des C. c.-ph. bei *Anencephalie* von MAUKSCH, A. KOHN u. a. festgestellt. Im Kanal findet sich dann die Hypophyse mehr minder vollständig (Kanalhypophyse) oder nur in spärlichen Resten. *Bei völlig gehemmtem Ascensus liegt die Hypophyse in einem Grübchen der unteren Keilbeinfläche,* wie bei einem Anencephalen KIYONOS.

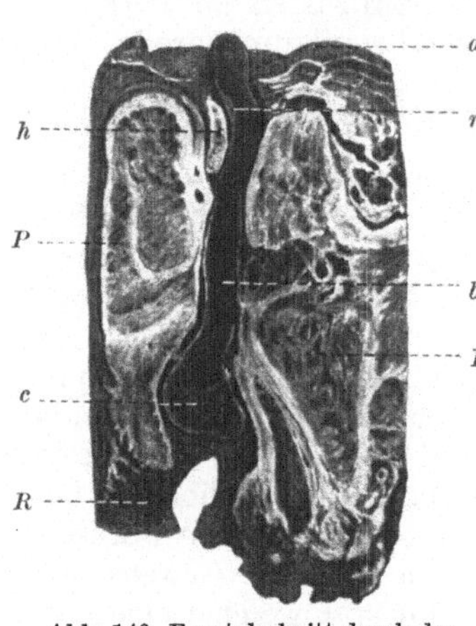

Abb. 149. Frontalschnitt durch das Keilbein eines Anencephalus entsprechend der Sella turcica. Can. cranio-pharyngeus vollständig offen und von der Hypophyse erfüllt. Legende im Text (nach W. HABERFELD).

Zieht man ferner die *vergleichende Anatomie* zu Rate, so ergibt sich: Dem C. c.-ph. der Säuger entspricht die *Fenestra hypophyseos* der Amphibien und Reptilien. Diese Fenestra wird in der Phylogenese immer mehr und mehr reduziert und schließlich gänzlich geschlossen (PARKER und BETTANY, GAUPP). Bei den *Säugern* findet man verschiedene Verhältnisse. Während der C. c.-ph. beim Kaninchen dauernd offen bleibt (ROMITI, MAGGI) und auch bei Katzen zumeist angetroffen wird, kommt er beim Meerschwein viel seltener offen vor. Bei den *Anthropoiden* wird er sehr häufig (in 30 bis 40%) offen angetroffen (MAGGI), namentlich bei jungen Tieren.

Daraus und aus den Feststellungen der menschlichen Pathologie und Teratologie darf man den Schluß ziehen, daß *unter der Einwirkung störender Momente* bei der Entwicklung (welche sich teils in schweren Mißbildungen des Kopfes, teils in Degenerationszeichen äußern) *Offenstehen des C. c.-ph.* resultiert, was demnach als *Hemmung der normalen Aus- und Umbildung* bezeichnet werden muß. Dabei treten — wie auch sonst häufig bei solchen Vorkommnissen — von der Phylogenese überholte Formen neuerdings auf (*atavistische Rückschläge, Theromorphismen*). —

Offenstehen des C. c.-ph. kommt ferner bei den *Teratomen der Hypophysengegend sowie bei der Cephalocele spheno-pharyngea sensu strictiori* vor, wobei der Kanal als Insertions- bzw. als Durchtrittsstelle benützt wird.

c) **Die Teratome und teratoiden Geschwülste der Hypophysengegend** (Lit. XI/11d). Sie sind ein Spezialfall der auf S. 261 erwähnten, im Rachen und im Epipharynx inserierenden Bildungen der *Epignathusreihe,* auf welche hiermit verwiesen sei. Ihre Ausbildungshöhe schwankt ebenso wie anderwärts. An umfangreichen Teratomen kann man einen intrakraniellen Anteil, einen Stiel (im C. c.-ph.) und eine meist sehr umfangreiche, den Epipharynx ausfüllende und gelegentlich auch zur Mundhöhle heraushängende Masse unterscheiden. Hierher gehören die Beobachtungen von WEGELIN, RIPPMANN (Übergang von Gruppe 2 zu Gruppe 3 von SCHWALBE), BAART DE LA FAILLE (zwei Fälle), WASSERTHAL, HILL, WINDLE und FROMME (zit. nach E. J. KRAUS). Zu den *teratoiden Bildungen* bzw. *Mischgeschwülsten* gehören die Fälle von BECK, GAUTIER und E. J. KRAUS.

H. Die Cephalocele spheno-pharyngea (Lit. XI/12).

Mit Bursa- und Rachenmandelcysten sowie mit branchiogenen Cysten und mit Cysten hypophysären Ursprungs können *Cephalocelen* verwechselt werden, *welche im Epipharynx zutage treten.*

Bei den im Pharynx erscheinenden Hirnbrüchen liegt die Bruchpforte entweder zwischen Siebbein und Keilbein (*Cephalocele spheno-ethmoidalis*) oder führt durch das Keilbein hindurch (*Cephalocele transsphenoidalis sive Cephalocele spheno-pharyngea sensu strictiori*).

a) **Cephalocele spheno-ethmoidalis.** Hier liegt der Hirnbruch zwar meist im Rachen bzw. in der Mundhöhle, er kann aber auch z. T. in der Nasenhöhle liegen, wie in den älteren Fällen von SERRES und von SPRING.

Ein typischer Fall wurde von VIRCHOW beobachtet (Abb. 150). Zwischen dem noch knorpeligen Siebbein und dem Keilbein war der Hirnbruch „hindurchgetreten" und hatte bewirkt, daß der Vomer sowie der harte Gaumen sich nach vorwärts und aufwärts und daß der vordere Keilbeinanteil sich nach ab- und rückwärts entwickeln mußte. Der Vomer blieb auch ohne Verbindung mit dem Keilbein.

Im FENGERschen Fall war die Nase, der Gaumen und die Mundhöhle sonst wohlgebildet, und der Hirnbruch erschien bei dem sonst normal gebauten und aus mißbildungsfreier Familie stammenden 29jährigen Manne im Epipharynx *in Form eines gestielten, einigermaßen kompressiblen „Polypen".* Der Stiel saß am Nasendach an der Grenze des mittleren gegen das hintere Drittel. Auffallende Verbreiterung der Nasenwurzel und der Distanz

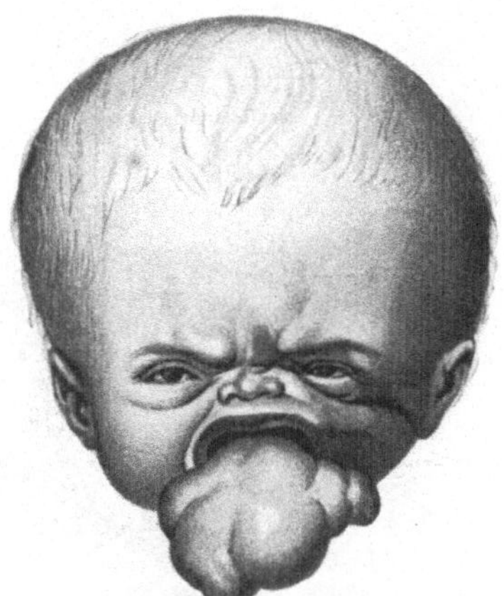

Abb. 150. Apfelgroße Hydrencephalocele spheno-ethmoidalis an neugeborenem Kinde (nach R. VIRCHOW).

der inneren Augenwinkel. Es handelte sich um eine vom dritten Ventrikel ausgehende Encephalocystocele, welche durch osteoplastische Oberkieferresektion geheilt werden konnto.

Bei der *Cephalocele spheno-ethmoidalis* kann gelegentlich die Bruchpforte mächtig „erweitert" sein, indem Siebbein- bzw. Keilbeinanteile nicht zur Ausbildung gelangten. Sie reicht dann nach rückwärts bis etwa zur Synchondrosis intersphenoid. und nach vorne bis zur Crista galli, wie in dem von A. EXNER (vgl. S. 105 und Abb. 52a und b) publizierten Fall.

Den Übergang dieser Form des Hirnbruches zur *Cephalocele sphenopharyngea sensu strictiori* stellt die Beobachtung von TWEEDIE und KEITH dar.

Halbjähriger Knabe mit sogenannter medianer Lippenspalte, Grube auf der Nasenspitze und medianer Spalte im weichen Gaumen. Die Spalte eingenommen von einem *cystischen Tumor*, welcher durch den für den kleinen Finger passierbaren C. c.-ph. hindurchtrat, *die ektopierte Hypophyse enthielt* und sich mit der hinteren Septumpartie verband (Abb. 151). Der Tumor war teils solide (Adenohypophyse), teils hohl (ursprünglicher Hypophysengang). *Septum rückwärts zweigeteilt,* die beiden Blätter desselben schließen eine V-förmige, nach vorne immer enger werdende Mulde ein. In den rückwärtigen Teil derselben steigt eine strangartige Verlängerung des Bodens des dritten Ventrikels mit verdickter gliöser Wand herab. *Die Schädelbasis zeigt eine Depression vom Dors. sellae bis zur Crista galli.* In der Abb. 151 bedeutet ferner *A* den kleinen Keilbeinflügel, *B* den Nerv. opt., *C* das Chiasma, *D* das Basisphenoid, *E* einen Tumor im For. caec. linguae, *F* das Infundibulum, *G* die Gaumenspalte, *H* die mit Septum (*J*) sich verbindende Tumormasse und *K* die Entnahmestelle zwecks histologischer Untersuchung.

b) **Die Cephalocele transsphenoidalis oder spheno-pharyngea im engeren Sinne.**
Zu den reinen Fällen von C. spheno-pharyngea sensu strictiori (*Cephalocele transsphenoidalis*), bei welchen der Hirnbruch den Weg des C. c.-ph. benützt, gehören die Fälle von KLINKOSCH, LICHTENBERG, KULISCHER, einige Fälle von HABERFELD (siehe S. 268) und die Beobachtungen von H. A. KISCH und R. PILPEL.

Im Falle von KISCH bestanden Schwierigkeiten bei der Nasenatmung. Der genau in der Mittellinie liegende cystische Tumor drängte den weichen Gaumen nach vorne und spannte sich an, wenn das Kind schrie. Sonst fanden sich keine Abnormitäten. Das von PILPEL beschriebene Präparat zeigt einen riesig erweiterten C. c.-ph. und eine Rachendachhypophyse. Der Hirnbruch war bei dem dreijährigen Kinde von anderer Seite für „*adenoide Vegetationen*" gehalten und operativ angegangen worden, worauf sich eine tödliche Meningitis entwickelte.

Aus diesen Beobachtungen ergibt sich, daß *spheno-pharyngeale Hirnbrüche* nicht allzu selten im Epipharynx bzw. in der Mundhöhle erscheinen und dies nicht bloß bei lebensunfähigen und auch sonst mißbildeten Feten bzw. Neugeborenen. *Dies macht die spheno-pharyngealen Hirnbrüche zu einem auch praktisch wichtigen Gegenstand. (Verwechslungsmöglichkeiten mit Cysten verschiedener und meist harmloser Provenienz oder mit adenoiden Vegetationen.)*

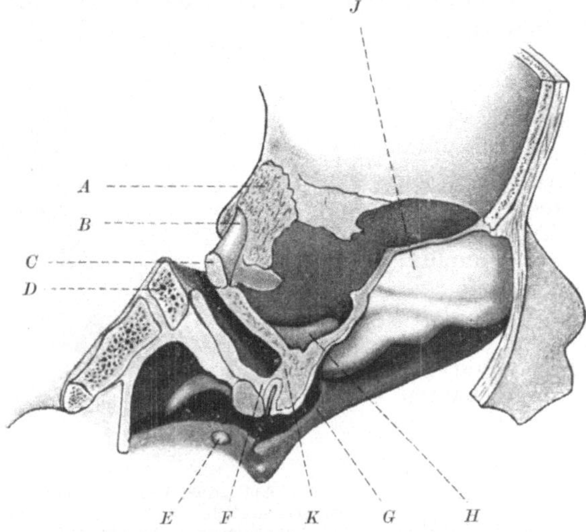

Abb. 151. Parasagittalschnitt durch den Schädel eines 6 Monate alten Knaben mit spheno-pharyngealer Cephalocele und Ektopie der Hypophyse, welche sich tumorartig in die hinteren Septumpartien hineinerstreckt. Legende im Text (nach A. R. TWEEDIE und A. KEITH).

Bezüglich der Verursachung der spheno-pharyngealen Hirnbrüche verweise ich auf die Ausführungen auf S. 97 ff. Der Ausbildung der Hirnbrüche liegt offenbar eine *Minderwertigkeit bzw. Schädigung eines Hirnbläschenanteiles und eine gleichzeitige des deckenden Mesoderms infolge Einwirkung einer wahrscheinlich exogenen Noxe* von vermutlich chemisch-toxischer Natur zugrunde. Die Skeletdefekte sind als gleich- und beigeordnete Erscheinung der partiellen Defektuosität des Gehirns zu betrachten. Die Cephalocelen sind sicherlich schon im Vorknorpelstadium oder vielleicht schon vor diesem ausgebildet. Was über die Bevorzugung der Knochensuturen zum „Durchtritt" der Hirnbrüche im angezogenen Abschnitt gesagt wurde, läßt sich sinngemäß auch auf die Sut. spheno-ethmoidalis bzw. intersphenoidalis und auch auf die einer Sutur ähnliche Aussparung des C. c.-ph. anwenden.

I. Gefäßanomalien (Lit. XI/13).

Der Rachen und damit auch der Nasenrachenraum wird von verschiedenen Arterien versorgt: 1. von der *A. pharyng. ascend.*, welche von der medialen Seite der A. car. ext. entspringend längs der Schlundkopfwand bis zur Schädelbasis emporsteigt; 2. von der *A. palat. ascend.* (aus der A. max. ext.), welche an der

Seitenwand des Schlundkopfes bis zur Tuba Eustachii hinaufsteigt und den
Schlundkopf, die Gaumenbögen und die benachbarten Muskeln mit Blut versorgt;
3. von der *A. palat. descend.* (aus der A. max. int.), welche sich in mehrere kleinere
Zweige teilt, von welchen für die Versorgung des Epipharynx hauptsächlich die
Aa. palat. minores in Frage kommen; 4. von der *A. spheno-palat.* (aus der A. max.
int.), bzw. von einem aus ihr stammenden, zum Schlundgewölbe ziehenden
Zweigchen, welches durch den Can. pharyngeus hindurchtritt. *Alle diese Arterien
gehen, wie ersichtlich, aus dem Stromgebiet der A. car. ext. hervor.* Es ist bekannt,
daß die *A. palat. descend. teilweise durch die A. palat. ascend. ersetzt werden kann,*
ferner daß die *A. palat. ascend. und die A. pharyng. ascend. sich gegenseitig vertreten
können,* da sie z. T. ein benachbartes, z. T. sogar dasselbe Verteilungsgebiet
haben. *Diese Substitutionen* sind eine häu-
fige Erscheinung und als *anatomische
Varianten* aufzufassen.

Was nun die *A. car. int.* betrifft, so
tritt sie bekanntlich unverzweigt in den
Can. caroticus ein, bildet aber vor ihrem
Eintritt in denselben eine kleine *Schlinge,*
deren Länge ihr gestattet, den Exkursi-
onen der Kopfgelenke zu folgen. *Diese
Schlingenbildung kann übermäßig ausgebildet sein, nachbarliche Beziehungen zur seitlichen und hinteren Rachenwand gewinnen*
und sich dann dort als *Pulsation* oder *Vorwölbung mit Pulsation* manifestieren. Abnorme Pulsationen dieser Gegend sind
schon vielen älteren Autoren aufgefallen. Ausführliche Literaturangaben bei

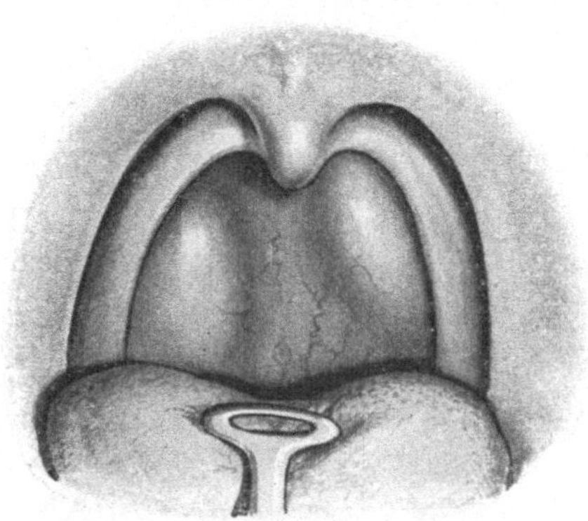

Abb. 152. Beiderseits stark vorspringende A. Caro-
tis bei Racheninspektion (nach A. BROWN-KELLY).

A. BROWN-KELLY (a und b) und bei A. DEMME, auf deren Arbeiten die folgenden Ausführungen basiert sind. DEMME unterscheidet zwischen pulsatorischen
Erschütterungen, unter der Schleimhaut deutlich sichtbar verlaufenden Gefäßen,
aneurysmatischen, bulbösen oder kavernösen Gefäßerweiterungen und angio-
matösen, pulsierenden Gefäßgeschwülsten. Letztere Bildungen müssen hier außer
Betrachtung bleiben, ebenso alle Gefäßanomalien, welche keine Beziehungen zum
NRR. haben. Pulsation der *seitlichen* Rachenwand kann man in der Tiefe derselben
fast stets am Patienten fühlen. *Oft rückt diese Pulsation an die Pharynxober-
fläche. Die A. car. int. macht dann einen Bogen,* dessen Konkavität nach dem
Pharynx zu liegt, und von der Größe und Ausdehnung dieses Bogens ist die
pulsatorische Erschütterung der lateralen Pharynxwand abhängig. Diese Pulsationen sind nicht selten (DEMME fand sie unter 10000 Patienten·in etwa 2%)
und haben klinisch keine Bedeutung. *Rückt die A. car. int. mehr nach innen, so tritt
sie von der lateralen Pharynxwand auf die hintere über und schiebt sich mit einer
deutlich auf der hinteren Pharynxwand sichbaren Gefäßschlinge zwischen Wirbelsäule und Pharynxschleimhaut.* Dieser Gefäßbogen liegt meist in Höhe der Spitze
der Tonsillennische, etwas hinter der Tonsille von der Seite her vortretend, und
ist bis an die Gegend der Tubenmündung sichtbar. Selten steigt die Schlinge
über die ROSENMÜLLERsche Grube hinauf. *Die Gefäßschlingen können gelegentlich
über die Mittellinie hinausragen, bei beiderseitiger Ausbildung können beim Puls-
schlag beide Vorbauchungen aneinanderschlagen, was* DEMME *öfters beobachtet hat*[1]

---

[1] *Aneurysmen dieser Car.-Schlinge* sind dagegen *sehr selten.* DEMME sah zwei
Fälle, beide Male lag in dem Winkel zwischen seitlicher und hinterer Pharynxwand
zwischen Tubengegend und P. oralis phar. ein lebhaft pulsierender Wulst, welcher

(Gefahr tödlicher Blutung bei Adenoidenoperation, wenn man diese Verhältnisse nicht bemerkt hat, Mitteilung eines solchen Falles durch W. D. HARMER). Weitere ausgedehnte und ähnliche Erfahrungen stammen von BROWN-KELLY. Ein- oder doppelseitige Vorwölbung der Car. int. im Rachen sah er vorwiegend an Jugendlichen und an älteren Leuten. Die rechte Seite war bevorzugt, ebenso auch das weibliche Geschlecht. Davon betroffene *Kinder* beschrieben WOOD und SACK. Abbildungen solcher Gefäßanomalien gaben außer BROWN-KELLY (Abb. 152) u. a. EDINGTON, ROWLANDS und SWAN, MUNRO, SKILLERN und TIMBRELL FISHER.

Die Biegung ist eine doppelte. Sie erfolgt zuerst nach vorwärts und medialwärts, dann nach aufwärts und lateral (Abb. 153). Manchmal ist eine komplette, kreisförmige Schlingenbildung vorhanden (gute Skizze bei MUNRO). Die Schlingenbildung erfolgt *vorwiegend* in einer annähernd *sagittalen* Ebene, doch kann die Biegung zuerst in einer sagittalen, dann in einer frontalen Ebene erfolgen. In einem Falle von BROWN-KELLY fand die Biegung in einer rein *frontalen* Ebene statt.

Der Befund an Kindern und Jugendlichen sowie die häufige bilateral-symmetrische Ausbildung macht die Annahme einer *angeborenen Anomalie* sehr wahrscheinlich. EDINGTON denkt an *abnorme Persistenz von Teilen der embryonalen Gefäßbögen,* BROWN-KELLY (b) *hat dies genauer ausgeführt.* Die A. car. int. setzt sich bekanntlich zusammen aus dem *sogenannten Carotisbogen* (= dritte Kiemenbogenarterie) und einem aufsteigenden Anteil, der kranialwärts erfolgenden Verlängerung der primären Aorta descendens. Der zum dritten Kiemenbogen gehörige Nerv ist der N. glossopharyngeus. BROWN-KELLY konstatiert, daß die erste Biegung bei Schlingenbildung mit der Biegung des embryonalen Gefäßes übereinstimmt, ebenso

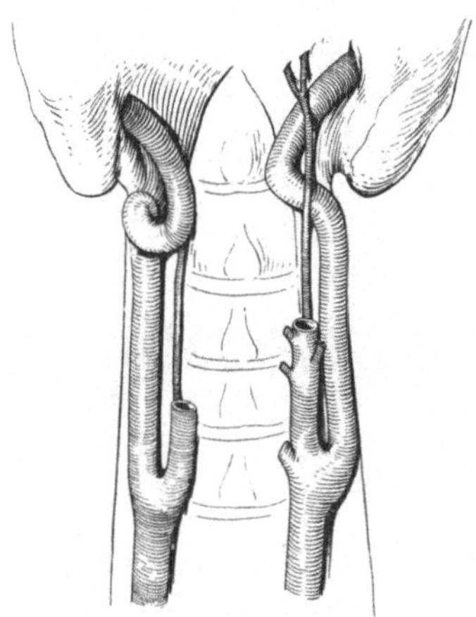

Abb. 153. Gewundener Verlauf beider Aa. carot. int.; daneben die Aa. pharyng. ascendentes (nach A. BROWN-KELLY).

auch die spätere Lagebeziehung zum N. glosso-pharyng. *Nach* BROWN-KELLY *bildet der Carotisbogen die Grundlage der Schlingenbildung der Car. int.,* namentlich der angeborenen bei Kindern und Jugendlichen und wahrscheinlich auch bei älteren Leuten, bei welchen der bislang latente Zustand unter den senilen Veränderungen der Gefäßwände (Elastizitätsschwund, Atheromatose, eventuell Blutdruckerhöhung) hervortritt bzw. sich ausbildet. Nach BROWN-KELLY wird die Ausbildung dieser Biegungen dann befördert, wenn der zur A. car. comm. werdende Abschnitt der primären Aorta ascend. ein beträchtliches Längenwachstum zeigt, wodurch weniger Zug bei der Wanderung des Herzens nach dem Thorax zu ausgeübt wird und es daher nicht zu einer ausgleichenden Streckung des Carotisbogens kommt. Dadurch wird auch bewirkt, daß die vorgefundene Gefäßschlinge in einem mehr kranialwärts liegenden Niveau situiert ist.

---

nach oben und unten spindelförmig in die C. int. überging. Zwei weitere Fälle beschrieb V. TEXIER, einen offenbar hierhergehörigen kürzlich MARKOWICZ (pulsierende bläuliche Geschwulst oberhalb des rechten Tubenostiums bei 65jährigem Luiker mit positiver WASSERMANNscher Reaktion). In derselben Gegend können auch *Aneurysmen der A. pharyngea ascend.* vorkommen. Unter 300 Rachenpräparaten fand DEMME einmal eine dieser Arterie zugehörige aneurysmatische Erweiterung, welche unter dem Recess. pharyng. lat. lag.

Die Darlegungen Brown-Kellys erscheinen überzeugend. Es handelt sich demnach bei den Schlingenbildungen der A. car. int. um eine *angeborene Anomalie, welche auf Persistenz gewisser embryonaler Formen beruht* (siehe oben). Eine Ergänzung dieser formalgenetischen Erklärung nach der kausal-genetischen Seite hin stellt die Auffassung der Schlingenbildung der Carot. int. als *Rückschlagserscheinung* (Theromophismus) dar, worauf Timbrell Fisher hinweist: Beim Schaf fehlt die A. car. int. vollkommen und ist durch das Rete mirabile ersetzt. Dies stellt offenbar eine zweckmäßige Anpassung bei grasenden Tieren dar (Verhütung von Kongestion im Schädelinnern). Ein analoger Effekt — Verminderung der Gewalt des Blutstromes — kann aber auch durch stärkere Schlingenbildung erreicht werden, was sich beispielsweise beim Seehund realisiert findet. Ob dieser Gedankengang das Richtige trifft, müßte m. E. erst durch ausgedehnte vergleichend-anatomische Untersuchungen entschieden werden.

J. Ätiologie der Varianten, Anomalien und Fehlbildungen des Nasenrachenraumes.

Überblickt man die Abweichungen von der Norm im Bereich des NRR., so kann man auch hier — konform den Verhältnissen bei der Nase (siehe S. 235) — *kausalgenetisch fünf Hauptgruppen* unterscheiden:

1. *Anatomische Varianten* (= An. V.): Als solche charakterisiert sich ein hypertrophisches Tuberculum pharyngeum; die im Zentrum der Fossa navicularis vorfindliche Fovea pharyngea (fossette pharyngienne), welche durch Einflußnahme von Chordaanteilen auf das Pharynxepithel entsteht und bei Weißen und Indianern relativ selten, bei Degenerierten aber häufiger ist; die Hypertrophie- und Exostosenbildung im Bereich des Tuberc. anter. des Atlas und des Epistropheus (Vertebra prominens); die Steigerung der physiologischen Halswirbelsäulenlordose; die Ausbildung eines sogenannten Recessus salpingopharyngeus bei besonderer Länge des Velums und Rückwärtsverlagerung des Levators; die Divertikelbildung am Tubenboden (Kirchner), fußend auf anlagemäßig gegebenen schwachen Stellen daselbst und gefördert durch Vorgänge, welche teils das Vorliegen eines Traktions-, teils eines Pulsionsmechanismus wahrscheinlich machen; die Divertikelbildung des Rec. pharyng. lat. (Pertik) als angeborene übermäßige Ausbildung des letzteren, eventuell sekundär befördert durch Pulsationseinflüsse; die verschiedene Ausbildung der arteriellen Blutversorgung durch gegenseitige Substitution der daran normalerweise beteiligten Gefäße.

2. *Anatomische Varianten mit Rückschlagserscheinungen* (Theromorphismen): Hierher gehört die Bildung des Tuberc. pharyng. in Form einer Leiste (pithecoid!) und die Verlängerung des Septum nar. nach rückwärts unter Ausbildung eines sagittalen Diaphragmas (bei manchen Säugern, besonders auch bei Affen de norma vorfindlich).

3. *Hemmungsmißbildungen* (Hemmung der normalerweise vor sich gehenden Aus- und Umbildungserscheinungen, wobei gelegentlich theromorphe Formen erscheinen, entsprechend dem Stehenbleiben auf Durchgangsbildungen der Ontogenese bzw. Phylogenese): Hier kann eingereiht werden das Basioccipitale bifidum und das völlig gespaltene B.-o. (mangelhafte Knochenkernverschmelzung), bzw. das dauernd aus vier nicht miteinander verschmolzenen Teilstücken bestehende Basioccipitale; die angeborene Atlasankylose; die als Bursa pharyngea bezeichnete Recessusbildung am Epipharynxdach, insoweit sie durch mangelhafte Rückbildung der Chorda dors. hervorgebracht wurde; angeborene Cysten der Bursa pharyngea; branchiogene Fisteln und

Cysten des ventralen Divertikels der ersten Schlundtasche infolge mangelhafter Rückbildung dieser Bucht (Fall GIUSSANI) oder mit neuem Impuls zu weiterschreitender Ersatzbildung bei gleichzeitiger Mißbildung der sonstigen Abschnitte der ersten Schlundtasche und ersten Kiemenfurche (Fall von R. VIRCHOW); Offenstehen des Can. cranio-pharyngeus bei oder infolge mangelhaften Ascensus der Adenohypophyse bei sonst normal gebildeten Individuen, meist aber bei Schädelmißbildungen und Irren unter Hervortreten theromorpher Formen; Schlingenbildung der A. car. int., beruhend auf Persistenz gewisser embryonaler Gefäßformen unter eventuellem Hervortreten von Theromorphismen; eventuell auch das maligne Chordom, insofern als es die Möglichkeit zu seiner Entstehung mangelhafter Rückbildung gewisser Chordaabschnitte verdankt.

4. *Vererbbare Fehlbildungen:* Die Vomerhypoplasie auf hereditär-degenerativer Basis (so auch bei Ozaena); angeborene Verengerungen des Skeletaufbaues des NRR., soweit die zugrunde liegenden Schädeldeformitäten als vererbbare Mißbildungen aufgefaßt werden dürfen (Chondrodystrophie, Dysostosis cleidocranialis); möglicherweise die Einlagerung quergestreifter Muskelbündel in die Tons. pharyngea infolge embryonaler Materialverlagerung (Vorkommen bei zwei Schwestern, Fall MAGNOTTI); vielleicht diverse Gewebsmißbildungen wie das Basalfibroid und Basalchondroid.

5. *Aus ursprünglich normalen Keimen entstandene Fehlbildungen infolge exogener toxischer* (a) *bzw. mechanischer* (b) *Beeinflussung:*

Zur Untergruppe a gehören offenbar die Hirnbrüche (Cephalocele sphenopharyngea), zur Untergruppe b jene Verengerungen des Epipharynxskelets, für welche sekundäre mechanische Störungen wahrscheinlich sind, und die durch embryonale Keimausschaltung entstandenen teratoiden Tumoren des Epipharynx und der Hypophysengegend (wie der „behaarte Nasenrachenpolyp" und die Mischgeschwülste dieser Gegenden).

Es ist natürlich, daß die kausalgenetische Zuordnung der einzelnen Anomalien auf der Grundlage unserer *derzeitigen, teilweise noch unsicheren Erkenntnisse* fußt und daher in der Folge manches einer modifizierten Auffassung weichen, einzelnes von neuen Gesichtspunkten aus betrachtet werden dürfte.

Der im Vorstehenden gegebene Überblick über das Gesamtgebiet der vom Normalen abweichenden Bildungen verfolgt neben der Bestandaufnahme alles bisher Bekannten insbesonders den Zweck, das Auge des Klinikers und des Mißbildungsforschers für die Formabweichungen zu schärfen und Anregungen zu vermitteln, um die letzten Ursachen dieser Anomalien immer richtiger zu erfassen.

Literaturverzeichnis.

Verwendete Abkürzungen.

A. Antr. crim.   = Archivio di Antropologia criminalista.
A. An. Phys.   = Archiv für Anatomie und Physiologie.
A. Au.   = Archiv für Augenheilkunde.
Act. O.-L.   = Acta Oto-Laryngologica.
A. Entwi. M.   = Roux's Archiv für Entwicklungsmechanik der Organismen.
A. int. Lar.   = Archives internationales de laryngologie, d'otologie et de rhinologie.
A. it. An.   = Archivio italiano di Anatomia e di Embriologia.
A. it. Bio.   = Archives italiennes de Biologie.
A. it. L.   = Archivio italiano di Laringologia.
A. it. O.   = Archivio italiano di otologia.
A. Ki.   = Archiv für Kinderheilkunde.
A. Lar.   = Archiv für Laryngologie.
A. kl. Ch.   = Archiv für klinische Chirurgie.
A. mi. An.   = Archiv für mikroskopische Anatomie.
A. O. L.   = Archives of Otolaryngology.
A. ONK.   = Archiv für Ohren-, Nasen- und Kehlkopfheilkunde.
A. Oph.   = Arch. d'Ophthalmologie.
A. Orth. U.   = Archiv für Orthopädie und Unfallchirurgie.
A. Ped.   = Archives of Pediatrics.
A. Ps.   = Archiv für Psychiatrie und Nervenkrankheiten.
A. v. Oph.   = Archiv für vergleichende Ophthalmologie.
Am. J. An.   = American Journal of Anatomy, Philadelphia.
Am. J. Med.   = American Journal of the Medical Sciences.
Am. J. Obst.   = American Journal of Obstetrics and Gynecology.
Am. J. P.   = American Journal of Pathology.
Am. J. Surg.   = American Journal of Surgery.
Am. N.   = American Naturalist.
An. A.   = Anatomischer Anzeiger.
Ann. An. p.   = Annales d'anatomie pathologique.
Ann. B.   = L'Année biologique.
An. H.   = Anatomische Hefte.
Ann. O.-L.   = Annales d'Oto-Laryngologie.
Ann. Ot.   = Annals of Otology, Rhynology and Laryngology.
An. R.   = Anatomical Record.
Ann. S.   = Annals of Surgery.
Ar. Neur. I. W.   = Arbeiten aus dem Neurologischen Institut der Wiener Universität.
Ar. Zoo. I. W.   = Arbeiten aus dem zoologischen Institut der Wiener Universität.
Arb. an. I. Sendai = Arbeiten aus dem anatomischen Institut Sendai (Japan).
Arch. Biol.   = Archives de Biologie.
At. Ac. L.   = Atti dell'Academia dei Lincei.
B. An. Phys. etc. O. = Passow-Schäfers Beiträge zur Anatomie, Physiologie, Patho-
                     logie und Therapie des Ohres, der Nase und des Halses.
B. B.   = Biological Bulletin.
B. kl. Ch.   = Bruns Beiträge zur klinischen Chirurgie.

B. kl. W.   = Berliner klinische Wochenschrift.
B. L. G.   = Berliner Laryngologische Gesellschaft.
B. path. An.   = Zieglers Beiträge zur pathologischen Anatomie und allgemeinen
                        Pathologie.
B. S. zo. F.   = Bulletin de la Société zoologique de France.
Br. J. Ch. D.   = British Journal of Children's Diseases.
Br. m. J.   = British Medical Journal.
Carn. Contr. Embr.   = Carnegie Contributions to Embryology.
Cbl. Au.   = Centralblatt für praktische Augenheilkunde.
Cbl. B.   = Centralblatt für Bakteriologie.
Cbl. Ch.   = Centralblatt für Chirurgie.
C. R. Ac. Sc.   = Comptes rendus de l'Académie des Sciences.
C. R. S. B.   = Comptes rendus de la Société de Biologie.
D. med. W.   = Deutsche medizinische Wochenschrift.
D. Z.   = Deutsche Zahnheilkunde.
D. z.-ä. W.   = Deutsche zahnärztliche Wochenschrift.
D. Zsch. Ch.   = Deutsche Zeitschrift für Chirurgie.
D. Zsch. N.   = Deutsche Zeitschrift für Nervenheilkunde.
E. Biol.   = Ergebnisse der Biologie.
Ed. m. J.   = Edinburgh Medical Journal.
Fsch. Rö.   = Fortschritte auf dem Gebiete der Röntgenstrahlen.
F. Zsch. P.   = Frankfurter Zeitschrift für Pathologie.
G. A. Oph.   = Gräfes Archiv für Ophthalmologie.
G.-S. Hdb. Au.   = Gräfe-Saemisch' Handbuch der gesamten Augenheilkunde.
Gen.   = Journal of Genetics.
H. A.   = Hals-, Nasen- und Ohrenarzt.
I. Cbl. L.   = Internationales Centralblatt für Laryngologie usw.
I. Cbl. O.   = Internationales Centralblatt für Ohrenheilkunde usw.
I. D.   = Inaugural-Dissertation.
J. Am. M. Ass.   = Journal of the American Medical Association.
J. An.   = Journal of Anatomy.
J. An. Phys.   = Journal of Anatomy and Physiology.
Jb. Ki.   = Jahrbuch für Kinderheilkunde.
J. C. Neur.   = Journal of Comparative Neurology.
J. de l'An. Phys.   = Journal de l'Anatomie et de la Physiologie.
J. Exp. Z.   = Journal of Experimental Zoology.
J. L. O.   = Journal of Laryngology and Otology.
J. Mo.   = Journal of Morphology (Philadelphia).
J. Psy. Neur.   = Journal für Psychiatrie und Neurologie.
Kl. Mbl. Au.   = Klinische Monatsblätter für Augenheilkunde.
Kl. W.   = Klinische Wochenschrift.
Lar. S. R. Soc. Med. = Laryngol. Section Royal Society of Medicine.
Med. Kl.   = Medizinische Klinik.
Msch. G. G.   = Monatsschrift für Geburtshilfe und Gynäkologie.
Msch. Ki.   = Monatsschrift für Kinderheilkunde.
M. m. W.   = Münchener medizinische Wochenschrift.
M. O.   = Monatsschrift für Ohrenheilkunde und Laryngo-Rhinologie.
N. T. G.   = Nederlandsch Tijdschrift voor Geneeskunde.
N. Y. m. J.   = New York Medical Journal.
N. Zbl.   = Neurologisches Zentralblatt.
O. Fuk.   = Otologia (Fukuoka).
Ö. Zsch. H.   = Österreichische Zeitschrift für praktische Heilkunde.
Po. med.   = Portugal médico.
Proc. nat. Ac. Sci. USA. = Proceedings of the National Academy of Science of the
                        USA.
Proc. S. exp. B. a. Med. = Proceedings of the Society of Experimental Biology and
                        Medicine.
Ps.-n. W.   = Psychiatrisch-neurologische Wochenschrift.

P. Vj. H.   = Prager Vierteljahrschrift für praktische Heilkunde.
Rev. L.   = Revue de Laryngologie.
Ri. Morf.   = Ricerche di Morfologia.
Riv. Biol.   = Rivista di Biologia.
Schw. m. W.   = Schweizerische medizinische Wochenschrift.
Soc. Ch.   = Société de Chirurgie.
V. A.   = Virchows Archiv für pathologische Anatomie usw.
Vals.   = Valsalva (Rivista di Oto-Rino-Laringoiatria).
V. an. G.   = Verhandlungen der anatomischen Gesellschaft.
Verh. Chir. Kongr. Berlin = Verhandlungen des Chirurg.-Kongresses Berlin.
V. D. p. G.   = Verhandlungen der Deutschen pathologischen Gesellschaft.
Vers. D. N.-f. u. Ä.   = Versammlung Deutscher Naturforscher und Ärzte.
W. kl. W.   = Wiener klinische Wochenschrift.
W. m. W.   = Wiener medizinische Wochenschrift.
Wr. L. G.   = Wiener Laryngologische Gesellschaft.
Z.-ä. R.   = Zahnärztliche Rundschau.
Zbl. allg. P.   = Zentralblatt für allgemeine Pathologie und pathologische Anatomie.
Zbl. G.   = Zentralblatt für Gynäkologie.
Zbl. HNO.   = Zentralblatt für Hals-, Nasen- und Ohrenheilkunde.
Zbl. i. M.   = Zentralblatt für innere Medizin.
Zbl. Neur.   = Zentralblatt für Neurologie.
Zoo. An.   = Zoologischer Anzeiger.
Zoo. Jb.   = Zoologische Jahrbücher.
Zsch. An. E.   = Zeitschrift für Anatomie und Entwicklungsgeschichte.
Zsch. G. G.   = Zeitschrift für Geburtshilfe und Gynäkologie.
Zsch. HNO.   = Zeitschrift für Hals-, Nasen- und Ohrenheilkunde.
Zsch. ind. A. V.-l.   = Zeitschrift für induktive Abstammungs- und Vererbungslehre.
Zsch. Ki.   = Zeitschrift für Kinderheilkunde.
Zsch. Konst.   = Zeitschrift für Konstitutionslehre.
Zsch. L.   = Zeitschrift für Laryngologie usw.
Zsch. M. A.   = Zeitschrift für Morphologie und Anthropologie.
Zsch. Neur. Ps.   = Zeitschrift für die gesamte Neurologie und Psychiatrie.
Zsch. O.   = Zeitschrift für Ohrenheilkunde usw.
Zsch. o. Ch.   = Zeitschrift für orthopädische Chirurgie.
Zsch. Rass.-phys.   = Zeitschrift für Rassenphysiologie.
Zsch. Stomat.   = Zeitschrift für Stomatologie.
Zsch. w. Z.   = Zeitschrift für wissenschaftliche Zoologie.

I. Allgemeines zur Teratologie und Teratogonie.

ANCEL, P. u. E. WOLFF: C. R. S. B. 112, 1933. — ANDERES: Schw. m. W. 1932, 952. — ASCHNER, B. u. G. ENGELMANN: Konstitutionspathologie in der Orthopädie. Wien und Berlin: Julius Springer. 1928.

BAGG, HALSEY J.: Am. J. An. 43, 1929. (Lit.) — BATAILLON, E.: a) A. Entwi. M. 11, 1901. — DERSELBE: b) Ebendort 12, 1901. — BAUER, F.: W. kl. W. 1935, 573 u. 1352. — BAUER, JUL.: a) Konstitutionelle Disposition zu inneren Krankheiten, 3. Aufl. Berlin: Julius Springer. 1924. — DERSELBE: b) Vorlesungen über allgemeine Konstitutions- und Vererbungslehre, 2. Aufl. Berlin: Julius Springer. 1923. — BAUER, K. H.: Msch. Ki. 62, 1934. — DERSELBE u. J. GÖTTIG: Vererbung 19, 1935, ref. Zbl. allg. P. 63, 177. — BAUR, E.: Abriß der allgemeinen Variations- und Vererbungslehre, 2. Aufl., 1923. — BELLAMY, A. W: B. B. 37, 1919. — BÖREMA, J.: A. Entwi. M. 115, 1929. — BONNEVIE, K.: J. Exp. Z. 67, 1934. (Lit.)

CHILD, C. M.: a) A. Entwi. M. 35, 1913. — DERSELBE: b) B. B. 39/II, 1920.

DEBIASI, E.: Zbl. G. 55, 1931. — DEBRUNNER, H.: A. Orth. U. 28, 1930. — DRESEL, K.: V. A. 224, 1917. — DUNBAR: Am. J. Surg. N. S. 24, 1934.

Färber, E.: Jb. Ki. 139, 1933. — Fischel, A.: a) A. Entwi. M. 41, 1915. — Derselbe: b) V. D. p. G. 5, 1903. — Derselbe: c) B. path. An. 41, 1907.

Goldmeier, E.: Msch. G. G. 99, 1935. — Goldschmidt, R.: a) Zsch. ind. A. V.-l. 30, 1923. — Derselbe: b) Suppl. I. d. Zsch. ind. A. V.-l. 1928. — Derselbe: c) Physiolog. Theorie der Vererbung. Berlin: Julius Springer. 1928. — Gött, Th.: M. m. W. 1931, 1329. — Greil, A.: a) An. A. Erg.-H. 58, 1924. — Derselbe: b) V. A. 253, 1924. — Derselbe: c) W. kl. W. 1935, 868. (Lit.) — Grosser, O.: a) V. an. G. 1924, Erg.-H. An. A. 58, 184. — Derselbe: b) An. A. 73, 1931/32. (Lit.) — Gruber, G.B.: a) „Mißbildungen" in Pathologische Anatomie von Aschoff, 7. Aufl., 1. allg. T., 1928. Ebenda, 8. Aufl., 1. T., 1936. — Derselbe: b) Beitr. path. An. 93, 1934. — Derselbe: c) Med. Kl. 1934, 533. — Derselbe: d) Med. Kl. 1935, 833.

Hammerschlag, V.: a) Zsch. Konst. 16, 1932. — Derselbe: b) Einführung in die Kenntnis einfacherer Mendelistischer Vorgänge. Wien: Perles. 1934. — Derselbe: c) Kl. W. 1934, Nr. 22. (Lit.) — Derselbe: d) D. österr. Arzt, 2. Jg., 1935. — Hellner, H.: a) M. m. W. 1932, 1177 u. Cbl. Ch. 1932, 1692. — Derselbe: b) A. kl. Ch. 172, 173, 1932. — Derselbe: c) Msch. G. G. 95, 1933. — Hertwig, G. u. P.: A. mi. An. 83, 1913. — Holtfreter, J.: Med. Welt 1934, 623. — Hyman, L. H.: B. B. 40, 1921.

Jelgersma, H. C.: Zsch. Neur. Ps. 125, 1930. — Jenkinson, I. W.: A. Entwi. M. 21, 1906. — Job, T. T., G. J. Leibold u. H. A. Fitzmaurice: Am. J. An. 56, 1935. — Jollos, V.: Cbl. B. 93, 1924.

Kaplan, J. J.: Am. J. Obst. 23, 1932. — Keller, K.: Med. Kl. 1935, 804. — Kiewe, L.: Zsch. o. Ch. 59, 1933. — Kubo, H.: V. A. 276, 1930. (Lit.)

Langsteiner, F. u. G. Stiefler: D. Zsch. N. 138, 1935. — Litt, S. u. H. A. Strauss: Am. J. Obst. 30, 1935. — Little, C. C.: Am. N. 65, 1931, ref. Ann. B. 36, 2. T., 617. — Derselbe u. B. W. McPheters: Gen. 17, 1932, ref. Ann. B. 38, 2. T., 65. — Löwenstein, A: Med. Kl. 1932, 617. — Ludwig, F. u. J. v. Ries: Schw. m. W., 1935, Nr. 5.

Mall, F. P.: a) J. Mo. 19, 1908. — Derselbe: b) „Die Pathologie des menschlichen Eies" in Handbuch der Entwicklungsgeschichte des Menschen, F. Keibel u. F. P. Mall, I/9. Leipzig: S. Hirzel. 1910. — Derselbe u. A. W. Meyer: Carn. Contr. Embr. 12, 1921. — Malpas, P. W.: Lancet 225/II, 1933. — Mangold, O.: E. Biol. 7, 1931. Marchand: „Mißbildungen" in Eulenburgs Realencyklopädie 9, 4. Aufl., 1910. — Marchetti, L.: a) A. it. An. 16, 1917. — Dieselbe: b) An. A. 45, 1913 u. 47, 1914. — Dieselbe: c) A. it. An. 20, 1923. — Morgan, T. H.: The theory of the gene. Yale Univ. Press. New-Haven. 1926. — Moszkowitz, L.: V. A. 293, 1934. — Muller, H. J: Am. N. 64, 1930. — Murphy, D. P. u. L. Goldstein: Surg., gyn. a. obst. 50, 1930, ref. Zbl. allg. P. 48, 23.

Newman, H. H.: B. B. 32, 1917, zit. nach G. Cotronei, Lit. II/c. — Nordmann, J. u. J. Schoedel: Jb. Ki. 136, 1932. — Nürnberger, L: M. m. W. 1930, 1040.

Oppermann, K.: A. mi. An. 83, 1913.

Papilian, V. u. Aurel Nana: V. A. 287, 1933. — Patterson, J. T. u. H. J. Muller: Gen. 15, 195. — Peter, K.: A. Entwi. M. 30, 1910. — Politzer, G. u. H. Sternberg: F. Zsch. P. 37, 1929. — Przibram, H.: a) Teratologie und Teratogenese, Heft 25 d. Vorträge über Entwicklungsmech. d. Org., herausg. v. W. Roux, Berlin: Julius Springer. 1920. — Derselbe: b) A. Entwi. M. 30, 1910.

Ruffini, A.: a) An. A. 31, 1907. — Derselbe: b) Ebendort 33, 1908. — Derselbe: c) Fisiogenia. La biodinamica dello sviluppo ed i fondamentali problemi morfologici dell'embriologia generale. Milano: F. Vallardi. 1925.

Schade, H.: Die physikalische Chemie in der inneren Medizin, 3. Aufl., 1923. — Schall: in Engel u. Schall, Röntgendiagnostik und Therapie im Kindesalter. Leipzig. 1933. — Schmitz-Lückger, J: Ps.-n. W. 1932, 437. — Schoedel, J.: Jb. Ki. 136, 1932. — Schwalbe, E.: A. Entwi. M. 30, 1910. — Seitz, L.: Msch. G. G. 94, 1933. — Stieve, H.: M. m. W. 1930, 1040. — Strohl: Mißbildungen im Tier- und Pflanzenreich. Jena. 1929.

TARUFFI, C.: Storia della Teratologia. (8 Bde.) Bologna 1891 bis 1894. — TORNIER, G.: a) Zoo. An. 24, 1901. — DERSELBE: b) Verhdlg. d. V. Int. Zool.-Kongr. Berlin. 1901, 467.

UNTERRICHTER, L. v.: a) Zsch. Konst. 18, 1934. — DERSELBE: b) Med. Welt 1935, 219.

VINTEMBERGER, P.: C. R. S. B. 103, 1930, ref. Ann. B., 34. Jg., 1. T., 671.

WAGENSEIL, F.: Zsch. Konst. 15, 1930. — WELLER, C. V.: a) Proc. S. exp. B. a. Med. 19, 1921. — DERSELBE: b) Am. J. P. 6, 1930. — WERBER, E. J.: a) An. R. 10, 1916. — DERSELBE: b) J. Exp. Z. 21, 1916. — WIDAKOWICH: La Semana Medica 46, 1929. — WINCKEL v.: a) Über die Mißbildungen von ektopisch entwickelten Früchten. Wiesbaden 1902. — DERSELBE: b) VOLKMANNS Sammlung klinischer Vorträge Nr. 373/374. Leipzig. 1904.

YAMASAKI, M.: Arb. an. I. Sendai 17, 1935. (Lit.)

ZAPPERT: a) A. Ki. 80, 1926. — DERSELBE: b) Msch. Ki. 34, 1926. — ZARFL, M.: Zsch. Ki. 57, 1936.

II. Experimentelle Teratologie
mit vornehmlicher Berücksichtigung der Cyklopie und der Experimente an den Nasenanlagen bzw. den Nasensäcken.

ADELMANN, H. B.: J. Exp. Z. 67, 1934. (Lit.)

BELL, E. T.: a) An. A. 29, 1906. — DERSELBE: b) A. Entwi. M. 23, 1907. — BELLAMY, A. W.: B. B. 37, 1919. — BORN, G.: A. Entwi. M. 4, 1897. — BURR, H. S.: a) J. Exp. Z. 20, 1916. — DERSELBE: b) J. C. Neur. 26, 1916. — DERSELBE: c) J. C. Neur. 37, 1924.

COTRONEI, G.: a) Rend. Acc. Lincei, Cl. sc. fis. mat. e nat. S. V. 31/I. Sem., 433, 1922. — DERSELBE: b) Ebenda S. 473. — DERSELBE: c) A. it. Bio. 71, 1922. — DERSELBE: d) Ri. Morf. 2, 1920—1922. (Lit.) — DERSELBE u. ALDO SPIRITO: At. Ac. L. 10, 1929, ref. Ann. B., 34. Jg., 2. T., 323.

DARESTE, C.: Recherches sur la Product. artificielle des monstruosités etc. Paris C. Reinwald et Co. 1877.

EKMAN, G.: Soc. scient. Fennica, Comment. Biol. I, 1923. (Lit.)

FERÉ, M. CH.: C. R. S. B. 45, 1893. — FISCHEL, A.: a) A. Entwi. M. 27, 1909. — DERSELBE: b) A. Entwi. M. 41, 1915. — FRANKE, K. W., MOXON, POLEY u. TULLY: An. R. 65, 1936. (Lit.)

GOLDSCHMIDT, R.: Zsch. ind. A. V.-l. 69, 1935. — GUYÉNOT, E. u. M. VALETTE: C. R. S. B. 93, 1925.

HARRISON, R. G.: J. Exp. Z. 25, 1918, zit. nach CHILD (Lit. I). — HERBST, C.: a) Zsch. w. Z. 55, 1892. — DERSELBE: b) Mitteil. d. Zool. Stat. Neapel 11, 1895. — DERSELBE: c) A. Entwi. M. 2, 1896. — DERSELBE: d) A. Entwi. M. 5, 1897. — HERTWIG, G. u. P.: A. mi. An. 83, Abt. II, 1913. — HERTWIG, O.: a) Sitz.-Ber. d. Preuß. Akad. d. Wissensch. Berlin, Jg. 1910, 221. — DERSELBE: b) Ebendort, Jg. 1910, 751. — DERSELBE: c) Ebendort, Jg. 1911, 844. — DERSELBE: d) A. mi. An. 77, Abt. II, 1911. — DERSELBE: e) Sitz.-Ber. d. Preuß. Akad. d. Wissensch. Berlin, Jg. 1913, 564. — DERSELBE: f) A. mi. An. 82, Abt. II, 1913. — HERTWIG, P.: A. mi. An. 81, 1913. — HINRICHS, M. A.: a) J. Exp. Z. 47, 1927. — DIESELBE: b) Proc. S. exp. B. a. Med. 28, 1931, ref. Ann. B., 34. Jg., 1. T., 671. — HIPPEL, v.: „Die Mißbildungen und angeborenen Fehler des Auges" in GRÄFE-SÄMISCHs Hdb. Au. — HÖNNICKE: M. m. W. 1907, 2065. — HYMAN, L. H.: B. B. 40, 1921.

JENKINSON, J. W.: A. Entwi. M. 30, 349. — JOLLOS, V.: Naturwiss. 21, 1933.

LEPLAT, G.: a) Annal. et Bull. de la Soc. d. Méd. de Gand. 4, 79. Jg., 1913. — DERSELBE: b) An. A. 48, 1914. — DERSELBE: c) Arch. Biol. 30, 1919. (Lit.) — LÉVY, O.: A. Entwi. M. 20, 1906, zit. nach H. SPEMANN (Lit. II/a). — LEWIS, W. H.: a) An. R. 7, 1907, zit. nach H. SPEMANN (Lit. II/a). — DERSELBE: b) Am. J. An. 6, 1907, zit. nach M. VALETTE. — DERSELBE: c) An. R. 3, 1909.

MANGOLD, O.: E. Biol. 7, 1931. — MAY, R. M. u. S. R. DETWILER: J. Exp. Z. 43, 1925. — MICHAIL, D. u. P. VANCEA: C. R. S. B. 102, 1929, ref. Ann. B. 1931, 1. T., 160. — MORGAN, T. H.: a) J. Mo. 10, 1895, zit. nach L. H. HYMAN. — DERSELBE: b) A. Entwi. M. 16, 1903. — DERSELBE: c) A. Entwi. M. 18, 1904. — DERSELBE u. E. TORELLE: A. Entwi. M. 18, 1904. — MULLER, H. J.: a) Gen. 13, 1928. — DERSELBE: b) Proc. nat. Ac. Sci. USA. 14, 1928.

NEWMAN, H. H.: B. B. 32, 1917, zit. nach G. COTRONEI.

OPPERMANN, K.: A. mi. An. 83, Abt. II, 1913.

PAGENSTECHER, H. E.: a) Ber. 37. Vers. ophth. Ges., Heidelberg 1911, 44. — DERSELBE: b) Ber. 38. Vers. ophth. Ges., Heidelberg 1912, 46. — PASQUINI, P.: a) Riv. Biol. 1927, ref. Ann. B. 34. Jg., 2. T., 322. — DERSELBE: b) At. Ac. L. 10, 1929, ref. Ann. B. 34. Jg., 2. T., 322. — DERSELBE u. G. MELDOLESI: At. Ac. L. 11, 1930, ref. Ann. B. 34, 1. T., 670.

QUASTLER, H. u. H. WEINGARTEN: A. Entwi. M. 122, 1930.

RÖHLICH, K.: A. Entwi. M. 124, 1931. — ROTMANN, E.: A. Entwi. M. 131, 1934. — RUFFINI, A.: Vgl. Lit. I/c.

SEEFELDER: „Die Mißbildungen des menschlichen Auges" in Kurzes Handbuch der Ophthalmologie, herausgegeben von SCHIECK u. BRÜCKNER, I, 1930. — SHEARD, CH. u. G. M. HIGGINS: J. Exp. Z. 57, 1930. — SPEMANN, H.: a) A. Entwi. M. 30, 1910. — DERSELBE: b) Zoo. Jb., Suppl. XV, 3, 1912. (Festschrift SPENGEL.) — DERSELBE: c) Zoo. Jb. 32, 1912. — DERSELBE: d) Vhd. D. Zool. G. 34, 1931. — DERSELBE: e) A. Entwi. M. 123, 1931. — SPIRITO, ALDO: At. Ac. L. 10, 1929, ref. Ann. B., 34. Jg., 2. T., 323. — DERSELBE: b) A. Entwi. M. 122, 1930. — STOCKARD, CH. R.: a) J. Exp. Z. 3, 1906 und 4, 1907. — DERSELBE: b) A. Entwi. M. 23, 1907. — DERSELBE: c) An. R. 3, 1909. — DERSELBE: d) J. Exp. Z. 6, 1909. — DERSELBE: e) Am. J. An. 10, 1910. — DERSELBE: f) A. v. Oph., 1. Jg., 1910, zit. nach E. BEST. Lit. IV. — DERSELBE: g) An. R. 8, 1914, zit. nach G. COTRONEI. — DERSELBE: h) Am. N. 47, 1913. — DERSELBE: i) Science 69, 1929, Nr. 1788. — DERSELBE u. D. M. CRAIG: A. Entwi. M. 35, 1912 (Lit.); ähnlicher Inhalt bei CH. R. STOCKARD: Proceed. Am. Philos. Soc. 51, 1912, Nr. 205 und Arch. of Int. Med. 10, 1912. (Lit.) — STREETER, G. L.: J. Exp. Z. 3, 1906 und 4, 1907, zit. nach H. SPEMANN (a). — SZILY jun., A. v.: a) Ber. 37. Vers. ophth. Ges., Heidelberg 1911, 40. — DERSELBE: b) Ber. 38. Vers. ophth. Ges., Heidelberg 1912, 40. — DERSELBE: c) Zsch. An. E. 74, 1. — DERSELBE: d) Ber. 41. Vers. ophth. Ges., Heidelberg, 5. — SZÜTS, A. v.: A. Entwi. M. 38, 1914.

TIMOFÉEFF-RESSOVSKY, N. W.: A. Entwi. M. 115, 1929.

VALETTE, M.: a) C. R. Séanc. Soc. d. phys. et d'hist. nat. Genève 43, 1926. — DIESELBE: b) Thèse de Genève — Fac. Scienc. (No. 836 Ed. Bull. Biol. Paris 1929.) — VINTEMBERGER, P.: C. R. S. B. 103, 1930.

WERBER, E. J.: a) An. R. 9. — DERSELBE: b) J. Exp. Z. 21, 1916. — WOLFF, E.: a) C. R. S. B. 114, 1933. — DERSELBE: b) C. R. S. B. 118, 1935. — WOSKRESSENSKY, N. M.: A. Entwi. M. 113, 1928.

III. Die Nase bei Doppelmißbildungen und Doppelnase bei Einfachmißbildungen.

BERTRAM: zit. nach F. LASAGNA. — BIEN: zit. nach R. LÖWY. — BIMAR: zit. nach LESBRE u. FORGEOT. — BORN, G.: A. Entwi. M. 4, 1897. — BRODER, S. B.: Am. J. P. 11, 1935. — BUMM, E.: A. kl. Ch. 135, 1925.

DUNBAR: Am. J. Surg. N. S. 24, 1934.

FELLER, O.: Zsch. An. E. 94, 1931. — FINK u. WINTER: Med. Kl. 1933, 1146. — FINOLA, G. C.: Am. J. Obst. 28, 1934.

GRÄPER: M. m. W. 1931, 255 u. Erg.-H. zu An. A. 72, 1931. — GRUBER, G. B.: a) Über Zweiköpfigkeit beim Menschen. Abh. Ges. Wiss. Göttingen, Math.-phys. Kl., III. F., H. 4. Berlin: Weidmann. 1931. Ref. Zbl. allg. P. 54, 156. — DERSELBE: b) V. D. p. G. 27, 1934, 156.

HEY, A.: A. Entwi. M. 33, 1911. — HINRICHS, M. A.: An. R. 47, 1930. — HUECK, W.: Sächs. Ak. d. Wiss., math.-phys. Kl., Leipzig, 83, 1931.

KAESTNER, S.: A. An. Phys. 1898, 1899, 1901, 1902 u. 1907.

LASAGNA, F.: A. it. O. 28, 1917. (Lit.) — LATASTE, F.: B. S. zo. F. 58, 1933, ref. Ann. B., 39. Jg., 2. T., 131. — LEDOUBLE: Traité sur les variations d. os de la face, I, Paris 1906 (zit. nach LASAGNA). — LESBRE, F. X. et FORGEOT: J. de l'An. Phys. 42, 1906. — LÖWY, R.: Ar. Neur. I. W. 20, 1913.

MALL, F. P.: Carn. Contr. Embr. 6, 1917. — MEYER, W.: A. kl. Ch. 29, 1883. — MISCHARIN, A. P.: Ž. ušn. Bol. 13, 1936, ref. Zbl. HNO. 27, 541. — MUECKE, F. F. u. H. S. SOUTTAR: Lar. S. R. Soc. Med. 17/Lar., 1923.

NITZSCHE: Kl. W. 1931, 1426.

PFEFFER, W.: B. path. An. 89, 1932. — PREISSECKER, E.: 91. Vers. D. N.-f. u. Ä., gyn.-geb. Sekt., 1930, Zsch. G. G. 54, 1930.

RATING, G.: V. A. 228, 1933.

SCHULTZE, O.: a) An. A. 10, 1894. — DERSELBE: b) A. Entwi. M. 1, 1894. — SCHWALBE, E.: Die Morphologie der Mißbildungen, II. T.: Die Doppelbildungen. Jena: G. Fischer. 1907. — SEEFELDER, R.: G. A. Oph. 68, 1908. — SPEMANN, H.: a) Verh. d. V. Int. Zool. Kongr., Berlin 1901, 461. — DERSELBE: b) Zoo. Jb., Suppl. 7, 1904. (Lit.)

TARUFFI, C.: Storia della teratologia, VI u. VIII, Bologna 1891 u. 1894. — TAWSE, H. B: Lar. S. R. Soc. Med., 13/Lar., 1919. — THOMSON, ST. C.: Lar. S. R. Soc. Med., 2. XI. 1917. — TORNIER, G.: a) Verh. d. V. Int. Zool. Kongr., Berlin 1901, 467. — DERSELBE: b) Zoo. An. 24, 1901.

VOORTHUYSEN, D. G. W. VAN: Act. O.-L. 22, 1935.

WATZLIK: Ver. deutsch. ONK.-Ärzte usw., Prag, 8. XII. 1935, ref. Zbl. HNO. 26, 192. — WETZEL, G.: a) A. mi. An. 46, 1895. — DERSELBE: b) I. D. 1896. — WILDER, H. H.: Am. J. An. 8, 1908.

IV. Aprosopie. Cyklopie mit und ohne Rüssel. Embryologisches und Allgemeines zur Cyklopie.

ADELMANN, H. P.: a) J. Exp. Z. 67, 1934. (Lit.) — DERSELBE: b) Am. J. Ophth. 17, 1934. (Lit.) — AHLFELD, I. F.: Die Mißbildungen des Menschen. Leipzig: F. W. Grunow. 1880.

BABES: V. D. p. G. 8. Tagung 1904. — BANCHI, A.: Sperimentale, 59. Jg., 1905. — BEST, E.: B. path. An. 67, 1920. (Lit.) — BLACK, D. D.: J. C. Neur. 23, 1913. — BLANC: J. de l'An. Phys. 31, 1895. — BOCK: Kl. Mbl. Au. 27, 1889, zit. nach E. BEST. — BOLK, L.: Zsch. An. E. 85, 1928.

CASTALDI, L.: Boll. d'Ocul. 3, 1924. (Lit.) — CRAIGH: Ed. m. J., Jg. 1886, Nr. 273, zit. nach E. BEST.

DE VRIES: Soc. anat. Paris, Okt. 1929, Ann. An. p. 6, 1020. — DURLACHER: D. med. W. 1915, 1128. — DUVAL, M. u. G. HERVÉ: ref. SCHMIDTS Jahrb. 206, 119.

ELLIS, R.: Transact. Obst. Soc. London 7, 1866. — ERNST, P: „Die Mißbildungen des Nervensystems" in SCHWALBES Handbuch der Mißbildungen des Menschen usw., III. T., 2. Abt., Kap. II. Jena: G. Fischer.

FISCHEL, A.: A. Entwi. M. 49, 1921. — FÖRSTER, AUG.: Die Mißbildungen des Menschen. Jena: Friedr. Mauke. 1861.

GREENE, S. H.: Lancet 1906/I., 1757. — GURLT, E. F.: Über tierische Mißgeburten. Berlin 1877.

HAYASHI, M. G.: A. Oph. 80, 1911. — HECHT, L.: M. m. W. 1904, 2092. — HIPPEL, E. v.: a) GRAEFE-SAEMISCH Hdb. Au., 1. Aufl., 2, 1908. (Lit.) — DERSELBE: b) „Die Mißbildungen des Auges" in Handbuch der Morphologie der Mißbildungen, herausgegeben von E. SCHWALBE, III. T., 2. Abt., Kap. I. (Lit.) Jena: G. Fischer. — HIRANO, ATS.: Otologia (Fukuoka) 5, 1932, ref. Zbl. HNO. 18, 676.

IKEDA, K.: Arb. an. I. Sendai 13, 1928. — ILBERG, G.: Zsch. Neur. Ps. 154, 1935.

JOSEPHY, H.: a) V. A. 206, 1911. — DERSELBE: b) „Otocephalie und Triocephalie" in SCHWALBES Handbuch der Mißbildungen des Menschen usw., III. T., 1. Abt., Kap. VI. Jena: G. Fischer. 1909. (Lit.)

KEIBEL, F. u. F. P. MALL: Handbuch der Entwicklungsgeschichte des Menschen, I. T. Leipzig: S. Hirzel. 1910. — KLOPSTOCK, A.: Msch. G. G. 56, 1921. — KUND-RAT, H.: Ges. d. Ärzte in Wien, 28. I. 1887, ref. M. m. W. 1887, 90 u. W. m. W. 1887, 166.

LANNELONGUE et MÉNARD: Affections congénitales, I. Paris: Asselin et Houzeau. 1891. — LEONOWA-LANGE, O. v.: A. Ps. N. 38, 1904. — LEPLAT, G.: A. Oph. 33, 1913. — LEŠER, O.: a) Rozpravy české Akad. Cís. Frant. Jos., Třída II, XXI, 1912. — DERSELBE: b) Cbl. Au. 1911, 366. — LÖVINSOHN, M.: B. kl. W. 1896, 129.

MALL, F. P.: a) Carn. Contr. Embr. 6, 1917. — DERSELBE: b) J. Mo. 19, 1908. — DERSELBE: c) „Die Pathologie des menschlichen Eies" in Handbuch der Entwick-lungsgeschichte des Menschen, F. KEIBEL u. F. P. MALL, I, Kap. IX. Leipzig: S. Hirzel. 1910. — MONAKOW: Über Mißbildungen des Zentralnervensystems. LUBARSCH-OSTERTAGS Ergebn., 6. Jg., 1901.

NÄGELI, O.: A. Entwi. M. 5, 1897.

OGNEW, B. W.: An. A. 70, 1930. — OTTO, A. W.: Monstr. sexcent. descript. anatom., Breslau 1841.

PETERS, A.: Ber. 36. Vers. ophth. Ges., Heidelberg 1910, 163. — PHISALIX, C.: J. de l'An. Phys., 28. Jg., 1889. — PIRES DE LIMA: a) An. R. 19, 1920. — DERSELBE: b) Anais Scientif. da Fac. de Medic. do Porto 4, 1918. — POKORNY, K.: Sitz.-Ber. k. A. d. Wiss. 46, 1863.

RABAUD, E.: J. de l'An. Phys., 37. Jg. 1901/02.

SCHÜLER, O.: Triocephalie beim Schaf, I. D. Göttingen 1934. (Lit.) — SCHWALBE, E. u. H. JOSEPHY: „Die Cyklopie" in SCHWALBES Handbuch der Mißbildungen des Menschen usw., III. T., 1. Abt., Kap. V. Jena: G. Fischer. 1909. (Lit.) — SEEFELDER, R.: a) G. A. Oph. 68, 1908. — DERSELBE: b) LUBARSCH-OSTERTAGS Ergebn., 14. Jg., 1910, Erg.-Bd., 615. — DERSELBE: c) Ber. 36. Vers. ophth. Ges., Heidelberg 1910, 174. — SMALLWOOD: An. A. 46, 441. — STUPKA, W.: a) Ar. Neur. I. W. 33, 1931. — DERSELBE: b) Act. O.-L. 19, 1933. — SZENDI, B.: Zsch. G. G. 105, 1933.

TARUFFI, C.: Storia della Teratologia, Bde. VI u. VIII. Bologna 1891 u. 1894.

VAN DUYSE: a) A. Oph. 19, 1899. — DERSELBE: b) A. Oph. 18, 1898. — DERSELBE: c) A. Oph. 29, 1909. — VROLIK, W.: Handb. d. Ziektek. ontleedk. Amsterdam 1840.

WHITEHEAD, R. H.: An. R. 3, 1909. — WILDER, H. H.: Am. J. An. 8, 1908. — WINKLER, C.: a) Ned. Tijdsch. v. Geneesk., 60. Jg., 1. Hälfte, 954, abgedruckt in Opera omnia 5, 561. — DERSELBE: b) Opera omnia 5, 587. — DERSELBE: c) Fol. neurobiol. 10, 105. — DERSELBE: d) Wersl. k. Akad. v. Wetensch. 28/4, 1919, abge-druckt in Opera omnia 7, 61. — WOLFF, E.: C. R. S. B. 114, 1933.

ZINGERLE, H.: A. Entwi. M. 14, 1902. (Ältere Lit.)

V. Arhinencephalie.

AEBY: V. A. 77, 554.

BAKER, R. C. u. G. O. GRAVES: Arch. of Neur. 29, 1933. (Lit.) — BALINT, R.: A. Ps. 32, 1899. — BERBLINGER, W.: „Die Störungen des Formwechsels, Mißbildungen der Nase." Handbuch der spez. path. Anatomie und Histologie, herausgegeben von F. HENKE u. O. LUBARSCH, 3, 1. T., 1928. — BEST, E.: B. path. An. 67, 1920. (Neuere Lit.)

CRINIS, M. DE: J. Psy. Neur. 37, 1928. — CULP, W.: Zsch. Konst. 8, 1921. (Lit.)

ENGEL, J.: P. Vj. H. 82, 1864.

FISCHER, B.: zit. nach E. SCHWALBE u. H. JOSEPHY (Lit. IV). — FRIDOLIN, J.: V. A. 112, 1888. — FRÜHWALD, V.: A. ONK. 139, 1935.

GAMPER, E.: Zsch. Neur. Ps. 102 u. 104, 1926. — GOLDSTEIN, A.: Zsch. Ki. 25, 1920. — GOLDSTEIN, K. u. W. RIESE: J. Psy. Neur. 32, 1926. — GRAFFIN et MASSON: Ann. An. p. 7, 1930. — GRUBER, G. B.: a) Innsbr. wissensch. Ärzteges. 14. I. 1927,

W. kl. W. 1927, Nr. 11. — DERSELBE: b) V. D. p. G. Mai 1934, 27, 303. — DERSELBE: c) Ref. Zbl. allg. P. 60, 307, 1934.

HENZE, K.: B. An. Phys. etc. O. 31, 1934. — HESCHL: Ö. Zsch. H. 1861, 177. — HILLMANN: I. D. Bonn 1912, zit. nach E. BEST. — HÖRRMANN: I. D. München 1903, zit. nach E. BEST.

ILLBERG, G.: A. Ps. 34, 1901.

JSSAJEW, P. O.: An. A. 74, 1932. — JUBA: A. Ps. 102, 1934.

KONDRING: D. med. W. 1913/II, 1484. — KORSCHELT, E. u. C. FRITSCH: A. Entwi. M. 30, 1910. — KUNDRAT, H.: Arhinencephalie als typische Art von Mißbildung. Graz: Leuschner u. Lubensky. 1882. (Alte Lit.)

LANG, B.: V. A. 285, 1932. — LANNELONGUE et MÉNARD: Affections congénitales, I., 473, Paris: Asselin et Houzeau. 1891. — LE BEC: zit. nach F. WEIDENREICH. — LÖWY, R.: Ar. Neur. I. W. 20, 1913.

MEYER, F.: I. D. Göttingen 1933. — MIRSALIS, T.: An. A. 67, 1929. — MONNIER, E.: B. kl. Ch. 49, 1906. (Lit.) — MURALT, L. v.: A. Ps. 34, 1901.

OLDBERG, S.: Ups. Läk. Förh., N. F. 38, 1932, ref. Zbl. allg. P. 57, 317. — ONUFROWICZ-FOREL: A. Ps. 18, 1887.

PIRES DE LIMA, I. A.: a) C. R. S. B. 1921. — DERSELBE: b) Po. med. 1921, No. 11. (Lit.) — DERSELBE: c) J. An. 58, 1923/24. — POLITZER, G.: Zsch. An. E. 93, 1930. — DERSELBE u. K. STEINER: A. Entwi. M. 107, 1926. — PROBST, M.: A. Ps. 34, 1901.

QUASTLER, H. u. H. WEINGARTEN: A. Entwi. M. 122, 1930.

RENNER: I. D. Halle 1889, zit. nach E. BEST. — RICHTER, A.: V. A. 106, 1886. — RIESE, W.: a) Zsch. Neur. Ps. 69, 1921. — DERSELBE: b) D. Zsch. N. 89, 1925. — ROHON, J. V.: Ar. Zoo. I. W. u. zool. Stat. i. Triest, 2/Heft 1; zit. nach H. KUNDRAT. — ROTHSCHILD, P.: B. path. An. 73, 1924.

SCHMIDT, M. B.: V. A. 162, 1900. — SEELIGMANN, R.: A. Ps. 30, 1898. — SZADKOWSKI: I. D. Leipzig 1910, ref. Zbl. Neur. 1911, 923.

VRIES, W. M. DE: Festbundel Hector Treub. 1912, ref. I. Cbl. L. 28, 197.

WASHBY, B.: J. An. Phys. 38, N. S. 18, I, 1903. — WATKYN-THOMAS, F. W.: J. An. Phys. 44, 1910. — WEIDENREICH, F.: Zsch. M. A. 118, 1914. (Lit.) — WINKLER, C.: vgl. unter IV.

YAMASAKE, M.: Arb. an. I. Sendai 15, 1933.

ZANZUCHI, G.: A. it. O. 46, 1934, ref. Zbl. HNO. 24, 123.

VI. Proboscis lateralis; Aplasie einer oder beider Nasenseiten.

BAJARDI, D.: zit. nach C. TARUFFI, Storia della Teratologia, Bd. VIII, 325. — BLAIR, V. P.: Ann. Ot. 40, 1931.

FRANKLIN, Ph.: Lar. S. R. Soc. Med. 1. IV. 1921, 14, ref. I. Cbl. L. 37, 455.

GUŠIĆ, B.: Lij. Viesn. 57, 1935, ref. Zsch. HNO. 24, 651.

HARTZ, B.: I. D. Göttingen 1934, ref. Zbl. allg. P. 63, 42. — HELLAT: St. Petersburger oto-rhino-lar. Verein, 6. III. 1909, ref. I. Cbl. L. 26, 251.

JOSEPHY, H.: V. A. 206, 1911.

KIRCHMAYR, L.: D. Zsch. Ch. 80, 1906. — KUNDRAT, H: Sitzg. Ges. d. Ärzte in Wien, 28. I. 1887, ref. M. m. W. 1887, 90 u. W. m. W. 1887, 166.

LANDOW, M.: D. Zsch. Ch. 30, 1890. — LANG, B: V. A. 285, 1932. — LETO, L: 27. it. O. R. Lar. Kongr., 1931, u. Boll. Mal. Or. 50, 1932, ref. Zbl. HNO. 18, 447 u. 19, 114. — LEWIS, W. H.: An. R. 7. — LONGO, N.: Giorn. intern. scienze med. 24, 1902.

PETERS, A.: Ber. 36. Vers. ophth. Ges., Heidelberg 1910, 163.

RANZI: Sitzg. Ges. d. Ärzte i. Wien, 19. I. 1917, ref. B. kl. W. 1917, 398.

SEEFELDER, R.: Ber. 36. Vers. ophth. Ges., Heidelberg 1910, 174. — SELENKOFF, A.: V. A. 95, 1884. — ŠERCER, A.: Otolar. slav. 1, 1929.

TARUFFI, C.: Storia della Teratologia, VI. Bd., 514, Bologna 1891. — TENDLAU, A.:
G. A. Oph. 95, 1918. — TIEFENTHAL, G.: M. O. 44. Jg., 1910. — TITTEL: B. kl. W.
1914, 1340.

ZACHERL, H.: A. kl. Ch. 113/Heft 2.

VII. Cephalocele und neurogene Tumoren.

ABD-EL MALEK: J. An. 66, 1932. — ABRAHAM: Br. m. J., Februar 1899, ref. I. Cbl.
L. 6, 441. — ADLER, H.: Zsch. HNO. 26, 1930. — ANDRIANOW, S.: Mosk. O. Rh.
Lar.-Ges., 20. I. 1926, ref. Zbl. HNO. 11, 471. — ANGLADE et PHILIP: Pr. méd. 1920,
464.

BENDER, E.: A. kl. Ch. 161, 1930. — BERBLINGER, W.: Zbl. allg. P. 31, 201, 1920/21.
— BERGER, L., LUC et RICHARD: Bull. franç. Ass. Cancer 13, 1924. — BERGER L. et
H. COUTARD: Bull. franç. Ass. Cancer 15, 1926. — BERGER, P.: Rev. de Chir. 10, 1890.
— BROWDER, J. u. J. A. DE VEER: A. of Path. 18, 1934, ref. Zbl. allg. P. 62, 248.

CLARK, I. P.: Am. J. Med. 129, 1905. — CORDES, E.: PAYR-KÜTTNERS Erg. d. Chir.
u. Orthop. 22, 1929. — CRUVELHIER: Anat. path. du corps humain 5 u. 6, Paris
1835—1842 (zit. nach D. GUTHRIE u. N. DOTT).

DAHMANN, H. u. H. MÜLLER: Zsch. L. 13, 247. — DELLEPIANE, R. J. u. D. VIVOLI:
Rev. méd. lat.-americ. 14, 1929, ref. Zbl. HNO. 14, 487.

EDEL, W.: Zsch. HNO. 19, 1928. — ÉSCAT, E.: Ann. O.-L. 1931, 828, ref. Zbl. HNO.
18, 92. — EXNER, A.: a) D. Zsch. Ch. 90, 1907. (Lit.) — DERSELBE: b) Ebendort 102,
1909.

FENGER, CHR.: Am. J. Med. 109, 1895. (Ältere Lit.) — FÈVRE M. u. R. HUGUENIN:
Ann. An. p. 13, 1936. — FROBOESE, C.: B. kl. W. 1917, 1219.

GANGELEN, G. VAN: 51. Vers. Nied. V. f. HNO., Mai 1931, ref. Zsch. HNO. 18,
318. — GLUŠKOVSKY, G.: Ž. ušn. Bol. 10, 1933, ref. Zbl. HNO. 22, 101. — GRÜN-
WALD, L.: Zsch. O. 60, 1910. (Alte Lit.) — GUERSANT: zit. nach TALKO. — GUTHRIE,
D. u. N. DOTT: a) J. L. O. 42, 1927. — DIESELBEN: b) Lar. S. R. Soc. Med., 9.—11.
VI. 1927, ref. Zbl. HNO. 11, 818.

HALLE: a) Zsch. HNO. 3, 1922. — DERSELBE: b) Berl. oto-lar. Ges. 30. IV. 1926,
ref. Zbl. HNO. 10, 357. — HALLERMANN, O.: Zsch. HNO. 30, 1932. — HANAUER:
Zsch. HNO. 32, 1932. — HANSEMANN, D. v.: a) B. kl. W. 54. Jg., 1917, Nr. 18. —
DERSELBE: b) Ebendort, Nr. 31. — HEINECKE, W.: in BILLROTH u. LUECKES Deutsche
Chirurgie, Lfg. 31, Stuttgart 1882. — HERLINGER, I.: M. O. 1932/I, 448. — HOLL, M.:
Sitz.-Ber. k. Akad. d. Wiss., Wien 1893, 102, III. Abt. — HOPKINS, F. E.: 28. J.-Vers.
Am. Lar. Assoc. 31. VI. 1906, ref. I. Cbl. L. 24, 143. — HUNTER, R. H.: J. An. 69,
1934/35.

IVANOVSKIJ, S.: Russk. Otol. 23, 1930, ref. Zbl. HNO. 16, 606.

KAYSER, R.: M. O. 1895. — KLIMENTOWSKY: Mosk. med. Zeit. 1868 (zit. nach
CHR. FENGER). — KOMENDANTOV, L.: Vestn. rino-lar. otiatr., Jg. 1926/27, ref. Zbl.
HNO. 9, 657. — KREIKER, A.: Kl. Mbl. Au. 68, 1922. — KUBO, J.: Oto-rh.-lar. Ges.
Fukuoka, 12. V. 1935, ref. Zbl. HNO. 27, 620. — KUNDRAT, H.: Ges. d. Ärzte in Wien,
28. I. 1887, ref. Wr. med. Presse 1887.

LARGER, R.: Arch. génér. de Med. 7. Ser., 29 u. 30, 1877. — LAVROV, N.: Vestn.
Chir. H. 6, 1929, ref. Zbl. HNO. 15, 400. — LENNHOF: Verh. Berl. Lar. Ges. 1911, ref.
Zsch. O. 1912.

MEYER, E. v.: V. A. 120, 1890. (Lit.) — MILANO, E. M.: Pediatria espanola, 15. Jg.,
1926, ref. Zbl. HNO. 10, 68. — MITTELBACH, M. u. F. WOLETZ: Med. Kl. 1935, 275. —
MUHR, A. Ps. 8, 1878. — MUSSGNUG, H.: F. Zsch. P. 42, 1931, ref. Zbl. allg. P. 57, 152.

NAGER, F. R.: a) Schw. m. W. 1921, Nr. 28. — DERSELBE: b) Ebendort 1922, 516. —
DERSELBE: c) Ebendort 1930, 91. — NATANSON, L.: A. ONK. 135, 1933. — NORD-
LUND, H.: Act. O.-L. I., 659. (Lit.)

PERL, J.: Ginek. polsk. 12, 1933, ref. Zbl. HNO. 22, 172. — PETERS, R.: Kl. Mbl.
Au. 59, 1917. — PORTMANN, BONNARD et MOREAU: Act. O.-L. 13, 1928.

RICHTER: zit. nach SCHÖTZ. — ROCHER, H. L. et ANGLADE: Rev. de Chir., 43. Jg., 1924, ref. Zbl. HNO. 5, 456. — ROSE, F.: Lar. S. R. Soc. Med. 7. III. 1913, 6, II. T.

SAFRANEK, J.: a) Orvosi Hetilap 68, ref. Zbl. HNO. 8, 274. — DERSELBE: b) M. O. 60, 709. — SALGENDORFF: Diss. Marburg 1889 (zit. nach W. BERBLINGER). — SALZER, H.: A. kl. Ch. 87, 1908. — SCHMIDT, M. B.: V. A. 162, 1900. — SCHÖTZ, W.: Zsch. O. 58, 1909. (Lit.) — SCHREYER, W. u. W. SPRENGER: Zsch. HNO. 17, 1927 (Lit.). — SÉDAN, J. et P. COLOMB: Ann. d'Ocul. 171, 1934, ref. Zbl. HNO. 24, 294. — SEIFERT, O.: Die Chirurgie der äußeren Nase, in KATZ-BLUMENFELDS Handbuch der Chirurgie der oberen Luftwege, III. C. Kabitzsch. 1923. (Ältere Lit.) — SIEBEN, L. M.: I. D. Kiel 1931. — SIEGENBECK VAN HEUKELOM: A. Entwi. M. 4, 1897. — SIEVERS, R.: D. Zsch. Ch. 221, 1929. — SPRING: Monographie de la hernie du cerveau, Bruxelles 1853 (zit. nach A. EXNER). — STADFELDT, A.: Nord. med. Arch. 36, Abt. 1, 1903. — STERNBERG, H.: a) Zsch. An. E. 82, 1926. — DERSELBE: b) W. m. W. 1929, 462. — DERSELBE: c) V. A. 272, 1929. — SÜSSENGUTH, L.: V. A. 195, 1909. (Lit.)

TALKO: V. A. 50, 1870. (Alte Lit.) — TERPLAN, K. u. F. RUDOLFSKY: Zsch. HNO. 14, 1926. — TOBECK, A.: Zsch. HNO. 23, 1929.

VAN DUYSE: Encycl. franç. d'ophth., 1905.

ZINGERLE, H.: B. path. An. 44, 1908. — ZÖLLNER, F.: F. Zsch. P. 49, 1935.

VIII. A. Mediane Nasenfurche bzw. Nasenspalte; mediane Nasenfisteln und Dermoidcysten des Nasenrückens; angeborene teratoide Tumoren des Nasenrückens.

AMON, V.: Die angeborenen chir. Krankheiten des Menschen, 1842, Taf. VI, Fig. 3.

BEELY: in C. GERHARDTS Handbuch der Kinderkrankheiten, VI/2. Abtlg., Tübingen 1882. — BEKRITZKI, A. A.: Ž. ušn. Bol. 12, 1935, ref. Zbl. HNO. 25, 142. — BENJAMINS, C. E.: Act. O.-L. 24, 1936 u. Ned. Tijd. Gen. 1936, 1886. — BENJAMINS u. STIBBE: Act. O.-L. 11, 1927. — BESELIN, O.: A. ONK. 129, 1931. — BIGLER: 15. Jahresv. d. Ges. Schweiz. HNO.-Ärzte 1927, ref. Zbl. HNO. 11, 541. — BIRKETT, H. S.: N. Y. m. J. 73, 91. — BLAND-SUTTON: zit. nach A. KEITH. — BLEGVAD, N. RH.: Dän.-oto-lar. Ges., 19. XI. 1928, ref. Zbl. HNO. 15, 57. — BOONACKER, A. A.: Ned. Keel-Neus-Oorhellk. Vereenig. Mai 1923, ref. Zbl. HNO. 6, 94. — BOUGON et DEROCQUE: Rev. d'Orthop. 1908, No. 3. — BRAMANN, F. v.: A. kl. Ch. 40, 1890. — BRUZZONE: Boll. d. clin., 39. Jg., 1922, ref. Zbl. HNO. 1, 39. — BUMBA, I. u. F. LUCKSCH: V. A. 264, 1927.

CALAMIDA, U.: L'Ospedale Maggiore, 1922, ref. I. Cbl. L. 36, 439 u. Zbl. HNO. 3, 227. — CAPART jun.: 23. Vers. d. belg. oto-lar. Ges., 1913, ref. I. Cbl. L. 30, 127. — CARLI, D. DE: A. it. O. 4, 1903, ref. I. Cbl. L. 20, 506. — CEDERBAUM: B. kl. Ch. 88, identisch mit Fall LANDOIS. — CHARSCHAK jun., E.: Ž. ušn. Bol. 12, 1935, ref. Zbl. HNO. 25, 264. — CRUVEILHIER: Traité d'Anat. pathol. génér. III, 1856, zit. nach L. GRÜNWALD.

D'AJUTOLO: 14. Kongr. d. Soc. ital. di Lar. usw. Rom 1911, ref. I. Cbl. L. 28, 113.

ERDMANN, L.: V. A. 43, 1868. — ESAU, P: a) Fsch. Rö. 12, 1908. — DERSELBE: b) Ebenda 31, 1923.

FEHLEISEN: D. Zsch. Ch. 14, 1880, zit. nach L. GRÜNWALD. — FEYGIN, N.: M. O. 60, 1926.

GERSCHMANN, S.: Ž. ušn. Bol. 13, 1936, ref. Zbl. HNO. 27, 486. — GRÜNBERG, K.: „Die Gesichtsspalten usw." in SCHWALBES Handbuch der Mißbildungen des Menschen usw., III. T., 1. Abt., Kap. IV. Jena: G. Fischer. 1909. — GRÜNWALD, L.: Zsch. O. 60, 1910.

HACQUEBORD, P.: 51. Vers. Nied. V. f. HNO. 1931, ref. Zbl. HNO. 18, 318. — HOLL, M.: Sitz.-Ber. k. Ak. Wiss. Wien, 102, III. Abt., 1893. — HONGÔ, N.: O. Fuk. 5, 1932, ref. Zbl. HNO. 18, 676. — HOPPE: Med. Ztg. d. Ver. f. Heilk. i. Preußen, 1859, zit. nach KREDEL.

KEITH, A.: Br. m. J. 1909, II, 310, 363 u. 438. — KENNEDY, R. H.: Ann. S. 97, 1933. (Lit.) — KHARCHAK, E.: Act. O.-L. 19, 1933. — KLESTADT, W.: Zsch. L. 17, 1929. — KÖLLMANN, H. O.: I. D. Münster 1933. (Lit.) — KÖNIG, K.: An. A. 60,

1925/26. — KREDEL, L.: D. Zsch. Ch. 47, 1898. (Lit.) — KRIEBEL: I. Cbl. O. 29, 1928, ref. Zbl. HNO. 14, 75. — KUNDRAT, H.: Ges. d. Ärzte in Wien, 28. I. 1887, ref. W. m. W. 1887, 166 u. M. m. W. 1887, 90. — KURATA, T.: J. med. Assoc. Formosa 32, 1933, ref. Zbl. HNO. 22, 496.

LANDOIS: Cbl. Ch. 38, 1913; identisch mit CEDERBAUM. — LEHMANN-NITSCHE, R.: V. A. 163, 1901. — LEXER, E.: A. kl. Ch. 62, 1900. — LIEBRECHT: J. de méd. d. Bruxelles, 1877/II, zit. nach KREDEL. — LUCKSCH, F. u. I. RINGELHAN: V. A. 261. — LUONGO, R. A.: A. O. L. 17, 1933, ref. Zbl. HNO. 21, 771.

MACLENNAN, A.: Br. m. J. 1903/II, 1581.

NACHTIGALL: I. D. Breslau 1901, zit. nach K. GRÜNBERG. — NAGER, F. R.: M. O. 66, 1932. — NASSE, D.: A. kl. Ch. 49, 1895. — NEUMANN, HUGO: Wr. L. G., 3. III. 1931, ref. Zbl. HNO. 17, 856 (Diskussion: STUPKA).

OKADA, W.: KILLIAN-Festschrift d. Japan. oto-rhino-lar. Ges. 1920, ref. I. Cbl. L. 37, 231.

PIERCE, N. H.: Ann. Ot. 1902, ref. I. Cbl. L. 19, 227. — POLLATSCHEK, E.: Lar.-Rhin.-Sect., Kgl. Ges. d. Ärzte, Budapest, 14. XII. 1926, ref. Zbl. HNO. 11, 809. — POWELL, L. S.: A. O. L. 19, 1934, ref. Zbl. HNO. 22, 496.

ROSE: Diskussionsbemerkung zu HUNTER TOD.

SCHMIDT, M. B.: V. A. 162, 1900. — SCHUMACHER, S. v.: W. kl. W. 1931. (Lit.) — SIEBEN, L. M.: I. D. Kiel 1931. — SIMONETTA, B.: Boll. Mal. Or. 51, 1933. — SONNTAG, A.: Zsch. L. 1, 1909. — STREIT, H.: A. Lar. 24, 1911. (Lit.)

TARTAKOVSKIJ, A.: Ž. ušn. Bol. 11, 1934, ref. Zbl. HNO. 23, 272. — THOMASEN, FR.: Dän. Ot.-Lar. G., 12. V. 1933, ref. Zbl. HNO. 23, 64. — TOD HUNTER: Lar. S. R. Soc. Med., 5. XI. 1915, ref. I. Cbl. L. 34, 29. — TRAMPNAU: Zsch. HNO. 28, 1930. — TRENDELENBURG, F.: „Die Verletzungen und chirurgischen Krankheiten des Gesichtes", Deutsche Chirurgie, 33. Lfg., I. T., Fig. 1. Stuttgart: F. Enke. 1886.

VAN INGEN BROWN, G.: The Surgery of oral diseases usw., 2. Aufl., Fig. 340. Philadelphia und New York: Lea & Febiger. 1917. — VERMEULEN, B. S.: Act. O.-L. 16, 1931. — VESTEA, D. DI: Vals. 5, 1929.

WALDAPFEL: Wr. L. G., 5. VII. 1927, ref. Zbl. HNO. 12, 127. — WILKINSON, G.: a) Br. J. Ch. D. 7, 1910. — DERSELBE: b) J. L. O. 37, 1922. — WITZEL, O.: A. kl. Ch. 27, 1882. (Lit.)

ZACHARIAS, C.: I. D. Königsberg 1932, ref. Zbl. HNO. 20, 40.

B. Laterale Gesichtsspalten.

1. Seitliche Oberlippen-, Kiefer- und Gaumenspalte.

BERG, A.: A. kl. Ch. 140, 1926. — BIRKENFELD, W.: a) A. kl. Ch. 141, 1926. (Lit.) — DERSELBE: b) B. kl. Ch. 141, 1927. (Lit.)

CURTIUS, F.: Med. Welt 1935/31.

DAVIS, A. D.: Surg., gyn. u. obst. 35, 1922. — DAVIS, J. ST.: Ann. S. 80, 1924. — DRAUDT, M.: D. Zsch. Ch. 82, 1906.

FLEISCHMANN, A.: a) Morph. Jahrb. 31—41, 1903—1910; b) Sitz.-ber. phys.-med.-Ges., Erlangen 42, 1910.

GRÜNBERG, K.: Siehe Lit. VIII A.

HAYMANN: A. kl. Ch. 70. (Lit.)

KRAUSS, J.: Z.-ä. R. 37, 1928.

MAURER, H.: Zsch. An. E. 105, 1936.

POHLMANN, E. H.: a) D. Msch. f. Zahnhlkde. 29, 1904; b) Morph. Jahrb. 41, 1910. — POLITZER, G.: M. O., Jg. 1937, 63.

SANDERS: Genetica 15, 1934, zit. nach CURTIUS. — STUPKA, W.: M. O., Jg. 1937 Nov.-heft.

TICHY, H.: M. m. W., Jg. 1920, 1356.

Veau, V.: Ann. An. p. 11, 1934 u. 12, 1935. — Veau, V. u. G. Politzer: Ann. An. p. 13, 1936.

2. Tränennasenrinne; schräge Gesichtsspalte.

Arnoldi, W.: Zsch. L. 18, 1929. — Ask und Hoeve: G. A. Oph. 105, 1921.

Bartual: ref. I. Cbl. L. 8, 373. — Beck, K.: A. Ohrenheilk. 85, 1911. — Becker: G. A. Oph. 41. — Bérard: Arch. gén. de méd. 13, zit. nach L. Grünwald (b, S. 593). — Bjalo: Mosk. O.-Rh. Lar.-Ges., 31. X. 1912, ref. I. Cbl. L. 30, 41. — Blumenthal, Ad.: a) Zsch. O. 68, 1913. — Derselbe: b) D. med. W. 1910, 801. — Bobone: Boll. mal. d'Or. 1895, No. 6, zit. nach Marx. — Brown-Kelly: Brit. Lar., Rhinol. a. Otol. Assoc., 29. IV. 1898, ref. I. Cbl. L. 15, 168. — Brüggemann, A.: A. Lar. 33, 1920. (Lit.)

Carco, P.: A. it. O. 37, 1926, ref. Zbl. HNO. 10, 324. — Chatellier: J. L. O. 1892, zit. nach Zarniko. — Claus, H.: Berl. oto-lar. Ges., 23. V. 1930, ref. Zbl. HNO. 18, 563.

Döring, E.: A. ONK. 117, 1928. (Lit.) — Dunn, J.: N. Y. m. J. 24. II. 1894, 238.

Eckert-Möbius: Zbl. HNO. 15, 620.

Fischer, F.: Abh. aus d. Aughlk. u. Grenzgeb., Heft 22, S. Karger, Berlin 1936.

Gignoux: Rev. L. 1921, ref. I. Cbl. L. 37, 275. — Glas: a) Wr. L. G. 2. VI. 1920, ref. Zbl. HNO. 1, 387. — Derselbe: b) Wr. L. G., 3. II. 1931, ref. Zbl. HNO. 17, 640. — Derselbe: c) Wr. L. G., 2. V. 1933, ref. Zbl. HNO. 22, 757. — Grünwald, L.: a) Zsch. O. 60, 1910. — Derselbe: b) Die Krankheiten der Mundhöhle, des Rachens und der Nase, 3. Aufl. München: I. F. Lehmann. 1912.

Halle: a) B. L. G., 2. XI. 1917, ref. I. Cbl. L. 34, 302. — Derselbe: b) B. L. G., 25. I. 1918, ref. I. Cbl. L. 35, 17. — Derselbe: c) B. L. G., 16. IV. 1919, ref. Zsch. L. 9, 331. — Halphen u. N. Zhâ: Soc. Lar. Hôp. Paris, 18. VI. 1934, ref. Zbl. HNO. 24, 665. — Heilbrun, K.: G. A. Oph. 79, 1911. — Hellat: ref. I. Cbl. L. 23, 262. — Hlaváček, Vl.: Act. O.-L. 24, 1936. — Holth, O.: Norske Tannl. Tid. 43, 1933, ref. Zbl. HNO. 22, 96. — Huizinga, E.: a) N. T. G. 1925, 252, ref. Zbl. HNO. 7, 331. — Derselbe: b) Act. O.-L. 8, 1926. — c) N. T. G. 1927, 2825, ref. Zbl. HNO. 12, 263.

Jacques, P.: Pr. méd. 1933/I, 1010, ref. Zbl. HNO. 21, 362.

Kasche, F.: Zsch. L. 16, 1927. — Klestadt, W.: a) Bresl. chir. Ges., 21. VII. 1913, B. kl. W. 1913, Nr. 36. — Derselbe: b) Zsch. O. 81, 1921. — Derselbe: c) Zsch. HNO. 15, 1926. (Lit.) — Knapp, H.: Zsch. O. 26, 1895. — Kofler, K.: a) M. O. 1913, 1231. — Derselbe: b) Ebenda 1916, 405. — Derselbe: c) Ebenda 1910, 388.

Laszlo, A. P.: A. O. L. 21, 1935, ref. Zbl. HNO. 24, 604. — Liveriero, E.: Rass. ital. Otol. 7, 1933, ref. Zbl. HNO. 21, 278.

MacBride, P.: Diseases of the Throat, Nose usw., Philadelphia 1892, zit. nach H. Knapp. — Malan: A. it. O. 35, 1924, ref. Zbl. HNO. 7, 156. — Marschik: Wr. L. G., 14. I. 1930, ref. Zbl. HNO. 16, 331. — Marx, H.: Zsch. O. 81, 1921. — Mendez, E.: Kl. Mbl. Au. 48, 1910. — Morian, R.: A. kl. Ch. 35, 1887.

Pichler, A.: A. Au. 68, 1911. — Politzer, G.: a) Zsch. An. E. 105, 1936; b) B. path. An. 97, 1936.

Remy: Gaz. des hôpit. de Paris, 1874, 243. — Robertson: zit. nach Döring. — Roth: M. O. 50, 406, zit. nach Döring.

Salvadori, G.: Boll. Mal. Or. 54, 1936, ref. Zbl. HNO. 27, 687. — Schmidt, J.: D. Z., Heft 81, 1931, ref. Zbl. HNO. 17, 758. — Seyffart, O.: Zsch. L. 25, 1935, ref. Zbl. HNO. 25, 82.

Thöle: D. Zsch. Ch. 58, 1901, zit. nach W. Klestadt (b). — Thrane, K.: Dän. ot. Ges., 10. XII. 1919, ref. I. Cbl. L. 36, 308.

Uffenorde, W.: A. ONK. 107, 1921.

Vogel, Kl.: Zsch. HNO. 5, 1923. (Lit.)

Weiss, J. A.: Ann. Ot. 44, 1935, ref. Zbl. HNO. 26, 489. — Wiškovsky, B.: Tschechoslow. oto-lar. Ges., 7. XII. 1925, ref. Zbl. HNO. 9, 824.

Yamaguchi, Y.: O. Fuk. 6, 1933, ref. Zbl. HNO. 20, 545.

ZARNIKO, C.: a) A. int. Lar., 19. I. 1905. — DERSELBE: b) Krankheiten der Nase und des Nasenrachens, 3. Aufl. Berlin: S. Karger. 1910, S. 438. — ZUCKERKANDL, E.: Normale und pathologische Anatomie der Nasenhöhle, 2. Aufl., I. Wien u. Leipzig: Braumüller. 1893, 250.

C. Laterale Nasenspalte.

ANGERER: Verh. Chir. Kongr. Berlin, 1889, II, 270.

BRAMANN, F. V.: A. kl. Ch. 40, 1890.

CANTLIE: Ann. S. 24, zit. nach FRANGENHEIM.

FRANGENHEIM, P.: B. kl. Ch. 65, 1909. (Lit.)

GLAUS, A.: A. Lar. 34, 1921. — GRÜNBERG, K.: siehe VIII/A. — GRÜNWALD, L.: siehe VIII/B/2.

JOHNSON, R.: zit. nach A. KEITH.

KEITH, A.: Br. m. J. 1909/II, 310, 363, u. 438. — KINDLER: B. path. An. 6, 1889; identisch mit dem Falle von ANGERER. — KIRMISSON, E.: Bull. et Mém. Soc. Chir. de Paris, N. S. 28, 1902. — KÖLLIKER, TH.: Cbl. Ch. 1884, 643. — KREDEL, L.: D. Zsch. Ch. 47, 1898. (Lit.)

LÄHR: zit. nach K. GRÜNBERG. — LANDOW, M.: D. Zsch. Ch. 30, 1890. (Lit.) — LEUCKART: Untersuchungen über das Zwischenkieferbein des Menschen, Stuttgart 1840, Taf. IX, Fig. 31, zit. nach LANDOW. — LEXER: a) Zbl. i. M. 1900, zit. nach A. GLAUS. — DERSELBE: b) Handbuch der praktischen Chirurgie, 3. Aufl., I, zit. nach FRANGENHEIM. — LUCY: zit. nach FRANGENHEIM.

MADELUNG: A. kl. Ch. 37, 1888. — MARCHAND, F.: „Die Mißbildungen", EULEN-BURGS Realencyclopädie der gesamten Heilkunde, 9, 1910.

NASH: Lancet 1898, zit. nach FRANGENHEIM.

REDER, F.: Surg. clin. of North Am. 5, 1925, ref. Zbl. HNO. 8, 662. — RUTTIN, E.: Wr. L. G., 8. V. 1928, ref. Zbl. HNO. 14, 112.

SALZER, F.: A. kl. Ch. 33, 1886. — STÜTZ, L.: Zsch. O. 65, 1912.

TRENDELENBURG: in BILLROTH u. LUECKES „Neue Deutsche Chirurgie", 33. Lfg. Stuttgart 1882.

IX. Normalanatomisches zur Nase.

1. Allgemeines; Entwicklungsgeschichte und vergleichende Anatomie.

ALLIS, E. P.: J. An. 66, 1932, ref. Zbl. HNO. 19, 827.

BIGLER, M.: Schw. m. W. 1934, 438. — BURNHAM, H. H.: J. L. O. 50, 1935.

DELLA VEDOVA, T.: Monografia e ricerche sullo sviluppo delle cavità nasali nell'uomo. Milano: Ed. Hoepli. 1907. — DURSY, E.: Zur Entwicklungsgeschichte des Kopfes des Menschen und der höheren Wirbeltiere. Tübingen: H. Laupp. 1869.

FISCHEL, A.: Lehrbuch der Entwicklung des Menschen. Wien und Berlin: Julius Springer. 1929. — FRASER, I. L.: J. An. Phys. 46, 1912.

GRÜNWALD, L.: a) A. Lar. 33, 1920. — DERSELBE: b) „Deskriptive und topographische Anatomie der Nase und ihrer Nebenhöhlen", in Handbuch der Hals-, Nasen- und Ohrenheilkunde von A. DENKER u. O. KAHLER, I. Julius Springer und J. F. Bergmann. 1925. (Lit.)

HIS, W.: a) Anatomie menschlicher Embryonen. Leipzig: F. C. W. Vogel. 1882. — DERSELBE: b) Abhandl. d. Sächs. Ges. d. Wissenschaft, Math.-phys. Kl. 27/3. Abt., ref. I. Cbl. L. 19, 132. — HOLL, M.: Sitz.-Ber. d. kais. Akad. d. Wissensch. 102, 3. Abt., 1893.

KALLIUS, E.: „Das Geruchsorgan", in Handbuch der Anatomie des Menschen von K. V. BARDELEBEN, V, 1. Abt., 2. T. Jena: G. Fischer. 1905. — KEIBEL, F.: An. A. 8. Jg., 1893.

MACALISTER: J. An. Phys. 32, 1898. — MIHALKOVICZ, V.: Nasenhöhle und JACOBSONsches Organ, An. H., 11, 1898. — MOURET, J. u. G. PORTMANN: Verh. d. I. Int. Oto-Rhino-Lar.-Kongr. Kopenhagen 1928.

Ónodi, A.: Die topographische Anatomie der Nasenhöhle und ihrer Nebenhöhlen, Katz-Blumenfelds Handbuch der speziellen Chirurgie des Ohres und der oberen Luftwege, 3. Aufl., I/1. C. Kabitzsch. 1922.

Peter, K.: a) Die Entwicklung des Geruchsorgans und Jacobsonschen Organs in der Reihe der Wirbeltiere. Handbuch der vergleichenden und experimentellen Entwicklungslehre der Wirbeltiere, herausgegeben von O. Hertwig, 4. u. 5. Lfg. Jena: G. Fischer. 1902. — Derselbe: b) Atlas der Entwicklung der Nase und des Gaumens beim Menschen. Jena: G. Fischer. 1913.

Rehmke, M.: Diss. Greifswald, ref. I. Cbl. L. 33, 1917. — Richter, H.: a) A. ONK. 134, 1933. — Derselbe: b) Zsch. HNO. 35, 1934. — Derselbe: c) Zsch. L. 24, 1933, ref. Zbl. HNO. 22, 497.

Seydel, O.: Morph. Jb. 17, 1891. — Sudler, T.: Am. J. An. 1, 1902, ref. I. Cbl. L. 19, 226.

Watanabe, M.: Zsch. An. E. 105, 1936, ref. Zbl. HNO. 27, 225. — Wittmaack: a) Über die normale und pathologische Pneumatisation des Schläfenbeins. Jena: G. Fischer. 1918. — Derselbe: b) B. An. Phys. etc. O. 9. — Derselbe: c) Act. O.-L. 7. — Derselbe: d) Handbuch der pathologischen Anatomie von Henke-Lubarsch, XII. Berlin: Julius Springer. 1926. — Derselbe: e) Verh. d. I. Int. Oto-Rhino-Lar.-Kongr. Kopenhagen 1928.

Zuckerkandl, E.: Normale und pathologische Anatomie der Nasenhöhle usw., I, 2. Aufl. Wien und Leipzig: W. Braumüller. 1893. II, 1892.

2. Anthropologisches; Rasseneigentümlichkeiten; Vererbung.

Adolphi: An. A. 38, 1910.

Basler, A.: Zsch. M. A. 30, 1932, ref. Zbl. HNO. 19, 113. — Baur-Fischer-Lenz: Menschliche Erblehre u. Rassenhygiene, 4. Aufl., 1936. — Burkitt, A. N. u. G. H. S. Lightoller: J. An. 57, 1923.

Eickstedt, E. v.: Zsch. M. A. 25, 1925. (Lit.)

Fischer, E.: 10. Vers. d. Ver. südd. Laryng., Heidelberg 1903, ref. I. Cbl. L. 20, 42.

Golling, J.: Diss. München 1913 u. Zsch. M. A. 17.

Hilden, K.: Hereditas (Lund) 13, 1929, ref. Zbl. HNO. 15, 198. — Hovorka, O. v.: Die äußere Nase. Wien: Alfr. Hölder. 1893.

Le Double: Traité des variations de la face de l'homme, Paris 1906. — Leicher, H.: Vererbung anatomischer Variationen der Nase, ihrer Nebenhöhlen usw. München: J. F. Bergmann. 1928.

Manouvrier: Bull. Soc. Anthropolog. Paris 1893, 712. — Martin, R.: Lehrbuch der Anthropologie, 2. Aufl., G. Fischer, Jena 1928.

Raspopow: Zsch. Rass.-phys. 6, 1935. — Ryu, Y: Manshu Igaku Zasshi 3, 1925, ref. Zbl. HNO. 11, 191.

Schultz, A. H.: Am. J. phys. Anthrop. 20, 1935, ref. Zbl. HNO. 26, 488. — Schwarz, M.: A. ONK. 119, 1928. — Smith, H. R.: Br. J. Dent. Science, 16. I. 1911.

Toida, N.: J. of orient. M. 23, 1935, ref. Zbl. HNO. 26, 267.

Wahby, B.: J. An. Phys. 38, 1904. — Weinert, H.: Zsch. M. A. 25, 1925. — Wiedersheim, zit. nach J. Golling.

Yoshinaga, T.: Tokyo-Igakukwai 23, 1909, ref. I. Cbl. L. 28, 134.

3. Nasenhöhle bei verschiedenen Wirbeltierklassen.

Beecker, A.: Morph. Jb. 31, H. 4.

Cohn, Fr.: A. mi. An. 1902.

Hinsberg, W.: A. mi. An. 58, 1901.

Keith, A.: J. An. Phys. 36, 1901.

Nemours, P. R.: a) Ann. Ot. 39, 1930, 542. — Derselbe: b) Ann. Ot. 39, 1930, 1086.

Richter, H.: Zsch. L. 24, 1933.

4. Bildung der primären Choane.

Frets, G. P.: Morph. Jb. 44, 1912.

Glücksmann A.: Zsch. An. E. 102, 1934.

Hochstetter, F.: a) 5. Vers. d. anat. Ges. München, 1891, 145. — Derselbe: b) Verh. d. anat. Ges. Wien 1892. — Derselbe: c) Über die Bildung der primären Choane bei Säugetieren. Würzburg 1896.

Schneider, P. P.: Zsch. An. E. 104, 1935. — Spemann, H.: Zoo. Jb. 32, 1912.

Tiemann, H.: Verh. d. phys.-med. Ges. zu Würzburg, N. F., XXX, 1896.

5. Histologie der Nasenschleimhaut, Nasendrüsen, Nasenmuscheln.

Anton, W.: A. Lar. 28, 1914. — Aunap, E.: Zsch. mi.-anat. Forsch. 20, 1930, ref. Zbl. HNO. 16, 203.

Borgioli, V. A.: Otol. ecc. ital. 6, 1936, ref. Zbl. HNO. 27, 306.

Grosser, O.: An. A. 43, 1913, ref. I. Cbl. L. 32, 206. — Grünwald, L.: An. H. 164, 1917, ref. I. Cbl. L. 33, 221.

Kangro, C.: Zsch. An. E. 85, 1928, ref. Zbl. HNO. 12, 823. — Killian, G.: A. Lar. 2, 3, 4, 1895/96. — Kolmer, W.: M. O. 58, 1924.

Peter, K.: A. mi. An. 60 u. V. an. G., 16. Vers. 1902, An. A. 21, Suppl. 151, ref. I. Cbl. L. 19, 279.

Richter, H. a) A. ONK. 137, 1933. — Derselbe: b) Zsch. HNO. 36, 1934. — Rugani, L.: I. Cbl. O. 2, 413.

Schönemann, A.: a) An. H. 58, 1901, ref. I. Cbl. L. 19, 152. — Derselbe: b) Zsch. HNO. 3, 1922.

Tobeck, A.: B. An. Phys. etc. O. 29, 1932, ref. Zbl. HNO. 18, 487.

Zaritzky, L. A.: a) M. O. 69, 1935. — Derselbe: b) M. O. 70, 1936.

6. Nasennebenhöhlen, Siebbein.

Aubert, E.: Ann. An. p. 6, 1929, ref. Zbl. HNO. 15, 543.

Congdon, E. D.: An. R. 18, 1920. — Cope, V. Z.: J. An. 51, 1917. — Costen, J. B.: Ann. Ot. 39, 1930, ref. Zbl. HNO. 16, 828.

Davis, B. W.: Development and anatomy of the nasal accessory sinuses. Philadelphia: W. B. Sannders Comp. 1913 ref. I. Cbl. L. 30, 452. — Della Vedova, T.: a) La pratica oto-rino-lar. I, 1908, ref. I. Cbl. L. 25, 401. — Derselbe: b) 14. Congr. d. Soc. Ital. di Laring., etc., Rom, 1911, ref. I. Cbl. L. 28, 114.

Eckert-Möbius, A.: A. ONK. 134, 1933, ref. Zbl. HNO. 21, 203.

Forster, A.: Arch. d'anat., hist. et d'embryol. 7, 1927. — Frers: 16. Vers. dtsch. Laryngol., 1909, 191.

Gibson, T. A.: N. Y. Med. Rec., 2. I. 1909, ref. I. Cbl. L. 25, 406. — Gilse, P. H. G. van: a) Niederl. Ges. HNO., Jahresvers. 1921, ref. Zbl. HNO. 2, 58. — Derselbe: b) Niederl. Ges. HNO., 29.—30. XI. 1924, ref. Zbl. HNO. 9, 429. — Derselbe: c) Act. O.-L. 8, 1925. — Derselbe: d) Zsch. HNO. 16, 1926. — Derselbe: e) Niederl. Verein. HNO.-Ärzte. Sitzg. v. 28.—29. V. 1927, ref. Zbl. HNO. 12, 547. — Derselbe: f) Ebendort 12, 547. — Derselbe: g) Verh. Anat. Ges. 39. Vers. 1930. Erg.-H. An. A. 71, 107. — Derselbe: h) Zsch. HNO. 40, 1936. — Grahe, K.: 4. Tag. d. Coll. Oto-Rhino-Lar. A. S., Sept. 1931, ref. Zbl. HNO. 17, 809.

Hajek, M.: Pathologie und Therapie der entzündlichen Erkrankungen der Nebenhöhlen der Nase, 5. Aufl. Wien: F. Deuticke. 1926. — Hoeven, van der: 23. Jahresvers. d. niederl. Ges. f. HNO. Nov. 1913, ref. I. Cbl. L. 31, 24.

Koch, J.: A. ONK. 125, 1930.

Lasagna, F.: 15. Congr. d. Soc. Ital. di Laring., etc. 1912, ref. I. Cbl. L. 29, 209.
— Laurent: Belg. oto-lar. Ges. Brüssel, 4. VI. 1899, ref. I. Cbl. L. 16, 270. —
Lepneff, P. G.: A. ONK. 123, 1929. — Loeb, W.: 18. Jahresvers. d. Am. Lar., Rh.,
etc. Soc., 1912, ref. I. Cbl. L. 28, 503.

Matthes, E.: Erg. An. Entwi.-gesch. 24, 1923.

Ónodi, A.: a) Orvosi Hetilap 1917, No 48 ref. I. Cbl. L. 24, 438. — Derselbe:
b) Die Nebenhöhlen der Nase beim Kinde. Würzburg: C. Kabitzsch. 1911. — Oppikofer, E.: A. Lar. 19, ref. I. Cbl. L. 24, 482.

Richter, H.: a) A. ONK. 131, 1932. — Derselbe: b) Ebendort 134, 1933, ref.
Zbl. HNO. 22, 97. — Derselbe: c) Ebendort 141, 1936, ref. Zbl. HNO. 27, 26.

Schaeffer, J. P.: a) Ann. Ot. 1910, ref. I. Cbl. L. 27, 301. — Derselbe:
b) Ann. Ot. 1911, ref. I. Cbl. L. 28, 37. — Schönemann, A.: Zsch. HNO. 3, 1922.
— Schwarz, M.: a) A. ONK. 123, 1929. — Derselbe: b) Zsch. L. 24, 1933, ref.
Zbl. HNO. 21, 439. — Derselbe: c) Zsch. L. 22, 1932, ref. Zbl. HNO. 19, 266. —
Derselbe: d) B. An. Phys. etc. O. 31, 1933. — Derselbe: e) Zsch. HNO. 36, 1934. —
Derselbe: f) B. An. Phys. etc. O. 31, 1934. — Shea, J. J.: A. O. L. 23, 1936. —
Silvagni, M.: A. it. O. 39, 1928, ref. Zbl. HNO. 13, 328. — Sitsen, A. E.: A. ONK.
140, 1935. — Smith, H. R.: Br. J. Dent. Science, 16. I. 1911.

Ter-Organesjan, M.: Ž. ušn. Bol 4, 1927, [ref. Zbl. HNO. 12, 34. — Tonndorf, W.: B. An. Phys. etc. O. 23, 1926.

Weinert, H.: vgl. IX/2.

Yoshinaga, T.: vgl. IX/2.

Zange: Ges. sächs.-thür. Ohr.- etc. Ä., 5. XI. 1933, ref. Zbl. HNO. 23, 127.

7. Riechhirn, Riechnerv.

Brunner, H.: Zsch. HNO. 6, 1923.

Disse: An. H. 19.

Ernyei, St.: A. ONK. 142, 1936.

Kolmer, W.: a) An. A. 30, 1907. — Derselbe: b) M. O. 1924, Nr 7. — Derselbe:
c) Geruchsorgan. Handbuch der mikroskopischen Anatomie des Menschen, III.
Julius Springer. 1927. — Derselbe: d) Zsch. An. E. 84, 1927. — Derselbe: e) An.
A. 67, 1929.

Spadaro, R.: A. it. O. 36, 1925, ref. Zbl. HNO. 8, 578.

Takata, N.: A. ONK. 121.

X. Mißbildungen und Anomalien der Nase und ihrer Organe.

1. Allgemeines; zusammenfassende Arbeiten und Werke.

Albrecht, W.: a) Zsch. HNO. 29, 1931. — Derselbe: b) Ebendort 40, 1936. (Lit.)

Ballantyne, S. W.: Manual of Antenatal Pathology and Hygiene. The Embryo.
Edinbourgh 1904. — Bauer, K. H.: Handbuch von Brugsch-Lewy, Biologie der
Person, III. Urban & Schwarzenberg. 1930.

Coolidge jun., A.: Am. J. Med., Nov. 1901, ref. I. Cbl. L. 19, 279.

Della Vedova, T.: Gazz. d. osp. e d. clin., 46. Jg., 1925, ref. Zbl. HNO. 8, 458.

Grünwald, L.: siehe VIII/B/2.

Hanhardt, E.: D. m. W. 1934/II. — Hansemann, D. v.: Die angeborenen Mißbildungen der Nase, in P. Heymanns Hdb. d. Lar. III, 2. T., 1900.

Kämmerer, H.: Zsch. HNO. 20, 1928. (Lit.) — Kayser, R.: Verwachsungen der
Nase (Synechien und Atresien), in P. Heymanns Hdb. d. Lar. III, 2. T., 1900. —
Keith, A.: siehe VIII/C. — Kümmel, W.: Zsch. HNO. 20, 1928. (Lit.)

Lannelongue et Ménard: Affections congénitales, I. Paris: Asselin & Houzeau.
1891.

MASSEI, F.: A. it. L. Jan. 1905, ref. I. Cbl. L. 21, 248.

SCHWARZ, M.: Zsch. HNO. 40, 1936. — STUPKA, W.: „Die Verwachsungen in der Nase" in DENKER-KAHLERS Handbuch der Hals-, Nasen- und Ohrenheilkunde, III. Berlin: Julius Springer. 1927.

UNDRITZ, W.: A. ONK. 119, 1928. (Lit.)

VAN GILSE, P. H. G.: Zsch. HNO. 40, 1936. (Lit.)

2. Nasengerüst (Knochen und Knorpel).

LOESCHKE: Verh. d. Abt. f. Path. u. path. An. 88. Vers. D. N.-f. u. Ä., Innsbruck 1924 (dasselbe ausführlich bei M. SCHWÖRER).

MAISONNEUVE: C. R. Ac. Sc. 1855, zit. nach LANNELONGUE et MÉNARD, siehe X/1. — MANOUVRIER: Bull. Soc. d'Anthrop. de Paris, 1893, 712.

PEGLER, L. H.: Lar. S. R. Soc. Med., 5. III. 1915, ref. I. Cbl. L. 33, 342. — PERNA, G.: A. An. Phys., An. Abt. 1906.

SCHWÖRER, M.: F. Zsch. P. 34, 1926 (vgl. LOESCHKE).

TISSIER: S. obst. de Paris, 17. II. 1910, ref. I. Cbl. L. 26, 400.

WEN, J. CHUAN: Carn. Contr. Embr. 22, 1930, ref. Zbl. HNO. 17, 70.

3. Verengerungen und Verwachsungen des Nasenloches bzw. der äußeren Nasenöffnung.

APRILE, V.: Vals. 10, 1934, ref. Zbl. HNO. 22, 626. — ARNOLD, J.: V. A. 38, 1867.

BAUROWICZ, A.: A. Lar. 15, 1904. (Lit.) — BLAIR, V. P.: Ann. Ot. 40, 1931. — BOKŠTEJN, F.: ref. Zbl. HNO. 10, 720.

DAVIS, W. B.: Ann. Ot. 32, 1923.

FETISSOW, A. G.: Act. O.-L. 21, 1934, ref. Zbl. HNO. 24, 289. — FRÜHWALD, V.: a) Wr. L. G. 10. IV. 1934, ref. Zbl. HNO. 23, 724. — DERSELBE: b) A. ONK. 139, 1935.

GLÜCKSMANN A.: Zsch. An. E. 102, 1934. — GRIMMER, G. K.: Lar. S. R. Soc. Med., 6. III. 1908, ref. I. Cbl. L. 25, 177.

HANSEMANN, D. v.: siehe X/1. — HOVORKA, O. v.: W. kl. W. 1892, 571. — HUTTER: Wr. L. G., 6. V. 1914, ref. I. Cbl. L. 31, 202.

JARVIS, W. C. : 9. Jahreskongr. d. am. Lar. Assoc. New York, Mai 1887, ref. I. Cbl. L. 4, 325.

KALLIUS, E.: vgl. IX/1. — KAYSER, R.: siehe X/1 (alte Lit.) — KEITH, A.: Br. m. J. 1909/II, 310, 363, 438. — KIRMISSON: Soc. Ch., 7. V. 1902, ref. I. Cbl. L. 20, 438. — KÖLLIKER, A. v.: Entwi.-gesch. 1879, 2. Aufl., zit. nach R. KAYSER.

LÖWENSTEIN, A.: Med. Kl. 1932, 617.

MAYERSOHN: Rumän. Ges. Oto-Rhin.-Lar., 6. X. 1915, ref. I. Cbl. L. 32, 124. — MONCRIEFF, A.: Br. m. J. 1936, 1295.

ORTSCHEIT, E.: Bull. et mém. de la Soc. anat. de Paris, 93. Jg., 1923.

PHLEPS, E.: Zsch. HNO. 4, 1923. (Lit.) — POTTER, F. H.: Buffalo med. a. surg. journ. Sept. 1888. Ref. I. Cbl. L. 5, 603.

RETZIUS, G.: An. A. Erg.-H. zu 25, Verh. anat. Ges., Jena 1904, 43. — RUSSO-FRATASSI, G.: Otol. etc. it. 3, 1933, ref. Zbl. HNO. 22, 299.

SCHNEIDER, P. P.: Zsch. An. E. 104, 1935. — SELIGMANN: Rum. oto-rhino-lar. Ges. 12. X. 1910, ref. I. Cbl. O. 9, 91.

THÖRNE, F.: A. Lar. 18, 1906.

4. Verengerungen und Verwachsungen im Bereich des Nasenlumens (mittlere Synechien).

BLAIR, V. P.: siehe X/3.

GERBER, P. H.: Atlas der Krankheiten der Nase. Berlin: S. Karger. 1902.

HAYASHI, S. u. A. KAMEI: O. Fuk. 6, 1933, ref. Zbl. HNO. 21, 705.

KOFLER, K.: M. O. 1910, 347. — KUNDRAT, H.: Arhinencephalie als typische Art von Mißbildung. Graz: Leuschner & Lubensky. 1882.

LANG, B.: V. A. 285, 1932. — LANNELONGUE: C. R. Ac. Sc. (Paris), 1901, 385.

PEGLER, L. J.: siehe X/2. — POLI: 6. Kongr. d. it. Ges. f. Lar., Okt. 1902, ref. A. it. O. 14, 206.

RICHTER, H.: B. An. Phys. etc. O. 30, 1933. — ROSSMANN, A.: I. D. Würzburg 1914 (J. MEIXNER).

SIMONETTA, B.: Boll. Mal. Or. 54, 1936. — STUPKA, W.: a) „Die Verwachsungen in der Nase“, Handbuch der Hals-, Nasen- und Ohrenheilkunde, herausgegeben von A. DENKER u. O. KAHLER, III, 1927, 967. — DERSELBE: b) Act. O.-L. 19, 1933, Fall 3. — DERSELBE: c) B. path. An. 93, 1934.

ZUCKERKANDL, E.: siehe IX/1.

5. Verengerungen und Verwachsungen des Nasenausgangs (Choanalstenose und Choanalatresie).

ALTMANN, F.: Zsch. HNO. 29, 1931. — ANTON, W.: A. ONK. 38, 1895. — ARNOLD, J.: V. A. 38, 1867. — ASHERSON, N.: J. L. O. 45, 1930, ref. Zbl. allg. P. 49, 30.

BABER, C.: Diskussionsbemerkung zum Vortrag H. BARWELL, Lar. S. R. Soc. Med., Nov. 1908, ref. I. Cbl. L. 25, 435. — BALLA, A.: ref. I. Cbl. L. 24, 433. — BALLMANN, E.: I. D. Gießen 1915, ref. I. Cbl. L. 32, 361. — BAUMGARTEN, E.: M. O. 17. Jg., 1896. — BAUROWICZ, A.: A. Lar. 11, 1901. — BERBLINGER: A. Lar. 31, 1917. — BERGEAT: a) A. Lar. 4, 1896. — DERSELBE: b) 4. Vers. süddeutsch. Lar. Heidelberg 1897, ref. I. Cbl. L. 14, 394. — DERSELBE: c) A. Lar. 6. — BINNERTS, A.: A. Lar. 34, 1921. — BINSWANGER: M. m. W. 1909, 2634. — BITOT: a) Gazette méd. de Paris, 1852, 346. — DERSELBE: b) Bull. de l’Acad. de Médic. 2. Ser., 5, 1876. — BLAIR, V. P.: siehe X/3. — BLEYL: Zsch. O. 40, 1902. — BRUNK, A.: a) Zsch. O. 59, 1909, 73. — DERSELBE: b) Zsch. O. 59, 1909, 221. — BUMM, E.: A. kl. Ch. 135, 1925.

CHAROUSEK, G.: A. ONK. 110, 1922. — CITELLI: A. it. L. 1903, ref. I. Cbl. L. 19, 443. — COHN, G.: M. O., 38. Jg., 1904. (Lit.) — COLVER, B. N.: 26. Jahresvers. d. Americ. Lar. Rhin. Soc. 1920, ref. I. Cbl. L. 37, 65. — CORE, A. DI: Rass. ital. Otol. 6, 1932, ref. Zbl. HNO. 19, 828. — CRULL: Zsch. O. 28, 1896.

EICKEN, v.: Verh. d. Vér. deutsch. Laryng. Frankfurt 1911, 161. — ÉSCAT, E.: a) Bull. et Mém. de la Soc. franç. d’Otol. 1896. — DERSELBE: b) Arch. médic. de Toulouse, 1. VII. 1912. — EVANS, A.: Lancet 206, 1924, 1002.

FELDMANN: Mosk. oto-rhin.-lar. Ges., 20. XII. 1922, ref. Zbl. HNO. 3, 508. — FEUCHTINGER: Wr. L. G., 3. XII. 1919, ref. I. Cbl. L. 37, 261. — FLAUTAU, TH. S.: Wr. kl. Rundschau 1899 Nr. 40. — FRÄNKEL, B.: Verh. Lar. Ges. Berlin, B. kl. W. 1889, 625.

GALAND: Oto-rhino-lar. intern. 8, 1924, ref. Zbl. HNO. 7, 56 u. 157. — GEIGER, C. W. u. J. H. ROTH: A. O. L. 15, 1932, ref. Zbl. HNO. 19, 693. — GENTILE, A.: Atti Clin. otol. etc. Univ. Torino, 2, 1935, ref. Zbl. HNO. 26, 654. — GERBER, P. H.: siehe X/4. — GILSE, P. H. G. VAN: 54. Vers. Niederl. Ver. HNO., Nov. 1932, ref. Zbl. HNO. 21, 669. — GÖZ, A.: Zsch. O. 68, 1913. — GRANT, D.: Brit. lar. rhin. ot. Assoc., 12. II. 1900, ref. I. Cbl. L. 17, 388. — GROSS: Philad. Med. Times, Mai 1875. — GROVE, W. E.: A. O. L. 6, 1927, ref. Zbl. HNO. 11, 624. — GRÜNWALD, L.: „Die Lehre von den Naseneiterungen“, 2. Aufl. München: J. E. Lehmann. 1896.

HAAG, H.: A. Lar. 9, 1899. (Lit.) — HAMILTON, T. K.: a) Australian. Med. Gazette, 21. XII. 1903, ref. I. Cbl. L. 20, 438. — DERSELBE: b) J. L. O. 20, 1905. — HANSZEL: Wr. L. G. 9. I. 1902, ref. I. Cbl. L. 19, 375. — HECHT: M. O. 1902. — HEMS, K.: I. D. Marburg 1893. — HEYMANN, P.: Verh. Berl. Lar. Ges., 15. IV. 1904, B. kl. W., 41. Jg., 935. — HOCHHEIM, H.: I. D. Greifswald 1903. — HOPMANN, C.: a) A. Lar. 3, 1895. — DERSELBE: b) Vereinigung westd. HO.-Ä., April 1905, ref. I. Cbl. L. 22, 154. — DERSELBE: c) A. kl. Ch. 37, 1888. — DERSELBE: d) Verh. D. N.-f. u. Ä., 63. Vers., 2. T., 1890. — DERSELBE: e) D. med. W. 1894, 950. — DERSELBE: f) A. Lar. 1, 1894.

IWANOFF, A.: A. Lar. 16.

JASPER, M. NEWTON: Laryngoscope 34, 1924. — JOËL, E.: Zsch. O. 34, 1899. (Ältere Lit.) — JUFFINGER: W. kl. W. 1901, 881.

KAHLER, O.: M. O., 43. Jg. (Lit.) — KAMM: Allg. med. Centr. Ztg. 1902, 611. — KAYSER, R.: siehe X/1. (Ältere Lit.) — KOFLER, K.: Wr. L. G., 8. XI. 1911, ref. I. Cbl. L. 28, 337. — KRIEG, R.: Atlas der Nasenkrankheiten. Stuttgart: Ferd. Enke. 1901. — KUTVIRT, O.: W. m. W. 1902, Nr. 43.

LANG, J.: M. O., 46. Jg., 1912. (Lit.) — LAYERA, J.: Rev. Especial 3, 1928, ref. Zbl. HNO. 13, 276. — LEBENSOHN, J. E.: Ann. O.-L. 32, 1923, ref. Zbl. HNO. 5, 453. — LOSSEW: Mosk. O. Rh. Lar.- Ges., 8. XI. 1922, ref. Zbl. HNO. 3, 506. — LUEDERS, W.: I. D. Greifswald 1920, ref. I. Cbl. L. 37, 192. — LUSCHKA: V. A. 18, 1860.

MCKENTY, J. E.: N. Y. Med. Rec., 7. IX. 1907. — MAHONEY, P. L.: Laryngo-scope 37, 1927, ref. Zbl. HNO. 12, 93. — MENZEL, K. M.: Wr. L. G., 3. V. 1932, ref. Zbl. HNO. 20, 284. — MONCRIEFF, A.: Br. m. J., 1936, 1295. — MORF, J.: A. Lar. 10, 1900.

NORDQUIST: Hygiea 1901 (zit. nach G. COHN).

ÓNODI, A.: B. kl. W. 1889, 742.

PATTERSON, N.: Lar. S. R. Soc. Med., 3. V. 1924, ref. Zbl. HNO. 6, 413. — PHLEPS, K. A.: Ann. Ot. 35, 1926. — PIFFL, O.: a) Wiss. Ges. dtsch. Ä. in Böhmen, 30. X. 1914, ref. I. Cbl. L. 31, 214. — DERSELBE: b) Wiss. Ges. dtsch. Ä. in Böhmen, Prager m. W. 1910, Nr. 9, ref. I. Cbl. L. 27, 247. — PLUDER: Festschr. ärztl. Vereins in Hamburg 1896, ref. I. Cbl. L. 13, 406 u. 16, 378. — PORTER, W. G.: Ed. m. J. 19, 1906, zit. nach A. it. O. 18, 346 (vgl. SCHEIER). — PRÉDESCU-RION: A. int. Lar. 7, 1928, ref. Zbl. HNO. 12, 411.

RICHARDSON, CH. W.: 35. Jahresvers. d. Americ. Lar. Assoc. 1913, ref. I. Cbl. L. 30, 120. — RIES, C. R. u. J. M. TATO: Rev. Assoc. méd. arg. 48, 1934, ref. Zbl. HNO. 23, 238, . — ROE, J. O.: a) 25. Jahresvers. d. Americ. Lar. Assoc. 1903, ref. I. Cbl. L. 20, 110. — DERSELBE: b) J. Am. M. Ass. 54, 1910. — ROGERS, F. L.: a) J. Am. M. Ass., 17. IV. 1909. — b) California a. Western Med. 23, 1925, ref. Zbl. HNO. 7, 840.

SANTI, G.: Vals. 4, 1928, ref. Zbl. HNO. 13, 276. — SCHAEFFER, J. P.: a) An. R. 58, Suppl. zu Nr. 4, 1934. — DERSELBE: b) Laryngoscope 43, 1933. — SCHEIER, M.: B. L. G., 13. IX. 1903, ref. B. kl. W. 1904, 483. (Identisch mit W. G. PORTER.) — SCHMIEGELOW, E.: M. O. 1900, 443. — SCHÖTZ: D. med. W. 1887, Nr. 9. — SCHRÖTTER, L. v.: M. O. 1885, 97. — SCHWENDT, A.: a) Die angeborenen Verschlüsse der hinteren Nasenöffnungen usw. Habilit.-Schr. Basel: Werner-Riehm. 1889. (Lit.) — DERSELBE: b) Korresp.-Bl. f. Schweiz. Ä. 1891, 171 u. 408. — DERSELBE: c) M. O. 1897, 105. — ŠERCER, A.: a) Rev. L. Ot., 44. Jg., 1923. — DERSELBE: b) Otolaryngologia slavica 1, 1929. — SIEMENS, J. L.: Niederl. Ges. HNO. 21. Vers. 1911, ref. I. Cbl. L. 28, 607. — SIMON, M.: I. D. Leipzig 1897. — SREBRNY: Medycyna 1911, Nr. 17 ref. I. Cbl. L. 28, 36. — STEWART, I. P.: a) A. O. L. 13, 1931. — DERSELBE: b) Scott. Soc. of Ot. a. Lar., 31. V. 1930, ref. Zbl. HNO. 17, 176. — STINSON, W. D.: A. O. L. 15, 1932, ref. Zbl. HNO. 18, 612. — STUPKA, W.: a) siehe X/4a. — DERSELBE: b) Zsch. HNO. 29, 1931. — DERSELBE: c) Wr. L. G., 1. III. 1932, ref. Zbl. HNO. 19, 572.

THACKER-NEVILLE, W. S.: J. L. O. 42, 1927, ref. Zbl. HNO. 10, 389.

UFFENORDE, W.: a) Vers. D. N.-f. u. Ä., Köln 1908, Zsch. L. 1, 1908. — DERSELBE: b) M. O., 45. Jg., 1911.

VOGEL, KL.: Berl. Ot.-rhin.-lar. Ges., 9. V. 1924, ref. Zbl. HNO. 7, 80 u. Zsch. HNO. 11, 1925. — VULOVIČ, LJ.: Serb. Arch. f. d. ges. Med., 27. Jg., 1925.

WAGGETT: Londoner Lar. Ges., März-April 1906, ref. I. Cbl. L. 23, 78 u. 268. — WEIL, M.: Wr. L. G., 4. XI. 1924, ref. Zbl. HNO. 7, 747. — WESSELY: Diskussions-bemerkung zu STUPKA (c), Zbl. HNO. 19, 572. — WILDENBERG, VAN DEN: Scalpel, 75. Jg.. 1922, ref. Zbl. HNO. 1, 501. — WOLFF, L.: A. Lar. 13. — WRIGHT, A. J. M.: J. L. O. 37, 1922.

ZAUFAL, E.: Prager med. W. Jg. 1870, 837. — ZAUSCH, F.: „Die angeborenen Mißbildungen und Formfehler der Nase" in Handbuch der Hals-, Nasen- und Ohrenheilkunde, herausgegeben von A. DENKER u. O. KAHLER, III. Berlin: Julius Springer.
1927. — ZUCKERKANDL, E.: siehe IX/1.

6. Naseninneres im allgemeinen, Nasenmuscheln.

BOBONE: A. int. Lar. 1905, u. Boll. Mal. Or. 1905, Nr. 1, ref. I. Cbl. L. 21,
478. — BONDARENKO, A.: Russk. oto-laring. 1926, ref. Zbl. HNO. 9, 547. — BURGER,
H.: A. Lar. 33, 1920.

CASTELLANI, L.: A. it. O. 34, 1923. — CLAUS, G.: B. An. Phys. etc. O. 25, 1927.
KASTORSKIJ, F.: Vestn. Rino. etc. 3, 1928, ref. Zbl. HNO. 13, 388. — KILLIAN, J.:
M. O. 1890. — KRAJEWSKI, F.: Fol. morph. (Warszawa) 2, 1930, ref. Zbl. HNO. 16, 85.

MENZEL, K. M.: a) Wr. L. G., Nov. 1931, M. O. 1932, 483. — DERSELBE: b) Wr.
L. G., 3. V. 1932, ref. Zbl. HNO. 20, 285. — DERSELBE: c) M. O., 68. Jg., 1934. (Lit.)
— DERSELBE: d) An. A. 78, 1934. — MEYJES, W. P.: M. O. 1891. — MICHL, R.:
Čas. lék. česk. 1931, II, 1472 ref. Zbl. HNO. 18, 486. — MINJKOWSKIJ, A.: Russk. oto-
laring. Jg. 1925, ref. Zbl. HNO. 8, 665.

RICHTER, H.: A. ONK. 137, 1933.

STURMANN: B. L. G., 22. VI. 1900, B. kl. W. 1901, 744.

URBANTSCHITSCH, E.: M. O. 1904, Nr. 10.

7. Laterale Nasenwand (mit Ausnahme der Muscheln und Tränenwege), Nasennebenhöhlen, Lamina cribrosa.

ABRAND, H.: Ann. malad. de l'oreille 45, 1926, ref. Zbl. HNO. 10, 288. — APRILE,
V.: Vals. 1933. (Lit.)

BAYLEY: zit. nach K. M. MENZEL (b). — BENJAMINS, C. E.: A. ONK. 109, 1922.
— BÖGE: I. D. Königsberg 1902, zit. nach HUDLER. — BRÜHL: B. L. G., 15. XI.
1901, ref. I. Cbl. L. 18, 301. — BUYS: Belg. oto-lar. Ges., 24. VI. 1900, ref. I. Cbl. L.
17, 590.

CAMPEGGIANI, M.: Vals. 1, 1925, ref. Zbl. HNO. 8, 370. — CAPART jun.: Belg. oto-
lar. Ges., 2. VII. 1901, ref. I. Cbl. L. 18, 350. — CARMODY, TH. E.: Verhandl. d. I. Int.
Ot.-Rh.-Lar. Kongr., Kopenhagen 1928. (Lit.) — COHEN, M.: J. Am. M. Ass. 1908, 1905.

DAHMANN, H. u. H. MÜLLER: Zsch. L. 13. — DEREUX, J.: Ann. An. p. 11, 1934.
— DUNDAS GRANT, J.: J. L. O. 37, 1922, ref. Zbl. HNO. I, 45.

EISINGER: Verhandl. d. I. Int. Ot.-Rh.-Lar. Kongr., Kopenhagen 1928. — EL-
JASSON: Mitt. a. d. Bazan. Klin. I, ref. I. Cbl. L. 24, 186.

FRENKEL, J. S.: M. O. 70, 1936. (Lit.) — FROBOESE, C.: B. kl. W. 51, 1917, 1219.

GILSE, P. H. G. VAN: a) Niederl. Vereingg. HNO.-Ä., 28.—29. V. 1927, ref. Zbl. HNO.
12, 547. — DERSELBE: A. Lar. 33, 1920. — DERSELBE: c) Zsch. HNO. 3, 1922. — DER-
SELBE: d) Act. O.-L. 7, 1925. — DERSELBE: e) Act. O.-L. 22, 1935. — GRABSCHEID, E.:
Rev. L. 54, 1933. — GRUBER, W.: a) V. A. 87, 1877. — DERSELBE: b) V. A. 113, 1888.

HAAS, L.: M. O. 68, 1934. — HAJEK, M.: Pathologie und Therapie der entzündlichen
Erkrankungen der Nebenhöhlen usw. 5. Aufl. Leipzig u. Wien: F. Deuticke. 1926. —
HALLE: a) Zsch. HNO. 3, 1922. — DERSELBE: b) B. L. G., 30. IV. 1926, ref. Zbl. HNO.
10, 357. — DERSELBE: c) Zsch. HNO. 18, 1927. — HANSEMANN, D. v.: B. kl. W. 1917,
430. — HARMER, L.: A. Lar. 13, 1902, ref. I. Cbl. L. 20, 232. — HARRIS, J. H.: ref.
I. Cbl. L. 28, 86. — HEIMENDINGER, A.: A. Lar. 19, 1907. — HOFMANN, M.: M. O. 34.
Jg., 1900. — HUDLER, W.: A. Lar. 26, 1912. — HUTTER: Wr. L. G., 8. XI. 1910, ref.
I. Cbl. L. 27, 230 (Disk.)

JACOB, O.: Bull. S. anat. Paris, April 1900, 75. Jg., ref. I. Cbl. L. 17, 355.

KASPER, K. A.: A. O. L. 23, 1936. — KIKUCHI, J.: A. Lar. 14, 1903. — KLEPPER,
J. J.: Laryngoscope 37, 1927, ref. Zbl. HNO. 12, 39. — KNICK, A. u. W. WITTE:
A. ONK. 119, 1928. — KOCH, M.: B. kl. W. 1914, 1477.

LÜDERS: B. L. G., 22. VI. 1900, ref. I. Cbl. L. 17, 492 (m. Disk.).

MAYER, L.: J. méd. Bruxelles 1903, ref. I. Cbl. L. 20, 279. — MENZEL, K. M.: a) Wr. L. G. 5. IV. 1905, ref. I. Cbl. L. 21, 540. — DERSELBE: b) M. O. 1905, 414. — DERSELBE: c) Wr. L. G., 13. V. 1908, ref. I. Cbl. L. 25, 375. — DERSELBE: d) Zsch. HNO. 22, 1928. — MEYER, A. W.: Ann. Ot. 24, 1915. — MILANO, E. M.: Ped. espan., 15. Jg., 1926, ref. Zbl. HNO. 10, 68. — MORI, T.: O. Fuk. 6, 1933, ref. Zbl. HNO. 21, 578.

ÓNODI, A.: A. Lar. 15.

PEGLER, L. H.: Lar. S. R. Soc. Med., 5. III. 1915, ref. I. Cbl. L. 33, 342. — POLLATSCHEK, E.: Kön.-ung. Ges. d. Ä., Lar.-Rhin. Sekt., 14. XII. 1926, ref. Zbl. HNO. 11, 809. — PRIESEL, A.: V. A. 244, 1923.

RITTER: Zsch. L. 1, 1909. — RUNGE, H. G.: Handbuch von HENKE-LUBARSCH, III, 1. T. Berlin: Julius Springer. 1928.

SANVENERO-ROSELLI, X.: Rass. ital. oto-rino-lar., 2. Jg., 1928, ref. Zbl. HNO. 12, 765. — SCHEIER, M.: a) B. L. G., 22. II. 1901, ref. I. Cbl. L. 17, 581. — DERSELBE: b) A. Lar. 12, 1901. — SCHOETZ, W.: Zsch. O. 58, 1909. — SHAMBAUGH, GEO E.: Ann. S., Juli 1902, ref. I. Cbl. L. 19, 495. — SHEA, I.: a) South. med. J. 17, 1924, ref. I. Cbl. O. 7, 240. — DERSELBE: b) Orl. med. a. surg. J. 79, 1927, ref. I. Cbl. O. 10, 508. — DERSELBE: c) Ann. O.-L. 33, 1924. — SILVAGNI, M.: Riv. oto-neuro-oftal., III, 1931. — SMITH, H. R.: Br. J. Dent. Science., 24. III. 1911, ref. I. Cbl. L. 27, 301. — SUNDHOLM, A.: A. Lar. 11, 1901, ref. I. Cbl. L. 18, 276. — DE STELLA: Belg. oto-lar. Ges., 10. XII. 1905, ref. I. Cbl. L. 22, 271. — STUPKA, W.: a) Wr. L. G., 6. V. 1930, ref. Zbl. HNO. 16, 731. — DERSELBE: b) M. O. 70, 1936. — SWERSCHEVSKY: Mosk. O. Rh. Lar.-Ges., 21. VI. 1922, ref. Zbl. HNO. 3, 110.

TANTURRI, V.: a) Atti e Mem. Soc. Lomb. Chir. 2, 1934. — DERSELBE: b) Rass. it. Otol. 8, 1935. (Lit.) — TAWSE, H. B.: Lar. S. R. Soc. Med., 5. XI. 1926, ref. Zbl. HNO. 10, 534. — TONNDORF, W.: B. An. Phys. etc. O. 23, 1926. — TOVÖLGYI, E. v.: Rhinolar. Sect. kgl.-ung. Ä.-Ver., 18. XII. 1923, ref. Zbl. HNO. 5, 112. — TUNIS, J. P.: Laryngoscope 18, 1908.

VOIT, M.: An. H. XXXVIII, 1909.

WIETHE: Vers. Ver. Dtsch. ONH.-Ä. tschech.-sl. Rep., 2. IV. 1922, ref. Zbl. HNO. I, 112. — WINCKLER: Verh. Ver. dtsch. Laryngol. 1909, 173.

ZUCKERKANDL, E.: M. O. 1899, 443.

8. Dermoide und Epidermoide (Cholesteatoma verum): Teratome.

Beziehungen derselben zu den Nasennebenhöhlen (vgl. auch Lit. VIII/A—C).

ARNOLD: V. A. 43, 1868.

CHEVELLEREAU: France medic., Jänner 1892, zit. nach LAPERSONNE.

ECKERT-MÖBIUS: „Gutartige Geschwülste der inneren Nase", DENKER-KAHLERs Handbuch der Hals-, Nasen- und Ohrenheilkunde, V. Berlin: Julius Springer. 1929. — ESMARCH, F.: V. A. 10, 1856.

FERRERI: 11. Kongr. ital. Ges. f. Lar., Otol. usw., 1907, zit. nach WINCKLER.

GAUDIER, H.: Rev. hebdom. de laryng. 1911.

HABERMANN, J.: Zschr. f. Heilk. XXI, chir. Abt., 1900. — HALD: ref. M. O., Jg. 43, 796. — HAYGSTRÖM: ref. I. Cbl. L. 32, 333. — HEGETSCHWEILER: Corr. bl. f. Schweiz. Ärzte, 35. Jg., 262. — HEIMENDINGER, A.: siehe X/7. — HINNEN, A. B.: N. T. G. 78, 1934, p. 2090.

KAHLER, O.: W. kl. W. 1908, 562. (Lit.)

LAPERSONNE, F. DE: A. Oph. 1893, 657.

MARX: B. An. Phys. etc. O. 23, 1926. (Lit.)

STARCKE: Zsch. L. 11, 1923. (Lit.)

WEINLECHNER: W. kl. W. 1889, 136 (mit Disk.). — WINCKLER: Verh. d. Ver. deutsch. Lar., 1909. — WOTRUBA, C.: W. kl. W. 1889, 899.

9. Tränenwege.

AUBARET: Marseille méd., 59. Jg. 1922, ref. Zbl. HNO. 2, 40.

BARATTA, O.: Riv. otol. etc. 12, 1935, ref. Zbl. HNO. 27, 25. — BOLK: N. T. G. 1929/II, 3430, ref. Zbl. HNO. 14, 488.

CARRÈRE et CASEJUST: Bull. Mém. Soc. anat. Paris, 26. XI. 1921, 91. Jg., 464.

FALTA: M. O. 1904, Nr. 3, ref. I. Cbl. L. 21, 248.

GUALDI, V.: A. Antr. crim. 51, 1931, ref. Zbl. HNO. 18, 420. — GUIST: Wr. L. G., 4. XII. 1928, ref. Zbl. HNO. 14, 463.

IWATA, N.: Fol. anat. japon. V, 1927, ref. Zbl. HNO. 11, 32.

MARSIGLI, C.: Riv. otol. etc. 11, 1934, ref. Zbl. HNO. 23, 621. — MEISNER, W.: „Die Erkrankungen der Tränenorgane" in SCHIECK-BRÜCKNER, Kurz. Hdb. d. Ophthalm. Berlin: Julius Springer. 1930.

OGAWA, CH.: Fol. anat. japon. 6, 1928, ref. Zbl. HNO. 14, 146.

PETERS, R.: Kl. Mbl. Au. 71, 1923, ref. Zbl. HNO. 6, 163.

RICHTER, H.: Zsch. L. 24, 1933.

SCHIRMER, O.: „Mikroskopische Anatomie und Physiologie der Tränenorgane" in G.-S. Hdb. Au., 75. u. 76. Lfg. Leipzig: W. Engelmann. 1904. (Lit.) — SCHWARZ, M.: Ber. deutsch. ophth. Ges. 1934, ref. Zbl. HNO. 24, 354.

ZARITZKY, L. A.: M. O. 69, 1935.

10. Septum.

AUGIER, M.: Bull. Ass. Anatom. 1931, Nr. 25, ref. Zbl. HNO. 18, 778.

BAUER, J.: Konstitutionelle Disposition zu inneren Krankheiten, 3. Aufl. Berlin: Julius Springer. 1924. — BIRKE, L.: Msch. G. G. 98, 1934, ref. Zbl. HNO. 24, 289. — BORGIOLI, V. A.: Vals. 10, 1934, ref. Zbl. HNO. 23, 377 u. 27, 709. — BROWN-KELLY, A.: J. L. O. XXXIII, 1918. (Lit.)

DYLEWSKI, B.: Polski Przegl. otol. 8, 1932, ref. Zbl. HNO. 19, 622.

FARLOW, I. W.: Transact. Am. Lar. Ass. 1904, zit. nach A. BROWN-KELLY. — FEYGIN, N.: M. O. 60, 1926. — FRANKE, G.: Zsch. L. 10, 1922. — FRASER, J. L.: J. An. Phys. 46, 1912. — FUCHS, K.: a) Zsch. Zellf. 12, 1931. — DERSELBE: b) M. O. 66, 1932.

GEGENBAUR, C.: Morph. Jb. XI. — GLADKOV, A.: Ž. ušn. Bol. 8, 1931, ref. Zbl. HNO. 18, 93. — GRUGET: ref. I. Cbl. L. 1888, 254. — GYERGYAI, A.: Orvosi Hetilap. 1911, Nr. 35, ref. I. Cbl. L. 28, 137.

HABERFELD, W.: M. O. 1909, H. 4, ref. I. Cbl. L. 25, 341. — HAENISCH, H.: a) Med. Ges. Kiel, 26. II. 1916, ref. I. Cbl. L. 32, 136. — DERSELBE: b) Zsch. L. 8, 1916. — HASSLAUER: A. Lar. 10, 1900. — HILLENBRAND, K.: A. ONK. 135, 1933. — HIRSCH, O.: a) M. O. 59, 1057. — DERSELBE: b) M. O. 59, 1234. — HOPMAN, C. M.: Zsch. L. 1, 1909.

JURASZ: Verh. d. oto-lar. Ges. Lemberg, Juni 1911, ref. I. Cbl. L. 28, 172.

KAEMPFER, L. G.: Laryngoscope 27, 1917. — KOCH, J.: Ges. sächs.-thür. ONH.-Ä., 26. IV. 1936, ref. Zbl. HNO. 26, 624. — KUBOTA, S.: Fuk.-Ikwad. Z. 25, 1932, ref. Zbl. HNO. 20, 475.

LANGER, P.: M. O. 1877, zit. nach L. GRÜNWALD VIII/B/2b. — LEFFERTS, M.: ref. b. M. MACKENZIE, Lehrb. 1884, II. T., 670.

MACKENZIE, D.: Lar. S. R. Soc. Med., 7. XII. 1923, ref. Zbl. HNO. 6, 141. — MAGNE: J. de Méd. de Bordeaux, 12. VII. 1908, ref. A. int. Lar. 26, 996. — MENZEL, K. M.: a) Zsch. HNO. 22, 1922, und W. m. W. 77, 1927, 1081. — DERSELBE: b) Wr. L. G., 6. V. 1930, ref. M. O. 64, 1228. — METZENBAUM, M.: A. O.-L. 24, 1936, ref. Zbl. HNO. 27, 427. — MINJKOWSKIJ, A.: Russk. oto-laring., Jg. 1925, ref. Zbl. HNO. 8, 665.

NAKATA, Y.: O. Fuk. 8, 1935, ref. Zbl. HNO. 25, 330. — NEUMANN, HUGO: M. O., Suppl.-Bd. 1921, 1498.

PICHLER, H.: Zsch. Stomat. 27, 1929. — PUGNAT, A.: Rev. hebdom. laryng., 31. V. 1918, ref. I. Cbl. L. 35, 67.

RICHTER, H.: a) Zsch. HNO. 35, 1934. — DERSELBE: b) H. A. 27, 1936, réf. Zbl. HNO. 26, 539. — ROSE, F.: Lar. S. R. Soc. Med., 7. III. 1913, 6, II. T., Lar., ref. I. Cbl. L. 30, 282.

SCHAUS, A.: A. kl. Ch. 35, 1887. — SCHWARTZ, V. I.: Laryngoscope 38, 1928. (Lit.) — SCHWARZ, M.: A. ONK. 119, 1928. — ŠERCER, A.: M. O. 59, 1925. — SIEUR C. u. O. JACOB: Bull. et Mém. Soc. an. Paris, 74. Jg., 1899, 1027.

WEIDLEIN, J. F.: Ann. Ot. 45, 1936, ref. Zbl. HNO. 27, 430. — WELCKER, H.: Beiträge zur Biologie (Festschr. f. v. BISCHOFF). Stuttgart: I. C. Cotta. 1882. — WOLFF, J.: B. kl. W. 1882, 582.

YOSHIDA, S.: a) O. Fuk. 6, 1933, ref. Zbl. HNO. 22, 237 u. 574 u. 23, 703. — DERSELBE: b) Otorhin.-lar. Ges. Fuk., 28. V. 1934, ref. Zbl. HNO. 27, 508.

ZUCKERKANDL, E.: siehe IX/1.

11. JACOBSONsches Organ.

ERNYEI, J.: Rhin.-Lar. Sect. Ges. Ärzte, Budapest, 12. II. 1935, ref. Zbl. HNO. 24, 622.

HOFMANN, L.: Wr. L. G., 3. III. 1925, ref. Zbl. HNO. 7, 925.

KELEMEN, G.: Rass. ital. Otol. 7, 1933, ref. Zbl. HNO. 21, 772.

LANGELAAN, J. W.: Handeling. d. 10. Niederl. Natur- u. Med. Kongr., Arhem 1905, ref. I. Cbl. L. 22, 84. — LAUTENSCHLÄGER, F.: Zoo. An. 107, 1934, ref. Zbl. HNO. 24, 170. — LEVIN, J. J.: Ed. m. J. 32, 1925, ref. Zbl. HNO. 7, 842.

MANGAKIS, M.: An. A. 21, 1902. — MILSTEIN, T.: Zsch. HNO. 23, 1929.

PEARLMAN, S. J.: Ann. Ot. 43, 1934, ref. Zbl. HNO. 23, 680.

RICHTER, H.: Zsch. L. 22, 1932, ref. Zbl. HNO. 18, 778. — RUEDA: A. de oto-rinolar. Juni 1910, ref. I. Cbl. L. 27, 204.

TOIDA, N.: J. of orient. Med. 23, 1935, ref. Zbl. HNO. 25, 627.

12. Ductus nasopalatinus.

GRÜNWALD, L.: Zsch. O. 60, 1910.

HOCHSTETTER, F.: Morph. Jahrb. 77, 1936.

KIKUCHI, M.: O. Fuk. 8, 1935, ref. Zbl. HNO. 25, 33.

LEBOUCQ, H.: Arch. Biol. 2, 1881, zit. nach RAWENGEL.

MERKEL, F.: An. H. 1892.

NORBERG, O.: Z. mi.-anat. Forsch. 22, 1930, ref. Zbl. HNO. 16, 657.

PETER, K.: A. mi. An. 97, 1923. (Lit.)

RAWENGEL, G.: A. mi. An. 97, 1923. (Lit.) — RYDZEK, A.: A. mi. An. 97, 1923. (Lit.)

SCHÖNLANK, A.: M. O. 64, 1930. — SCHROFF, J.: Dént. Items 51, 1929, ref. Zbl. HNO. 14, 131.

13. Rhinitis chronica atrophicans, Ozaena.

BAUER, J.: siehe X/10. — BIGLER, M.: Schw. m. W. 1934, 438 ref. Zbl. HNO. 23, 162. — BURGER, H.: A. Lar. 33, 1920. (Lit.)

CHÉRIDJIAN, Z. u. TH. SCICLOUNOFF: Pr. méd. 1936/II, 1290. — CHRIST, J.: Arch. Derm. 116, 1913 u. Zsch. L. 6, 1913. (Lit.)

ELMIGER, G.: A. Lar. 32, 1920. (Lit.)

FLEISCHMANN, O.: a) Zsch. HNO. 3, 1922. — DERSELBE: b) M. O. 66, 1932. — DERSELBE: c) A. ONK. 133, 1932. — DERSELBE: d) Zsch. L. 22, 1932. — DERSELBE: e) Zsch. HNO. 36, 1934. — DERSELBE: f) Med. Welt 1935, 147. — FOTIADE, V. u. C. GHITESCU: Rev. stiint. med. 25, 1936, ref. Zbl. HNO. 27, 214.

GEGENBAUR, C.: Morph. Jb. 5, 1879. — GLASSCHEIB: a) A. ONK. 124, 1930. — DERSELBE: b) Ebendort 126, 1930. — DERSELBE: c) Ebendort 128. — DERSELBE: d) M. O. 65, 1931. — DERSELBE: e) M. O. 67, 1933. — DERSELBE: f) M. O. 70, 1936. — GRÜNWALD, L.: siehe VIII/B/2b u. Abb. 185a. — GUNS u. PICARD: Ann. O.-L. 1933, ref. Zbl. HNO. 21, 42.

HABERMANN, J.: Zsch. Heilk. 7, 1886. — HOFER, G.: a) W. kl. W. 1913, Nr. 25. — DERSELBE: b) B. kl. W. 1913, Nr. 52. — DERSELBE u. K. KOFLER: a) W. kl. W. 1913, Nr. 42. — DIESELBEN: b) A. Lar. 29, 1915. — HOPMAN, C. M.: Zsch. O. 75.

IDE, H.: Ausz. Z. Otol. (Tokyo) 40, 1934, ref. Zbl. HNO. 26, 383.

JANNULIS, G. E.: M. O. 68, 1934.

KATO, K.: Ausz. Z. Otol. (Tokyo) 40, 1934, ref. Zbl. HNO. 26, 489. — KRAMPITZ, P.: A. ONK. 138, 1934.

LASKIEWICZ, A.: Polski Przegl. otol. 9, 1933, ref. Zbl. HNO. 20, 477. — LAUTENSCHLÄGER, A.: a) A. Lar. 31, 1918. — DERSELBE: b) A. Lar. 32, 1920. (Lit.)

MINKOWSKY, A.: Act. O.-L. 16, 1931.

NAGER, F. R.: A. Lar. 33, 1920. (Lit.)

OZAWA, M.: Mitt. med. AK. Kioto 10, 1934, ref. Zbl. HNO. 23, 237.

PESTI, L.: Jahresvers. ung. oto-lar. Ges., Juni 1936, ref. Zbl. HNO. 26, 717.

RIEGELE: B. L. G., 23. II. 1934, ref. Zbl. HNO. 23, 726.

SCHÖNLANK, A.: M. O. 71 .Jg., 1937. — SOLOMONOW, E. W.: Ž. ušn. Bol. 13, 1936, ref. Zbl. HNO. 27, 307.

UNDRITZ, W.: Siehe X/1.

WOJATSCHEK, W.: Rev. de laryng., d'otol. etc. 1925, Nr. 16.

ZUCKERKANDL, E.: Normale und pathologische Anatomie der Nasenhöhle usw., II, 10. Kap. (Muschelatrophie) u. 11. Kap. (Syph.). Wien u. Leipzig: W. Braumüller. 1892. (Lit.)

14. *Familiäres Nasenbluten* (OSLERsche *Teleangiectasia haemorrhagica hereditaria*).

BARMWATER, K.: Zsch. L. 25, 1934, ref. Zbl. HNO. 24, 291.

CURSCHMANN, H.: Kl. W. 1930, 677. — CURTIUS, F.: Kl. W. 7. Jg., 1928, 2141 (Lit!).

DABNEY, V.: Ann. Ot. 40, 1931.

EDEL, K., P. H. G. VAN GILSE u. C. POSTMA: Act. O.-L. 13, 1930, ref. Zbl. allg. P. 49 149.

FRANCHINI, Y. u. E. RICCITELLI: Semana med. 1935/II, 1366 ref. Zbl. HNO. 26, 599.

GANGELEN, G. VAN: 50. Vers. niederl. Verein. HNO., Nov. 1930, ref. Zbl. HNO. 17, 590. — GOLDSTEIN, H. J.: a) Intern. Clin. 3, Ser. 40, 1930, ref. Zbl. HNO. 16, 434. — DERSELBE: b) Intern. Clin. 4, Ser. 40, 1930, ref. Zbl. HNO. 16, 823. — DERSELBE: c) I. Arch. int. Med. 48, 1931, ref. Zbl. HNO. 18, 487.

HOUSER, K. M.: Ann. Ot. 43, 1934, ref. Zbl. HNO. 23, 682.

OSLER: Bull. John Hopkins Hosp. 12, 1901.

PISZKIEWICZ, F. J.: A. O. L. 17, 1933, ref. Zbl. HNO. 21, 387.

REINIGER, A.: W. m. W. 1931. (Lit.)

SCHMITT, A.: Zsch. L. 22, 1931, ref. Zbl. HNO. 18, 286. — SCHOEN, R.: D. A. klin. Med. 166, 1930. (Lit.)

TORRIGIANI: A. it. O. 44, 1933, ref. Zbl. HNO. 20, 547.

WEBER, F. P.: Kl. W. 1930, 1308, ref. Zbl. HNO. 16, 205. — WORDLEY, E.: Lancet 1932, II, 1331, ref. Zbl. HNO. 20, 255.

ZANGE: Ges. sächs.-thür. ONH.-Ä., Leipzig, 20. III. 1932, ref. Zbl. HNO. 19, 304.

15. Schädelanomalien in ihrer Wirkung auf die Ausbildungsverhältnisse der Nase.

a) *Mongoloide Idiotie.*

GILSE, P. H. G. VAN: siehe X/1.

RÜDIN, Zsch. Neur. Ps. 108.

SCHEER, VAN DER: Nederl. Mschr. Verlosk. 8.

WAGNER, R.: W. kl. W. 1936, 95.

b) *Hypertelorismus* (oder *Euryopie*).

APERT, E. u. F. BENOIST: Bull. Soc. Péd. Paris 24, 1926.

CHOTZEN: Msch. Ki. 55, 1932. — COCKAYNE, E. A.: Br. J. Ch. D. 22, 1925. — COMBY, J.: Arch. Méd. Enfants 28, 1925. (Lit.)

GREIG, D. M.: Ed. m. J. Okt. 1924. (Lit.) — GÜNTHER, H.: Endokrinologie 13, 1933.

MUIR, D. C.: Br. J. Ch. D. 22, 1925.

RAWSON, D. u. E. G. AVILA: Sem. med. 1930, 1206. — REILLY, W. A.: J. Am. M. Ass. 96, 1931, 1929.

VAN VOORTHUYSEN, D. G. W., Act. O.-L. 22, 1935.

WAARDENBURG, P. J.: a) G. A. Oph. 124, 1930. — DERSELBE: b) Kl. Mbl. Au. 92, 1934. — WAGNER, R.: W. kl. W. 1936, 95.

c) *Dyskranio-Dysphalangie* (G. B. GRUBER).

APERT, E.: α) Soc. méd. Hôp., 21. X. 1906, Gaz. Hôp. 1906. — DERSELBE: β) Mal. famil. et malad. congén., Paris 1907, zit. nach G. B. GRUBER.

BIGOT: Thèse de Paris 1922.

CHOTZEN: Msch. Ki. 55, 1932.

FLINKER, A.: V. A. 280, 1931.

GRUBER, G. B.: B. path. An. 93, 1934. (Lit.) — GÜNTHER, H.: Erg. d. inn. Med. u. Ki. 40, 1931.

LANGMANN, A. G.: A. Ped. 41, 1924.

d) *Dysencephalia splanchnocystica* (G. B. GRUBER).

GRUBER, G. B.: B. path. An. 93, 1934.

e) *Oxycephalie.*

GREIG, D. M.: α) Ed. m. J. 33, 1924, p. 189. — DERSELBE: β) Ed. m. J., N. S. 42, 1935, p. 537. — GÜNTHER, H.: α) V. A. 278, 1930. — DERSELBE: β) Erg. d. inn. Med. u. Ki. 40, 1931.

HUTCHISON, R.: Proc. Roy. Soc. Med. London 1910/III, zit. nach GREIG.

f) *Dysostosis cranio-facialis.*

CHOTZEN: Msch. Ki. 55, 1932. — CROUZON, O.: Étud. malad. fam. nerveuses et dystrophiques, Paris 1929.

VOGT, A.: Kl. Mbl. Au. 90, 1933.

XI. Mißbildungen und Anomalien des Nasenrachenraumes.

1. Allgemeines über normale Anatomie des Nasenrachenraumes.

CANELLI, A. F.: Ped. med. prat. 3, 1928, ref. Zbl. HNO. 13, 513. — CHAUVEAU, C.: Le Pharynx. Paris: J. B. Baillière & Fils. 1901.

DISSE, J.: a) A. An. Phys., An. Abt. 1889. — DERSELBE: b) P. HEYMANNS Handbuch der Laryngologie, 2, 1899. (Ältere Lit.)

Éscat, E.: a) Évol. et transform. anat. de la cav. nasopharyng. (thèse). Paris: G. Steinheil. 1894. — Derselbe: b) Presse méd., 15. Sept. 1895. — Derselbe: c) Traité méd.-chir. malad. du pharynx. Paris: G. Carré & C. Naud. 1901.

Sieur et Rouvillois: A. int. Lar. 33, 1912.

Testut et Jacob: Traité d'anat. topographique, 1925.

Wetzel, G.: Denker-Kahlers Handbuch der Hals-, Nasen- und Ohrenheilkunde, I. Berlin: Springer-Bergmann. 1925.

2. Normale Anatomie der Rachenhaut.

Manno, A.: Ric. Labor. Anat. norm. Univ. Roma, 9, ref. I. Cbl. L. 21, 113.

Peter, K.: Erg. Anat. u. Entwi.-gesch. 25, 1924. (Lit.)

3. Allgemeines über Anomalien des Nasenrachenraumes.

Donelan, J.: Diskussionsbemerkung zu F. Potter.

Gottstein, J. u. R. Kayser: „Die Krankheiten der Rachentonsille" in P. Heymanns Handbuch der Laryngologie, II. Wien: Alfr. Hölder. 1899. (Ältere Lit.) — Grünwald, L.: Die Krankheiten der Mundhöhle, des Rachens und der Nase. 3. Aufl. München: J. F. Lehmann. 1912.

Hansemann, D. v.: „Mißbildungen der Rachens und des Nasenrachenraums", in P. Heymanns Handbuch der Laryngologie, II, 1899. (Ältere Lit.) — Heymann, P.: Heymanns Handbuch der Laryngologie II, 1899. — Hill, W.: Lar. S. R. Soc. Med., 12. VI. 1908, ref. I. Cbl. L. 25, 433.

Kayser, R.: in P. Heymanns Handbuch der Laryngologie, II. Wien: Alfr. Hölder. 1899.

Potter, F.: Lond. Lar. Ges., 3. XI. 1905, ref. I. Cbl. L. 22, 351 (mit Disk.: Donelan, W. Hill).

Wendt: v. Ziemssens Handbuch der Pathologie und Therapie, VII, 1. Hälfte.

4. Infantile Minderwertigkeit des Nasenrachenraumes, Einflüsse von Schädelvarietäten und -deformitäten auf denselben.

Bernfeld, K.: a) M. O. 1927. — Derselbe: b) Zsch. HNO. 19, 1928. — Derselbe: c) A. ONK. 131, 1932.

Éscat, E.: Bull. mém. Soc. franç. de laryng. Congrès 1896. (Lit.)

Goldhamer, K. u. A. Schüller: Fsch. Rö. 35, 1163.

Hopman, C.: A. Lar. 3.

Lange, V.: B. kl. W. 1897, 5.

Schüller, A.: a) W. m. W. 1911. — Derselbe: b) Ann. Ot. 38, 1929.

Thoma, R.: V. A. 206, 212, 219, 223, 224.

Virchow, R.: Untersuchungen über die Entwicklung des Schädelgrundes. 1857.

Wheeler, W. J.: 18. Rep. Div. vet. Serv. Anim. Ind. 2, 1932, ref. Zbl. allg. P. 60, 77.

5. Anomalien des Stützgerüstes des Nasenrachenraumes.

a) Diverse Knochenanomalien.

Blumenthal, A.: Zsch. O. 71, 1914. — Bolk, L.: An. A. 28, 1906.

Calderin, M. A.: Rev. espaniol. lar. etc. 13, 1922, ref. Zbl. HNO. 3, 18. Calderin: Anal. acad. med.-quir. espan. 10, 1923, ref. Zbl. HNO. 4, 499. —

Fusari: zit. nach Sieur et Rouvillois.

Glaesmer, E.: zit. nach Noack. — Grant, D.: Brit. lar. rhin. ot. Assoc., 30. IV. 1897, ref. I. Cbl. L. 14, 521.

Hennebert: Congr. franç. Lar. Mai 1907, zit. nach Sieur et Rouvillois.

Jurasz: Oto-lar. Ges. Lemberg, 13. XII. 1911, ref. I. Cbl. L. 28, 176.

LICHTWITZ: A. int. Lar. 1897, zit. nach SIEUR et ROUVILLOIS.

MACCARTHY: Ann. Ot. 1925. — MAGENAU, C.: A. Lar. 11. (Lit.)

NOACK, F.: V. A. 220, 1915.

ROURE: Congrès franç. Lar. Mai 1907, zit. nach SIEUR et ROUVILLOIS.

SIEUR et ROUVILLOIS: A. int. Lar. 33, 1912. (Lit.)

ZEITLIN, A. u. J. ODESSKY: Arch. Méd. Enf. 37, 1934, ref. Zbl. HNO. 23, 625.

b) *Verlängerung des Septums nach hinten, sagittale Diaphragmenbildung.*

DARABAN, E.: A. int. Lar. 4, 1925, ref. Zbl. HNO. 8, 334.

HEYMANN, P.: „Verengerungen und Verwachsungen des Rachens und des Nasenrachenraumes" in P. HEYMANNs Handbuch der Laryngologie, II. Wien: Alfr. Hölder. 1899. — HOPMAN, C. M.: a) Zsch. L. 1, 1909. — DERSELBE: b) Zsch. L. 2, 1910.

IWANOFF, A.: Zsch. L. 1, 1908 (mit Diskussionsbemerkungen von DIAKONOFF, NAPALKOFF, WENGLOVSKY u. ZERENIN).

KILLIAN, G.: α) Morph. Jb. 1888. — DERSELBE: β) Diskussionsbemerkung zum Vortrag JURASZ, siehe XI/6a.

MACKENZIE, J. W.: A. of Lar. 4, 1883, zit. nach P. HEYMANN. — MAJOR: Montreal Med. Journ., Dez. 1889, zit. nach HEYMANN. — MANN: Diskussionsbemerkung zum Vortrag JURASZ, siehe XI/6a.

PHOTIADES: zit. nach HEYMANN. — PISZTORY, F.: Wien. Zeitschr. 7. IX. 1853, ref. SCHMIDTS Jahrb. 1854/81 u. 231. — PREDESCU-RION: A. int. Lar. 7, 1928, ref. Zbl. HNO. 12, 314.

RAZEMON, H.: α) A. int. Lar. 5, 1926, ref. Zbl. HNO. 9, 93. — DERSELBE: β) Rev. L. 47, 1926, ref. Zbl. HNO. 10, 69.

VASILIU: Diskussionsbemerkung zu PREDESCU-RION.

6. *Varianten, Anomalien und Fehlbildungen an den Weichteilen des Epipharynxdaches*
(Tonsilla pharyngea, Bursa pharyngea).

a) *Membranbildungen.*

BALLA, A.: A. it. O. 18, 1907, ref. I. Cbl. L. 1908, 433. — BAUMGARTEN, E.: M. O. 1896. — BAYER: Belg. oto-lar. Ges., 19. VI. 1898, ref. I. Cbl. L. 1899, 472, zit. nach O. CHIARI (β).

CASSELBERRY: J. Am. M. Ass. 1885, zit. nach O. CHIARI (β). — CHIARI, O.: α) W. m. W. 1885, 1473. — DERSELBE: β) W. m. W. 1909, 562. — CLARK, J. P.: Boston med. a. surg. J., 2. IV. 1908, ref. I. Cbl. L. 25, 570. — CONNOLY, J. H.: Lar. S. R. Soc. Med., 6. VI. 1913, ref. I. Cbl. L. 30, 494.

DÉHAN, J.: I. D. Montpellier 1907, ref. I. Cbl. L. 25, 153. — DIONISIO: Gazz. med. di Torino, 1895, No. 8, ref. I. Cbl. L. 11, 894.

FOURNIÉ: Pariser oto-rhino-lar. Ges., Juli 1910, zit. nach SIEUR et ROUVILLOIS (XI/1).

GRADENIGO: zit. nach A. BALLA. — GRÜNWALD, L.: siehe XI/3.

HAJEK, M.: Int. kl. Rundschau 1892, 1304. — HALL, F. J.: Br. m. J. 18, I. T., 1909. — HECHT, H.: Münchn. lar. Ges., 10. IV. 1905, ref. M. O. 39, 526. — HEYMANN, P.: siehe XI/5b. — HOPMAN, C. M.: A. Lar. 3.

JOHNSTON, R. H.: J. Am. M. Ass., 1. IX. 1906, ref. I. Cbl. L. 23, 160. — JURASZ: Verh. d. Vereins süddtsch. Lar., Heidelberg, Juni 1908.

KAYSER, R.: „Verwachsungen der Nase" in P. HEYMANNs Handbuch der Laryngologie, 3, I. T. Wien: Alfr. Hölder. 1900. — KELLERMANN, E.: Rhino-lar. Sekt. kgl.-ung. Ärztever. Budapest, 11. III. 1913, ref. I. Cbl. L. 30, 219. — KILLIAN, G.: Diskussionsbemerkung zu JURASZ.

LACK, L.: Lond. Lar. Ges., 7. II. 1902, ref. I. Cbl. L. 19, 105.

MENZEL, K. M.: α) W. L. G., 5. II. 1913, ref. I. Cbl. L. 30, 225. — DERSELBE: β) W. L. G., 4. IV. 1923, M. O. 1923, 483. — DERSELBE: γ) W. L. G., 13. VI. 1933, ref. Zbl. HNO. 22, 759. — MEYERSOHN, S.: Medycyna, 1887, No. 8 u. 9, ref. I. Cbl. L. 1888, 122, zit. nach O. CHIARI (β). — MOLINIÉ: Ann. Ot., Dez. 1904, ref. I. Cbl. L. 21, 343.

PETERS: Lar. S. R. Soc. Med., 7. I. 1910 (mit Diskussion), ref. I. Cbl. L. 27, 103. — PHILIPPS, W. C.: Manhatt. Eye and ear hosp. report, Januar 1894, ref. I. Cbl. L. 11, 574. — POLYÁK: Ung. lar. Ges., 27. XI. 1906, ref. I. Cbl. L. 23, 267. — PROTA: zit. nach DÉHAN.

SCHLEMMER, F.: M. O. 46, 1912. (Lit.) — SCHMIEGELOW: M. O. 1900, 443, zit. nach O. CHIARI (β). — SEMON, F.: in M. MACKENZIES „Die Krankheiten des Halses und der Nase", II, zit. nach O. CHIARI (β). — SIEMENS, J. L.: Niederl. Ges. ONK. 21. Vers., Nov. 1911, ref. I. Cbl. L. 28, 607. — SNOOK, TH.: Am. J. An. 55, 1934. — STEIN, C.: W. kl. Rundschau 1905, ref. I. Cbl. L. 21, 539 u. 22, 416. — STRAZZA, G.: Bollet. delle mal. d. gola, März 1892, ref. I. Cbl. L. 93, 374. — STUPKA, W.: DENKER-KAHLERS Handbuch der Hals-, Nasen- und Ohrenheilkunde, III. Berlin: Julius Springer. 1927.

b) *Bursa pharyngea; Chorda dorsalis; Cysten der Bursa pharyngea und der Tonsilla pharyngea.*

ANTONIOLI, G. M.: Ann. Laring. 5, 1929, ref. Zbl. HNO. 16, 664.

CARTER, W. W.: Laryngoscope, Dez. 1905, ref. I. Cbl. L. 22, 418. — CITELLI, S.: α) A. Lar. 17. — DERSELBE: β) Oto-rhino-lar. int. 11, 1927, ref. Zbl. HNO. 11, 95. — CZERMAK, J. N.: in SEMELEDERS „Die Rhinoskopie" usw., Leipzig 1862, zit. nach O. PERTIK (XI/8).

FINDER, G.: M. O. 65, 1931, ref. Zbl. HNO. 18, 291. — FISCHER, J.: A. kl. Ch. 160, 1930. (Lit.) — FRORIEP, A.: HENLES Festschrift, Bonn 1882.

GANGHOFNER: Wr. Sitz.-Ber. III. Abt. 78, 1878. — GIARDINA, A.: A. it. An. 12, 1914. — GIUFFRIDA, E.: A. it. O. 40, 1929, ref. Zbl. HNO. 14, 829. — GÖRKE, M.: α) A. Lar. 13, 1903. — DERSELBE: β) A. Lar. 16, 1904. — GOULD, S. E.: A. O. L. 23, 1936. — GUTIERREZ, A. u. J. L. MONSERRAT: Rev. Civ. Buen. Air. 15, 1936, ref. Zbl. HNO. 27, 544.

HEWSON, W.: Laryngoscope 37, 1927, ref. Zbl. HNO. 11, 845. — HORIA, D.: C. R. S. B. 95, 1926. — HUBER, C. G.: An. R. 1912. — HYNITSCH, J.: Zsch. O. 34, 1899.

KAFEMANN, R.: α) Rhino-phar. Operiationslehre usw., Halle a. S.: C. Marhold. 1900. — DERSELBE: β) M. O. 1890, Nr. 3. — KILLIAN, G.: Morph. Jb. 14, 1888. (Lit.) — KULLY, B. M.: J. L. O. 50, 1935, ref. Zbl. HNO. 25, 201.

LAWNER, S.: M. O. 47, 1913. — LEHMANN, C.: A. kl. Ch. 37, 1888. — LIEBMANN, H. G.: Zsch. L. 10, 1922, ref. Zbl. HNO. 1, 235. — LINCK: α) 82. Jahresvers. D. N.-f. u. Ä., Königsberg, Sept. 1910, ref. I. Cbl. L. 26, 537. — DERSELBE: β) Zsch. O. 62, 1910. — DERSELBE: γ) An. H. 128, 1911.

MAGNOTTI, T.: A. it. O. 38, 1927. — MEYER, R.: An. A. 1910.

POELCHEN: V. A. 119, 1889.

SCHÄFFER, M.: M. O. 1888, 207. — SCHWABACH: α) A. mi. An. 29, 1887. — DERSELBE: β) A. mi. An. 32, 1888. — SEREBRJAKOFF, C.: A. Lar. 18, 1906. — SNOOK, TH.: An. R. 58, 1934.

TERBRÜGGEN, A.: Fol. oto-lar., I. T., Zsch. L. 15, 1926, ref. Zbl. HNO. 10, 612. — TORNWALDT: α) Über die Bedeutung der Bursa pharyngea. Wiesbaden 1885. — DERSELBE: β) D. med. W. 1887. — TOURNEUX, F. u. J. P. TOURNEUX: J. de l'An. Phys. 48, 1912, p. 57. — TOURNEUX, J. P.: J. de l'An. Phys. 48, 1912. — TRÖLTSCH: V. A. 17, zit. nach O. PERTIK (siehe XI/8).

ZAHN, F. W.: D. Zsch. Ch. 22, 1885. — ZWIRN, J.: I. D. Würzburg 1888, zit. nach TERBRÜGGEN.

c) *Tonsilleneinschlüsse.*

ALAGNA, G.: La prat. oto-rino-laring., Juni 1907. (Lit.) — ANSELMI, G.: ref. I. Cbl. L. 25, 409.

CARTER, W.: N. Y. med. Rec., 4. II. 1905, ref. I. Cbl. L. 21, 297.

GLAS: An. A. 1905. (Lit.)

HALKIN, H.: Presse oto-laryng. belge 1905, Nr. 29, ref. I. Cbl. L. 22, 220.

MAGNOTTI, T.: α) A. it. O. 38, 1927, ref. Zbl. HNO. 11, 845. — DERSELBE: β) A. it. O. 38, 1927, ref. Zbl. HNO. 11, 845. — MANTSCHIK, H.: A. int. Lar. 1, 1922, ref. Zbl. HNO. 1, 257. — MARTUSCELLI: A. it. O. 37, 1926, zit. nach MAGNOTTI.

NEWCOMB, J.: α) N. Y. Med. News, 24. IX. 1904, ref. I. Cbl. L. 21, 59. — β) Am. Lar. Assoc., 26. Jahresvers. Juni 1904, ref. I. Cbl. L. 21, 146.

REITMANN, K.: M. O. 1903. — ROSENBERG, A.: B. L. G., 22. VI. 1900, ref. I. Cbl. L. 17, 492.

TÖPFER, H.: A. Lar. 11, 1901. — TOURNEUX, J. P.: Pr. méd. 31, 1923, ref. Zbl. HNO. 4, 236. — TURNER, L.: Lar. S. R. Soc. Med., 1. XII. 1922, ref. Zbl. HNO. 3, 267. — DERSELBE u. SPRUNT, TH.: J. L. O. 38, 1923, ref. Zbl. HNO. 3, 291.

ZUBIZARRETA, H.: Semana med. 33, 1926.

7. *Anatomische Varianten, Anomalien und Fehlbildungen im Bereich der ersten Schlundtasche* (Divertikel, Fisteln, Cysten usw.).

CADARSO, A. R. u. J. J. R. GOYANES: Bull. mém. Soc. An. Paris 95, 1925, ref. Zbl. HNO. 8, 743.

DAUM, E.: Morph. Jb. 54. (Lit.)

FRAZER, J. E.: J. An. 57, 1922 (Lit.), ref. Zbl. HNO. 3, 29.

GLAS, E.: a) Wr. L. G., 7. V. 1929, ref. Zbl. HNO. 15, 220. — DERSELBE: b) Wr. L. G., 7. VII. 1931, ref. Zbl. HNO. 19, 144. — GIUSSANI, M.: Ann. di Lar., Otol., Rinol. usw. 4, 1928, ref. Zbl. HNO. 13, 399.

KIRCHNER, W.: Festschrift für ALBERT V. KÖLLIKER. Leipzig: Wilh. Engelmann. 1887. — KOSTANECKI, K. V.: a) A. mi. An. 29, 1887. (Lit.) — DERSELBE: b) A. mi. An. 32, 1888. — DERSELBE: c) V. A. 117, 1889.

LECHNER, W.: An. A, 74, 1932.

MARX, H.: „Die Mißbildungen des Ohres" in Handbuch spez. path. An. u. Hist. von HENKE-LUBARSCH, XII. Berlin: Julius Springer. 1926. — MENZEL, K. M.: Wr. L. G., 13. VI. 1933, ref. Zbl. HNO. 22, 758.

PAUTOW, N. A.: Zsch. HNO. 11, 1925. — PETER: D. tierärztl. Wo.-schr. 1901, zit. nach DAUM.

SIEBENMANN: a) A. An. Phys. An. Abt. 1894. — DERSELBE: b) in Handbuch der Anatomie von BARDELEBEN, V, Jena 1897.

URBANTSCHITSCH, V.: Lehrbuch der Ohrenheilkunde, 5. Aufl. Berlin-Wien: Urban & Schwarzenberg. 1910.

VERMEULEN: I. D. Leipzig 1909, zit. nach DAUM. — VIRCHOW, R.: a) V. A. 32, 1865. — DERSELBE: b) V. A. 35, 1866.

. WODAK, E.: Festschrift KUBO 1934, ref. Zbl. HNO. 25, 524.

ZIMMERMANN: 33. Vers. d. anat. Ges., Halle 1924. — ZUCKERKANDL, E.: a) M. O. 7, 1873. — DERSELBE: b) M. O. 9, 1875.

8. *Anomalien und Fehlbildungen im Bereich der* ROSENMÜLLER*schen Grube* (Divertikel, Fisteln, Cysten).

BORN, G.: A. mi. An. 22. — BROECKAERT: a) Jahresvers. belg. oto-rhin.-lar. Ges., Juni 1909, ref. I. Cbl. L. 25, 481. — DERSELBE: b) Rev. hebdom. de Lar. 1909, Nr. 49, ref. I. Cbl. L. 26, 50. — BROESIKE, G.: V. A. 98, 1884.

CALICETI, P.: a) 20. Congr. Soc. Ital. Otol. Rinol. Laryngol., Bologna 1923, Rocca S. Casciano. 1924. — DERSELBE: b) Int. Oto-Lar. Kongr., Kopenhagen 1928, ref. Zbl. HNO. 13, 37. — DERSELBE: c) A. it. O. 40, 1929, ref. Zbl. HNO. 14, 307.

HARRIS, J. TH.: 30. Jahresvers. Am. Lar. Assoc. Montreal 1908, ref. I. Cbl. L. 25, 215. — HIRSCHFELD: B. L. G., 11. II. 1921, ref. I. Cbl. L. 37, 452.

KAFEMANN, R.: siehe XI/6bα. — KASTSCHENKO, N.: A. mi. An. 30, 1887.

LEVINSTEIN, O.: A. Lar. 23, 1910, ref. I. Cbl. L. 27, 51. — LOEFFLER, E.: I. D. Berlin 1919, ref. I. Cbl. L. 35, 214.

ÓNODI, A.: Rhino-lar. Sekt. kgl.-ung. Ärzteverein Budapest, 28. II. 1911, ref. I. Cbl. L. 27, 433.

PERTIK, O.: V. A. 94, 1883. — PETERS, F.: Zsch. O. 58, 1909. — POLYÁK, L.: Pester med.-chir. Presse 1897, 109. — PŘECECHTĚL, A.: Act. O.-L. 11, 1927, ref. Zbl. HNO. 11, 427.

SCHMIDT, M.: A. Lar. 1, 1894.

9. Epignathi bzw. Teratome des Nasenrachenraumes, teratoide Tumoren („behaarte Rachenpolypen" und Mischgeschwülste).

ARNOLD, J.: a) V. A. 43. — DERSELBE: b) V. A. 50, 1870. — DERSELBE: c) V. A. 111, 1888. — AVELLIS: D. ärztl. Praktiker 1893 und Rev. int. Rhinol. 1893, zit. nach C. REUTER.

BATAWIA, L.: Polski Przegl. ot. 7, 1930, ref. Zbl. HNO. 17, 530. — BLOCH, L.: Journ. uschnych etc. bolesnei 1, 1924, ref. Zbl. HNO. 7, 574. — BONNET, R.: Erg. Anat. u. Entwi.-gesch. 9, 1899. — BROWN KELLY, A.: J. L. O. 33, 1918. (Lit.)

DIGONNET: Bull. Mém. Soc. Anat. Paris 95, 1925, ref. Zbl. HNO. 9, 26. — DOMBROWSKI, C.: A. Lar. 28, 1914.

EULER, H.: D. z.-ä. W. 36, 1933.

FELDMANN, A.: Mosk. O. Rh. Lar.-Ges., 16. II. 1927, ref. Zbl. HNO. 11, 539. — FINDER: B. L. G., 27. VII. 1927, ref. Zbl. HNO. 11, 870.

GLAS, E.: Wr. L. G., 7. II. 1933, ref. Zbl. HNO. 22, 270. — GRUBER, G. B.: B. path. An. 93, 1934. (Lit.) — GUŠIĆ, B.: Zsch. HNO. 30, 1932. (Lit.)

IWATA, H.: B. An. Phys. etc. O. 5, 1911.

JENKINS, G. J.: Lar. S. R. Soc. Med. 1912, 158, zit. nach BROWN-KELLY.

LAWLOR, L.: Laryngoscope 38, 1928, ref. Zbl. HNO. 13, 190. — LEBEDEV, E.: Ž. ušn., Bol. 3, 1926, ref. Zbl. HNO. 9, 683. — LICHAČEV, A.: Ž. ušn. Bol. 8, 1931, ref. Zbl. HNO. 18, 614. — LICHTENSTEIN, H.: Kl. W. 1, 1922, S. 2141.

McGIBBON, J. E. G. u. J. M. BEATTIE, Br. m. J. 1928, 664, ref. Zbl. HNO. 13, 105. — MARCHAND, L.: „Mißbildungen" in EULENBURGS Realencyklopädie der gesamten Heilkunde, XV, 1897.

NATHER: A. kl. Ch. 119.

OPPIKOFER, E.: Zsch. L. 4, 1911, (Lit.) ref. I. Cbl. L. 27, 571. — OPPIKOFER E. jun.: Zsch. L. 23, 1932, ref. Zbl. HNO. 20, 48.

REUTER, C.: A. Lar. 17, 1905.

SANTI, E.: A. it. Chir. 23, 1929. — SCHMIDT, M. B.: V. A. 162. — SCHWALBE, E.: a) Die Morphologie der Mißbildungen des Menschen und der Tiere, 2. T.: „Die Doppelbildungen", Kap. 17 u. 20. Jena: G. Fischer. 1907. (Lit.) — DERSELBE: b) B. path. An. 36. — SCHWARZ, M.: A. ONK. 117, 1928, ref. Zbl. HNO. 12, 189. — SOMMER, P. E. C.: Niederl. Vereinig. HNO.-Ä., Mai 1926, ref. Zbl. HNO. 12, 542.

WILMS, M.: Die Mischgeschwülste. 3 Hefte. Leipzig 1899—1902. — WILSON, T. G.: Ir. J. med. Sci. 6, 1931, ref. Zbl. HNO. 17, 531 u. 18, 360.

YAMAMOTO, M.: Okayama Igakokai Zasshi Nr. 440, 1926, ref. Zbl. HNO. 11, 578.

10. Gewebsmißbildungen (Tumoren) des Nasenrachenraumes.

a) Basalfibroid und Chondrom.

BARMWATER, K.: Hosp. tid. 1930, I, 537, ref. Zbl. HNO. 16, 310. — BENSCH: α) Berl. I. D., Breslau 1878. — DERSELBE: β) Die Nasenrachentumoren bzw. Nasenrachenpolypen bei VOLTOLINI (siehe diesen). — BOKU, K.: O. Fuk. 1, 1928, ref. Zbl. HNO. 13, 682.

COENEN, H.: α) in GARRÉ-KÜTTNER-LEXERS Handbuch der praktischen Chirurgie, 5. Aufl., I, 1921. — DERSELBE: β) Cbl. Ch. 49, 892. — DERSELBE: γ) M. m. W., 1923, 829. — DERSELBE: δ) Verh. Chir. Kongr. Berlin 1922, 197. — DERSELBE: ε) Kl. W. 2, 1923.

DRENNOWA, K. A.: M. O. 64, 1930, ref. Zbl. HNO. 15, 546.

FERBER, M.: Polsk. Gaz. lek. 1936, 422, ref. Zbl. HNO. 27, 179. — FERRERI: 3. Int. Lar.-Rhinol. Kongr. Berlin, 1911, ref. I. Cbl. L. 28, 59. — FISHER, R. H.: Laryngoscope 42, 1932, ref. Zbl. HNO. 20, 262.

HERTEL, E.: α) Cbl. Ch. 1934, 1193. — DERSELBE: β) D. Zsch. Ch. 244, 1935, ref. Zbl. HNO. 24, 540. — HILLENBERG, E.: I. D. Breslau 1922 (Lit.) — HLAVÁČEK, VL.: Otolar. slav. 1, 1929, ref. Zbl. HNO. 15, 360 u. 16, 62. — HÜNERMANN, TH.: in DENKER-KAHLERS Handbuch der Hals-, Nasen- und Ohrenheilkunde, V. Berlin: Julius Springer. 1929.

KUTVIRT, O.: Casop. lék. česk. 61, 1922, ref. Zbl. HNO. 1, 545.

MANGABEIRA-ALBERNAZ: 1. Int. Oto-Lar. Kongr., Kopenhagen 1928, ref. Zbl. HNO. 13, 41. — MUSTAKALLIO, S.: Act. Soc. Med. Fenn. 13, 1931, ref. Zbl. HNO. 17, 846.

PAPALE, D.: 21. Kongr. it. Ges. Lar., Rhin. u. Otol., Neapel, Okt. 1924, ref. Zbl. HNO. 7, 126. — PHILIPPE: Soc. Lar. Hôp. Paris, 18. III. 1935, ref. Zbl. HNO. 25, 699.

SCHLEGLMÜNIG, J.: Zsch. HNO. 21, 1928. (Lit.). — SÉBILEAU: α) Paris méd., 3. IX. 1921, ref. I. Cbl. L. 1921, 356. — DERSELBE: β) Ann. d. mal. de l'or. 42, 1923, u. Bull. Mém. Soc. franç. Otol. 1923. — SHAHEEN, HASSAN-BEY: J. L. O. 45, 1930, ref. Zbl. HNO. 15, 783. — STRUYCKEN, H. J. L.: Zbl. HNO. 18, 318.

VOLTOLINI: Die Krankheiten der Nase und des Nasenrachenraumes. 1888.

YASUTOMI, M.: 3. Gen.-Sitz. d. klin. oto-rhin. Vers. Osaka, Okt. 1928.

ZARNIKO, C.: Die Krankheiten der Nase und des Nasenrachens. Berlin: S. Karger. 1910.

b) *Das maligne Chordom.*

CITELLI, S.: Vals. 3, 1927, ref. Zbl. HNO. 11, 578. — COENEN, H.: B. kl. Ch. 133. (Lit.) — GRÄFF, S.: α) B. path. An. 94, 1934. — DERSELBE: β) Ebenda 95, 1935. — GROSSMANN, B.: M. O. 57, 1923. — GRÜNWALD, L.: An. A. 37, 1910, ref. I. Cbl. L. 29, 463.

HELLMANN, K.: Verh. d. Ges. dtsch. HNO.-Ärzte 1921, 111.

LINCK, A.: α) B. path. An. 46, 1909. — DERSELBE: β) Zbl. HNO. 3, 487, 1922. — LINCK-WARSTAT: B. kl. Ch. 127, 1922. (Lit.) — LOEBELL: Zsch. HNO. 21, 1928. (Lit.)

MEEKER, L. H.: Laryngoscope 39, 1929, ref. Zbl. HNO. 14, 532 u. 15, 384.

PAVLICA, F.: Casop. lék. česk. 67, 1928, ref. Zbl. HNO. 13, 330 u. 15, 411.

SOUKUP, E.: Casop. lék. česk. 1928, II/1561, ref. Zbl. HNO. 13, 457.

11. *Anomalien und Mißbildungen des Nasenrachenraumes im Zusammenhang mit der Bildung des Hypophysenvorderlappens.*

a) *Rachendachhypophyse.*

BRUNI, A. C.: α) A. it. O. 25, 1914, ref. I. Cbl. L. 31, 11. — DERSELBE: β) Ebenda 26, 1915, ref. I. Cbl. L. 33, 203.

CARCO, P.: Otol. etc. it. 4, 1934, ref. Zbl. HNO. 23, 245. — CHRISTELLER: V. A. 218, 1914. — CITELLI, S.: α) 15. Kongr. Soc. Ital. di Laringol., 1912, ref. I. Cbl. L. 29, 213. — DERSELBE: β) Rif. med. 1929, I/704, ref. Zbl. HNO. 14, 329. — CIVALLERI, A.: I. Mon.-schr. Anat. Phys. 15, 1909, ref. I. Cbl. L. 25, 518.

HABERFELD, W.: B. path. An. 46, 1909. — HOCHSTETTER: Beiträge zur Entwicklungsgeschichte des menschlichen Gehirns, 2. Teil: Die Entwicklung des Gehirnanhangs. Wien u. Leipzig: Deuticke. 1924.

Laskiewicz, A.: Otol. int. 18, 1934, ref. Zbl. HNO. 23, 245. — Lunghetti, B.: Atti R. Acad. dei Fisio-critici, Siena 25. VI. 1920, ref. I. Cbl. L. 36, 330.

Menzel, K. M.: M. O. 67, 1933, ref. Zbl. HNO. 21, 209 u. 22, 373.

Neumann, Hugo: Wr. L. G., 7. VI. 1932 (mit Disk.: F. J. Mayer), ref. Zbl. HNO. 20, 719.

Rudel: An. H. 45, 1918.

Woerdeman, M. W.: α) A. mi. An. 86, 1915. — Derselbe: β) N. T. G. 1918/I, 215, ref. I. Cbl. L. 34, 221.

b) *Can. cranio-pharyngeus persistens.*

Bock: V. A. 252, 1924.

Cave, A. J. E.: J. An. 65, 1931, ref. Zbl. HNO. 17, 650. — Citelli, S.: α) Ann. mal. de l'Or. usw. 1913, ref. I. Cbl. L. 29, 467. — Derselbe: β) Cultura stomatol. 7, 1930, ref. Zbl. HNO. 16, 758.

Gilse, P. H. G. van: α) Zsch. HNO. 3, 1922. — Derselbe: β) N. T. G. 68, 1924, ref. Zbl. HNO. 5, 392.

Haberfeld, W.: F. Zsch. P. 4, 1910. — Harujiro, A.: An. H. 33, 1. Abt., zit. nach W. Haberfeld.

Kiyono: V. A. 257, 1925. — Kohn, A.: A. mi. An. 102, 1924. — Kollmann, J.: An. A., Erg.-H. zu 25. Bd., V. an. G. Jena 1904. (Lit.) — Kraus, E. J.: Schwalbe-Grubers Morphologie der Mißbildungen des Menschen und der Tiere, III. T., 14. Lfg., 5. Kap. Jena: G. Fischer. 1929.

Landzert, Th.: St. Petersburger med. Zsch. 14, 1868, zit. nach Sokolow. — Le Double: Bull. Mém. Soc. Anthrop. Paris 1903, Ser. V, 4, zit. nach P. Sokolow. — Leisse: 13. Tag. d. Vereinig. niedersächs. NOH.-Ärzte, 23. XI. 1924, ref. Zbl. HNO. 7, 591.

Maggi: Real. Ist. Lomb. Rendic. Ser. II, XXIV, 1891, zit. nach Sokolow. — Mauksch: An. A. 54, 1921. — Meyer, H.: Msch. Psych. u. Neur. 37, 1915.

Poppi, A.: L'ipofisi cerebrale, faringea e la glandula pineale in patologia. Bologna, Tip. Paoli Neri. 1911. Ref. I. Cbl. L. 28, 56. — Priesel, A.: V. A. 238, 1922. (Lit.)

Rossi: zit. nach E. J. Kraus.

Schlagenhaufen: An. A. 30, zit. nach Ch. Fenger, vgl. Lit. XI/12. — Schultz, A.: Morph. Jb. 50, 1917, ref. I. Cbl. L. 33, 175. — Sokolow, P.: A. An. Phys., An. Abt. 1904. (Lit.) — Suchannek: An. A. 2. Jg., 1887.

c) *Hypophysengangsgeschwülste* (Erdheim-Tumoren).

Erdheim, J.: α) Sitz.-Ber. k. Ak. Wiss., math.-nat.-wiss. Kl., 113, 3. Abt., 1904. (Lit.) — Derselbe: β) Zsch. L. 24, 1933.

Fleischer, B.: Zsch. L. 24, 1933, ref. Zbl. HNO. 21, 210.

Jackson, H.: J. Am. M. Ass., 8. IV. 1916, ref. I. Cbl. L. 32, 248.

McLean, A. L.: Zsch. Neur. Ps. 126, 1930.

Schüller, A.: M. O. 66, 1932.

Vogt, C.: Bull. med. 1929/II/789, ref. Zbl. HNO. 14, 565.

d) *Teratome der Hypophysengegend.*

Baart de la Faille: zit. nach E. Schwalbe u. nach E. J. Kraus. — Beck: Zsch. Heilk. 4, 1883.

Gautier: F. Zsch. P. 19, 1916.

Hill: J. An. Phys. 19, 1885, zit. nach E. J. Kraus.

Kraus, E. J.: siehe XI/11b.

Rippmann: I. D. Zürich 1865, ref. Schmidts Jahrbücher 142.

WASSERTHAL: zit. nach E. J. KRAUS. — WEGELIN: Bericht über die Tätigkeit der St. Gall. nat.-wiss. Ges. 1860, zit. nach P. SOKOLOW, vgl. XI/11 b. — WINDLE: J. An. Phys. 33, 1899.

12. Cephalocele spheno-pharyngea.

EXNER, A.: D. Zsch. Ch. 90, 1907.

FENGER, CH.: Am. J. Med. 109, 1895. (Ältere Lit.)

KISCH, H. A.: Lar. S. R. Soc. Med., 6. XII. 1912, VI, II. T., Lar., 41. — KLIN-KOSCH: zit. nach P. SOKOLOW u. TH. LANDZERT (siehe XI/11 b), ref. SCHMIDTS Jahrbücher 142. — KRAUS, E. J.: siehe XI/11 b. — KULISCHER: Beiträge zur Anatomie und Histologie von LANDZERT, 1878/II, zit. nach P. SOKOLOW (siehe XI/11 b). — KUNDRAT, H.: Ges. d. Ärzte i. Wien, 28. I. 1887, ref. Wr. med. Presse, 1887.

LICHTENBERG: Transact. Path. Soc. London 18, 1867, ref. VIRCHOW-HIRSCHS Jahresber. 1868/I, 78.

PILPEL, R.: M. O. 66, 1922.

SERRES: zit. nach CH. FENGER. — SPRING: zit. nach W. HABERFELD (siehe XI/11 b).

TWEEDIE, A. R. u. A. KEITH: Lar. S. R. Soc. Med., IV, 1911, Lar. Sect., 47.

VIRCHOW, R.: Die krankhaften Geschwülste, I. Berlin: A. Hirschwald. 1863.

13. Gefäßanomalien.

BROWN-KELLY, A.: a) Glasg. Med. J., Jan. 1898. (Ältere Lit.) — DERSELBE: b) J. L. O., Jan. 1925. (Lit.)

CAIRNEY, J.: J. An. 59, 1924. (Lit.) — CONNOL, J. GALBRAITH: J. L. O. 1908.

DAVIS, H. J.: Lar. S. R. Soc. Med., 6. III. 1914, ref. I. Cbl. L. 31, 234. — DEMME, K.: W. m. W. 1901, Nr. 48.

EDINGTON, G. H.: Br. m. J. 1901, II. T., 1527.

FARLOW: Bost. med. a. surg. Journ., 31. III. 1887 u. 3. VII. 1890.

HARMER, W. D.: Diskussionsbemerkung zu DAVIS.

KRSTIČ, V.: Lijačnički vjesnik 48, 1926, ref. Zbl. HNO. 10, 504.

MARKOWICZ, H.: M. O. 67, 1933. — MARSCHIK, H.: Wr. L. G., 25. V. 1935, ref. Zbl. HNO. 26, 94.

NIKOLAJEV, N.: Ž. ušn. Bol. 3, ref. Zbl. HNO. 10, 383.

PORTMANN, G. u. P. DUPOUY: Arch. med. belg. 1923. (Lit.)

ROWLANDS, R. P. u. R. H. J. SWAN: Br. m. J. 1902/I, 76.

SACK, N.: M. O. 41, 1907. — SKILLERN, P. G.: J. Am. M. Ass. 1913/I, 172. (Ältere Lit.) — SMITH, G. M.: Br. m. J. 1902/I, 1602.

TEXIER, V.: Rev. hebd. lar. 1907/II, 425.

VIÉLA, A.: Soc. d'Oto-Rhino-Lar. de Lyon, 6. I. 1933, ref. Zbl. HNO. 22, 201.

Sachverzeichnis.

Manzsche Buchdruckerei, Wien IX.

Berichtigung.

Seite 10, 26. Zeile von oben: lies (h) statt (8)

Seite 249, 11. Zeile von unten: lies Hypophysengangscysten
statt Dermoidcysten.